TANKS  FIGHTING VEHICLES

탱크 · 장갑차 · 군용차 백과사전

로버트 잭슨(Robert Jackson) 저 | 김혜연 옮김

Human & Books

*** 일러두기**

- 본문은 한글 표기를 원칙으로 하되, 원문 확인이 필요할 경우 영어와 한글을 병기했다.
- 의미상 차이는 적지만 원문을 존중하여 Reconnaissance는 정찰, Scout는 척후로 구분해 옮겼다.
- 전문 용어에 대한 이해를 돕고자 권말에 용어 해설을 두었고 함께 색인을 추가했다.

탱크·장갑차·군용차
백과사전

로버트 잭슨(Robert Jackson) 지음
김혜연 옮김

초판 발행 | 2018. 12. 1.

발행처 | **Human & Books**
발행인 | 하응백
출판등록 | 2002년 6월 5일 제2002-113호
서울특별시 종로구 삼일대로 457 1009호(경운동, 수운회관)
기획 홍보부 | 02-6327-3535, 편집부 | 02-6327-3537, 팩시밀리 | 02-6327-5353
이메일 | hbooks@empas.com

ISBN 978-89-6078-677-6 (03390)

차례

서문

1차 세계대전 초기에는 전투 부대가 말에 크게 의존했다. 하지만 기동성과 화력, 방어력을 제공한다는 측면에서 기갑 차량의 이점은 전투 첫날부터 명백히 드러났다. 이에 영국 해군본부는 곧 란체스터, 롤스로이스 같은 상업용 자동차를 장갑차로 개조해 전선에 투입했다.

하지만 장갑차라고 해도 참호를 파고 방어망을 제대로 구축한 지점에서는 효과적으로 작전을 수행할 수 없었고, 서부전선의 교착상태가 길어지자 기갑 전투 차량의 개발에 추진력이 실리게 되었다. 즉 새로운 형태의 기동 타격 부대가 필요했다. 교착 상태를 타개할 암호명 '탱크', 바로 전차였다. 초기 전차들의 특징인 긴 궤도를 사용해 참호를 가로지르고 견고한 장갑과 탑재한 여러 무기의 힘으로 피해 없이 적군의 저항을 물리친다는 생각이었다. 아이디어 자체는 충분히 일리가 있었고 1916년 솜 전투에서 처음 모습을 드러낸 탱크는 의도했던 역할을 제대로 수행하지는 못했지만 독일군 신병들을 놀라게 하는 데는 효과적이었다.

전술의 발전

전차의 초기 모델들은 신뢰성이 매우 떨어졌고 전차를 개별적으로 보병 전투 지원에 사용하는 전술도 그리 효과적이지 않았다. 하지만 1917년 캉브레 전투 즈음에는 많은 부분이 개선되었다. 연합군을 따라잡으려는 독일군의 노력은 수포로 돌아갔고 전쟁이 끝날 무렵에는 연합군만이 전차를 상당 수 생산하고 전투에 이용했다.

1차 세계대전에서 기갑 전투에 열세를 보였던 독일은 2차 세계대전이 발발하기 전까지 전투에 막대한 영향을 미치게 될 기갑군을 성장시켰다. 기갑 전투 차량의 가치를 증명한 것은 기계적인 성능이 아니라 활용하는 방식이었다. 프랑스와 영국은 보병을 지원하기 위해 전차를 소규모로 투입하는 경향이 있었던 반면, 독일군은 대규모 기갑 편대를 이루는 쪽이 효과적이라고 판단했다.

전차의 발전

러시아의 T-34 모델에 대응해 월등한 성능으로 설계한 판처 V 판터, 그리고 티거와 킹 티거를 개발하면서 독일군은 2차 세계대전 내내 기갑 장비 면에서 약간의 우위를 유지했다. 하지만 기갑 차량이 아무리 강력하고 난공불락이라 해도 기계적인 신뢰성이 보장되지 않고 이용 가능한 개체수가 많지 않다면 그 가치는 제한적이었다.

르클레르, M1에이브람스, 챌린저와 같은 현대식 탱크는 복잡하고 정교한 장비이기 때문에 승무원이 과거와는 비교할 수 없는 수준의 전문가가 되어야 한다. 최고의 차량에 탑승한 전문가를 상대로 충분한 훈련을 받지 못한 병사가 기술적으로 뒤

떨어진 장비에 탑승해 전투를 벌이는 상황이 얼마나 위험한지는 1991년 걸프 전쟁에서 적나라하게 그려졌다.

이때 이라크의 기갑 부대는 다국적군에게 패해 대량의 사망자가 발생했으나 다국적군 쪽은 사상자가 전무하다시피 했다. 이 시나리오는 2003년 이라크 전쟁에서 거의 비슷하게 반복되었다.

이 책에는 1차 세계대전 이후 지상전에서 가장 큰 영향력을 발휘했고 중요성이 높았던 전투 차량을 선별해서 실었다.

에이브람스는 전투 테스트를 거치지 않았고 1991년 걸프 전쟁이 발발하고서야 1848 M1A1 에이브람스가 사우디아라비아에 배치되었다.

1차 세계대전

1914년 영국의 한 공병 장교가 유럽에서 벌어지고 있는 전쟁이 참호전으로 인해 교착 상태에 빠지게 될 것을 예상하고 기갑 전투 차량의 개발을 제안했다.

프랑스에서도 비슷한 제안이 나왔으나 초기 아이디어는 가시철조망을 돌파할 수 있도록 장갑을 두른 트랙터 수준에 머물렀다. 영국의 첫 전차 마크 I 이 처음 전투에 투입된 것은 1916년 9월 15일이었다. 그리고 1917년 11월 20일 영국은 역사상 최초의 전차 공세를 시작했다. 전차 476대가 프랑스 캉브레의 힌덴부르크 전선에서 가장 치열한 작전 지역으로 진격해 19km를 돌파했다.

왼쪽: 르노 FT-17 보병 지원 전차는 초기 기갑 전투 차량 중 가장 성공적인 모델이었으나 유지 보수가 어렵다는 단점이 있었다.

초기 장갑차

1차 세계대전 전에는 기병이 군대의 '눈'으로서 적진을 염탐하고 정보를 수집했다. 이와 같은 역할은 궁극적으로 항공기가 이어받게 되지만 그 사이에 기병이 보병대의 무기, 특히 기관총에 점점 더 취약해지면서 장갑을 댄 자동차가 해결책으로 대두되었다.

오스트로-다임러 장갑차

1904년 개발된 오스트로-다임러 장갑차는 군용으로 만든 최초의 사륜구동 차였으나 작전에는 투입되지 못했다. 4mm 두께의 장갑을 자동차의 차대에 볼트로 고정했다. 조종수의 시야 확보를 위해 전면 장갑에 작은 틈을 냈다.

제원
제조국: 오스트리아
승무원: 4명
중량: 2500kg
치수: 전장: 4.86m | 전폭: 1.76m | 전고: 2.74m
기동 가능 거리: 250km
장갑: 4mm
무장: 1 x 7.92mm (.31in) 맥심 기관총 또는 2 x 7.92mm (.3in) 슈바르츠로제 기관총
엔진: 다임러 4기통 가솔린 엔진, 30kw (40마력)
성능: 노상 최고 속도: 45km/h

BAK 장갑차

BAK는 기구 방어용 대포 장갑차(Ballon-Abwehr-Kanonen-wagen)의 약자로 1906년 기구 관측 시 사용할 용도로 설계되었다. 60도 선회하는 회전 포탑에 캐넌포를 장착했다. 이후 75mm(2.95in) 캐넌포를 장착한 1909년형 BAK 장갑차로 업그레이드되었다.

제원
제조국: 독일
승무원: 5명
중량: 3200kg
치수: 전장: 5.27m | 전폭: 1.93m | 전고: 3.07m
기동 가능 거리: 불명
장갑: 불명
무장: 1 x 50mm (1.97in) 캐넌포
엔진: 1 x 에르하르트 4기통 가솔린 엔진, 45kW (60마력)
성능: 노상 최고 속도: 45km/h

TIMELINE

1904 

1906 

CGV 장갑차

프랑스의 샤롱 지라르도 에 포크트(Charron, Girardot et Voigt), 약칭 CGV사에서 만든 장갑차로 관광용 자동차의 차대를 이용, 8mm(.31in) 기관총을 장착하고 장갑을 두른 포좌를 설치했다. 1905년에서 1908년까지 약 12대가 생산되었으며 상당수가 러시아를 위한 것이었다.

제원
제조국: 프랑스
승무원: 4명
중량: 3500kg
치수: 전장: 4.46m | 전폭: 1.85m | 전고: 2.47m
기동 가능 거리: 600km
장갑: 6mm
무장: 1 x 8mm (.31in) 기관총
엔진: 1 x CGV 4기통 가솔린 엔진, 30마력 (22kW)
성능: 노상 최고 속도: 45km/h

푸조 장갑차

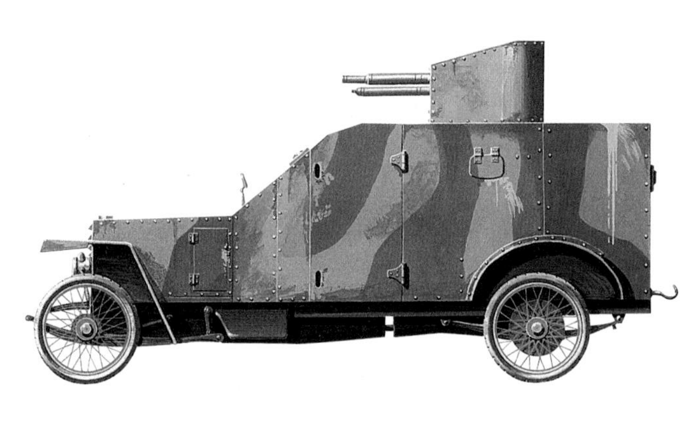

최초의 푸조 장갑차는 상업용 모델을 개조한 것으로 1914년에 등장했다. 이 장갑차의 역할은 참호전에 돌입하면서 제한되었고 후방을 순찰하는 것보다 조금 더 쓸모가 있는 정도였다. 전쟁이 끝날 무렵에는 새로이 등장한 전차에 밀리고 만다.

제원
제조국: 프랑스
승무원: 4명 또는 5명
중량: 4900kg
치수: 전장: 4.8m | 전폭: 1.8m | 전고: 2.8m
기동 가능 거리: 140km
장갑: 불명
무장: 1 x 37mm 포
엔진: 1 x 푸조 가솔린 엔진, 30kW (40마력)
성능: 최고 속도: 40km/h

가포드 푸틸로프 장갑차

미국의 가포드 트럭 제조사에서 만든 차대를 기반으로 상트페테르부르크의 푸틸로프 공장에서 만들어낸 거대한 장갑차이다. 노상 속도도 느렸고 오프로드 주행 능력은 없었다. 270도로 회전이 가능한 포탑에 76.2mm(3in) 포를 탑재했다.

제원
제조국: 러시아
승무원: 8명
중량: 11,000kg
치수: 전장: 5.7m | 전폭: 2.3m | 전고: 2.8m
기동 가능 거리: 120km
장갑: 약 5mm
무장: 1 x 76.2mm (3in) 포 | 3 x 맥심 7.92mm (.31in) 기관총
엔진: 1 x 가포드 4기통 가솔린 엔진, 26kW (35마력)
성능: 노상 최고 속도: 20km/h

1914

1차 세계대전의 장갑차

1914년 말 무렵에는 모든 교전국이 장갑차를 사용했다. 처음 장갑차를 공격용으로 사용한 나라는 벨기에로 적진을 배후에서 습격할 때 앞장서게 했다. 영국, 특히 영국의 해군 항공대도 벨기에의 뒤를 이으려 했으나 뜻을 이룰 수 없었다. 서부 전선에 방어용으로 만든 참호 때문이었다. 참호는 돌파가 불가능했다.

오스틴 푸틸로프 장갑차

오스틴 푸틸로프는 영국에서 설계한 장갑차를 러시아에서 개조해서 생산한 것이다. 뒷바퀴는 궤도로 대체하고 장갑과 후방 조종 장치를 추가했다. 1차 세계대전 당시 러시아가 소유한 가장 중요한 장갑차였다.

제원
제조국: 영국/러시아
승무원: 5명
중량: 5200kg
치수: 전장: 4.88m | 전폭: 1.95m | 전고: 2.4m
기동 가능 거리: 200km
장갑: 8mm
무장: 2 x 맥심 기관총
엔진: 1 x 37.3kW (50마력) 오스틴 가솔린 엔진
성능: 최고 속도: 50km/h

란체스터 장갑차

신뢰성 높고 속도가 빠른 란체스터 장갑차는 공군 기지를 지원하고 추락한 파일럿들을 찾아서 귀환시키는 임무에 투입되었다. 장갑차 전대에 속하기는 했지만 1915년 육군이 맡아서 운용하게 된 뒤로는 차차 사용하지 않게 되었다.

제원
제조국: 영국
승무원: 4명
중량: 4700kg
치수: 전장: 4.88m | 전폭: 1.93m | 전고: 2.286m
기동 가능 거리: 290km
장갑: 불명
무장: 1 x 비커스 7.7mm (.303in) 기관총
엔진: 1 x 45kW (60마력) 란체스터 가솔린 엔진
성능: 최고 속도: 80km/h

TIMELINE

1912

1914

1915

롤스로이스 장갑차

롤스로이스 실버고스트를 개조해 장갑을 두르고 서스펜션을 강화했다. 1915년 3월부터 세계 전역의 전장에서 투입되었으며 뛰어난 야지 기동성 덕에 특히 아프리카와 아라비아 반도에서 많이 사용되었다.

제원
제조국: 영국
승무원: 3명 또는 4명
중량: 3400kg
치수: 전장 5.03m | 전폭 1.91m | 전고 2.55m
기동 가능 거리: 240km
장갑: 9mm
무장: 비커스 7.7mm (.303in) 기관총
엔진: 1 x 30/37.3kW (40/50마력) 롤스로이스 가솔린 엔진
성능: 노상 최고 속도: 95km/h

다임러/15 장갑차

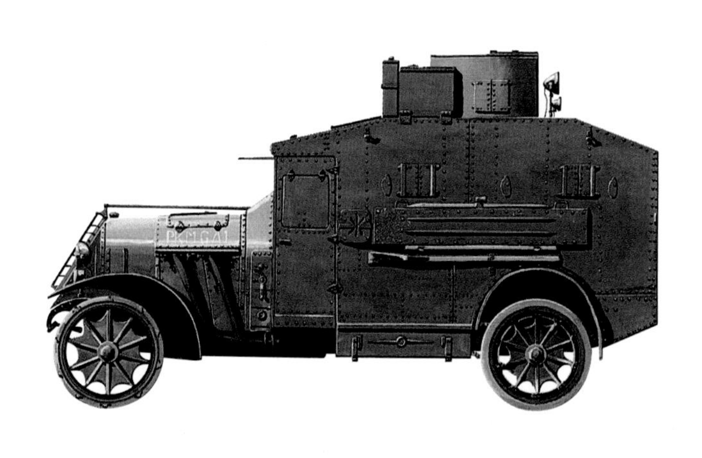

전륜(全輪)구동 차대를 바탕으로 만든 다임러/15 장갑차는 크롬-니켈 스테인리스 스틸 판을 리벳으로 고정한 독일 크루프 사의 장갑 구조를 갖췄다. 뒷바퀴의 이중 타이어와 앞바퀴의 샌드림(sand rim)이 지반이 연약한 곳을 지날 때 바퀴가 빠지는 것을 방지한다.

제원
제조국: 독일
승무원: 10명
중량: 9800kg
치수: 전장: 5.61m | 전폭: 2.03m | 전고: 3.85m
기동 가능 거리: 250km
장갑: 불명
무장: 3 x 7.92mm (.31in) 기관총
엔진: 1 x 다임러 모델 4기통 가솔린 엔진, 60kW (80마력)
성능: 노상 최고 속도: 38km/h

뷔싱 A5P 장갑차

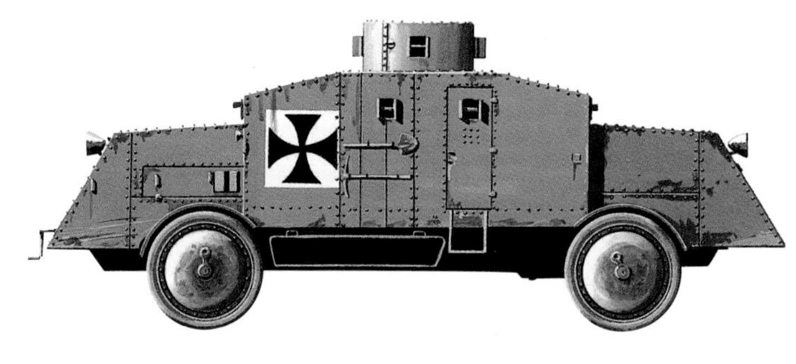

뷔싱의 A5P는 전륜(全輪)구동 장갑차로 1916년에 생산이 시작되었다. 뷔싱의 전설적인 6기통 트럭 엔진을 장착했으며 승무원 10명이 탑승할 수 있었고, 그 중 6명이 기관총 세 정의 조작을 맡았다. A5P는 1917년 말까지 루마니아와 러시아에서 활약했다.

제원
제조국: 독일
승무원: 10명
중량: 10,250kg
치수: 전장: 9.5m | 전폭: 2.1m | 전고: 불명
기동 가능 거리: 250km
장갑: 불명
무장: 3 x 7.92mm (.31in) 기관총
엔진: 1 x 뷔싱 가솔린 엔진, 67kW (90마력)
성능: 노상 최고 속도: 35km/h

1917

영불 연합의 전차

영국이 개발한 전차는 참호전의 고비를 넘기는 열쇠가 되었다. 중량이 무거운 전차가 적의 방어선을 뚫고 들어가면 가볍고 속도가 빠른 장갑차가 그 틈을 이용해 적진으로 침투하며 보병을 지원했다. 이런 작전 방식은 병력 수송 장갑차를 처음 고안하게 된 계기가 되었다.

리틀 윌리 육상 전함

강판(鋼板)을 댄 리틀 윌리는 최초의 기갑 전투 차량으로 적의 소형화기 공격에 영향을 받지 않으면서 적군의 참호를 가로지르도록 개발했다. 하지만 성능은 실망스러웠다. 거친 지면에서 겨우 시속 3.2km로 이동할 수 있었기 때문이다.

제원
제조국: 영국
승무원: 3명
중량: 18,300kg
치수: 전장: 8.07m | 전폭: 3.47m | 전고: 3.2m
기동 가능 거리: 불명
장갑: (연강) 6mm
무장: 없음
엔진: 1 x 다임러 6기통 가솔린 엔진, 100rpm일 때 78.29kW (105마력)
성능: 최고 속도: 3.2km/h

마크 IV

영국의 마크 IV는 출력이 부족해서 지형이 고른 곳에서만 추진력을 유지했다. 승무원 8명이 서로 목소리가 들리지 않아 말을 주고받을 수 없는 시끄러운 환경이었으며 작전 중에는 마크 IV를 제어하기가 어려웠다. 또한 피탄 시 쉽게 전소되었다.

제원
제조국: 영국
승무원: 8명
중량: 28,449.31kg
치수: 전장: 8.05m | 전폭: 3.91m | 전고: 2.49m
기동 가능 거리: 56km
장갑: 12mm
무장: 1 x 57mm (2.24in) 포 | 4 x 7.7mm (.303in) 기관총
엔진: 1 x 78 또는 83kW (105 또는 111마력) 다임러 가솔린 엔진
성능: 노상 최고 속도: 6km/h

TIMELINE

1915 

1916 

슈나이더 전차

슈나이더 전차는 서부 전선에서 병력 수송용 장갑 썰매를 독일군 참호 쪽으로 끌고 가기 위해 개발되었다. 그러나 가솔린 저장 탱크가 적의 포격에 취약해 쉽게 전소되었고 궤도가 짧고 차체가 길어 장애물을 넘기가 힘들었다.

제원
제조국: 프랑스
승무원: 7명
중량: 14,800kg
치수: 전장: 6m | 전폭: 2m | 전고: 2.39m
기동 가능 거리: 48km
장갑: 11.5mm
무장: 1 x 75mm 포 | 추가 기관총 2정
엔진: 1 x 55마력 (41kW) 슈나이더 4기통 가솔린 엔진
성능: 노상 최대 속도: 6km/h

생 샤몽 전차

생 샤몽은 1917년 군에 도입되었으며 홀트 사의 농업용 트랙터를 바탕으로 했다. 가솔린 엔진 구동의 전기 변속 장치를 사용하는데 중량이 무거운 데다가 차체가 궤도보다 앞뒤로 뻗어 나온 형태라 거친 지면이나 참호에 발이 묶이곤 했다.

제원
제조국: 프랑스
승무원: 9명
중량: 23,400kg
치수: 전장(포 포함): 8.83m | 전장(차체): 7.91m | 전폭: 2.67m | 전고: 2.34m
기동 가능 거리: 59km
장갑: 17mm
무장: 1 x 모델 1897 75mm (2.95in) 포 | 기관총 최대 4정
엔진: 1 x 67kW(90마력) 파나르 4기통 가솔린 엔진 | 크로사-콜라두 전기 변속기 구동
성능: 노상 최고 속도: 8.5km/h

중형 전차 마크 A 휘핏

속도와 기동성을 염두에 두고 설계한 중량이 가벼운 전차로 무거운 전차가 돌파구를 내면 그 돌파구를 이용할 목적으로 만들었다. '휘핏(경주견의 품종 –옮긴 이)'이란 별명이 붙었으며 1918년 3월 전장에 처음 투입되었다. 반격 시 적진 깊숙이 침투해 큰 피해를 입히며 유용함이 입증되었다.

제원
제조국: 영국
승무원: 3명 또는 4명
중량: 14,300kg
치수: 전장: 6.1m | 전폭: 2.62m | 전고: 2.74m
기동 가능 거리: 257km
장갑: 5–14mm
무장: 2 x 호치키스 기관총
엔진: 2 x 33.6kW (45마력) 타일러 4기통 가솔린 엔진
성능: 노상 최고 속도: 13.4km/h

1917 1918

르노 FT-17 경전차

FT-17은 1차 세계대전에서 활약한 모든 전차 중 가장 성공적인 전차로 꼽힌다. 클래식 전차 설계 중에서는 처음으로 각 요소를 차체에 직접 장착하고 360도 회전 포탑을 갖췄다. 그러나 정비를 염두에 두지 않고 설계한 탓에 자주 고장이 났다. 파생형으로는 자주포와 무전기를 장착한 전차가 있다.

르노 FT-17 경전차

최초의 FT-17은 1917년 3월 군에 배치되었으며 1918년 5월 처음 실전에 투입되었다. 같은 해 7월 충분한 수량을 동원할 수 있게 되어 480대가 프랑스군의 승리로 이어진 수아송 역습에 집중되었다. FT-17은 프랑스 내 미국 원정군도 사용했다.

제원
제조국: 프랑스
승무원: 2명
중량: 6600kg
치수: 전장(테일 포함): 5m I 전폭: 1.71m I 전고: 2.133m
기동 가능 거리: 35.4km
장갑: 16mm
무장: 1 x 37mm (1.46in) 포 또는 기관총 1정
엔진: 1 x 26kW (35마력) 르노 4기통 가솔린 엔진
성능: 노상 최고 속도: 7.7km/h

무장

표준 무장은 37mm(1.46in) 포였으나 일부 기관총 한 정만 장착한 경우도 있었다.

궤도

궤도는 각각 앞쪽에 대형 유동바퀴가 있어 장애물을 넘어가는 기능을 향상시켰다.

차체

차대 없이 장갑판으로 이루어진 차체 자체에 각 요소를 직접 설치했다.

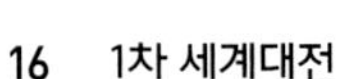

르노 FT-17 경전차

테일
많은 경우 차량 후미에 '테일'이라고 부르는 프레임을 장착해 참호를 가로지르는 능력을 향상시켰다.

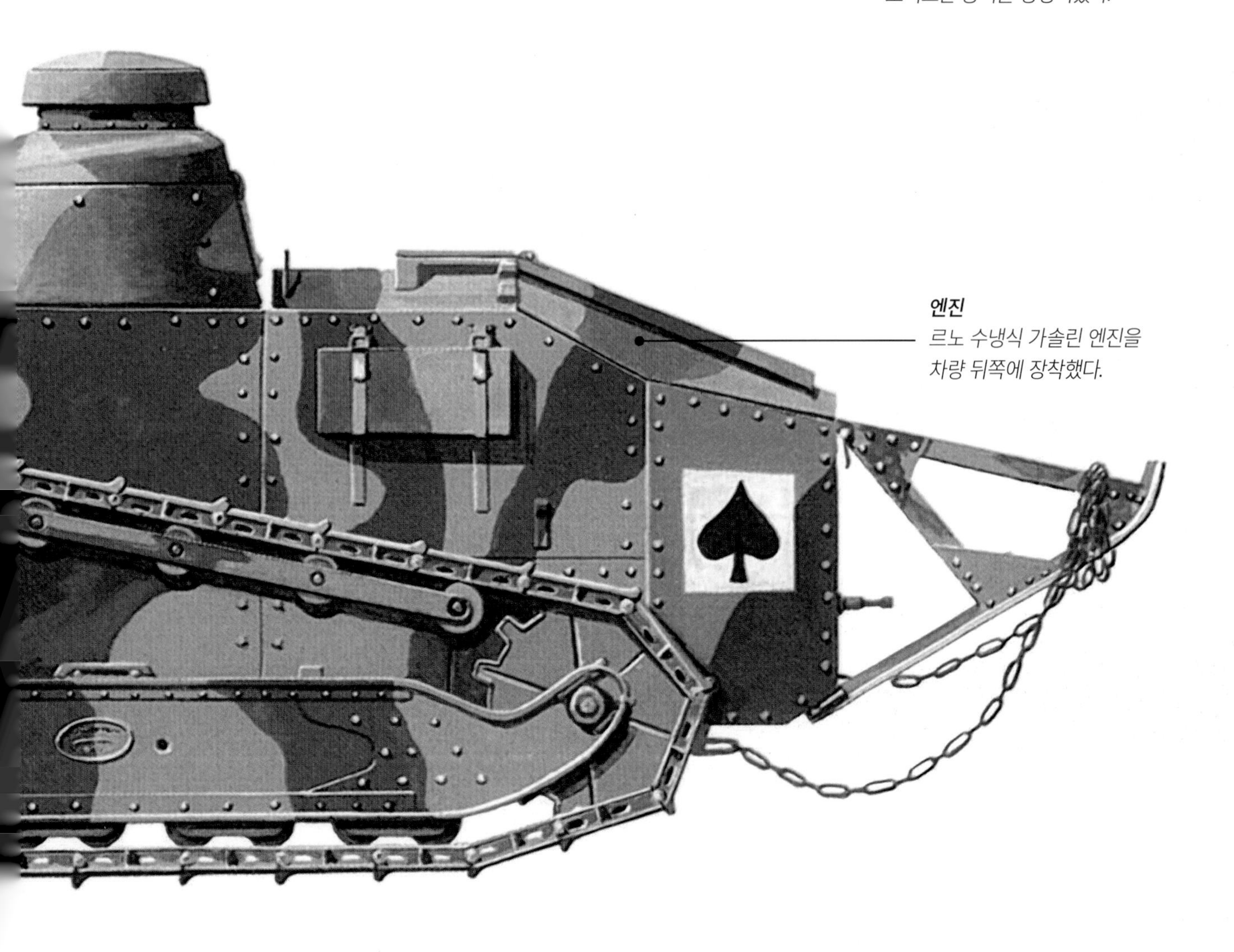

엔진
르노 수냉식 가솔린 엔진을 차량 뒤쪽에 장착했다.

슈투름판처바겐 A7V

거대한 전차 슈투름판처바겐 A7V는 1916년 영국의 탱크(전차)가 모습을 드러내자 서둘러서 설계한 것이었다. 지상 간격이 40mm에 불과하고 지면에 닿는 궤도의 길이가 차량 크기에 비해 너무 짧아서 안정성이 떨어졌으며 야지 성능이 나빴다.

슈투름판처바겐 A7V

1917년 12월 A7V 100대의 생산을 주문했으나 독일의 군수 기계 생산은 이미 한계에 다다른 상태라 약 20대만 생산되었다. 거친 지면에서 약점이 있음이 1918년 3월 처음 실전에 투입된 순간부터 여실히 드러났으며 지원 대상인 보병들보다 뒤처지는 일이 많았다. 파생형으로는 오픈탑 구조에 장갑을 두르지 않은 수송 버전 위버란트바겐과 차량 전체를 감싸는 '올라운드' 궤도형 A7V/U가 있다.

제원

제조국: 독일

승무원: 18명

중량: 33,500kg

치수: 전장: 8m | 전폭: 3.06m | 전고: 3.3m

기동 가능 거리: 40km

장갑: 10–30mm

무장: 1 x 57mm (2.24in) 포 | 기관총 6정

엔진: 2 x 74.6kW (100마력) 다임러 가솔린 엔진

성능: 노상 최고 속도: 12.9km/h

무장
A7V는 기관총을 최대 7정까지 장착했다. 따라서 많은 승무원이 탑승할 수밖에 없었다.

설계
A7V의 차체는 지상 간격이 단 40mm에 불과했다.

슈투름판처바겐 A7V의내부

속도
A7V에 장착된 가솔린 엔진 2개는 도로에서는 좋은 성능을 발휘했으나 거친 지면에서는 성능이 좋지 않고 불안정했다.

승무원
전차 내부는 비좁고 불편했으며 사용가능한 공간이 엄격하게 제한되었다.

서스펜션
A7V의 서스펜션은 미국 홀트 제조회사의 트랙터용으로 개발된 서스펜션을 바탕으로 했다.

탱크 마크 V

마름모꼴로 만들어진 마지막 전차인 마크 V 탱크는 1919년 예정되어 있던 대규모 기갑 차량 공세에 포함될 계획이었다. 윌슨 유성 기어박스를 장착해 보통 조종에 두 사람이 필요했던 다른 전차와 달리 혼자서도 조종이 가능했다. 파생형인 마크 V*는 참호 횡단 능력을 향상시키기 위해 1.83m 길이의 섹션을 추가해 차체를 연장했다.

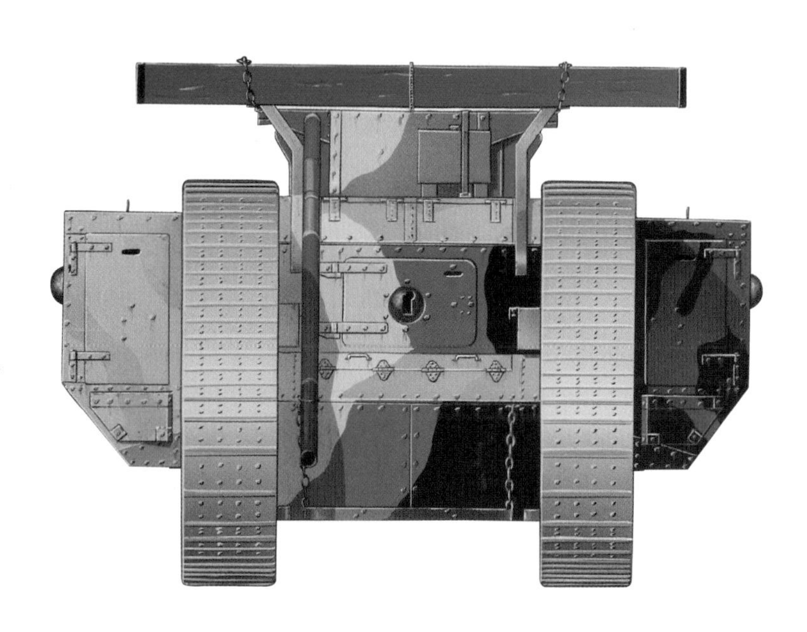

1918년 중반부터 영국인과 미국인들이 전투에서 사용했다. 전후에는 교량 건설이나 지뢰 제거용으로 만들어진 파생형이 사용되었고 캐나다에서는 1930년대 초반까지 현역으로 쓰였다.

제원

제조국: 영국

승무원: 8명

중량: 29,600kg

치수: 전장: 8.05m | 전폭(측면 포탑 위로 측정): 4.11 | 전고: 2.64m

기동 가능 거리: 72km

장갑: 6-14mm

무장: 2 x 6파운드 포 | 4 x 7.7mm (.303in) 호치키스 기관총

엔진: 1 x 112kW (150마력) 리카르도 가솔린 엔진

성능: 노상 최고 속도: 7.4km/h

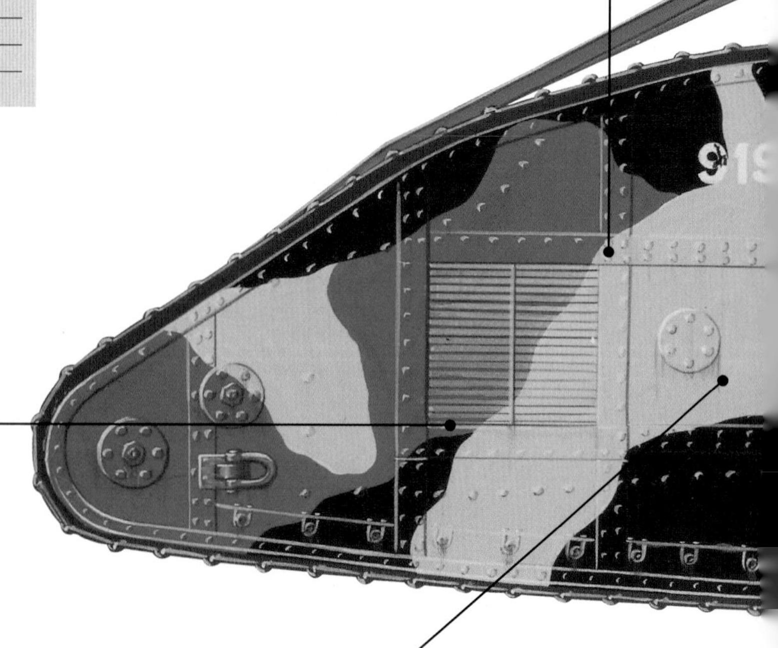

승무원

마크 V는 전차장을 위한 큐폴라를 만들고 효과적인 의사소통을 제공하기 위해 수기 신호기를 장착했다.

속도

150마력(112kW)의 리카르도 가솔린 엔진 덕에 마크 IV보다 두 배 빨랐다.

차체

새로운 섹션이 추가된 덕에 내부 공간이 넓어졌고 승무원들에게 더 나은 환경이 제공되었다.

마크 V 탱크 조감도

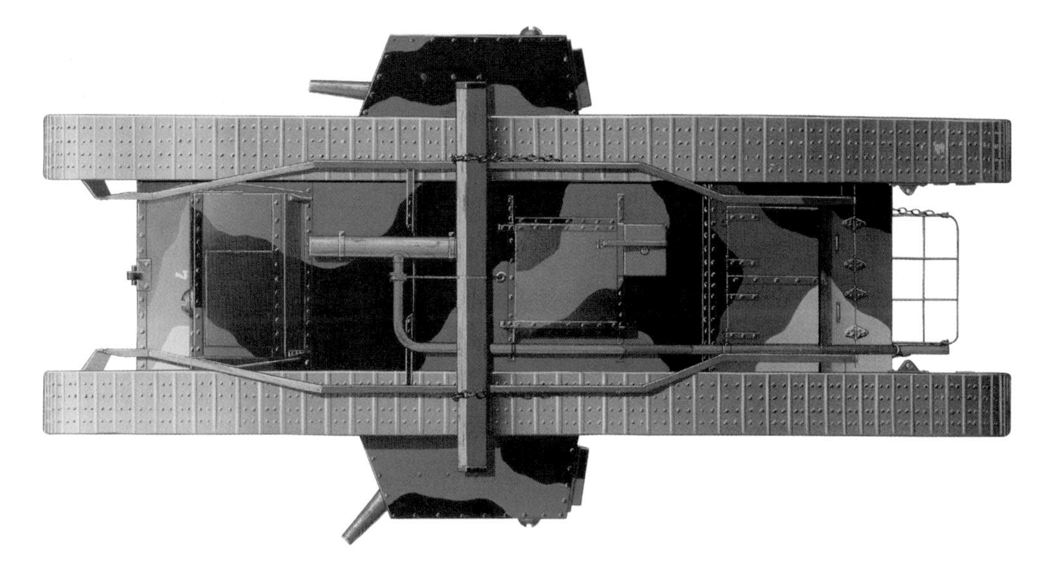

부무장
프랑스제 7.7mm(.303in) 호치키스 기관총 네 정을 부무장으로 장착해 승무원들에게 인기가 있었다.

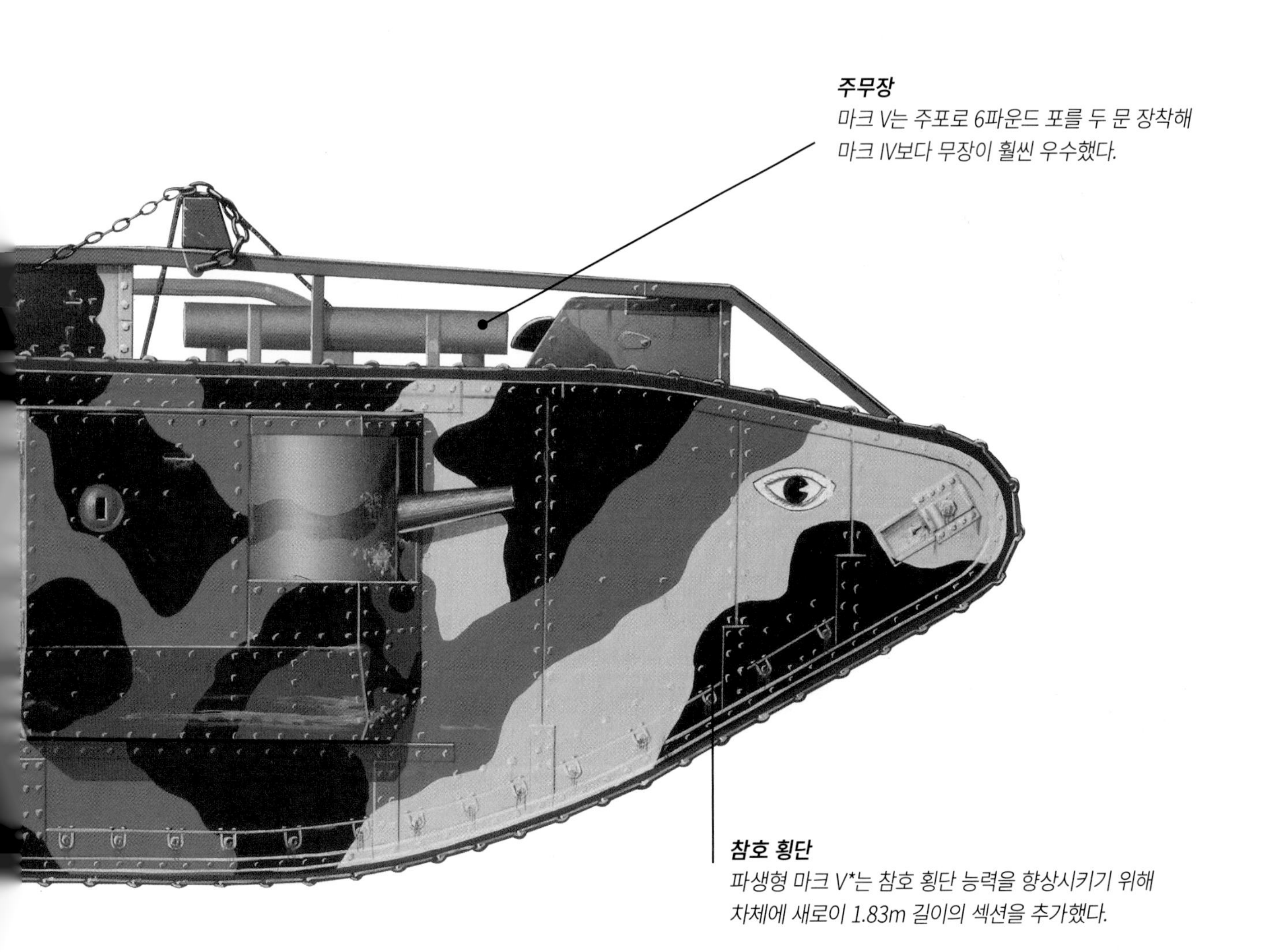

주무장
마크 V는 주포로 6파운드 포를 두 문 장착해 마크 IV보다 무장이 훨씬 우수했다.

참호 횡단
*파생형 마크 V*는 참호 횡단 능력을 향상시키기 위해 차체에 새로이 1.83m 길이의 섹션을 추가했다.*

1차 세계 대전 말기의 전차

한 전투에 13대 이상 전차를 투입하지 못할 정도로 생산 속도가 느렸던 독일은 기갑 전투 면에서 열세였다. 반면 영국은 1918년 7월까지 서부전선에서만 총 1184대의 전차를 투입했다. 1918년 4월 24일 영국군의 마크 IV 세 대가 독일군 중전차 A7V 세 대와 맞닥뜨리며 최초의 전차 대 전차 교전이 일어났다.

마크 V 피메일

마크 V는 서부 전선에서 실전에 투입되었던 마름모꼴의 초기 영국 전차들을 상당히 개선하긴 했지만 많든 적든 이런 형태의 디자인이 사용된 것은 이 모델이 마지막이었다.

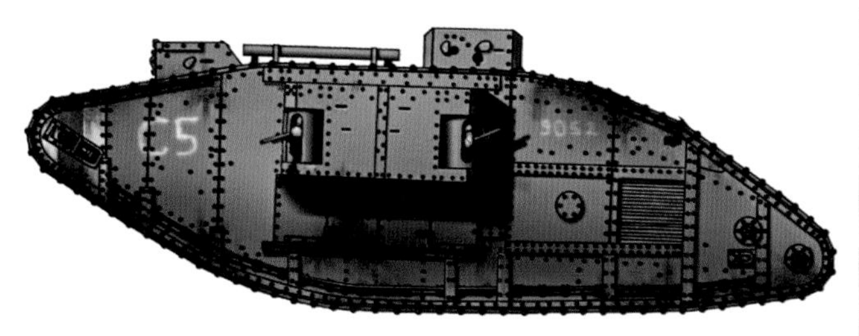

제원

제조국: 영국
승무원: 8명 + 보병
중량: 32,000kg
치수: 전장: 9.87m | 전폭: 3.2m | 전고: 2.46m
기동 가능 거리: 72km
무장: 8 x .7.7mm (.303in) 루이스 & 호치키스 기관총
성능: 최고 속도: 48km/h
장갑: 6-14m
엔진: 리카르도 가솔린 엔진, 168kW (225마력)

홀트 가스-일렉트릭 전차

홀트 가스-일렉트릭 전차는 미국에서 처음 개발된 진정한 의미의 기갑 전투 차량이다. 지나치게 복잡한 구조로 만들어져서 중량이 과도하게 늘었고 성능에 역효과를 가져왔다. 딱 한 대만 만들어졌다. ('가스'는 가솔린의 줄임말이다 – 옮긴이)

제원

제조국: 미국
승무원: 6명
치수: 전장: 전장 5.03m | 전폭: 3.2m | 전고: 2.37m
중량: 25,400kg
엔진: 2 x 홀트 가솔린 엔진+ 전기 모터, 67kW (90마력)
기동 가능 거리: 50km
장갑: 6-15mm
무장: 1 x 75mm (2.95in) 비커스 산악 곡사포 | 2 x 7.92mm (.31in) 브라우닝 기관총
성능: 최고 속도: 10km/h

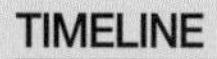

TIMELINE

1917 

1918  

건 캐리어 마크 I

건 캐리어(포 운반차) 마크 I은 차륜형 차량으로는 지나갈 수 없을 만큼 상태가 나쁜 지면 위로 경(輕)포와 탄약을 운반하며 마크 I 전차 옆에서 지원 임무를 수행하는 것이 목적이었다. 총 48대가 만들어졌다.

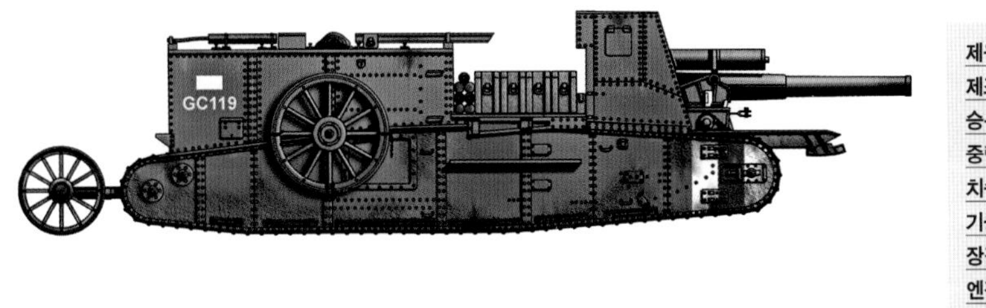

제원
제조국: 영국
승무원: 3명~6명
중량: 4000kg
치수: 전장: 4.9m | 전폭: 1.55m | 전고: 2.3~2.84m
기동 가능 거리: 불명
장갑: 불명
엔진: 다임러 가솔린 엔진, 140 kW (105마력)
성능: 최고 속도: 40km/h
무장: 60파운드 야전포

마크 VIII 인터내셔널

1917년에 구상된 마크 VIII 인터내셔널은 영국과 미국의 합작품이었다. 전쟁이 끝나면서 한 대의 프로토타입과 예비 부품으로 제조한 24대의 차량이 생산되는 데 그쳤다.

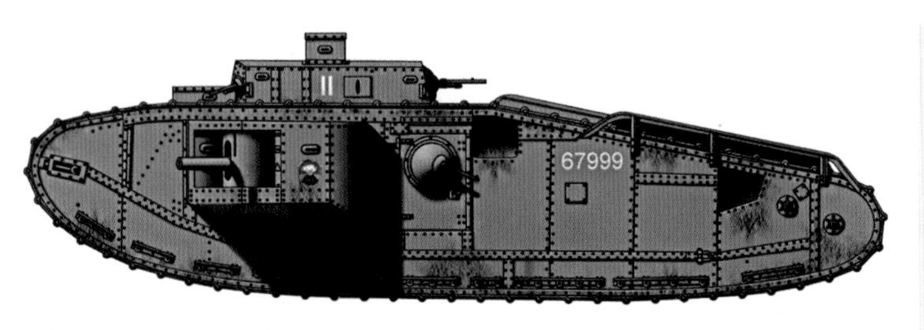

제원
제조국: 영국
승무원: 10~12
중량: 37,000kg
치수: 전장: 10.42m | 전폭: 3.76m | 전고: 3.13m
기동 가능 거리: 89km
장갑: 16mm
무장: 2 x 57mm (2.24in) 6파운드 6cwt 포 | 7 x 7.92mm (.31in) 호치키스 기관총 또는 7.62mm (.3in) M1917 브라우닝 기관총
엔진: 1 x V-12 리버티 또는 V-12 리카르도 가솔린 엔진, 223 kW (300마력) | 중량 대비 출력: 8.1마력/톤
성능: 최고 속도: 8.45km/h

A1E1 인디펜던트

1차 세계 대전 후반에 영국 비커스 사에서 고안한 A1E1 인디펜던트는 다포탑 전차이다. 1926년에 프로토타입 한 대만 만들어졌지만 해외 설계자들이 그 발상을 모방했다. 중화력을 보유한 전차였다.

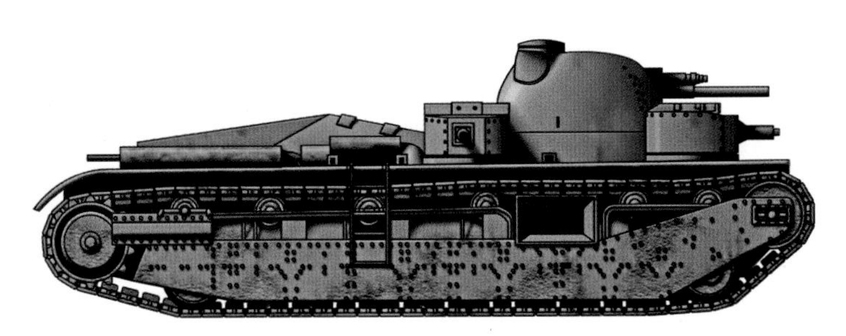

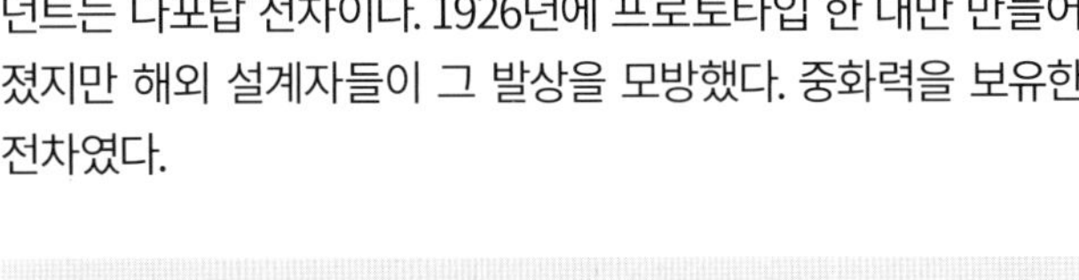

제원
제조국: 영국
중량: 32000kg
승무원: 8명
치수: 전장: 7.6m | 전폭: 2.7m | 전고: 2.7m
기동 가능 거리: 불명
장갑: 13~28mm
무장: 1 x 47mm (1.85in) 3파운드 포
엔진: 암스트롱 시들리 V 12 가솔린 엔진, 275kW (370마력)
성능: 최고 속도: 30km/h

후기 장갑차

중동과 북아프리카 식민지에서 민족주의 운동의 위협이 점점 커지자 치안 유지를 원했던 영국과 프랑스, 이탈리아는 모두 장갑차가 이상적인 선택이라고 생각했다. 종종 장갑차가 존재만으로도 지역 반란을 잠재우기에 충분했기 때문이었다.

란치아 안살도 IZ 기관총 장갑차

란치아 IZ 트럭을 기반으로 만든 장갑차로 시대를 앞서나갔다. 포탑에 기관총을 탑재했으며 이후 위에 또 다른 포탑을 설치해 기관총을 추가함으로써 상당한 화력을 갖추었다. 보닛 위로 철제 레일을 돌출시켜 철조망을 끊을 수 있게 했다.

제원

제조국: 이탈리아

승무원: 6명

중량: 3700kg

치수: 전장: 5.4m | 전폭: 1.824m| 전고(단일 포탑일 때): 2.4m

기동 가능 거리: 300km

장갑: 9mm

무장: 2 x 기관총

엔진: 1 x 26/30kW (35/40마력) 가솔린 엔진

성능: 최고 속도: 60km/h

라플리-화이트 기관총 장갑차

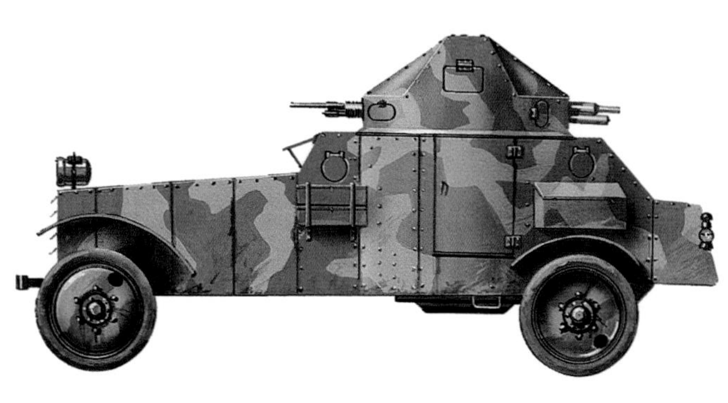

라플리-화이트 기관총 장갑차(Auto-Mitrailleuse)는 미국의 화이트 사에서 만든 트럭 차대에 프랑스의 라플리 사에서 설계한 장갑 차체를 합쳐서 만들었다. 속도는 느렸으나 신뢰성이 높아서 2차 세계대전까지 활약했다.

제원

제조국: 프랑스

승무원: 4명

중량: 6000kg

치수: 전장: 5.6m | 전폭: 2.1m | 전고: 2.75m

기동 가능 거리: 250km

장갑: 8mm

무장: 1 x 37mm (1.46in) 포 | 2 x 8mm (.31in) 기관총

엔진: 1 x 화이트 4기통 가솔린 엔진, 26kW (35마력)

성능: 노상 최고 속도: 45km/h

TIMELINE

1917 

1919 

다임러 DZVR 1919

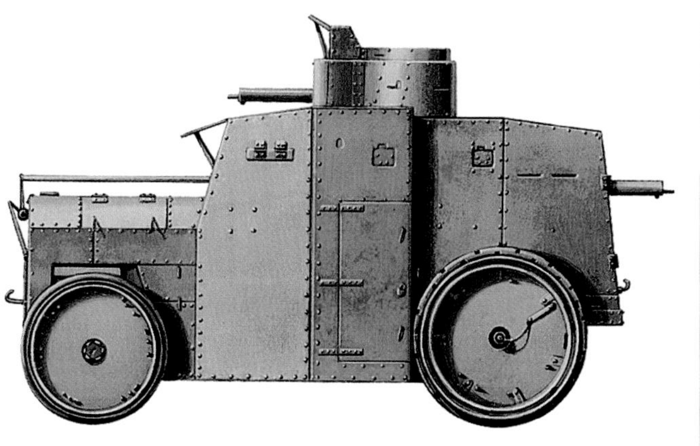

전후 독일 경찰이 사용한 다임러 DZVR은 KD1 포 견인차 (atillery tractor)의 차대를 기반으로 만들었다. 장갑판으로 승무원 여섯 명이 탑승하는 공간을 둘러쌌고 회전 포탑에는 서치라이트가 달려있었으나 1920년대에 맥심 기관총으로 교체되었다.

제원
제조국: 독일
승무원: 6명
중량: 10,500kg
치수: 전장: 5.9m | 전폭: 2.1m | 전고: 3.1m
기동 가능 거리: 150km
장갑: (강철) 12mm
무장: 2 x 7.92mm (.31in) 맥심 기관총
엔진: 1 x 다임러 M1574 4기통 가솔린 엔진, 75kW (100마력)
성능: 노상 최고 속도: 43km/h

슈포 존더바겐 21

슈포는 크롬-니켈 장갑, 강철을 댄 바퀴, 맥심 08 기관총 세 정, 승무원 아홉 명까지 합하면 11,000kg이 나가는 거대한 차량이다. 전단은 도로의 바리케이드를 뚫을 수 있게 설계했다.

제원
제조국: 독일
승무원: 9명
중량: 11,000kg
치수: 전장: 6.5m | 전폭: 2.41m | 전고: 3.45m
기동 가능 거리: 350km
장갑: 크롬-니켈 도금
무장: 3 x 7.92mm (.31in) 맥심 08 기관총
엔진: 1 x 에르하르트 4기통 가솔린 엔진, 60kW (80마력)
성능: 노상 최고 속도: 56km/h

파베시 35 PS

파베시 35 PS는 궤도형 장갑 차량의 대체품으로 등장했다. 지름 1.55m에 넓은 금속제 림이 있는 스포크 바퀴가 네 개 있었다. 덕분에 지상 간격이 75cm가 되었으며 1.4m 폭의 참호를 건널 수 있었다.

제원
제조국: 이탈리아
승무원: 2명
중량: 5000kg
치수: 전장: 4m | 전폭: 2.18m | 전고: 2.2m
기동 가능 거리: 불명
장갑: 불명
무장: 1 x 8mm (.31in) 기관총
엔진: 1 x 파베시 4기통 가솔린 엔진, 26kW (35마력)
성능: 노상 최고 속도: 30km/h

1921  

전간기

처음으로 완전 기계화 전력을 실험한 것은 영국이었지만 나치 정권의 독일 군사 지도자들은 1차 세계대전의 교훈을 잊지 않았다.

한스 젝트 장군의 지도하에 독일은 기동전 도구로 전차를 개발하고 기갑 사단이 수행할 대표적인 기습 공격 전술을 만들었다. 먼저 융커스 Ju 87 슈투카 폭격기가 적진 깊숙이 급강하해 지상 공격으로 길을 내면 기계화 보병이 그 틈을 파고드는 방식이었다.

왼쪽: 보병 지원 차량으로 설계한 영국의 브렌 건 캐리어는 2차 세계대전 전장에서 사실상 무용지물이었다.

전간기 장갑차

속도가 빠르고 조종이 쉬운 장갑차를 만들려면 대가가 필요했다. 당시 가능했던 엔진 출력으로 이와 같은 목표를 이루려면 장갑을 희생시켜야 했던 것이다. 이는 두 번의 세계대전 사이에 있었던 전투에서 어리석은 판단으로 드러났다. 가벼운 장갑을 두른 작은 전차는 당시 개발 중이었던 대전차 무기의 희생양이 되었기 때문이다.

모리스-마텔

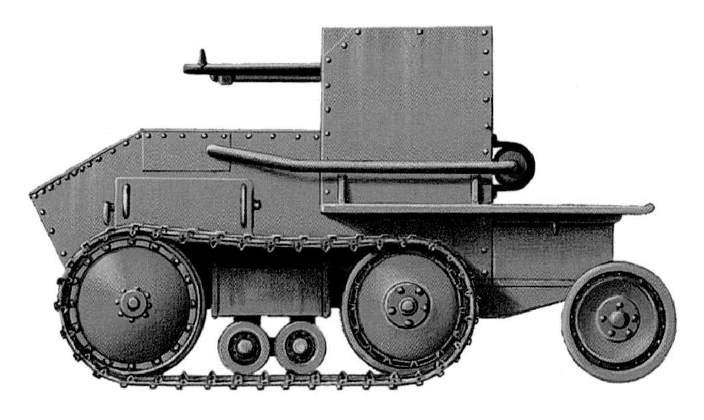

모리스 마텔은 보병대의 빠른 공격에 사용하도록 포드 트럭의 차축에 맥스웰 엔진을 결합한 1인용 장갑차로 고안되었다. 뒷바퀴로 조종하는 방식이었다. 개발은 1인용이 아닌 2인용으로 진행되었으나 1927년 중단되었다.

제원
제조국: 영국
승무원: 2명
중량: 2200kg
치수: 전장: 3m | 전폭: 1.5m | 전고: 1.6m
기동 가능 거리: 100km
장갑: 해당 없음
무장: 1 x 7.92mm (3.1in) 기관총
엔진: 1 x 모리스 4기통 가솔린 엔진, 12kW (16마력)
성능: 노상 최고 속도: 25km/h

르노 샤르 TSF

르노 샤르 TSF는 FT-17 경전차에서 파생된 무전 지휘 차량이다. 포곽이 고정되고 ER10 무전 장치를 설치한 비무장 차량이었다. 세 명이 탑승했으며 전쟁터에서 이동 중 보병과 기갑 부대 사이의 의사소통이 가능하게 했다.

제원
제조국: 프랑스
승무원: 3명
중량: 7000kg
치수: 전장: 5m | 전폭: 1.74m | 전고: 2.5m
기동 가능 거리: 60km
장갑: (강철) 16mm
무장: 없음
엔진: 1 x 르노 4기통 가솔린 엔진, 26kW (35마력)
성능: 노상 최고 속도: 8km/h

TIMELINE

1917 

1923

1924 

M23

M23은 시트로엥 B2/10CV 엔진과 케그레스 P4 궤도 장치에 슈나이더에서 만든 장갑 차체를 사용한 하프트랙(반 궤도) 차량이다. 37mm(1.46in) Sa-18 포나 기관총 한 정을 탑재했다. 2차 세계대전 무렵에는 쓰이지 않게 되었다.

제원
제조국: 프랑스
승무원: 3명
중량: 2200kg
치수: 전장: 3.4m | 전폭: 1.4m | 전고: 2.3m
기동 가능 거리: 200km
장갑: 불명
무장: 1 x 37mm (1.46in) SA-18 포 또는 1 x 기관총
엔진: 1 x 시트로엥 4기통 가솔린 엔진, 13kW (17마력)
성능: 노상 최고 속도: 40km/h

M28

M28은 M23을 '개량한' 버전이다. 크기가 커지면서 중량도 상당히 늘어났고 엔진도 50마력(37kW)을 낼 수 있는 6기통으로 업그레이드했다. 37mm(1.46in) 포와 호치키스 기관총을 같이 장착했으나 전투에서는 실용성이 떨어졌다.

제원
제조국: 프랑스
승무원: 3명
중량: 6000kg
치수: 전장: 4.3m | 전폭: 1.7m | 전고: 2.4m
기동 가능 거리: 200km
장갑: 불명
무장: 1 x 37mm (1.46in) SA-18 포 | 1 x 7.7mm (.31in) 기관총
엔진: 1 x 시트로엥 6기통 가솔린 엔진, 13kW (17마력)
성능: 노상 최고 속도: 45km/h

PA-II

PA-II는 거북이 등껍질 같은 모양 때문에 거북이를 뜻하는 '젤바'라는 별명이 붙었다. 열두 대가 생산되었으며 그 중 열 대에 장갑을 댔다. 나머지 두 대는 조종 훈련에 사용했다. 맥심 기관총 네 대로 중무장했음에도 불구하고 2차 세계대전 때는 쓰이지 않게 되었다.

제원
제조국: 체코슬로바키아
승무원: 5명
중량: 7360kg
치수: 전장(차체): 6m | 전폭: 2.16m | 전고: 2.44m
기동 가능 거리: 250km
장갑: 3–5.5mm
무장: 4 x 7.92mm (.31in) 맥심 08 기관총
엔진: 1 x 스코다 4기통 가솔린 엔진, 52kW (70마력)
성능: 노상 최고 속도: 70km/h

1925 1928

영국의 기갑 차량

영국 전차 설계자들은 세 가지 유형의 전차가 필요하다고 생각했다. 적의 방어선을 뚫을 전투용 중전차와 그렇게 만들어진 돌파구를 이용할 중형 전차, 그리고 지휘와 민첩한 정찰 활동에 적합한 경전차였다. 또한 1차 세계대전이 끝나고 2차 세계대전이 시작되기 전인 전간기에는 전차를 활용할 수 있는 다양한 사용처가 드러났다.

비커스 카든 로이드 타입 31

세계 최초로 수륙 양용 운행이 가능했던 전차 타입 31은 비커스의 4톤 경전차를 평저선 모양의 물이 새지 않는 차체에 맞춰 만든 것이다. 부력이 있는 흙받이 덕에 물에 뜰 수 있으며 차체 후미의 프로펠러로 최고 10km/h의 속도를 냈다.

제원

제조국: 영국
승무원: 2명
중량: 3100kg
치수: 전장: 3.96m | 전폭: 2.08m | 전고: 1.83m
기동 가능 거리: 260km
장갑: (강철) 최대 9mm
무장: 1 x 7.7mm (.31in) 기관총
엔진: 1 x 미도우즈 6기통 가솔린 엔진, 42kW (56마력)
성능: 노상 최고 속도: 64km/h | 수상 최고 속도: 10km/h

라이트 드래곤 마크 II

라이트 드래곤 마크 II는 비커스 마크 II 중형 전차의 차대를 바탕으로 만들었다. 8기통 암스트롱 시들리 가솔린 엔진을 썼으며 포병 10명과 포탄 118개를 수송할 수 있는 포 견인차로 활약했다. 무장은 하지 않았다.

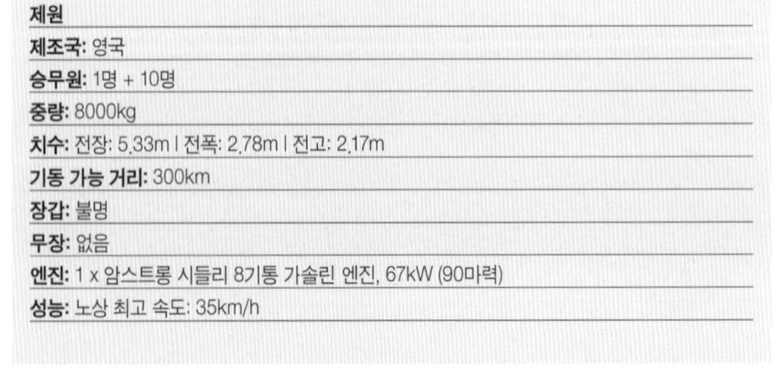

제원

제조국: 영국
승무원: 1명 + 10명
중량: 8000kg
치수: 전장: 5.33m | 전폭: 2.78m | 전고: 2.17m
기동 가능 거리: 300km
장갑: 불명
무장: 없음
엔진: 1 x 암스트롱 시들리 8기통 가솔린 엔진, 67kW (90마력)
성능: 노상 최고 속도: 35km/h

TIMELINE

1925

카든-로이드 마크 VI

카든-로이드 탱켓은 2인 1조를 이룬 보병들에게 이동식 기관총 운반용 장갑차를 제공하고자 만들어졌으나 이 시도는 실패로 돌아갔다. 몇 가지 버전이 생산되었지만 전술적 실용성이 없었기 때문이었다. 1930년대 중반 이후로는 개발이 중단되었다.

제원
제조국: 영국
승무원: 2명
중량: 1600kg
치수: 전장: 2.47m | 전폭: 1.7m | 전고: 1.22m
기동 가능 거리: 160km
장갑: 최대 9mm
무장: 1 x 7.7mm (.303in) 비커스 기관총
엔진: 1 x 포드 T 4기통 가솔린 엔진, 30kW (40마력)
성능: 노상 최고 속도: 45km/h

버치 건 마크 II

버치 건은 세계 최초로 실효성이 입증된 자주포이다. 18파운드(83.8mm/3.3in) 야전포를 개량하지 않은 비커스 중형 전차 차대에 장착했다. 더 나은 조준각을 확보한 마크 II는 지상과 공중의 목표를 모두 노릴 수 있었다.

제원
제조국: 영국
승무원: 6명
중량: 12,000kg
치수: 전장: 5.8m | 전폭: 2.4m | 전고: 2.3m
기동 가능 거리: 192km
장갑: 6mm
무장: 1 x 75mm (2.95in) 포
엔진: 1 x 암스트롱 시들리 8기통 가솔린 엔진, 67kW (90마력)
성능: 노상 최고 속도: 45km/h

T.15 경전차

T.15는 비커스 사가 설계한 또 다른 차량으로 특별히 벨기에의 요구 조건에 맞추어 개발했다. 높은 원뿔형 포탑에 호치키스 13.2mm(0.52in) 중기관총을 장착했다.

제원
제조국: 영국
승무원: 2명
중량: 6000kg
치수: 전장: 3.4m | 전폭: 불명 | 전고: 불명
기동 가능 거리: 불명
장갑: 불명
무장: 1 x 13.2mm (.52in) 호치키스 중기관총
엔진: 1 x 67kW (90마력) 미도우즈 가솔린 엔진
성능: 최고 속도: 62km/h

1928

전간기 프랑스의 기갑 전투 차량

가볍고 저렴한 보병 지원용 전차에 대한 프랑스의 열의는 1930년대에도 계속되어 2인용 궤도식 장갑차 르노 EU와 같은 기갑 전투 차량의 개발로 이어진다. 이와 같은 전차는 1930년대 초반에 생산되었으며 2차 세계대전이 발발했을 때 현역으로 광범위하게 쓰였다.

샤르 레제 17R(르노 FT-17)

1917년부터 1921년까지 3700대 이상의 FT-17이 프랑스의 공장에서 생산되었고 그 중 약 1300대가 1940년까지 현역으로 남았다. 8개 전차 대대가 각기 63대의 FT-17을 전선에 배치했으며 일부 독립 전차 중대도 FT-17을 갖추었다.

제원
제조국: 프랑스
승무원: 2명
중량: 6600kg
치수: 전장: 4.09m | 전폭: 1.7m | 전고: 2.13m
기동 가능 거리: 35km
무장: 1 x 37mm (1.5in) SA-18 포 또는 1 x 7.5mm (.295in) 기관총
엔진: 1 x 26.1kw (35마력) 르노 4기통 가솔린 엔진
성능: 최고 속도: 7.7km/h

샤르 2C (FCM-2C)

샤르 2C는 1917년에서 1918년 사이에 '돌파형 전차'로 설계되었다. 1918년 2월 300대의 주문이 들어갔으나 1919년부터 1921년까지 최종적으로 완성된 것은 단 열 대에 불과했다. 1940년대까지 운행이 가능했던 것은 여덟 대뿐으로 추정된다.

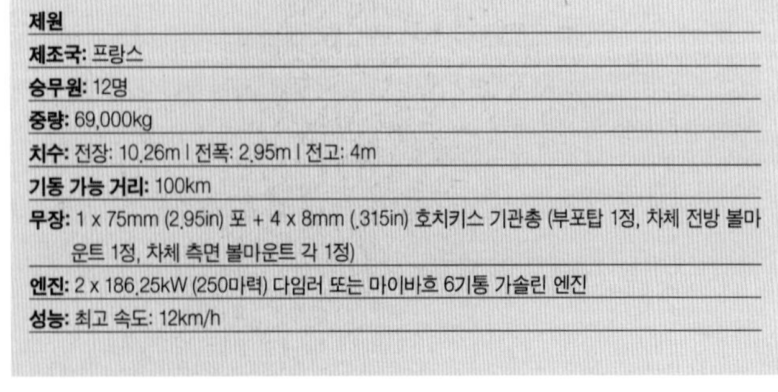
제원
제조국: 프랑스
승무원: 12명
중량: 69,000kg
치수: 전장: 10.26m | 전폭: 2.95m | 전고: 4m
기동 가능 거리: 100km
무장: 1 x 75mm (2.95in) 포 + 4 x 8mm (.315in) 호치키스 기관총 (부포탑 1정, 차체 전방 볼마운트 1정, 차체 측면 볼마운트 각 1정)
엔진: 2 x 186.25kW (250마력) 다임러 또는 마이바흐 6기통 가솔린 엔진
성능: 최고 속도: 12km/h

TIMELINE

1917 

1918 

1928 

AMC 슈나이더 P16

P16은 1928년부터 1930년 사이에 약 100대가 생산되었다. 처음에는 전투 차량 전대(EAMC)의 기병 분함대에 소속되었으나 이후 보병 사단 정찰단(GRDI) 5개단으로 각각 12대씩 이전되었다.

제원
제조국: 프랑스
승무원: 3명
중량: 6910kg
치수: 전장: 4.83m l 전폭: 1.73m l 전고: 2.6m
기동 가능 거리: 251km
무장: 1 x 37mm (1.5in) SA-18 포 + 1 x 동축 7.5mm (.295in) 기관총
엔진: 1 x 44.7kW (60마력) 파나르 17 가솔린 엔진
성능: 최고 속도: 50km/h

시트로엥-케그레스 P19(CK P19)

1917년 프랑스로 이주한 러시아의 일류 군사 공학자 아돌프 케그레스가 설계했다. 1932년 생산에 들어갔으며 1940년에도 547대가 현역으로 활약했다. 프랑스는 하프트랙 설계에 매우 적극적이었다.

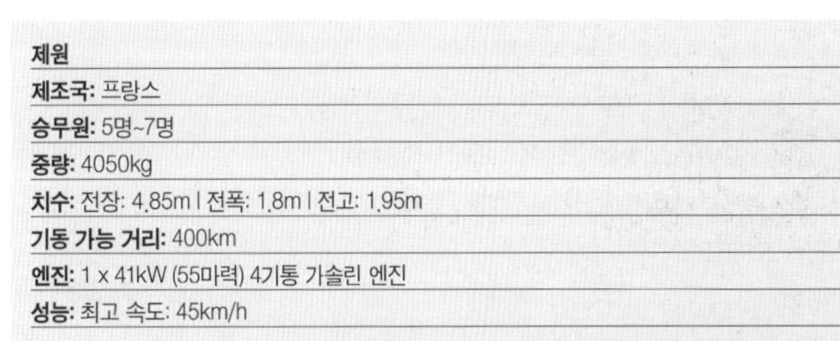

제원
제조국: 프랑스
승무원: 5명~7명
중량: 4050kg
치수: 전장: 4.85m l 전폭: 1.8m l 전고: 1.95m
기동 가능 거리: 400km
엔진: 1 x 41kW (55마력) 4기통 가솔린 엔진
성능: 최고 속도: 45km/h

르노 UE

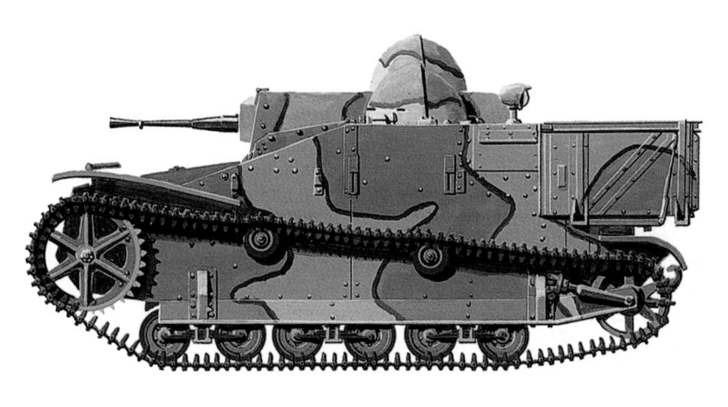

'유니버설 캐리어(Universal Carrier)', 즉 만능 수송차를 뜻하는 르노 UE는 탄약 또는 무기류를 실은 트레일러를 최대 600kg까지 견인하거나 뒤쪽 화물칸에 350kg까지 화물 적재가 가능했다. 그리고 이렇게 짐을 실은 상태에서 시속 48km로 이동할 수 있었다. 반구형 지붕으로 승무원을 보호했다.

제원
제조국: 프랑스
승무원: 2명
중량: 3300kg
치수: 전장: 2.94m l 전폭: 1.75m l 전고: 1.24m
기동 가능 거리: 125km
장갑: 불명
무장: 없음
엔진: 1 x 르노 85 4기통 가솔린 엔진, 28kW (38마력)
성능: 노상 최고 속도: 48km/h

1932

1936

전간기의 전차 개발

1차 세계대전 이후 많은 국가들이 영국과 프랑스의 전차 설계를 모방해 자체적인 기갑 전투 차량을 개발했다. 그 사이 영국과 프랑스도 새로운 유형의 기갑 전투 차량 개발을 게을리 하지 않았다. 그러나 양국 모두 기갑 편대를 적절히 활용하는 전술 수립에는 게을렀다.

비커스 중형 전차 마크 IA

흔히 비커스 중형 전차라고 불리는 마크 I은 사실 1922년에 경량형 기갑 전투 차량(AFV)으로 설계한 것이었으며 1920년대에 계속 진행되었던 기동성 시험에 사용된 핵심 AFV였다. 전투실 설계와 전반적인 레이아웃이 혁신적이었다.

제원
제조국: 영국
승무원: 5명
중량: 11,700 kg
치수: 전장: 5.33m | 전폭: 2.78m | 전고: 2.81m
기동 가능 거리: 190km
장갑: 최대 6.5mm
무장: 4 x 7.7mm (.303in) 호치키스 M1914 기관총 & 2 x 7.7mm (.303in) 비커스 기관총
엔진: 암스트롱 시들리 V-8 공랭식 가솔린 엔진, 67kW (90마력)
성능: 최고 속도: 24km/h

비커스 6톤 전차 A형

비커스 6톤 경전차는 1920년대 세계 전역에서 등장한 많은 다른 전차의 모델이었으며 그 중에는 소비에트 연방처럼 하나부터 열까지 빠짐없이 따라서 만드는 경우도 더러 있었다. 이보다 더 많이 생산된 전차는 프랑스의 르노 FT-17뿐이었다.

제원
제조국: 영국
승무원: 3명
중량: 7300kg
치수: 전장: 4.88m | 전폭: 2.41m | 전고: 2.16m
기동 가능 거리: 160km
장갑: 최대 13mm
무장: 2 x 7.7mm (.303in) 비커스 기관총
엔진: 1 x 가솔린 엔진, 59-73kW (80-98마력)
성능: 최고 속도: 35km/h

TIMELINE

1922 
1923 
1927  

피아트 3000 1930년형 (L5/30)

신뢰성 높고 생산이 용이했던 피아트 3000은 프랑스의 FT-17 경전차에서 파생된 또 다른 전차였다.(1920년대에는 작고 뛰어난 FT-17 유형의 전차가 세계에서 가장 널리 쓰였다.) 이탈리아의 첫 기갑 연대가 1927년 10월부터 이 멋진 전차 180대를 사용했다.

제원
제조국: 이탈리아
승무원: 2명
중량: 6000kg
치수: 전장: 4.29m | 전폭: 1.65m | 전고: 2.2m
기동 가능 거리: 100km
장갑: 최대: 6-16mm
무장: 1 x 37mm (1.46in) 비커스 테르니 포 | 1 x 6.5mm (.26in) 기관총
엔진: 1 x 피아트 6기통 가솔린 엔진, 37kW (50마력)
성능: 최고 속도: 21km/h

크리스티 T.1

간혹 M1921이라고도 하는 크리스티 T.1 중형 전차는 1927년부터 1932년까지 미국 육군의 평가를 받았다. 나중에 리버티 V12 항공기 엔진을 장착하고 T1E1으로 이름을 바꾸었다.

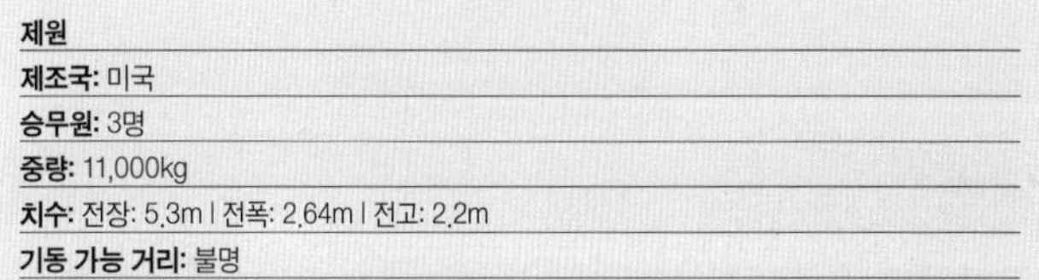

제원
제조국: 미국
승무원: 3명
중량: 11,000kg
치수: 전장: 5.3m | 전폭: 2.64m | 전고: 2.2m
기동 가능 거리: 불명
장갑: 최대 4.7mm
무장: 1 x 12.7mm (.5in) 브라우닝 중기관총
엔진: 1 x V12 리버티 가솔린 엔진, 338마력 (252kW)
성능: 최고 속도: 50-96km/h

PzNbFz VI

신형 건조 차량이란 뜻인 노이바우파초이크(Neubaufahrzeug) V와 VI는 인상적인 중전차로 독일인들에게 선전 가치가 있었다. 하나는 1939년 베를린에서 열린 국제 자동차 박람회에 전시되기도 했다. 노이바우파초이크 VI는 크루프 사에서 만들었다.

제원
제조국: 독일
승무원: 6명
중량: 23410kg
치수: 전장: 6.6m | 전폭: 2.19m | 전고: 2.98m
기동 가능 거리: 120km
장갑: 13-20mm
무장: 1 x 75mm (2.95in) KwK L/24 포 | 1 x 37mm (1.46in) KwK L45 포 | 3 x 7.92mm (.31in) MG34 기관총
엔진: 1 x BMW Va (6기통 가솔린 엔진) | 186kW (250마력)
성능: 최고 속도: 30km/h

1928  1934 

정찰 차량

1차 세계대전 기간 동안 적어도 서부 전선에서는 초반부터 정찰용 장갑차가 기병을 대체했다. 장갑차는 정찰이란 임무에 이상적인 도구였다. 베르사유 조약에 의해 전차 생산이 금지된 독일은 장갑 정찰 차량의 개발에 집중했다.

베를리에 VUDB

베를리에 VUDB는 4x4차량으로 프랑스의 북아프리카 식민지에서 광범위하게 쓰였다. 350km의 주행거리와 최대 시속 75km의 속도 덕에 해당 지역에서의 작전에 이상적이었기 때문이다. 창문에 장갑판으로 만든 덧문이 있어 포격에 노출되었을 때 창문을 보호할 수 있었다.

제원

제조국: 프랑스

승무원: 3명

중량: 4000kg

치수: 전장: 4.3m | 전폭: 1.96m | 전고: 2.15m

기동 가능 거리: 350km

장갑: 불명

무장: 3 x 기관총

엔진: 1 x 베를리에 6기통 가솔린 엔진, 37kW (49마력)

성능: 노상 최고 속도: 75km/h

SdKfz 231

SdKfz 231은 소련의 카잔 전차 훈련장에서 개발되었으나 독일에서 사용할 목적으로 독일이 설계한 차였다. 6x4 다임러-벤츠 트럭 차대가 감당하기에는 장갑 차체가 무거웠고 결과적으로 야지 주행 능력이 떨어졌다.

제원

제조국: 독일

승무원: 4명

중량: 5700kg

치수: 전장: 5.57m | 전폭: 1.82m | 전고: 2.25m

기동 가능 거리: 250km

장갑: 8mm

무장: 1 x 20mm KwK 38 포 | 1 x 동축 7.62mm (.78in) 기관총

엔진: 1 x 다임러 벤츠, 뷔싱-나크 또는 마기루스 수랭식 가솔린 엔진, 45~60kW (60~80마력)

성능: 노상 최고 속도: 65km/h | 도섭: .6m

라이히트 판처슈페바겐(MG) (SdKfz 221)

중형 승용차 호르히 801의 차대를 바탕으로 만든 SdKfz 221은 전쟁 초기 경무장 동력화 사단의 기갑 정찰 파견대에 지급된 경정찰차량이었다. (Leichte Panzerspähwagen 자체가 독일어로 경(輕)정찰 차량을 뜻한다. –옮긴이)

제원
제조국: 독일
승무원: 2명
중량: 4000kg
치수: 전장: 4.8m ǀ 전폭: 1.95m ǀ 전고: 1.7m
기동 가능 거리: 320km
무장: 1 x 7.92mm (.31in) 기관총
엔진: 1 x 호르히 3.5리터 가솔린 엔진, 75마력
성능: 최고 속도: 90km/h

스미다 M.2593

일본의 스미다 M.2593는 독창적인 차였다. 오프로드에서는 안정성이 떨어졌지만 튼튼한 도로용 바퀴를 장착했으며 차량 측면에 휴대하던 철도용 바퀴로 교체하고 앞바퀴와 뒷바퀴에 각기 다른 궤관을 적용할 수 있었다. 철도를 달릴 때 최고 속도는 시속 60km였다.

제원
제조국: 일본
승무원: 6명
중량: 7000kg
치수: 전장: 6.57m ǀ 전폭: 1.9m ǀ 전고: 2.95m
기동 가능 거리: 240km
장갑: 10mm
무장: 1 x 기관총
엔진: 1 x 4기통 가솔린 엔진, 34kW (45마력)
성능: 노상 최고 속도: 40km/h ǀ 철로 최고 속도: 60km/h

ADGZ

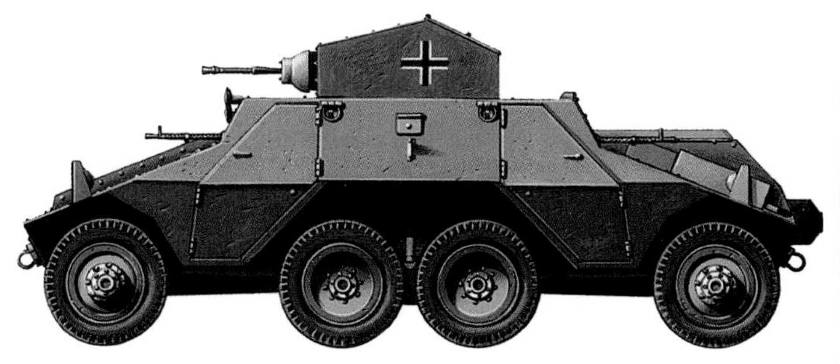

다임러 ADGZ는 8x8 차량으로 오프로드 기동성이 우수했다. 오스트리아 군대가 12대를 지급 받았고 경찰과 헌병대가 14대를 받았다. 가치를 알아본 독일군이 전쟁에 동원했으며 1941년 말까지 계속 생산되었다.

제원
제조국: 오스트리아
승무원: 6명 또는 7명
중량: 12,000kg
치수: 전장: 6.26m ǀ 전폭: 2.16m ǀ 전고: 2.56m
기동 가능 거리: 70km
장갑: 불명
무장: 1 x 20mm (.78in) 포 ǀ 3 x 7.92mm (.31in) 기관총
엔진: 1 x 오스트로-다임러 6기통 가솔린 엔진, 112kW (150마력)
성능: 노상 최고 속도: 70km/h

1935

1930년대 소비에트 연방의 전차

소련의 초기 전차는 다수가 영국의 설계, 주로 비커스 전차를 바탕으로 했다. 문제는 소련의 공학자들이 설계를 개량하려 하면 성능이 떨어지는 점이었다. 그래도 소련은 기동 가능한 첫 중형 전차를 세상에 내놓는 데 성공했다. 성공적인 작품과는 거리가 멀기는 했지만 말이다.

T-26A 1931년형 경전차

비커스 6톤 경전차는 비커스에서 탄생시켰지만 영국 군대에는 도입되지 않았다. 대신 많은 타국 군대에서 도입했으며 소련의 경우 그대로 따라 만들었다. 그것이 T-26A이다.

제원
제조국: 소련
승무원: 3명
중량: 9300kg
치수: 전장: 4.8m I 전폭: 2.39m I 전고: 2.33m
기동 가능 거리: 200km
무장: 2 x 7.62mm (.3in) DT 기관총
엔진: 1 x 68kW (91마력) GAZ T-26 8기통 가솔린 엔진
성능: 최고 속도: 28km/h

BT-2 쾌속 전차

러시아의 BT 시리즈 경전차 및 중형 전차는 J 월터 크리스티의 설계, 그 중에서도 1931년 작인 크리스티 T3 전차를 토대로 만들어졌다. 하지만 소련 엔지니어가 완전히 재설계해 최초로 소련에서 생산한 모델 BT-2가 되었다.

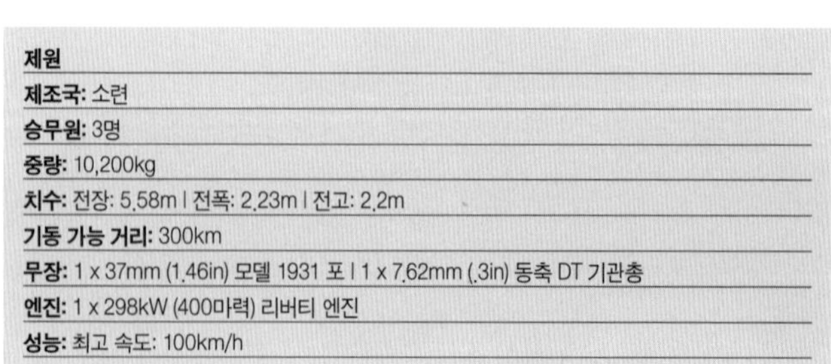

제원
제조국: 소련
승무원: 3명
중량: 10,200kg
치수: 전장: 5.58m I 전폭: 2.23m I 전고: 2.2m
기동 가능 거리: 300km
무장: 1 x 37mm (1.46in) 모델 1931 포 I 1 x 7.62mm (.3in) 동축 DT 기관총
엔진: 1 x 298kW (400마력) 리버티 엔진
성능: 최고 속도: 100km/h

TIMELINE

1931

1932

BT-5 쾌속 전차

BT-5(BT는 Bistrokhodny Tank, 쾌속 전차를 뜻한다)는 1932년부터 1941년 사이 소련에서 대량 생산된 기병 전차 시리즈에 속한다. 무장은 양호했으나 경장갑 차량이라 생존을 위해서는 기동성에 의지해야 했다.

제원

제조국: 소련

승무원: 3명

중량: 11,500kg

치수: 전장: 5.58m | 전폭: 2.23m | 전고: 2.25m

기동 가능 거리: 200km

무장: 1 x 45mm (1.77in) 모델 1932 포 | 1 x 7.62mm 동축 DT 기관총

엔진: 1 x 298kW (400마력) 모델 M-5

성능: 최고 속도: 72km/h

T-35 1932년형

1932년형 T-35는 '지상 전함'으로 분류된 첫 전차이다. 76mm(3in) 곡사포를 주포탑에 탑재하고 측면에 부포탑을 네 개 설치해 그 중 둘에는 45mm(1.77in) 포를, 나머지 둘에는 7.62mm(.3in) 기관총을 탑재했다.

제원

제조국: 소련

승무원: 11명

중량: 45,000kg

치수: 전장: 9.72m | 전폭: 3.2m | 전고: 3.43m

기동 가능 거리: 150km

무장: 1 x 76.2mm (3in) L/16 또는 24 포 | 2 x 45mm (1.77in) 포 | 6 x 7.62mm (.3in) 기관총

장갑: 10-30mm

엔진: 1 x M-17M 12 기통 가솔린 엔진, 2200rpm일 때 373kW (500제동마력)

성능: 최고 속도: 30km/h

T-26 1933년형 경전차

1931년형 T-26의 작은 트윈 포탑에는 더 강력한 포를 탑재할 가능성이 심히 제한되었다. 1933년형 전차에는 훨씬 큰 단일 포탑을 설치해서 강력한 1932년형 45mm(1.77in) 신형 대전차포를 탑재할 수 있었다.

제원

제조국: 소련

승무원: 3명

중량: 10,400kg

치수: 전장: 4.8m | 전폭: 2.39m | 전고: 2.33m

기동 가능 거리: 200km

무장: 1 x 45mm (1.77in) 대전차포 | 1 x 7.62mm (.3in) DT 기관총

엔진: 68kW (91마력) GAZ T-26 8기통 가솔린 엔진

성능: 최고 속도: 28km/h

1933  

T-28 중형 전차

영국과 독일의 전차 설계에 영감을 받아 만든 T-28 중형 전차는 중앙에 주포탑을 설치하고 전면에 기관총을 탑재한 보조 포탑을 설치했다. 서스펜션은 영국의 비커스 차량을 모방했고 76.2mm (3in) 저속포를 갖췄다. 실전에 투입된 뒤 몇 가지 파생형이 생산되었다.

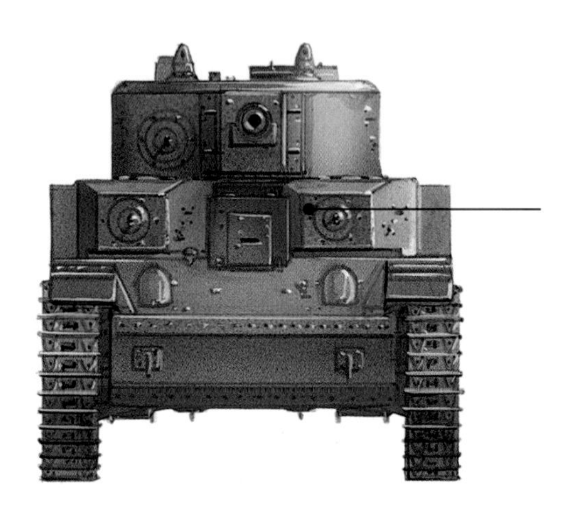

전면 장갑

T-28의 전면 장갑은 최대 80mm까지 두께가 증가했는데, 전쟁 전의 전차치고는 아주 무거웠다. T-28E는 측면 장갑판이 추가되었다.

포탑

원통형 포탑에 76.2mm(3in) 주포를 탑재하고 볼 마운트에 기관총 한 정을 탑재했다.

T-28은 수많은 모델과 파생형으로 생산되었다. 예를 들어 T-28C는 소련의 붉은 군대가 겨울 전쟁(소련-핀란드 전쟁)에서 불만족스러운 경험을 한 것이 계기가 되어 차체 전면에 장갑판과 포탑을 추가한 것이다. 또 다른 흥미로운 파생형 T-28(V)는 지휘관의 전차로 무전 장치를 갖추었고 포탑을 감싸는 프레임 안테나가 있었다.

제원

제조국: 소련

승무원: 6명

중량: 28,509kg

치수: 전장: 7.44m | 전폭: 2.81m | 전고: 2.82m

기동 가능 거리: 220km

장갑: 10–80mm

무장: 1 x 76.2mm (3in) 포 | 3 x 7.62mm (.3in) 기관총

엔진: 1 x M-17 V-12가솔린 엔진, 373kW (500마력)

성능: 노상 최고 속도: 37km/h | 도섭: 불명 | 수직 장애물: 1.04m | 참호: 2.9m

궤도 횡단

T-28은 많은 바퀴와 긴 접지면 덕에 참호를 가로지르는 능력이 뛰어났다. 그러나 불행히도 이는 쓸모없는 능력이었다. 이 전차는 주로 방어용으로 쓰였기 때문이었다.

T-28 중형 전차 조감도

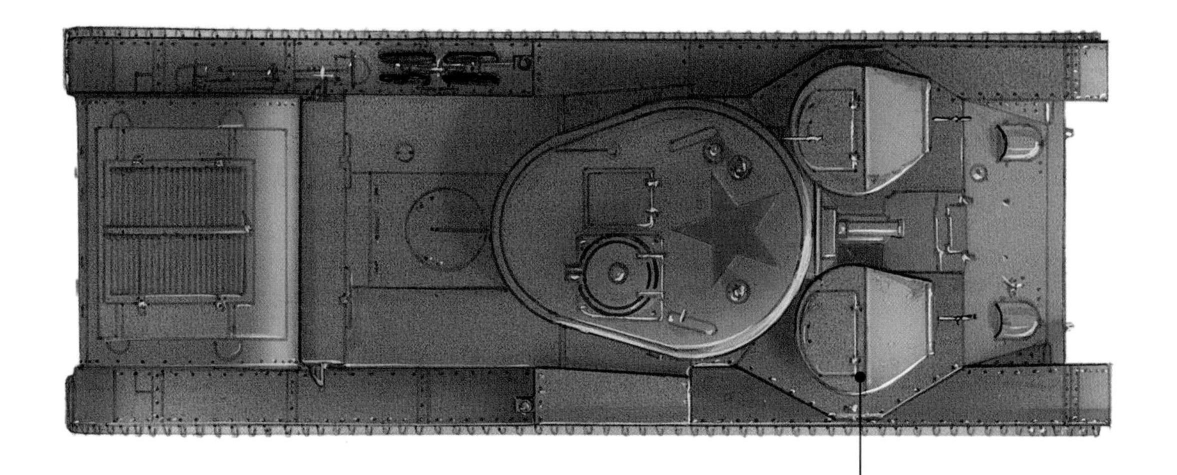

중화기
T-28은 적군에게 정면 공격을 시작하기 위한 '돌파형' 전차로 설계되었다. 동시에 세 포탑에서 발포하므로 목표에 접근하면서 중화력을 발휘할 수 있었다

기관총
초기 T-28은 볼마운트 기관총이 뒤를 보고 있었지만 후기 모델에서는 포탑 뒷면에 버슬형 탄약고가 있고 기관총은 앞면으로 재배치되었다.

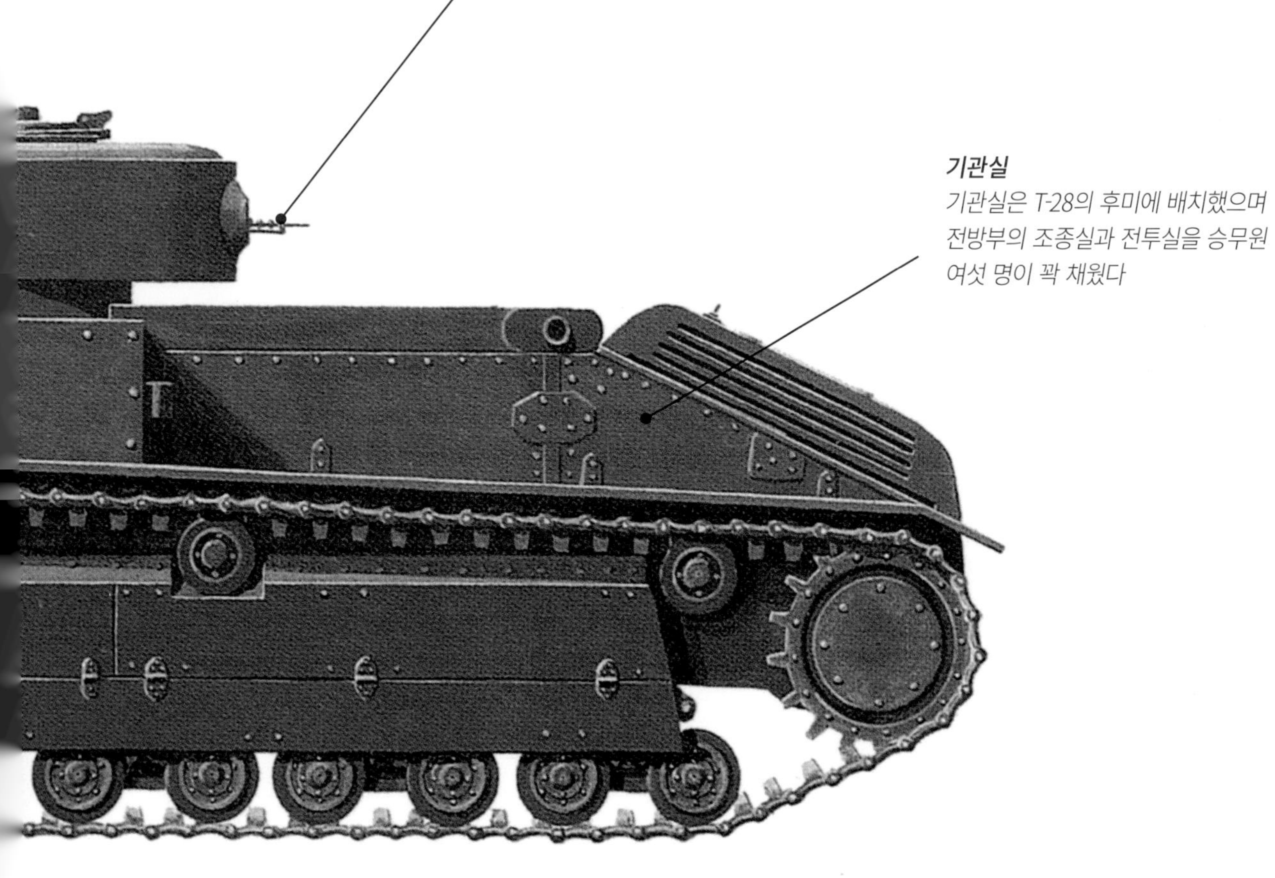

기관실
기관실은 T-28의 후미에 배치했으며 전방부의 조종실과 전투실을 승무원 여섯 명이 꽉 채웠다

1930년대 참모 차량

참모 차량은 1930년대에 상당한 발전이 있었다. 어떤 지형이든 다 운행이 가능하면서 상급 지휘관이 앞쪽의 병사들과 계속 소통이 가능해야 한다는 명확한 요구조건이 확립된 상태였기 때문이다. 더 강력한 엔진과 더 나은 서스펜션으로 야지 성능을 높였다.

GAZ-A 참모 차량

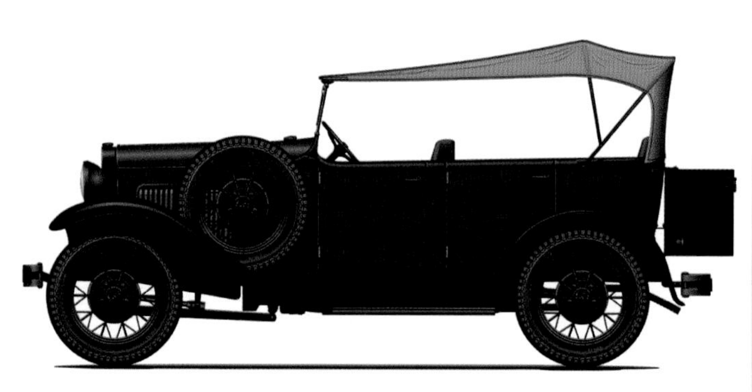

GAZ-A는 라이센스를 받아 만든 1927년형 포드 모델A의 복제품이었다. 1932년부터 1936년까지 약 42,000대가 생산되었다. 수수하고 거친 운행 조건을 견딜 수 있었으므로 2차 세계대전 내내 전장을 누볐다.

제원

제조국: 소련
승무원: 1명
중량: 1080kg
치수: 전장: 3.87m | 전폭: 1.7m | 전고: 1.8m
엔진: 1 x 31.3kW (42마력) GAZ-A 4기통 가솔린 엔진
성능: 최고 속도: 포장도로에서 90km/h

크라프트파초이크(Kfz) 11

아우토-우니온/호르히 타입830은 상업용 차량을 군용 차체에 맞추고 야지 운행 능력을 높이기 위해 큰 타이어와 V8엔진을 장착한 것이다. 경량포를 끌거나 보병 수송에 쓰이기도 했으며 통신 차량 역할도 했다. 대부분의 전장에서 임무를 수행했다.

제원

제조국: 독일
승무원: 1명
중량: 990kg
치수: 전장: 4.8m | 전폭: 1.8m | 전고: 1.85m
엔진: 1 x 호르히 V-8 2.98리터 가솔린 엔진, 52.2kW (70마력)
성능: 노상 최고 속도: 75km/h | 도섭: 40cm

TIMELINE

1932 1934 1936

스코다 타입 952(Kfz 21)

스코다 수퍼브 승용차에 기반을 둔 Kfz 21은 상급 장교들이 사용했던 야전용 참모 차량이었다. Kfz 15 통신 차량과 같은 차대를 썼다.

제원
제조국: 체코슬로바키아
승무원: 참모 포함 6명
중량: 2500kg
치수: 전장: 5.8m | 전폭: 2.03m 전고: 2.32m
엔진: 1 x 슈타이어 3.5L 8기통 가솔린 엔진
성능: 최고 속도: 90km/h

GAZ M-1 사령관 전용차

GAZ M-1은 1933년형 미국 포드 V8-40을 기반으로 만들었으며 1936년부터 1941년까지 63,000대가 만들어졌다. 전쟁 초기 주된 참모 차량으로서 붉은 군대 지휘관들 사이에서 광범위하게 쓰였으나 4x2 배열이 야전용으로는 약점이었다.

제원
제조국: 미국/소련
승무원: 1명
중량: 1370kg
치수: 전장: 4.62m 전폭: 1.77m 전고: 1.78m
엔진: 37kW (50마력) 4기통
성능: 속도: 100km/h

메르세데스 벤츠 G4 W31

아돌프 히틀러의 호위 부대가 베를린을 떠나 전쟁 지역을 방문할 때 총통을 보호하기 위한 목적으로 이 차를 준비했다. 커다란 메르세데스 G4 컨버터블은 전장 방문 시 히틀러가 가장 좋아한 교통수단으로 꼽힌다.

제원
제조국: 독일
승무원: 1명
중량: 3700kg
치수: 전장: 4.8m | 전폭: 1.87m | 전고: 1.9m
엔진: 1 x 5.4L 8기통 가솔린 엔진, 81Kw (110마력)
성능: 최고 속도: 67km/h

1939

1930년대의 트럭

군용 트럭은 1차 세계대전 때 등장했으나 주로 민간 차량을 징발하는 형태였다. 1930년대에 접어들자 군대 전용으로 트럭을 만들게 되었다. 하지만 이 트럭들이 진정으로 신뢰성과 역량을 인정받게 된 것은 2차 세계대전이 일어난 뒤였다. 대량 생산 기술이 발전하면서 충분한 수를 확보할 수 있었다.

폴스키 피아트 PF-618 소형 트럭

폴스키 피아트 PF-618 그룹은 2차 세계대전이 일어나기 전 라이센스를 받아 폴란드에서 생산한 일련의 차량들에 포함된다. 생산 및 정비는 새로운 폴란드-이탈리아 회사인 폴스키 피아트가 맡았다.

제원

제조국: 폴란드

승무원: 1명

중량: 1850kg

치수: 전장: 4.72m | 전폭: 2m | 전고: 2.11m

기동 가능 거리: 400km

엔진: 1 x 38.75kW (52마력) 가솔린 엔진

성능: 최고 속도: 60km/h

GAZ-AA 4x2 1.5톤 트럭

GAZ-AA 4x2 1.5톤 트럭은 라이센스를 받아 만든 1929년형 포드 AA모델의 복제품으로 1930년대 소련의 기갑 전투 실험에서 필수 병참 지원을 제공했다. 1941년까지 15만 대 이상이 생산되었다.

제원

제조국: 미국/소련

승무원: 운전수 1명(+ 병사 15명)

중량: 1550kg

치수: 전장: 5.33m | 전폭: 2.1m | 전고: 1.97m

기동 가능 거리: 불명

엔진: 1 x 29.8kW (40마력) 4기통 SV 가솔린 엔진

성능: 최고 속도: 70km/h

TIMELINE

1931

1933

중형 전지형(全地形) 트럭 헨셸 33D1

헨셸 33D1은 뛰어난 군사 차량으로 1934년부터 뷔싱-나크, 메르세데스, 크루프, 그 모회사를 포함한 다양한 제조사에 의해 만들어졌다. 10년 동안 생산이 지속되었다.

제원
제조국: 독일
승무원: 1명
중량: 6100kg
치수: 전장: 7.4m | 전폭: 2.25m | 전고: 3.2m
엔진: 1 x 10.7리터(650ci) 6기통 가솔린 엔진, 74Kw(100마력)
성능: 최고 속도: 60km/h

ZiS-5

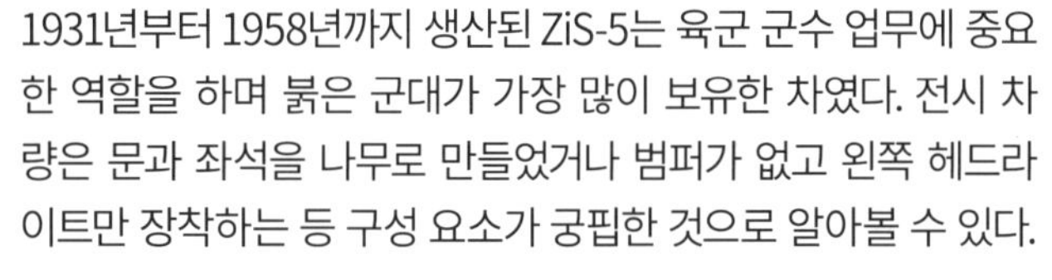

1931년부터 1958년까지 생산된 ZiS-5는 육군 군수 업무에 중요한 역할을 하며 붉은 군대가 가장 많이 보유한 차였다. 전시 차량은 문과 좌석을 나무로 만들었거나 범퍼가 없고 왼쪽 헤드라이트만 장착하는 등 구성 요소가 궁핍한 것으로 알아볼 수 있다.

제원
제조국: 소련
승무원: 2명
중량: 3100kg
치수: 전장: 6.06m | 전폭: 2.24m | 전고: 2.16m
기동 가능 거리: 불명
엔진: 1 x ZiS-5 6기통 가솔린 엔진, 54kW (72마력)
성능: 노상 최고 속도: 65km/h | 도섭: 6m

GAZ-AAA

GAZ-AAA는 1933년부터 1942년 사이에 생산되었다. 최종 버전은 단순화한 차체에 범퍼가 없고 헤드라이트도 한 개뿐이다. 6x4 배열에 적재량이 2500kg이었고 최대 시속 60km의 속도를 낼 수 있었다.

제원
제조국: 소련
승무원: 2명
중량: 2475kg
치수: 전장: 5.34m | 전폭: 2.04m | 전고: 1.97m
기동 가능 거리: 불명
엔진: 1 x GAZ-M1 4기통 가솔린 엔진, 37kW (50마력)
성능: 노상 최고 속도: 65km/h

1934

1930년대의 장갑차

장갑차는 1930년대 들어 새로운 발전기를 맞았다. 프랑스와 영국은 오랫동안 장갑차가 식민지 순찰에 이상적이라고 생각했다. 하지만 소련과 독일은 그보다 더 공격적인 역할을 계획했고, 기갑 부대의 일환으로 운행하고자 했다.

D-8 장갑차

D-8 장갑차는 1932년부터 1934년 사이에 소량 생산되었다. 여기 소개하는 예시처럼 마지막으로 생산된 버전은 장갑판으로 차체를 완전히 감싸고 양쪽 측면에 7.62mm(.3in) 기관총으로 무장했다.

제원
제조국: 소련
승무원: 2명
중량: 1580kg
치수: 전장: 2.63m | 전폭: 1.7m | 전고: 1.8m
기동 가능 거리: 225km
장갑: 7mm
무장: 2 x 7.62mm (.3in) DT 기관총
엔진: 1 x 31.3kW (42마력) GAZ-A 4기통 가솔린 엔진
성능: 최고 속도: 85km/h

BA-10

BA-10은 소련의 지형에 이상적이었으며 주무장은 전차들과 비교해도 뒤지지 않았다. 독일군이 대량 포획해 저항군 소탕에 이용했다. 소련이 보유한 BA-10은 1942년 전선에서 교체되었다.

제원
제조국: 소련
승무원: 4명
중량: 7500kg
치수: 전장: 4.7m | 전폭: 2.09m | 전고: 2.42m
기동 가능 거리: 320km
장갑: 최대 25mm
무장: 1 x 37mm/45mm (1.46in/1.77in) 포 | 1 x 7.62mm (.31in) 기관총
엔진: 1 x GAZ-M 14기통 수랭식 가솔린 엔진, 63kW (85마력)
성능: 최고 속도: 87km/h | 도섭: .6m | 수직 장애물: .38m | 참호: .5m

TIMELINE

1932 

1937 

BA-20

BA-20은 GAZ-M1 트럭의 차대를 썼으며 강철 장갑판을 두른 상부 구조를 갖추어 소형화기의 공격을 막도록 한 척후/지휘 차량이다. 빨랫줄 안테나를 장착한 BA-20과 휩 안테나를 장착한 BA-20M 두 가지 버전으로 생산되었다.

제원

제조국: 소련
승무원: 2명
중량: 2340kg
치수: 전장: 4.1m | 전폭: 1.8m | 전고: 2.3m
기동 가능 거리: 350km
장갑: (강철) 4–6mm
무장: 1 x 7.62mm (.3in) 기관총
엔진: 1 x GAZ-M1 4기통 가솔린 엔진, 37kW (50마력)
성능: 노상 최고 속도: 90km/h

란즈베르크 180

란즈베르크 180 장갑차는 차대에 장갑판을 리벳으로 고정해 상자 모양을 만들고 마드센 20mm(.78in) 포와 7.92mm(.31in) 동축 기관총을 탑재한 포탑을 위에 올렸다. 그러나 사용된 장갑은 2차 세계대전 시기 기준으로 이미 구식이었다.

제원

제조국: 스웨덴
승무원: 5명
중량: 7000kg
치수: 전장: 5.87m | 전폭: 5.87m | 전고: 2.33m
기동 가능 거리: 290km
장갑: 8.5mm
무장: 1 x 20mm (.78in) 캐넌포 | 1 x 동축 7.92mm (.31in) 기관총
엔진: 1 x 스카니아-바비스 6기통 디젤 엔진, 60kW (80마력)
성능: 노상 최고 속도: 80km/h

SdKfz 222

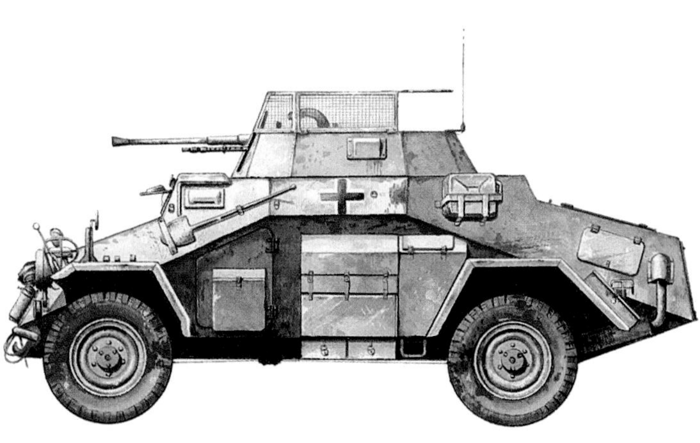

SdKfz 222는 2차 세계대전 당시 독일 국방군의 표준 정찰용 장갑차가 되었다. 1939년부터 1940년 사이 폴란드와 프랑스를 상대로 한 기습 공격에서 활약했으나 북아프리카와 소련에서는 주행 거리의 한계가 문제로 드러났다.

제원

제조국: 독일
승무원: 3명
중량: 4800kg
치수: 전장: 4.8m | 전폭: 1.95m | 전고(수류탄 보호막 포함): 2m
기동 가능 거리: 300km
장갑: 14.5–30mm
무장: 1 x 20mm (.78in) 포 | 1 x 7.92mm (.31in) 기관총
엔진: 1 x 호르히/아우토-우니온 V8-108 수랭식 가솔린 엔진, 60kW (81마력)
성능: 노상 최고 속도: 80km/h | 도섭: 6m

1938

연합군 장갑차

1930년대 최고의 장갑차 몇 종류를 프랑스가 만들었다는 사실에는 의심의 여지가 없다. 프랑스 육군의 차륜형 기갑 전투 차량은 파나르 르바소가 주요 제조사였다. 하지만 남아프리카의 마몬 헤링턴 역시 놀랄 만큼 성공적이었다.

WZ/34

WZ/34는 뒷부분에 높은 포탑을 설치했지만 일반 자동차를 바탕으로 만들어진 것을 한눈에 알 수 있는 외형이다. 장갑이 빈약한 탓에 1939년 9월 독일의 폴란드 침공 때 독일군 전차를 막지 못했다.

제원
제조국: 폴란드
승무원: 2명
중량: 2200kg
치수: 전장: 3.62m | 전폭: 1.91m | 전고: 2.21m
기동 가능 거리: 250km
장갑: 6mm
무장: 1 x 37mm (1.46in) SA-18 퓌토 L/21 포 또는 1 x 7.92mm (.31in) 호치키스 wz.25 기관총
엔진: 1 x 시트로엥 B-T4 6기통 가솔린 엔진, 15kW (20마력) 또는 1 x 피아트 6기통 가솔린 엔진, 19kW (25마력)
성능: 노상 최고 속도: 40km/h

M39 장갑차

M39은 잘 만든 6x4 장갑차로 차체 전체를 용접하고 뒤쪽에 포드 머큐리 V8 엔진을 장착했으며 경사 장갑을 달았다. 차량 뒤쪽에 조종 장치가 있어 비상 상황에서는 기관총 사수가 역방향으로 조종할 수 있다.

제원
제조국: 네덜란드
승무원: 5명
중량: 6000kg
치수: 전장: 4.75m | 전폭: 2.03m | 전고: 2.16m
기동 가능 거리: 320km
장갑: 12mm
무장: 1 x 37mm (1.46in) 캐넌포 | 3 x 8mm (.31in) 기관총
엔진: 1 x 포드 머큐리 V8 가솔린 엔진, 71kW (95마력)
성능: 노상 최고 속도: 60km/h

TIMELINE

1934 

1937  

1938 

파나르 르바소 타입 178

파나르 178은 4x4 장갑 정찰 차량으로 만들어졌다. 보통 25mm(.98in) 주포 또는 7.5mm(.295in) 기관총으로 무장했다. 프랑스 점령 이후 독일군이 장갑 정찰 차량 P204(f)로 이름을 붙여서 사용했다.

제원
제조국: 프랑스
승무원: 4명
중량: 8300kg
치수: 전장: 4.8m | 전폭: 2.01m | 전고: 2.33m
기동 가능 거리: 300km
장갑: 18mm
무장: 1 x 25mm (.98in) 캐넌포 | 1 x 7.5mm (.29in) 기관총
엔진: 1 x 르노 4기통 가솔린 엔진, 134kW (180마력)
성능: 노상 최고 속도: 72km/h | 도섭: .6m | 경사: 40% | 수직 장애물: .3m | 참호: .6m

모리스 CS9 장갑차

모리스 CS9 장갑차는 모리스 4x2 15cwt 트럭 차대를 바탕으로 만들었다. 1938년 총 99대가 만들어졌고 그 중 38대가 제12 영국 육군 창기병대에 지급되었다. 영국 해외 파견군(British Expeditionary Force; BEF)이 사용한 유일한 장갑차이다.

제원
제조국: 영국
승무원: 4명
중량: 4260kg
치수: 전장: 4.78m | 전폭: 2.06m | 전고: 2.21m
기동 가능 거리: 386km
장갑: 7mm
무장: 1 x 14mm (.55in)보이즈 대전차 소총 | 1 x 7.7mm (.303in) 브렌 기관총
엔진: 1 x 52kW (70마력) 모리스 상업용 4기통 가솔린 엔진
성능: 최고 속도: 72km/h

마몬 헤링턴

마몬 헤링턴은 롬멜의 독일 아프리카 군단에 대항해 서부 사막에서 광범위하게 활약했다. 인기 있고 튼튼했으며 장갑과 무장이 가벼운데도 불구하고 상대적으로 정비가 쉬워 효과적이었다. 전장에서는 많은 다양한 무기를 장착했다.

제원
제조국: 남아프리카
승무원: 4명
중량: 6000kg
치수: 전장: 4.88m | 전폭: 1.93m | 전고: 2.286m
기동 가능 거리: 322km
장갑: 12mm
무장: 1 x 7.7mm (.303in) 비커스 기관총 | 1 x 14mm (.55in) 보이즈 대전차 소총 | 1 x 7.7mm (.303in) 브렌 기관총
엔진: 1 x 포드 V-8 가솔린 엔진
성능: 최고 속도: 80.5km/h

1939

1930년대 포 견인차

1900년대 초반 포 설계에서 지배적인 요소는 중량이었다. 하루 종일 포를 끌려면 6~8마리 말이 필요한 무게였던 것이다. 그러나 엔진으로 동력을 공급 받는 포 견인차(Artillery Tractor)가 등장하며 상황이 완전히 달라졌고 1930년대에 이르자 전부는 아닐지라도 대부분의 말을 대신해 포를 운반하는 주요 수단이 되었다.

라플리 W15T

W15T는 6x6 배열의 포 견인차로 승무원 세 명이 탑승했다. 도랑이나 배수로를 올라갈 수 있게 트럭 앞쪽에 작은 보조바퀴 두 개를 설치했다. 독일군이 프랑스 점령 뒤 독일군용으로 개조했다.

제원
제조국: 프랑스
승무원: 3명 + 3명
중량: 5000kg
치수: 전장: 5.4m | 전폭: 1.9m | 전고: 1.8m
기동 가능 거리: 280km
장갑: 없음
무장: 1 x 7.5mm (.29in) 기관총
엔진: 1 x 호치키스 486 4기통 가솔린 엔진, 38kW (51마력)
성능: 불명

포드/마몬-헤링턴 장갑차

총 90대가 생산되었다. 차대는 앤트워프에서 포드가 만들었고 장갑 차체는 말린에서 라제노가 만들었다. 47mm(1.85in) 대전차포의 주요 운반 수단으로 기병 연대에 지급되었다.

제원
제조국: 남아프리카
승무원: 2명
중량: 3490kg
치수: 전장: 4.82m | 전폭: 1.9m | 전고: 1.77m
기동 가능 거리: 불명
장갑: 최대 20mm
엔진: 1 x 포드 V8기통 가솔린 엔진, 63.38kW (85마력)
성능: 최고 속도: 불명

TIMELINE
1934
1936
1937

모리스 CS8 GS 15cwt 트럭

CS8은 1934년부터 쓰이기 시작해 1941년 생산이 중단되기까지 2만 1천 대가 만들어졌다. 각 기갑 연대가 총 12 대씩 GS 15cwt 트럭을 보유했다. 다수가 1940년 5월/6월에 포획되어 독일군 소유가 되었다.

제원

제조국: 영국
승무원: 1명
중량: 990kg
치수: 전장: 4.8m | 전폭: 1.8m | 전고: 1.8m
기동 가능 거리: 225km
엔진: 1 x 3.5리터(213ci) 4기통 가솔린 엔진
성능: 최고 속도: 75km/h

AEC 마타도어 0853 4x4 중형 포 견인차

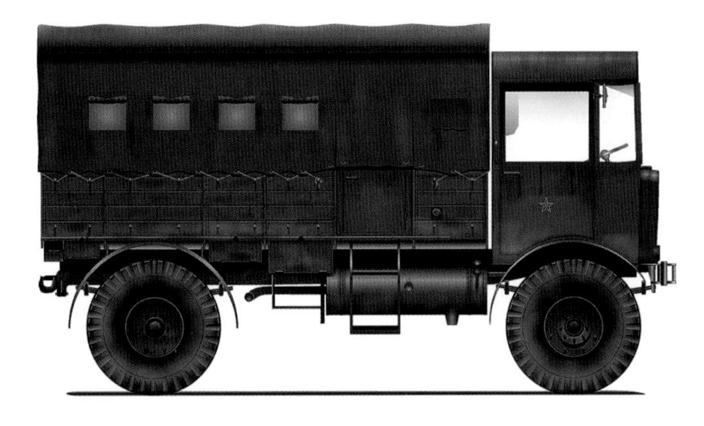

영연방군을 위해 생산된 AEC 마타도어는 다양한 역할을 수행했고 95mm(.3.75in) AA 포와 139mm(5.5in) 중포를 견인하는 데 쓰이며 포 견인차 역할도 했다. 영국 공군, 그리고 소련을 위해 약 9천 대가 생산됐다.

제원

제조국: 영국
승무원: 1명
중량: 7189kg
치수: 전장: 6.32m | 전폭: 2.4m | 전고: 3.1m
기동 가능 거리: 579km
장갑: 없음
엔진: 70.8kW (95마력) AEC 6기통 디젤 엔진
성능: 최고 속도: 58km/h

콤소몰레츠 포 수송차

1930년대 말, 소련은 대전차포, 중박격포, 경량 야전포를 끌기 위해 경량 포 견인차를 개발했다. 콤소몰레츠는 부분 장갑 포 견인차로 1937년에서 1941년 사이에 생산되었으며 주로 45mm(1.77in) 대전차포 견인에 사용되었다.

제원

제조국: 소련
승무원: 2명(포수용 추가 좌석 6석)
중량: 3500kg
치수: 전장: 3.45m | 전폭: 1.86m | 전고: 1.58m
기동 가능 거리: 250km
장갑: 7-10mm
무장: 1 x 7.62mm (.3in) DT 기관총
엔진: 1 x 37kW (50마력) GAZ-M 4기통 가솔린 엔진
성능: 최고 속도: 50km/h

1939

독일 육군 포 견인차

독일은 2차 세계대전 초반 달라진 여러 작전상 필요에 맞추어 다양한 포 견인차를 개발했다. 서유럽과 북아프리카에서 성공적으로 기동한 견인차는 러시아에서는 궤도가 진흙으로 막히고 콘크리트처럼 단단하게 얼어붙어 운행이 쉽지 않았다.

SdKfz 7

SdKfz 7은 주로 88mm(3.4in) 대공포 견인에 사용되었다. 최대 8000kg까지 견인이 가능해 12명의 병사와 상당량의 물자를 수송할 수 있었다. 대부분 윈치가 설치되었으며 윈치 역시 무기 운반에 사용할 수 있었다.

제원

제조국: 독일
승무원: 12명
중량: 11,550kg
치수: 전장: 6.85m | 전폭: 2.4m | 전고: 2.62m
기동 가능 거리: 250km
장갑: 8mm
무장: 기본 버전 – 없음
엔진: 1 x 마이바흐 HL 62 6기통 가솔린 엔진, 104.4kW (140마력)
성능: 노상 최고 속도: 50km/h | 도섭: .5m | 수직 장애물: 2m

SdKfz 9

SdKfz 9은 2차 세계대전 최대 크기의 하프트랙으로 구난과 중포 및 가교 구성물의 견인에 사용되었다. 무기 운반 버전은 88mm(3.4in) 대공포를 탑재했다. 구난 버전은 크레인과 평형을 잡기 위한 다리가 있었다.

제원

제조국: 독일
승무원: 9명
중량: 18,000kg
치수: 전장: 8.25m | 전폭: 2.6m | 전고: 2.76m
기동 가능 거리: 260km
장갑: 8–14.5mm
무장: 없음. 간혹 8.8cm Flak 포 탑재
엔진: 1 x 마이바흐 HL V-12 가솔린 엔진, 250마력 (186.4kW)
성능: 노상 최고 속도: 50km/h | 도섭: .6m | 수직 장애물: 2m

TIMELINE

1937 

1938 

SdKfz 11

포 견인차를 목적으로 만든 SdKfz 11은 처음에는 105mm(4.1in) 곡사포 포대에서 사용했다. 이때 매우 성공적임이 판명되어 나중에는 다양한 포의 견인에 사용되었고 궁극적으로는 네벨베르퍼(Nebelwerfer) 포대에서 로켓탄 발사기 견인에 가장 많이 사용되었다.

제원

제조국: 독일

승무원: 9명

중량: 7100kg

치수: 전장: 5.48m l 전폭: 1.82m l 전고: 1.62m

기동 가능 거리: 122km

장갑: 8~14mm

무장: 없음

엔진: 1 x 6기통 가솔린 엔진, 74.6kW (100마력)

성능: 노상 최고 속도: 53km/h l 도섭: .75m l 수직 장애물: 2m

자우러 RR-7

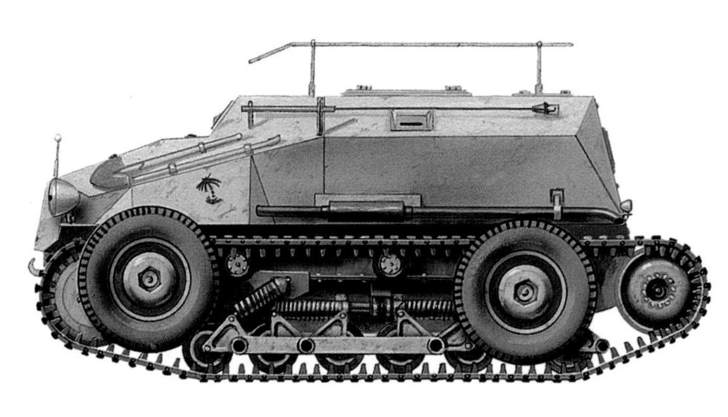

RR-7은 오스트리아 육군의 포 견인차로 개발되었다. 차륜-궤도 복합형 설계로 도로에서는 바퀴를 내려 궤도를 대신하게 했다. 독일군이 개조해 관측 장갑차로 사용하며 SdKfz 254라고 명명했다.

제원

제조국: 오스트리아

승무원: 5명

중량: 6420kg

치수: 전장: 4.5m l 전폭: 2.47m l 전고: 2.33m

기동 가능 거리: 240km

장갑: (강철) 15mm

무장: 없음

엔진: 1 x 자우러 CRDv 4기통 디젤 엔진, 52kW (70마력)

성능: 노상 최고 속도: 60km/h

P 107

P 107은 두 가지 파생형이 기본으로 생산되었다. 하나는 경량형 야포를 위한 포 견인차이고 다른 하나는 공병 견인차(트랙터)이다. 1940년 프랑스가 점령되며 독일 육군에 배치되어 야포와 대전차포 견인에 사용되었다.

제원

제조국: 프랑스

승무원: 5명~7명

중량: 4050kg

치수: 전장: 4.85m l 전폭: 1.8m l 전고: 1.95m

기동 가능 거리: 400km

장갑: 없음(오리지널 버전)

무장: 없음

엔진: 1 x 4기통 가솔린 엔진, 41.0kW (55마력)

성능: 노상 최고 속도: 45km/h

스페인 내전

스페인 내전 기간 동안 파블로프 장군이 지휘하는 소련의 기갑 파견군이 공화파를 지원했다. 파견군에는 T-26 300대와 BT-5 50대가 포함되었다. 대규모 전차전은 없었지만 몇 차례 전투를 치르자 이 전차들이 국민 진영(프랑코파)을 지원하는 독일의 판처 I, 이탈리아의 탱켓보다 월등한 것이 입증되었다.

T-26 1936년형 경전차

공화파에 소속되었던 T-26 1936년형 경전차는 국민 진영이 포획, 배치하면서 '아군의 포격'을 피하고자 일반적인 위장에서 벗어난 표식을 입혔다. 또, 포탑 뒤쪽에 7.62mm(.3in) DT 기관총을, P-40 AA 마운트에 비슷한 무기를 탑재해 무장을 추가했다.

제원
제조국: 소련
승무원: 3명
중량: 10,400kg
치수: 전장: 4.8m | 전폭: 2.39m | 전고: 2.33m
기동 가능 거리: 200km
무장: 1 x 45mm (1.77in) 모델 1932 전차포 | 1 x 동축 7.62mm (.3in) DT 기관총 | 2 x 추가 7.62mm (.3in) DT 기관총(포탑 후방 볼 마운트 1정, P-40 AA 마운트 1정)
엔진: 1 x 68kW (91마력) GAZ T-26 8기통 가솔린 엔진
성능: 최고 속도: 28km/h

BT-5 쾌속 전차(2)

BT-5 약 50대로 구성된 전차 대대가 스페인 내전에서 공화파를 위해 싸웠으며 프랑코파의 더 가벼운 탱크들에 비해 성공적인 것으로 드러났다. 여기 소개하는 예시는 1938년 에브로 전선에서 국민 진영에게 포획된 것이다.

제원
제조국: 소련
승무원: 3명
중량: 11,500kg
치수: 전장: 5.58m | 전폭: 2.23m | 전고: 2.25m
기동 가능 거리: 200km
무장: 1 x 45mm (1.8in) 모델 1932 포 | 1 x 7.62mm(.3in) 동축 DT 기관총
엔진: 1 x 298kW (400마력) 모델 M-5
성능: 최고 속도: 72km/h

TIMELINE

1933  

1934 

BT-5 쾌속 전차(3)

여기 소개하는 BT-5 전차에서는 손상되지 않은 완전한 국민 진영 표식을 확인할 수 있다. 포탑을 둘러 표시한 인식용 줄무늬가 그것이다. 이 전차의 승무원에는 소련인 '자원봉사자'와 붉은 군대의 고르키 전차 학교에서 훈련을 받은 국제 여단 병사가 포함되었다.

제원
제조국: 소련
승무원: 3명
중량: 11,500kg
치수: 전장: 5.58m I 전폭: 2.23m I 전고: 2.25m
기동 가능 거리: 200km
무장: 1 x 45mm (1.8in) 모델 1932 포 I 1 x 7.62mm(.3in) 동축 DT 기관총
엔진: 1 x 298kW (400마력) 모델 M-5
성능: 최고 속도: 72km/h

판처캄프바겐 I (판처 I, 1호 전차)

판처 I은 대량 생산된 첫 독일 전차이다. 베르사유 조약의 위반을 피하기 위해 '농업용 트랙터'라고 이름을 붙였다. 장갑과 무장의 한계 때문에 1941년에는 전선에서 철수했다.

제원
제조국: 독일
승무원: 2명
중량: 5500kg
치수: 전장: 4.02m I 전폭: 2.06m I 전고: 1.72m
기동 가능 거리: 145km
장갑: 6-13mm
무장: 2 x 7.92mm (.31in) MG13 기관총
엔진: 1 x 크루프 M305 가솔린 엔진, 60마력 (45kW)
성능: 노상 최고 속도: 37 km/h I 도섭: .85m I 수직 장애물: .42m I 참호: 1.75m

피아트-안살도 L3/35Lf

카로 벨로체 29(CV29)는 일련의 이탈리아제 탱켓의 시초로 나중에 L3로 명칭이 바뀌었다. L3는 기본적으로 13.2mm(.52in) 브레다 기관총을 탑재했으나 L3/35Lf 화염 방사 버전이 가장 많았다. (카로 벨로체는 이탈리아어로 쾌속 전차를 뜻한다 -옮긴이)

제원
제조국: 이탈리아
승무원: 2명
중량: 3300kg
치수: 전장: 3.2m I 전폭: 1.42m I 전고: 1.3m
기동 가능 거리: 120km
장갑: 불명
무장: 1 x 화염 방사기
엔진: 1 x 피아트 4기통 가솔린 엔진, 30kW (40마력)
성능: 노상 최고 속도: 42km/h

1936 1939

판처캄프바겐 II (판처 II, 2호 전차)

판처 II A형(PzKpfw II Ausf A)의 최초 생산 모델은 1935년 트랙터라는 이름으로 처음 등장했다. 베르사유 조약의 조항에 따라 독일의 재군비가 제한되었기 때문이었다. 초기 전차는 만과 다임러-벤츠 두 회사의 합작품이었다.

판처 II F형

B, C, D, E, F형은 1941년까지 생산되었다. 주요 개선점은 장갑의 두께였다. 이 전차는 폴란드와 프랑스 침공의 근간이었으며 약 1천 대가 실전에 참가했다. 1941년 소련 침공 때에는 구식이 되었으나 정찰 장갑차 룩스(Luchs)의 기반으로 쓰였다.

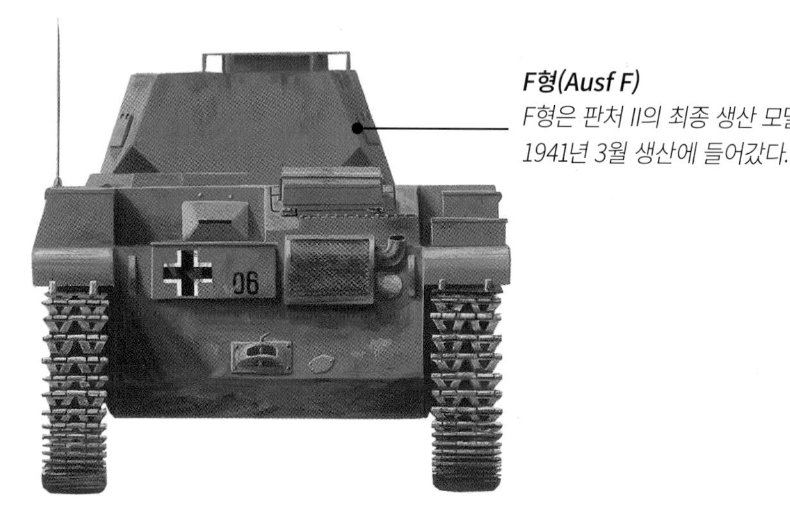

F형(Ausf F)
F형은 판처 II의 최종 생산 모델로 1941년 3월 생산에 들어갔다.

제원
제조국: 독일
승무원: 3명
중량: 10,000 kg
치수: 전장: 4.64m | 전폭: 2.3m | 전고: 2.02m
기동 가능 거리: 200km
장갑: (F형 버전) 20-35mm
무장: 1 x 20mm (.78in) 포 | 1 x 7.92mm (.31in) 기관총
엔진: 1 x 마이바흐 6기통 가솔린 엔진, 104kW (140마력)
성능: 노상 최고 속도: 노상 최고 속도: 55km/h | 도섭: .85m | 수직 장애물: .42m | 참호: 1.75m

무장
판처 II는 20mm(.78in) 주포와 7.92mm 기관총을 탑재했다.

파생형
판처 II를 기반으로 한 가장 유명한 모델은 베스페 자주포이다.

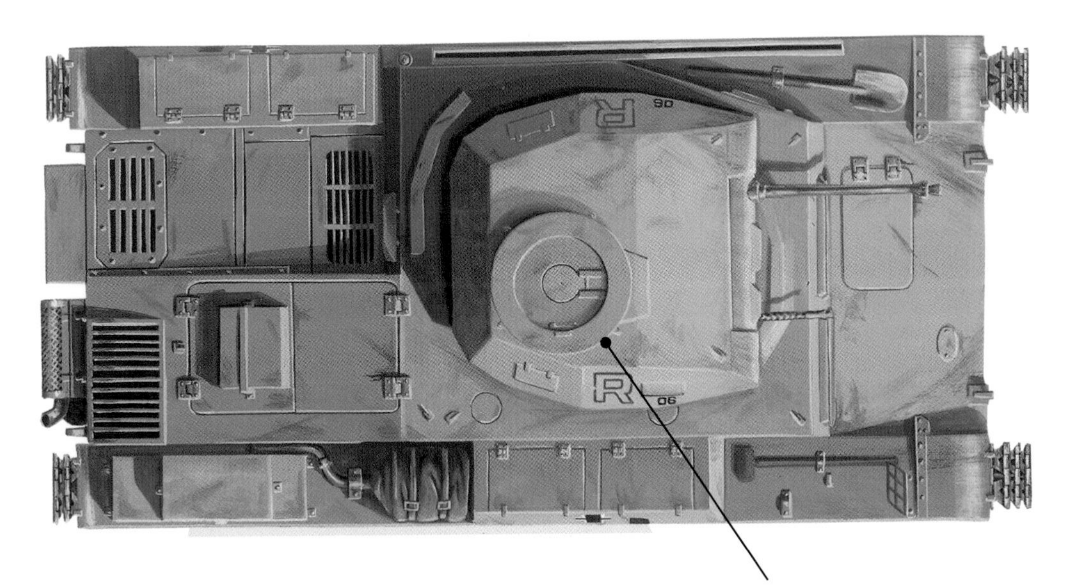

상부 차체
F형에서 가장 두꺼운 장갑으로 보호한 부분은 35mm 장갑판을 댄 상부 차체였다. 첫 번째 모델보다 두 배 이상 두꺼운 장갑이었다.

장갑
당시의 대전차포와 전차포를 막는 데는 얇은 장갑판으로도 충분했다. 하지만 20mm(.78in) 포 자체가 장갑을 대지 않은 일반 차량을 제외하면 대상에 무관하게 대부분 효과가 없기도 했다.

신 버전
구식이 되었음에도 불구하고 판처 II의 신 버전이 화염 방사 전차와 건 캐리어 개량형을 포함해 1943년과 1944년까지 생산이 이어졌다.

소련의 2차 세계대전 이전 전차

1930년대 말이 되자 소련의 붉은 군대는 전차를 대규모로 사용하게 되었다. 공학자들은 극동지역의 국경 분쟁에서 얻은 교훈을 받아들이면서 지속적으로 설계를 개선했다. 하지만 소련의 전차 설계자들은 속도를 높이기 위해 장갑을 희생시키는 경향이 있었으며 이는 이후 전투에서 상당한 손실로 이어지는 결과를 낳았다.

T-37

영국의 카든 로이드 수륙 양용 전차에 기반을 둔 T-37은 차체 양쪽 측면의 폰툰(부유물) 덕에 물에 뜰 수 있었다. 정찰용으로 설계해 장갑과 무장이 가벼웠으나 독일 침공 이후 이어진 전투에 투입되어 형편없는 전적을 보였다.

제원
제조국: 소련
승무원: 2명
중량: 3200kg
치수: 전장: 3.75m | 전폭: 2.1m | 전고: 1.82m
기동 가능 거리: 185km
장갑: 3-9mm
무장: 1 x 7.62mm (.3in) 기관총
엔진: 1 x GAZ AA 가솔린 엔진, 29.8kW (40마력)
성능: 최고 속도: 56.3km/h | 도섭: 수륙 양용 | 수직 장애물: .787m | 참호: 1.879m

T-38 경전차

1936년부터 1939년 사이 총 1340대의 T-38이 생산되었고 정찰 차량으로 광범위하게 사용되었다. 일부 전차는 보통 DT 기관총이 탑재된 자리에 20mm(.78in) ShVAK 주포를 탑재했으나 전쟁이 시작되자 거의 대부분 첫 몇 달을 넘기지 못했다.

제원
제조국: 소련
승무원: 2명
중량: 3300kg
치수: 전장: 3.78m | 전폭: 3.33m | 전고: 1.63m
기동 가능 거리: 170km
무장: 1 x 7.62mm (.3in) DT 기관총
엔진: 1 x 30kW (40마력) GAZ-AA
성능: 최고 속도: 40km/h

TIMELINE

1936  

1937 

BT-7 1937년형 쾌속 전차

1935년 만들어진 소련의 BT-7 경전차는 1930년대 초반 극동 지역의 국경 분쟁 기간 동안 얻은 교훈을 바탕으로 BT-5의 다양한 부분을 개량한 끝에 필연적으로 탄생한 전차였다. 속도가 빠르고 움직임이 민첩했다.

제원

제조국: 소련

승무원: 3명

중량: 14,000kg

치수: 전장: 5.66m | 전폭: 2.29m | 전고: 2.42m

기동 가능 거리: 250km

무장: 1 x 45mm (1.77in) 모델 1932 포 | 1 x 7.62mm 동축 DT 기관총

엔진: 1 x 373kW (500마력) 모델 M-17T

성능: 최고 속도: 86km/h

BT-7A '포 전차'

BT-7A '포 전차'는 근접 지원을 위해 76mm(3in) 곡사포로 무장했다. 76mm(3in) 고폭탄이 대전차포나 방어 측면에서 일반 BT 전차의 45mm(1.77in) 포에서 발사한 포탄보다 훨씬 효과적이었다.

제원

제조국: 소련

승무원: 3명

중량: 14,600kg

성능: 전장: 5.66m | 전폭: 2.29m | 전고: 2.52m

기동 가능 거리: 250km

무장: 1 x 76mm (3in) KT-28 모델 1927/32 곡사포 | 3 x 7.62mm (.3in) DT 기관총(동축, 포탑 후방, 해치)

엔진: 1 x 373kW (500마력) 모델 M-17T

성능: 최고 속도: 86km/h

T-26 1938년형

T-26 1938년형은 경사장갑으로 방어력을 높인 새로운 포탑을 장착했다. 그러나 핀란드와의 겨울 전쟁 동안 경량 대전차포 정도에도 취약한 것으로 드러났다.

제원

제조국: 소련

승무원: 3명

중량: 10,400kg

치수: 전장: 4.8m | 전폭: 2.39m | 전고: 2.33m

기동 가능 거리: 200km

무장: 1 x 45mm (1.77in) 모델1932 전차포 | 1 x 동축 7.62mm (.3in) DT 기관총 | 2 x 추가 7.62mm (.3in) DT 기관총(포탑 후방 볼 마운트 1, P-40 AA 마운트 1)

엔진: 1 x 68kW (91마력) GAZ T-26 8기통 가솔린 엔진

성능: 최고 속도: 28km/h

1938  

1930년대 프랑스 전차

1930년대 독일의 재군비 프로그램이 가속화되면서 프랑스의 군사 지도자들은 성능 시험이 끝나기도 전에 새로운 전차 몇 가지를 생산하도록 명령했다. 르노 R-35도 그 중 하나였다. 이 시기 프랑스 전차에 결함이 있다면 너무 많은 혁신이 포함되며 지나치게 복잡해졌다는 점이었다.

르노 R-35 경전차

1940년대가 되자 르노 R-35는 군에서 가장 많이 쓰이는 프랑스 전차가 되었다. 그러나 독일군의 판처에는 적수가 되지 못했다. 아주 얇은 장갑조차 뚫지 못했기 때문이다. 1940년 5월 프랑스군이 퇴각할 때 버려져서 독일군이 수비대나 훈련용 전차로 다수 활용했다.

제원

제조국: 프랑스
승무원: 2명
중량: 10,000kg
치수: 전장: 4,2m I 전폭: 1,85m I 전고: 2,37m
기동 가능 거리: 140km
장갑: 40mm
무장: 1 x 37mm (1,46in) 포 I 1 x 동축 7,5mm (,295in) 기관총
엔진: 1 x 르노 4기통 가솔린 엔진, 61kW (82마력)
성능: 노상 최고 속도: 20km/h I 도섭: ,8m I 수직 장애물: ,5m I 참호: 1,6m

샤르 드 카발리 35H(H-35)

1939년 9월 대략 400대의 H-35가 전장에서 활약했다. 대전차 역량을 더욱 높이기 위해서는 시야 확보 장비와 L/35 37mm (1.46in) SA-38 포를 개량형으로 업데이트해야 할 필요가 있었으나 다수가 개량 없이 원래 구성대로 작전에 투입되었다. (*샤르 드 카발리는 기병 전차라는 뜻이다 – 옮긴이)

제원

제조국: 프랑스
승무원: 2명
중량: 1060 kg
치수: 전장: 4,22m I 전폭: 1,96m I 전고: 2,62m
기동 가능 거리: 150km
장갑: 40mm(포탑), 34mm(차체)
무장: 1 x 37mm (1,46in) SA-18 포 I 1 x 동축 7,5mm (,295in) 기관총
엔진: 1 x 55,91kW (75마력) 호치키스 1935 6기통 가솔린 엔진
성능: 최고 속도: 27,4km/h

TIMELINE

1935 

1936

1937

호치키스 H-39 경전차

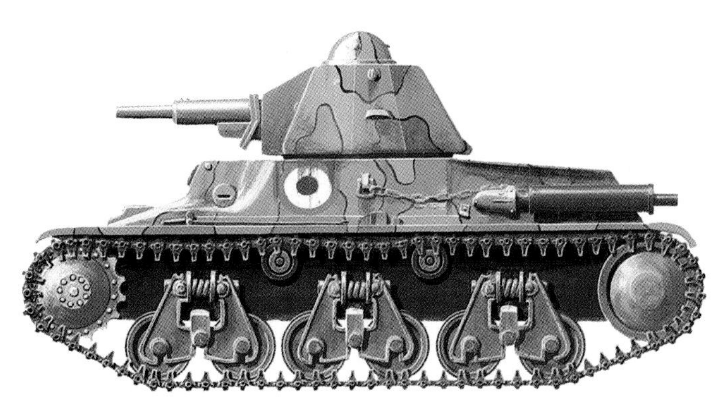

호치키스 H-39는 1939년 처음 등장했다. 1940년 독일의 프랑스 침공 당시 좋은 성능을 보였으나 적군에 비해 화력이 너무 부족했다. 항복 이후 독일군이 질서 유지 임무에 사용했다.

제원
제조국: 프랑스
승무원: 2명
중량: 12,100kg
치수: 전장: 4.22m | 전폭: 1.95m | 전고: 2.15m
기동 가능 거리: 120km
장갑: 40mm
무장: 1 x 37mm (1.46in) 포 | 1 x 동축 7.5mm (.295in) 기관총
엔진: 1 x 호치키스 6기통 가솔린 엔진, 89.5kW (120마력)
성능: 노상 최고 속도: 36km/h | 도섭: .85m | 수직 장애물: .5m | 참호: 1.8m

샤르 레제 FCM-36

FCM-36는 보병 지원용으로 설계했다. 경사 장갑과 8각형 FCM 포탑이 있었지만 무장은 형편없었다. L/21 37mm(1.5in) SA-18 포와 동축 기관총 하나가 전부였다. (일부는 L/33 37mm(1.5in) SA-38 포로 무장했다.)

제원
제조국: 프랑스
승무원: 2명
중량: 12,350kg
치수: 전장: 4.22m | 전폭: 1.95m | 전고: 2.15m
기동 가능 거리: 225km
장갑: 40mm
무장: 1 x 37mm (1.46in) SA-18 포 | 1 x 7.5mm (.295in) 동축 기관총
엔진: 1 x 67.9kW (91마력) 베를리에 4기통 디젤 엔진
성능: 최고 속도: 24km/h

샤르 B1 중전차

최초의 B1은 자체 밀봉 연료 탱크처럼 첨단 설계 요소가 있어 당시로서는 강력한 전차였다. 하지만 크고 다루기가 힘들어서 강력한 무장도 별다른 효과를 거두지 못했고 유지 보수도 어려운 것으로 드러났다.

제원
제조국: 프랑스
승무원: 4명
중량: 31,500kg
치수: 전장: 6.37m | 전폭: 2.5m | 전고: 2.79m
기동 가능 거리: 180km
장갑: 14–65mm
무장: 1 x 75mm (2.95in) 포 | 1 x 45mm (1.77in) 포
엔진: 1 x 르노 6기통 가솔린 엔진, 307마력 (229kW)
성능: 노상 최고 속도: 28km/h | 도섭: 불명 | 수직 장애물: .93m | 참호: 2.74m

1938  1939 

소뮈아 S-35

소뮈아 S-35는 당시로서는 앞서 나간 차량으로 장갑을 리벳으로 고정하지 않고 주조한 점 등 많은 요소가 미래 전차 설계의 표준이 되었다. 무전 장비가 기본으로 장착되었고 주무장이 강력하고 충분해 1944년 6월 노르망디 상륙작전 당시에도 독일군 소속으로 계속 실전에 투입되었다.

S-35는 생산이 느렸고 1940년 독일 침공 당시 전방에서 활약한 것은 겨우 250대 정도였다. 전차장이 기본 임무와 더불어 포와 무전 장비까지 조작해야 한다는 주된 결점이었다. 그럼에도 불구하고 S-35는 1940년대에 연합군이 사용한 최고의 전차로 꼽혔다.

제원

제조국: 프랑스

승무원: 3명

중량: 19,500kg

치수: 전장: 5.38m | 전폭: 2.12m | 전고: 2.62m

기동 가능 거리: 230km

장갑: 20–55mm

무장: 1 x 47mm (1.85in) 포 | 1 x 7.5mm (.295in) 동축 기관총

엔진: 1 x 소뮈아 V-8 가솔린 엔진, 190마력 (141.7kW)

성능: 노상 최고 속도: 40km/h | 도섭: 1m | 수직 장애물: .76m | 참호: 2.13m

포
47mm(1.85in) SA 35 고속포로 고폭 철갑탄을 발사할 수 있었다.

차체
차체를 상부와 하부로 주조해서 만든 뒤 볼트로 결합했다. 이 부분에 대전차포를 맞으면 전차가 둘로 갈라져 분리될 수 있었다.

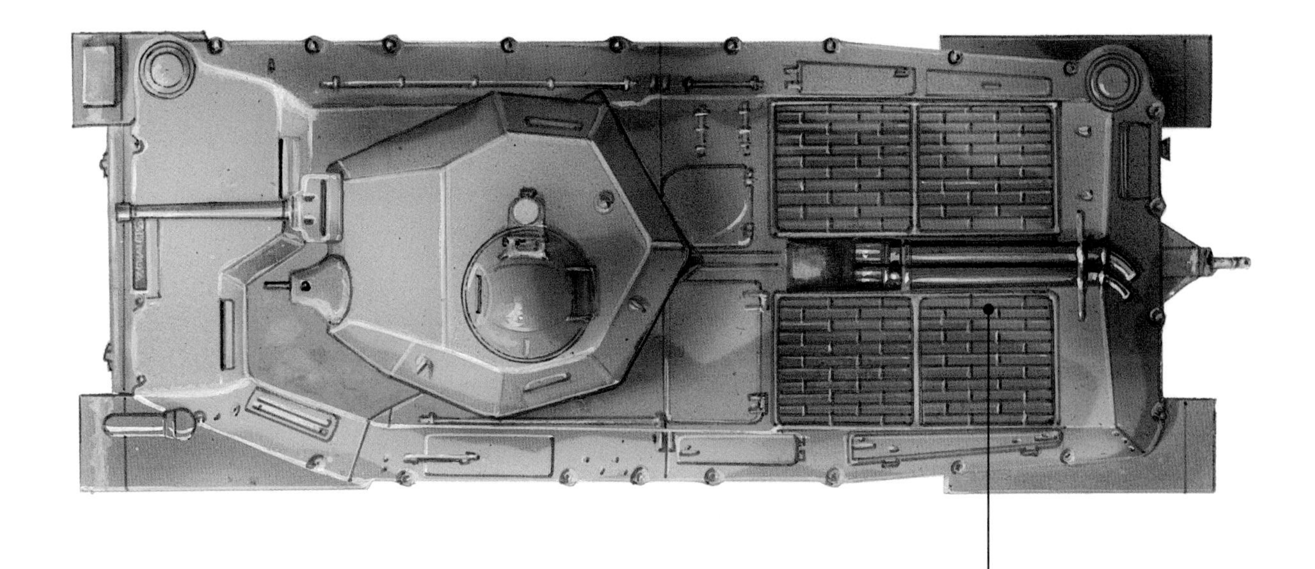

엔진
좌측 후미에 엔진이 있고 우측에 자체 밀봉 가솔린 탱크가 있다. 불연성 격벽으로 전투실과 기관실을 나누었다.

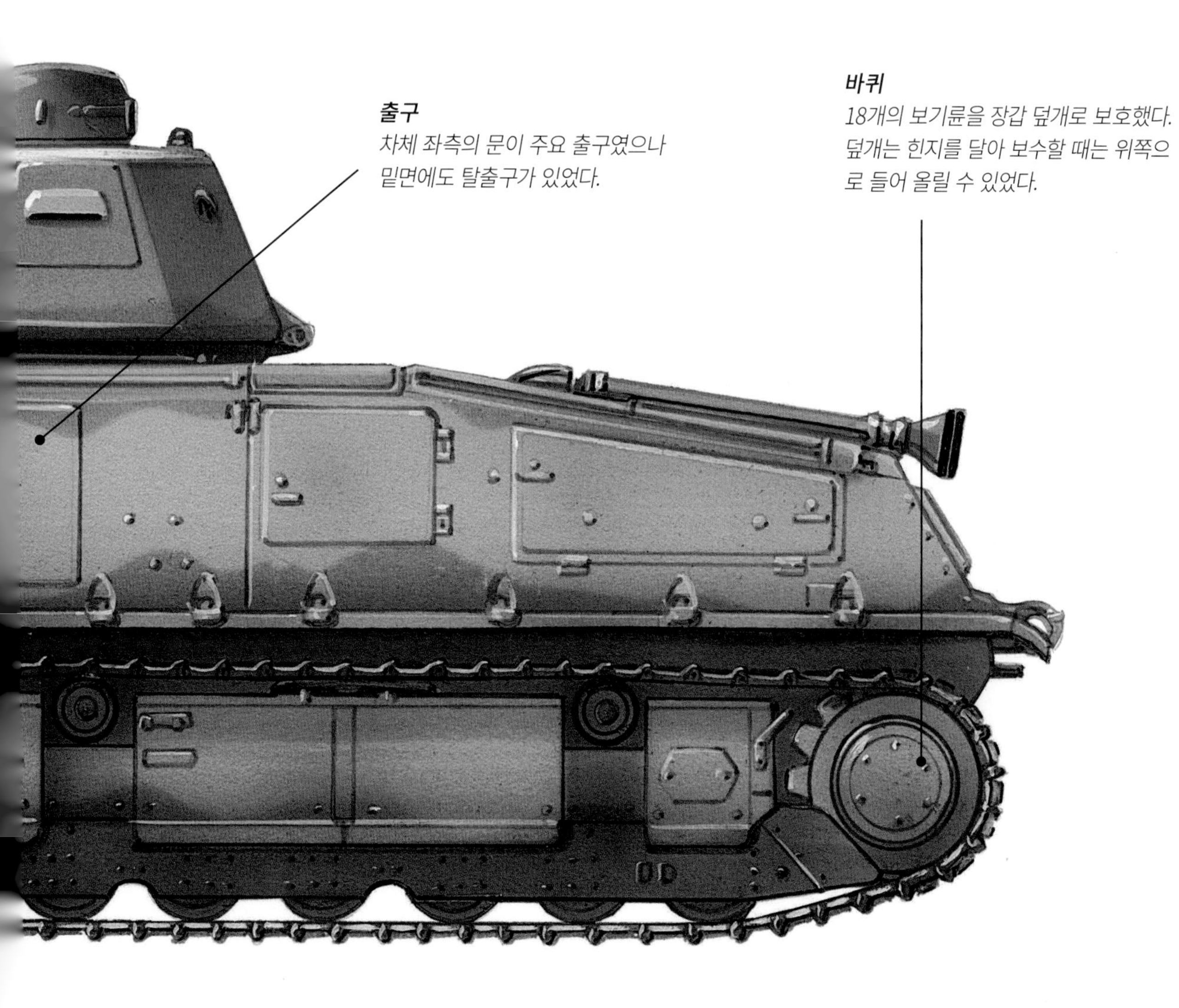

출구
차체 좌측의 문이 주요 출구였으나 밑면에도 탈출구가 있었다.

바퀴
18개의 보기륜을 장갑 덮개로 보호했다. 덮개는 힌지를 달아 보수할 때는 위쪽으로 들어 올릴 수 있었다.

1930년대 영국 전차

1930년대 초, 이전까지 한 번에 두 가지 역할을 하는 중형 전차 개발에 집중했던 영국 육군은 각기 다른 유형의 기갑 전투 차량을 두 종류 개발하기로 결정한다. 하나는 지상군을 지원하는 보병 전차이고 다른 하나는 다른 전차와 전투 차량을 수색, 파괴하는 역할을 하는 '순항' 전차였다.

마틸다 I 보병 전차

1940년 5월 마틸다 I 총 77대가 제1 육군 기갑여단에 지급되었다. 그리고 아라스 전투에 참가하면서 독일의 37mm(1.46in) 대전차포에 사실상 무적인 것으로 드러났다. 단, 외부에 노출된 궤도는 공격에 취약했다.

제원

제조국: 영국
승무원: 2명
중량: 11,160kg
치수: 전장: 4.85m | 전폭: 2.29m | 전고: 1.85m
기동 가능 거리: 129km
장갑: 10–60mm
무장: 1 x 12.7mm (.5in) 비커스 중기관총 또는 1 x 7.7mm (.303in) 비커스 기관총
엔진: 1 x 52.2kW (70마력) 포드 V8 가솔린 엔진
성능: 최고 속도: 13km/h

비커스 경전차 마크 VIB

비커스 경전차는 1930년대에 정찰용으로 개발되었지만 2차 세계대전의 발발과 함께 전투에 투입되었다. 장갑이 얇아 뚫리기 쉬웠고 기관총뿐인 무장은 충분하지 않았다. 따라서 대공 전차로 전환하고자 했던 시도는 실패로 돌아갔다.

제원

제조국: 영국
승무원: 3명
중량: 4877kg
치수: 전장: 3.96m | 전폭: 2.08m | 전고: 2.235m
기동 가능 거리: 201km
장갑: 10–15mm
무장: 1 x 12.7mm (.5in) 기관총 | 1 x 7.7mm (.303in) 기관총
엔진: 1 x 미도우즈 ESTL 6기통 가솔린 엔진, 66kW (88마력)
성능: 노상 최고 속도: 51.5km/h | 도섭: .6m

TIMELINE

1936  

1937  

경전차 마크 VIC

마크 VIC은 15mm(.59in) 베사 중기관총과 7.92mm(.31in) 베사 동축 기관총을 탑재한 신형 포탑을 설치했다. 정찰에는 효과적이었던 반면, '순항 또는 보병 전차 대용' 역할을 하기에는 견고하지 못했다.

제원
제조국: 영국
승무원: 3명
중량: 5080kg
치수: 전장: 4.01m | 전폭: 2.08m | 전고: 2.13m
기동 가능 거리: 200km
장갑: 4-14mm
무장: 1 x 15mm (.59in) 베사 중기관총 | 1 x 동축 7.92mm (.31in) 베사 기관총
엔진: 1 x 65.6kW (88마력) 미도우즈 6기통 가솔린 엔진
성능: 최고 속도: 56km/h

순항 전차 마크 II, A10 마크 IA

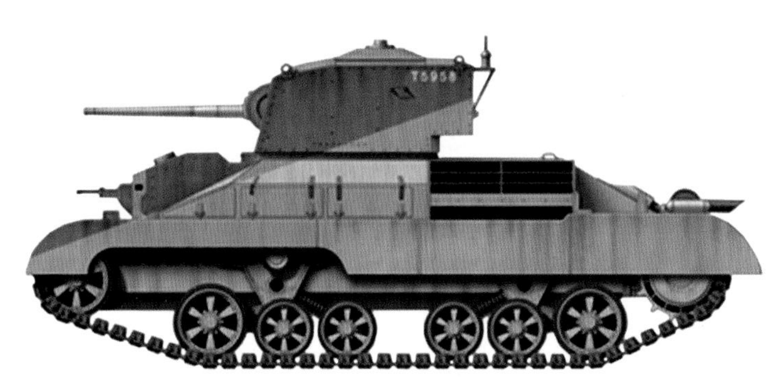

1934년, 비커스는 순항 전차 마크 I (A9)을 설계했고 1937년, 상당히 제한된 규모이기는 했지만 생산에 들어갔다. 이 모델의 뒤를 이은 것이 중(重)순항 전차 마크 II로 A10 보병 전차라는 명칭 하에 군에서 사용되었다.

제원
제조국: 영국
승무원: 5명
중량: 13,970kg
치수: 전장: 5.51m | 전폭: 2.54m | 전고: 2.59m
기동 가능 거리: 161km
장갑: 6-30mm
무장: 1 x 40mm (1.57in) 2파운드 포 | 2 x 7.92mm (.31in) 베사 기관총 (1 동축, 1 차체 전방 볼 마운트)
엔진: 1 x 111.9kW (150마력) AEC 타입179 6기통 가솔린 엔진
성능: 최고 속도: 26km/h

순항 전차 마크 IV, A13 마크 II

중기갑 보병 전차가 더 적합할 만한 임무에 사용되었음에도 불구하고 제1 기갑사단의 순항 전차들은 월등히 뛰어난 독일군 무기와 전술에 압도당하기 전까지는 전술적으로 주목할 만한 성공을 거두었다.

제원
제조국: 영국
승무원: 4명
중량: 15,040kg
치수: 전장: 6.02m | 전폭: 2.59m | 전고: 2.59m
기동 가능 거리: 145km
장갑: 6-30mm
무장: 1 x 40mm (1.57in) 2파운드 포 | 1 x 동축 7.92mm (.31in) 베사 기관총
엔진: 1 x 253.64kW (340마력) 넛필드 리버티 V12 가솔린 엔진
성능: 최고 속도: 48km/h

1939  1940 

1930년대 말 중형 전차

1930년대 말이 되자 전차 설계의 주안점이 서서히 중형 전차 쪽으로 옮겨갔다. 그럼에도 불구하고 2차 세계대전이 발발한 시점에서는 영국, 프랑스, 이탈리아의 기갑 사단 대부분이 경전차로 구성되어 있었다. 오직 독일과 소련만이 기갑 사단에 더 크고 더 강력한 기갑 전투 차량을 구비하기 위해 노력을 기울였다.

판처캄프바겐 35(t)

판처캄프바겐 35(t) 경전차는 강력하고 정확하기로 정평이 난 37mm(1.46in) 포를 탑재하고 고폭탄과 대전차용 포탄을 섞어서 72발 보유했다. 체코슬로바키아 점령 이후 독일군이 무전 장비를 추가해 전장에서 활용했다.

제원
제조국: 체코슬로바키아
승무원: 4명
중량: 11,600kg
치수: 전장: 4.9m | 전폭: 2.1m | 전고: 2.35m
기동 가능 거리: 190km
장갑: 8-25mm
무장: 3.7cm (1.46in) KwK 34(t) 포 | 2 x 7.92mm (.31in) 기관총
엔진: 1 x 스코다 T11 엔진
성능: 최고 속도: 35km/h

LT-38 중형 전차

체코슬로바키아에서 만든 LT-38 중형 전차는 독일군이 판처캄프바겐 38(t)라는 이름으로 사용했다. 중심의 2인용 포탑에 스코다 A7 포와 7.92mm(.312in) 기관총을 주무장으로 탑재했다.

제원
제조국: 체코슬로바키아
승무원: 4명
치수: 전장: 4.6m | 전폭: 2.12m | 전고: 2.4m
중량: 9400kg
기동 가능 거리: 250km
장갑: 15-25mm
무장: 1 x 37mm (1.46in) 포 혹은 37mm (1.46in) KwK L/40 또는 L/45 포 | 2 x 7.92mm (.312in) 기관총
엔진: 1 x 프라하 EPA 모델 6기통 가솔린 엔진, 2000rpm일 때 93kW (125제동마력)
성능: 최고 속도: 42km/h

TIMELINE

1935 

1937 

마틸다 II

마크 II 마틸다는 마크 I의 무장을 개선한 것으로 덕분에 전투에서 상당한 활약을 보였으며 특히 1942년 북아프리카에서 엘 알라메인 전투의 전초전에 널리 투입되었다. 이후 보병 전차 마크 III 밸런타인으로 교체되었다.

제원
제조국: 영국
승무원: 4명
중량: 26,920kg
치수: 전장: 5.61m | 전폭: 2.59m | 전고: 2.52m
기동 가능 거리: 258km
장갑: 6-30mm
무장: 1 x 40mm (1.57in) 2파운드 OQF 포 | 1 x 동축 7.92mm (.31in) 베사 기관총
엔진: 2 x 64.8kW (87마력) AEC 6기통 디젤 엔진
성능: 최고 속도: 13km/h

카로 아르마토 M11/39 중형 전차

이 경전차는 형편없는 37mm(1.46in) 포를 탑재하고 차체 위에 올린 작은 2인용 포탑에 기관총 2정을 탑재했다. 경량형 보병 지원 기갑 전투 차량으로 개발했지만 서부 사막에서는 자체 역량을 훨씬 뛰어넘는 중형 전차로 사용되었다.

제원
제조국: 이탈리아
승무원: 3명
중량: 11,175kg
치수: 전장: 4.73m | 전폭: 2.18m | 전고: 2.3m
기동 가능 거리: 200km
장갑: 6-30mm
무장: 1 x 37mm (1.46in) 포 | 2 x 8mm (.315in) 브레다 기관총
엔진: 1 x SPA 8 T 디젤 엔진, 78.3kW (105제동마력)
성능: 최고 속도: 33.3km/h

95식 경전차

케고(KE-GO)라고도 알려져 있는 95식의 결점은 전차장이 기본 임무와 더불어 포까지 조작해야 한다는 점이었다. 따라서 전투 효율이 떨어졌고, 장갑과 화력이 빈약한 탓에 완전히 부적합한 전차라는 결론에 이르렀다.

제원
제조국: 일본
승무원: 4명
중량: 7400kg
치수: 전장: 4.38m | 전폭: 2.057m | 전고: 2.184m
기동 가능 거리: 250km
장갑: 6-14mm
무장: 1 x 37mm (1.46in) 포 | 2 x 7.7mm (.3in) 기관총
엔진: 1 x 미츠비시 NVD 6120 6기통 공랭식 디젤 엔진, 89kW (120마력)
성능: 노상 최고 속도: 45km/h | 도섭: 1m | 수직 장애물: .812m | 참호: 20m

1939

1940

판처캄프바겐 III (판처 III, 3호 전차)

판처 III 중형 전차는 각 기갑 대대마다 비교적 경량인 중형 전차 3개 중대 와 더 강력한 지원용 중전차 1개 중대를 보유하기 위한 독일 육군의 요구로 개발되었다. 판처 III는 소련 침공 당시 수적으로 가장 중요한 독일군 전차였다.

판처 III H형 중형 전차

A, B, C형이 폴란드에서 참전했고, 1940년에는 더 두꺼운 장갑을 갖춘 F형이 생산에 들어갔다. 최종 버전인 N형은 프로토타입보다 두 배 더 큰 포를 탑재했다. 수륙 양용 버전도 있었으며 지휘, 구난, 관측, 사막전을 위한 차량도 있었다.

제원

제조국: 독일

승무원: 5명

중량: 22,300kg

치수: 전장: 6.41m | 전폭: 2.95m | 전고: 2.50m

기동 가능 거리: 175km

장갑: 30mm

무장: (H형 버전) 1 x 50mm (1.96in) KwK38 포 | 2/3 x 7.92mm (.31in) 기관총

엔진: 1 x 마이바흐 HL 120 TRM 12기통 가솔린 엔진, 300마력 (224kW)

성능: 노상 최고 속도: 40km/h | 도섭: .8m | 수직 장애물: .6m | 참호: 2.59m

포탑
H형의 포탑은 신형 50mm(1.96in) KwK L/42 주포를 탑재하기 위해 다시 설계했다

궤도
H형은 폭이 넓은 궤도와 신형 드라이브 스프로킷, 알루미늄 바퀴살 여덟 개로 이루어진 유동바퀴를 갖추었다.

엔진

50mm(1.96in) 포를 갖춘 판처 III는 북 아프리카 전투 초기, 모든 연합군 전차를 물리칠 수 있는 가장 효과적인 전차였다. 셔먼 전차가 등장하기 전까지는 말이다.

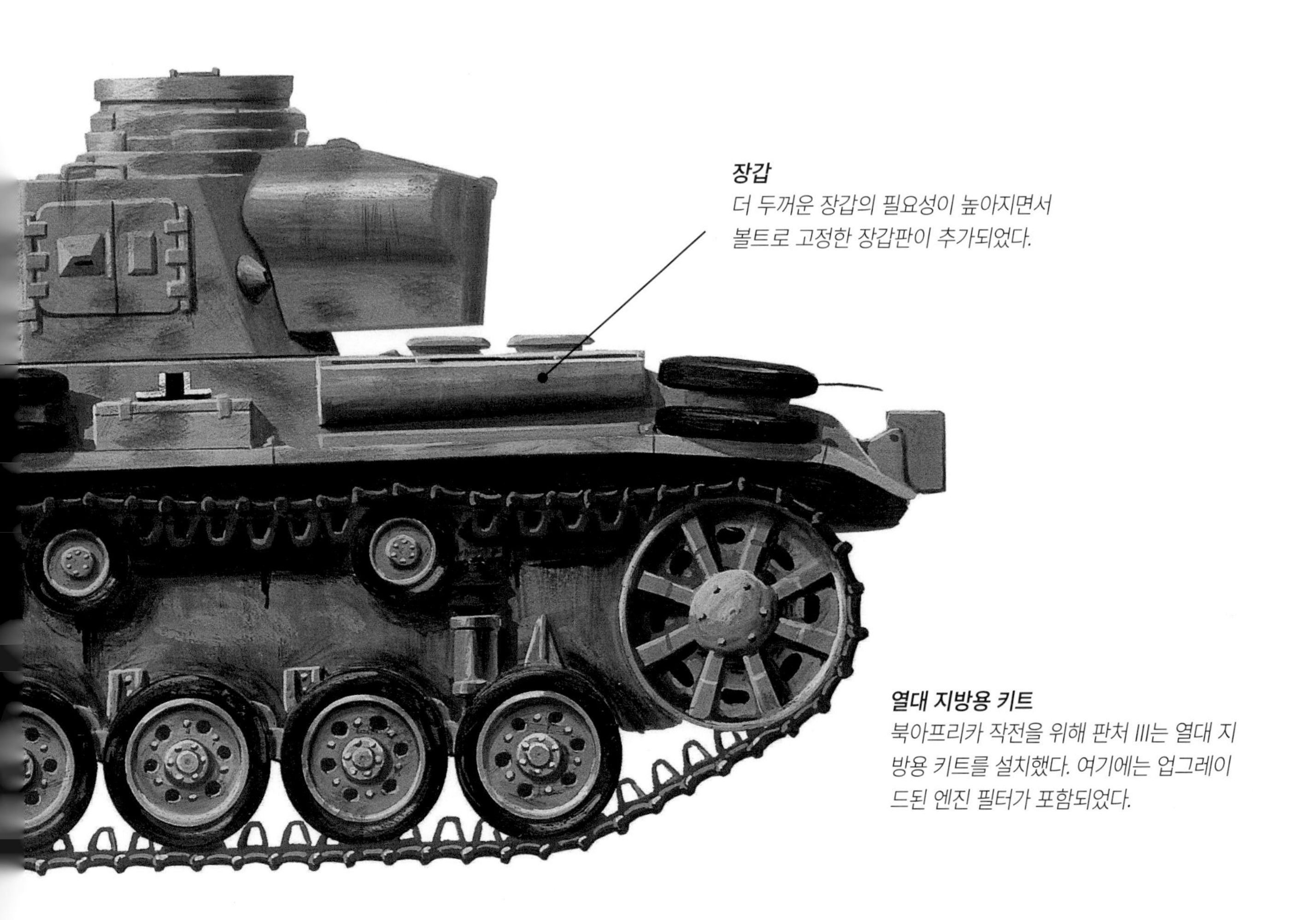

장갑

더 두꺼운 장갑의 필요성이 높아지면서 볼트로 고정한 장갑판이 추가되었다.

열대 지방용 키트

북아프리카 작전을 위해 판처 III는 열대 지방용 키트를 설치했다. 여기에는 업그레이드된 엔진 필터가 포함되었다.

1930년대 말 경전차

ACG-1은 벨기에군이 입수한 르노 AC-35 경전차의 또 다른 명칭이다. 1940년 5월, 독일 침공 당시에는 단 여덟 대만이 운용 가능했다. 그 중 네 대는 파괴되었고 두 대는 고장 났으며 나머지 두 대는 항복했다.

르노 ACG-1 경전차

ACG-1은 1940년 벨기에가 보유한 가장 강력한 기갑 전투 차량이었으나 독일 침공 당시에는 단 여덟 대만이 운용 가능했다.

제원
제조국: 프랑스
승무원: 3명
중량: 14,500kg
치수: 전장: 4.57m | 전폭: 2.23m | 전고: 2.33m
기동 가능 거리: 161km
장갑: 25mm
무장: 1 x 47mm (1.85in) SA35 L/32 포 | 1 x 동축 13.2mm (.52in) 중기관총
엔진: 1 x 134.1kW (180마력) 르노 수랭식 4기통 가솔린 엔진
성능: 최고 속도: 40km/h

경전차 MK VII 테트라크

테트라크는 전쟁 초기 전적이 나빠서 철수된 뒤, 더 강력한 무장을 탑재하고 공수 전차로 재탄생했다. 영국군 공수부대와 함께 디데이에 노르망디에 상륙했으나 적군의 기갑 장비에는 상대가 되지 않았다.

제원
제조국: 영국
승무원: 3명
중량: 7620kg
치수: 전장(전체): 4.305m | 차체 길이: 4.115m | 전폭: 2.31m | 전고: 2.121m
기동 가능 거리: 224km
장갑: 4–16mm
무장: 1 x 40mm (1.57in) 2파운드 포 | 1 x 7.92mm (.31in) 동축 기관총
엔진: 1 x 미도우즈 12기통 가솔린 엔진, 123kW (165마력)
성능: 노상 최고 속도: 64km/h | 야지 최고 속도: 45km/h | 도섭: .914m | 참호: 1.524m

TIMELINE

1937 

1938 

T-40

T-40은 T-37을 대체하기 위해 만들어졌다. 후미에 부유 탱크를 장착했지만 장갑이 얇아서 1939년 핀란드 전투 투입 시 전적이 형편없었다. 이에 지상용 전차로 개량하려는 시도가 있었지만 실용성이 떨어져서 거의 사용되지 않았다.

제원
제조국: 소련
승무원: 2명
중량: 5900kg
치수: 전장: 4.11m | 전폭: 2.33m | 전고: 1.95m
기동 가능 거리: 360km
장갑: 8–14mm
무장: 1 x 12.7mm (.5in) 기관총
엔진: 1 x GAZ-202 가솔린 엔진, 52.2kW (70마력)
성능: 최고 속도: 44km/h | 도섭: 수륙 양용 | 수직 장애물: .7m | 참호: 3.12m

카로 아르마토 L6/40 경전차

피아트 L6/40 경전차는 대략 독일의 판처 II와 동급으로 L3를 바탕으로 개발되었다. 화염 방사 전차와 지휘 전차 등 몇 가지 버전의 파생형도 생산되었다. 가장 성공적이었던 파생형은 자주포 버전인 세모벤테 47/32이다.

제원
제조국: 이탈리아
승무원: 2명
중량: 6900kg
치수: 전장: 3.78m | 전폭: 1.92m | 전고: 2.03m
기동 가능 거리: 200km
장갑: 6–30mm
무장: 1 x 20mm (.79in) 브레다 캐넌포 | 1 x 8mm (.315in) 브레다 기관총
엔진: 1 x SPA 18 D 가솔린 엔진, 52.2kW (70제동마력)
성능: 최고 속도: 42km/h

M2A4 경전차

1941~1942년, 당시 계급으로는 소장이었던 조지 패튼이 새로 설립된 사막 훈련 센터(DTC)를 지휘하며 미국의 기갑 전투 원칙을 만들었다. 여기에 소개하는 M2A4는 사막 훈련 센터에서 패튼이 개인 전차로 사용한 것이다.

제원
제조국: 미국
승무원: 4명
중량: 11,600kg
치수: 전장: 4.43m | 전폭: 2.47m | 전고: 2.64m
기동 가능 거리: 110km
장갑: 6–25mm
무장: 1 x 37mm (1.5in) M20 포 | 5 x 7.62mm (.3in) 기관총
엔진: 1 x 186.25kW (250마력) 콘티넨털 W-670-9A 7기통 가솔린 엔진
성능: 최고 속도: 56km/h

1939 1940

2차 세계대전 이전의 병력 수송 장갑차 개발

병력 수송 장갑차(Armoured personnel carrier, APC)는 1939년까지 광범위하게 사용되었다. 다수가 하프트랙(반 궤도) 차량이었으며 원래 목적에 국한되지 않고 병력과 화물 수송에 융통성 있게 두루 쓰였다. 독일의 SdKfz 250처럼 일부 차량은 진정한 다용도 차량으로써 일차적인 역할 외에도 통신, 포병 측량, 대전차 역량까지 갖추었다.

버포드-케그레스

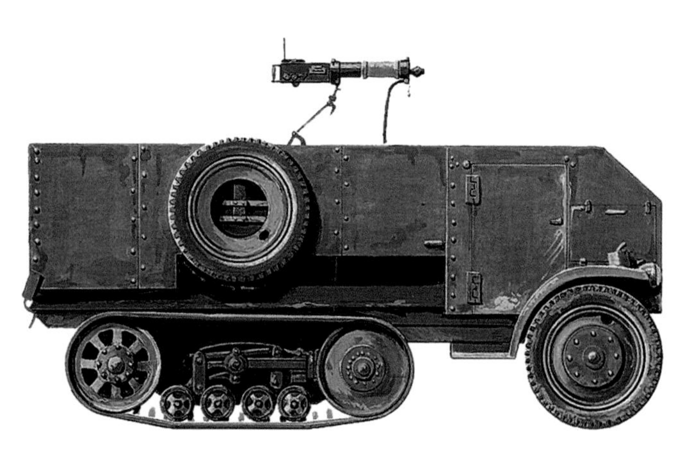

버포드-케그레스는 프랑스의 M23 모델을 기본으로 만들었다. 궤도 부분은 핵심 구동 바퀴 두 개와 그 사이의 부가적인 바퀴 네 개로 구성했다. 주행 궤도는 금속강화 고무로 만들었다. 승무원 두 명에 보병 열두 명까지 탑승이 가능했다.

제원
제조국: 영국
승무원: 2명 + 12명
중량: 3500kg
치수: 전장: 4.95m | 전폭: 불명 | 전고: 약 2.1m
기동 가능 거리: 불명
장갑: 불명
무장: 1 또는 2 x 비커스 7.7mm (.303in) 기관총
엔진: 1 x 베드포드 6기통 가솔린 엔진
성능: 노상 최고 속도: 35km/h

브렌 건 캐리어

영국 해외 파견군(BEF)의 보병 사단은 각 사단별로 브렌 캐리어와 스카우트 캐리어를 96대씩 보유했다. 이 차량들은 이후 다재다능한 유니버설 캐리어로 교체될 예정이었으나 됭케르크 철수 작전에 앞서 BEF 쪽에 도착한 유니버설 캐리어는 있다고 하더라도 극소수에 불과했다.

제원
제조국: 영국
승무원: 3명
중량: 3810kg
치수: 전장: 3.65m | 전폭: 2.05m | 전고: 1.45m
기동 가능 거리: 210km
무장: 1 x 14mm (.55in) 보이즈 대전차 소총 + 1 x 7.7mm (.303in) 브렌 기관총 또는 2 x 7.7mm (.303in) 브렌 기관총
엔진: 1 x 52.2kW (70마력) 포드 8기통 가솔린 엔진
성능: 최고 속도: 48km/h

TIMELINE

1936

1938

로렌 38L (VBCP)

VBCP(Voiture Blindée de Chasseurs Prtés, 기갑 기마보병 차량)라고도 알려진 로렌 38L은 완전 궤도를 장착하고 최초로 전장에 투입된 병력 수송 장갑차였다. 트랙터에 여섯 명을 장갑 트레일러에 추가 여섯 명을 태울 수 있었다.

제원

제조국: 프랑스
승무원: 2명 + 승객 6명
중량: 6200kg
치수: 전장: 4.22m | 전폭: 1.57m | 전고: 2.13m(추정)
기동 가능 거리: 137km
엔진: 1 x 52.15kW (70마력) 들라이예 타입135 6기통 가솔린 엔진
성능: 최고 속도: 35km/h

라이히터 쉬첸판처바겐 (Sd Kfz 250/1)

SdKfz 250 병력 수송용 경(輕)장갑차는 더 중(重)형인 SdKfz251이 탄생하게 된 것과 같은 필요조건에 의해 만들어졌다. SdKfz251 역시 SdKfz 250/1과 함께 1941년 6월에 생산이 시작되었다. SdKfz 250/1은 한 소대의 절반(여섯 명)을 수송하고 기관총 두 정을 탑재했다.

제원

제조국: 독일
승무원: 2명 + 병사 4/6명
중량: 5700kg
치수: 전장: 4.56m | 전폭: 1.95m | 전고: 1.66m
기동 가능 거리: (노상) 350km
장갑: 최대 14.5mm
무장: 2 x 7.92mm (.312in) 기관총
엔진: 1 x 마이바흐 HL42 TRKM 6기통 가솔린 엔진, 74.5kW (100마력)
성능: 노상 최고 속도: 65km/h

SdKfz 251/1

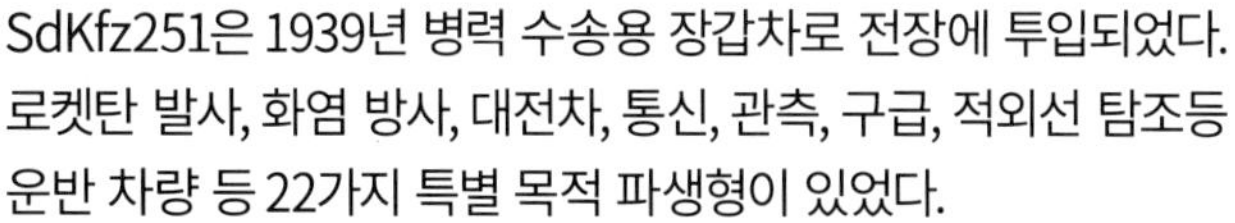

SdKfz251은 1939년 병력 수송용 장갑차로 전장에 투입되었다. 로켓탄 발사, 화염 방사, 대전차, 통신, 관측, 구급, 적외선 탐조등 운반 차량 등 22가지 특별 목적 파생형이 있었다.

제원

제조국: 독일
승무원: 12명
중량: 7810kg
치수: 전장: 5.8m | 전폭: 2.10m | 전고: 1.75m
기동 가능 거리: 300km
장갑: 6-14.5mm
무장: 2 x 7.92mm 기관총
엔진: 1 x 마이바흐 6기통 가솔린 엔진, 100마력 (74.6kW)
성능: 노상 최고 속도: 52.5km/h | 도섭: .6m | 수직 장애물: 2m

추축군 소형 유틸리티 차량(다용도 차량)

1930년대 말에는 '군용 차량'을 구성하는 차량의 범위가 확장되어 어떤 지형과 환경에서도 운행이 가능한 다용도 유틸리티 차량도 포함되었다. 곧 유럽과 아프리카에서 침략 전쟁을 일으킬 독일과 이탈리아가 이러한 차량의 개발에 박차를 가했다.

다임러-벤츠 G5

G 시리즈는 야지 주행 능력이 있는 병력 수송용 차량이란 필요를 충족시키기 위해 개발되었다. 다임리-벤츠의 첫 사륜구동(4WD) 사륜조향(4WS) 차였으나 야지 주행 능력이 떨어졌으므로 독일 국방군은 거의 사용하지 않았다.

제원

제조국: 독일
승무원: 1명
중량: 1630kg
치수: 전장: 4.52m | 전폭: 1.7m | 전고: 1.8m
기동 가능 거리: 480km
장갑: 없음
무장: 없음
엔진: 1 x 메르세데스-벤츠 6기통 가솔린 엔진, 67kW (90마력)
성능: 노상 최고 속도: 75km/h | 도섭: .7m

95식 척후차

'블랙 메달'로 잘 알려진 95식 척후차는 클로즈드 캡, 트럭, 컨버터블 버전으로 개발되었다. 중국 북부와 만주의 낮은 기온에 대처하기에 이상적이었으며 두꺼운 고무 트레드 타이어 덕에 험한 지형에서 운행이 가능했다.

제원

제조국: 일본
승무원: 1명
중량: 1100kg
치수: 전장: 3.38m | 전폭: 1.52m | 전고: 1.68m
기동 가능 거리: 450km
장갑: 없음
무장: 없음
엔진: 1 x 2기통 4행정 V-1-A-F 가솔린 엔진, 24.6kW (33마력)
성능: 노상 최고 속도: 75km/h | 도섭: .5m

TIMELINE

1936 

1937 

스퇴버 40

1934년 독일 육군은 유럽에서의 불가피한 전쟁을 준비하며 표준화된 차량을 요구했다. 이에 1936년 Kfz 2(스퇴버 40의 또 다른 명칭)가 생산에 들어갔다. 4x4 설계에 전진 기어 5단과 후진 기어 1단으로 구성되어 신뢰성이 높았고, 무전 차량의 기반으로 쓰이는 경우가 많았다.

제원

제조국: 독일
승무원: 1명
중량: 1815kg
치수: 전장: 3.58m | 전폭: 1.57m | 전고: 1.78m
기동 가능 거리: 500km
장갑: 없음
무장: 없음
엔진: 1 x 스퇴버 AW2 또는 R180W 4기통 OHV 가솔린 엔진, 37.3kW (50마력)
성능: 노상 최고 속도: 100km/h | 도섭: .6m

크라프트파초이크(Kfz) 15

Kfz 15의 주된 역할은 통신 차량이었다. V8 엔진을 장착했으며 여러 상업용 차량의 차대를 기반으로 삼았다. 그 결과 지상 간격이 낮은 일련의 차량이 탄생했으나 다수가 참모 차량이나 무전 차량으로 쓰였다.

제원

제조국: 독일
승무원: 1명
중량: 2405kg
치수: 전장: 4.44m | 전폭: 1.68m | 전고: 1.73m
기동 가능 거리: 400km
장갑: 없음
무장: 없음
엔진: 1 x 메르세데스-벤츠 6기통 가솔린 엔진, 67.1kW (90마력)
성능: 노상 최고 속도: 88km/h | 도섭: .6m

피아트 508

피아트에서 만든 508CM은 북아프리카의 험난한 지형을 대비한 차량으로 연약 지반 지면에서 차가 빠지지 않도록 했다. 노상 속도가 좋았고 야지 주행 능력도 양호했으므로 이탈리아에서 채택한 군용 차량 중 가장 많이 생산되었다.

제원

제조국: 이탈리아
승무원: 1명
중량: 1065kg
치수: 전장: 3.35m | 전폭: 1.37m | 전고: 1.57m
기동 가능 거리: 400km
장갑: 없음
무장: 없음
엔진: 1 x 피아트 108C 4기통 가솔린 엔진, 23.9kW (32마력)
성능: 노상 최고 속도: 80km/h | 도섭: .45m

1938 1939

2차 세계대전

독일의 전격전(Blitzkrieg) 전술은 프랑스와 북아프리카에서 효과를 거두었으나 후자에서는 연합군의 제공권 우위로 인해 궁극적으로는 실패로 돌아갔다.

그때까지도 독일 기갑 부대는 여전히 연합군 측에 심각한 손실을 가할 능력이 있었다. 1943년 2월 튀니지의 카세린 협곡 전투가 일례로 제21전차 사단이 미군 전차 103대를 파괴하고 2500명 이상의 사상자를 냈다. 전체적으로 2차 세계대전 기간 동안 전차 개발 기술과 전투에서 전차가 맡을 수 있는 역할이 막대하게 발전했다.

왼쪽: 판처 V 판터는 2차 세계대전 기간 동안 연합국과 추축국 양측에서 생산된 전차를 통틀어 의심의 여지없이 최고로 다재다능한 전차였다.

폴란드 방어

최초로 폴란드인이 탑승한 전차는 1919년~1920년 공여된 르노 FT-17 150대였다. 1929년 비커스-카든-로이드 탱켓의 개조 버전(TK 및 TKS)과 비커스 E가 시험을 거쳐 도입되었으며 기갑 사단(Bron Pancerna)의 중심을 이루었다. 1935년에는 총 아홉 개의 기갑 대대가 존재했다.

wz.34 장갑차

1933년 이전까지 폴란드의 장갑차는 wz.28로 시트로엥-케그레스 B2 차대를 사용한 하프트랙 디자인이었으나 성능이 만족스럽지 않았다. 1938년까지 90대 중 87대가 차륜형 4x2 배열로 개조되었으며 wz. 34로 명명되었다.

제원
제조국: 폴란드
승무원: 2명
중량: 2200kg
치수: 전장: 3.62m | 전폭: 1.91m | 전고: 2.22m
기동 가능 거리: 250km
무장: 1 x 37mm (1.46in) wz.18 (SA-18) 퓌토 포
엔진: 1 x 17.88kW (24마력) 피아트 108-III (PZInż.117) 가솔린 엔진
성능: 최고 속도: 50km/h

TK 탱켓

폴란드의 TK 탱켓은 카든-로이드 캐리어 시리즈를 바탕으로 개발되었다. 2차 세계대전이 발발했을 때는 TKS가 폴란드 기갑 사단 대부분을 형성했다. 1931년부터 1933년 사이 총 300대가 까운 TK 탱켓이 생산되었다.

제원
제조국: 폴란드
승무원: 2명
중량: 3200kg
치수: 전장: 3.17m | 전폭: 1.42m | 전고: 1.3m
기동 가능 거리: 125km
무장: 1 x 6.5mm (.26in) 기관총 또는 2 x 8mm (.315in) 기관총
장갑: 15mm
엔진: 31kW (42제동마력) 피아트 4기통 가솔린 엔진
성능: 최고 속도: 42km/h

TIMELINE

1931

1934

TKS 탱켓

TKS는 TK 탱켓과 매우 유사하나 장갑 두께를 늘리고 더 강력한 엔진과 폭이 넓은 궤도를 장착하는 등 많은 부분을 개선했다.

제원
제조국: 폴란드
승무원: 2명
중량: 2650kg
치수: 전장: 2.58m | 전폭: 1.78m | 전고: 1.32m
기동 가능 거리: 180km
무장: 1 x 7.92mm (.31in) 호치키스 wz.25 기관총
엔진: 1 x 34.27kW (46마력) 폴스키 피아트 122BC 6기통 가솔린 엔진
성능: 최고 속도: 40km/h

7TP 경전차

쌍포탑이 있는 7TP 경전차는 비커스 E를 바탕으로 개발되었으나 자우러 디젤 엔진과 더 두꺼운 장갑을 적용했다. 임시 버전이었고 포탑 하나짜리로 다시 만들어질 예정이었으나 1939년 9월까지도 미처 다 개조되지 못했다.

제원
제조국: 폴란드
승무원: 3명
중량: 9400kg
치수: 전장: 4.56m | 전폭: 2.43m | 전고: 2.19m
기동 가능 거리: 160km
무장: 2 x 7.92mm (.31in) Ckm wz.30 기관총(포탑에 각 1정씩)
엔진: 1 x 80kW (110마력) 자우러 VBLDd 디젤 엔진
성능: 최고 속도: 37km/h

7TP 경전차

독일 침공 당시 육군 예비대 '프러시아' 소속 제1 경전차 대대 및 제2 경전차 대대에 7TP 98대가 배정되었다. 이 전차에 탑재된 L/45 37mm(1.46in) wz.37 포(보포르 디자인의 라이센스형 복제품)가 매우 효과적인 것으로 판명되었다.

제원
제조국: 폴란드
승무원: 3명
중량: 9900kg
치수: 전장: 4.56m | 전폭: 2.43m | 전고: 2.3m
기동 가능 거리: 160km
무장: 1 x 37mm (1.46in) 보포르 wz.37 포 + 1 동축 Ckm wz.30 기관총
엔진: 1 x 80kW (110마력) 자우러 VBLDd 디젤 엔진
성능: 최고 속도: 37km/h

1935 1936

전쟁 초기 지휘 전차

독일 육군은 대형 전차를 운용하는 기갑 사단을 구상했으나 지휘와 통제 면에서 문제가 있음을 알아차렸다. 전차 대형을 결정하는 지휘관이 전차들보다 앞으로 나가야 하고 항상 다른 전차와 소통이 가능해야 했던 것이다. 따라서 지휘 전차라는 개념이 탄생하게 되었다.

SdKfz 265 클라이너 판처베펠스바겐

지휘 전차에는 고성능 무전 장치를 추가하고 통신병이 탑승했다. 1938년 PzKpfw I 훈련 전치의 회전 포탑을 상자형 구조물로 바꾸어 지도를 배치하고 서류 작업이 가능한 공간을 확보한 것이다.

제원

제조국: 독일

승무원: 3명

중량: 5800kg

치수: 전장: 4.445m | 전폭: 2.08m | 전고: 1.72m

기동 가능 거리: 290km

장갑: 6-13mm

무장: 1 x 7.92mm (.31in) 기관총

엔진: 1 x 마이바흐 NL38TR 가솔린 엔진, 74.6kW (100마력)

성능: 노상 최고 속도: 40km/h | 도섭: .85m | 수직 장애물: .42m | 참호: 1.75m

T-26TU 1931년형

1931년형 T-26TU 지휘 전차는 밖으로 드러난 '빨랫줄' 무전 안테나를 장착했다. 우측 포탑의 45mm(1.8in) 포와 7.62mm (.3in) 기관총 한 정으로 무장했다.

제원

제조국: 소련

승무원: 3명

중량: 9300kg

치수: 전장: 4.8m | 전폭: 2.39m | 전고: 2.33m

기동 가능 거리: 200km

장갑: 6-15mm

무장: 1 x 45mm (1.8in) 모델1932 전차포 | 1 x 동축 7.62mm(.3in) DT 기관총

엔진: 1 x 68kW (91마력) GAZ T-26 8기통 가솔린 엔진

성능: 최고 속도: 28km/h

TIMELINE

1931 1934 1938

판처베펠스바겐 III E형 (Sd Kfz 266-267-268)

판처베펠스바겐 III E형은 일반 전차처럼 보이지만 포탑은 고정된 상태였으며 모형 포를 장착했다. 지휘 전차가 적군의 주목을 끌지 않게 하기 위한 시도였다.

제원 (표준 판처 III E형)
제조국: 독일
승무원: 4명
중량: 21,000kg
치수: 전장: 5.38m | 전폭: 2.91m | 전고: 2.44m
기동 가능 거리: 185km
장갑: 최대 30mm
무장: 1 x 7.92mm (.31in) MG34 기관총
엔진: 1 x 마이바흐 HL120TRM 엔진
성능: 최고 속도: 40km/h

카로 코만도 M40

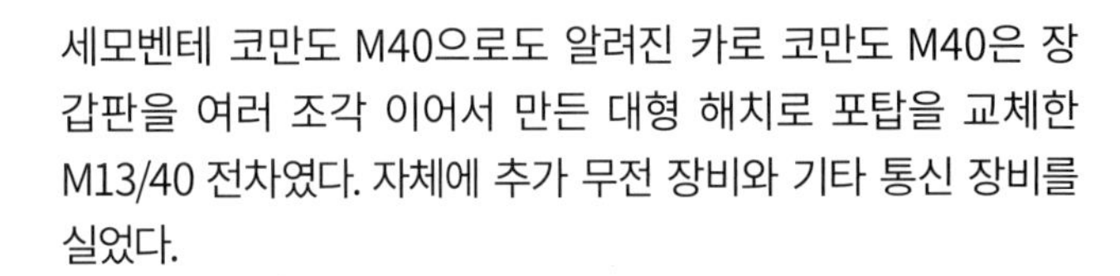

세모벤테 코만도 M40으로도 알려진 카로 코만도 M40은 장갑판을 여러 조각 이어서 만든 대형 해치로 포탑을 교체한 M13/40 전차였다. 자체에 추가 무전 장비와 기타 통신 장비를 실었다.

제원
제조국: 이탈리아
승무원: 4명
중량: 14,000kg
치수: 전장: 4.9m | 전폭: 2.2m | 전고: 2.39 m
기동 가능 거리: 200km
장갑: 최대 42mm
무장: 1 x 20mm (.78in) M35 포 | 2 x 8mm (.31in) M38 기관총
엔진: 1 x 피아트 V8 디젤 엔진, 93kW (125마력)
성능: 최고 속도: 32km/h

BT-5TU 1934년형 쾌속 전차

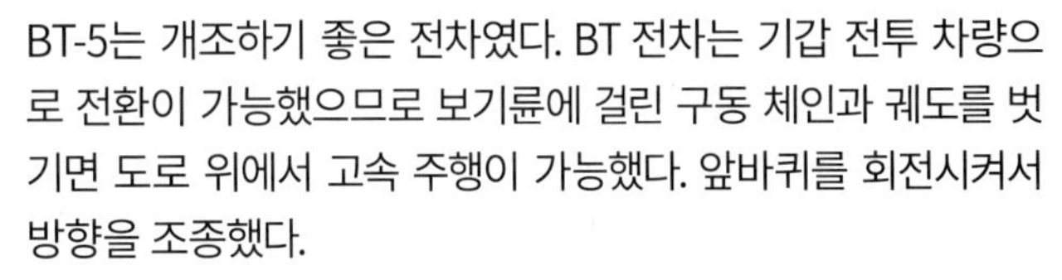

BT-5는 개조하기 좋은 전차였다. BT 전차는 기갑 전투 차량으로 전환이 가능했으므로 보기륜에 걸린 구동 체인과 궤도를 벗기면 도로 위에서 고속 주행이 가능했다. 앞바퀴를 회전시켜서 방향을 조종했다.

제원
제조국: 소련
승무원: 3명
중량: 11,500kg
치수: 전장: 5.58m | 전폭: 2.23m | 전고: 2.25m
기동 가능 거리: 200km
장갑: 6–13mm
무장: 1 x 45mm (1.77in) 모델 1932 포 | 1 x 7.62mm 동축 DT 기관총
엔진: 1 x 298kW (400마력) 모델 M-5 엔진
성능: 최고 속도: 72km/h

1939 1940

판처 III의 초기 파생형

시작품이었던 판처캄프바겐 III(PzKpfw III) A, B, C형은 소량 제작되었고 1939년 9월 폴란드 침공에 투입되었다. D형은 장갑이 더 두꺼워지고 큐폴라를 개선했으며 1940년에는 50mm 고속포로 무장한 F형이 생산에 들어갔다.

판처감프바겐 III A형 (Sd Kfz 141)

초기 판처 III는 3.7cm(1.46in) KwK L46.5 포로 무장했고 150발의 폭발성 탄약과 철갑탄을 보유했다. 서스펜션이 만족스럽지 못한 것으로 드러났으므로 1940년 2월까지 A형은 모두 철수되었다.

제원
제조국: 독일
승무원: 5명
중량: 17,000kg
치수: 전장: 5.69m | 전폭: 2.81m | 전고: 2.34m
기동 가능 거리: 165km
장갑: 30mm
무장: 1 x 3.7mm (1.46in) KwK 36 포 | 2 x 7.92mm (.31in) 기관총
엔진: 1 x 마이바흐 HL108TR 엔진
성능: 최고 속도: 35km/h

판처캄프바겐 III E형

판처 III E형은 전쟁이 발발한 뒤 처음으로 생산에 들어간 모델이었으며 곧 F형에게 생산 라인을 내주게 되었다.

제원
제조국: 독일
승무원: 5명
중량: 24,000kg
치수: 전장: 5.41m | 전폭: 2.95m | 전고: 2.44m
기동 가능 거리: 165km
장갑: 30mm
무장: 1 x 3.7mm (1.46in) KwK 36 포 | 2 x 7.92mm (.31in) 기관총
엔진: 1 x 마이바흐 HL120TRM 엔진
성능: 최고 속도: 40km/h

TIMELINE
1936
1937
1939

판처캄프바겐 III F형

1940년 50mm(1.96in) 고속포로 무장하고 업그레이드된 엔진을 장착한 F형이 생산에 들어갔다. 3.7cm(1.46in) 포는 소련 측 T-34나 KV-1 전차의 전면 장갑을 뚫을 수 없었지만 가까운 거리에 있는 적군의 포신이나 포탑의 링에 손상을 입힐 수 있었다.

제원
제조국: 독일
승무원: 5명
중량: 21,800kg
치수: 전장: 5.38m | 전폭: 2.91m | 전고: 2.44m
기동 가능 거리: 165km
장갑: 30mm
무장: 1 x 50mm (1.96in) KwK 38 포 | 2–3 7.92mm (.31in) MG34 기관총
엔진: 1 x 마이바흐 HL120TR 엔진
성능: 40km/h

판처캄프바겐 III G형

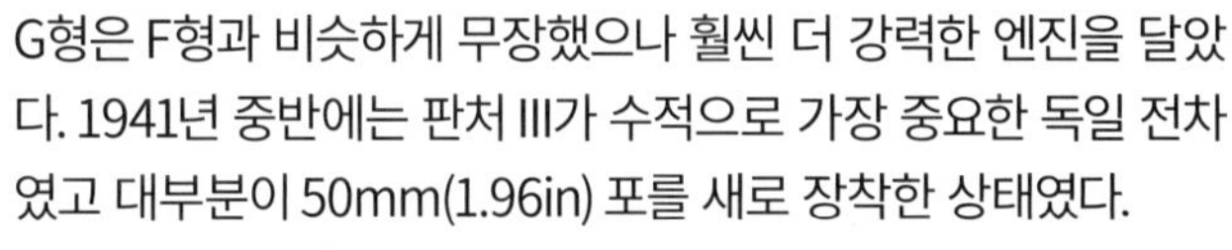
G형은 F형과 비슷하게 무장했으나 훨씬 더 강력한 엔진을 달았다. 1941년 중반에는 판처 III가 수적으로 가장 중요한 독일 전차였고 대부분이 50mm(1.96in) 포를 새로 장착한 상태였다.

제원
제조국: 독일
승무원: 5명
중량: 22,400kg
치수: 전장: 5.41m | 전폭: 2.95m | 전고: 2.44m
기동 가능 거리: 165km
장갑: 30mm
무장: 1 x 50mm (1.96in) KwK 38 포 | 2–3 7.92mm (.31in) MG34 기관총
엔진: 1 x 마이바흐 HL120TRM 엔진
성능: 최고 속도: 40km/h

판처캄프바겐 III H형

H형은 더 폭이 넓은 궤도를 도입하고 러시아의 무시무시한 T-34 중형 전차와 맞서 싸워야 하는 동부 전선에서 향상된 성능을 발휘할 수 있도록 다양한 부분을 개선한 모델이었다. 그러나 H형의 50mm 포는 전혀 효과가 없는 것으로 드러났다.

제원
제조국: 독일
승무원: 5명
중량: 24,000kg
치수: 전장: 5.41m | 전폭: 2.95m | 전고: 2.44m
기동 가능 거리: 165km
장갑: 30mm
무장: 1 x 50mm (1.96in) KwK 38 포 | 2–3 7.92mm (.31in) MG34 기관총
엔진: 1 x 마이바흐 HL120TRM 엔진
성능: 최고 속도: 40km/h

1940 1941

판처캄프바겐 IV (판처 IV, 4호 전차)

2차 세계대전에서 가장 중요한 기갑 전투 차량으로 손꼽히며 흔히 판처 IV로 불리는 판처캄프바겐 IV(PzKpfw IV)는 보병 지원을 목적으로 만들었다. 적군의 기갑 차량을 상대하는 역할은 판처 III의 몫으로 남았다. 크루프가 제조사로 선택되었고 1937년 10월 첫 번째 판처 IV가 완성되었다.

판처 IV F1형

판처 IV(Pzkpfw IV)는 독일 육군 전차 병력의 근간이 되었고 전쟁 기간 동안 계속해서 생산되었다. 합계 9천 대 가까이 생산되었고 필요한 조건이 달라짐에 따라 더 두꺼운 장갑과 강력한 무장만 추가했을 뿐, 기본 차대는 전 모델이 동일했다. 중량이 특히 많이 나감에도 불구하고 생산 기간 내내 중량 대비 출력이 우수했고 덕분에 기동성이 좋았다.

제원

제조국: 독일

승무원: 5명

중량: 25,000kg

치수: 전장: 7.02m | 전폭: 3.29m | 전고: 2.68m

기동 가능 거리: 200km

장갑: 50–60mm

무장: (H형) 1 x 75mm (2.95in) 포 | 2 x 7.92mm (.31in) MG34 기관총

엔진: 1 x 마이바흐 HL 120 TRM 12기통 가솔린 엔진, 224kW (300마력)

성능: 노상 최고 속도: 38km/h | 도섭: 1m | 수직 장애물: .6m | 참호: 2.2m

포

판처 IV는 75mm(2.95in) KwK L/24 단거리 저속포를 탑재하고 고폭탄을 발사해 방어 시설과 보병들을 상대로 효과를 거두었다.

승무원

판처 IV의 조종수는 전면 좌측에 앉았고 무전수와 차체 장착 기관총 사수가 그 우측에 앉았다. 전차장은 포탑의 후면 중앙에 앉았다.

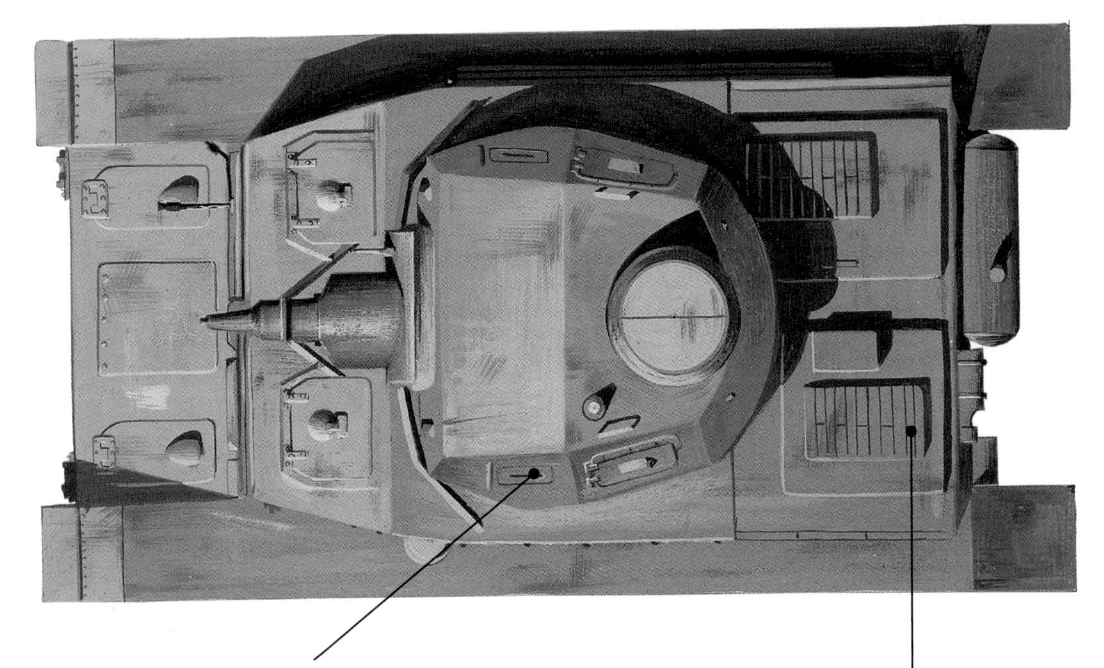

포탑
1941년 판처 IV와 러시아의 T-34가 최초로 조우한 뒤 만들어진 판처 IV F형은 새로 설계한 포탑을 설치하고 더 강력한 75mm(2.95in) L/43 대전차포를 탑재했다.

엔진
후미에 장착한 엔진은 전진 기어 6단, 후진 기어 1단으로 구성된 수동 변속기와 연결되었다. 포탑은 전동 조종이었으나 비상시에는 수동으로도 조종할 수 있게 했다.

차대
PzKpfw의 차대는 폭넓은 용도의 다양한 다목적 차량에 사용되었다. 여기에는 구축전차, 자주포, 자주 대공포, 가교 전차 등이 포함되었다.

중량
판처 IV는 더 크고 강력한 엔진을 도입하고 장갑을 추가하면서 중량이 증가했다. 따라서 접지 압력을 줄이기 위해 더 폭이 넓은 궤도도 장착했다.

판처 IV의 초기 파생형

2차 세계대전에서 가장 중요한 기갑 전투 차량으로 손꼽히며 흔히 판처 IV로 불리는 판처캄프바겐 IV(PzKpfw IV)는 보병 지원을 목적으로 만들었다. 적군의 기갑 차량을 상대하는 역할은 판처 III의 몫으로 남았다. 크루프가 제조사로 선택되었고 1937년 10월 첫 번째 판처 IV가 완성되었다.

판처캄프바겐 IV B형

판처 IV B형은 75mm(2.95in) KwK 단거리 저속포로 무장하고 고폭탄을 빌사해 방어 시설과 보병을 상대로 효과를 거두었으나 정확도가 떨어졌다.

제원
제조국: 독일
승무원: 5명
중량: 20,700kg
치수: 전장: 5.92m I 전폭: 2.83m I 전고: 2.68m
기동 가능 거리: 200km
장갑: 5-30mm
무장: 1 x 75mm (2.95in) KwK37 L/24 포 I 1 x 7.92mm (.31in) 기관총
엔진: 1 x 마이바흐 HL120TR 엔진
성능: 최고 속도: 40km/h

판처캄프바겐 IV D형

1939년 도입된 D형은 더 두꺼운 장갑으로 방어력을 높이고 외부의 맨틀릿(포 방패)으로 75mm(.295in) KwK 포를 보호했다. 이 모델은 1939년 10월부터 1941년 5월까지 약 229대가 생산되었다.

제원
제조국: 독일
승무원: 5명
중량: 22,000kg
치수: 전장: 5.92m I 전폭: 2.84m I 전고: 2.68m
기동 가능 거리: 200km
장갑: 10-30mm
무장: 1 x 75mm (2.95in) KwK37 L/24 포 I 2 x 7.92mm (.31in) 기관총
엔진: 1 x 마이바흐 HL120TRM 엔진
성능: 최고 속도: 40km/h

TIMELINE

1937 

1939 

1940 

판처캄프바겐 IV E형

판처 IV E형은 새로운 전차장용 큐폴라를 설치했고 장갑의 방어력도 향상되었다. 소련 침공에 참여한 제17 기갑 사단의 중형 전차 중대가 약 438대의 판처 IV를 보유했다.

제원
제조국: 독일
승무원: 5명
중량: 23,200kg
치수: 전장: 5.92m | 전폭: 2.84m | 전고: 2.68m
기동 가능 거리: 200km
장갑: 10-50mm
무장: 1 x 75mm (2.95in) KwK37 L/24 포 | 1 x 7.92mm (.31in) 기관총
엔진: 1 x 마이바흐 HL120TRM 엔진
성능: 최고 속도 42km/h

판처캄프바겐 IV F형

1941년, 판처 IV와 러시아의 T-34가 최초로 조우한 뒤 만들어진 판처 IV F형은 새로 설계한 포탑을 설치하고 더 강력한 75mm(2.95in) L/43 대전차포를 탑재했다.

제원
제조국: 독일
승무원: 5명
중량: 24,600kg
치수: 전장: 5.92m | 전폭: 2.84m | 전고: 2.68m
기동 가능 거리: 200km
장갑: 10-30mm
무장: 1 x 75mm (2.95in) KwK 37 L/244 포 | 2 x 7.92mm (.31in) MG34 기관총
엔진: 1 x 마이바흐 HL120TRM 엔진
성능: 최고 속도 42km/h

판처캄프바겐 IV F2형 (Sd Kfz 161/1)

75mm 포로 무장한 F형은 판처 IVF2가 되었고 이후 판처 IVG로 명칭이 바뀌었다. 독일 기갑 사단의 주력 전차로 경험을 바탕으로 주무장과 장갑만 업그레이드되었을 뿐 기본적으로는 변화가 없었다.

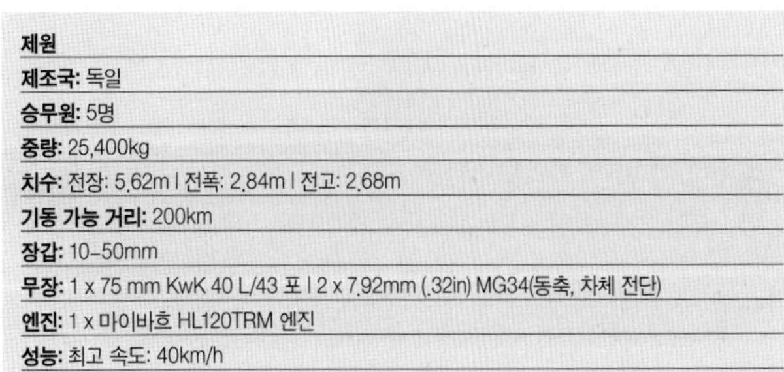

제원
제조국: 독일
승무원: 5명
중량: 25,400kg
치수: 전장: 5.62m | 전폭: 2.84m | 전고: 2.68m
기동 가능 거리: 200km
장갑: 10-50mm
무장: 1 x 75 mm KwK 40 L/43 포 | 2 x 7.92mm (.32in) MG34(동축, 차체 전단)
엔진: 1 x 마이바흐 HL120TRM 엔진
성능: 최고 속도: 40km/h

1941

초기 사막 전차

1940-1942년 서부 사막 전투는 그 자체가 전차전과 같은 말이라고 해도 손색이 없었다. 평평한 사막의 불모지는 전차가 활약하기에 이상적인 곳으로 보였지만 실상은 전혀 달랐다. 모래가 엔진 부품이나 포탑 장치를 막는 등 수많은 문제를 일으켰기 때문이다. 승리는 보통 장거리포를 탑재한 전차에게로 돌아갔다.

순항 전차 Mk.I A9

1934년 비커스 사(社)가 만든 순항 전차 Mk I(A9)은 주무장으로 40mm 2파운드 포를 탑재했고 추가로 기관총 3정이 있었다. Mk I의 생산은 125번째 차량 생산 이후 중단되었으며 초기 모델은 프랑스와 북아프리카 전투에 참가했다.

제원

제조국: 영국

승무원: 6명

중량: 12,000kg

치수: 전장: 5.8m l 전폭: 2.5m l 전고: 2.65m

기동 가능 거리: 161km

장갑: 6–14mm

무장: 3 x 7.7mm 비커스 기관총 l 1 x 40mm (1.57in) 2파운드 속사포

엔진: AEC 179 6기통 가솔린 엔진, 112kW (150마력)

성능: 최고 속도: 26km/h

마틸다 II

마틸다 II는 2차 세계대전이 발발한 시점에서 현역이었던 영국 전차 중 의심의 여지없는 최고의 전차였다. 사막에서 영국 제8군(the Eighth Army)에게 호평을 받았으며 호주 군이 뉴기니와 보르네오 섬에서 사용하기도 했다.

제원

제조국: 영국

승무원: 4명

중량: 11,175kg

치수: 전장: 5.61m l 전폭: 2.59m l 전고: 2.52m

기동 가능 거리: 258km

장갑: 최대 78mm

무장: 1 x 40mm (1.57in) 2파운드 OQF 포 l 1 x 동축 7.92mm (.31in) 베사 기관총

엔진: 2 x 64.8kW (87마력) AEC 6기통 디젤 엔진

성능: 13km/h

TIMELINE

1937

1939

피아트 안살도 M11/39

M11/39는 이탈리아 육군을 위해 개발되었으나 설계가 형편없었다. 일부는 포획되어 1941년 토브루크 공격 때 제6 호주 사단 기병 연대에 지급되었다. '아군의 포격'을 최소화하기 위해 캥거루 무늬를 그려 넣었다.

제원

제조국: 이탈리아

승무원: 3명

중량: 11,175kg

치수: 전장: 4.7m | 전폭: 2.2m | 전고: 2.3m

기동 가능 거리: 200km

장갑: 최대 30mm

무장: 1 x 37mm (1.45in) 비커스-테르니 L/40(차체 전면 포각 제한 마운트) | 2 x 8mm (.31in) 기관총(포탑)

엔진: 1 x 78.225kW (105마력) 피아트 SPA 8T V-8 디젤 엔진

성능: 최고 속도: 32.2km/h

보병 전차 Mk III 밸런타인

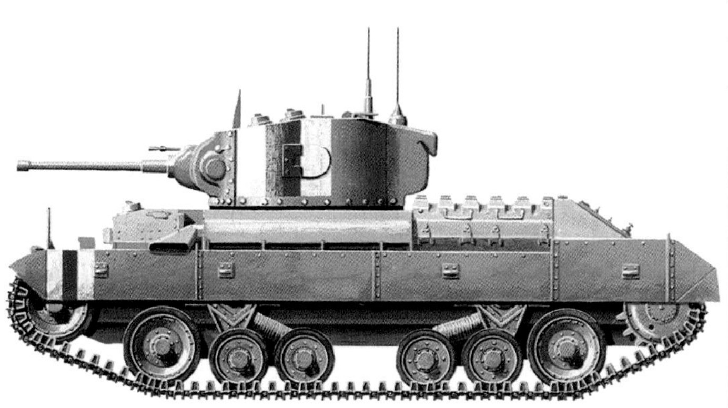

밸런타인은 비커스 A10 순항 전차를 기반으로 했다. 견고하고 신뢰성이 높았으나 속도가 조금 느렸다. 무장은 점진적으로 향상되었다. 자주포, 자주부교, 화염 방사 전차, 지뢰 제거 전차 등의 파생형이 있었다.

제원

제조국: 영국

승무원: 3명

중량: 17,690kg

치수: 전장: 5.41m | 전폭: 2.629m | 전고: 2.273m

기동 가능 거리: 145km

장갑: 8–65mm

무장: 1 x 40mm (1.57in) 2파운드 포 | 1 x 7.62mm (1.3in) 기관총

엔진: Mk III: 1 x AEC 디젤 엔진, 98kW (131마력) / Mk IV: GMC 디젤 엔진, 103kW (138마력)

성능: 최고 속도: 24km/h | 도섭: .914m | 수직 장애물: .838m | 참호: 2.286m

M3 스튜어트

1941년 11월 약 170대의 스튜어트 전차가 사막 전투의 십자군 작전에 참가했다. 영국의 전차 승무원들은 37mm 포에 대해서는 약하다고 불평했지만 전차의 조작성과 신뢰성은 높이 평가했다. 덕분에 이 전차에는 '허니(Honey)'라는 별명이 붙었다.

제원

제조국: 미국

승무원: 4명

중량: 12,700kg

치수: 전장: 4.53m | 전폭: 2.24m | 전고: 2.64m

기동 가능 거리: 110km

장갑: 13–51mm

무장: 1 x 37mm (1.5in) M5 포 | 3 x 7.62mm (.3in) 기관총 (1 AA, 1 동축, 1 차체 전면 볼 마운트)

엔진: 1 x 186.25kW (250마력) 콘티넨털 W-670-9A 7기통 가솔린 엔진

성능: 최고 속도: 58km/h

1940

1941

M3 리/그랜트

M3는 M2를 개량한 버전이다. 37mm(1.46in) 포탑을 그대로 유지했지만 차체 우측의 측면 포탑(sponson)에 신형 75mm 주무장을 탑재했다. 영국군에 공급되었을 때 신형 포탑을 설치한 버전은 그랜트 장군의 이름을 붙이고 수정하지 않은 버전은 리 장군의 이름을 붙여서 불렀다.

M3 리

제원

제조국: 미국

승무원: 4명

중량: 12,927kg

치수: 전장: 4.54m | 전폭: 2.24m | 전고: 2.3m

기동 가능 거리: 112.6km

장갑: 15–43mm

무장: 1 x 37mm (1.46in) 포 | 2 x 7.7mm (.3in) 기관총

엔진: 1 x콘티넨털 W-970-9A 6기통 레이디얼 가솔린 엔진, 186.5kW (250마력)

성능: 노상 최고 속도: 58km/h | 도섭: .91m | 수직 장애물: .61m | 참호: 1.83m

포탑

포탑에는 37mm(1.46in) M5 주포가 탑재되었고 큐폴라에는 7.62mm(.3in) 기관총이 있었다. 포탑포는 수동으로 완전 회전이 가능했으며 360도 회전에 20초가 걸렸다.

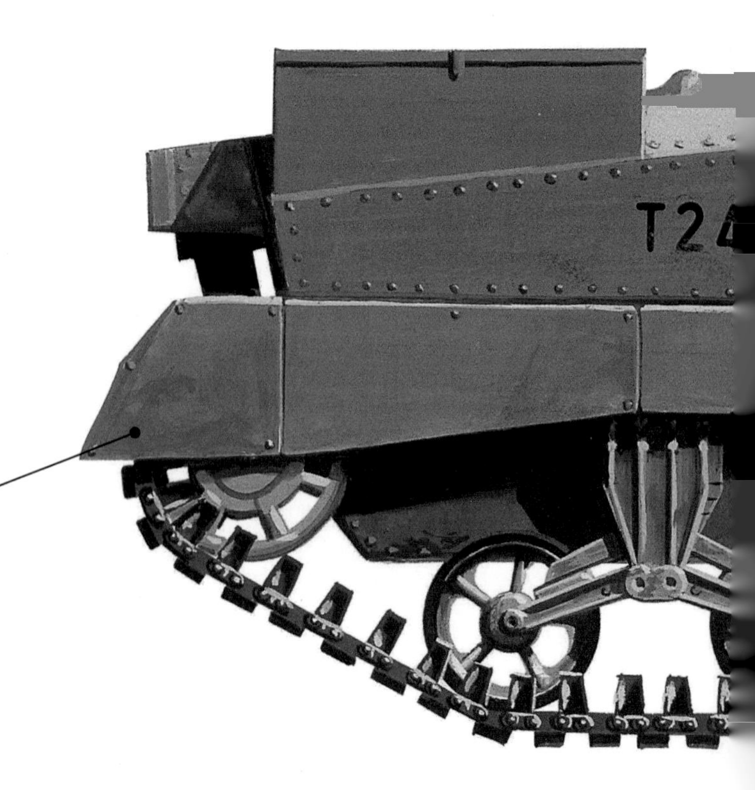

구동 장치

M3 리/그랜트의 구동 장치는 다른 여러 차량의 기반이 되었으며 M4 셔먼 시리즈에도 수정 형태로 적용되었다.

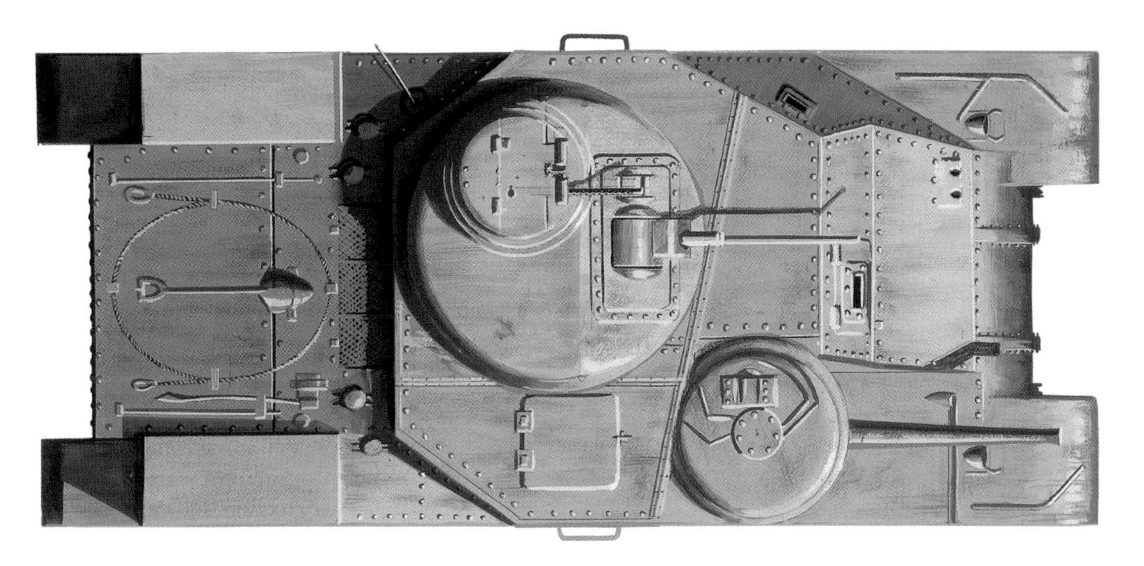

유용한 특성

호주군은 M3를 열대 우림에서 사용했는데 차체가 높고 포 배열이 독특한 점이 매우 유용한 것으로 판명되었다.

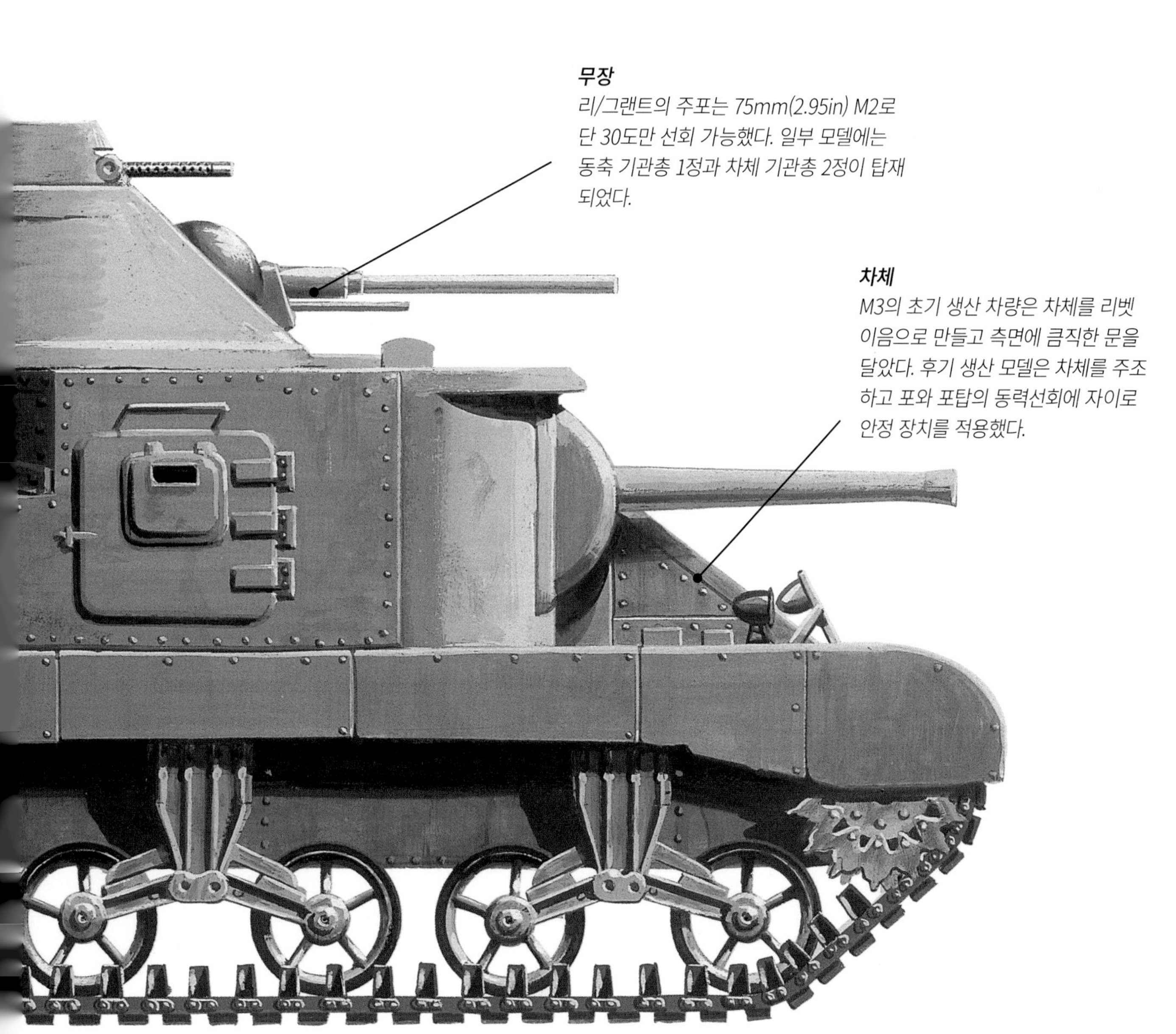

무장

리/그랜트의 주포는 75mm(2.95in) M2로 단 30도만 선회 가능했다. 일부 모델에는 동축 기관총 1정과 차체 기관총 2정이 탑재되었다.

차체

M3의 초기 생산 차량은 차체를 리벳 이음으로 만들고 측면에 큼직한 문을 달았다. 후기 생산 모델은 차체를 주조하고 포와 포탑의 동력선회에 자이로 안정 장치를 적용했다.

T-34/76A 중형 전차

T-34는 20세기 중반의 전투가 어떤 양상이 될지 서유럽의 그 어느 나라 사람보다도 더 명확하게 예상할 수 있었던 소련인들이 있었기에 존재할 수 있었다. T-34는 1940년 말에 T-34/76A 모델로 대량 생산되었고 1941년 독일의 소련 침공 시에는 이미 안정적으로 자리를 잡은 상태였다.

T-34/76A 중형 전차

T-34는 시대를 앞서나간 전차로 소련의 20년에 걸친 실험 끝에 탄생한 디자인이었다. 강력한 포와 두꺼운 장갑이 1941-1942년 독일군에게 기분 나쁜 충격을 안겼다. 이 전차는 구난부터 병력 수송, 정찰까지 모든 임무에 두루 쓰였다.

제원

제조국: 소련

승무원: 4명

중량: 26,000kg

치수: 전장: 5.92m | 전폭: 3m | 전고: 2.44m

기동 가능 거리: 186km

장갑: 18-60mm

무장: 1 x 76.2mm (3in) 포 | 2 x 7.62mm (.3in) 기관총

엔진: 1 x V-2-34 V12 디젤 엔진, 373kW (500마력)

성능: 노상 최고 속도: 55km/h | 도섭: 1.37m | 수직 장애물: .71m | 참호: 2.95m

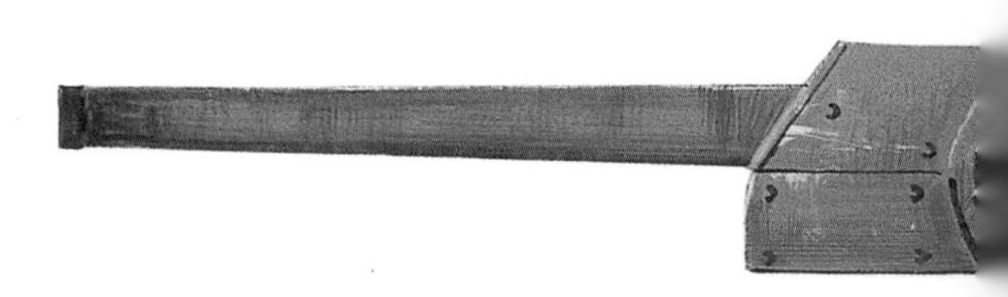

궤도

궤도는 폭이 475mm로 동시대 대부분의 전차보다 훨씬 더 넓었다. 덕분에 야지에서 방향 조종이 이례적으로 쉬웠다.

포탑
오리지널 2인용 포탑은 너무 좁아서 전차장이 주포를 조준하고 발사해야 했다. 또, 전차장과 장전수는 해치 하나를 공유해야 했다.

시야
초기 T-34는 전차장을 위한 큐폴라와 직접적인 시야 확보 장비가 없어서 전차장이 주위를 둘러보기 위해서는 포화가 빗발치는 전차 밖으로 몸을 드러낼 수밖에 없었다.

포탑 베이스
맨틀릿(포 방패) 아래의 포탑 베이스는 악명 높은 '조준점'이었다. 취약한 위치라 포탄의 효과가 극대화되며 포탑 전체가 날아갔기 때문이다.

변속 장치
T-34의 변속기는 신뢰성이 떨어진다는 평판을 받았다. 따라서 전차 뒤에 여분의 변속기를 싣는 경우가 많았다.

T-34/76 파생형

이론의 여지는 있지만 전쟁사상 어떤 전차도 1941년 여름 러시아 전선에 등장한 T-34만큼 적군에게 더 큰 충격이나 공포를 안겨주지 못했다. 당시로서는 상당히 첨단적인 설계였던 T-34는 결코 성공작이라고 할 수 없었던 BT-7을 지속적으로 업그레이드하고 개선한 결과물이었다.

T-34 1941년형

T-34는 1940년 말에 T-34/76A 모델로 대량 생산되었고 1941년 독일의 소련 침공 시에는 이미 안정적인 전력으로 자리를 잡은 상태였다. 여기 소개하는 T-34는 겨울용 위장을 한 상태이다.

제원
제조국: 소련
승무원: 4명
중량: 26,500kg
치수: 전장: 5.92m | 전폭: 3m | 전고: 2.44m
기동 가능 거리: 400km
장갑: 45mm
무장: 1 x 76mm (3in) F-34 포 | 2 x 7.62mm (.3in) DT 기관총(차체 전단 & 동축)
엔진: 1 x 373kW (500마력) V-2-34 V-12기통 디젤 엔진
성능: 노상 최고 속도: 53km/h

T-34 1942년형

T-34는 확고한 분별력의 산물로 20세기 중반의 전투 양상을 서유럽의 그 어느 나라 사람보다도 더 명확하게 예상할 수 있었던 사람들 덕에 존재할 수 있었다.

제원
제조국: 소련
승무원: 4명
중량: 26,500kg
치수: 전장: 5.92m | 전폭: 3m | 전고: 2.44m
기동 가능 거리: 400km
장갑: 45mm
무장: 1 x 76mm (3in) F-34 포 | 2 x 7.62mm (.3in) DT 기관총(차체 전단 & 동축)
엔진: 1 x 373kW (500마력) V-2-34 V-12기통 디젤 엔진
성능: 노상 최고 속도: 53km/h

TIMELINE

1941 

1942

1943 

T-34 1943년형

이름은 1943년형이지만 전장에 투입된 것은 1942년이었다. 가장 명백한 차이점은 확장된 포탑으로 승무원들에게 여유 공간을 확보해 주었다. 여기 소개하는 T-34는 고무 부족이 소련의 군수 산업에 영향을 미친 결과 전체를 금속으로 만든 보기륜을 장착했다.

제원
제조국: 소련
승무원: 4명
중량: 30,900kg
치수: 전장: 5.92m | 전폭: 3m | 전고: 2.44m
기동 가능 거리: 465km
장갑: 45mm
무장: 1 x 76mm (3in) L-40 포 | 2 x 7.62mm (.3in) DT 기관총(차체 전단 & 동축)
엔진: 1 x 373kW (500마력) V-2-34 V-12기통 디젤 엔진
성능: 노상 최고 속도: 53km/h

T-34 1943년형

전체를 금속으로 만든 보기륜은 T-34가 고속으로 주행할 때 조화 진동을 일으켜 부품이 헐거워지거나 엔진에 손상이 생겼다. 이 문제를 해결하기 위해 첫 번째와 다섯 번째 위치의 보기륜에 다시 고무 테두리가 생겨났다.

제원
제조국: 소련
승무원: 4명
중량: 30,900kg
치수: 전장: 5.92m | 전폭: 3m | 전고: 2.44m
기동 가능 거리: 465km
장갑: 45mm
무장: 1 x 76mm (3in) L-40 포 | 2 x 7.62mm (.3in) DT 기관총(차체 전단 & 동축)
엔진: 1 x 373kW (500마력) V-2-34 V-12기통 디젤 엔진
성능: 노상 최고 속도: 53km/h

T-34 1943년형

T-34는 당시로서는 매우 앞서나간 설계였다. 후기에 생산된 T-34/76은 경사 장갑을 충분히 장착해 방어력을 높였고 360도 시야가 확보되는 큐폴라를 설치했으며 실전에서도 내구성이 입증되었다.

제원
제조국: 소련
승무원: 4명
중량: 30,900kg
치수: 전장: 5.92m | 전폭: 3m | 전고: 2.44m
기동 가능 거리: 465km
장갑: 45mm
무장: 1 x 76mm (3in) L-40 포 | 2 x 7.62mm (.3in) DT 기관총(차체 전단 & 동축)
엔진: 1 x 373kW (500마력) V-2-34 V-12기통 디젤 엔진
성능: 노상 최고 속도: 53km/h

소련 KV 전차

소련의 KV 전차는 1941년 소련의 국방인민위원이었던 클리멘트 보로실로프의 이름을 따서 명명했다. 강력한 전차로 동부 전선에서 위험한 전투가 벌어졌던 기간 동안 붉은 군대의 훌륭한 전력이 되었다. 기동성이 떨어지는 것이 결점이었으며 러시아 평원의 사방이 트인 광대한 공토에서 문제를 일으켰다.

KV-1 중전차

강력한 KV-1 전차는 공격 전차로, 혹은 돌파 작전의 선봉 역할로 쓰였다. 기동성이 그리 높지 않았으며 자동 추진에도 문제가 발생했다. 혁신적으로 기존 장갑에 추가 장갑을 설치했으나 할당된 동력을 높이지 않아 성능에 부정적인 영향을 미쳤다.

제원

제조국: 소련

승무원: 5명

중량: 43,000kg

치수: 전장 6.68m | 전폭 3.32m | 전고 2.71m

기동 가능 거리: 150km

장갑: 100mm

무장: 1 x 76.2mm (3in) 포 | 4 x 7.62mm (.3in) 기관총

엔진: 1 x V-2K V-12 디젤 엔진, 600마력 (448kW)

성능: 노상 최고 속도(극히 드물게 달성): 35km/h | 도섭: 불명 | 수직 장애물: 1.2m | 참호: 2.59m

KV-1A 중전차

KV-1A는 신뢰성이 떨어졌고 사소한 기계적인 문제로 다수가 손실되었다. 방탄 장갑을 탑재해 독일군에게 확실한 충격을 안겼으나 이러한 장점은 제대로 훈련 받지 못한 승무원들이 안전거리를 확보하지 않고 너무 가까이 다가가서 공격하며 상쇄되기 일쑤였다.

제원

제조국: 소련

승무원: 5명

중량: 45톤

치수: 전장: 6.25m | 전폭: 3.25m | 전고: 2.75m

기동 가능 거리: 노상 250km

장갑: 30–40mm

무장: 1 x 76mm (3in) F32 포 | 3 x 7.62mm (0.3in) DT 기관총

엔진: 410kW (550마력) V-2K V-12 디젤 엔진

성능: 노상 최고 속도: 35km/h

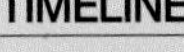

TIMELINE

1940  

1941 

KV-1S 중전차

KV-1S(Skorostniy: '빠르다'는 뜻)은 독일의 향상된 장갑 전투 차량과 대전차포에 압도당한 KV-1을 업데이트한 것이다. 포탑 레이아웃을 재배치하고 변속기를 개량했으며 노상 속도와 야지 주행 성능을 개선했다.

제원
제조국: 소련
승무원: 5명
중량: 42,500kg
치수: 전장 6.75m | 전폭 3.32m | 전고 2.71m
기동 가능 거리: 250km
장갑: 30–82mm
무장: 1 x 76mm (3in) ZIS-5 포 | 3 x 7.62mm (.3in) DT 기관총
엔진: 1 x 450kW (600마력) 모델 V-2 12-기통 디젤 엔진
성능: 노상 최고 속도: 45km/h

KV-8 화염 방사 전차

KV-8은 KV-1의 포탑에 ATO-41 화염 방사기를 장착한 모델이다. 새로운 무기를 장착하기 위해 주포의 구경을 45mm(1.77in)로 줄였다.

제원
제조국: 소련
승무원: 5명
중량: 53.1톤
치수: 전장 6.79m | 전폭 3.32m | 전고 3.65m
기동 가능 거리: 160km
장갑: 110mm (전면), 75mm (측면)
무장: 1 x 45mm (1.77in) M1932 주포 | 1 x ATO-41 화염 방사기 & 1 x BT 기관총
엔진: 1 x V-2K V-12 디젤 엔진, 600마력 (448kW)
성능: 속도: 35km/h

KV-2 중전차

KV-2는 고정진지(固定陣地)를 공격하기 위해 만들었다. 효과적인 전차였으나 중량이 많이 나가고 몸집이 큰 것이 결점으로 드러나 330대만 생산되었다. 76.2mm(3in) 포가 있는 전투 전차와 거대한 152mm(5.9in) 곡사포가 있는 '포 전차', 이렇게 두 가지 형태로 나왔다.

제원
제조국: 소련
승무원: 6명
중량: 53.1톤
치수: 전장 6.79m | 전폭 3.32m | 전고 3.65m
기동 가능 거리: 140km
장갑: 최대 110m
무장: 1 x 152mm (5.98in) 포 & 3 x 기관총s
엔진: 1 x 410kW (550마력) V-2K V-12 디젤 엔진
성능: 노상 최고 속도: 26km/h | 노상 기동 가능 거리: 140km

1942

무기 대여 전차

미국에서 대량 생산되어 영국에 공급된 전차들은 이후 소련으로 보내졌다. 이 전차들은 바르바로사 작전(독일군의 소련 침공 작전)으로 인해 엄청난 손실을 겪은 붉은 군대의 전쟁 물자에 막대한 기여를 하게 되었다.

M3A5 중형 전차(초기 생산 모델)

1941년 말 처음으로 M3 리 중형 전차가 붉은 군대에게 전달되었다. 그러나 차체가 높고 손상되기 쉬웠으므로 병사들 사이에서 평가가 좋지 않았고 일곱 명으로 구성된 러시아인 승무원들은 이 전차를 '일곱 형제의 관'이라고 불렀다.

제원
제조국: 미국
승무원: 7명
중량: 29,100kg
치수: 전장: 5.64m | 전폭: 2.72m | 전고: 3.12m
기동 가능 거리: 193km
장갑: 12–57mm
무장: 1 x 75mm (2.95in) 주포 | 1 x 37mm (1.46in) 포 | 3 x 7.62mm (.3in) 기관총
엔진: 1 x 253kW (340마력) 제네럴 모터스 6046 12-기통 디젤 엔진
성능: 최고 속도: 29km/h

M3 경전차

1941년 영국이 소련에 보낸 물자에는 미국의 M3 경전차도 소량 포함되어 있었다. 그러나 이 전차는 소련에서 전투 가치가 전무하다시피 했고, 1942년 실패로 돌아간 '티모셴코 공세' 및 독일군 진군 당시 소실되었다.

제원
제조국: 미국
승무원: 4명
중량: 14,700kg
치수: 전장 4.45m | 전폭 2.22m | 전고 2.3m
기동 가능 거리: 113km
장갑: 13–51mm
무장: 1 x 37mm (1.46in) 포 | 2 x 7.62mm (.3in) 브라우닝 기관총
엔진: 1 x 185kW (250마력) 콘티넨털 W-670 7-기통 레이디얼 가솔린 엔진
성능: 최고 속도: 58km/h

TIMELINE

1937 

1940 

1941 

보병 전차 마크 II '마틸다'

마틸다는 1941년 무기 대여 프로그램에 따라 소련에 지원된 첫 영국 전차에 포함되었다. 1천 대 이상을 보냈으나 북극해 수송대의 수송 과정에서 252대가 손실되었다. 붉은 군대는 마틸다를 마음에 들어 했으나 무장이 불충분하다고 생각했다.

제원

제조국: 영국

승무원: 4명

중량: 26,900kg

치수: 전장 5.61m | 전폭 2.59m | 전고 2.5m

기동 가능 거리: 257km

장갑: 78mm

무장: 1 x 40mm (1.57in) 포 | 1 x 7.92mm (.31in) 베사 기관총

엔진: 2 x 6-기통 AEC 가솔린 엔진, 64.8kW (87제동마력)

성능: 최고 속도: 24km/h

보병 전차 마크 III, 밸런타인 마크 IV

밸런타인은 붉은 군대가 무기 대여로 원조 받은 영국 전차 중 최고로 꼽은 전차였다. 1941년부터 1945년까지 모든 마크 넘버의 밸런타인 전차 총 3782대가 소련으로 보내졌고, 그 중 320대가 수송 과정에서 손실되었다.

제원

제조국: 영국

승무원: 4명

중량: 16,000kg

치수: 전장 5.4m | 전폭 2.6m | 전고 2.2m

기동 가능 거리: 145km

장갑: 8-65mm

무장: 1 x 40mm (1.57in) 포 | 1 x 7.92mm (.31in) 베사 기관총

엔진: 1 x 97-157kW (131-210마력) GMC 6004 디젤 엔진

성능: 최고 속도: 24km/h

보병 전차 마크 IV, 처칠 마크 IV

처칠은 붉은 군대에서 인기가 없었고 KV-1과 비교되는 등 부정적인 반응을 얻었다. 약 250대의 처칠이 소련 전차 부대에 지급되었고 여기에는 1943년 프로호로프카 작전에 참가했던 제5 근위 전차 군(Fifth Guards Tank Army)도 포함되었다.

제원

제조국: 영국

승무원: 5명

중량: 38,500kg

치수: 전장 7.3m | 전폭 3m | 전고 2.8m

기동 가능 거리: 90km

장갑: 16-102mm

무장: 1 x 75mm (2.9in) 또는 94mm (3.7in) 포 | 2 x 7.92mm (.31in) 베사 기관총

엔진: 1 x 261kW (350마력) 베드포드 트윈 식스 가솔린 엔진

성능: 노상 최고 속도: 24km/h

1942

동유럽의 전차

독일과 동맹 관계였던 동부 전선의 헝가리와 루마니아는 일부 기갑 편대에 자국에서 만든 전차를 지급했다. 독일에서 판처를 대량으로 공급해줄 수 없었던 것이 주된 이유였다. 독일은 동맹국을 '시골 친척' 정도로 여기고 질 낮은 무기를 공급하는 경향이 있었다.

R-1 경전차

루마니아의 R-1 경전차는 1936년 정식으로 군에 지급되었다. 단 35대만 만들어졌고 루마니아 육군 기갑 여단의 기계화 정찰 전대에 분배되었다. 캅카스와 우크라이나에서 전투에 투입되었다.

제원
제조국: 루마니아
승무원: 2명
중량: 3500kg
치수: 전장: 3.2m | 전폭: 1.79m | 전고: 1.67m
기동 가능 거리: 160km
장갑: 5-12mm
무장: 1 x 7.92mm (.31in) ZB37 기관총 | 1 x 7.92mm (.31in) ZB-53 기관총
엔진: 1 x 프라하 6-기통 가솔린 엔진, 37.3kW (50마력)
성능: 최고 속도: 45km/h

톨디 I 38M 경전차

톨디 I 경전차는 스웨덴의 란즈베르크 L-60B를 헝가리에서 라이센스 생산한 버전이다. 단 202대만 생산되었으며 1940년 처음 군에 지급되었다. 작전에 처음 투입된 것은 1941년 4월 유고슬라비아 침공 때였다.

제원
제조국: 헝가리
승무원: 3명
중량: 8700kg
치수: 전장: 4.75m | 전폭: 2.14m | 전고: 2.05m
기동 가능 거리: 220km
장갑: 8-30mm
무장: 1 x 20mm (.78in) 36M | 1 x 8mm (.31in) 34/37 기관총
엔진: 1 x L-8-V/36TR 8-기통 가솔린 엔진, 115.6kW (155마력)
성능: 최고 속도: 50km/h

TIMELINE

1936

1937 

1940 

4TP 경전차

4TP 경전차는 1930년대 폴란드 육군이 사용하던 카든-로이드 탱켓을 교체하기 위한 전차였다. 하지만 단 한 대의 프로토타입만 만들어졌고 1937년 시험을 진행했다. 총 480대를 생산하는 것이 목표였으나 독일 침공으로 좌절되었다.

제원
제조국: 폴란드
승무원: 2명
중량: 4330kg
치수: 전장: 3.84m | 전폭: 2.08m | 전고: 1.75m
기동 가능 거리: 450km
장갑: 4–17mm
무장: 1 x 20mm (.8in) 포 | wz.38 FK-A | 1 x 7.92mm (.31in) wz.30 TMG 기관총
엔진: 1 x PZInz.425 4행정 6기통 직렬 가솔린 엔진, 71kW (95마력)
성능: 최고 속도: 55km/h

투란 I 중형 전차

헝가리의 투란은 체코슬로바키아에서 설계한 스코다 T22 경전차를 바탕으로 한다. 40mm(1.57in) 포로 무장했으나 소련 전차의 장갑에는 무용지물이었으므로 손실이 컸다.

제원
제조국: 헝가리
승무원: 5명
중량: 18,200kg
기동 가능 거리: 165km
치수: 전장: 5.55m | 전폭: 2.44m | 전고: 2.39m
장갑: 최대 50mm
무장: 1 x 40mm (1.57in) 스코다 A17 포, 2 x 7.92mm (.31in) 기관총
엔진: 1 x 만프레트 바이스-Z 가솔린 엔진, 194kW (260마력)
성능: 최고 속도: 47km/h

투란 II 경전차

투란에는 더 큰 포가 필요했다. 이에 선택된 무기는 오스트로-헝가리안 뵐러 75mm(2.95in) 18M 야전포를 발전시킨 75mm(2.95in) M41이었다. 개량된 버전인 투란 II 43M은 43mm(1.7in)(L/43) 전차포를 탑재했다.

제원
제조국: 헝가리
승무원: 5명
중량: 18,500kg
치수: 전장: 5.68m | 전폭: 2.54m | 전고: 2.33m
기동 가능 거리: 165km
장갑: 14–50mm
무장: 1 x 75mm (2.95in) 포 | 2 x 8mm (.315in) 기관총
엔진: 1 x 바이스 V-8 가솔린 엔진, 2200rpm일 때 194kW (260제동마력)
성능: 최고 속도: 47km/h

1943

스웨덴의 전차

2차 세계대전 동안 스웨덴은 철저히 중립을 지켰다. 그러나 전쟁은 곧 해외에서 군사 장비 공급이 보장되지 않음을 의미했으므로 스웨덴 정부는 전투기와 전차를 포함한 독자적인 무기 개발을 지시했다. 이것이 군수 산업 번영의 시작이었다.

스트리스방 m/31 전차

스트리스방 m/31(STRV m/31)은 최초의 스웨덴 생산 전차였지만 독일의 지원 결과로 탄생한 전사이기도 했다. 독일 정부가 전차 제조를 맡은 란즈베르크 사의 대주주였기 때문이다. STRV m/31은 L-10으로도 알려져 있다.

제원
제조국: 스웨덴
승무원: 4명
중량: 11,500kg
치수: 전장: 5.18m | 전폭: 2.13m | 전고: 2.23m
기동 가능 거리: 200km
무장: 1 x 37mm (1.46in) 포 | 2 x 기관총
엔진: 1 x 뷔싱 V6 공랭식 가솔린 엔진, 104.5kW (140마력)
성능: 노상 최고 속도: 40km/h

스트리스방 m/38 전차

요제프 폴머가 설계한 일련의 전차 중 하나인 스웨덴 경전차로 독일의 영향이 명백하게 드러난다. 폴머는 1차 세계대전 당시 독일의 전차 설계 책임자였기 때문이다. 이 전차는 폴머의 초기작 L-60을 다듬은 버전이다.

제원
제조국: 스웨덴
승무원: 3명
중량: 8835kg
치수: 전장: 4.67m | 전폭: 2.06m | 전고: 2.09m
기동 가능 거리: 불명
장갑: 13mm
무장: 1 x 37mm (1.46in) 포, 1 x 기관총
엔진: 스카니아-바비스 6기통 가솔린 엔진, 106kW (142마력)
성능: 노상 최고 속도: 45km/h

TIMELINE

1931  

1938  

1939 

스트리스방 m/39

Strv m/38을 직접적으로 개량한 스트리스방 m/39는 여러 가지 새로운 설계 요소를 포함시켰으나 일반적인 레버 조종 시스템으로 되돌아갔다. 신형 전차는 37mm(1.46in) 주포와 기관총 2정으로 무장했다.

제원

제조국: 스웨덴

승무원: 3명

중량: 9335kg

치수: 전장: 4.67m | 전폭: 2.06m | 전고: 2.09m

기동 가능 거리: 불명

장갑: 13mm

무장: 1 x 37mm (1.46in) 포 | 2 x 기관총

엔진: 스카니아-바비스 6기통 가솔린 엔진, 106kW (142마력)

성능: 노상 최고 속도: 45km/h

스트리스방 m/40

스트리스방 m/40은 대량 생산된 첫 스웨덴 전차였다. 포탑에 매우 현대적인 디자인을 적용했으며 균형 잡힌 차체 후미에 엔진을 용접과 리벳 이음 두 가지 방식으로 달았다.

제원

제조국: 스웨덴

승무원: 3명

중량: 9500kg

치수: 전장: 4.9m | 전폭: 2.1m | 전고: 2.1m

기동 가능 거리: 200km

장갑: 24mm

무장: 1 x 37mm (1.46in) 포, 2 x 기관총

엔진: 1 x 스카니아-바비스 6기통 가솔린 엔진, 106kW (142마력)

성능: 최고 속도: 48km/h

스트리스방 m/42

1942년에 탄생한 스트리스방 m/42는 란즈베르크 사에서 만든 스웨덴 전차의 계보를 이어서 개발되었다. Strv/42의 바로 전 모델은 Strv m/40이었지만 m/42는 차체가 더 길고 새로 설계한 포탑을 설치했다.

제원

제조국: 스웨덴

승무원: 4명

중량: 22,500kg

치수: 전장: 4.90m | 전폭: 2.20m | 전고: 1.61m

기동 가능 거리: 200km

장갑: 80mm

무장: 1 x 75mm (2.9in) 포, 3 x 기관총

엔진: 스카니아-바비스 엔진, 239 kW (320마력)

성능: 최고 속도: 45km/h

1940 1942

일본의 2차 세계대전 초기 장갑 전투 차량

일본의 전차 개발은 중국과의 전투 경험을 바탕으로 난항을 겪게 되었다. 적군에게 장갑 차량이 거의 혹은 아예 없었기 때문이었다. 그 결과 경전차와 장갑차 정도면 군대를 지원하고, 최악의 경우를 제외한 대부분의 장애물을 감당하기에 충분하다고 판단하게 되었다. 이후 일본의 전차 개발은 늦어질 수밖에 없었다.

89A식 치-로

일본의 89A식은 중형 전차로 비커스 마크 C(일부는 1927년에 구입)의 특징을 어느 정도 가지고 있었다. 89B식은 1932년에 나왔고 같은 해 상하이에서 처음 작전에 투입되었다.

제원
제조국: 일본
승무원: 4명
중량: 12,790kg
치수: 전장: 5.73m | 전폭: 2.13m | 전고: 2.56m
기동 가능 거리: 170km
장갑: 6–17mm
무장: 1 x 57mm (2.34in) 90식 포 | 2 x 6.5mm (.26in) 91식 기관총
엔진: 1 x 미츠비시 A6120VD 6기통 공랭식 가솔린/디젤 엔진, 89.5kW (120마력)
성능: 최고 속도 26km/h

92식 호코쿠-고

1930년대 초반에 개발된 92식 호코쿠-고는 6륜 트럭 차대와 기관총을 탑재한 포탑으로 구성되어 하이브리드 장갑차에 가까웠다. 중국에서 적극적으로 사용되었으며 이어서 치안 유지용으로도 사용되었다.

제원
제조국: 일본
승무원: 4–5명
중량: 6400kg
치수: 전장: 5m | 전폭: 1.83m | 전고: 2.64m
기동 가능 거리: 불명
장갑: 8–11mm
무장: 2 x 7.7mm (.30in) 기관총
엔진: 1 x 4기통 엔진, 26kW (35마력)
성능: 최고 속도 61km/h

TIMELINE

1930

1932

2식 카-미

일본의 수륙 양용 전차로 가장 잘 알려진 2식은 정비병을 탑승시키고 무전 및 전화 인터컴 시스템을 갖추는 등 몇 가지 혁신적인 요소를 자랑한다. 보병 지원에 사용되었고 종종 섬의 방어를 위한 지상 특화점(特火點)으로도 사용되었다.

제원
제조국: 일본
승무원: 5명
중량: (폰툰 포함) 11,301kg I (폰툰 제외) 9571kg
치수: 전장(폰툰 포함): 7,417m I 전장(폰툰 제외): 4,826m I 전폭: 2,79m I 전고: 2,337m
기동 가능 거리: 지상 반경 199,5km I 수상 반경 149,6km
장갑: 6–12mm
무장: 1 x 37mm (1,46in) 대전차포 I 2 x 7,7mm (,30in) 기관총
엔진: 1 x 6기통 공랭식 디젤 엔진, 82kW (110마력)
성능: 지상 최고 속도: 37km/h I 수상 최고 속도: 9,65km/h I 도섭: 수륙 양용

92식 중장갑차(신형)

1932년 등장한 92식은 일본 제국이 처음 자체적으로 설계한 탱켓이었으며 정찰과 보병 지원을 목적으로 했다. 비록 장갑차(소코샤)라고 부르지만 실제로는 경전차였다.

제원
제조국: 일본
승무원: 3명
중량: 3520kg
치수: 전장 3,94m I 전폭 1,63m I 전고 1,86m
기동 가능 거리: 200km
장갑: 6–20mm
무장: 1 x 13,2mm (,52in) 중기관총 I 1 x 6,5mm (,26in) 기관총
엔진: 1 x 미츠비시/이시카와지마 In6 가솔린 엔진, 33,6kW (45마력)
성능: 최고 속도: 40km/h

97식 테-케

97식 테-케 탱켓은 모든 전선에서 다 사용되었으나 때때로 보병 지원에 사용된 중국에서 가장 많이 활약했다. 일반적으로 97식 테-케는 최대 17대의 중대로 조직되었다.

제원
제조국: 일본
승무원: 2명
중량: 4700kg
치수: 전장: 3,7m I 전폭: 1,8m I 전고: 1,77m
기동 가능 거리: 250km
장갑: 4–16mm
무장: 1 x 37mm (1,46in) 94식 포
엔진: 1 x 이케가 공랭식 4기통 디젤 엔진, 35,8kW (48마력)
성능: 최고 속도 42km/h

1937

영연방의 전차

영연방 국가에서 생산한 전차는 일본 침략의 위협에 처해있던 캐나다와 호주에 미국과 영국의 전차가 아주 소수만 공급되던 시기에 개발이 이루어졌다. 더 효과적인 영국과 미국의 전차를 이용할 수 있게 된 뒤로는 다른 부차적인 역할에 배정되었다.

AC1 센티넬

센티넬 순항 전차 마크 I은 유럽에서 발발한 2차 세계대전의 대응책이었다.(전쟁 탓에 호주는 보통 영국에서 보내던 군수 물자를 받지 못하게 될 가능성이 높았다.) 1942년 일본의 침략 위협이 곧 실현될 듯한 형세 역시 이 전차의 탄생에 일조했다.

제원

제조국: 호주
승무원: 5명
중량: 28,400kg
치수: 전장: 6.32m | 전폭: 2.77m | 전고: 2.56m
기동 가능 거리: 240km
장갑: 최대 65mm
무장: 1 x 40mm (1.57in) 포 | 2 x 7.7mm (.303in) 비커스 기관총
엔진: 3 x 캐딜락 V8 가솔린 엔진, 246kW (330마력)
성능: 최고 속도: 48km/h

순항 전차 램 마크 I

전쟁 발발 초기 캐나다에는 전차 부대가 없었으므로 자체적으로 전차를 만들어야 했다. 램은 미국산 M3의 부품을 바탕으로 했으나 M3처럼 측면 포탑(sponson)에 주포를 탑재하는 대신 40mm(1.57in) 포를 탑재한 포탑을 장착했다.

제원

제조국: 캐나다
승무원: 5명
중량: 29,484kg
치수: 전장: 5.79m | 전폭: 2.895m | 전고: 2.667m
기동 가능 거리: 232km
장갑: 25–89mm
무장: 1 x 40mm (1.57in) 2 파운드 포 | 2 x 7.62mm (.3in) 동축기관총
엔진: 1 x 콘티넨털 R-975 레이디얼 가솔린 엔진, 298kW (400마력)
성능: 노상 최고 속도: 40.2km/h | 수직 장애물: .61m | 참호: 2.26m

TIMELINE

1941  

1942  

그리즐리 I 순항 전차

그리즐리는 캐나다에서 만든 M4A1 셔먼 개량 모델로 캐나다식 드라이 핀(CDP) 궤도가 적용되었다. 1944년 2월까지 1200대를 생산할 계획이었으나 셔먼을 대량으로 쓸 수 있게 되자 이 계획은 축소되었다.

제원
제조국: 캐나다
승무원: 5명
중량: 30,391kg
치수: 전장: 5.816m I 전폭: 2.626m I 전고: 2.997m
기동 가능 거리: 193km
장갑: 75mm
무장: 1 x 75mm (2.95in) 포 I 2 x 7.62mm (.3in) 기관총 I 1 x 12.7mm (.5in) 기관총
엔진: 1 x 콘티넨털 R975-C1 가솔린 엔진, 2400rpm일 때 263kW (353제동마력)
성능: 최고 속도: 38.64km/h

AC3 센티넬

AC1의 후속 파생형 센티넬 AC3는 AC1의 빈약한 2파운드 포 대신 25파운드 포(87mm/3.45in)로 무장했다. 또, AC1과 같이 차체는 전부 주조했다.

제원
제조국: 호주
승무원: 4명
중량: 28,400kg
치수: 전장: 6.32m I 전폭: 2.77m I 전고: 2.56m
기동 가능 거리: 240km
장갑: 최대 65mm
무장: 1 x 25 파운드 곡사포 I 1 x 7.7mm (.303in) 비커스 기관총
엔진: 3 x 캐딜락 V8 가솔린 엔진, 246kW (330마력)
성능: 최고 속도: 21.7mph

AC4 센티넬

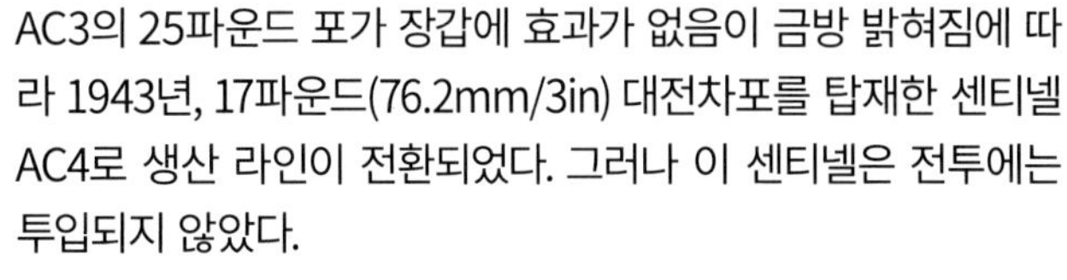

AC3의 25파운드 포가 장갑에 효과가 없음이 금방 밝혀짐에 따라 1943년, 17파운드(76.2mm/3in) 대전차포를 탑재한 센티넬 AC4로 생산 라인이 전환되었다. 그러나 이 센티넬은 전투에는 투입되지 않았다.

제원
제조국: 호주
승무원: 5명
중량: 28,400kg
엔진: 3 x 캐딜락 V8 가솔린 엔진, 246kW (330마력)
치수: 전장: 6.32m (차체) I 전폭: 2.77m I 전고: 2.56m
기동 가능 거리: 240km
장갑: 최대 65mm
무장: 1 x 76.2mm (17 파운드) 전차 포, 2 x 7.7mm (.303in) 비커스 기관총
성능: 최고 속도: 48km/h

이탈리아의 장갑 전투 차량

이탈리아는 훌륭한 전투 차량을 일부 생산했지만 전투에 도입하는 속도가 느려서 연합군의 기갑 전투 차량과 조우했을 때는 항상 뒤떨어진 모델이 되곤 했다. 1943년 9월 이탈리아의 항복 이후에도 추축군 측에서 전투를 이어나간 이탈리아의 기갑 부대는 독일군이 제공한 물자로 거의 완전히 재무장했다.

아우토블린다 41

아우토블린다 41은 L 6/40 경전차의 포탑을 장착하고 20mm (.78in) 포를 탑재했다. 효과적인 조합이었다. 모래용 특수 타이어를 사용해 사막용 차량으로 쓸 수도 있었고 철로를 달리도록 할 수도 있었다.

제원
제조국: 이탈리아
승무원: 4명
중량: 7500kg
치수: 전장: 5.2m I 전폭: 1.92m I 전고: 2.48m
기동 가능 거리: 400km
장갑: 6–40mm
무장: 1 x 20mm (.78in) 브레다 포 I 2 x 8mm (.31in) 기관총
엔진: 1 x SAP Abm 1 6기통 수랭식 직렬 가솔린 엔진, 60kW (80마력)
성능: 노상 최고 속도: 78km/h I 도섭: .7m I 수직 장애물: .3m I 참호: .4m

피아트 안살도 M13/40

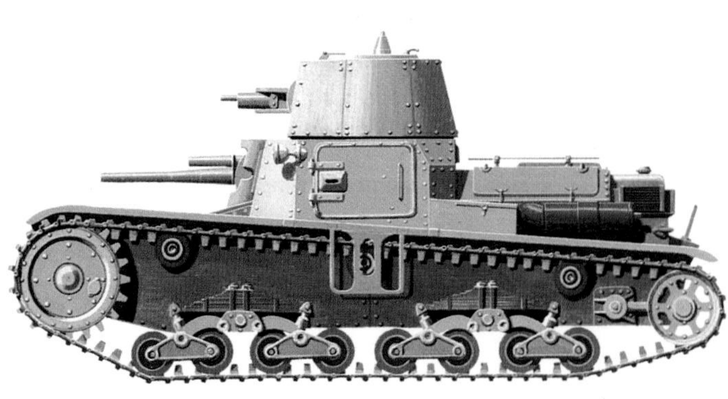

M13/40는 M11/39을 바탕으로 만들었다. 동일한 차대를 사용했지만 차체를 다시 설계하고 더 나은 장갑을 적용했다. 북아프리카에서 널리 쓰이면서 결점이 분명하게 드러났는데, 공간이 비좁고 신뢰성이 떨어졌으며 피탄 시 쉽게 전소했다.

제원
제조국: 이탈리아
승무원: 4명
중량: 14,000kg
치수: 전장: 4.92m I 전폭: 2.2m I 전고: 2.38m
기동 가능 거리: 200km
장갑: 6–42mm
무장: 1 x 47mm (1.85in) 포 I 2 x 모델로 38 8mm (.31in) 기관총 (동축 1, 대공 1)
엔진: 1 x SPA TM40 8기통 디젤 엔진, 93kW (125마력)
성능: 노상 최고 속도: 32km/h I 도섭: 1m I 수직 장애물: .8m I 참호: 2.1m

TIMELINE

1940 

1941 

피아트-안살도 카로 아르마토 M14/41

이탈리아 육군은 파란색 사각형으로 기갑 대대 제2 중대 소속을 표시했다. M14/41은 M13/40 전차와 동일하되 엔진만 145마력의 강력한 피아트 디젤 엔진으로 교체한 모델이었다. 47mm(1.85in) 안살도 47/32 포와 포탄 104발로 무장했다.

제원
제조국: 이탈리아
승무원: 4명
중량: 15,800kg
치수: 전장: 4.92m l 전폭: 2.23m l 전고: 2.39m
기동 가능 거리: 200km
장갑: 14-40mm
무장: 1 x 47mm (1.85in) 포 l 2 x 기관총
엔진: 1 x 피아트 8 t 디젤 엔진
성능: 최고 속도: 32km/h

카로 아르마토 M15/42 중형 전차

피아트 카로 아르마토 M15/42 중형 전차는 M13/40를 업그레이드한 모델로 더 강력한 디젤 엔진과 사막의 모래에 대처하기 위한 공기 필터를 장착했다. 엔진 덕에 이전 모델보다 최고 속도가 높아졌다.

제원
제조국: 이탈리아
승무원: 4명
중량: 14,600kg
치수: 전장: 4.92m l 전폭: 2.2m l 전고: 2.4m
기동 가능 거리: 200km
장갑: 6-42mm
무장: 1 x 47mm (1.85in) 포 l 2 x 기관총
엔진: 1 x SPA 8TM41 V8 디젤 엔진, 1900rmp일 때 108kW (145제동마력)
성능: 최고 속도: 35km/h

카로 아르마토 P40

카로 아르마토 P40는 정확히 말하면 중전차로 이탈리아에서 설계했으며 75mm 포를 주무장으로 탑재했다. 프로토타입은 1942년에 만들어졌다. 1943년 9월 휴전 협정 이전에 몇 대가 생산되었고 이 전차들은 독일군이 사용했다.

제원
제조국: 이탈리아
승무원: 4명
중량: 26,000kg
치수: 전장: 5.75m l 전폭: 2.75m l 전고: 2.5m
기동 가능 거리: 275km
장갑: 50-60mm
무장: 1 x 75mm (2.95in) L/34 포 l 1 x 8mm (.31in) 브레다 38
엔진: 1 x V-12 디젤 (프로토타입) SPA 엔진, 313kW (420마력)
성능: 최고 속도: 40km/h

1942  

영국의 순항 전차

순항 전차는 영국에서 탄생한 발상으로 전간기에 1차 세계대전의 경험을 바탕으로 개발되었다. 중장갑 차량 또는 대포 공격으로 적의 방어선에 틈이 생기면 그 틈을 이용해 적진 안쪽으로 침투하는 것을 목적으로 만들어졌으며 생존을 위해서는 속도에 의존한다. 이를 위해서는 장갑을 희생해야만 했다.

순항 전차 마크 V 커버넌터

A13 마크 III, 혹은 달리 알려진 이름에 따라 순항 전차 마크 V 커버넌터는 넛필드 순항 전차 시리즈의 초기 차량을 진보적으로 발전시킨 모델이다. 전차 자체는 성공적인 디자인이었지만 엔진의 냉각 시스템에 문제가 있었다.

제원

제조국: 영국

승무원: 4명

중량: 19,000kg

치수: 전장: 5.97m 전폭: 2.77m 전고: 2.24m

기동 가능 거리: 161km

장갑: 7-40mm

무장:1 x 40mm(1.57in) 2파운드 포 x 1 I 1 x 7.92mm(.31in) 베사 기관총

엔진: 미도우즈 플랫-12 D.A.V. 가솔린 엔진 x 1, 253.5kW(340마력)

성능: 최고 속도: 50km/h

순항 전차 마크 VI 크루세이더

크루세이더는 장갑이 얇고 화력이 부족했으며 신뢰성이 문제가 되었다. M4 셔먼으로 교체된 이후에는 대공 전차, 구난차량, 전투 공병 전차, 포 견인차 등 다양한 용도로 사용되었다.

제원

제조국: 영국

승무원: 3명

중량: 20,067kg

치수: 전장: 5.994m 전폭: 2.64m 전고: 2.235m

기동 가능 거리: 204km

장갑: 40mm

무장: 40mm(1.57in) 2파운드 포 x 1 I 7.62mm(.3in) 기관총 x 1

엔진: 넛필드 리버티 Mk III 가솔린 엔진 x 1, 254kW(340마력)

성능: 노상 최고 속도: 43.4km/h I 야지 최고 속도: 24km/h I 도섭: .99m I 수직 장애물: .686m I 참호: 2.59m

TIMELINE

1940 

1941  

순항 전차 마크 VII 캐벌리어

캐벌리어는 미국에서 만든 리버티 엔진을 장착했다. 이 엔진은 캐벌리어의 이력 내내 문제가 되었는데, 주로 출력이 떨어지기 때문이었다. 캐벌리어의 파생형에는 포병관측차와 구난 장갑차가 있다.

제원

제조국: 영국

승무원: 5명

중량: 27,432kg

치수: 전장: 6.35m 전폭: 2.88m 전고: 2.428m

기동 가능 거리: 265km

장갑: 20-76mm

무장: 57mm(2.24in) 6파운드 포 x 1 I 7.92mm(.31in) 베사 기관총 x 1~2

엔진: 넛필드 리버티 V-12 가솔린 엔진 x 1, 253.64kW(340마력)

성능: 최고 속도: 39km/h

순항 전차 마크 VIII 센토

순항전차 마크 VIII 센토는 영국 육군이 사용하던 크루세이더를 교체할 목적으로 만들어졌다. 핵심 버전은 센토 IV로 1944년 6월~8월 노르망디 전투에서 영국 해병대 기갑지원단(RMASG : Royal Marines Armoured Support Group)이 사용했다.

제원

제조국: 영국

승무원: 5명

중량: 28,849kg

치수: 전장: 6.35m 전폭: 2.89m 전고: 2.48m

기동 가능 거리: 265km

장갑: 8-76mm

무장: 95mm(3.7in) 곡사포 x 1 I 7.92mm(.3in) 베사 기관총 x 1~2

엔진: 넛필드 리버티 Mk V 가솔린 엔진 x 1, 287kW(385마력)

성능: 최고 속도: 43km/h

순항 전차 마크 VIII 크롬웰 IV

크롬웰은 전투 실적이 나쁘지 않았으나 부대 대부분이 M4 셔먼을 갖추었으므로 노르망디 상륙 작전 준비 기간에는 훈련용 전차로, 또, 이동식 관측소, 구난 장갑차로 좋은 활약을 보였다.

제원

제조국: 영국

승무원: 5명

중량: 27,942kg

치수: 전장: 6.42m 전폭: 3.048m 전고: 2.51m

기동 가능 거리: 278km

장갑: 8-76mm

무장: 75mm(2.95in) 포 x 1 I 7.62mm(.3in) 동축 기관총 x 1

엔진: 롤스로이스 미티어 V-12 가솔린 엔진 x 1, 425kW(570마력)

성능: 최고 속도: 61km/h I 도섭: 1.219m I 수직 장애물: .914m I 참호: 2.286m

1942 1943

보병 전차 마크 IV 처칠

처칠 전차는 성능 평가가 완전히 마무리되기 전에 생산이 지시되었다. 따라서 많은 결점이 드러났는데, 그 중 하나는 출력 부족이었고 이는 지원 임무를 맡아 투입된 첫 전투에서 처참한 성과를 보이는 것으로 이어졌다. 큰 희생을 낳았던 1942년 8월 디에프 상륙 작전이 바로 그 전투였다.

보병 전차 마크 IV 처칠

처칠은 참호전이 다시 시작되리라 예측한 1939년의 요구 조건에 맞추어 만들어졌으므로 속도가 느리고 장갑이 두꺼웠다. 초기에는 신뢰성 문제를 겪었으나 북아프리카의 험한 지형에서 기동성이 입증되었다. AVRE, 크로커다일 화염 방사 전차, 가교 전차 등 특수 목적을 위해 만든 파생형 전차의 성능이 훨씬 탁월했다.

제원

제조국: 영국

승무원: 5명

중량: 40,642kg

치수: 전장 7.442m | 전폭 2.438m | 전고 3.454m

기동 가능 거리: 144.8km

장갑: 16-102mm

무장: 1 x 6 파운드 포 | 1 x 7.62mm (.3in) 동축 기관총

엔진: 1 x 베드포드 트윈 식스 가솔린 엔진, 350마력 (261kW)

성능: 최고 속도: 20km/h | 야지 최고 속도: 약 12.8km/h | 도섭: 1.016m | 수직 장애물: .76m | 참호: 3.048m

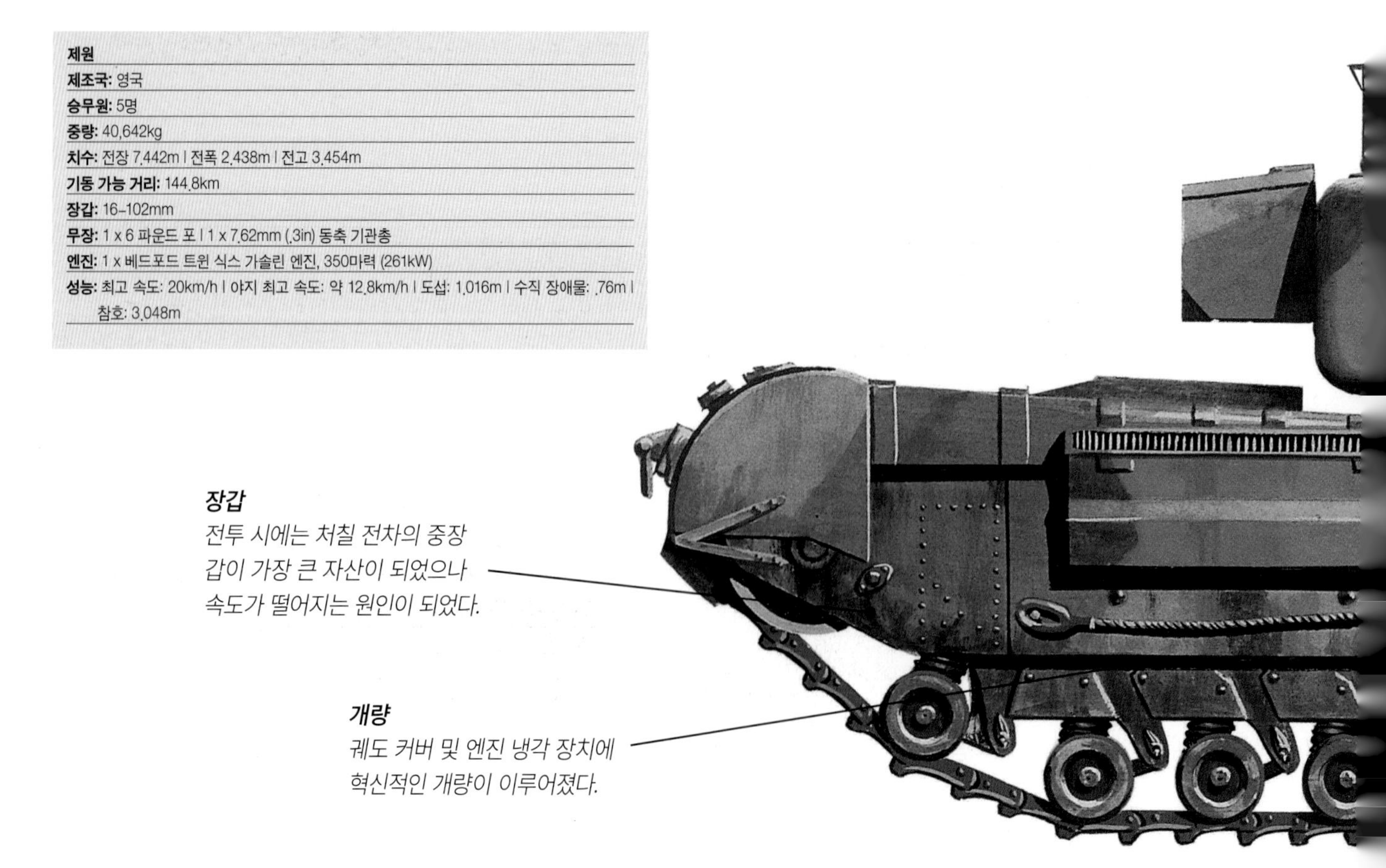

보병 전차 마크 IV 처칠

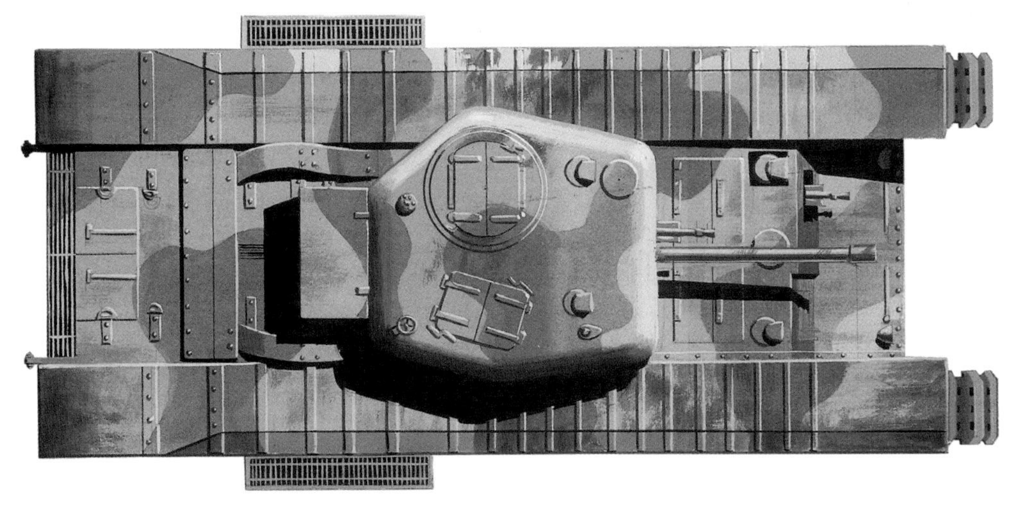

엔진
하나의 크랭크축에 연결된 트윈 엔진이 레버나 핸들이 아닌 틸러 바로 조종하는 재생 변속기에 동력을 공급했다

무장
처칠 마크 IV는 6파운드 포를 탑재했고 후기에는 초기 모델에 장착했던 빈약한 2파운드 포를 75mm(2.95in)포로 교체했다.

차체
차체는 네 칸으로 나뉘었다. 전면에 조종수석이 오고 그 다음 포탑이 포함된 전투실, 기관실이 이어졌으며 마지막으로 기어박스 칸이 왔다.

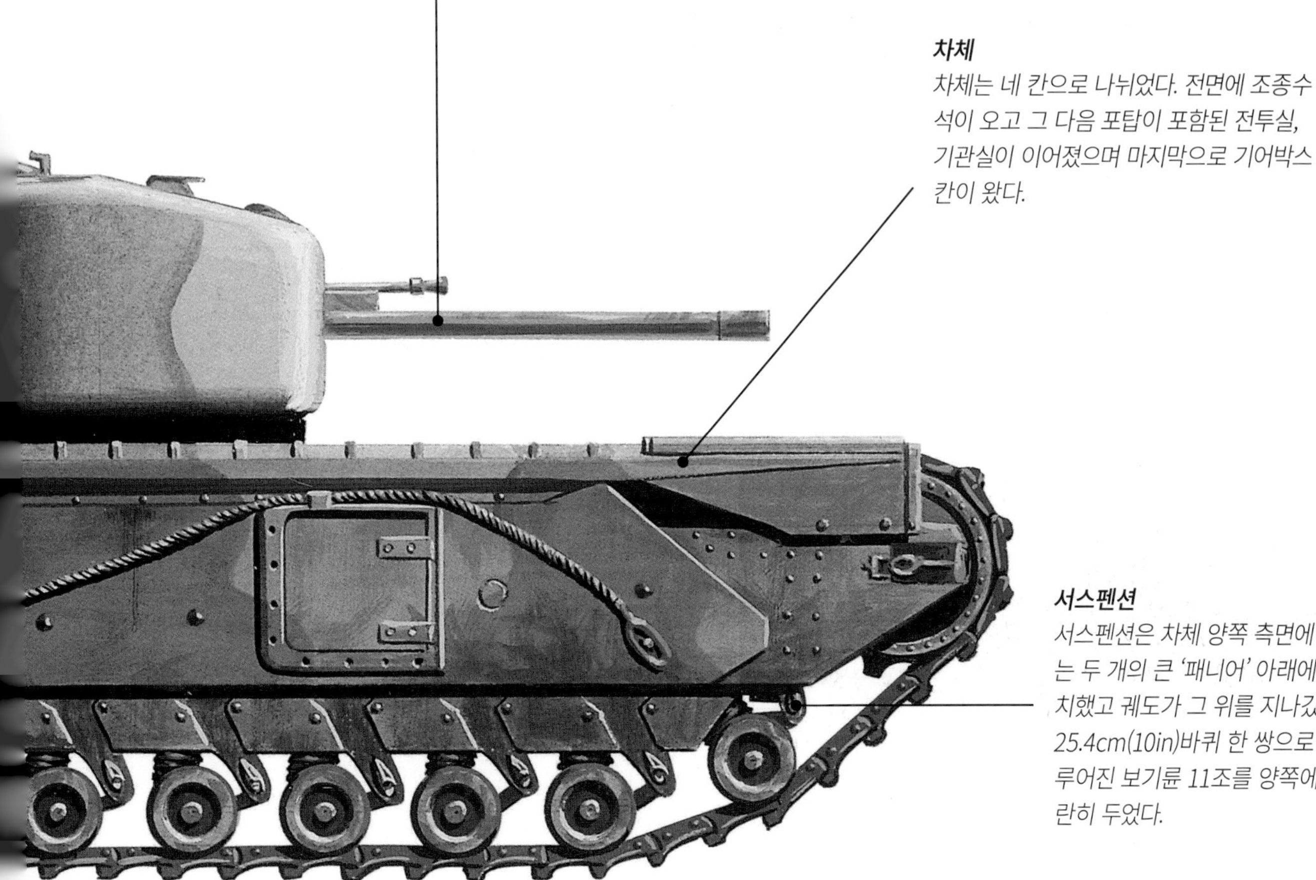

서스펜션
서스펜션은 차체 양쪽 측면에 있는 두 개의 큰 '패니어' 아래에 설치했고 궤도가 그 위를 지나갔다. 25.4cm(10in)바퀴 한 쌍으로 이루어진 보기륜 11조를 양쪽에 나란히 두었다.

처칠 파생형

처칠 파생형은 1944년 노르망디 상륙 작전 기간 동안 그 역량을 인정받게 되었다. 교량 가설에 사용된 모델도 있었고, '날아다니는 쓰레기통'이란 별명이 붙은 박격포로 단거리에서 사격 진지와 요새를 공격하는 용도로 쓰인 모델도 있었다. 또, 캔버스 천을 깔아 다른 차량들이 푹신푹신한 해변을 건널 수 있게 하는 '보빈', 화염 방사 전차 '크로커다일'도 있었다.

처칠 AVRE 불스혼 지뢰 제거용 쟁기 장착

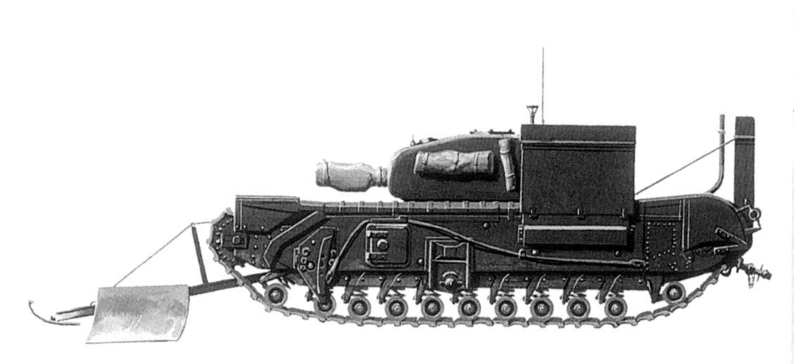

처칠 영국 육군 공병대 장갑 차량(Armoured Vehicle Royal Engineer; AVRE)은 장애물 제거 작업을 할 때 공병을 수송하며 적군의 포화에서 보호하기 위해 만들어졌다. 또, 폭파용 중화기도 탑재했다. 이와 같은 발상은 매우 성공적이었고 AVRE는 오늘날까지 사용되고 있다.

제원
제조국: 영국
승무원: 6명
중량: 38,000kg
치수: 전장: 7.67m | 전폭: 3.25m | 전고: 2.79m
기동 가능 거리: 193km
장갑: 16-102mm
무장: 1 x 페타드 290mm (11.4in) 스피곳 박격포 | 1 x 7.92mm 베사 기관총
엔진: 1 x 베드포드 트윈 식스 가솔린 엔진, 261kW (350마력)
성능: 노상 최고 속도: 24.9km/h | 도섭: 1.016m | 수직 장애물: .76m | 참호 3.048m

처칠 AVRE 패신 레이어 & 매트 레이어

패신 레이어는 전차들이 배수로나 연약 지반을 건널 수 있게 했다. 일반적으로 잔 나무 다발(패신)을 사용해 구멍을 메우거나 튼튼한 천(헤센)으로 만들고 연결한 매트를 롤러 장치를 이용해 전차 뒤로 깔 수 있었다.

제원
제조국: 영국
승무원: 5명
중량: 42,000kg
치수: 전장: 7.442m | 전폭: 2.438m | 전고: 5.49m
기동 가능 거리: 130km
장갑: 16-102mm
무장: 1 x 페타드 290mm (11.4in) 스피곳 박격포 | 1 x 7.92mm 베사 기관총
엔진: 1 x 베드포드 트윈 식스 가솔린 엔진, 261kW (350마력)
성능: 노상 최고 속도: 20km/h | 야지 최고 속도: 약 12.8km/h | 도섭: 1.016m | 수직 장애물: .76m | 참호 3.048m

TIMELINE

1944

처칠 AVRE 로그 카펫

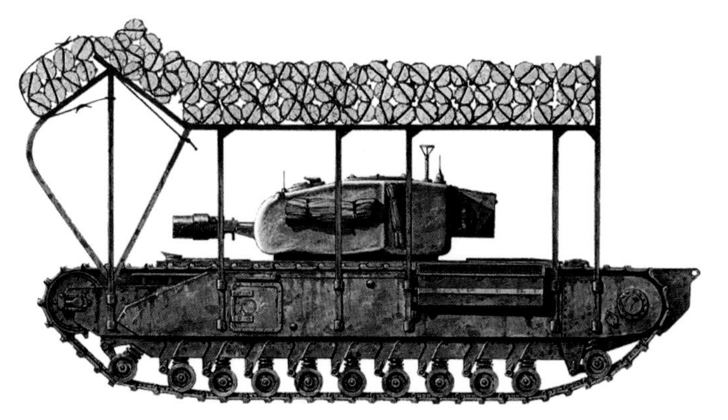

로그 카펫은 임시로 도로를 깔 수 있었다. 통나무(로그)가 앞쪽 궤도 밑으로 깔리고 AVRE가 앞으로 이동하면서 운반용 프레임에 의해 당겨졌다. 강철 밧줄로 연결한 지름 152mm, 길이 4.26m인 통나무 100개를 사용했다.

제원
제조국: 영국
승무원: 5명
중량: 40,727kg
치수: 전장: 7.442m | 전폭: 2.438m | 전고: 3.454m – 로그 카펫 전차 위에 탑재
기동 가능 거리: 144.8km
장갑: 16–102mm
무장: 1 x 페타드 290mm (11.4in) 스피곳 박격포 | 1 x 7.92mm 베사 기관총
엔진: 1 x 베드포드 트윈 식스 가솔린 엔진, 261kW (350마력)
성능: 노상 최고 속도: 20km/h | 야지 최고 속도: 약 12.8km/h | 도섭: 1.016m | 수직 장애물: .76m | 참호 3.048m

처칠 크로커다일 화염 방사 전차

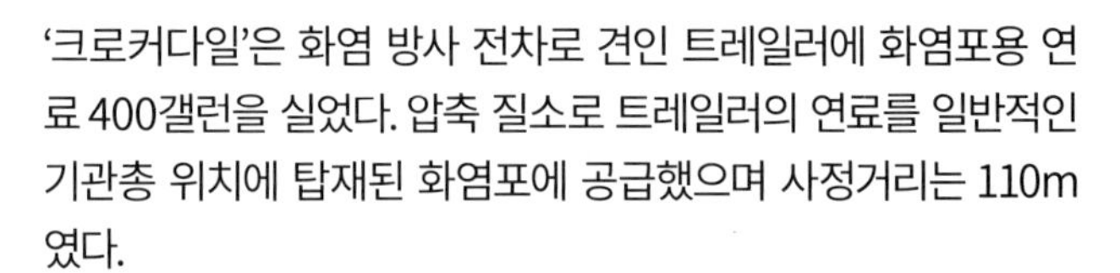

'크로커다일'은 화염 방사 전차로 견인 트레일러에 화염포용 연료 400갤런을 실었다. 압축 질소로 트레일러의 연료를 일반적인 기관총 위치에 탑재된 화염포에 공급했으며 사정거리는 110m였다.

제원
제조국: 영국
승무원: 5명
중량: 46,500kg
치수: 전장: 12.3m | 전폭: 3.2m | 전고: 2.4m
기동 가능 거리: 144km
무장: 1 x 75mm (2.95in) 속사포 |1 x 7.92mm (.31in) 베사 동축 기관총 | 1 x 화염포
엔진: 1 x 261.1kW (350마력) 베드포드 12기통 가솔린 엔진
성능: 최고 속도: 21km/h

ARK

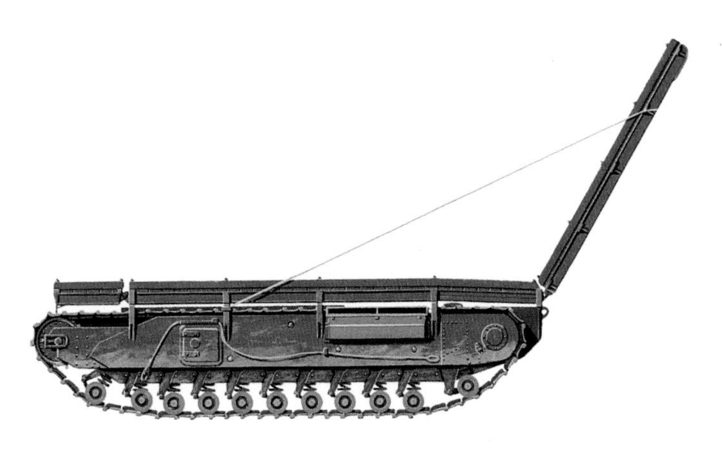

최초의 장갑 램프 운반차(Armoured Ramp Carrier)인 ARK Mk I은 처칠의 포탑을 제거하고 블랭킹 판재를 용접해 구멍을 막은 뒤 그 위를 가로질러 목재로 만든 교량을 올렸다. 이 교량을 장애물이나 배수로를 건너도록 사용할 수 있었고 다른 차량을 연결하는 다리로도 쓸 수 있었다.

제원
제조국: 영국
승무원: 4명
중량: 38,385kg
치수: 전장: 7.442m | 전폭: 2.43m | 전고: 2.13m
기동 가능 거리: 144km
장갑: 16mm
무장: 없음
엔진: 1 x 베드포드 트윈 식스 가솔린 엔진, 261kW (350마력)
성능: 노상 최고 속도: 20km/h | 야지 최고 속도: 약 12.8km/h | 도섭: 1.016m | 수직 장애물: .76m | 참호 3.048m

일본의 중형 전차

일본은 1930년대 주적이었던 중국 군대가 전차를 보유하지 않았기 때문에 전차 개발 속도가 느렸다. 따라서 일본의 전차는 서양의 전차보다 뒤처졌으며 태평양과 버마에서 벌어진 전투에서 그 사실이 입증되었다. 일본 전차는 대부분 방어 지점에서 지하 엄체식 고정포처럼 쓰이며 화력을 지원했다.

97식 치-하

97식 중형 전차 치-하는 동시대 경선차와 비슷한 수준이었으나 연합군 전차에 압도당한 뒤에도 오랫동안 생산되었다. 일본식 기준에 따른 중형 전차였으며 3인승 97식 치-니와 함께 평가를 진행한 뒤 선택한 차량이었다.

제원
제조국: 일본
승무원: 4명
중량: 15,000kg
치수: 전장: 5.5m | 전폭: 2.33m | 전고: 2.23m
기동 가능 거리: 노상 240km
장갑: 불명
무장: 1 x 57mm (2.24in) 97식 포 | 2 x 7.7mm (.30in) 99식 기관총
엔진: 1 x 127kW (170마력) 미츠비시 97식 V-12 디젤 엔진
성능: 노상 최고 속도: 39km/h

97식 신호토 치-하

97식은 아마도 일본군에 많이 도입된 최고의 일본 기갑 차량이었을 것이다. 하지만 선진적인 디자인이었음에도 포구 속력이 낮은 포가 결점이 되었다. 신호토('신형 포탑') 파생형에는 개선된 47mm(1.85in) 포가 탑재되었다.

제원
제조국: 일본
승무원: 4명
중량: 15,800kg
치수: 전장: 5.5m | 전폭: 2.34m | 전고: 2.38m
기동 가능 거리: 210km
장갑: 최대 33mm
무장: 1 x 47mm (1.85in) 1식 포 | 2 x 7.7mm (.30in) 97식 기관총
엔진: 1 x V-12 21.7l 미츠비시 97식 디젤 엔진, 127kW(170마력)
성능: 최고 속도: 38km/h

TIMELINE
1938 1940 1941

1식 치-헤

1식 치-헤 중형 전차가 97식의 생산 라인을 대체하게 되었으나 이전 모델에 비해 충분한 개량은 이루어지지 않았다. 버마 전투에서는 영국이 사용한 제너럴 그랜트에 비해 뒤떨어지는 성능을 보였다.

제원
제조국: 일본
승무원: 5명
중량: 17,000kg
치수: 전장: 5.5m | 전폭: 2.2m | 전고: 2.38m
기동 가능 거리: 210km
장갑: 8~50mm
무장: 1 x 47mm (1.85in) 1식 포 | 2 x 7.7mm (.30in) 97식 기관총
엔진: 1 x V-12 미츠비시 100식 디젤 엔진, 180kW (240마력)
성능: 최고 속도: 44km/h

3식 카-치

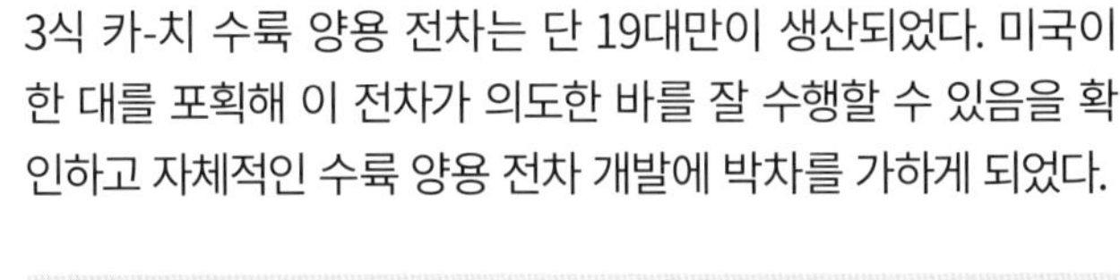

3식 카-치 수륙 양용 전차는 단 19대만이 생산되었다. 미국이 한 대를 포획해 이 전차가 의도한 바를 잘 수행할 수 있음을 확인하고 자체적인 수륙 양용 전차 개발에 박차를 가하게 되었다.

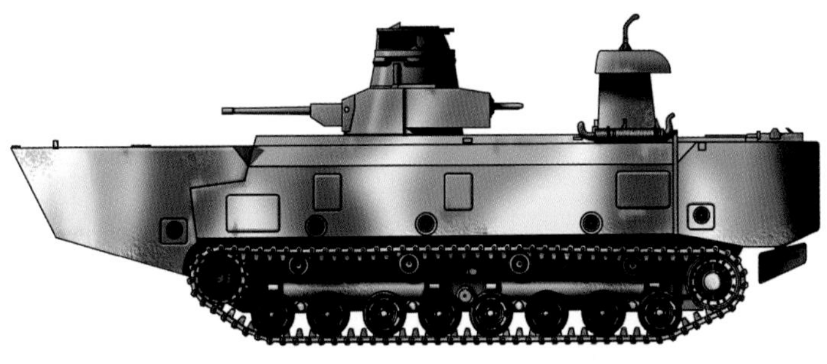

제원
제조국: 일본
승무원: 5~7명
중량: 28,500kg
치수: 전장: 10.3m | 전폭: 3m | 전고: 3.82m
기동 가능 거리: 320km
장갑: 10~50mm
무장: 1 x 47mm (1.85in) 1식 포 | 2 x 7.7mm (.3in) 97식 기관총
엔진: 1 x 미츠비시 100식 공랭식 V-12 디젤 엔진, 179kW (240마력)
성능: 최고 속도: 32km/h

3식 치-누

3식 치-누는 1식 치-헤 중형 전차의 뒤를 이었으나 전쟁이 끝날 때까지 단 60대만이 생산되었다. 일본의 전차 개발자들은 전문 지식이나 기술면에서 서양의 개발자들과 결코 맞수가 되지 못했다.

제원
제조국: 일본
승무원: 5명
중량: 18,200kg
치수: 전장: 5.64m | 전폭: 2.41m | 전고: 2.68m
기동 가능 거리: 210km
장갑: 8~50mm
무장: 1 x 75mm (2.95in) 3식 포 | 1 x 7.7mm (.3in) 97식 기관총
엔진: 1 x 미츠비시 100식 V-12 디젤 엔진, 179kW(240마력)
성능: 최고 속도: 39km/h

1942 1944

판처 III 후기 파생형

러시아에서 벌어진 전투로 인해 판처 III의 주무장이 T-34를 상대하기에 부족하다는 점이 밝혀졌다. 이에 후기 파생형에는 포신이 길고 포구 속력이 높은 KwK 39 L/60 포가 탑재되었다. 추가 장갑의 필요성이 대두되면서 후속 모델의 중량이 늘어나고 성능이 저하되는 것은 불가피했다.

판처캄프바겐 III J형

J형은 더욱 효과적인 L/60 포를 새로 장착한 최초의 판처 III 파생형이었나. 많은 초기 차량이 37mm 포 자리에 50mm(1.96 in)포를 장착했으며 37mm 포는 곧 전장에서 사라졌다.

제원
제조국: 독일
승무원: 5명
중량: 21,500kg
치수: 전장 6.28m I 전폭 2.95m I 전고 2.5m
기동 가능 거리: 155km
장갑: 50mm
무장: 1 x 5cm KwK L 42 캐넌포 & 1 x 7.92mm (.31in) MG34 기관총
엔진: 1 x 마이바흐 HL120TRM 엔진
성능: 최고 속도 40km/h

판처캄프바겐 III L형(Sd Kfz 141/1)

판처 III의 다음 모델은 L형으로 장갑을 더 많이 대서 중량이 22톤을 조금 넘기는 정도까지 늘어났다. 오리지널 프로토타입에 비하면 거의 50% 이상 증가한 셈이었다.

제원
제조국: 독일
승무원: 5명
중량: 22,700kg
치수: 전장 6.28m I 전폭 2.95m I 전고 2.5m
기동 가능 거리: 155km
장갑: 50mm
무장: 1 x 50mm (1.96in) KwK 39 포 I 2–3 x 7.92mm (.31in) MG34 기관총
엔진: 1 x 마이바흐 HL120TRM 엔진
성능: 최고 속도 40km/h

TIMELINE

1941   1942 

판처캄프바겐 III (Fl) (Sd Kfz 141/3)

이 파생형의 명칭에 붙은 'Fl'는 화염방사기(Flammenwerfer)를 의미한다. 오일 프로젝터로 기본 주무장을 교체한 화염 방사 전차였기 때문이다. M형 전차 약 100대가 화염 방사 전차로 개조되어 이탈리아 전장에 투입되었다.

제원
제조국: 독일
승무원: 5명
중량: 25,400kg
치수: 전장 6.41m | 전폭 2.95m | 전고 2.5m
기동 가능 거리: 155km
장갑: 30–50mm
무장: 1 x 14mm 화염 방사기
엔진: 1 x 마이바흐 HL120TR 엔진
성능: 최고 속도 40km/h

판처캄프바겐 III N형 (Sd Kfz 141/2)

501 중전차 대대의 경무장 중대는 제7연대에 흡수되어 7중대와 8중대에 통합되었다. 501 중전차 대대에 지급된 N형 판처 III는 L형 차대를 이용해 개조한 것이었다.

제원
제조국: 독일
승무원: 5명
중량: 25,400kg
치수: 전장 5.52m | 전폭 2.95m | 전고 2.5m
기동 가능 거리: 155km
장갑: 57mm
무장: 1 x 7.5cm (2.95in) KwK L/24 포, 추가로 7.92mm (.31in) MG 34 기관총 포탑에 1정, 상부 구조에 1정
엔진: 1 x 마이바흐 HL120TRM 엔진
성능: 최고 속도: 40km/h

판처캄프바겐 III M형 (Sd Kfz 141/1)

M형은 최후의 판처 III(PzKpfw III) 신규 생산 모델이었다. 1000대의 주문 중 단 250대만이 완성되었다. 쉬르첸(Schürzen), 즉 측면 보호용 덮개 장갑을 설치해 철갑탄과 성형 장약 고폭탄의 탄두에 대항하는 방어 효과를 추가했다.

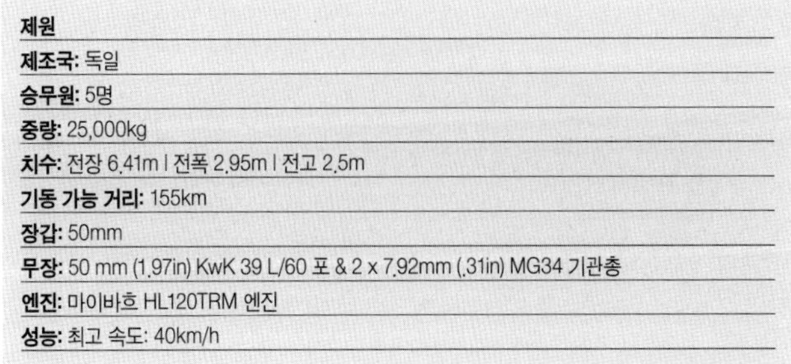
제원
제조국: 독일
승무원: 5명
중량: 25,000kg
치수: 전장 6.41m | 전폭 2.95m | 전고 2.5m
기동 가능 거리: 155km
장갑: 50mm
무장: 50 mm (1.97in) KwK 39 L/60 포 & 2 x 7.92mm (.31in) MG34 기관총
엔진: 마이바흐 HL120TRM 엔진
성능: 최고 속도: 40km/h

판처 IV 후기 파생형

판처 IV는 포격 및 광학 조준 시스템에 특히 집중해서 지속적인 업그레이드가 이루어진 덕에 북아프리카에서 소련의 T-34와 미국의 셔먼을 처음 맞닥뜨렸을 때 그럭저럭 맞서 싸울 수 있었다. 판처 IV는 2차 세계대전 내내 생산이 지속되었으며 일부는 독일의 위성국에도 공급되었다.

판처캄프바겐 IV G형 (Sd Kfz 161/1 & 161/2)

판처 IV G형은 판처 IV가 실제로 대량 생산된 첫 번째 버전으로 1942년 5월부터 1943년 6월까지 총 1687대가 생산 완료되었다. G형은 1942년 여름에 전투에 투입되기 시작했다.

제원

제조국: 독일
승무원: 5명
중량: 25,900kg
치수: 전장 6.62m | 전폭 2.88m | 전고 2.68m
기동 가능 거리: 210km
장갑: 10-50mm
무장: 1 x 75mm (2.95in) KwK 40 L/43 포 | 2 x MG34 기관총
엔진: 1 x 마이바흐 HL120TRM 엔진
성능: 최고 속도 40km/h

판처캄프바겐 IV H형 (Sd Kfz 161/2)

판처 IV H형은 포신이 긴 L/48 포를 탑재했다. 이 포는 적어도 소련의 T-34에 탑재된 주무장인 76.2mm(3in) 포만큼은 효과적이었다. 이 포로는 다양한 용도의 여러 가지 탄약을 발사할 수 있었다.

제원

제조국: 독일
승무원: 5명
중량: 27,600kg
치수: 전장 7.02m | 전폭 2.88m | 전고 2.68m
기동 가능 거리: 210km
장갑: 10-80mm
무장: 1 x 7.5cm (2.95in) KwK 40 L/48 주포 | 2-3 x 7.92mm (.31in) 기관총
엔진: 1 x 마이바흐 HL120TRM 엔진
성능: 최고 속도: 38km/h

TIMELINE

1942

1943

판처캄프바겐 IV H형 (Sd Kfz 161/2)

판처 IV는 측면 보호용 덮개 장갑 쉬르첸을 설치해 성형 장약 대전차포와 수류탄으로부터 전차를 보호했다. 제6 전차 연대에 배속되어 1944년 독일군의 긴 퇴각에 참여했다.

제원
제조국: 독일
승무원: 5명
중량: 27,600kg
치수: 전장 7.02m | 전폭 2.88m | 전고 2.68m
기동 가능 거리: 210km
장갑: 10–80mm
무장: 1 x 75mm (2.95in) KwK 40 L/48 주포, 2–3 x 7.92mm (.31in) 기관총
엔진: 1 x 마이바흐 HL120TRM 엔진
성능: 최고 속도: 38km/h

판처베오바흐퉁스바겐 IV (7.5cm) J형

여러 판처 IV에 추가 무전 장비가 장착되어 지휘 전차로 사용되었다. J형의 마지막 파생형은 1944년 3월에 등장했다. 많은 판처 IV 차대가 특별 목적 차량으로 개조되었다.

제원
제조국: 독일
승무원: 5명
중량: 27,600kg
치수: 전장 7.02m | 전폭 2.88m | 전고 2.68m
기동 가능 거리: 320km
장갑: 10–80mm
무장: 1 x 75mm (2.95in) KwK 40 L/48 포 | 2 x MG34 기관총
엔진: 1 x 마이바흐 HL120TRM112 엔진
성능: 최고 속도: 38km/h

슈투름게슈츠 신형 7.5cm PaK l/48 - 판처 IV(Sd Kfz 162) 차대 이용

슈투름게슈츠 IV(StuG IV)는 판처 IV의 자주포 버전이다. 판처 IV의 차대를 바탕으로 한 StuG IV는 더 강력한 L/70 75mm (2.95in) 전차포를 탑재할 수 있게 만들어졌다. 이 새로운 차량에는 야크트판처(전차 사냥꾼) IV라는 이름이 붙었다. (*슈투름게슈츠는 돌격포라는 뜻이다 –옮긴이)

제원
제조국: 독일
승무원: 4명
중량: 27,600kg
치수: 전장 6.85m | 전폭 3.17m | 전고 1.85m
기동 가능 거리: 210km
장갑: 10–90mm
무장: 75mm (2.95in) Pak 39 L/43 포 | 2 x 7.92mm (.32in) MG42 기관총
엔진: 1 x 마이바흐 HL120TRM 엔진
성능: 최고 속도: 38km/h

1944

판처 V 판터(판처캄프바겐 V 판터, 5호 전차 판터)

1941년 말, 판처 IV보다 한수 위였던 T-34가 배치된 덕에 소련 쪽으로 기갑 장비의 균형이 기울자 독일 작전 참모들에게는 이 상황을 바로 잡기 위한 방법이 명백히 필요해졌다. 그 결과 가공할 만한 전차 판처 V 판터가 탄생했다.

판처 V G형 판터

판터는 2차 세계대전 최고의 전차로 널리 손꼽힌다. 소련의 T-34 전차와 싸우기 위해 설계한 전차로 강력한 화력, 훌륭한 기동성, 높은 방어력 등 전차의 필요조건을 잘 갖추었다. 초기 버전은 적절한 시험을 거치지 않아 생긴 기계적인 문제를 겪었다.

제원

제조국: 독일

승무원: 4명

중량: 45,500kg

치수: 전장: 8.86m | 전폭: 3.43m | heigh:t 3.1m

기동 가능 거리: 177km

장갑: 30-110mm

무장: 1 x 75mm (2.95in) 포 | 3 x 7.92mm (.31in) 기관총

엔진: 1 x 마이바흐 HL 230 12기통 디젤 엔진, 522kW (700마력)

성능: 노상 최고 속도: 46km/h | 도섭: 1.7m | 수직 장애물: .91m | 참호: 1.91m

무장

판터의 주무장은 총신이 긴 75mm (2.95in) 포로 탄약 79발을 실었다.

측면 보호용 덮개 장갑

측면 보호용 장갑은 판터의 바퀴를 보호하기 위해 추가되었다. 예비궤도는 보조 장갑으로 사용되었다.

판처 V G형 판터

선단
주무장과 동축을 이루는 7.92mm(.31in) 기관총이 탑재되었다. 차체 전면과 포탑 지붕에도 비슷한 무기를 탑재했다.

승무원
판터에는 승무원 다섯이 탑승했으며 그 중 전차장, 포수, 탄약수 셋이 포탑 승무원으로 구성되었다.

차체
판터는 복잡한 전투 차량으로 차체 가공에 필요한 도구가 공급 부족이라 생산이 지연되었다.

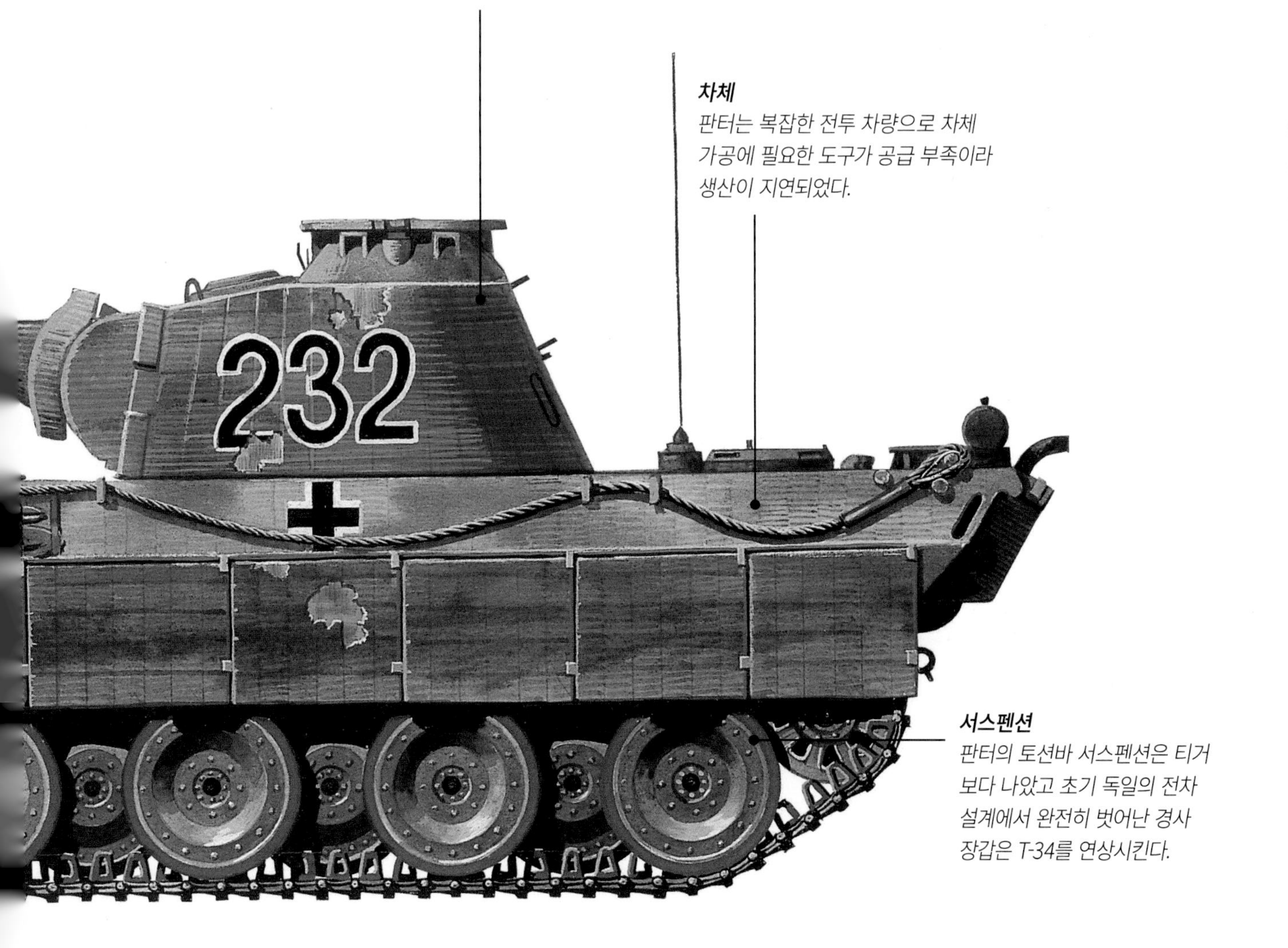

서스펜션
판터의 토션바 서스펜션은 티거보다 나았고 초기 독일의 전차 설계에서 완전히 벗어난 경사 장갑은 T-34를 연상시킨다.

판터 파생형

판터 전차는 다양한 파생형으로 생산되었으나 기본 설계가 지나치게 복잡해서 특수 목적 기갑 전투 차량으로의 개조에는 적합하지 않았다. 파생형에는 구축전차 야크트판터, 관측 차량, 지휘 차량이 포함되었다.

판처캄프바겐 V D형

혼란스럽게도 판처 V D형은 A형보다 먼저 생산에 들어갔다. 1943년 1월부터 9월까지 약 842대가 생산되었다. 판터의 파생형은 노르망디에서 광범위하게 사용되었고 다양한 종류의 연합군 전차를 압도했다.

제원

제조국: 독일

승무원: 5명

중량: 47,400kg

치수: 전장: 8.86m | 전폭: 3.4m | 전고: 2.95m

기동 가능 거리: 200km

장갑: 15~80mm

무장: 1 x 75mm (2.95in) KwK 42 L/70 포 | 2 x 7.92mm (.31in) MG (차체 고정 1정, 동축 1정)

엔진: 1 x 마이바흐 HL230P30 엔진

성능: 최고 속도: 46km/h

판처캄프바겐 V A형

이 A형은 동일한 분류로 명명된 두 번째 버전으로 첫 번째는 시제품 모델이었다. B형과 C형은 생산에 들어가지 못했다. 판터는 제2 전차 사단의 제4 전차 연대에 소속되었다.

제원

제조국: 독일

승무원: 5명

중량: 50,200kg

치수: 전장: 8.86m | 전폭: 3.4m | 전고: 2.98m

기동 가능 거리: 200km

장갑: 15~120mm

무장: 1 x 75mm (2.95in) KwK42 L/70 포 | 2 x 7.92mm (.31in) 기관총 (차체 고정 1정, 동축 1정)

엔진: 1 x 마이바흐 HL230P30 엔진

성능: 최고 속도: 46km/h

TIMELINE

1943

판처캄프바겐 V 판터 A형

판터에는 여러 가지 다양한 위장 패턴을 입혔다. 여기 소개하는 A형은 2차 세계대전 말에 재결성되어 독일 땅에서 마지막으로 필사적인 전투를 벌였던 102 전차 연대가 사용했던 모델이다.

제원

제조국: 독일

승무원: 5명

중량: 50,200kg

치수: 전장: 8.86m | 전폭: 3.4m | 전고: 2.98m

기동 가능 거리: 200km

장갑: 15-120mm

무장: 1 x 75mm (2.95in) KwK42 L/70 포 | 2 x 7.92mm (.31in) 기관총 (차체 고정 1정, 동축 1정)

엔진: 1 x 마이바흐 HL230P30 엔진

성능: 최고 속도: 46km/h

판처캄프바겐 G형

판처캄프바겐 G형은 판터의 가장 중요한 생산 버전으로 1944년 3월부터 1945년 4월 사이에 2953대가 만들어졌다. 베를린의 폐허에서 최후까지 싸웠던 전차이다.

제원

제조국: 독일

승무원: 5명

중량: 50,200kg

치수: 전장: 8.86m | 전폭: 3.4m | 전고: 2.98m

기동 가능 거리: 200km

장갑: 40-100mm

무장: 1 x 88mm (3.46in) KwK 43 L/71 포

엔진: 1 x 마이바흐 HL230P30 엔진

성능: 최고 속도: 46km/h

야크트판터

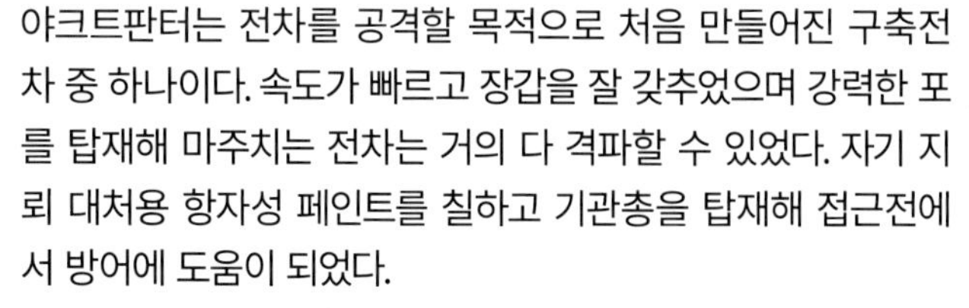

야크트판터는 전차를 공격할 목적으로 처음 만들어진 구축전차 중 하나이다. 속도가 빠르고 장갑을 잘 갖추었으며 강력한 포를 탑재해 마주치는 전차는 거의 다 격파할 수 있었다. 자기 지뢰 대처용 항자성 페인트를 칠하고 기관총을 탑재해 접근전에서 방어에 도움이 되었다.

제원

제조국: 독일

승무원: 5명

중량: 46,000kg

치수: 전장: 9.9m | 전폭: 3.27m | 전고: 2.715m

기동 가능 거리: 160km

장갑: 80-120mm

무장: 1 x 88mm (3.46in) Pak 43/3 포 | 1 x 7.92mm (.31in) MG34 기관총

엔진: 1 x 마이바흐 HL 230 가솔린 엔진, 447.4-522kW(600-700마력)

성능: 노상 최고 속도: 55km/h | 도섭: 1.7m |수직 장애물: .9m | 참호: 1.9m

1944

판처 VI 티거(판처캄프바겐 VI 티거, 6호 전차 티거)

판처캄프바겐 VI H형이란 이름으로 도입되었으나 티거라는 이름으로 더 잘 알려졌다. 몇 가지 기술적인 문제가 있었음에도 불구하고 동부 전선과 튀니지에서 훌륭한 활약을 보였다. 하지만 몰타에서 전투기와 잠수함으로 추축군 물자 수송선을 공격한 덕에 북아프리카 전장에는 비교적 극소수만 도달했다.

판처 VI E형 티거

장갑
티거 I은 전면 장갑의 두께가 최대 100mm였으며 측면과 후면 장갑은 80mm였다.

티거 중전차는 1942년 8월에 생산에 들어갔다. 크게 세 가지 파생형이 있었는데, 지휘 전차와 윈치를 장착한 구난 전차, 로켓탄 발사기를 장착한 슈투름티거였다. 훌륭한 전차였지만 설계가 복잡해서 대량으로 생산하거나 정비하기가 어려웠다.

제원

제조국: 독일

승무원: 5명

중량: 55,000kg

치수: 전장: 8.24m l 전폭: 3.73m l 전고: 2.86m

기동 가능 거리: 100km

장갑: 25–110mm

무장: 1 x 88mm (3.46in) KwK 36 포 l 1 x 7.92mm (.31in) MG 34 동축 기관총

엔진: 1 x 마이바흐 HL 230 P45 12기통 가솔린 엔진, 522kW (700마력)

성능: 노상 최고 속도: 38km/h l 도섭 1.2m l 수직 장애물 .79m l 참호 1.8m

판처 VI E형 티거

엔진

티거는 522kW(700마력)의 엔진과 전진 기어 8단, 후진 기어 4단으로 구성된 기어박스를 장착하는 등 매우 강력한 설계를 자랑했다.

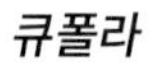

큐폴라

전차장은 관측창이 있는 회전식 큐폴라가 있어 한계는 있었지만 모든 각도에서 시야를 확보할 수 있었다.

포탑

티거의 포탑 후방에는 대형 적재 박스가 있고 그 옆에 탈출용 해치가 있었다.

장갑

티거의 후방 보호용 장갑은 다른 곳만큼 두껍지 않았다. 상대적으로 얇은 장갑은 소련의 T-34에 탑재된 76mm(.3in) 포에 쉽게 파괴되었다.

기동성

티거는 토션바 서스펜션에 보기륜을 번갈아가며 교대로 배치하는 독창적인 방식을 채용해 기동성을 높였다.

티거 파생형

티거 전차는 1942년부터 1944년까지 세 가지 핵심 파생형이 생산되었다. 베펠스판처(지휘 전차) 티거는 주무장을 제거하고 추가 통신 장비를 실었다. 슈투름티거는 포각 제한이 있는 380mm (14.96in) 61식 로켓탄 발사기를 탑재한 새로운 상부 구조를 장착했다. 마지막으로 구축전차 야크트티거가 있었다.

판처캄프바겐 VI E형

판처 E형은 티거 I의 기본 양산형이다. 헨셸이 설계했으며 1942년 8월에 생산에 들어갔다. 티거는 튀니지에서 처음 영국 군대와 맞닥뜨렸고 그 이후 독일의 모든 전선에 등장했다.

제원
제조국: 독일
승무원: 5명
중량: 62,800kg
치수: 전장: 8.45m | 전폭: 3.7m | 전고: 2.93m
기동 가능 거리: 140km
장갑: 25–100mm
무장: 1 x 88mm (3.46in) KwK 36 L/56 포 | 2 x 7.92mm (.31in) 기관총 (1 차체 고정, 1 동축)
엔진: 1 x 522kW (700마력) 마이바흐 HL210P45 엔진
성능: 최고 속도: 38km/h

판처베펠스바겐 VI E형

티거의 중간 생산 모델로 지휘 전차이다. 특별히 민첩한 전투 차량은 아니었지만 티거는 전쟁터에서 지휘를 할 만한 충분한 역량이 있었다.

제원
제조국: 독일
승무원: 5명
중량: 62,800kg
치수: 전장: 8.45m | 전폭: 3.7m | 전고 2.93m
기동 가능 거리: 140km
장갑: 25–100mm
무장: 1 x 88mm (3.46in) KwK 36 L/56 포 | 2 x 7.92mm (.31in) 기관총 (1 차체 고정, 1 동축)
엔진: 1 x 522kW (700마력) 마이바흐 HL210P45 엔진
성능: 최고 속도: 38km/h

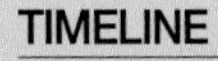
TIMELINE

1942

판처캄프바겐 VI E형

티거 I은 1943년 7월 제1SS기갑군단(I. SS-Panzerkorps) 소속으로 결성된 제101군단 중전차 대대에 지급되었다. 제1SS기갑사단 총통경호친위대 아돌프 히틀러에 배속되어 1943년 10월 23일 이탈리아로 파견되었으며 10월 중순까지 머물렀다.

제원

제조국: 독일
승무원: 5명
중량: 62,800kg
치수: 전장: 8.45m | 전폭: 3.7m | 전고: 2.93m
기동 가능 거리: 140km
장갑: 25–100mm
무장: 1 x 88mm (3.46in) KwK 36 L/56 포 | 2 x 7.92mm (.31in) 기관총 (1 차체 고정, 1 동축)
엔진: 1 x 522kW (700마력) 마이바흐 HL210P45 엔진
성능: 최고 속도: 38km/h

슈투름뫼르저 티거

슈투름티거라고도 부르는 슈투름뫼르저 티거는 고정된 목표에 크고 강력한 보조 로켓 포탄을 발사했다. 직접 공격용으로 사용할 수도 있었고 최대 6km 거리에서 간접 사격을 제공할 수도 있었다. 박격포(뫼르저) 자체는 잠수함(U보트)에서 사용하기 위해 설계한 것이었다.

제원

제조국: 독일
승무원: 5명
중량: 64,500kg
치수: 전장: 6.28m | 전폭: 3.57m| 전고: 2.85m
기동 가능 거리: 120km
장갑: 150–80mm
무장: 1 x 380mm (15in) RW61 L/5.4 로켓탄 발사기
엔진: 1 x 522kW (700마력) 마이바흐 HL210P45 V-12 가솔린 엔진
성능: 최고 속도: 40km/h

야크트판처 VI 야크트티거

대전차용 전차 야크트티거(사냥꾼 티거)는 실효성이 떨어지는 것으로 드러났다. 이론상으로는 128mm(5in) 포로 2000m 떨어진 곳의 148mm 장갑을 격파할 수 있어야 했고, 전면 상부 장갑이 250mm의 기록적인 두께로 만들어졌지만 속도가 느리고 연료 소모가 많아 보병에게 제압당하곤 했기 때문이다.

제원

제조국: 독일
승무원: 6명
중량: 71,667kg (158,000lb)
치수: 전장: 10.65m | 전폭: 3.63m | 전고: 2.95m
기동 가능 거리: 120km
장갑: 250mm
무장: 1x 128mm (5in) PaK 44 L/55 포
엔진: 1 x 522kW (700마력) 마이바흐 HL230P30 V-12 가솔린 엔진
성능: 노상 최고 속도: 38km/h

1943

1944 

중형 전차 M4 셔먼

셔먼은 판처 IV보다는 조금 더 우위를 점했지만 티거나 판터처럼 더 나은 장갑과 강력한 화력을 갖춘 독일의 후기 기갑 전투 차량에는 승산이 없었다. 셔먼 부대는 튀니지에서, 그리고 1944년 6월 디데이 상륙 이후 노르망디의 전원에서 티거와 교전을 벌였을 때 큰 소실을 겪었다.

중형 전차 M4A2

M4 셔먼은 M3와 동일한 기본 차체 및 서스펜션을 사용했으나 주무장을 차체가 아닌 포탑에 탑재했다. 제조가 쉽고 전투력이 뛰어난 전투 플랫폼이었으며 파생형에는 공병전차, 돌격전차, 로켓탄 발사기, 구난 차량, 지뢰 제거 차량이 있었다.

제원

제조국: 미국
승무원: 5명
중량: 31,360kg
치수: 전장: 5.9m | 전폭: 2.6m | 전고: 2.74m
기동 가능 거리: 161km
장갑: 15–76mm
무장: 1 x 75mm (2.95in) 포 | 1 x 7.62mm 동축 기관총 | 12.7mm(.5in) 대공포(포탑 탑재)
엔진: 2 x 제너럴 모터스 6-71 디젤 엔진, 373kW (500마력)
성능: 노상 최고 속도: 46.4km/h | 도섭: .9m | 수직 장애물: .61m | 참호: 2.26m

중형 전차 M4A2

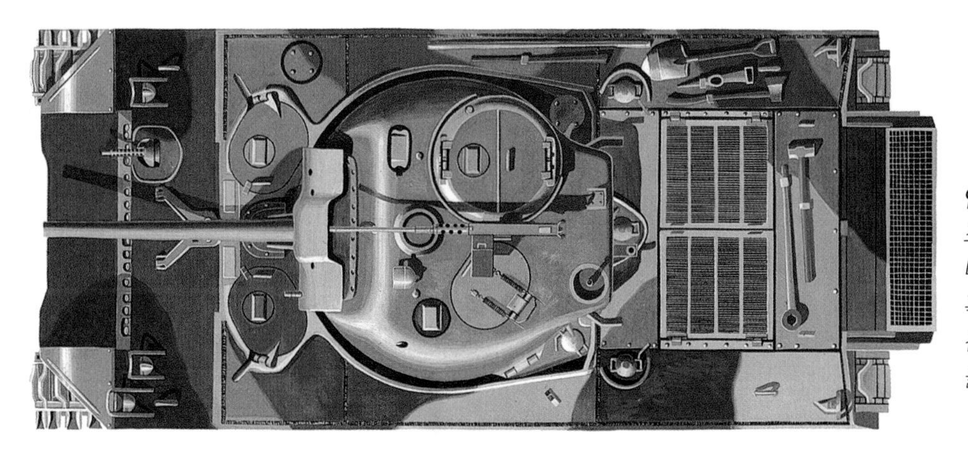

엔진
초기 모델 셔먼은 영국인들에게 '토미 쿠커(휴대용 석유 스토브-옮긴이)' 혹은 '론슨(미국제 라이터 상표명-옮긴이)'이란 별명을 얻은 가솔린 엔진을 사용했다.

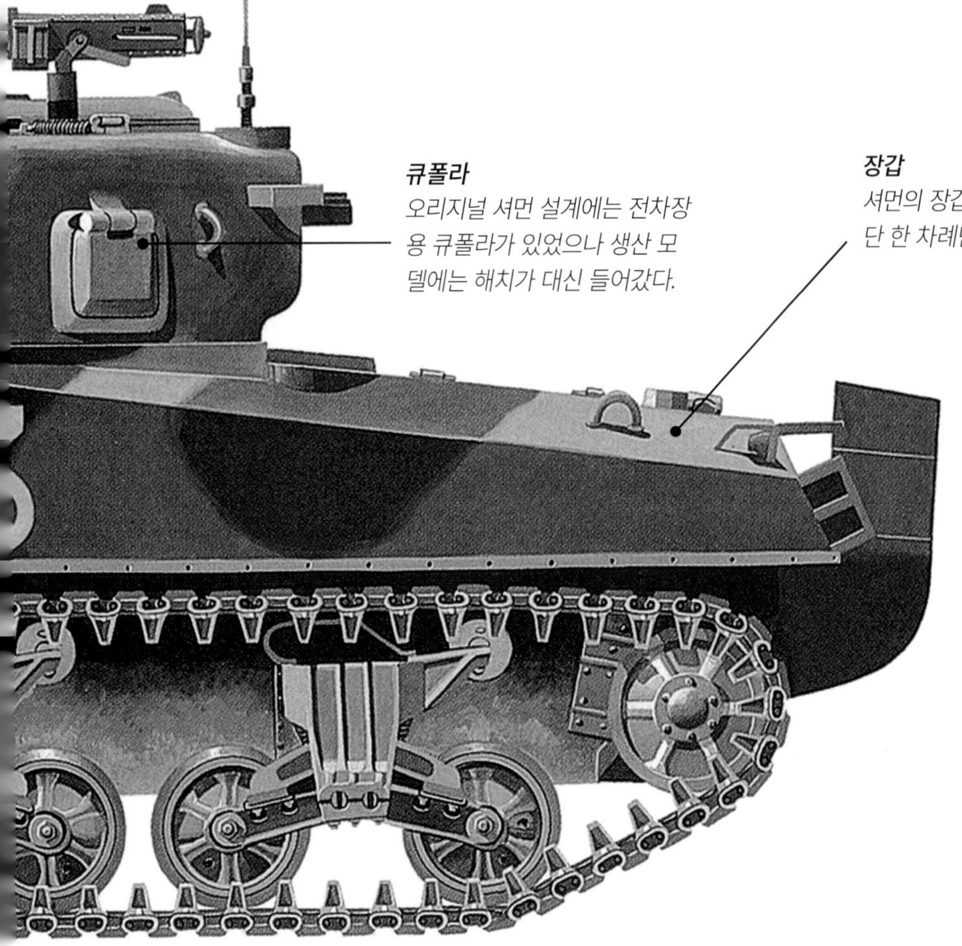

큐폴라
오리지널 셔먼 설계에는 전차장용 큐폴라가 있었으나 생산 모델에는 해치가 대신 들어갔다.

장갑
셔먼의 장갑 각도는 전체 생산 중 단 한 차례만 수정되었다.

엔진
M4A2의 동력 장치는 다소 특이한 구조로 만들어졌다. 기본적으로 GM 트럭 엔진 두 개를 나란히 설치한 것에 불과했던 것이다.

모터
M4 시리즈 전차는 모두 작은 보조 모터를 설치해 메인 엔진이 꺼져 있을 때에도 전기 시스템에 동력이 공급되도록 했다.

탈출
셔먼의 한 가지 문제는 대피가 아주 어려울 수 있다는 점이었다. 특히 주포를 탑재한 포탑이 잘못된 각도로 멈춘 경우 전면 해치 중 하나가 열리지 않았다.

셔먼 파생형

첫 번째 생산 모델은 M4A1(셔먼 II)으로 주조/용접 차체 대신 완전 주조 차체를 사용했다. 파생형으로는 용접 차체를 쓴 M4A2(셔먼 III), M4A3(셔먼 IV), M4A4(셔먼V)가 있다. 모든 버전이 각기 다른 엔진을 설치했고 차차 출력이 향상되었다. 영국은 일부 셔먼을 특수 목적 전차로 개조했다.

중형 전차 M4A1

시칠리아에서의 군사 작전 성공으로 북아프리카의 카세린 협곡에서 패배한 이래 몇 개월 동안 미국의 기갑 편대에 엄청난 발전이 있었음이 입증되었다. M4A1은 이 중요한 전투 차량의 첫 번째 표준 생산 모델이었다.

제원

제조국: 미국

승무원: 5명

중량: 30,300kg

치수: 전장: 5.84m | 전폭: 2.62m | 전고: 2.74m

기동 가능 거리: 193km

장갑: 62mm

무장: 1 x 75mm (2.95in) M3 포 | 2 x 7.62mm (.3in) 기관총 (1 동축, 1 차체 전면 볼 마운트)

엔진: 1 x 298kW (400마력) 콘티넨털 R975 C1 레이디얼 가솔린 엔진

성능: 속도: 34km/h

중형 전차 M4A2

76mm(3in) 포를 탑재한 셔먼 M4A2 버전은 1944년 중반 무렵 제5 기계화 군단의 전차 군세 전체를 형성했고 다른 기갑 편대에도 재장비용 전차로 지급되었다. 장갑과 화력의 부족함은 순수한 중량으로 채워졌다.

제원

제조국: 미국

승무원: 5명

중량: 30,300kg

치수: 전장: 7.6m | 전폭: 2.62m | 전고: 2.97m

기동 가능 거리: 161km

장갑: 62mm

무장: 1 x 76mm (3in) M1A1 포 | 1 x 12.7mm(.5in) 브라우닝 중기관총(포탑 AA 마운트) | 2 x 7.62mm (.3in) 브라우닝 기관총 (1 동축, 1 차체 전단)

엔진: 1 x 279.4kW (375마력) 제너럴모터스 12기통 직렬 디젤 엔진

성능: 최대 속도: 48km/h

TIMELINE

1943 

1944 

중형 전차 M4A3

M4A3는 미국 육군에서 가장 선호한 모델이었다. 포탑과 서스펜션 설계가 M4A2와 달랐고(더 효과적인 수평형 용수철 시스템을 사용), 더 크고 강력한 76mm(3in) 포를 탑재했다.

제원
제조국: 미국
승무원: 5명
중량: 32,284kg
치수: 전장(포 포함): 7.52m, 전장(차제): 6.27m | 전폭: 2.68m | 전고: 3.43m
기동 가능 거리: 161km
장갑: 15-100mm
무장: 1 x 76mm (3in) 포 | 1 x 7.62mm (.3in) 기관총
엔진: 1 x 포드 GAA V-8 가솔린 엔진, 335.6 또는 373kW(400 또는 500마력)
성능: 노상 최고 속도: 47km/h | 도섭: .91m | 수직 장애물: .61m | 참호: 2.26m

셔먼 파이어플라이

M4 시리즈 중 가장 잘 알려진 '특수' 버전은 셔먼 파이어플라이로 17파운드 주포를 사용한다. 이 파생형은 노르망디 상륙 작전 당시 작전에 투입되어 독일의 티거 및 판터와 성공적으로 교전할 수 있는 유일한 영국 전차로 판명되었다.

제원
제조국: 영국
승무원: 4명
중량: 32,700kg
치수: 전장: 7.85m | 전폭: 2.67m | 전고: 2.74m
기동 가능 거리: 161km
무장: 1 x 76mm (3in) 17파운드 속사포, 추가 1 x 7.62mm (.3in) 동축 기관총
엔진: 1 x 316.6kW (425마력) 크라이슬러 멀티뱅크 A57 가솔린 엔진
성능: 최고 속도: 40km/h

M4 복합 중형 전차

1944-1945년 무렵에는 최전선 부근에서 생산 버전 그대로의 셔먼을 보기란 극히 드문 일이었다. 거의 모든 전차가 예비 궤도로 장식하고 판처파우스트의 위협에 맞서 방어력을 더 높이기 위해 군데군데 부가 장갑판은 물론 샌드백까지 설치했기 때문이었다.

제원
제조국: 미국
승무원: 5명
중량: 31,800kg
치수: 전장: 5.92m | 전폭: 2.62m | 전고: 2.74m
기동 가능 거리: 240km
무장: 1 x 75mm (2.9in) M3 포 | 2 x 7.62mm (.3in) 기관총 (1 동축, 1 차체 전면 볼 마운트)
엔진: 1 x 305.45kW (410마력) 제너럴 모터스 6046 12-기통 트윈 직렬 디젤 엔진
성능: 속도: 48km/h

추가 셔먼 파생형

M4 셔먼보다 파생형이 더 많은 장갑 차량은 매우 드물다. 구축전차를 비롯한 다른 종류의 전투 차량부터 구난용 견인차, 지뢰 제거 전차까지 다양한 파생형이 있었다. 영국은 M4 셔먼을 화염 방사용이나 지뢰밭에 길을 내는 용도 등의 특수 목적 전차로 개조했다.

지뢰 폭파 전차 T1E3 (M1) '앤트 제마이마'

셔먼의 지뢰 제거 버전 '앤트 제마이마'는 지뢰밭에 폭 864mm의 길을 나란히 낼 수 있었다. 1944년 3월부터 12월까지 총 200대가 제조되었다. '앤트 제마이마'는 조종하기 쉬운 전차가 아니었으므로 승무원들에게 인기가 없었다.

제원

제조국: 미국
승무원: 5명
중량: 57,000kg
치수: 전장: 9.9m(추정) | 전폭: 2.82m(추정) | 전고: 3m
기동 가능 거리: 110km
무장: 1 x 75mm (2.95in) 포 | 1 x 7.62mm (.3in) 동축 기관총
엔진: 1 x 372.5kW (500마력) 포드 GAA 8기통 가솔린 엔진
성능: 최고 속도: 24km/h(추정)

BARV

물속에 발이 묶인 차량을 구조하기 위해 개발한 BARV는 셔먼의 포탑을 방수가 되는 높은 상부 구조로 교체했다. 디데이에 55대가 존재했으며 악천후 탓에 바쁘게 활약해야 했다. 승무원에는 견인용 케이블을 고정할 조종수가 포함되었다.

제원

제조국: 미국
승무원: 5명
중량: 불명
치수: 전장 6.2m | 전폭 2.68m | 전고 2.97m
기동 가능 거리: 136–160km
장갑: 12–62mm
무장: 없음
엔진: 2 x 제너럴 모터스 6-71 엔진
성능: 노상 최고 속도: 47km/h | 도섭: 수륙 양용 |수직 장애물: .61m | 참호: 2.26m

TIMELINE

1944   

복식 주행 (DD) 셔먼

복식 주행(Duplex Drive; DD) 셔먼은 보트 모양 플랫폼을 셔먼 전차에 용접하고 접이식 방수포와 공기를 넣을 고무 튜브를 설치한 것이다. 수중에서는 후면의 프로펠러 두 개가 추진력을 냈다. 하지만 속도가 느리고 물결이 잔잔할 때에만 사용이 가능했다.

제원
제조국: 미국
승무원: 5명
중량: 32,284kg
치수: 전장: 6.35m | 전폭: 2.81m | 전고: 3.96m
기동 가능 거리: 240km
장갑: 12–51mm
무장: 1 x 75mm (2.95in) 포 | 2 x 7.62mm (.3in) 기관총
엔진: 1 x 포드 GAA V-8 가솔린 엔진, 335.6 또는 373kW(400 또는 500마력)
성능: 수상 최고 속도: 4노트 | 도섭: 수륙 양용 | 수직 장애물: .61m | 참호: 2.26m

셔먼 크랩 지뢰 제거 전차

편곤(도리깨)을 사용해 지뢰를 제거하자는 발상이 크랩으로 이어졌다. 메인 엔진이 동력을 공급하는 회전식 원통에 약 43개의 사슬을 달았다. 후기에는 미늘이 있는 철사 절단용 디스크와 험한 지형에서 지면의 윤곽을 따라 운행이 가능하게 하는 장치가 추가되었다.

제원
제조국: 미국
승무원: 5명
중량: 31,818kg
치수: 전장: 8.23m | 전폭: 3.5m | 전고: 2.7m
기동 가능 거리: 62km
장갑: 15–76mm
무장: 1 x 75mm (2.95in) 포 | 1 x 7.62mm (.3in) 기관총
엔진: 1 x 포드 GAA V-8 가솔린 엔진, 373kW (500마력)
성능: 노상 최고 속도: 46km/h | 도섭: .9m | 수직 장애물: .6m | 참호: 2.26m

M4 크로커다일

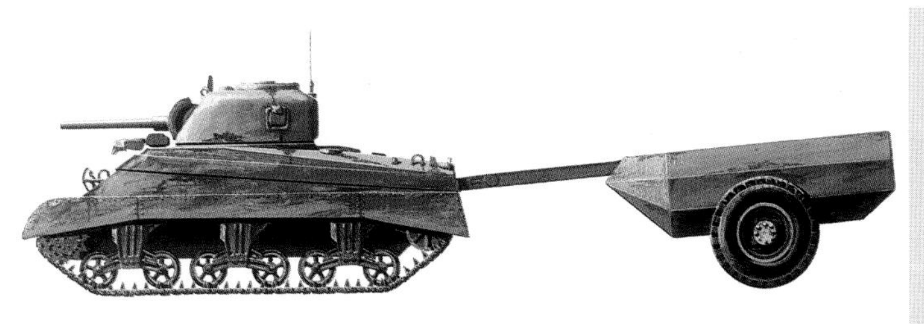

크로커다일 화염 방사 전차는 인화성이 높은 '탄약'을 장갑 트레일러에 보관했고 그 결과 승무원들에게 큰 인기를 끌었다. 하지만 1944년 11월 이후 작전 투입이 가능한 셔먼 크로커다일 소대는 하나뿐이었다.

제원
제조국: 미국
승무원: 5명
중량: 30,300kg
치수: 전장: 5.9m | 전폭: 2.62m | 전고: 2.74m
기동 가능 거리: 210km
무장: 1 x 75mm (2.95in)포 | 1 x 화염포 (부조종수 해치 옆) | 2 x 7.62mm (.3in) 기관총 (1 동축, 1 차체 전면 볼 마운트)
엔진: 1 x 372.5kW (500마력) 포드 GAA 8기통 가솔린 엔진
성능: 최고 속도: 42km/h

T-34/85 중형 전차

1943년에 등장한 T-34/85는 T-34/76A의 개량형이다. 1943년 7월 쿠르스크 전투 이후 소련 기갑 차량이 서쪽의 독일 국경을 향해 쇄도하게 되는데, 그 문을 연 것이 바로 이 전차였다. 1945년이 되자 T-34가 소련의 다른 전차 생산 라인을 거의 하나 걸러 하나 비율로 대체하다시피 했다.

T-34/85

T-34/76A의 76mm(3in) 포를 KV-85 중전차의 포탑을 사용해 85mm(3.34in) 포로 교체한 뒤 해당 버전을 T-34/85라고 명명했다. 높은 생산율 덕에 T-34/85는 수천 대 투입이 가능했고 전장을 장악하는 임무를 맡을 수 있게 되었다.

제원

승무원: 5

중량: 32,000kg

치수: 전장: 6m | 전폭: 3m | 전고: 2.6m

기동 가능 거리: 360km

장갑: 최대 75mm

무장: 1 x 85mm (3.4in) ZiS-S-53 캐넌포 | 2 x 7.62mm (.3in) DT 기관총 (차체 전단 & 동축)

엔진: 1 x V-2 V-12 기통 372 kW (493마력) 디젤 엔진

성능: 최고 속도: 55km/h

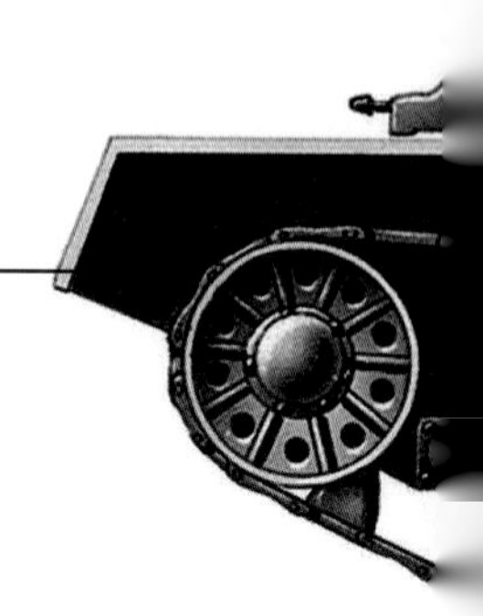

서스펜션

초기 소련 전차의 크리스티 서스펜션을 유지했다. 각 바퀴는 저마다 차체 내부의 전면으로 기운 긴 스프링 유닛에 장착되었다.

T-34/85

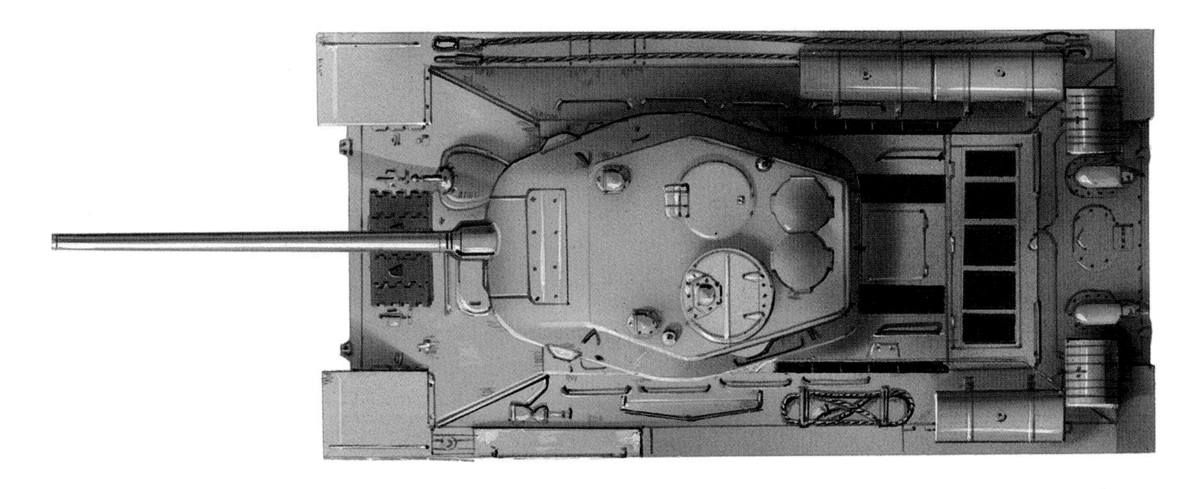

속도
새로운 5단 변속 기어박스가 있어서 초기 모델에 비해 T-34/85의 조종이 더 쉬워졌다.

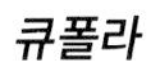

큐폴라
T34/85는 관측창이 달린 전차장용 큐폴라를 도입했다. 덕분에 포화 속에 몸을 드러내지 않고도 외부 시야가 확보되었다.

포탑
T-34/85는 포탑에 기본적으로 해치가 두 개 있어서 피탄시 승무원의 생존 확률을 크게 높였다.

장갑
경사판 장갑의 두께를 75mm로 늘렸다. 이는 동시대 기준으로도 두꺼운 편은 아니었지만 경사 덕에 효과가 증대되었다.

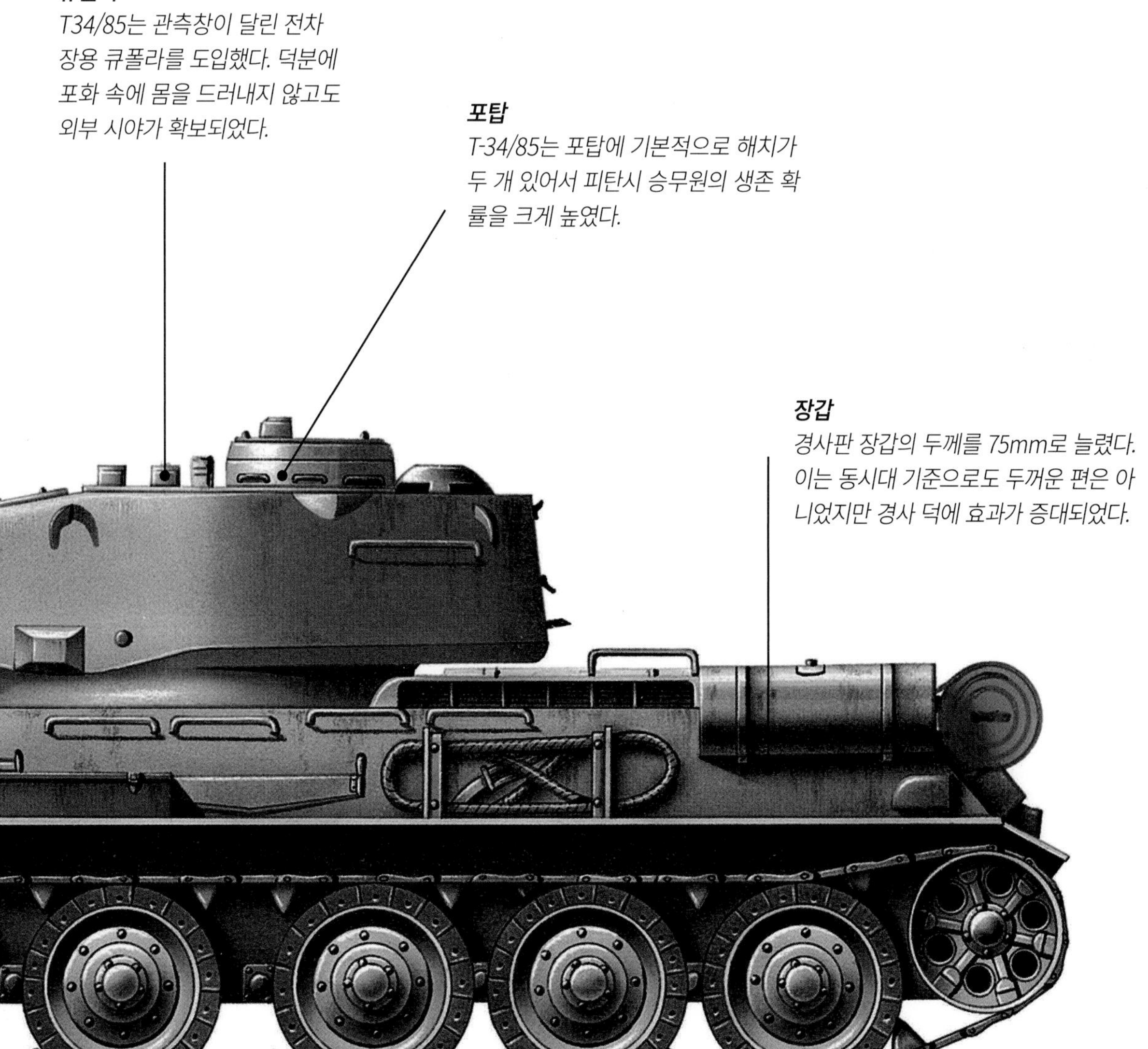

T-34/85 파생형

개선된 모델 T-34/85는 1943년에 나왔다. 1943년 7월 쿠르스크 전투 이후 소련 기갑 차량이 서쪽의 독일 국경을 향해 쇄도하게 되는데, 그 문을 연 것이 T-34/85 전차와 그 다양한 파생형 모델이었다. 앞서 T-34/85 중형 전차 편에서 설명한 대로 이들은 1945년 소련의 주력 전차가 되었다.

T-34/85 중형 전차

T-34/85의 85mm(3.4in) 포는 소련과 독일의 기갑 전력이 기술적인 균형을 회복하게 된 핵심 요소였다. 이 포의 철갑탄 성능은 초기 T-34에 탑재되었던 76.2mm(3in) 포에 비하면 거의 두 배 가까이 향상되었다.

제원
제조국: 소련
승무원: 5명
중량: 32,000kg
치수: 전장: 6m I 전폭: 3m I 전고: 2.6m
기동 가능 거리: 360km
장갑: 45mm
무장: 1 x 85mm (3.4in) ZiS-S-53 포 I 2 x 7.62mm (.3in) DT 기관총 (차체 전단 & 동축)
엔진: 1 x V-2 V-12기통 372 kW (493마력) 디젤 엔진
성능: 노상 최고 속도: 55km/h

T-34/85

2차 세계대전 이후 소련의 영향권 내에 있는 여러 국가의 군대가 T-34를 갖추게 되었다. 총 39개국이 T-34를 사용했고 수 천 대가 생산된 뒤 1958년이 되고서야 생산이 중단되었다.

제원
제조국: 소련
승무원: 5명
중량: 32,000kg
치수: 전장: 6m I 전폭: 3m I 전고: 2.6m
기동 가능 거리: 360km
장갑: 45mm
무장: 1 x 85mm (3.4in) ZiS-S-53 포 I 2 x 7.62mm (.3in) DT 기관총 (차체 전단 & 동축)
엔진: 1 x V-2 V-12기통 372 kW (493마력) 디젤 엔진
성능: 노상 최고 속도: 55km/h

TIMELINE

1943/4 

T-34/85

T-34/85는 판처파우스트와 판처슈레크에 맞선 방어 수단의 일환으로 나무로 틀을 짠 철망 패널을 장착했다. 서방 연합군 전차와 소련의 장갑 전투 차량 사이에서 아군끼리의 사격을 최소화하기 위한 흰색 포탑용 밴드가 1945년 4월 도입되었다.

제원

제조국: 소련

승무원: 5명

중량: 32,000kg

치수: 전장: 6m | 전폭: 3m | 전고: 2.6m

기동 가능 거리: 360km

장갑: 45mm

무장: 1 x 85mm (3.4in) ZiS-S-53 포 | 2 x 7.62mm (.3in) DT 기관총 (차체 전단 & 동축)

엔진: 1 x V-2 V-12기통 372 kW (493마력) 디젤 엔진

성능: 노상 최고 속도: 55km/h

T-34/85

T-34는 많은 파생형이 생산되었고 역대 두 번째로 많이 생산된 전차이다. 여기 소개하는 T-34/85는 1945년 8월 소련의 만주국 침공 당시 활약했으며 일본의 모든 기갑 전투 차량을 압도했다.

제원

제조국: 소련

승무원: 5명

중량: 32,000kg

치수: 전장: 6m | 전폭: 3m | 전고: 2.6m

기동 가능 거리: 360km

장갑: 45mm

무장: 1 x 85mm (3.4in) ZiS-S-53 포 | 2 x 7.62mm (.3in) DT 기관총 (차체 전단 & 동축)

엔진: 1 x V-2 V-12기통 372 kW (493마력) 디젤 엔진

성능: 노상 최고 속도: 55km/h

T-44

T-44는 1945년 T34/85를 대체하기 위해 생산에 들어갔다. 종전까지 최대 200대가 생산되었으나 전투에 투입된 차량은 없었던 것으로 보인다. (이 모델은 1947년에 100mm(3.9in) 포로 무장한 T-54로 대체된다.)

제원

제조국: 소련

승무원: 4명

중량: 31900kg

치수: 전장: 7.65m | 전폭: 3.15m | 전고: 2.45m

기동 가능 거리: 300km

장갑:

무장: 1 x 85mm (3.4in) D-5T 포, 추가 2 x 7.62mm (.3in) DTM 기관총(1 동축 & 1 전방 고정)

엔진: 1 x 372.5kW (500마력) V-44 12기통 디젤 엔진

성능: 노상 최고 속도: 51km/h

1945

2차 세계대전 말 소련의 중전차

이오시프 스탈린(IS) 전차는 소련의 지도자 이름을 땄으며 KV-85를 바탕으로 개발했다. 붉은 군대 내에서 가장 강력한 전차였으며 티거, 판터 같은 독일의 기갑 전투 차량과 맞서 싸우도록 KV 시리즈 중전차를 이용해 개발했다.

KV-85 중전차

KV-85는 KV-1S의 차체에 IS-1 포탑을 장착하고 85mm(3.4in) 포로 무장했다. 단 130대만 생산되었는데, 이오시프 스탈린(IS) 시리즈가 도입되기 전, 업데이트된 중전차를 만들기 위한 임시 설계 모델이었기 때문이다.

제원

제조국: 소련

승무원: 4/5명

중량: 46,000kg

치수: 전장 8.6m | 전폭 3.25m | 전고 2.8m

기동 가능 거리: 330km

장갑: 40–90mm

무장: 1 x 85mm (3.4in) D-5T 포 | 2 x 7.62mm (.3in) DT 기관총

엔진: 1 x 450kW (600마력) 모델 V-2 12-기통 디젤 엔진

성능: 최고 속도: 42km/h

IS-1 중전차

IS-1은 강력한 소련 중전차 1세대로 1945년 4월 베를린 최종 공격에서 선봉을 맡았다. 강력한 화력과 방어력 덕에 적군의 방어벽을 뚫을 수 있었다.

제원

제조국: 소련

승무원: 4명

중량: 46,000kg

치수: 전장 8.32m | 전폭 3.25m | 전고 2.9m

기동 가능 거리: 250km

장갑:

무장: 1 x 85mm (3.4in) D-5T 포, 추가 2 x 7.62mm (.3in) DT 기관총, (1 동축, 1 포탑 후방 볼 마운트)

엔진: 1 x 38.8kW (510마력) V-2 12기통 디젤 엔진

성능: 최고 속도: 40km/h

TIMELINE

1943

1944

IS-2 중전차

IS-2 전차는 1944년 봄에 처음 전투에 투입되었다. IS-2는 각기 다른 전차 연대에 보통 21대씩 배정되었다. 이 연대들은 주요 공격 작전에서 가장 중요한 작전 지역의 전력 증강 역할을 맡았다.

제원
제조국: 소련
승무원: 4명
중량: 46,000kg
치수: 전장 9.9m | 전폭 3.09m | 전고 2.73m
기동 가능 거리: 240km
장갑: 불명
무장: 1 x 122mm (4.8in) D-25T 포, plus 3 x 7.62mm (.3in) DT 기관총 (1 동축, 1 차체 전단 고정, 1 포탑 후방 볼 마운트)
엔진: 1 x 382.8kW (513마력) V-2 12기통 디젤 엔진
성능: 최고 속도: 37km/h

IS-3 중전차

IS-3은 종전 이전에 생산에 들어갔던 소련의 마지막 중전차이다. 122mm(4.8in) 주무장을 새로운 반구형 포탑에 탑재하고 차체 전단을 뾰족하게 만들어 '슈카(Shchuka)', 즉 창꼬치라는 별명이 붙었다.

제원
제조국: 소련
승무원: 3명
중량: 45,770kg
치수: 전장 9.85m | 전폭 3.09m | 전고 2.45m
기동 가능 거리: 185km
장갑: 불명
무장: 1 x 122mm (4.7in) D-25T 포, 추가 1 x 동축 7.62mm (.3in) DT 기관총 & 1 x 12.7mm (.5in) DShK 중기관총(AA 마운트)
엔진: 1 x 447kW (600마력) V-2-JS V-12 디젤 엔진
성능: 최고 속도: 40km/h

IS-2m 중전차

1950년대 중반 건재하던 IS-2 전차들의 전투 능력을 유지하도록 업그레이드를 실시했다. 이로 인해 차체 후미의 외부 연료 탱크, 양 측면의 적재 공간, 방어용 측면 덮개 장갑 등을 도입한 IS-2M이 탄생했다.

제원
제조국: 소련
승무원: 4명
중량: 46,000kg
치수: 전장 9.9m | 전폭 3.09m | 전고 2.73m
기동 가능 거리: 240km
장갑: 30–160mm
무장: 1 x 122mm (4.8in) D-25T 포, 3 x 7.62mm (.3in) DT 기관총 (1 동축, 1 차체 전단 고정, 1 포탑 후방 볼 마운트)
엔진: 1 x 383kW (513마력) V-2 12기통 디젤 엔진
성능: 최고 속도: 37km/h

1945

서방의 실험적인 전차들

2차 세계대전 전부터 전쟁 기간 동안 서방 국가들은 기갑 차량으로 많은 실험을 했고 그 중 일부는 완전히 자원 낭비였다. 하지만 일부 실험은 쓸 만한 기갑 전투 차량의 개발로 이어졌다. 비록 모두 전쟁 중 전투에 투입될 수 있을 만큼 적절한 시기에 결실을 맺은 것은 아니었지만 말이다.

M6 전차

M6의 문제는 구식이라는 점이었다. 오리지널 제안서에는 포탑을 네 개 설치한 파생형도 포함되었다. 그러나 3개월 내에 다포탑 구상은 폐기되었고 76mm(3in) 포와 37mm(1.46in) 동축 포를 탑재한 단일 포탑으로 변경되었다.

제원
제조국: 미국
승무원: 5명
중량: 45,360kg
치수: 전장: 8.44m | 전폭: 3.1m | 전고: 3.23m
기동 가능 거리: 161km
무장: 1 x 76mm (3in) 포 | 1 x 37mm (1.46in) 포 | 3 x 12.7mm (.5in) 기관총 & 2 x 7.62mm (.3in) 기관총
장갑: 133mm
엔진: 1 x 라이트 월윈드 G-200 9-기통 레이디얼 엔진, 690kW (925마력)
성능: 최고 속도: 35km/h

순항 전차 마크 VIII 챌린저

1941년 영국 육군은 독일군의 최고 중량 전차까지 상대할 만한 전차가 필요했다. 따라서 A27 크롬웰/센토의 차대 길이를 늘려 추가 중량과 더 큰 포탑을 수용할 수 있게 한 뒤 17파운드(76mm) 포를 탑재했다.

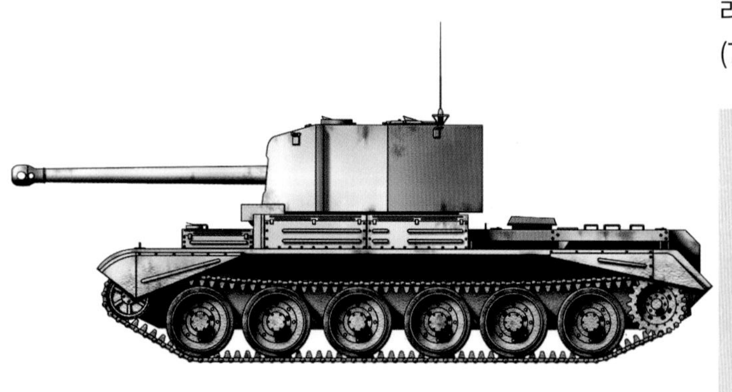

제원
제조국: 영국
승무원: 5명
중량: 32,000kg
치수: 전장: 8.147m | 전폭: 2.9m | 전고: 2.66m
기동 가능 거리: 193km
무장: 1 x 76mm (2.98in) 17 파운드 포 | 1 x 7.92mm (.3in) 기관총
장갑: 20-102mm
엔진: 롤스로이스 미티어 V-12, 447.6kW (600제동마력)
성능: 최고 속도: 24km/h

TIMELINE

1941 

1943 

1945 

T29 중전차

T29 중전차는 1944년 3월 티거 II와 같은 새로운 독일 전차와 맞닥뜨린 뒤 미국에서 시작된 전차 프로젝트의 결과이다. T29는 2차 세계대전에 참전할 만큼 시기적절하게 준비되지 않았지만 시험 운행 과정에서 귀중한 정보를 손에 넣을 수 있었다.

제원
제조국: 미국
승무원: 6명
중량: 64,000kg
치수: 전장: 10-11.57m | 전폭: 3.8m | 전고: 3.2m
기동 가능 거리: 불명
엔진: 포드 GAC 12 기통 가솔린 엔진, 485kW (650 마력)
장갑: 25-279mm
무장: 주무장: 1 x 105mm 포 T5E2 | 부무장: 1 x .3in 구경 (7.62mm) M1919A4 기관총 & 3 x .5in 구경 (12.7mm) M2HB 기관총
성능: 최고 속도: 32km/h

A39 토터스

돌격용 중전차 토터스(A39)는 2차 세계대전 동안 개발된 영국의 돌격 중전차이나 생산으로 이어지지는 않았다. 완전히 요새화된 지역을 공격하기 위해 개발되었으므로 결과적으로 기동성보다 장갑을 이용한 방어 쪽에 우선순위를 두게 되었다.

제원
제조국: 영국
승무원: 7명
중량: 79,252 kg
치수: 전장: 10m | 전폭: 3.9m | 전고: 3m
기동 가능 거리: 노상: 72km
장갑: 178mm-228mm
무장: 1 x 96mm (3.7in) 32 파운드 포 | 3x 7.92mm (.31in) 기관총
엔진: 롤스로이스 미티어 V12 가솔린 447kW (600마력)
성능: 최고 속도: 19km/h

A43 블랙 프린스

보병 전차 블랙 프린스(A43)는 처칠 전차에 더 크고 폭이 넓은 차체와 17파운드(76mm) 속사포를 달아 실험적으로 개발한 것이었다. 영국군 보병을 근접 지원할 목적으로 만들어진 보병 전차의 계보를 이었다.

제원
제조국: 영국
승무원: 5명
중량: 50,802kg
치수: 전장: 7.7-8.81m | 전폭: 3.43m | 전고: 2.74m
기동 가능 거리: 161km
장갑: 18-152mm
무장: 1 x 77mm (.3in) 17 파운드 포 | 2 x 7.92mm (.31in) 베사 기관총 | 1 x 7.7mm (.303in 브렌 기관총)
엔진: 베드포드 트윈 식스 HO12 가솔린 엔진, 242 kW (325마력)
성능: 최고 속도: 18km/h

2차 세계대전 말기의 전차

2차 세계대전 말기 새로운 세대의 전차가 등장해 전쟁터를 뒤바꿔 놓았다. 그 중 가장 유명한 전차는 예측 가능한 가까운 미래에 등장할 연합군 전차를 능가할 수 있도록 설계한 티거 II였다. 미국과 영국도 비슷한 아이디어를 떠올렸지만 최고의 설계는 전쟁이 끝날 때까지 나오지 못했다.

판처 VI 티거 II (포르쉐 포탑)

티거 II의 최초 생산 모델 50대는 포르쉐에서 설계한 포탑을 장착했다. 이후 전차는 헨셸에서 완전 생산했다. 문제는 티거 II의 신뢰성이 떨어진다는 점이었다. 연료가 떨어지거나 고장이 나서 승무원들에게 버려지는 전차가 많았다.

제원
제조국: 독일
승무원: 5명
중량: 69,700kg
치수: 전장: 10.26m | 전폭: 3.75m | 전고: 3.09m
기동 가능 거리: 110km
장갑: 100-150mm
무장: 1 x 88mm (3.46in) KwK 43 포 | 2 x 7.92mm (.31in) MG34 기관총(1 동축, 1 차체 전면)
엔진: 1 x 마이바흐 HL 230 P30 12기통 가솔린 엔진, 522kW (700마력)
성능: 노상 최고 속도: 38km/h | 도섭: 1.6m | 수직 장애물: .85m | 참호: 2.5m

판처 VI 티거 II (헨셸 포탑)

티거 II는 판터와 유사했지만 대다수 연합군 무기로는 격파하지 못할 중장갑을 댔다는 점이 달랐다. 그 결과 중량 대비 출력이 낮았고 속도와 기동성이 떨어졌다. 1944년 5월 동부 전선에 처음 투입되었고 이어서 노르망디에서도 전투에 참가했다.

제원
제조국: 독일
승무원: 5명
중량: 69,700kg
치수: 전장: 10.26m | 전폭: 3.75m | 전고: 3.09m
기동 가능 거리: 110km
장갑: 100-150mm
무장: 1 x 88mm (3.46in) KwK 43 포 | 2 x 7.92mm (.32in) MG34 기관총 (1 동축, 1 차체 전면)
엔진: 1 x 마이바흐 HL 230 P30 12기통 가솔린 엔진, 522kW (700마력)
성능: 노상 최고 속도: 38km/h | 도섭: 1.6m | 수직 장애물: .85m | 참호: 2.5m

TIMELINE

1944

순항 전차 마크 VIII 크롬웰 VII

순항 전차 마크 VIII 크롬웰(A27M)은 신뢰성이 극히 높은 전투 차량으로 오리지널 무장을 구성했던 6파운드 포가 타격력이 큰 75mm 포로 교체된 뒤에는 특히 더 신뢰성이 높아졌다. 제7 기갑 사단에 배속되어 노르망디 전투에 투입되었다.

제원
제조국: 영국
승무원: 5명
중량: 29,000kg
치수: 전장: 6.35m | 전폭: 2.9m | 전고: 2.49m
기동 가능 거리: 280km
장갑: 76mm
무장: 1 x 75mm (2.95in) 속사포, 추가로 2 x 7.92mm (.31in) 베사 기관총(1 동축, 1 차체 전면 볼 마운트)
엔진: 1 x 447kW (600마력) 롤스로이스 미티어 V12 가솔린 엔진
성능: 64km/h

순항 전차 코멧 (A34)

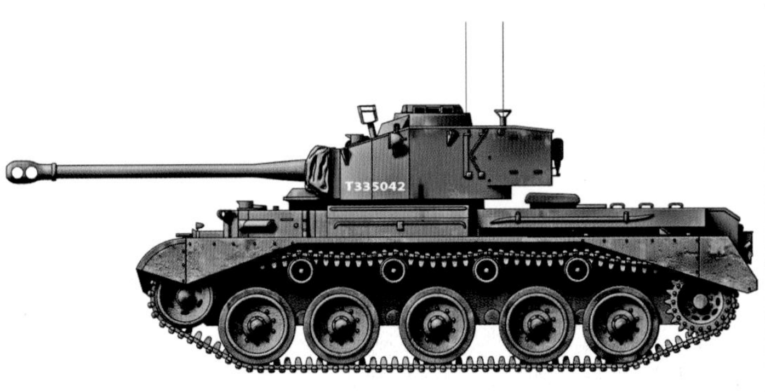

코멧은 초기 순항 전차들의 설계 문제를 바로잡기 위한 시도로 만들어졌다. 77mm(3.03in) 버전 17파운드 포를 사용했고 엔진을 업데이트했으며 장갑을 리벳 이음이 아닌 용접으로 고정했다.

제원
제조국: 영국
승무원: 5명
중량: 32,223kg
치수: 전장: 6.55m | 전폭: 3.07m | 전고: 2.67m
기동 가능 거리: 200km
장갑: 25-102mm
무장: 1 x 77mm (3.03in) 17 파운드 포 | 7.92mm (.31in) 베사 기관총
엔진: 1 x 롤스로이스 미티어 V-12, 447.6kW (600b마력)
성능: 최고 속도: 50km/h

M26 퍼싱

M-26은 2차 세계대전이 거의 끝날 무렵 개발되었다. 미국 육군에 중전차가 우선적으로 필요한 시기가 아니었으므로 초기 개발 속도는 느렸다. 하지만 독일의 판터와 티거 전차가 등장하며 상황이 달라졌다.

제원
제조국: 미국
승무원: 5명
중량: 41,860kg
치수: 전장: 8.61m | 전폭: 3.51m | 전고: 2.77m
기동 가능 거리: 161km
장갑: 25-110mm
엔진: 373kW (500마력) 포드 GAF V8 가솔린 엔진
무장: 1 x 90mm (3.5in) M3 포, 추가로 1 x 12.7mm (.5in) AA 중기관총 & 2 x 7.62mm (.3in) 기관총 (1 동축, 1 차체 전면 볼 마운트)
성능: 최고 속도: 48km/h

1945

연합군 경전차

경전차 개발은 2차 세계대전 기간 동안 계속되었다. 정찰 임무나 공수부대의 글라이더 지원 임무에 이용할 경전차와 같은 차량이 계속 필요했기 때문이었다. 경전차는 구경이 크고 가벼운 신형 전차포를 장착할 수 있게 되면서 더욱 실용성이 높아졌다.

T-30B 경전차

T-30B 경전차는 T-40의 수륙 양용이 아닌 버전으로 장갑이 더 두껍고 20mm(.78in) ShVAK 포와 동축 기관총 한 정으로 무장을 향상시켰다. 1941년 개량이 더 이루어진 T-60 모델로 생산을 전환하기 전까지 소량만 생산되었다.

제원

제조국: 소련
승무원: 2명
중량: 5800kg
치수: 전장: 4.1m | 전폭: 2.46m | 전고: 1.89m
기동 가능 거리: 450km
장갑: 불명
무장: 1 x 20mm (.79in) 포 | 1 x 7.62mm (.3in) 동축 DT 기관총
엔진: 2 x GAZ-202 52+52 kW (70+70 마력)
성능: 최고 속도: 45km/h

T-60 1942년형

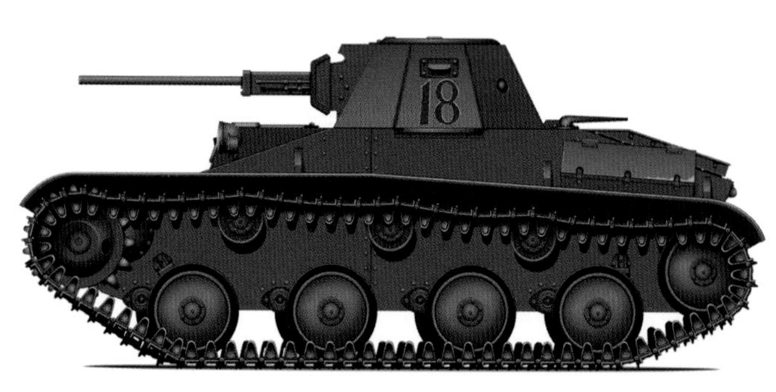

1942년형 T-60은 전투지에서 생존 가능성을 높이기 위해 장갑을 강화했다. 또, 1941년형의 바큇살 있는 보기륜을 디스크 형식 보기륜으로 교체했다. T-60은 주로 동부 전선에 주둔하는 소련의 붉은 군대가 생산하고 배치했다.

제원

제조국: 소련
승무원: 2명
중량: 5800kg
치수: 전장: 4.1m | 전폭: 2.46m | 전고: 1.89m
기동 가능 거리: 450km
장갑: 10–35mm
무장: 1 x 20mm (.79in) TNSh 포 | 1 x 7.62mm (.3in)
엔진: 2 x GAZ-202 52+52kW (70+70마력)
성능: 최고 속도: 45km/h

TIMELINE

1941 

1942 

T-70 경전차

T-70의 장갑은 적절한 수준이었으나 무장은 중량이 더 나가는 전차를 상대하기에 한계가 있었다. 특히 전차장이 한 손으로 포를 조작해야 해 전투 효율이 떨어졌다. 주로 정찰과 보병 근접 지원에 사용했다.

제원
제조국: 소련
승무원: 2명
중량: 9367kg
치수: 전장: 4.29m | 전폭: 2.32m | 전고: 2.04m
기동 가능 거리: 360km
장갑: 10-60mm
무장: 1 x 45mm (1.77in) 포 | 1 x 7.62mm (.31in) 기관총
엔진: 2 x GAZ-202 가솔린 엔진, 총 104kW (140마력)
성능: 노상 최고 속도: 45km/h | 도섭: 불명 | 수직 장애물: .7m | 참호: 3.12m

M22 로커스트 경전차

항공기 공수를 염두에 두고 설계한 M22(영국인들에게는 로커스트(메뚜기)로 알려져 있다)는 기갑 차량 수송용 글라이더 해밀카에 실려 전장에 투입되었다. 승무원은 세 명으로 포탑에 전차장과 포수가 타고, 차체에 조종수가 탔다.

제원
제조국: 미국
승무원: 3명
중량: 7438kg
치수: 전장: 3.94m | 전폭: 2.23m | 전고: 1.74m
기동 가능 거리: 217km
장갑: 25mm
무장: 1 x 37mm (1.46in) M6 포 | 1 x 7.62mm (.3in) 기관총
엔진: 1 x 라이커밍 O-435T 6기통 레이디얼 엔진, 121kW (162마력)
성능: 최고 속도: 64km/h

M3A3 스튜어트 V 경전차

스튜어트는 인기 있는 정찰 차량이었지만 비교적 효과가 떨어지는 37mm(1.5in) 포 때문에 상당수가 포탑을 제거하고 핀틀 마운트 기관총을 탑재한 '스튜어트 레키(Stuart Recce)'로 개조되었다. (*Recce는 정찰을 뜻하는 reconnaissance의 동의어이다-옮긴이)

제원
제조국: 미국
승무원: 4명
중량: 14,700kg
치수: 전장: 5.02m | 전폭: 2.52m | 전고: 2.31m
기동 가능 거리: 217km
장갑: 13-51mm
무장: 1 x 37mm (1.5in) M6 포 | 3 x 7.62mm (.3in) 기관총 (1 AA, 1 동축, 1 차체 전면 볼 마운트)
엔진: 1 x 186.25kW (250마력) 콘티넨털 W-670-9A 7기통 레이디얼 가솔린 엔진
성능: 최고 속도: 50km/h

1943

M3 경전차

M3 경전차는 2차 세계대전의 모든 전장에서 활약했다. 영국 육군이 처음 전투에서 사용했으며 미국 남북전쟁 당시 장군이었던 젭 스튜어트의 이름을 따와 스튜어트라고 명명했다. 약 170대가 1941년 11월 사막의 크루세이더 작전에 참가했다. 미군은 1942년 필리핀에서 처음 전투에 투입시켰다.

경전차 M3

1940년의 전투 전적을 돌이켜본 결과 미국은 핵심 경전차였던 M2가 이제 구식이 되었고 장갑을 더 강화한 버전이 필요하다는 사실을 깨달았다. M3는 1941년 완전한 규모로 생산에 들어갔다. 놀랍도록 신뢰성이 높았기 때문에 승무원들 사이에서 인기가 많았고 거의 모든 전투지에 투입되었다. 파생형에는 지뢰 제거, 화염 방사, 대전차 버전이 있다.

제원

제조국: 미국

승무원: 4명

중량: 12,927kg

치수: 전장: 4.54m | 전폭: 2.24m | 전고: 2.3m

기동 가능 거리: 112.6km

장갑: 15-43mm

무장: 1 x 37mm (1.46in) 포 | 2 x 7.7mm (.303in) 기관총

엔진: 1 x콘티넨털 W-970-9A 6기통 레이디얼 가솔린 엔진, 186.5kW (250마력)

성능: 노상 최고 속도: 58km/h | 도섭: .91m | 수직 장애물: .61m | 참호: 1.83m

무장

M3A1 파생형에는 자이로 안정기로 안정을 유지하는 포와 동력 선회 포탑을 설치했다. 37mm(1.46in) 포는 생산이 중단될 때까지 줄곧 유지했다.

포탑

M3 초기 버전에는 리벳으로 연결했으나 이후 용접 포탑이, 궁극적으로는 용접 차체가 도입되어 다 합쳐보면 많은 세부 요소가 바뀌었다.

포탑 제거
전쟁 후기가 되자 많은 M3를 포탑을 제거한 뒤 지휘 전차로 배치했다.

무장
M3의 기본 무장은 37mm(1.46in) 포 하나와 7.7mm(.303in) 동축 기관총 한 정에 추가 기관총 네 정이었다. 그 중 하나는 포탑 지붕에 대공 방어용으로 달았다.

M5
M3의 후기 버전 M5는 단일 콘티넨털 엔진이 아니라 캐딜락 엔진 두 개를 장착했다.

큰 전차
M3는 경전차치고는 크기가 컸다. 후기 버전은 조종실이 넓어지고 장갑이 두꺼워졌으나 측면 포탑용 포는 없었다.

미국의 경전차 개발

미국의 경전차 개발 역사는 보병 지원을 위한 경전차 몇 종류가 소수 개발되었던 1920년대까지 거슬러 올라갈 수 있다. 이때 만든 디자인들이 1930년대 초 경전차 M2로 진화했고 이어서 모두 2라는 명칭을 사용하는 일련의 디자인이 탄생했다.

M1A1 전투 차량(컴뱃 카)

1930년대 초에 개발이 이루어진 미국의 경전차로 1935년 처음 등장했다. M1은 1934년 4월 시험 운행을 실시했던 실험용 프로토타입 T2, T5에서 발전한 버전이라 원래는 T2E1이란 이름이었다.

제원

제조국: 미국
승무원: 4명
중량: 8600kg
치수: 전장: 4.43m | 전폭: 2.40m | 전고: 2.26m
기동 가능 거리: 180km
무장: 1 x .50구경 (12.7 mm) M2HB 기관총, 3 x .50cal (12.7 mm) M2HB 기관총
엔진: 1 x 콘티넨털 W-670-7 7기통 가솔린 엔진, 186kW (250마력)
성능: 최고 속도: 58km/h

M3A1

1941년 12월 미군이 참전을 결정했을 때 미 육군이 보유한 M2/M3 경전차 시리즈 중 M3A1 경전차가 주요 전투 버전 전차였다. 1941년 생산에 들어갔으며 2차 세계대전의 모든 전장에서 활약했다.

제원

제조국: 미국
승무원: 4명
중량: 12,900kg
치수: 전장: 4.53m | 전폭: 2.24m | 전고: 2.64m
기동 가능 거리: 110km
무장: 1 x 37mm (1.5in) M6 포 | 3 x 7.62mm (.3in) 기관총 (1 AA, 1 동축, 1 차체 전면 볼 마운트)
엔진: 1 x 186.25kW (250마력) 콘티넨털 W-670-9A 7기통 레이디얼 가솔린 엔진
성능: 최고 속도: 58km/h

TIMELINE

1935

1941

1942

M3A3

1944년 8월 24, 25일 르클레르 장군이 이끄는 자유 프랑스군 제2 기갑 사단이 파리 해방 전투에서 대승을 거두었다. 파리에 처음 입성한 프랑스군에는 M3로 구성된 사단 정찰단도 있었다.

제원
제조국: 미국
승무원: 4명
중량: 14,700kg
치수: 전장: 5.02m | 전폭: 2.52m | 전고: 2.57m
기동 가능 거리: 217km
무장: 1 x 37mm (1.46in) M6 포 | 2x 7.62mm (.3in) 기관총 (1 동축, 1 차체 전면 볼 마운트)
엔진: 186.25kW (250마력) 콘티넨털 W-670-9A 7기통 레이디얼 가솔린 엔진
성능: 최고 속도: 50km/h

M5A1

M5A1은 M3 기본 디자인으로 개발된 마지막 전차였다. 속도가 빠르고 기계적 신뢰성이 높긴 했지만 전쟁이 끝날 무렵에는 추축군의 대전차포에 상당히 무력했기 때문이었다.

제원
제조국: 미국
승무원: 4명
중량: 14,930kg
치수: 전장: 4.34m | 전폭: 2.26m | 전고: 2.31m
기동 가능 거리: 161km
무장: 1 x 37mm (1.46in) M6 포 | 3 x 7.62mm (.3in) 기관총 (1 AA, 1 동축, 1 차체 전면 볼 마운트)
엔진: 2 x 82kW (110마력) 캐딜락 시리즈 42 V8 8기통 가솔린 엔진
성능: 최고 속도: 60km/h

75mm 곡사포 모터 캐리지 (HMC) M8

M5(스튜어트)의 차대를 바탕으로 만든 M8은 지붕이 없는 오픈탑 포탑에 75mm(2.95in) M2 또는 M3 곡사포를 탑재했다. M8은 대부분 M5로 구성된 정찰 전대에 화력 지원을 제공했다. 이 전차에는 '컬린' 헤지로우 커터가 장착되었다. (헤지로우(hedge-row)는 나무를 촘촘하게 심어서 만든 산울타리를 뜻한다-옮긴이)

제원
제조국: 미국
승무원: 4명
중량: 15,600kg
치수: 전장: 4.41m | 전폭: 2.24m | 전고: 2.32m
기동 가능 거리: 210km
무장: 1 x 75mm (2.95in) M2 곡사포 | 1 x 12.7mm (.5in) AA 중기관총
엔진: 2 x 81.95kW (110마력) 캐딜락 시리즈 42 V8 가솔린 엔진
성능: 56km/h

M24 채피 경전차

M24는 1944년 12월 처음 유럽에 배치되었으나 가용할 수 있는 수량이 적고 독일의 전차 및 대전차포에 취약했으므로 비교적 중요성이 떨어지는 임무만 맡았다. 한국 전쟁에 정찰용으로 투입되었으며 인도차이나 전쟁에서 프랑스군이, 1971년 인도와의 전쟁에서 파키스탄군이 사용했다.

M24 채피 경전차

채피는 2차 세계대전 말 가장 발전한 경전차 모델이었으며 그때까지 전투에 투입된 초기 셔먼 중형 전차 다수와 동등한 화력을 보유했다. 업그레이드 버전은 오늘날에도 일부 소규모 군대에서 현역으로 쓰이고 있다.

제원

제조국: 미국
승무원: 5명
중량: 18,280kg
치수: 전장: 5.49m | 전폭: 2.95m | 전고: 2.46m
기동 가능 거리: 282km
장갑: 9–25mm
무장: 1 x 75mm (2.95in) 포 | 1 x 12.7mm (.5in) 중기관총(AA마운트) | 2 x 7.62mm (.3in) 기관총 (1 동축, 1 차체 전면 볼 마운트)
엔진: 2 x 82kW (110마력) 캐딜락 44T24 V8 8기통 가솔린 엔진
성능: 최고 속도: 55km/h

주무장
75mm(2.95in) M6 주포는 원래 2차 세계대전 당시 프랑스군 곡사포였지만 B-25G 폭격기에서 함선 공격에 사용할 수 있게 개조 및 경량화가 이루어졌다.

소속 군대
전쟁이 끝난 뒤 M24는 프랑스, 덴마크, 대만 등 여러 국가에서 사용되었다

M24 채피 경전차

엔진

M24에는 두 개의 엔진과 하이드러매틱 서스펜션 등 M5를 위해 개발한 요소들이 포함되었다. M24의 많은 특징들이 전후 미국 전차에 사용되었다.

부무장

경전차에는 내장형 기관총 두 정과 더불어 추가로 대공 방어를 위한 핀틀 마운트 기관총을 한 정 탑재하는 것이 표준이었다

장갑

M24는 속도가 빠르고 조종이 쾌적했지만 중전차 역할을 하기에는 장갑과 무장이 부족했다.

장갑

채피의 장갑 두께는 9mm밖에 안 되는 부분부터 25mm까지 다양했다.

초기 자주포

전쟁이 계속되면서 전투 형태 역시 서서히 발달했고 그로 인해 자주포가 탄생했다. 1939년 이전에는 시험용을 제외하면 자주포가 존재하지 않다시피 했으나 1943년에는 모든 참전국이 사용하게 되었다. 기갑 전격전이 전차와 보조를 맞출 수 있는 포의 개발을 촉발했기 때문이었다.

SU-12 76mm(3in)

SU-12는 최초의 소련 자주포로 1930년대에 군에 배치되었다. 6x4 GAZ-AAA 트럭을 간단하게 개조해 1927년형 76mm(3in) 연대포를 장착한 것으로 1945년까지 현역으로 남았다.

제원
제조국: 소련
승무원: 1명
중량: 3520kg
치수: 전장: 5.34m | 전폭: 2.36m | 전고: 2.1m
기동 가능 거리: 불명
장갑: 10~35mm
엔진: 1 x 37kW (50마력) GAZ-M 4기통 엔진
성능: 최고 속도: 35km/h

sIG 33

sIG 33은 자주 곡사포였다. 최초 버전은 판처 I 차대에 sIG 33 중보병포를 탑재한 뒤 승무원을 보호하기 위한 장갑 방패를 설치했다. 1942년에 판처 II의 차대를 개조하고 장갑 방어력을 높이는 것으로 변경되었다.

제원
제조국: 독일
승무원: 4명
중량: 11,505kg
치수: 전장: 4.835m | 전폭: 2.15m | 전고: 2.4m
기동 가능 거리: 185km
장갑: 6~13mm
무장: 1 x 15cm (5.9in) sIG 33 곡사포
엔진: 1 x 프라하 6기통 가솔린 엔진, 111.9kw(150마력)
성능: 노상 최고 속도: 35km/h | 도섭: .914m | 수직 장애물: .42m | 참호: 1.75m

TIMELINE

1939 1940 1941

M41M90/53

세모벤테 M41M90/53은 대공포로 개발되었으나 지상 목표물에도 활용도가 좋았다. 90mm(3.54in) 모델 39 포를 M14/41의 차대 후방에 장착하고 엔진을 전방으로 재배치했다.

제원
제조국: 이탈리아
승무원: 2명
중량: 17,000kg
치수: 전장: 5.21m | 전폭: 2.2m | 전고: 2.15m
기동 가능 거리: 200km
장갑: 25mm
무장: 1 x 90mm (3.54in) 캐넌포 안살도 모델39
엔진: 1 x SPA 15-TM-41 8기통 가솔린 엔진, 108kW (145마력)
성능: 노상 최고 속도: 35km/h

FLAK 18

일부 궤도를 장착한 운반차에 88mm(3.46in) FLAK 18 포를 탑재해 군대가 이동할 때 대공 방어력을 제공할 수 있게 했다. 방순으로 포수를 보호했고 엔진과 조종수 주위에도 장갑을 댔다.

제원
제조국: 독일
승무원: 9명
중량: 22,000kg
치수: 전장: 7.35m | 전폭: 2.5m | 전고: 2.8m
기동 가능 거리: 260km
무장: 1 x 88mm (3.5in) Flak 18 L/56 대공포
엔진: 1 x 마이바흐 HL85TU KRM
성능: 최고 속도: 50km/h

비숍

비숍은 밸런타인 전차 차대에 25파운드 포를 탑재한 것이나 성공적이지 못했다. 높은데다가 측면이 길고 반듯해서 적군 포수들에게 더할 나위 없이 좋은 표적이 되었기 때문이다. 최초의 영국제 자주포였으며 자주포라는 무기의 잠재력과 앞으로 개발할 때 피해야 할 점을 확인하는 계기가 되었다.

제원
제조국: 영국
승무원: 4명
중량: 7879kg
치수: 전장: 5.64m | 전폭: 2.77m | 전고: 3.05m
기동 가능 거리: 177km
장갑: 8-60mm
무장: 1 x 25 파운드 포
엔진: 1 x AEC 6기통 디젤 엔진, 97.7kW (131마력)
성능: 노상 최고 속도: 24km/h | 도섭: .91m | 수직 장애물: .83m | 참호: 2.28m

1942

바르바로사 급조 기갑 차량

1941년 6월 독일이 엄청난 속도로 진군해 오자 소련은 급해진 나머지 기갑 차량 생산을 두고 타협을 할 수밖에 없었다. 다행히 장갑 트럭 설계가 충분했으므로 다양한 구경의 포를 탑재하도록 개조해 임시로나마 전차 공격용 차량으로 사용할 수 있었다.

ZiS-41 전차 구축차

장갑을 댄 ZiS-22M 하프트랙 트럭에 ZiS-2 57mm(2.4in) 대전차포를 탑재해 실험적인 ZiS-41 전차 공격용 차량을 생산했다. 1941년 11월 시험 운행에 들어갔으나 프로토타입 단계를 벗어나지 못했다.

제원
제조국: 소련
승무원: 1/2명, 추가 포수 4/5명
중량: 2540kg
치수: 전장: 5.33m | 전폭: 2.1m | 전고: 1.97m
기동 가능 거리: 불명
장갑: 없음
무장: 1 x ZiS 57mm (2.2in) 대전차포 | 1 x 7.62mm (.3in) DT 기관총
엔진: 불명
성능: 불명

NI 전차

바르바로사 작전 초반 소련의 패배는 급조한 기갑 전투 차량이 과도하게 늘어나는 결과를 낳았다. NI 전차(Na Ispug: 공포의 전차)는 STZ-5 트랙터 차체를 바탕으로 보일러 판 '장갑'을 대고 1931년형 T-26 전차에서 가져온 기관총 포탑을 설치했다.

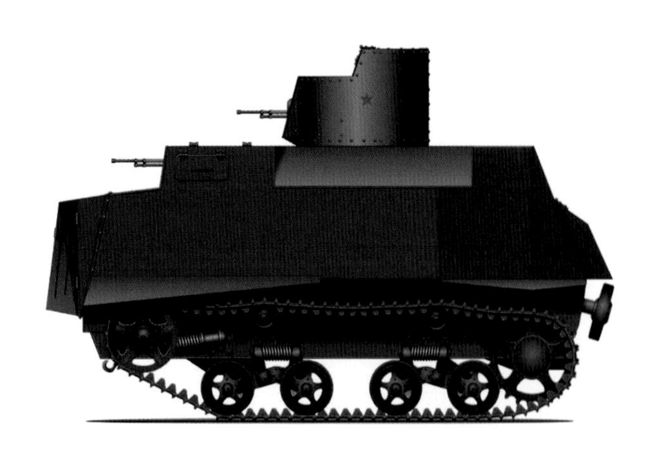

제원
제조국: 소련
승무원: 3명
중량: 불명
치수: 전장: 4.15m | 전폭: 1.86m
장갑: 불명
무장: 2 x 7.62mm (.3in) DT 기관총
엔진: 1 x 39kW (52마력) 4 기통 케로신 엔진
성능: 불명

TIMELINE

1941

임시변통 전차 구축차

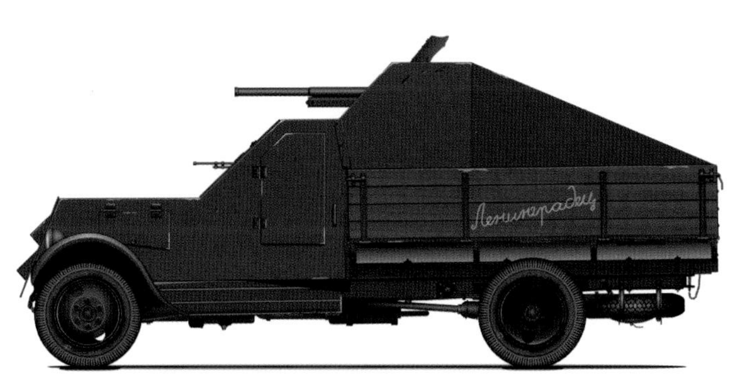

1941년 9월 레닌그라드 공방전이 있은 뒤 도시 내 공장들은 다양한 급조 기갑 전투 차량을 생산하기 시작했다. 여기 소개하는 차량은 ZiS-5 부분 장갑 트럭을 바탕으로 45mm(1.77in) 1937년형 대전차포와 7.62mm(.3in) 기관총을 탑재한 전차 공격 차량이다.

제원
제조국: 소련
승무원: 4/5명
중량: 6100kg
치수: 전장: 6.06m | 전폭: 2.24m | 전고: (추정)2.76m
장갑: 일부
무장: 1 x 45mm (1.77in) 1937년형 대전차포 | 1 x 7.62mm (.3in) DT 기관총
엔진: 1 x 기화기 액랭식 엔진, 2300rmp일 때 54kW (73마력) (1944년부터는 2400rmp일 때 56.7kW (76마력))
성능: 불명

KhTZ 전차 구축차

독일 침공 이후 하리코프 트랙터 회사는 STZ-3의 차체를 바탕으로 약 60대의 KhTZ 전차 구축차를 만들고 45mm(1.77in) 포와 포각 제한이 있는 동축 기관총으로 무장했다.

제원
제조국: 소련
승무원: 2명
중량: 7000kg
치수: 전장: 3.7m | 전폭: 1.86m | 전고: 2.21m
기동 가능 거리: 50km
무장: 1 x 45mm (1.77in) 모델1932 전차포 | 1 x 7.62mm (.3in) DT 동축 기관총
엔진: 1 x 39kW (52마력) 4기통 가솔린 엔진
성능: 최고 속도: 8km/h

ZiS-30 구축전차

1941년 콤소몰레츠 포 견인차 100대를 ZiS-2 57mm(2.24in) 대전차포와 포각 제한 마운트 보호용 방패를 설치해 ZiS-30 구축전차로 개조했다. 이 전차들이 모스크바를 방어할 때 전차 여단의 대전차포대를 구성했다.

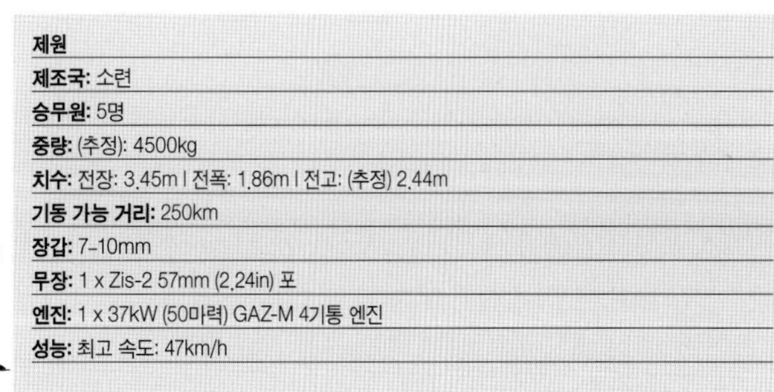

제원
제조국: 소련
승무원: 5명
중량: (추정): 4500kg
치수: 전장: 3.45m | 전폭: 1.86m | 전고: (추정) 2.44m
기동 가능 거리: 250km
장갑: 7–10mm
무장: 1 x Zis-2 57mm (2.24in) 포
엔진: 1 x 37kW (50마력) GAZ-M 4기통 엔진
성능: 최고 속도: 47km/h

자주포

초기 자주포 플랫폼은 다수가 기존의 전차를 개조해 포를 장착한 것이었지만 개조 정도는 저마다 상당히 달랐다. 일부는 서둘러 전장에서의 필요조건을 맞추기 위해 급조한 수준에 지나지 않았지만 일부는 처음부터 세심하게 설계해 사실상 새로운 제품이나 다름없었다.

M7 프리스트

기관총 포탑이 설교단처럼 생겨서 영국인 승무원들에게 '프리스트(사제)'라는 별명이 붙은 M7은 하프트랙 차량에 곡사포를 탑재해 사용했던 미국의 경험을 바탕으로 만들어졌다. 하지만 곡사포가 영국 표준 지급품이 아니었기 때문에 탄약을 따로 공급 받아야 했다.

제원

제조국: 미국
승무원: 5명
중량: 22,500kg
치수: 전장: 6.02m | 전폭: 2.88m | 전고: 2.54m
기동 가능 거리: 201km
장갑: 최대 25.4mm
무장: 1 x 105mm (4.1in) 곡사포 | 1 x 12.7mm (.5in) 기관총
엔진: 1 x 콘티넨털 9기통 레이디얼 피스톤 엔진, 279.6kW (375마력)
성능: 노상 최고 속도: 41.8km/h | 도섭: 1.219m | 수직 장애물: .61m | 참호: 1.91m

섹스턴

램 전차에 영국의 표준 25파운드 포를 탑재할 수 있도록 개조한 섹스턴은 주로 기갑 사단을 지원하는 야전포로 쓰였다. 파생형으로는 특별히 무기 대신 추가 무전 장비를 설치한 지휘 전차가 있었다.

제원

제조국: 캐나다
승무원: 6명
중량: 25,300kg
치수: 전장: 6.12m | 전폭: 2.72m | 전고: 2.44m
기동 가능 거리: 290km
장갑: 최대 32mm
무장: 1 x 25 파운드 곡사포 | 2 x 7.7mm (.303in) 브렌 기관총 | 1 x 12.7mm (.5in) 브라우닝 기관총
엔진: 1 x 9기통 레이디얼 피스톤 엔진, 298.3kW (400마력)
성능: 노상 최고 속도: 40.2km/h | 도섭: 1.01m | 수직 장애물: .61m | 참호: 1.91m

TIMELINE

1941 

1942 

세모벤테 DA 75/18

DA 75는 소련의 T-34에 대항하기 위해 만들어졌으나 동부 전선으로는 배치되지 않았다. 대부분 시칠리아에서 미군과 영국군에 맞서 싸우는 데 쓰였다. 전황이 이탈리아에 나쁘게 흘러갔으므로 전차 공격에 사용할 수 있는 자주포 생산에 무게가 실렸다.

제원
제조국: 이탈리아
승무원: 3명
중량: 14,400kg
치수: 전장: 5.04m | 전폭: 2.23m | 전고: 1.85m
기동 가능 거리: 230km
장갑: 50mm(전면)
무장: 1 x 75mm (2.95in) 포 & 1 x 8mm (.31in) 기관총
엔진: 1 x 108kW (145마력) SPA 15-TM-41 V-8 가솔린 엔진
성능: 노상 최고 속도: 38km/h

베스페

베스페 자주 곡사포는 효과적인 이동식 야전포였다. 주무장은 직접 사격용으로도 사용 가능했으나 보통은 간접 지원 사격을 제공하기 위해 앙각을 높여서 사용했다. 일부 베스페는 전문 탄약 운반 차량으로 생산되기도 했다.

제원
제조국: 독일
승무원: 5명
중량: 11,000kg
치수: 전장: 4.81m | 전폭: 2.28m | 전고: 2.3m
기동 가능 거리: 노상 220km
장갑: 5-30mm
무장: 1 x 105mm (4.1in) LeFH 18m L28 포
엔진: 1 x 104kW (140마력) 마이바흐 HL62TR 직렬 6기통 엔진
성능: 노상 최고 속도: 40km/h

SU-76

SU-76은 기동성 높은 대전차포를 만들기 위해 T-70과 ZIS-3 및 ZIS- 76 포를 조합해서 만들었다. 전쟁 중 임시방편으로 만들어진 탓에 승무원에게는 몹시 불편했으므로 '비치(Bitch)'라는 별명이 붙었다. 1942년 중반에 대전차포를 보병 지원포로 교체했다.

제원
제조국: 소련
승무원: 4명
중량: 10,600kg
치수: 전장: 4.88m | 전폭: 2.73m | 전고: 2.17m
기동 가능 거리: 450km
장갑: 최대 25mm
무장: 1 x 76mm (3in) ZIS-3 포
엔진: 2 x GAZ 6기통 가솔린 엔진, 각각 52.2kW (70마력)
성능: 노상 최고 속도: 45km/h | 도섭: .89m | 수직 장애물: .7m | 참호: 3.12m

1943

중자주포

1943년이 되자 기존 전차 차대를 기반으로 만든 자주포는 공격 임무를 맡기에는 장갑이 너무 빈약했다. 따라서 중자주포가 등장했다. 일부는 선제공격 부대와 함께 전진하며 쏟아지는 방어 사격을 견디도록 설계되었다.

훔멜

훔멜(뒤영벌)은 판처 III와 IV의 차체를 조합하고 경장갑을 댄 오픈형 상부구조를 얹어서 만들었다. 인기 있는 무기로 모든 전장에서 사용되었다. 승무원 다섯 명이 들어가는 공간은 넉넉했고 전차 사단에 뒤처지지 않을 만큼 기동성도 있었다.

제원
제조국: 독일
승무원: 5명
중량: 23,927kg
치수: 전장: 7.17m | 전폭: 2.87m | 전고: 2.81m
기동 가능 거리: 215km
장갑: 최대 150mm
무장: 1 x15cm sIG 33 곡사포 또는 1x 88mm 대전차포
엔진: 1 x 마이바흐 V-12 가솔린 엔진, 197.6kW (265마력)
성능: 노상 최고 속도: 42km/h | 도섭: .99m | 수직 장애물: .6m | 참호: 2.2m

SdKfz 135/1 로렌 슐레퍼

로렌 슐레퍼는 프랑스의 무기 운반차를 독일군이 활용, 자주 중곡사포로 만든 것이다. 열두 대는 105mm(4.1in) leFH 18/40 곡사포를, 94대는 150mm(5.9in) 포를, 한 대는 소련의 122mm (4.8in) 곡사포를 실었다.

제원
제조국: 독일
승무원: 4명
중량: 불명
치수: 전장: 5.31m | 전폭: 1.83m | 전고: 2.23m
기동 가능 거리: 215km
장갑: 최대 12mm
무장: 105mm (4.1in) le FH 18/40 또는 150mm (5.9in) 포 또는 12mm (4.8in) 곡사포
엔진: 52.2kW (70마력) 들라이예 103TT 6기통 가솔린 엔진
성능: 노상 최고 속도:34km/h

TIMELINE

1945 

1943 

M40

M40는 M4 전차 차대를 기반으로 하며 155mm(6.1in) '롱 톰' 포를 사용했다. 후방에 스페이드가 달려 있어서 발포 뒤 반동 흡수에 도움이 되도록 땅을 파고 들어갈 수 있었다. 한국전쟁(1950-1953)에서 가장 크게 활약했다.

제원
제조국: 미국
승무원: 8명
중량: 36,400kg
치수: 전장: 9.04m | 전폭: 3.15m | 전고: 2.84m
기동 가능 거리: 161km
장갑: 최대 12.7mm
무장: 1 x 155mm 포
엔진: 1 x 콘티넨털 9기통 레이디얼 피스톤 엔진, 294.6kW (395마력)
성능: 노상 최고 속도: 38.6km/h | 도섭: 1.067m | 수직 장애물: .61m | 참호: 2.26m

155mm 건 모터 캐리지(GMC) M12

M12는 개조한 M3 리 중형 전차에 1차 세계대전 때 쓰였던 155mm(6.1in) 포를 탑재한 것이다. 대부분 훈련용으로 사용되거나 보관되었지만 74대는 새로 손을 보아 노르망디 상륙작전에 투입했으며 매우 성공적이었다.

제원
제조국: 미국
승무원: 6명
중량: 29,460kg
치수: 전장: 6.73m | 전폭: 2.67m | 전고: 2.69m
기동 가능 거리: 225km
무장: 1 x 155mm (6.1in) M1918M1 포
엔진: 1 x 263kW (353마력) 콘티넨털 R-975 레이디얼 가솔린 엔진
성능: 최고 속도: 39km/h

194mm GPF 포

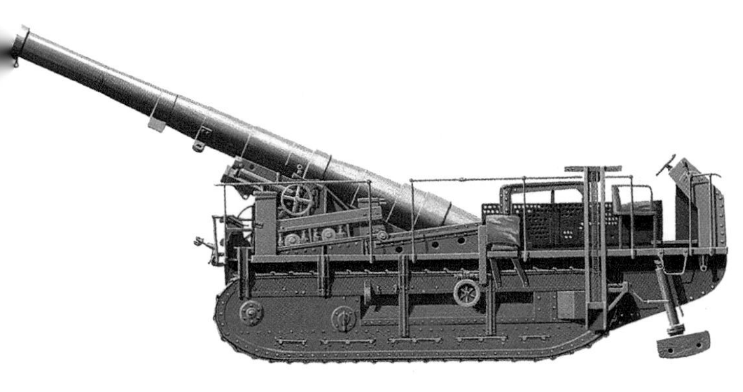

GPF는 'Grand Puissance, Filloux'의 약자로 '막강한 화력을 지닌 포'를 의미한다. 194mm(7.63in) 포는 포탄의 중량, 폭약의 함량, 폭발 범위 등을 고려했을 때 155mm(6.1in) 포보다 포탄의 화력이 두 배 더 높았다. 1940년까지 현역으로 사용되었다.

제원
제조국: 프랑스
구경: 194mm (7.63in)
작전 중량: 15,600kg
포 길이: 42.2 구경: 6.57m
앙각: 0° - 35°
포각: 55°
탄약 종류 및 중량: 고폭탄 | 80.86kg
포구 속력: 640m/sec
최대 사정 거리: 18,300m

1945  

독일의 자주포

독일이 빠른 속도의 새로운 기갑 전투를 선보이자 참전국 대부분이 완전 기계화 사단을 개발하기 시작했다. 그 결과 야전포를 전차 차대에 탑재한 새로운 세대의 기갑 전투 차량이 탄생했다. 이후 자주포는 육군 무기에 중요한 역할을 하게 되었다.

StuG III(3호 돌격포) A형

총신이 짧은 75mm 포(2.95in)가 탑재된 StuG III(3호 돌격포) A형이 1940년 군에 지급되었으며 전체적, 세부적으로 점차 개선을 거친 일련의 차량들이 곧 그 뒤를 이어 지급되었다. 이 중 다수가 전쟁이 끝났을 때 모든 전장에서 현역으로 사용되고 있었다.

제원
제조국: 독일
승무원: 4명
중량: 21,600kg
치수: 전장: 5.38m | 전폭: 2.95m | 전고: 1.95m
기동 가능 거리: 160km
장갑: 16–80 mm
무장: 1x 75mm (2.95in) StuK 40 L/48 포
엔진: 1 x 마이바흐 HL120TR
성능: 최고 속도: 40km/h

StuG III(3호 돌격포) G형

StuG III G형은 이전 모델보다 장갑이 두꺼웠다. 생산 비용이 저렴하고 제조하기가 더 쉽다는 이유로 전차 역할을 대신하게 되었으므로 다행스러운 일이었다. 하지만 기동성이 떨어져서 대전차 무기를 갖춘 보병에게 약했다.

제원
제조국: 독일
승무원: 4명
중량: 24,100kg
치수: 전장: 6.77m | 전폭: 2.95m | 전고: 2.16m
기동 가능 거리: 155km
장갑: 16–80mm
무장: 1 x 75mm (2.95in) Stuk40 L/48 포 | 1 x 7.92mm (.31in) 기관총
엔진: 1 x 마이바흐 HL120TRM 엔진
성능: 노상 최고 속도: 40km/h | 도섭: .8m | 수직 장애물: .6m | 참호: 2.59m

TIMELINE

1940 

1941 

1942  

헤처

판처캄프바겐 38(t)의 차대를 기반으로 한 헤처는 1943년 등장한 경구축전차였다. 작고 방어력이 높으며 기동성이 좋아 최고 중량의 중전차가 아니라면 대부분의 전차를 격파할 수 있어 엄청난 성공작임으로 드러났다.

제원
제조국: 독일
승무원: 4명
중량: 14,500kg
치수: 전장: 6.2m | 전폭: 2.5m | 전고: 2.1m
기동 가능 거리: 250km
장갑: 10-60mm
무장: 1 x 7.5cm Pak 39 포 | 1 x 7.92mm (.31in) MG34 기관총
엔진: 1 x 프라하 AC/2800 가솔린 엔진, 150-160마력 (111.9-119.3kW)
성능: 노상 최고 속도: 39km/h | 도섭: .9m | 수직 장애물: .65m | 참호: 1.3m

야크트판처 IV/70

야크트판처 IV는 판처 IV의 차대에 높이가 낮은 상부 구조를 용접 설치한 구축전차로 매복 전술에 적합했다. 개량형인 야크트판처 IV/70에는 총신 길이가 70cm인 포가 탑재되었다.

제원
제조국: 독일
승무원: 4명
중량: 14,500kg
치수: 전장: 8.5m | 전폭: 3.17m | 전고: 1.85m
기동 가능 거리: 210km
장갑: 10-80mm
무장: 1x 75mm (2.95in) Pak 42 L/70 포
엔진: 마이바흐HL 120 TRM 300마력 (223Kw)
성능: 노상 최고 속도: 35km/h35km/h

슈투름판처 IV(4호 돌격전차) 브룸베어

판처 IV를 바탕으로 만든 브룸베어(회색곰)는 중장갑을 설치한 이동식 곡사포였으나 방어력이 부족했다. 보병에게 기동성 있는 포격 지원을 제공했으며 150mm(5.9in) 곡사포를 탑재했다. 신뢰성이 높아 신형 모델들을 능가했다.

제원
제조국: 독일
승무원: 5명
중량: 28,200kg
치수: 전장: 5.93m | 전폭: 2.88m | 전고: 2.52m
기동 가능 거리: 210km
장갑: 100mm(전면)
무장: 1 x 150mm (5.9in) StuH 43 L/12
엔진: 1 x 액랭식 V-12 마이바흐 HL120TRM 300 PS 220 kW (296마력)
성능: 노상 최고 속도: 40km/h

1943

지원포

2차 세계대전 기간 동안 기갑 편대와 같은 속도를 유지하는 포의 필요성이 대두되면서 자주포가 급증했다. 이런 상황은 개조한 전차에 중화기를 장착한 돌격포의 탄생으로 이어졌다. 돌격포는 보병과 함께 진군하다가 적군과 심각한 교전이 발생하게 되면 강력한 지원 화력을 제공했다.

SdKfz 138/1

특수목적차량(SdKfz) M형은 1943년 4월부터 1944년 9월 사이에 약 282대 생산되었다. 자주포에는 150mm(5.9in) sIG33/2 캐넌포를 탑재하고 포탄 18발을 실었다.

제원
제조국: 독일
승무원: 4명
중량: 12,200kg
치수: 전장: 4.95m I 전폭: 2.15m I 전고 :2.47m
기동 가능 거리: 190km
장갑: 불명
무장: 1 x 150mm (5.9in) sIG33/2 포
엔진: 1 x 프라하 AC 엔진
성능: 최고 속도: 35km/h

15cm sIG33(Sf) (판처 II 차대 이용)

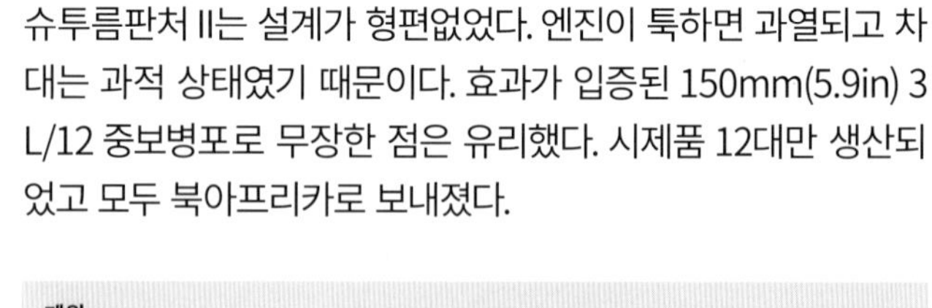

슈투름판처 II는 설계가 형편없었다. 엔진이 툭하면 과열되고 차대는 과적 상태였기 때문이다. 효과가 입증된 150mm(5.9in) 3 L/12 중보병포로 무장한 점은 유리했다. 시제품 12대만 생산되었고 모두 북아프리카로 보내졌다.

제원
제조국: 독일
승무원: 4명
중량: 12,300kg
치수: 전장: 5.41m I 전폭: 2.6m I 전고: 1.9m
기동 가능 거리: 160km
장갑: 5-30mm
무장: 1 x 150mm (6in) 2 L/12 포
엔진: 1 x 마이바흐 HL62TRM 엔진
성능: 최고 속도: 40km/h

TIMELINE

1941   1943  

SU-100 구축전차

SU-100 구축전차는 SU-85의 무장을 강화한 버전으로 개발되었다. 강력한 100mm(3.9in) 포를 탑재해 가장 강력한 독일 전차까지 상대할 수 있었으며 2차 세계대전 이후에도 수년간 현역으로 남았다.

제원
제조국: 소련
승무원: 4명
중량: 31,600kg
치수: 전장: 9.45m | 전폭: 3m | 전고: 2.25m
기동 가능 거리: 320km
장갑: 20–75mm
무장: 1 x 100mm (3.9in) D-10S 주포
엔진: 1 x V-2-34 V12 디젤 엔진, 373kW (500마력)
성능: 최고 속도: 48km/h

1식 호-니 I

1식 호-니는 기존의 97식 전차의 차대와 엔진을 활용한 구축전차로 일본군 기갑 사단 내에서는 자주포로 운용하는 것도 목표로 했다. 1944년 필리핀에서 부족한 활약을 보였다.

제원
제조국: 일본
승무원: 5명
중량: 15,400kg
치수: 전장: 5.9m | 전폭: 2.29m | 전고: 2.39m (차체)
기동 가능 거리: 236km
장갑: 25–51mm
무장: 1 x 75mm (2.95in) 90식 포
엔진: 1 x 미츠비시 공랭식 V12 디젤 엔진, 127kW (170마력)
성능: 최고 속도: 40km/h

슈투름인판테리게슈츠(돌격보병포) 33B

중보병포 sIG33(SF)를 대대적으로 개선한 슈투름인판테리게슈츠(돌격보병포) 33b(StuG33b)는 150mm(5.9in) StuIG L/11 포 1문으로 무장하고 전투실을 완전 밀폐했다. 1941년 12월부터 1942년 10월까지 24대가 생산되었다.

제원
제조국: 독일
승무원: 5명
중량: 23,200kg
치수: 전장: 5.4m | 전폭: 2.9m | 전고: 2.3m
기동 가능 거리: 155km
장갑: 30–80mm
무장: 1 x 150mm (5.9in) StuIG L/11 포
엔진: 1 x 마이바흐 HL120TRM 엔진
성능: 최고 속도: 40km/h

추축군 돌격포

2차 세계대전에서 사용된 자주포에는 뚜렷하게 나뉘는 두 가지 유형이 있다. 하나는 기존 포 근처에서 사용해 간접 사격을 제공하는 유형이고 다른 하나는 근거리 직접 사격을 제공해 기갑 부대에의 근접 지원을 목표로 한 이동식 포였다. 이것이 추축군 측에서 처음 개발한 돌격포가 되었다.

세모벤테 L40 Da 47/32

세모벤테 L40 Da 47/32(32는 총신 길이를 가리킨다)는 최고의 대전차포로 꼽히는 오스트리안 뵐러 47mm(1.85in) 대전차 및 보병 지원 이중 목적 포의 라이센스 생산 버전을 탑재했다.

제원
제조국: 이탈리아
승무원: 3명
중량: 6500kg
치수: 전장: 3.78m | 전폭: 1.92m | 전고: 1.63m
기동 가능 거리: 200km
장갑: 30mm
무장: 1 x 47mm (1.85in) 포 | 1 x 기관총
엔진: 1 x 피아트 18D 4기통 가솔린 엔진, 2500rpm일 때 51kW (70제동마력)
성능: 최고 속도: 42km/h

StuG III(3호 돌격포) F형

StuG III F형은 소련의 KV-1과 T-34 전차를 상대하도록 개발한 것으로 그 효과가 입증되었다. 장갑을 업그레이드 하고 신형 StuK40 L/48 75mm(2.95in) 포를 탑재해 대전차 역량을 향상시켰다.

제원
제조국: 독일
승무원: 4명
중량: 21,800kg
치수: 전장: 6.31m | 전폭: 2.92m | 전고: 2.15m
기동 가능 거리: 140km
장갑: 11–50mm
무장: 1 x 75mm (2.95in) Stuk40 L/48 포 | 1 x 7.92mm (.31in) 기관총
엔진: 1 x 마이바흐 HL120TRM 엔진, 221kW (296마력)
성능: 노상 최고 속도: 40km/h | 도섭: .8m | 수직 장애물: .6m | 참호: 2.59m

TIMELINE

1942   1943 

4식

4식은 97식 중형 전차를 기초로 만든 자주 곡사포였다. 곡사포 자체는 1905년부터 쓰인 것으로 1942년에 사용이 중단되었지만 자주포 버전에서는 계속해서 사용되었다.

제원
제조국: 일본
승무원: 4명 또는 5명
중량: 13,300kg
치수: 전장: 5.537m | 전폭: 2.286m | 전고(방패 상단까지): 1.549m
기동 가능 거리: 250km
장갑: 25mm
무장: 1 x 150mm (5.9in) 38식 곡사포
엔진: 1 x V-12 디젤 엔진, 126.8kW (170마력)
성능: 노상 최고 속도: 38km/h | 도섭: 1m | 수직 장애물: .812m | 참호: 2m

43M 즈리니 II

헝가리는 투란 전차의 차대를 기초로 한 돌격포를 자체적으로 개발했다. 40/43M 즈리니 II는 40M 105mm(4.1in) L/20 곡사포로 무장했다.

제원
제조국: 헝가리
승무원: 4명
중량: 21600kg
치수: 전장: 5.68m | 전폭: 2.99m | 전고: 2.33m
기동 가능 거리: 220km
장갑: 15-75mm
무장: 1 x 105mm (4.1in) MÁVAG 40/43M L/20.5 유탄포 | 2 x 8mm (.31in) 다누비아 34/40 기관총
엔진: 1 x 194kW (260마력) 만프레트 바이스-Z 가솔린 엔진
성능: 최고 속도: 43km/h

Stug IV(4호 돌격포)

전쟁이 계속되면서 3호 돌격포의 L/48 포는 적군 기갑 차량이 갖춘 신형 장갑이나 무기를 상대하기에 역부족이 되었다. 이에 판처 IV의 차대를 기반으로 훨씬 강력한 L/70 75mm(2.95in) 전차포를 탑재한 4호 돌격포가 개발되었다.

제원
제조국: 독일
승무원: 4명
중량: 23,000kg
치수: 전장: 6.7m | 전폭: 2.95m | 전고: 2.2m
기동 가능 거리: 210km
장갑: 10-80mm
무장: 1 x 75mm (2.95in) StuK 40 L/48 포 | 1-2 x 7.92mm (.31in) 기관총
엔진: 1 x 224kW (300마력) 마이바흐 120TRM 가솔린 엔진
성능: 최고 속도: 38km/h

1944  

소련의 돌격포

소련군은 1941년 후반에 엄청난 패배에 시달렸다. 소련의 초기 돌격포는 독일군의 진군을 저지하는데 도움이 될 만한 기갑 전투 차량이 절실하게 필요할 때 생산 지시가 내려졌다. 소련의 경전차는 전투 시 사실상 무용지물이었으므로 이 전차들을 자주포로 개조하는 방안이 결정되었다.

SU-152 중자주포

SU-152는 KV-1S 차대로 중구축전차를 생산하는 프로그램 하에 개발되었다. 쿠르스크 전투에 처음으로 투입되었고 152mm(5.9in) ML-20의 48.7kg 철갑탄은 독일의 최신형 기갑 전투 차량까지 상대할 수 있었다.

제원
제조국: 소련
승무원: 5명
중량: 50,160kg
치수: 전장: 8.95m | 전폭: 3.25m | 전고: 2.45m
기동 가능 거리: 330km
장갑: 20–75mm
무장: 1 x 152mm (5.9in) ML-20S 곡사포
엔진: 1 x 450kW (600마력) 12기통 V-2K 디젤 엔진
성능: 최고 속도: 43 km/h

SU-76i 돌격포

SU-76i는 1943년 SU-76M의 도입을 기다리는 동안 임시 돌격포로 사용되었다. 200대가 조금 넘게 생산되었고 포획한 독일군의 판처 III와 StuG III(3호 돌격포) 차체에 76mm(3in) F-34 또는 ZiS-5 전차포를 설치했다. 포각에 제한이 있었다.

제원
제조국: 소련
승무원: 4명
중량: 23,900kg
치수: 전장: 6.77m | 전폭: 2.95m | 전고: 2.38m
기동 가능 거리: 155km
장갑: 16–35mm
무장: 1 x 76.2mm (3in) ZiS-3 포
엔진: 1 x 223.5 kW (300마력) 12기통 마이바흐 HL120 TRM 가솔린 엔진
성능: 최고 속도: 40km/h

TIMELINE

1942

1943

JSU-122 중자주포

JSU-122는 122mm(4.7in)를 입수하게 되면서 그 기회를 살리기 위해 개발되었다. 주무장과 탄약고를 제외하면 JSU-152와 동일하다. 다양한 포를 장착했는데 그 중 여기 소개하는 122mm(4.7in) A19가 가장 좋은 결과를 보였다.

제원
제조국: 소련
승무원: 5명
중량: 45,500kg
치수: 전장: 9.85m | 전폭: 3.07m | 전고: 2.48m
기동 가능 거리: (도로) 220km, (험지) 80km
장갑: 불명
무장: 1 x 122mm (4.7in) A-19S 포, 추가로 1 x 12.7mm (.5in) DShK 중기관총
엔진: 1 x 447kW (600마력) V-2 디젤 엔진
성능: 최고 속도: 37km/h

JSU-152 중자주포

SU-152는 효과적인 돌격포였으나 1943년 KV 시리즈의 생산이 중단되었으므로 JS-2의 차체에 맞추어 설계를 조정하게 되었다. 그렇게 탄생한 JSU-152는 1944년부터 전장에 투입되었다. 전투실이 커지고 장갑이 두꺼워졌다.

제원
제조국: 소련
승무원: 5명
중량: 46,000kg
치수: 전장: 9.2m | 전폭: 3.07m | 전고: 2.48m
기동 가능 거리: (도로) 220km | (험지) 80km
장갑: 90–120mm
무장: 1 x 152mm (5.9in) ML-20S 곡사포
엔진: 1 x 447kW (600마력) V-2 디젤 엔진
성능: 최고 속도: 37km/h

SU-122 자주포

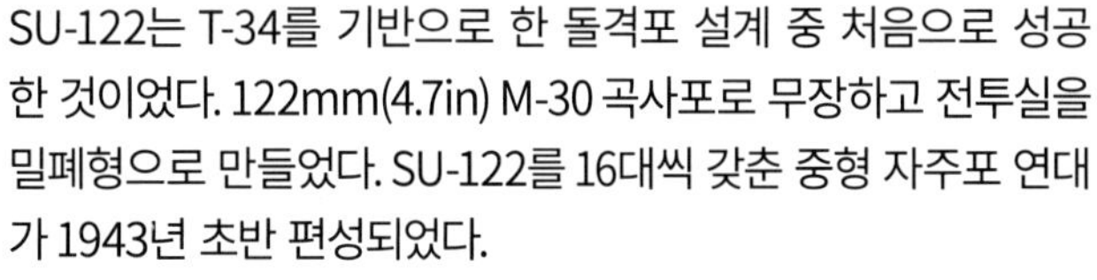

SU-122는 T-34를 기반으로 한 돌격포 설계 중 처음으로 성공한 것이었다. 122mm(4.7in) M-30 곡사포로 무장하고 전투실을 밀폐형으로 만들었다. SU-122를 16대씩 갖춘 중형 자주포 연대가 1943년 초반 편성되었다.

제원
제조국: 소련
승무원: 5명
중량: 39,000kg
치수: 전장: 6.95m | 전폭: 3m | 전고: 2.32m
기동 가능 거리: 300km
장갑: 45mm
무장: 1 x 122mm (4.8in) M30-S 곡사포
엔진: 1 x 373kW (500마력) V-2 디젤 엔진
성능: 최고 속도: 55km/h

1944

독일의 구축전차

구축전차는 속도가 느리고 육중해서 전투 차량으로는 한계가 있었다. 하지만 대구경 포나 그 시기의 전차 차대가 감당할 수 있는 것보다 무거운 포를 탑재할 수 있었다. 독일은 2차 세계대전 최고의 구축전차를 만들어냈고 일부는 오늘날에도 효용이 있을 정도였다.

판처예거(대전차 자주포) I B형

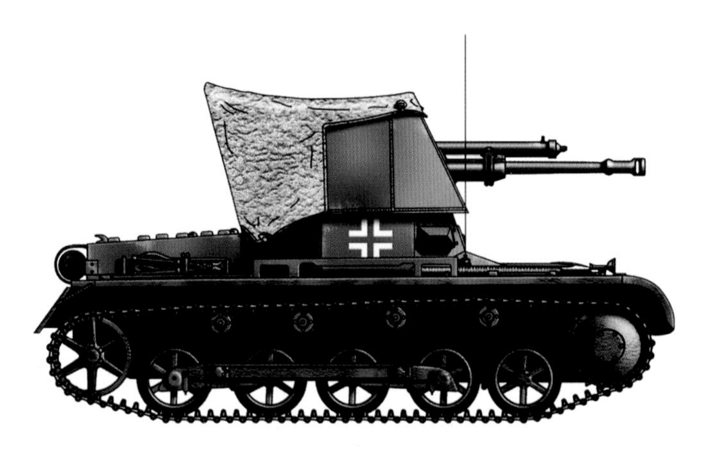

체코제 포로 무장한 판처예거 I은 북아프리카와 소련에서 초기 군사작전에 사용되었다. 대부분의 적군 전차를 파괴하기 충분할 정도로 강력했지만 승무원을 보호할 역량이 부족했다.

제원
제조국: 독일
승무원: 3명
중량: 6400kg
치수: 전고: 4.42m I 전폭: 2.06m I 전고: 2.25m
기동 가능 거리: 140km
장갑: 6–15mm
무장: 1 x 47mm (1.85in) Pak 36 (t) L/43.4 포
엔진: 1 x 마이바흐 NL 38TR 가솔린 엔진, 208kW (155마력)
성능: 최고 속도: 40km/h

마르더 II

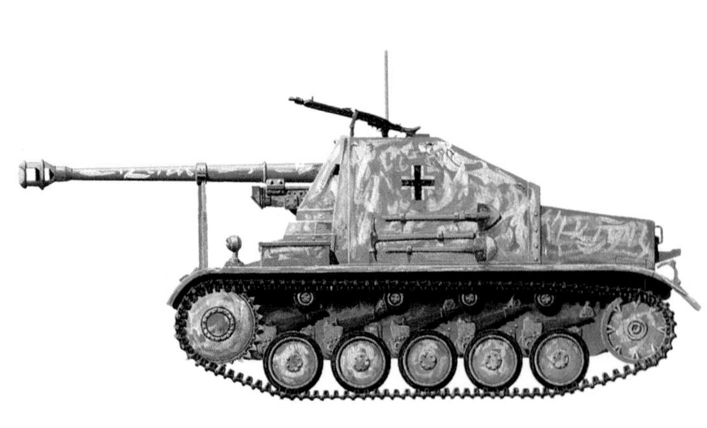

마르더 II는 2차 세계대전에서 가장 광범위하게 사용된 독일의 자주포로 판처 II의 차대에 표준 Pak 40 대전차포를 탑재해 만들었다. 화력과 기동성의 조합이 효과적이었고 모든 전선에서 마르더 II를 볼 수 있었다.

제원
제조국: 독일
승무원: 3명 또는 4명
중량: 11,000kg
치수: 전고: 6.36m I 전폭: 2.28m I 전고: 2.2m
기동 가능 거리: 190km
장갑: 10mm
무장: 1 x 7.5cm Pak 40/2 포 I 1 x 7.92mm MG34 기관총
엔진: 1 x 마이바흐 HL 62 가솔린 엔진, 140마력 (104.4kW)
성능: 노상 최고 속도: 40km/h I 도섭: .9m I 수직 장애물: .42m I 참호: 1.8m

TIMELINE

1941  

1942 

1943 

마르더 III

1942년으로 접어들며 독일군은 강력한 구축전차가 시급히 필요해졌다. 그 결과 시리즈 최고로 손꼽히는 마르더 III가 탄생했다. 75mm(2.95in) PaK(Panzer Abwehr Kanone: 대전차포) 40 혹은 포획한 소련의 76.2mm(3in) F22 야전포로 무장했다.

제원
제조국: 독일
승무원: 4명
중량: 10500kg
치수: 전고: 5.25m | 전폭: 2.15m | 전고: 2.48m
기동 가능 거리: 190km
장갑: 8-15mm
무장: 1 x 75mm (2.95in) Pak 40/3 L/46 포 | 1 x 7.92mm (.31in) MG34 기관총
엔진: 프라하 AC 가솔린 엔진, 112kW(150마력)
성능: 최고 속도: 42km/h

엘레판트

엘레판트는 너무 급하게 개발된 나머지 첫 번째로 투입된 작전에서 다수가 고장 났다. 적절한 장갑을 갖추지 못해 쉬운 표적이 되기도 했다. 또, 기관총이 없어 접근전이 되면 전투력 상실을 막을 방어책이 없었다.

제원
제조국: 독일
승무원: 6명
중량: 65,000kg
치수: 전고: 8.128m | 전폭: 3.378m | 전고: 2.997m
기동 가능 거리: 153km
장갑: 50-200mm
무장: 1 x 8.8cm Pak 43/2 포
엔진: 2 x 마이바흐 HL 120 TRM V-12 가솔린 엔진, 각 530마력 (395.2kW)
성능: 노상 최고 속도: 20.1km/h | 도섭: 1m | 수직 장애물: .8m | 참호: 2.65m

나스호른

나스호른은 판처 IV를 기반으로 하고 88mm(3.46in) Pak 43 포를 장착하도록 개조한 특수 무기 운반 차량이었다. 차체가 높아서 은닉이 어려웠는데, 장갑도 빈약해 문제가 더 커졌다. 하지만 장거리 공격을 할 때는 강력한 무기였다.

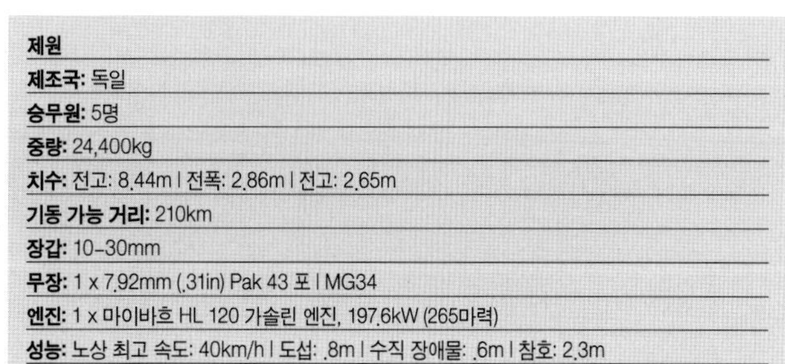

제원
제조국: 독일
승무원: 5명
중량: 24,400kg
치수: 전고: 8.44m | 전폭: 2.86m | 전고: 2.65m
기동 가능 거리: 210km
장갑: 10-30mm
무장: 1 x 7.92mm (.31in) Pak 43 포 | MG34
엔진: 1 x 마이바흐 HL 120 가솔린 엔진, 197.6kW (265마력)
성능: 노상 최고 속도: 40km/h | 도섭: .8m | 수직 장애물: .6m | 참호: 2.3m

연합군 구축전차

전차 설계가 성공적이려면 화력과 방어력, 기동성 사이에서 적절히 타협해야 한다. 하지만 2차 세계대전 동안 구축전차는 더 강력한 포를 싣기 위해 이 요소들 중 하나를 희생한 채 생산되었다. 일단 전차를 상대하는 가장 좋은 방법은 또 다른 전차라는 점을 깨닫게 되자 구축전차는 거의 사라졌다.

M10

M4 셔먼의 전차 차대를 바탕으로 M7포를 사용하는 M10은 접근전을 염두에 두지 않았기 때문에 무장이 가벼웠다. 큰 크기와 전차포의 효력 저하 때문에 효용성이 줄어들었다.

제원

제조국: 미국

승무원: 5명

중량: 29,937kg

치수: 전고: 6.83m | 전폭: 3.05m | 전고: 2.57m

기동 가능 거리: 322km

장갑: 12–37mm

무장: 1 x 76.2mm (3in) M7 포 | 1 x 12.7mm (.5in) 브라우닝 기관총

엔진: 2 x 제너럴 모터스 6기통 디젤 엔진, 각 375마력 (276.6kW)

성능: 노상 최고 속도: 51km/h | 도섭: .91m | 수직 장애물: .46m | 참호: 2.26m

M18 헬캣

M18 헬캣은 2차 세계대전 최고의 미국제 구축전차이다. M10보다 훨씬 작은데도 더 강력한 포를 탑재했고 상당히 빨랐다. 중량 대비 출력이 좋아서 훌륭한 민첩성과 가속력을 얻을 수 있었기 때문이다.

제원

제조국: 미국

승무원: 5명

중량: 17,036kg

치수: 전고: 6.65m | 전폭: 2.87m | 전고: 2.58m

기동 가능 거리: 169km

장갑: 9–25mm

무장: 1 x 76.2mm (3in) M1A1 포 | 1 x 12.7mm (.5in) 기관총

엔진: 1 x 콘티넨털 R-975 C1레이디얼 가솔린 엔진, 253.5kW (340마력)

성능: 노상 최고 속도: 88.5km/h | 도섭: 1.22m | 수직 장애물: .91m | 참호: 1.88m

TIMELINE

1942 

1943 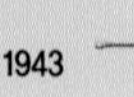

아처

아처는 밸런타인 전차 차대를 개조한 것이다. 높이가 낮아서 매복에 이상적이었고 포를 후방으로 장착해 차체를 돌릴 필요 없이 현장에서 재빨리 도주할 수 있었으므로 반격을 피할 수 있었다.

제원
제조국: 영국
승무원: 4명
중량: 16,257kg
치수: 전고: 6.68m | 전폭: 2.76m | 전고: 2.25m
기동 가능 거리: 225km
장갑: 8–60mm
무장: 1 x 17 파운드 포 | 1 x 7.7mm (.303in) 브렌 기관총
엔진: 1 x 제너럴 모터스 6-71 6기통 디젤 엔진, 143.2kW (192마력)
성능: 노상 최고 속도: 32.2km/h | 도섭: .91m | 수직 장애물: .84m | 참호: 2.36m

SU-85

2차 세계대전 동안 붉은 군대에서 개발한 자주포는 대부분 대전차와 근접 지원 두 가지 임무로 운용하는 것을 목적으로 했다. SU-85(그리고 후속 모델인 SU-100)는 이 규칙에서 벗어나 거의 대전차(전차 구축) 임무로만 한정 배치되었다.

제원
제조국: 소련
승무원: 4명
중량: 29,200kg
치수: 전장: 8.15m | 전폭: 3m | 전고: 2.45m
기동 가능 거리: (도로):400km, (험지) 200km
무장: 1 x 85mm (3.4in) D5-S 포
엔진: 372.5kW (500마력) V-2 디젤 엔진
성능: 속도: 47km/h

M36

M36 구축전차는 M10A1 차체에 새로운 포탑을 설치하고 90mm(3.54in) M3 포를 탑재했으며 대공 마운트로 기관총을 추가한 구성이었다. 포탑은 오픈탑 구조였지만 접이식 장갑 지붕 키트가 있어 포탄 파편을 막을 수 있게 했다.

제원
제조국: 미국
승무원: 5명
중량: 28,123kg
치수: 전장: (포 제외) 6.14m | 전폭: 3.04m | 전고: 2.71m
기동 가능 거리: 240km
장갑: 50mm
무장: 1 x 90mm (3.54in) M3 포 | 1 x 12.7mm (.50in) 기관총
엔진: 1 x 373kW (500마력) 포드 GAA V-8 엔진
성능: 최고 속도: 48km/h

1944 

1945

소련의 로켓탄 발사기

1917년 혁명 이후 소련의 과학자들은 로켓탄이란 발상의 개발에 착수했다. 로켓포는 엄청난 무게의 폭약을 좁은 지역에 투하하는 이상적인 방법이며 어마어마한 파괴력으로 적군의 사기를 저하시키는 효과가 있다고 여겨졌다. 독일군은 소련의 '카추샤(Katyusha)'와 로켓탄이 하강할 때 들리는 날카로운 소리를 두려워하게 되었다.

BM-13

'카추샤'라는 별명으로 알려진 BM-13은 M-13 날개 안정식 로켓탄 16발을 장착한 로켓포로 최대 사거리 8500m까지 발사가 가능했다. 로켓탄은 개별적으로 사용하기에는 정확도가 떨어졌으나 지역 집중 화기로 사용해 무시무시한 고폭탄 일제 투하가 가능했다.

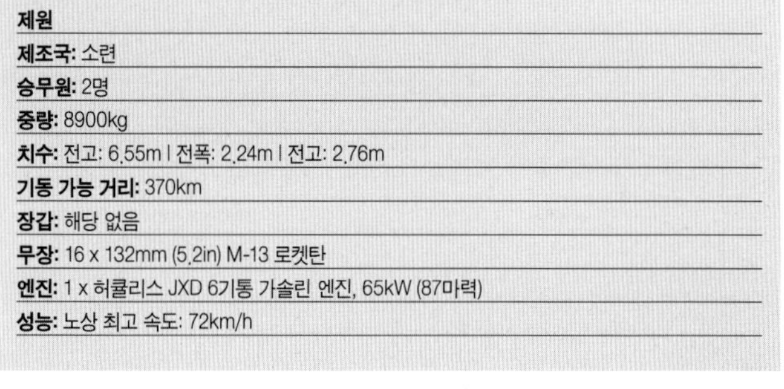

제원
제조국: 소련
승무원: 2명
중량: 8900kg
치수: 전고: 6.55m | 전폭: 2.24m | 전고: 2.76m
기동 가능 거리: 370km
장갑: 해당 없음
무장: 16 x 132mm (5.2in) M-13 로켓탄
엔진: 1 x 허큘리스 JXD 6기통 가솔린 엔진, 65kW (87마력)
성능: 노상 최고 속도: 72km/h

BM-31-12 (ZiS-6 트럭 사용)

1942년, M-8, M-13과 같은 초기 로켓탄의 성능을 향상시킨 M-31 로켓탄이 도입되었다. 그러나 이동식 발사기는 1944년 3월이 되어서야 등장했다. 이 임무에 가장 적합한 차량은 ZiS-6 6x6 혹은 스튜드베이커 6x6 트럭이었다.

제원
제조국: 소련
승무원: 2명
중량: 8900kg
치수: 전고: 6.55m | 전폭: 2.24m | 전고: 3.2m
기동 가능 거리: 350km
장갑: 해당 없음
무장: 1 x M31로켓탄 발사 시스템
엔진: 1 x 6기통 가솔린 엔진, 65kW (87마력)
성능: 노상 최고 속도: 70km/h

TIMELINE

1939

1941

1942

ZIS-6 BM-8-48

ZiS-6는 다양한 버전의 '카추샤' 로켓탄 발사기를 장착하도록 개조된 첫 번째 트럭이었다. 상당수가 무기 대여 트럭으로 교체되기는 했지만 남아 있던 차량은 전쟁이 끝날 때까지 활약했다.

제원
제조국: 소련
승무원: 1명
중량: 4310kg
치수: 전고: 6.06m | 전폭: 2.23m | 전고: 2.16m
장갑: 없음
무장: 48 x 82mm (3.2in) M-8 로켓탄, 최대 사거리 5.9km
엔진: 1 x 54kW (73마력) 6기통 엔진
성능: 최고 속도: 55km/h

BM-13-16 장착 포드/마몬-헤링턴 HH6-COE4 4x4 1.5톤 트럭

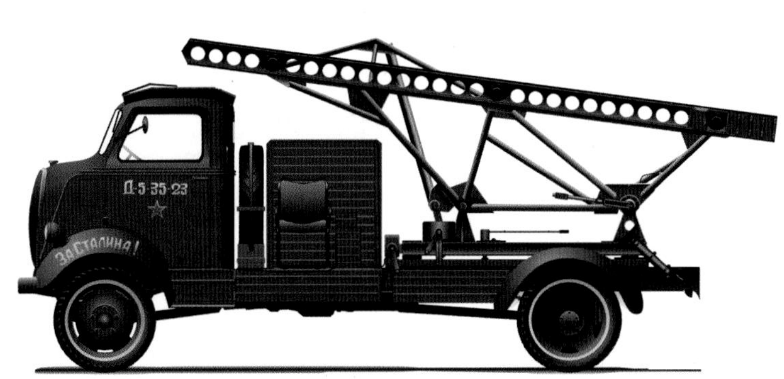

1941년 말부터 1942년까지 무기 대여 협약에 따라 캡 오버 엔진(COE)으로 개조한 포드/마몬 헤링턴 4x4 1.5톤 트럭 약 500대가 소련에 공여되었고 BM-13-16 로켓탄 발사기를 장착하는 용도로 쓰였다. 외국제 차대가 로켓포 장착에 쓰인 첫 번째 사례일 가능성이 높다.

제원
제조국: 소련
승무원: 조종수 1명
중량: 불명
치수: 축간거리: 3.4m | 전폭: 2.13m | 전고: 2.54m
기동 가능 거리: 불명
장갑: 없음
무장: 16 x 132mm (5.2in) M-13 로켓탄
엔진: 1 x 8기통 70.84kW (95마력) 가솔린 엔진
성능: 불명

BM-13-16 장착 인터내셔널 M-5-6-318 ('인터') 21 2톤 6x6 트럭

미 해군 및 해병대에서 사용한 M-5H-6 트럭과 혼동되지 않도록 1941년 이후 M-5-6 6x6 2톤 트럭 약 3500대가 무기 대여 협약에 따라 생산되었고 주로 소련에 공여되었다. 이 트럭은 로켓탄 발사기 플랫폼으로 이상적이었다.

제원
제조국: 소련
승무원: 조종수 1명
중량: 5.1 톤(차량 한정)
치수: 전장: 6.8m | 전폭: 2.22m | 전고: 2.33m
기동 가능 거리: 불명
장갑: 없음
무장: 16 x 132mm (5.2in) M-13 로켓탄
엔진: 6기통 82.77kW (111마력) 엔진
성능: 불명

1944  

카추샤 장착 무기 대여 트럭

1930년대 소련 육군은 전장에서 쓸 로켓포 개발에 매진했다. 전통적인 대포에 비해 정확도는 떨어졌지만 로켓포는 매우 짧은 시간 동안 한 지역에 폭발물을 집중 폭격할 수 있었다. 트럭에 포대를 탑재하면 기동성이 높아지므로 위치를 파악해 반격하기가 어려워진다는 장점도 있었다.

세모벤테 L40 Da 47/32

산악 지형에 대처하기 위해 지프차를 개조해 경량의 82mm (3.2in) 로켓탄용 8레일 발사기를 탑재했다. L40은 1942년 서부 사막에서 영국군 경전차를 상대로 실효성을 입증해 보였다. 그러나 탑승한 승무원들은 여전히 대화기 사격에 취약한 상태였다.

제원
제조국: 이탈리아
승무원: 1명
중량: 1040kg
치수: 전장: 3.33m | 전폭: 1.58m | 전고: 1.83m
기동 가능 거리: 불명
무장: 8 x 82mm (3.2in) M8 로켓탄 (표준 지프 기준)
엔진: 1 x 44.7kW (70마력) 4기통 가솔린 엔진
성능: 최고 속도: 88.5km/h

인터내셔널 K7 ('인터') 2.5톤, 4x2 트럭 - BM-13-16 탑재

구체적인 증거는 거의 없지만 이 트럭이 무기 대여에 의해 한정 수량 공여되었고 일부가 BM-13-16을 탑재하도록 개조되었을 가능성이 상당히 높아 보인다.

제원
제조국: 소련
승무원: 1명
중량: 3048kg (차량 한정)
치수: 전장: 8m | 전폭: 2.21m | 전고: 2.4m
기동 가능 거리: 불명
무장: 16 x 132mm (5.2in) M-13 로켓탄
엔진: 1 x 6기통 75.3kW (101마력) 엔진
성능: 불명

TIMELINE

1941

포드슨 WOT8 30-cwt 4x4 트럭 - BM-13-16 탑재

3톤 WOT6를 바탕으로 개발한 WOT8 트럭은 유일한 영국산 30-cwt 4x4 전시 트럭이었다. 소수가 1942년 무기 대여에 포함되어 러시아에 공여되었으며 일부는 BM-13-16을 탑재하도록 개조되었다.

제원
제조국: 영국/소련
승무원: 1명
중량: 3048kg
치수: 전장: 5.09m | 전폭: 2.28m | 전고: 2.8m
기동 가능 거리: 불명
무장: 16 x 132mm (5.2in) M-13 로켓탄
엔진: 1 x V8 기통 63.38kW (85마력) 가솔린 엔진
성능: 불명

스튜드베이커 US 6x6 U3 21 2톤 – BM-31-12탑재

M-31은 M-30 중로켓의 사거리를 늘인 파생형이었다. 1944년 3월 스튜드베이커 US6 차대에 탑재된 BM-31의 이동식 버전이 군에 지급되었다. 28.9kg 탄두는 부다페스트와 베를린 전투에서 매우 효과적이었다.

제원
제조국: 소련
승무원: 1명
중량: 4539kg
치수: 전장: 6.19m | 전폭: 2.23m | 전고: 2.79m
기동 가능 거리: 불명
무장: 12 x 300mm (11.81in) M-31 로켓탄
엔진: 1 x 6기통 64.8kW (87마력) 가솔린 엔진
성능: 불명

GMC CCKW-352M-13 6x6 21 2톤 트럭 - BM-13-16 탑재

무기 대여로 GMC 트럭 약 6700대가 붉은 군대에 전달되었고 그 중 일부에 BM-13-16이 탑재되었다. 카추샤 미사일은 트럭 뒤에 장착한 단순 철제 레일 시스템으로 발사했으며 수동으로 조준했다.

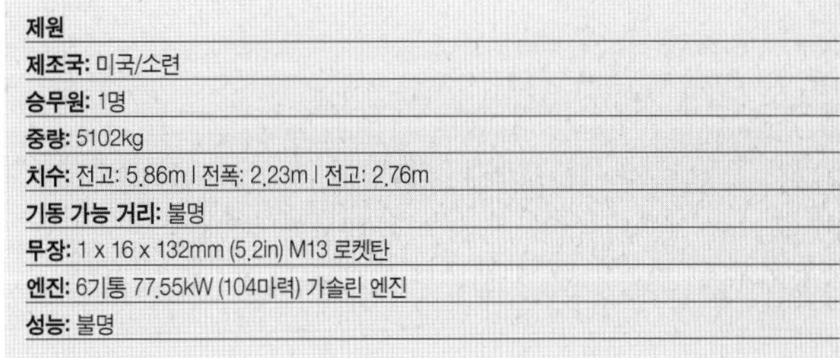

제원
제조국: 미국/소련
승무원: 1명
중량: 5102kg
치수: 전고: 5.86m | 전폭: 2.23m | 전고: 2.76m
기동 가능 거리: 불명
무장: 1 x 16 x 132mm (5.2in) M13 로켓탄
엔진: 6기통 77.55kW (104마력) 가솔린 엔진
성능: 불명

궤도형 로켓탄 발사기

로켓포를 사용한 첫 번째 국가는 소련이었다. 로켓탄 발사기는 목표 지역에 빠르게 파괴적인 중량의 폭약을 투하할 수 있었다. 로켓포 탑재 용도로 트럭이 아닌 궤도형 차량을 개발한 것은 자연스러운 수순이었다. 로켓탄을 일제히 발사한 뒤 빠르게 이동해 대응 포격을 피할 수 있었기 때문이다.

M4A3 칼리오페

M4A3 칼리오페(T-34)는 전장에서 생존 능력이 있는 로켓탄 포격용 무기를 생산하기 위한 초기 시도에 들어간다. 각각 115mm(4.5in) 로켓탄을 장전한 관 60개를 탑재했다. 주포의 앙각을 높이면 로켓탄 발사기도 위로 들어 올려졌다.

제원
제조국: 미국
승무원: 5명
중량: 불명
치수: 전장: 5.9m | 전폭 2.6m | 전고: 2.7m
기동 가능 거리: 160km/h
장갑: 불명
무장: 60 x 115mm (4.5in) 로켓탄 | 1 x 75mm (2.95in) 포
엔진: 2 x 제너럴 모터스 GM 6-71 엔진, 373Kw(500마력)
성능: 최고 속도: 38km/h

부르프그라나테 41

로켓탄은 일단 발포하면 발포 지역의 위치를 드러내는 경향이 있었다. 따라서 1942년 15cm(5.9in) 네벨베르퍼 41를 하프트랙 SdKfz 4/1 마울티어에 탑재해 빠른 도피가 가능하게 했다. 아래 소개하는 제원은 15cm(5.9in) 부르프그라나테 41 로켓탄용이다.

제원
제조국: 독일
중량: 전체 31.8kg | 추진 연료 6.35kg | 충전물 2.5kg
치수: 전장: 979mm | 직경: 158mm
기동 가능 거리: 7055m-
성능: 초기속도 342m/s

TIMELINE

1941

1942

부르프쾨르퍼 M F1 50

부르프쾨르퍼 28cm(11in) 및 32cm(12.5in) 로켓탄은 SdKfz 251에 탑재되는 경우가 많았고, 이 조합은 슈투카 추 푸스(발로 걷는 슈투카) 또는 호일렌데 쿠(울부짖는 암소)로 알려졌다. 아래 제원은 부르프쾨르퍼 M FI 50 로켓탄용이다.

제원
제조국: 독일
중량: 전체 79kg I 추진 연료 6.6kg I 충전물 39.8kg
치수: 전장: 1.289m I 몸체 직경: 320mm
기동 가능 거리: 2028m

T-40 BM-8-24 '카추샤' 다연장로켓탄 발사기

이 차량은 1941년 가을 BM-8-24 '카추샤' 다연장로켓을 탑재하도록 T-40 경전차를 개조한 44대 중 하나이다. '제르진스키' 내무 인민 위원회 제9사단 포병 연대에 배속되었다.

제원
제조국: 소련
승무원: 3명
중량: 5600kg
치수: 전장: 4.43m I 전폭: 2.51m I 전고: 2.12m
기동 가능 거리: 350km
엔진: 1 x 70kW (52마력) GAZ-202 가솔린 엔진
성능: 속도: 45km/h

T-60 BM-8-24 '카추샤' 다연장로켓탄 발사기

T-34의 공급이 개선되면서 전차 대대 소속의 효용이 떨어지는 T-60을 대체하기 시작했다. 이에 남아도는 T-60 차체 다수를 82mm(3.22in) M-8 로켓탄 발사기로 개조했다.

제원
제조국: 소련
승무원: 2명
중량: 5800kg
치수: 전장: 4.1m I 전폭: 2.46m I 전고: 2m
기동 가능 거리: 450km
엔진: 2 x GAZ-202 52+52kW (70+70마력)
무장: 1 x 82mm (3.22in) 로켓탄 발사기
성능: 속도: 45km/h

1943

대공 차량

연합군의 전술 공군력이 전장을 지배해가면서 독일은 육군 전방군을 방어할 능력이 있는 대공 차량을 개발하려 했다. 연합군 역시 유사한 차량을 사용했으나 전쟁이 중반으로 접어들었을 무렵에는 적군의 공습 위협을 전투기 상공 엄호로 대개 무력화할 수 있었다.

플라크판처(대공 전차) 38(t)

플라크판처 38(t)는 체코산 LT-38 궤도형 차량의 차대를 이용해 생산되었다. 저고도 방공을 위해 후미에 장갑을 대고 Flak 38 20mm(.78in) 캐넌포를 탑재했다. 그러나 기동성과 화력이 제한되어 의도한 역할을 하기에는 부적합했다.

제원
제조국: 독일
승무원: 5명
중량: 9800kg
치수: 전장: 4.61m l 전폭: 2.13m l 전고: 2.25m
기동 가능 거리: 210km
장갑: 10-50mm
무장: 1 x Flak 38 20mm (.78in) 캐넌포
엔진: 1 x 프라하 AC 6기통 가솔린 엔진, 110kW (147마력)
성능: 노상 최고 속도: 42km/h

SdKfz 10/4

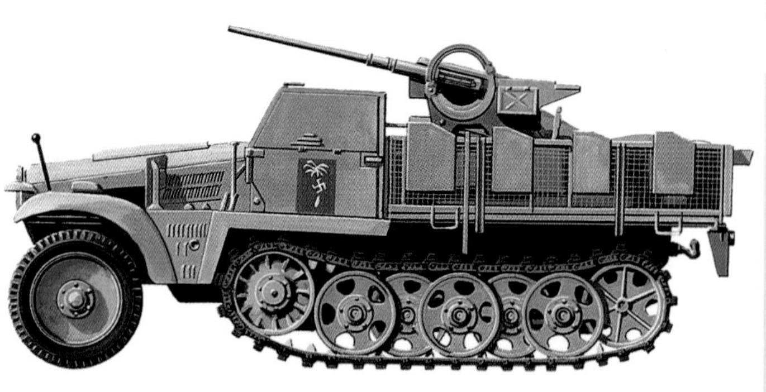

SdKfz 10은 경(輕) 유틸리티/병력 수송 차량이었다. 포 견인차로 37mm(1.46in) PaK 35/36 또는 150mm(5.9in) sIG 33 야전포와 같은 무기를 견인하는 데 사용하기도 했다. 또, 완전 무장한 병사 여덟 명을 수송할 수 있었다.

제원
제조국: 독일
승무원: 7명
중량: 4900kg
치수: 전장: 4.75m l 전폭: 1.93m l 전고: 1.62m
기동 가능 거리: 300km
장갑: (강철) 최대 14.5mm
무장: 1 x 20mm (.78in) Flak 30 또는 Flak 38 캐넌포
엔진: 1 x 마이바흐 HL 42 TRKM 6기통 가솔린 엔진, 75kW (100마력)
성능: 노상 최고 속도: 65km/h

TIMELINE

1937 

1944 

뫼벨바겐

플라크판처(대공 전차) IV 뫼벨바겐은 제작 준비 단계에서 문제가 발생해 1944년에야 공식적으로 승인되었다. 37mm(1.46in) Flak 43 포로 무장했다. 1944년 4월 생산이 시작되어 전쟁이 끝날 때까지 240대가 생산되었다.

제원
제조국: 독일
승무원: 5명
중량: 25,000kg
치수: 전장: 4.61m | 전폭: 2.88m | 전고: 2.7m
기동 가능 거리: 200km
장갑: 60mm
무장: 4 x 20mm (.78in) Flak 38 L/112.5 포(프로토타입) | 1 x 37mm (1.46in) Flak 43 포 (양산형)
엔진: 1 x HL 120 마이바흐 12기통 가솔린 엔진, 200kW (268마력)
성능: 노상 최고 속도: 38km/h | 도섭: 1m | 경사도: 60% | 수직 장애물: .6m | 참호: 2.2m

M19 건 모터 캐리지(GMC)

M19는 연장한 M24 차대를 바탕으로 만들어졌다. 엔진을 조종실 뒤로 옮기고 오픈탑 포탑에 40mm(1.57in) 보포르 포를 쌍으로 설치했다. 40mm(1.57in) 탄약 342발을 적재했다.

제원
제조국: 미국
승무원: 6명
중량: 18,000kg
치수: 전장: 5.81m | 전폭: 2.93m | 전고: 2.96m
기동 가능 거리: 160km
무장: 2 x 40mm (1.57in) 보포르 고사포
엔진: 1 x 163.9kw (220마력) 트윈 캐딜락 44T4 16기통 가솔린 엔진
성능: 최고 속도: 56km/h

비르벨빈트

비르벨빈트는 최전방 독일군 부대의 기동 화력을 향상시키기 위해 만들어졌다. 20mm(.78in) Flak 38 L/112.5 캐넌포 4문을 9면 장갑 포탑에 장착한 다음, 전투 손상을 입은 판처 IV 차대에 올렸다.

제원
제조국: 독일
승무원: 3명
중량: 22,000kg
치수: 전장: 5.92m | 전폭: 2.9m | 전고: 2.7m
기동 가능 거리: 200km
장갑: 60mm
무장: 4 x 20mm Flak 38 L/112.5 캐넌포
엔진: 1 x HL 120 마이바흐 12기통 가솔린 엔진, 268마력 (200kW)
성능: 노상 최고 속도: 38km/h | 도섭: 1m | 경사도: 60% | 수직 장애물: .6m | 참호: 2.2m

경량 궤도형 차량

2차 세계대전 초반, 모든 참전국은 어느 전장에나 전방 부대에 병력과 물자를 전달하고 정찰 임무를 수행할 만큼 빠른 궤도형 경장갑 차량이 필요하다는 사실을 인지했다. 일부 디자인은 전쟁 전에 개발된 탱켓을 연상시켰다.

유니버설 캐리어 마크 I - AT 라이플 장착

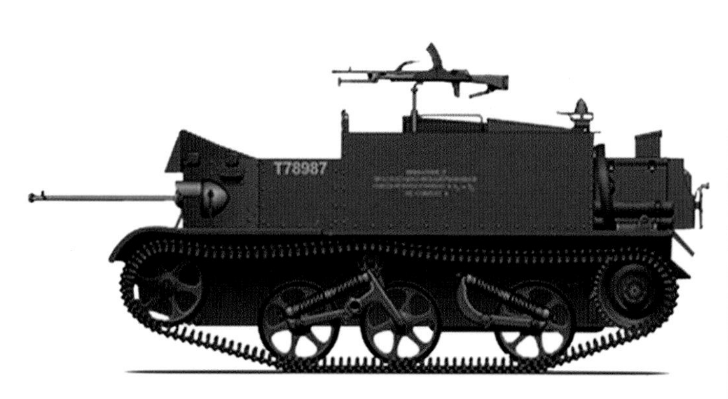

브렌 건 캐리어, 스카우트 캐리어라고도 알려진 유니버설 캐리어는 비커스-암스트롱에서 만든 궤도형 경장갑 차량 전반을 지칭하는 통상적인 이름이었다. 1934년에 생산되어 연합군이 폭넓게 사용했다.

제원

제조국: 영국

승무원: 2/4명

중량: 4060kg

치수: 전장: 3.76m | 전폭: 2.11m | 전고: 1.63m

기동 가능 거리: 258km

장갑: 7–10mm

무장: 1 x 14mm (.55in) 보이즈 대전차 소총 | 1 x 7.7mm (.303in) 브렌 기관총

엔진: 1 x 63.4kW (85마력) 8기통 포드 V8 엔진

성능: 최고 속도: 52km/h

와스프 Mk IIC

와스프는 1940년대 초반 개발된 화염 방사 차량이다. 차체 후미에 연료 탱크 두 개와 질소 압력 실린더를 설치했다. 조종수와 부조종수가 앞쪽에 앉았으며 화염 방사 노즐이 전방의 장갑벽에서 튀어나와 있었다.

제원

제조국: 캐나다/영국

승무원: 3명

중량: 3850kg

치수: 전장: 3.65m | 전폭: 2.03m | 전고: 1.58m

기동 가능 거리: 180km

장갑: 최대 10mm

무장: 1 x 화염방사기 | 1 x 7.7mm (.303in) 기관총

엔진: 1 x 포드 9기통 가솔린 엔진, 44kW (59마력)

성능: 노상 최고 속도: 48km/h

TIMELINE

1934 

1939 

1940  

98식 소-다

98식 소-다는 97식 테-케 탱켓 차대를 바탕으로 만들어졌으나 주포와 기관총을 제거해 중량을 줄였다. 승무원은 2명이었고 추가로 병사 10명을 수송할 수 있었다. 최대 적재량은 1톤이었다.

제원
제조국: 일본
승무원: 승객 2~6명
중량: 5080kg
치수: 전장: 3.8m | 전폭: 1.9m | 전고: 1.6m
기동 가능 거리: 불명
장갑: 12mm
무장: 없음
엔진: 1 x 디젤(가솔린) 65 PS/2300rpm 엔진, 48kW (65마력)
성능: 최고 속도: 40km/h

무니치온슐레퍼(탄약 운반차) -판처 I A형 활용(Sd Kfz 111)

SdKfz 111 탄약 운반차는 판처 I A형을 개조한 차량으로 최전방 기갑 부대에 재보급용으로 사용되었다. 1939년 낡은 판처 I A형 전차 51대를 개조했다.

제원
제조국: 독일
승무원: 2명
중량: 5000kg
치수: 전장: 4.02m | 전폭: 2.06m | 전고: 1.4m
기동 가능 거리: 95km
장갑: 6~13mm
무장: 없음
엔진: 1 x 크루프 M305 엔진, 44kW (59마력)
성능: 최고 속도: 37km/h

M29C 위즐

M28 위즐은 연합군 특공대와 특수 부대 병사들을 위해 개발되었다. 이후 유럽, 태평양, 알래스카에서 가벼운 화물 운반차로 쓰였다. M29C는 완전 수륙 양용 버전으로 눈, 진흙, 연약한 모래 지반 위에서 뛰어난 기동성을 보였다.

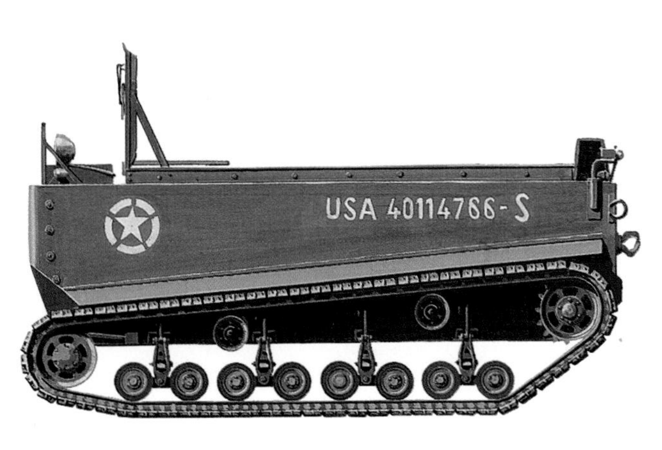

제원
제조국: 미국
승무원: 1명 + 3명
중량: 1800kg
치수: 전장: 4.79m | 전폭: 1.7m | 전고: 1.82m
기동 가능 거리: 280km
장갑: 없음
무장: 없음
엔진: 1 x 스튜드베이커 챔피온 6-170 6기통 가솔린 엔진, 3600rpm일 때 48kW (65마력)
성능: 노상 최고 속도: 58km/h | 수상 최고 속도: 6km/h | 도섭: 수륙 양용

병력 수송차

많은 기갑 전투 차량이 전투 중에 드러난 부족한 점을 해결하기 위해 급조해서 만든 것이었다. 병력 수송 차량 또한 그런 차량이었다. 대부분이 궤도형 차량이었지만 일부는 차륜에 의존했는데 의외로 성공적이었다. 또한 제조비용이 훨씬 저렴하기도 했다.

1식 호-하

1식 호-하는 1941년, 보병 분대를 전투지로 수송하고 적군의 소화기 사격은 물론 포격에도 어느 정도 방어력을 제공할 수 있는 차량이 필요하다는 일본 육군의 요청에 의해 탄생했다.

제원

제조국: 일본

승무원: 3명 + 승객 12명

중량: 6000kg

치수: 전장: 6.1m | 전폭: 2.1m | 전고: 2.51m

기동 가능 거리: 300km

장갑: 8mm

무장: 3 x 7.7mm (.3in) 97식 경기관총

엔진: 히노 디젤 엔진, 100kW (134마력)

성능: 최고 속도: 50km/h

1식 호-키

1식 호-키는 1942년 중장갑 포 견인차인 동시에 병력 수송에도 쓸 수 있는 차량이 필요하다는 일본 육군의 요구에 따라 개발되었다. 몇 대는 필리핀에 배치되었지만 대부분 중국에서 사용되었다.

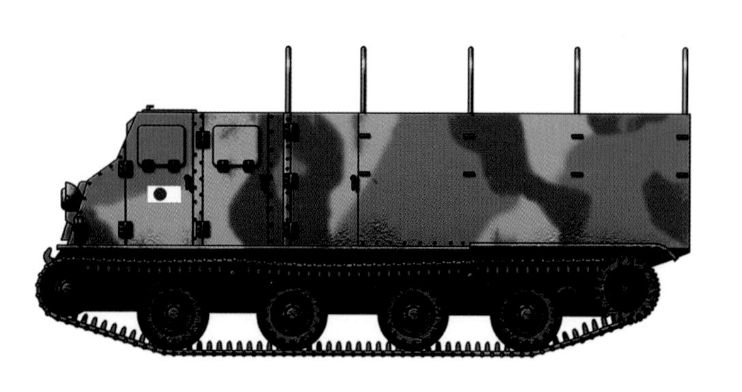

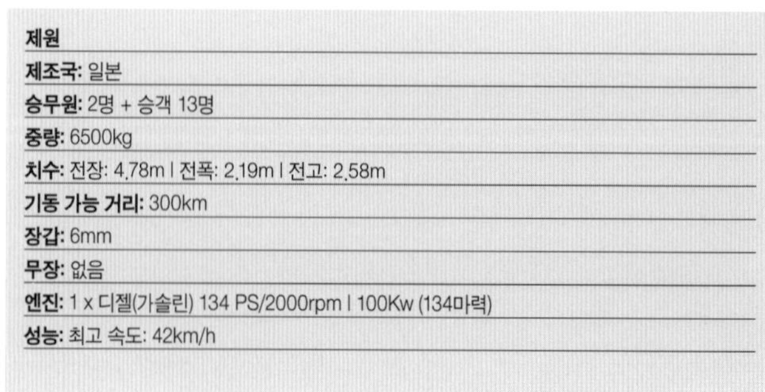

제원

제조국: 일본

승무원: 2명 + 승객 13명

중량: 6500kg

치수: 전장: 4.78m | 전폭: 2.19m | 전고: 2.58m

기동 가능 거리: 300km

장갑: 6mm

무장: 없음

엔진: 1 x 디젤(가솔린) 134 PS/2000rpm | 100Kw (134마력)

성능: 최고 속도: 42km/h

TIMELINE

1941 

1942

1943 

프리스트 캥거루

캥거루 병력 수송 장갑차는 1944년 전쟁터에서 사상자를 줄이기 위해 캐나다군 장교가 고안한 것이었다. 당시 사상자 수가 놀랄 만큼 증가한 것이 원인이었다. 그는 M7 프리스트 자주포 102대를 장갑 병력 수송차량으로 개조하라고 지시했다.

제원
제조국: 캐나다/영국
승무원: 2명 + 20명
중량: 22,970kg
치수: 전장: 6.02m | 전폭: 2.87m | 전고: 2.95m
기동 가능 거리: 193km
장갑: 최대 88mm
무장: 1 x 12.7mm (.5in) 기관총 | 1 x 7.62mm (.3in) 기관총
엔진: 1 x 콘티넨털 R-975 9기통 레이디얼 가솔린 엔진
성능: 노상 최고 속도: 40km/h

램/캥거루

램/캥거루는 기본적으로 캐나다의 램 전차를 병력 수송 장갑차로 개조한 것이었다. 포탑을 제거하고 탄약 거치대를 따라 내부에 벤치를 설치했으며 보병용 표준 WS No.19 무전기를 장착했다.

제원
제조국: 캐나다/영국
승무원: 2명 + 8명
중량: 29,000kg
치수: 전장: 5.79m | 전폭: 2.78m | 전고: 2.47m
기동 가능 거리: 230km
장갑: 최대 88mm
무장: 1 x 7.62mm (.3in) 기관총
엔진: 1 x콘티넨털 R-975 9기통 디젤 엔진, 298kW (399마력)
성능: 노상 최고 속도: 40km/h | 수직 장애물: .6m | 참호: 2.26m

C15TA 장갑 트럭

C15TA는 쉐보레 C15 CMP 트럭 차대를 기반으로 했다. 1944~1945년 영국과 캐나다 군대의 병력 수송 장갑차이자 장갑 구급차로 광범위하게 쓰였으며 1943년부터 1945년 사이 캐나다에서 총 3961대가 생산되었다.

제원
제조국: 캐나다/영국
승무원: 2명 + 승객 8명
중량: 4500kg
치수: 전장: 4.75m | 전폭: 2.34m | 전고: 2.31m
기동 가능 거리: 483km
장갑: 6~14mm
무장: 없음
엔진: 1 x 74kW (100마력) GMC 6기통 가솔린 엔진
성능: 최고 속도: 65km/h

1944  

하프트랙

1930년대로 접어들면서 전차와 보조를 맞출 수 있는 지원 화기의 필요성이 명백해졌다. 그러나 차륜형 차량은 도로에서만 달릴 수 있었고 궤도형 차량은 지나친 낭비로 여겨졌다. 따라서 그 해답으로 하프트랙(반궤도 차량)이 등장했다. 하프트랙은 전쟁터에서 막대한 영향력을 발휘했고 이 차량을 가장 잘 활용한 것은 독일군이었다.

SdKfz 2

SdKfz 2는 경량 무기의 포 견인차로 개발되었다. 그러나 독일군 공수 부대가 대부분 보병 부대로 활동하던 1941년 군에 배치되어 무용지물이 되었다. 원래 목적 대신 험한 지형에서 보급 차량으로 쓰였다.

제원
제조국: 독일
승무원: 3명
중량: 1200kg
치수: 전장: 2.74m | 전폭: 1m | 전고: 1.01m
기동 가능 거리: 100km
장갑: 없음
무장: 없음
엔진: 1 x 오펠 올림피아 38 가솔린 엔진, 26.8kW (36마력)
성능: 노상 최고 속도 80km/h

GAZ-60 화물용 하프트랙

GAZ-60 화물용 하프트랙은 1939-1940년 겨울 전쟁 동안 핀란드에서 사용되었다. GAZ-AAA 트럭과 프랑스제 시트로엥-케그레스 하프트랙 서스펜션을 기반으로 만들어졌으며 1939-40년 사이 붉은 군대에게 약 900대가 보급되었다.

제원
제조국: 소련
승무원: 1명
중량: 3520kg
치수: 전장: 5.34m | 전폭: 2.36m | 전고: 2.1m
기동 가능 거리:
장갑: 없음
무장: 없음
엔진: 1 x 37kW (50마력) GAZ-M 4기통 엔진
성능: 최고 속도: 35km/h

TIMELINE

1939 

1941  

슈베러 베어마흐트슐레퍼

독일국방군 중(重)견인차를 뜻하는 슈베러 베어마흐트슐레퍼는 보병 부대의 종합 보급 및 병력 수송 차량으로 사용하기 위해 만들어졌다. 파생형으로는 로켓탄 발사기, 대공 차량, 장갑 캡을 설치한 최전방 보급 차량이 있다.

제원

제조국: 독일
승무원: 2명
중량: 13,500kg
치수: 전장: 6.68m | 전폭: 2.5m | 전고: 2.83m
기동 가능 거리: 300km
장갑: 8–15mm
무장: 1 x 37m (1.46in) 포 | 1 x 7.92mm (.3in) 기관총
엔진: 1 x 마이바흐 HL 42 6기통 가솔린 엔진, 74.6kW (100마력)
성능: 노상 최고 속도: 27km/h | 도섭: .6m | 수직 장애물: 2m

마울티어

독일군 트럭은 동부 전선에서 운행이 불가능했다. 따라서 제조 비용이 적게 드는 하프트랙이 필요했다. 마울티어는 오펠과 다임러-벤츠의 차대를 판처 II 전차의 궤도 부품에 고정한 것이다. 네벨베르퍼 로켓탄 발사기용 발사 차량으로 사용되었다. (마울티어는 노새를 뜻한다. -옮긴이)

제원

제조국: 독일
승무원: 3명
중량: 7100kg
치수: 전장: 6m | 전폭: 2.2m | 전고: 2.5m
기동 가능 거리: 130km
장갑: 8–10mm
무장: 1 x 15cm (5.9in) 네벨베르퍼(후기 버전) | 1 x 7.92mm (.3in) 기관총
엔진: 1 x 3.6리터 6기통 가솔린 엔진, 68kW (91마력)
성능: 노상 최고 속도: 38km/h | 도섭: .6m | 수직 장애물: 2m | 참호 :1m

M3

M3는 연합군이 대부분 병력 수송 차량으로 사용했다. 구급차, 통신 차량, 포 견인차 역할도 했다. 사실 M3는 연합군의 트레이드마크 비슷한 것이 되었는데, 1944년 6월 노르망디 상륙 이후 특히 더 유명해졌다.

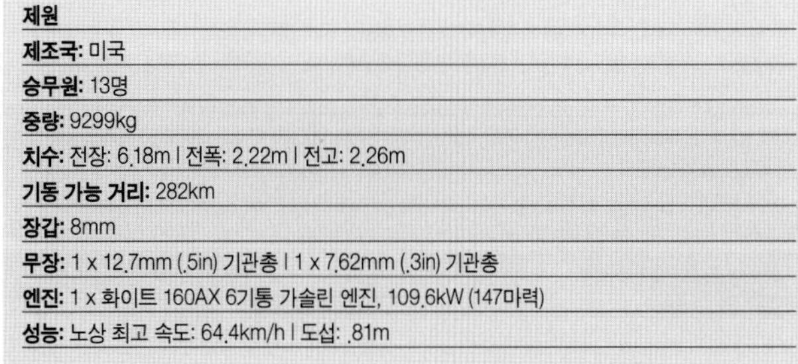

제원

제조국: 미국
승무원: 13명
중량: 9299kg
치수: 전장: 6.18m | 전폭: 2.22m | 전고: 2.26m
기동 가능 거리: 282km
장갑: 8mm
무장: 1 x 12.7mm (.5in) 기관총 | 1 x 7.62mm (.3in) 기관총
엔진: 1 x 화이트 160AX 6기통 가솔린 엔진, 109.6kW (147마력)
성능: 노상 최고 속도: 64.4km/h | 도섭: .81m

1942

미국의 하프트랙 파생형

미국의 하프트랙 개발 역사는 1920년대, 시트로엥-케그레스 하프트랙을 구입하면서 시작되었다. 그리고 많은 시도를 거쳐 1941년 하프트랙 차량 M2가 생산에 들어가게 되었다. 그 후 미국의 하프트랙은 수천 대가 제조되었고 온갖 종류의 파생형이 생산되었다.

M2 하프트랙

이 M2에서는 짐칸의 배열을 어느 정도 살펴볼 수 있다. 이 경우 옆 칸은 탄약 상자로 채워져 있고 외부 선반에는 대전차 지뢰를 실었다. 1942년에서 1943년 사이 여러 번 개량이 이루어졌다.

제원
제조국: 미국
승무원: 2명 + 승객 8명
중량: 8700kg
치수: 전장: 5.96m | 전폭: 1.96m | 전고: 2.3m
기동 가능 거리: 320km
무장: 1 x 12.7mm (.5in) 중기관총
엔진: 1 x 109.5kW (147마력) 화이트 160AX 6기통 가솔린 엔진
성능: 최고 속도: 72km/h

M2A1 하프트랙

M2A1은 우측 앞좌석 위에 장갑을 댄 M49 기관총을 링마운트로 탑재했다. 또, 전장에서는 핀틀 마운트로 7.62mm(.3in) 기관총 2~3정을 장착했다.

제원
제조국: 미국
승무원: 2명 + 승객 8명
중량: 8890kg
치수: 전장: 6.14m | 전폭: 2.22m | 전고: 2.69m
기동 가능 거리: 320km
무장: 1 x 12.7mm (.5in) 중기관총, 추가로 2 x 7.62mm (.3in) 기관총
엔진: 1 x 109.5kW (147마력) 화이트 160AX 6기통 가솔린 엔진
성능: 최고 속도: 72km/h

TIMELINE
1941

1942

M4 81mm 박격포 운반 차량(MMC)

M4는 M2 하프트랙에 M1 81mm(3.19in) 박격포를 탑재한 버전이다. 박격포는 분리 후 발사를 염두에 두었지만 차량 내부에 설치된 상태에서도 후방을 향해 발사가 가능했다.

제원
제조국: 미국
승무원: 6명
중량: 7970kg
치수: 전장: 6.01m l 전폭: 1.96m l 전고: 2.27m
기동 가능 거리: 320km
무장: 1 x 81mm (3.19in) M1 박격포, 추가로 1 x 12.7mm (.5in) 중기관총
엔진: 1 x 109.5kW (147마력) 화이트 160AX 6기통 가솔린 엔진
성능: 최고 속도: 72km/h

M3 하프트랙

가장 널리 쓰인 하프트랙은 병력 수송차이다. M3 하프트랙 병력 수송차는 초기 M2를 이어서 보충되었다. 통신 차량, 포 견인차, 장갑 구급차로도 사용이 가능했다.

제원
제조국: 미국
승무원: 2명 + 승객 11명
중량: 9300kg
치수: 전장: 6.34m l 전폭: 2.22m l 전고: 2.69m
기동 가능 거리: 320km
장갑: 6–12mm
무장: 예시는 무장이 없는 구급차 버전이다
엔진: 1 x 109.5kW (147마력) 화이트 160AX 6기통 가솔린 엔진
성능: 최고 속도: 72km/h

T19

1941년부터 1944년 사이 생산된 T19는 105mm(4.1in) M2A1 곡사포를 탑재했고 고폭탄, 대전차 고폭탄, 연막탄, 조명탄을 발사할 수 있었다. 발사 충격을 견딜 수 있게 차대를 강화한 M3 하프트랙에 포를 탑재했다.

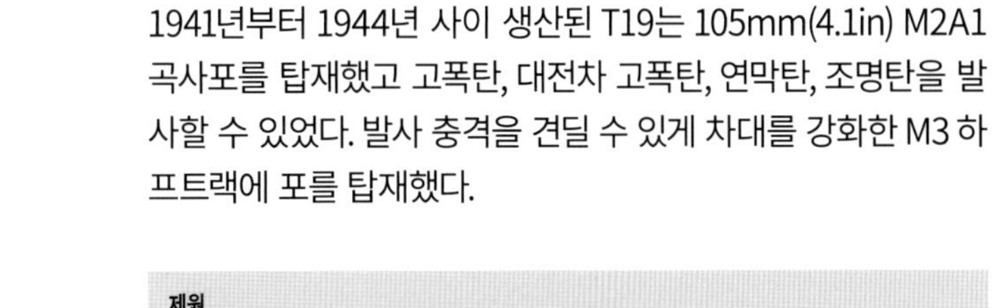

제원
제조국: 미국
승무원: 5 또는 6명
중량: 10,500kg
치수: 전장: 6.18m l 전폭: 2.22m l 전고: 2.55m
기동 가능 거리: 282km
장갑: 최대 13mm
무장: 1 x 105mm (4.13in) M2A1 곡사포
엔진: 1 x 화이트160AX 6기통 디젤 엔진, 95kW (128마력)
성능: 노상 최고 속도: 65km/h l 도섭: .81m

독일군 하프트랙 파생형

1930년대 독일 육군은 새로 만든 기갑 사단의 기동성 높은 부속 차량으로서 하프트랙의 가치를 빠르게 알아차렸다. 다양한 모델을 설계했고 갖은 전장에서 얻은 경험을 바탕으로 점차 개량을 해나갔다. 이런 형태의 전투 차량은 다양한 임무에 쓰였다.

SdKfz 250/9

SdKfz 250/9는 SdKfz 250 기본형에 20mm(.78in) 캐넌포 탑재 포탑을 설치한 파생형이다. 독일국방군이 장갑 정찰 차량으로 특히 동부 전선에서 널리 사용했다. 첫 시제품은 1943년 5월에 만들어졌다.

제원
제조국: 독일
승무원: 3명
중량: 6900kg
치수: 전장: 4.56m | 전폭: 1.95m | 전고: 2.16m
기동 가능 거리: 320km
장갑: 6-14.5mm
무장: 1 x 20mm (.78in) KwK 30/38 L/55 포 | 1 x 7.92mm (.31in) 기관총(동축)
엔진: 1 x 마이바흐 HL42TRKM 6기통 엔진, 74.6kW (100마력)
성능: 노상 최고 속도: 60km/h

SdKfz 250/10

SdKfz 250은 보병 및 기갑 사단과 함께 움직이는 기타 부대에 기동성을 제공했다. 파생형에는 통신 차량, 이동식 관측 차량, 특수 무기 운반 차량이 있으며 대공포나 대전차포를 탑재했다.

제원
제조국: 독일
승무원: 6명
중량: 5380kg
치수: 전장: 4.56m | 전폭: 1.95m | 전고: 1.98m
기동 가능 거리: 299km
장갑: 6-14.5mm
무장: 1 x 37mm (1.46in) Pak 35/36 대전차포
엔진: 1 x 6기통 가솔린 엔진, 74.6kW (100마력)
성능: 노상 최고 속도: 59.5km/h | 도섭: .75m (29.5in) | 수직 장애물: 2m

TIMELINE

1939 

1942 

SdKfz 251/7

SdKfz 251/7은 양쪽 측면에 공격용 브리지 램프(연결 교량)를 실을 수 있게 만든 돌격 공병 차량이었다. 동부 전선에서 유속이 빠른 러시아의 강이 무시무시한 천연장애물이 되었을 때 폭넓게 사용되었다.

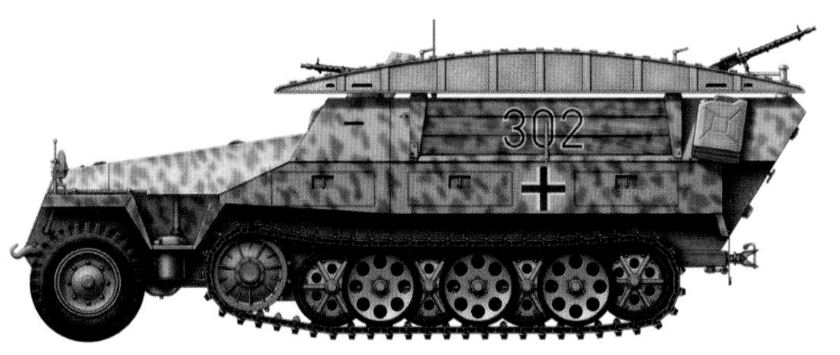

제원

제조국: 독일

승무원: 7 또는 8명

중량: 9400kg

치수: 전장: 5.8m | 전폭: 2.1m | 전고: 2.7m

기동 가능 거리: 300km

장갑: 6-12.5 mm

무장: 1/2 x 7.62mm (.3in) 기관총

엔진: 1 x 마이바흐 HL42TRKM 6기통 엔진, 74.6kW (100마력)

성능: 최고 속도: 50km/h

SdKfz 251/9

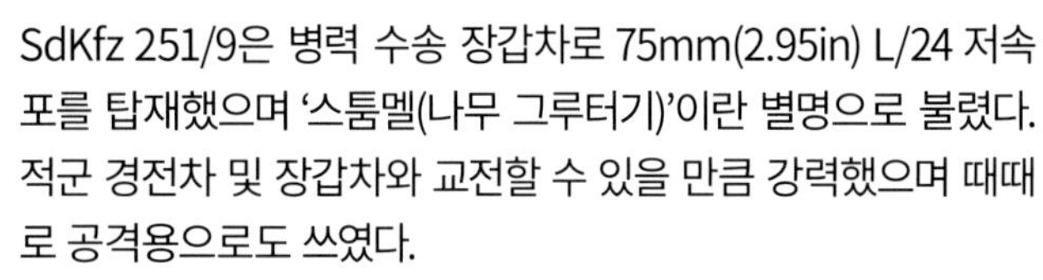

SdKfz 251/9은 병력 수송 장갑차로 75mm(2.95in) L/24 저속포를 탑재했으며 '스툼멜(나무 그루터기)'이란 별명으로 불렸다. 적군 경전차 및 장갑차와 교전할 수 있을 만큼 강력했으며 때때로 공격용으로도 쓰였다.

제원

제조국: 독일

승무원: 3명

중량: 9400kg

치수: 전장: 5.98m | 전폭: 2.83m | 전고: 2.07m

기동 가능 거리: 300km

장갑: 6-12.5mm

무장: 1 x 75mm (2.95in) KwK L/24 포

엔진: 1 x 마이바흐 HL42TUKRM 엔진

성능: 최고 속도: 53km/h

SdKfz 251/22

전차 사단의 판처예거(대전차 자주포) 파견대에 지급된 전차 구축차이다. 1945년 초반 뮌헨베르크 기갑 사단에 합병되었을 때 제20 기갑척탄 사단에 이런 차량이 소속되었을 것이다.

제원

제조국: 독일

승무원: 4명 또는 5명

중량: 8000kg

치수: 전장: 5.98m | 전폭: 2.1m | 전고: 2.25m

기동 가능 거리: 300km

장갑: 6-12.5 mm

무장: 1 x 75mm (.31in) PaK 40 L/46 대전차포 | 1 x 7.92mm (.31in) 기관총 (후방 마운트)

엔진: 1 x 마이바흐 HL42TUKRM 6기통 가솔린 엔진, 74.6kW (100마력)

성능: 최고 속도: 50km/h

1943  1944 

중장갑차

1939년 장갑차는 이미 육군 전체의 정찰 차량에 일부 포함되어 있었다. 장갑차 부대는 때때로 심각한 인명 손상을 입었지만 일반적으로 다른 대부분의 부대에서는 불가능한 계획을 수행할 수 있었다. 장갑차는 점점 더 강력해져서 어느 정도 경전차를 대체하기에 이르렀다.

AEC 마크 III

AEC 마크 III는 영국에서 설계한 가장 강력한 장갑차로 장갑차 연대 소속 중기갑 전대에 배속되었다. 주무장은 크롬웰과 처칠 전차에 장착한 것과 같은 75mm(2.95in) 속사포였다.

제원
제조국: 영국
승무원: 4명
중량: 12,900kg
치수: 전장: 5.61m | 전폭: 2.69m | 전고: 2.69m
기동 가능 거리: 402km
장갑: 16-65mm
무장: 1 x 75mm (2.95in) 속사포 | 1 x 동축 7.92mm (.31in) 베사 기관총
엔진: 1 x 116kW (155마력) AEC 6기통 디젤 엔진
성능: 최고 속도 66km/h

M8

M8은 승무원 다수에게 장갑이 충분하지 않고 특히 지뢰에 취약하다는 인상을 남겼다. 승무원들은 지뢰에서 몸을 지킬 수단으로 전투실 바닥에 샌드백을 깔았다.

제원
제조국: 미국
승무원: 4명
중량: 8120kg
치수: 전장: 5m | 전폭: 2.54m | 전고: 2.25m
기동 가능 거리: 563km
장갑: 최대 19mm
무장: 1 x 37mm (1.46in) M6 포 | 1 x 12.7mm (.5in) AA 중기관총 | 1 x 7.62mm (.3in) 동축 기관총
엔진: 1 x 82kW (110마력) 허큘리스 JXD 6기통 가솔린 엔진
성능: 최고 속도 89km/h

TIMELINE

1939 

1941 

판처슈페바겐 SdKfz 232 (8 Rad)

SdKfz 232(8 Rad)는 기본적으로 SdKfz 231(8 Rad)와 같은 차량이지만 포탑 위에 장거리 안테나를 설치한 점이 다르다. 8x8 배열 덕에 동부 전선의 진흙탕과 북아프리카의 모래사막에서 이동이 가능했다.(*Rad는 독일어로 바퀴를 가리킨다. -옮긴이)

제원
제조국: 독일
승무원: 4명
중량: 9100kg
치수: 전장: 5.58m | 전폭: 2.2m | 전고: 2.9m
기동 가능 거리: 300km
장갑: 15-30mm
무장: 1 x 20mm (.78in) 캐넌포 | 1 x 7.92mm (.31in) 기관총
엔진: 1 x 뷔싱-나크 L8V-Gs 가솔린 엔진, 3000rpm일 때 119kW (160마력)
성능: 노상 최고 속도: 85km/h | 도섭: 1m | 경사도: 30% | 수직 장애물: .5m | 참호: 1.25m

SdKfz 233

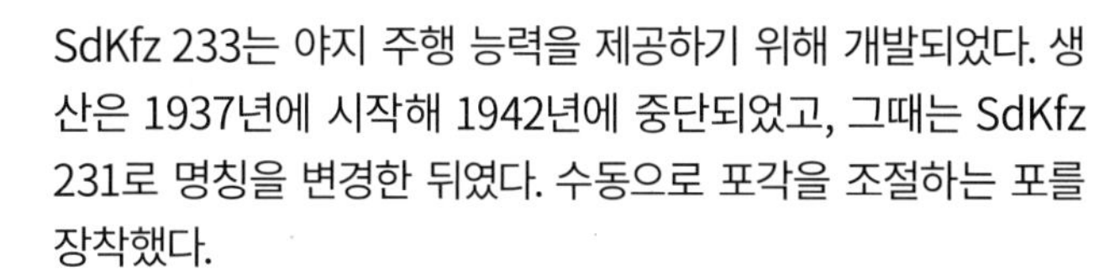

SdKfz 233는 야지 주행 능력을 제공하기 위해 개발되었다. 생산은 1937년에 시작해 1942년에 중단되었고, 그때는 SdKfz 231로 명칭을 변경한 뒤였다. 수동으로 포각을 조절하는 포를 장착했다.

제원
제조국: 독일
승무원: 4명
종류: 장갑차 / 돌격포
승무원: 3명
중량: 8700kg
치수: 전장: 5.85m | 전폭 2.2m | 전고: 2.25m
기동 가능 거리: 300km
장갑: 5-30mm
무장: 1 x 75mm (2.95in) KwK 37 L/24 포 | 1 x 7.92mm (.31in)MG 34 기관총
엔진: 뷔싱-나크 G 8기통, 115Kw (150 마력)
성능: 최고 속도: 85km/h

SdKfz 234

SdKfz 234는 더운 기후에서 운행이 적합하도록 설계한 8x8 장갑차이다. 성능이 뛰어났으며 아마도 2차 세계대전 기간 동안 생산된 비슷한 유형의 차량들 중 최고일 것이다. 234/2 푸마는 레오파르트 경전차를 위해 만든 포탑을 사용했다.

제원
제조국: 독일
승무원: 4명
중량: 11,740kg
치수: 전장: 6.8m | 전폭: 2.33m | 전고: 2.38m
기동 가능 거리: 1000km
장갑: 5-15mm
무장: 1 x 20mm (.78in) KwK 30/50mm KwK 39/1 캐넌포 | 1 x 동축 7.92mm (.3in) 기관총
엔진: 1 x 타트라 모델 103 디젤 엔진, 157kW (210마력)
성능: 노상 최고 속도: 85km/h | 도섭: 1.2m | 수직 장애물: .5m | 참호: 1.35m

1943 1944

영국군 중장갑차

2차 세계대전이 발발했을 무렵에는 장갑차가 살아남기 위해서는 속도와 조종의 용이함에 의존해야 했다. 장갑이 얇고 무장이 있다고 하더라도 빈약했기 때문이었다. 따라서 전투를 견딜 수 있게 더 효과적인 중화기를 탑재하는 방향으로 점차 추세가 바뀌게 되었다.

롤스로이스 1940

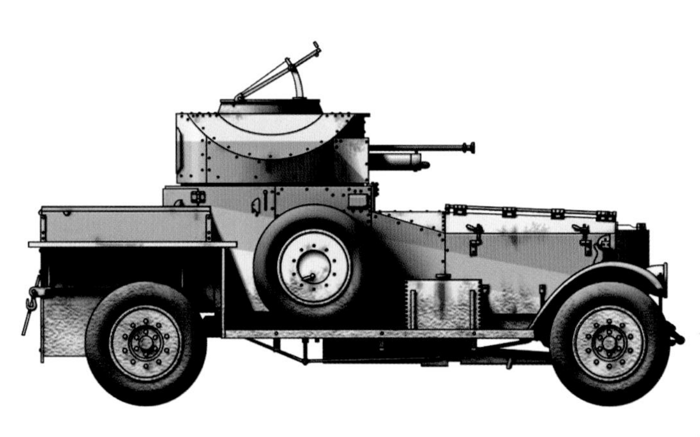

1914년형 롤스로이스 장갑차는 1920년, 1924년에 최신식으로 개조되었다. 그리고 1940년에는 보이즈 대전차 소총과 7.7mm(.303in) 브렌 경기관총, 연막탄 발사기를 탑재한 지붕이 없는 오픈탑 버전으로 개조되어 34대가 이집트에서 사용되었다.

제원

제조국: 영국

승무원: 3명

중량: 4200kg

치수: 전장: 4.93m | 전폭: 1.93m | 전고: 2.54m

기동 가능 거리: 240km

장갑: 최대 9mm

무장: 1 x 14mm (.55in) 보이즈 대전차 소총 | 1 x 7.7mm (.303) 비커스 기관총 & 2 x 7.7mm (.303in) 비커스 K 기관총

엔진: 1 x 6기통 가솔린 60kW (80마력) 엔진

성능: 최고 속도: 72km/h

다임러 Mk I

다임러 장갑차는 테트라크 공수 경전차용으로 설계한 2인용 포탑을 장착했으며 유압 디스크 브레이크를 처음으로 설치한 차량 중 하나로 꼽힌다. 전투 역량에는 한계가 있었지만 정찰 부대에게는 더할 나위 없이 훌륭한 추가 전력이 되었다.

제원

제조국: 영국

승무원: 3명

중량: 7500kg

치수: 전장 3.96m | 전폭: 2.44m | 전고: 2.235m

기동 가능 거리: 330km

장갑: 14.5–30mm

무장: 1 x 40mm (1.57in) 2파운드 포 | 1 x 베사 7.92mm (0.31in) 동축 기관총

엔진: 1 x 다임러 6기통 가솔린 엔진, 71kW (95마력)

성능: 최고 속도: 80.5km/h | 도섭 .6m | 수직 장애물: .533m | 참호: 1.22m

TIMELINE

1924 

1940

1941

험버 Mk I

신뢰성 높은 험버 장갑차는 초기에는 기관총만 장착했었지만 이후 더 강력한 포를 탑재하게 되었다. 파생형으로는 리어 링크 차(Rear Link vehicle)라고 알려진 모조(dummy) 포를 설치한 특수 무전 장치 운반차, 특수 기관총 마운트가 달린 대공 버전이 있다.

제원
제조국: 영국
승무원: 3명 (Mk III는 4명)
중량: 6850kg
치수: 전장: 4.572m | 전폭: 2.184m | 전고: 2.34m
기동 가능 거리: 402km
장갑: 14.5–30mm
무장: 1 x 15mm (.6in) 포 | 1 x 7.92mm (.31in) 베사 기관총
엔진: 1 x 루츠 6기통 수랭식 가솔린 엔진, 77kW(90마력)
성능: 최고 속도: 72km/h | 도섭: .6m | 수직 장애물: .533m | 참호: 1.22m

T17E1 스태그하운드

스태그하운드는 속도가 빠르고 조종이 쉬우며 운용 및 정비가 수월했다. Mk II는 전차용 곡사포를 탑재했고 Mk III는 크루세이더 전차에서 가져온 포탑을 장착했다. 파생형으로는 지뢰 제거 차량 및 지휘 차량이 있다.

제원
제조국: 미국
승무원: 5명
중량: 13,920kg
치수: 전장: 5.486m | 전폭: 2.69m | 전고: 2.36m
기동 가능 거리: 724km
장갑: 8mm
무장: 1 x 37mm (1.46in) 포 | 3 x 7.62mm (.3in) 기관총
엔진: 2 x GMC 6기통 가솔린 엔진, 각 72kW (97마력)
성능: 최고 속도: 89km/h | 도섭: .8m | 수직 장애물: .533m

T18E2 보어하운드

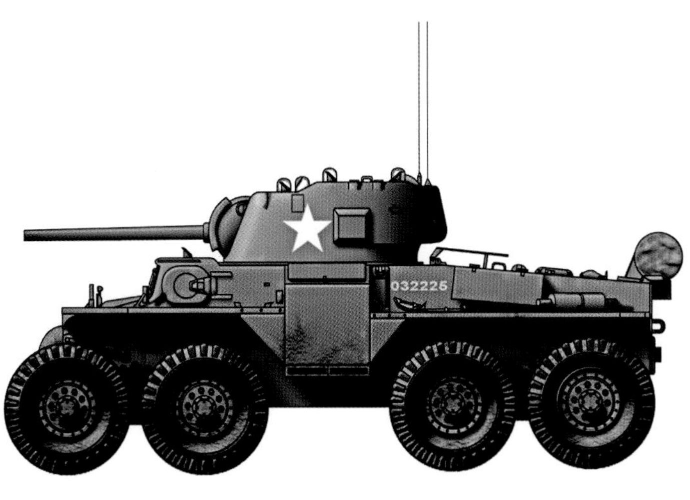

T17 스태그하운드가 미 육군의 중형 장갑차 필요조건을 충족시켰다면 T18 보어하운드는 같은 종류이되 중량이 더 나갔다. 영국 육군이 2500대를 주문했지만 도착한 것은 30대뿐이었고 그나마 참전조차 하지 못했다.

제원
제조국: 미국
승무원: 4명
중량: 26,800kg
치수: 전장: 6.2m | 전폭: 3.1m | 전고: 2.6m
기동 가능 거리: 400km
장갑: 9.5–50.8mm
무장: 1 x 57mm (2.24in) 포 M1 | 2 x 7.62mm (.3cal) M1919A4 기관총
엔진: 2 x GMC 6기통 가솔린 엔진, 93kW (125마력)
성능: 최고 속도: 80km/h

1943  

척후차

1차 세계대전과 2차 세계대전 사이 세계 최고의 군대들은 척후차–가볍게 무장한 경장갑차– 개발에 집착했다. 이 차량들은 빠른 속도로 정찰을 하기 위해 만든 것이었지만 연락기가 이 역할을 맡게 되면서 사실상 쓸모가 없게 되었다.

M3 화이트 척후차

M3 척후차는 1941년부터 1942년 사이에 필리핀에서 사용되었고 북아프리카 작전과 시칠리아 침공 때도 쓰였다. M3A1은 빠른 속도 덕에 지휘 차량으로 인기가 있었다. 여기 소개하는 차량은 제5 근위 전차군의 사령관인 로트미스트로프 장군이 사용한 것이다.

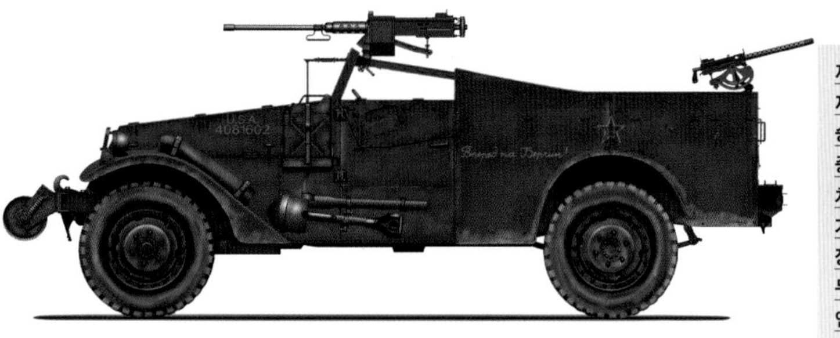

제원
제조국: 미국
승무원: 2 + 6명
중량: 5618kg
치수: 전장: 5.62m | 전폭: 2.03m | 전고: 2m
기동 가능 거리: 400km
장갑: 6–13mm
무장: 1 x 12.7mm (.5in) 브라우닝 중기관총, 1 x 7.62mm (.3in) 브라우닝 기관총
엔진: 1 x 71kW (95마력) 6기통 화이트 허큘리스 JXD 가솔린 엔진
성능: 105 km/h | 기동 가능 거리: 400km

BA-64

BA-64의 장갑판은 경사가 있어서 총탄과 미사일을 막을 수 있었다. 타이어와 조종수의 시야창도 방탄 재질을 사용했다. 또, 오프로드에서 견딜 수 있게 서스펜션을 강화했다. 사륜구동으로 30도의 경사를 올라갈 수 있었다.

제원
제조국: 소련
승무원: 2명
중량: 2360kg
치수: 전장: 3.67m | 전폭: 1.52m | 전고: 1.88m
기동 가능 거리: 560km
장갑: 4–15mm
무장: 1 x 7.62mm (.3in) 기관총
엔진: 1 x GAZ-MM 4기통 가솔린 엔진, 40kW (54마력)
성능: 노상 최고 속도: 80km/h

TIMELINE

1938 

1940 

1941 

다임러 척후차

다임러 척후차는 가장 성공적인 정찰 차량으로 꼽힌다. 눈에 잘 띄지 않고 기동성이 좋아 장갑과 무장의 부족함을 상쇄했다. 이 정도 결점은 전장에서 빠른 속도로 움직이는 차량에는 치명적이라 할 수 없었다.

제원
제조국: 영국
승무원: 2명
중량: 3000kg
치수: 전장: 3.226m | 전폭: 1.715m | 전고: 1.5m
기동 가능 거리: 322km
장갑: 14.5-30mm
무장: 1 x 7.7mm (.303in) 브렌 기관총
엔진: 1 x 다임러 6기통 가솔린 엔진, 41kW (55마력)
성능: 최고 속도: 88.5km/h | 도섭: .6m | 수직 장애물: .533m | 참호: 1.22m

M20 유틸리티 장갑차

M20은 M8 스태그하운드의 파생형으로 포탑을 제거하고 핀틀 마운트 중기관총으로 대체했다. 여기 소개하는 모델은 미국 육군 제3군의 사령관 조지 S. 패튼 장군이 유럽에서 사용한 지휘 차량이다.

제원
제조국: 미국
승무원: 4명
중량: 7000kg(추정)
치수: 전장: 5m | 전폭: 2.54m | 전고: 2m(추정)
기동 가능 거리: 563km
장갑: 최대 19mm
무장: 1 x 12.7mm (.5in) AA 중기관총
엔진: 1 x 82kW (110마력) 허큘리스 JXD 6기통 가솔린 엔진
성능: 최고 속도: 89km/h

SdKfz 261

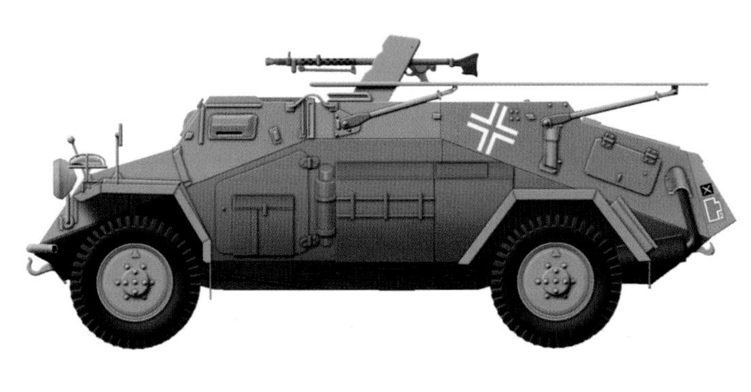

SdKfz 261은 SdKfz 223 경장갑차와 동일하나 포탑만 없는 모델이다. FuG10 무전기가 있어 모스부호는 최대 40km까지, 목소리는 최대 10km까지 신호를 송신할 수 있었다. 두 번째 장비인 FuG Spr은 차량 간 통신에 사용했다.

제원
제조국: 독일
승무원: 4명
중량: 4700kg
치수: 전장: 4.83m | 전폭: 1.99m | 전고: 1.78m
기동 가능 거리: 310km
장갑: 최대 5mm
무장: 없음
엔진: 1 x 호르히 56 (76마력) 또는 67kW (90마력) 엔진
성능: 최고 속도: 85km/h

1944

경(輕)차량

2차 세계대전 동안 군사 목적으로 경차량의 개발에 많은 투자가 이루어졌다. 이 차량들이 전부 참모 차량이나 일반 직무용 차량으로 쓰인 것은 아니었다. 그 유명한 윌리스 지프처럼 다수가 최전방 정찰 차량으로 쓰였고 적의 전선 안쪽으로 기습 작전을 수행하는 용도로도 자주 쓰였다.

VW 퀴벨

퀴벨의 개발은 1936년에 시작되었다. 가볍고 제조가 용이한 것이 설계 주안점이었다. 제조비용이 저렴하고 유지 보수도 간단했으나 샌드 타이어를 장착한 열대지방 버전이 나올 때까지 사막에서는 성능을 기대하기 어려웠다.

제원
제조국: 독일
승무원: 1명
중량: 635kg
치수: 전장: 3.73m l 전폭: 1.6m l 전고: 1.35m
기동 가능 거리: 600km
장갑: 없음
무장: 없음
엔진: 1 x 폭스바겐 14기통 HIAR 998cc 가솔린 엔진, 17.9kW (24마력) / 1943년 3월부터는 1 x 폭스바겐 4기통 1131cc 가솔린 엔진, 18.6kW (25마력)
성능: 노상 최고 속도: 100km/h l 도섭: .4m

험버

험버 헤비 유틸리티 차량은 영국 육군의 일반적인 참모 차량이자 지휘 차량이었다. 1950년대 말까지 현역으로 남으면서 설계의 우수성이 입증되었다. 강철 고정 차체에 좌석 여섯 개와 지도용 접이식 탁자가 있었다.

제원
제조국: 영국
승무원: 1명
중량: 2413kg
치수: 전장: 4.29m l 전폭: 1.88m l 전고: 1.96m
기동 가능 거리: 500km
장갑: 없음
무장: 없음
엔진: 1 x 험버 6기통 1-L-W-F 4.08리터 가소린 엔진, 63.4kW (85마력)
성능: 노상 최고 속도: 75km/h l 도섭 .6m

TIMELINE

1940 1941 1942

GAZ-67B

GAZ-67A는 밴텀 지프의 형태를 기반으로 4x4 배열을 갖추고 소비에트 포드 M1 4기통 가솔린 엔진을 장착했다. GAZ-67B는 GAZ-67A보다 축간 거리가 길다. 두 모델은 1953년까지 생산이 유지되었다.

제원
제조국: 소련
승무원: 4명
중량: 1320kg
치수: 전장: 3.35m | 전폭: 1.69m | 전고: 1.7m
기동 가능 거리: 750km
장갑: 해당 없음
무장: 해당 없음
엔진: 1 x GAZ-M1 4기통 가솔린 엔진, 40kW (54마력)
성능: 노상 최고 속도: 90km/h

헤비 유틸리티 차, 4 x 2 포드 C 11 ADF

포드 C 11 ADF는 이동식 지휘 센터로 운용했다. 승객 다섯을 태울 공간, 강화 범퍼, 내부 소총 거치대, 야전삽, 무전 주파수 혼선 장치, 의료용품 일체를 갖췄다.

제원
제조국: 캐나다
승무원: 1명
중량: 1814kg
치수: 전장: 4.93m | 전폭: 2.01m | 전고: 1.83m
기동 가능 거리: 500km
장갑: 없음
무장: 없음
엔진: 1 x 포드 머큐리 V-8 3.91리터 가솔린 엔진, 70.8kW (95마력)
성능: 노상 최고 속도: 90km/h | 도섭: .4m

윌리스 MB 지프

다재다능한 지프로 매우 성공적인 차량이었으므로 정찰 외에도 다양한 임무에 쓰였다. 여기 소개하는 예시는 핀틀 마운트 12.7mm(.5in) 중기관총으로 무장했다. 포드와 윌리스는 약 65만 대의 지프를 만들었다.

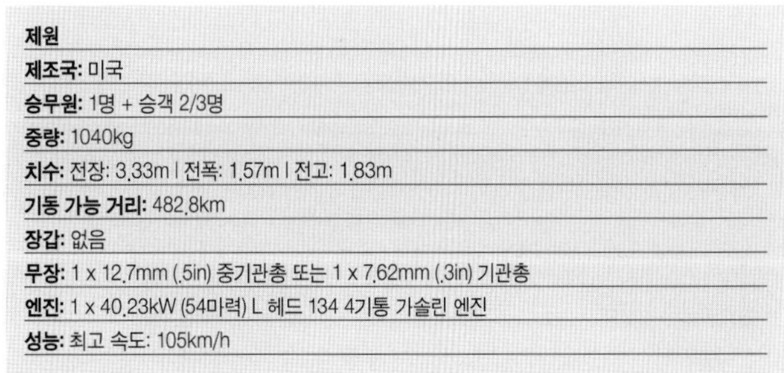
제원
제조국: 미국
승무원: 1명 + 승객 2/3명
중량: 1040kg
치수: 전장: 3.33m | 전폭: 1.57m | 전고: 1.83m
기동 가능 거리: 482.8km
장갑: 없음
무장: 1 x 12.7mm (.5in) 중기관총 또는 1 x 7.62mm (.3in) 기관총
엔진: 1 x 40.23kW (54마력) L 헤드 134 4기통 가솔린 엔진
성능: 최고 속도: 105km/h

1943

영연방 유틸리티 차량

2차 세계대전은 전투의 기계화 역사에서 중요한 자리를 차지한다. 먼저 '군용 차량'의 정의가 무전 트럭이나 지휘 차량 같은 특수 차량까지 포함하도록 확장되었다. 두 번째로 대량 생산 기술 덕에 막대한 수의 차량을 만들 수 있게 되었다. 특히 '유틸리티 차량'은 더욱 그러했다.

오스틴 10

'틸리'라는 별명으로 불리는 오스틴 10 경(輕)유틸리티 트럭은 민간 차량을 특별히 군사 목적으로 개발한 것이다. 캔버스로 덮은 작은 짐칸이 차량 후미에 추가되어 최대 250kg을 싣기에 적합했다. 당직 임무, 비행장 임무, 경량 탄약 운반차로 이상적이었다.

제원
제조국: 영국
승무원: 2명
중량: 1003kg
치수: 전장: 5.33m | 전폭: 2.78m | 전고: 2.17m
기동 가능 거리: 190km
장갑: 없음
무장: 없음
엔진: 1 x 암스트롱 시들리 8기통 가솔린 엔진, 67kW (90마력)
성능: 노상 최고 속도: 35km/h

베드포드 MWD

베드포드 MWD는 상업용 2톤 트럭을 기반으로 하되 지상 간격이 높아지도록 차체를 개조했다. 2파운드 대전차포를 싣도록 만들어졌으며 특대형 공기 필터를 넣을 수 있게 설계한 평평한 전폭 보닛이 있었다.

제원
제조국: 영국
승무원: 1명
중량: 2132kg
치수: 전장: 4.38m | 전폭: 1.99m | 전고: 2.29m(GS 포장 포함) & 1.93m(GS 포장 제외)
기동 가능 거리: 430km
장갑: 없음
무장: 없음
엔진: 1 x 베드포드 6기통 OHV 3.5l 가솔린 엔진, 53.7kW (72마력)
성능: 노상 최고 속도: 95km/h | 도섭: .7m

TIMELINE

1937

1939

모리스 C8

쿼드라는 이름으로 알려진 모리스 C8 포 견인차는 18파운드나 25파운드 포를 견인하는 용도로 쓰였으며 윈치를 장비해 최대 4000kg의 무게를 들어 올릴 수 있었다. 내부에는 포수를 위한 공간이 있었다. 견고한 차량으로 야지 기동성이 좋았다.

제원
제조국: 영국
승무원: 1명
중량: 3402kg
치수: 전장: 4.49m l 전폭: 2.21m l 전고:2.26m
기동 가능 거리: 480km
장갑: 없음
무장: 없음
엔진: 1 x 모리스 4기통 3.5l 가솔린 엔진, 52.2kW (70마력)
성능: 노상 최고 속도: 80km/h l 도섭 .4m

험버 스나이프

험버 스나이프는 스나이프 세단을 기반으로 한다. 범퍼를 강화하고 짐칸을 추가했으며 방수포 커버로 운전사와 승객을 보호했다. 다용도 버전에는 뒤쪽에 병사 수송용이나 들것용 좌석이 있었다.

제원
제조국: 영국
승무원: 4명 또는 5명
중량: 2170kg
치수: 전장: 4.29m l 전폭: 1.88m l 전고: 1.89m
기동 가능 거리: 500km
장갑: 없음
무장: 없음
엔진: 1 x 험버 6기통 가솔린 엔진, 64kW (86마력)
성능: 노상 최고 속도: 75km/h

쉐보레 WA

쉐보레 WA는 나무나 철제 차체 둘 중 하나로 생산되었고 구급차부터 이동식 포 운반차까지 수많은 임무에 사용되었다. 또한 다수가 북아프리카 장거리 사막 정찰대 같은 특수부대에서 사용할 수 있게 개조되었다.

제원
제조국: 캐나다
승무원: 1명
중량: 3048kg
치수: 전장: 6.579m l 전폭: 2.49m l 전고: 3m
기동 가능 거리: 274km
장갑: 없음
무장: 2 x 기관총, 여러 구경
엔진: 1 x 포드 V-8 가솔린 엔진, 71kW (95마력)
성능: 노상 최고 속도: 80km/h l 도섭: .5m

1941  

대공 트럭

대공 트럭은 소련에서 가장 많이 사용했다. 많은 병사와 기갑 편대가 대규모로 이동하는 소련에서는 대공 전용 차량만 사용해서는 효과적인 대공 방어 범위를 제공하기가 불가능했기 때문이었다. 대부분 러시아제이지만 무기 대여로 공여된 트럭 역시 개조해서 썼다.

크루프 Kfz 81

Kfz 81, 별칭 크루프 박서는 포 견인차로 가장 빈번하게 사용되었다. (20mm(.78in) 대전차포의 주요 운반차였다.) 올라운드 독립식 서스펜션이 있어서 적당한 야지 기동성을 얻었다.

제원
제조국: 독일
승무원: 1명
중량: 2600kg
치수: 전장: 4.95m | 전폭: 1.95m | 전고: 2.3m
기동 가능 거리: 300km
장갑: 없음
무장: 없음 (그림은 MG34)
엔진: 1 x 크루프 M304 4기통 엔진, 38.8kW (52마력)
성능: 노상 최고 속도: 70km/h | 도섭: .4m

닷지 WF-32 4x2 1.5톤 트럭 (맥심 4M AA 기관총 탑재)

1942/43년에 약 9500대가 소련으로 보내졌다. 독일군 공격으로 수송 도중 발생한 무기 대여 손실분을 대체하기 위한 것이었다. 다른 무기 대여 트럭 다수와 마찬가지로 일부는 대공 부대에 지급되었다.

제원
제조국: 미국
승무원: 1 운전수 + 3 기관총 사수
중량: 불명
치수: 전장(축간 거리): 4.064m | 전폭: 불명 | 전고: 불명
기동 가능 거리: 불명
장갑: 없음
무장: 4 x 7.62mm (.3in) 맥심 대공 기관총
엔진: 1 x 6기통 73.82kW (99마력) 가솔린 엔진
성능: 최고 속도: 70km/h

TIMELINE

1941 

ZiS-5V 4x2 3톤 트럭

많은 기타 소련 트럭처럼 ZiS-5 역시 독일 침공 이후 곧 생산을 단순화할 수 있게 개조되었다. 트럭 캡을 나무로 만든 것이 가장 눈에 띄는 변화였다. 대공포 포대 역할을 하는 차량은 12.7mm(.5in) DShK 중기관총을 탑재했다.

제원
제조국: 소련
승무원: 1명
중량: 3100kg
치수: 전장: 6.1m | 전폭: 2.25m | 전고: 2.16m
기동 가능 거리: 불명
장갑: 없음
무장: 1 x 12.7mm (.5in) DshK 중기관총
엔진: 1 x 54/57kW (73/76마력) ZIS-5/ZIS-5M 엔진
성능: 최고 속도: 60km/h

닷지 WC52 4x4 0.75톤 무기 운반차 - 12.7mm(.5in) 중기관총

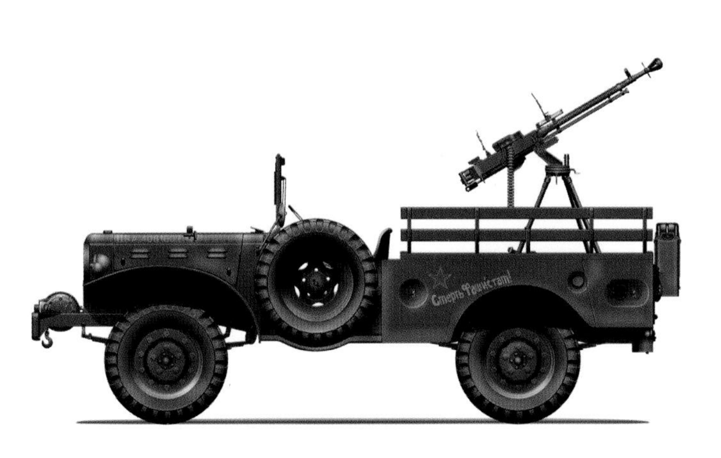

1943년 소련은 이 차량을 약 25,000대 받았고 주로 포 견인차나 병력 수송 차량으로 사용했다. 일부는 대공 사격용으로 쓰고 판처파우스트의 매복에 맞서 기갑 전투 차량을 보호하기 위해 DShK 12.7mm(.5in) 중기관총으로 무장했다.

제원
제조국: 미국
승무원: 운전수 1명 + 포수 2/3명
중량: 2690kg
치수: 전장: 2.69m | 전폭: 2.1m | 전고: 1.7m
기동 가능 거리: 불명
장갑: 없음
무장: 1 x DShK 12.7mm (.5in) 중기관총
엔진: 1 x 6기통 68.6kW (92마력) 가솔린 엔진
성능: 불명

GAZ-MM 4x2 1.5톤 트럭 1943년형 - 25mm(1in) 72-K

GAZ-MM(72-K 1940년형 대공포 탑재)은 동부 전선에서 가장 널리 쓰이고 가장 다재다능했던 트럭이었다. 대공포(예시의 경우에는 25mm(1in) 72-K 1940년형 대공포)를 탑재하기에 훌륭한 플랫폼이었다.

제원
제조국: 소련
승무원: 운전수 1명, 포수 4명
중량: 3410kg
치수: 전장(차체): 5.35m | 전폭: 2.04m | 전고: 1.97m
기동 가능 거리: (기본 GAZ-MM) 215km
장갑: 없음
무장: 1 x 25mm (1in) 72-K 1940년형 AA 대공포
엔진: 1 x 37kW (50마력) Gaz-MM 4기통 엔진
성능: 최고 속도: 70km/h

1942

트럭

2차 세계대전 기간 동안 트럭은 더 쓸모가 많고 더 신뢰할 만한 차량이 되었으며 대량 생산 기술이 발전된 덕에 충분한 수량이 생산되었다. 덕분에 보병 대대나 장갑 부대에서 기본적으로 트럭을 갖추게 되었다. 동부 전선에서는 그때까지도 말이 쓰이고 있었지만 말이 이동 수단이었던 시대는 끝났다.

피아트/스파

이탈리아 육군에서 사용한 트럭은 대부분 피아트에서 생산했다. Dovunque(도분퀘)라고 불렀는데 이는 이탈리아어로 '어디든 간다'는 뜻이고 야지 기동성도 적당했다. 대부분 수동으로 크랭크를 돌려 시동을 걸어야 한다는 점은 효과적인 성능과 상반되었다.

제원
제조국: 이탈리아
승무원: 1명
중량: 1615kg
치수: 전장: 3.8m | 전폭: 1.3m | 전고: 2.15m
기동 가능 거리: 250km
장갑: 없음
무장: 없음
엔진: 1 x OM 아우토카레타 32 4기통 가솔린 엔진, 15.7kW (21마력)
성능: 노상 최고 속도: 63km/h | 도섭: .5m

베드포드 QLD

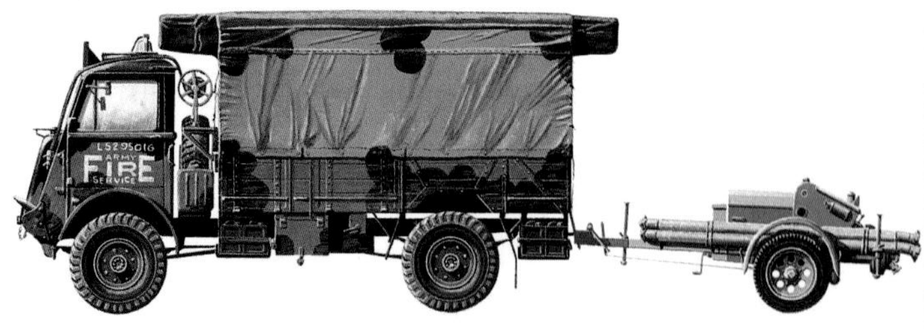

베드포드 QLD는 다양한 파생형이 생산되었다. QLT 병력 수송차에는 병사 29명과 '드루퍼(Drooper)'라고 부르는 키트를 수송할 공간이 있었다. QLR 무전 트럭, 6파운드 대전차포를 싣도록 개조한 버전, 소방차 등도 있었다.

제원
제조국: 영국
승무원: 1명
중량: 12,727kg
치수: 전장: 5.99m | 전폭: 2.26m | 전고: 3m
기동 가능 거리: 370km
장갑: 없음
무장: 없음
엔진: 1 x 베드포드 6기통 가솔린 엔진, 53.7kW (72마력)
성능: 노상 최고 속도: 61km/h | 도섭: .4m

TIMELINE

1940 

1941 

쉐보레 C60L

쉐보레 C60L은 3톤 4 x 4 배열로 신뢰성이 매우 높고 견고했는데, 디자인이 단순해서 생산 속도도 빨랐다. 연료 탱크 트럭, 구급차, 구난 차량을 포함해 다양한 모델이 생산되었다.

제원
제조국: 캐나다
승무원: 1명
중량: 2100kg
치수: 전장: 6.2m | 전폭: 2.29m | 전고: 3.05m
기동 가능 거리: 270km
장갑: 없음
무장: 없음
엔진: 1 x 포드 V-8 가솔린 엔진, 71kW (95마력)
성능: 노상 최고 속도: 80km/h | 도섭: .5m

오펠 블리츠

오펠 블리츠는 독일군의 차량 표준화 계획에 의한 결과물이었다. 블리츠는 철제 캡과 목제 차체로 만들어졌으며 야전 구급차부터 이동식 작업장, 지휘 차량까지 다양한 역할로 사용되었다.

제원
제조국: 독일
승무원: 1명
중량: 3290kg
치수: 전장: 6.02m | 전폭: 2.265m | 전고: 2.175m
기동 가능 거리: 410km
장갑: 없음
무장: 없음
엔진: 1 x 오펠 6기통 가솔린 엔진, 54.8kW (73.5마력)
성능: 노상 최고 속도: 80km/h | 도섭: .5m

베드포드 3톤

베드포드 3톤 트럭은 대량 생산된 화물 트럭 중 가장 큰 종류에 들어가며 일반 화물 운송 임무에 사용되었다. 또 분리 가능한 상부 구조를 이용해 연료 탱크(왼쪽 예시)와 물탱크 트럭으로 전환이 가능했다.

제원
제조국: 영국
승무원: 1명
중량: 7490kg
치수: 전장: 6.7m | 전폭: 2.3m | 전고: 3m
기동 가능 거리: 300km
장갑: 없음
무장: 없음
엔진: 1 x 오스틴 6기통 가솔린 엔진, 54kW (72마력)
성능: 노상 최고 속도: 80km/h | 도섭: .6m

닷지 트럭

미국이 참전에 들어갔을 시기에는 닷지 컴퍼니가 군용 및 민간 트럭 제조업체로 자리를 잘 잡은 상태였다. 서둘러 개조한 VC 시리즈부터 시작해 유명한 WC 시리즈로 발전을 이어나가며 닷지는 좋은 평판을 얻었고 2차 세계대전 이후 훌륭한 생산 기반을 보유하게 되었다.

닷지 WC51 무기 운반차

닷지 WC51 무기 운반차는 1942~1945년 사이에 생산된 3/4톤 경트럭군의 일종이다. 픽업, 패널, 캐리올, 구급차, 지휘용 차체를 갖춘 차량이 있었다.

제원
제조국: 미국
승무원: 1명
중량: 3300kg
치수: 전장: 4.47m | 전폭: 2.1m | 전고: 2.15m
기동 가능 거리: 384km
장갑: 없음
무장: 없음
엔진: 1 x 68.54kW (92마력) 닷지 T214 6기통 가솔린 엔진
성능: 최고 속도: 89km/h

닷지 WC53

정찰과 부대 간 연락에 사용된 닷지 T214 WC53 지휘 및 정찰 차량은 모든 지형에 대응이 가능했다. 6기통 가솔린 엔진은 정비 부족과 과도한 사용, 악천후를 견딜 수 있었다.

제원
제조국: 미국
승무원: 1명
중량: 2449kg
치수: 전장: 4.24m | 전폭: 1.99m | 전고: 2.07m
기동 가능 거리: 450km
장갑: 없음
무장: 없음
엔진: 1 x 닷지 T214 6기통 가솔린 엔진, 68.6kW (92마력)
성능: 노상 최고 속도: 110km/h | 도섭: .5m

TIMELINE

1942 

1943 

닷지 WC58 지휘 정찰 무전 차

닷지 WC58은 WC57 지휘 정찰 차량과 같은 디자인으로 만들되 앞좌석 뒤에 대형 무전 장치를 수용할 거치대를 설치했다. 하지만 윤곽이 독특한 탓에 쉽게 표적이 되어 곧 단계적으로 철수시켰다.

제원
제조국: 미국
승무원: 3명
중량: 2420kg
치수: 전장: 4.46m | 전폭: 2m | 전고: 2.07m
기동 가능 거리: 384km
장갑: 없음
무장: 없음
엔진: 1 x 68.54kW (92마력) 닷지 T214 6기통 가솔린 엔진
성능: 최고 속도: 89km/h

닷지 T214

'비프'(큰 지프차(Big Jeep)의 줄임말)라는 별명으로 잘 알려진 T214는 다양한 임무를 위해 여러 종류로 만들어졌다. 무기 운반차, 윈치 장착 차, 구급차, 무전 차, 지휘 정찰 차, 수리 차 등이다. 다수가 오늘날까지 현역으로 남아있다.

제원
제조국: 미국
승무원: 1명
중량: 2449kg
치수: 전장: 4.24m | 전폭: 1.99m | 전고: 2.07m
기동 가능 거리: 450km
장갑: 없음
무장: 없음
엔진: 1 x 닷지 T214 6기통 가솔린 엔진, 68.6kW (92마력)
성능: 노상 최고 속도: 110km/h | 도섭: .5m

닷지 T215

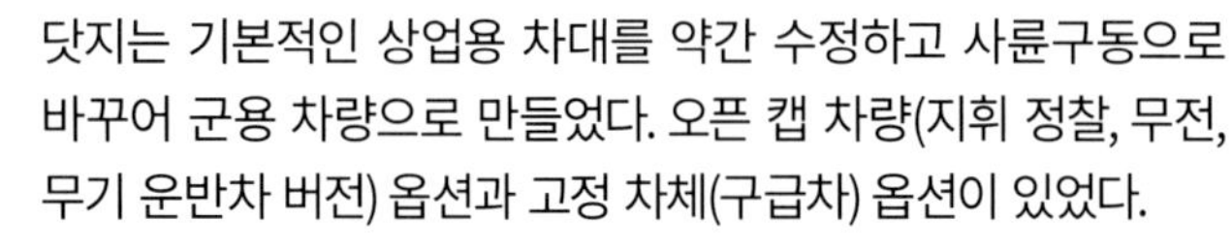

닷지는 기본적인 상업용 차대를 약간 수정하고 사륜구동으로 바꾸어 군용 차량으로 만들었다. 오픈 캡 차량(지휘 정찰, 무전, 무기 운반차 버전) 옵션과 고정 차체(구급차) 옵션이 있었다.

제원
제조국: 미국
승무원: 1명
중량: 2046kg
치수: 전장: 4.67m | 전폭: 1.93m | 전고: 2.13m
기동 가능 거리: 500km
장갑: 없음
무장: 없음
엔진: 1 x 닷지 T215 6기통 가솔린 엔진, 68.6kW (92마력)
성능: 노상 최고 속도: 70km/h | 도섭: .6m

중량 적재 트럭

중량 적재 트럭이 개발된 것은 전쟁이 진행되며 군용 화물이 점점 더 무거워지는 사태를 겪게 된 결과라고 볼 수 있다. 다수가 대형 포를 견인하는 용도로 쓰였고 나머지는 전차 수송차로 쓰였다. 트럭의 필요조건은 다양했다. 예를 들어 독일군은 러시아의 험한 지형에 대응해야 했으므로 궤도형 수송차를 사용했다.

뷔싱-나크

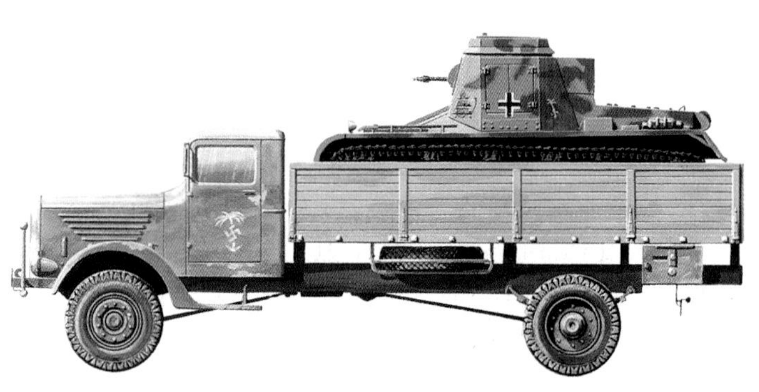

독일은 민간용 모델에 의존해 중량 트럭을 만들었다. 그 중 하나가 뷔싱-나크 4x4 트럭인데 전차 수송차로 만들어졌다. 중량 트럭은 이동식 무전국을 나르는 것과 같이 특수 목적으로 사용되는 경향이 있었다.

제원
제조국: 독일
승무원: 1명
중량: 9200kg
치수: 전장: 10.4m | 전폭: 2.5m | 전고: 2.6m
기동 가능 거리: 270km
장갑: 없음
무장: 없음
엔진: 1 x 도이츠 F6M517 6기통 디젤 엔진, 111.8kW (150마력)
성능: 노상 최고 속도: 65km/h | 도섭: .4m

라우펜 슐레퍼 오스트

라우펜 슐레퍼 오스트(RSO), 즉 동부용 궤도식 트랙터는 동부전선에서 겨울에 눈이 많이 쌓였을 때, 가을비가 내리거나 봄에 눈이 녹아 깊은 진창이 생겼을 때 그 상황에 대응할 수 있어야 했다. 따라서 V8 가솔린 엔진을 단 4톤 수송 트럭을 험한 지형을 달릴 수 있게 완전 궤도식으로 만들었다.

제원
제조국: 독일
승무원: 2명
중량: 5200kg
치수: 전장: 4.42m | 전폭: 1.99m | 전고: 2.53m
기동 가능 거리: 250km
장갑: 없음
무장: 없음
엔진: 1 x 슈타이어 1500A 8기통 가솔린 엔진, 51kW (68마력)
성능: 노상 최고 속도: 17km/h

TIMELINE

1940

1942

GMC 6 x 6

GMC 6x6는 '지미'라고도 알려져 있으며 노르망디 상륙 작전 이후 전방의 부대에 물자를 수송할 신뢰성 높은 수단으로써 연합군의 승리에 막대한 기여를 했다. 물자 전체가 프랑스를 가로질러 운반되어야 했기 때문이다.

제원
제조국: 미국
승무원: 2명
중량: 8700kg
치수: 전장: 5.96m | 전폭: 1.96m | 전고: 2.3m
기동 가능 거리: 320km
장갑: 없음
무장: 1 x 12.7mm (.5in) 중기관총
엔진: 1 x 109.5kW (147마력) 화이트 160AX 6기통 가솔린 엔진
성능: 최고 속도: 72km/h

맥 NO

맥 NO는 내구력과 신뢰성이 높아 아주 유명해졌다. 7500kg의 6x6 차량으로 길이가 7.5m 이상이었으므로 전쟁 기간 동안 양측을 통틀어 가장 큰 일자형 트럭이었다. 포 견인이 주요 임무였다.

제원
제조국: 미국
승무원: 4명
중량: 7500kg
치수: 전장: 7.5m | 전폭: 2.67m | 전고: 3.1m
기동 가능 거리: 650km
장갑: 없음
무장: 없음
엔진: 1 x 맥 EY 6기통 가솔린 엔진, 2100rpm일 때 118kW (159마력)
성능: 노상 최고 속도: 54km/h

레일랜드 히포 Mk II GS

레일랜드 히포 덕에 연합군은 북유럽에서 운송 능력이 향상되었다. 대부분의 영국 트럭보다 큰 6x4 차량에 적재량은 10톤이었고, 적재함은 화물 적재 높이를 낮추기 위해 휠 아치 위로 낮게 내려앉도록 했다.

제원
제조국: 영국
승무원: 1 + 2명
중량: 8941kg
치수: 전장: 8.31m | 전폭: 2.46m | 전고: 3.33m
기동 가능 거리: 840km
장갑: 없음
무장: 없음
엔진: 1 x 레일랜드 타입 L 6기통 디젤 엔진, 75kW (100마력)
성능: 노상 최고 속도: 60km/h

1943

수륙 양용 차량

2차 세계대전 기간에는 수륙 양용 차량이 증가했다. 수륙 양용 차는 다른 차량이나 부대의 도움 없이도 바다에서 해변으로 화물을 수송할 수 있었으므로 조종상 많은 이점이 있었다. 강습 상륙 차량, 정찰 차량, 병력 수송 장갑차, 이렇게 세 가지로 분류되었다.

란트-바서-슐레퍼

란트-바서-슐레퍼는 화물 트레일러를 견인하며 물 위에도 뜰 수 있게 설계한 수륙 양용 트랙터였다. 승무원 외 최대 20명까지 탑승이 가능했다. 지상에서는 크고 무거워 다루기가 힘들었고 장갑이 빈약해 고생했다. 영국 침공 계획이 무산되자 이 차량에 대한 관심도 사그라졌다.

제원
제조국: 독일
승무원: 3 + 20명
중량: 13,000kg
치수: 전장 8.6m | 전폭: 3.16m | 전고: 3.13m
기동 가능 거리: 240km
장갑: 불명
무장: 없음
엔진: 1 x 마이바흐 HL 120 TRM V-12 엔진, 197.6kW (265마력)
성능: 노상 최고 속도: 40km/h | 수상 최고 속도: 화물 없을 때 12.5km/h | 도섭: 수륙 양용

쉬빔바겐 타입 166

쉬빔바겐 타입 166은 퀴벨바겐에 둥글고 납작한 부유체를 추가하고 차체 후미에 체인 구동 프로펠러를 단 것이다. (프로펠러는 입수 전에 아래로 내려야 했다.) 앞바퀴가 방향키 역할을 했다. 최대 네 명까지 탈 수 있었다.

제원
제조국: 독일
승무원: 1 + 3명
중량: 910kg
치수: 전장: 3.82m | 전폭: 1.48m | 전고: 1.61m
기동 가능 거리: 520km
장갑: 없음
무장: 없음
엔진: 1 x VW 4기통 가솔린 엔진, 19kW (25마력)
성능: 노상 최고 속도: 80km/h | 수상 최고 속도: 11km/h

TIMELINE

1940 1941 1942

포드 GPA

포드 다목적 수륙 양용 차(GPA)는 윌리스 지프차의 수륙 양용 버전이다. 북아프리카와 이탈리아의 미군 침투부대를 위해 생산되었으나 항해용으로는 너무 작았고 대부분 무기 대여 협약에 따라 소련에 공여되었다.

제원
제조국: 미국
승무원: 1 + 3명
중량: 1647kg
치수: 전장: 4.62m | 전폭: 1.63m | 전고: 1.73m
기동 가능 거리: 불명
장갑: 없음
무장: 없음
엔진: 1 x GPA-6005 4기통 가솔린 엔진, 40kW (54마력)
성능: 노상 최고 속도: 105km/h | 수상 최고 속도: 8km/h

DUKW

'덕(오리)'이라는 별명으로 불리는 DUKW는 1942년 등장했고 신뢰성이 높았다. GMC 6x6 트럭의 파생형으로 부력을 얻기 위해 차체를 배 모양으로 만들었다. 함선의 물자를 해변까지 수송하는 용도로 설계했으며 내륙 깊숙이까지 이동이 가능했으므로 병력이나 경량형 포를 운반하기도 했다.

제원
제조국: 미국
승무원: 2명
중량: 9097kg
치수: 전장: 9.75m | 전폭: 2.51m | 전고: 2.69m
기동 가능 거리: 120km
장갑: 없음
무장: 기본 버전 – 없음
엔진: 1 x GMC 모델270 엔진, 68.2kW (91.5마력)
성능: 지상 최고 속도: 80km/h | 수상 최고 속도: 9.7km/h | 도섭: 수륙 양용

테라핀 Mk 1

미국의 DUKW와 동급인 영국의 테라핀에는 몇 가지 결점이 있었다. 엔진 두 개가 각각의 측면을 구동했기 때문에 한쪽이 망가지면 차량이 빙글빙글 돌 수밖에 없었다. 또 중앙에 설치된 엔진이 짐칸을 둘로 나누어 적재량이 제한되었다.

제원
제조국: 영국
승무원: 2명
중량: 12,015kg
치수: 전장: 7.01m | 전폭: 2.67m | 전고: 2.92m
기동 가능 거리: 240km
장갑: 8mm
무장: 없음
엔진: 2 x 포드 V-8 가솔린 엔진, 각 85마력 (63.4kW)
성능: 지상 최고 속도: 24.14km/h | 수상 최고 속도: 8km/h | 도섭: 수륙 양용

1944

상륙 장갑차

연합군의 태평양 군사 작전에서는 섬을 하나씩 연이어 탈환해야 했으므로 상륙 장갑차(LVT)가 필수였다. LVT는 플로리아의 에버글레이드 습지에서 사용하기 위해 민간에서 개발한 구조 차량, 앨리케이터에서 파생되었다. 미군 해병대에서 아이디어를 눈여겨보고 기본 설계를 개량한 것이다.

LVT 2

LVT 시리즈는 컵 모양의 일체화 그라우저가 있는 궤도로 물을 헤치고 나갔으나 속도는 느려졌다. 일부 버전에는 로켓탄 발사기, 화염 방사기, 경량형 캐넌포를 장착했지만 핵심 임무는 최초 상륙 부대를 해안가로 수송하는 것이었다.

제원

제조국: 미국
승무원: 3명
중량: 17,509kg
치수: 전장: 7.95m | 전폭: 3.25m | 전고: 3.023m
기동 가능 거리: 지상 반경 241km | 수상 반경 120.7km
장갑: 12mm
무장: 1 x 12.7mm (.5in) 중기관총 | 2 x 7.62mm (.3in) 기관총
엔진: 2 x 캐딜락 가솔린 엔진, 총 164.1kW (220마력)
성능: 지상 최고 속도: 27.3km/h | 수상 최고 속도: 9.7km/h | 도섭: 수륙 양용

LVT (A)

LVT (A)는 M3 경전차 포탑을 장착하고 37mm(1.46in) 포를 탑재하도록 개조했다. 상륙 첫 단계에서 화력을 지원해 전투 시 적군에 큰 피해를 입히고 상륙 거점을 마련하려는 의도였다.

제원

제조국: 미국
승무원: 2명
중량: 10,800kg
치수: 전장: 7.95m | 전폭: 3.25m | 전고: 3.023m
기동 가능 거리: 지상 반경 241km | 수상 반경 120.7km
장갑: 최대 67mm
무장: 1 x 37mm (1.46in) 포 (후기 모델 75mm (2.95in) 곡사포) | 1 x 7.62mm (.3in) 기관총
엔진: 2 x 캐딜락 가솔린 엔진, 총 164.1kW (220마력)
성능: 지상 최고 속도: 27.3km/h | 수상 최고 속도: 9.7km/h | 도섭: 수륙 양용

TIMELINE

1942 

1943 

LVT(A)-4

1943년 11월 타라와 섬에서 있었던 전투 결과 병력 수송 지원을 위해서는 훨씬 더 무장을 강화한 수륙 양용 장갑차가 필요하다는 점이 명백해졌다. 이에 다양한 경전차 포탑을 시도해본 끝에 LVT(A)-4와 LVT(A)-5에는 M8 곡사포를 탑재한 포탑이 장착되었다.

제원
제조국: 미국
승무원: 3 + 30명
중량: 16,500kg
치수: 전장: 7.9m l 전폭: 3.25m l 전고: 3.09m
기동 가능 거리: 도로 반경: 240 km l 수상 반경: 80 km
장갑: (선택) 6–13 mm
무장: 2 x .50 cal 브라우닝 M2HB 기관총
엔진: 187kW (250마력) 콘티넨털 W670-9A 7기통 레이디얼 가솔린 엔진
성능: 지상 최고 속도: 32km/h l 수상 최고 속도: 12km/h

LVT-3

LVT-3는 보병 30명 혹은 화물 14,000kg을 수송할 수 있는 넓은 차량이었다. 캐딜락 엔진 두 개와 빌지 펌프, 변속기, 배연기를 양쪽 측면 포탑에 설치해서 확보한 공간이었다.

제원
제조국: 미국
승무원: 3 + 30명
중량: 17,050kg
치수: 전장: 7.33m l 전폭: 3.23m l 전고: 3.38m
기동 가능 거리: 노상: 241km l 수상: 121km
장갑: 없음 (본문 참고)
무장: 1 x 12.7mm (.5in) 기관총 l 2 x 7.62mm (.3in) 기관총
엔진: 2 x 캐딜락 가솔린 엔진, 220마력 (164kW)
성능: 노상 최고 속도: 27km/h l 수상 최고 속도: 10km/h

상륙 장갑차(LVT-4) 버팔로 IV

LVT-4는 매우 뛰어난 수륙 양용 돌격 차량으로 병사와 물자, 혹은 포를 운반할 수 있었다. 포의 경우 최대 105mm(4.1in) 곡사포까지 가능했다. 이런 종류의 차량은 이탈리아 군사 작전이 끝나갈 무렵 강을 건널 때 폭넓게 사용되었다.

제원
제조국: 미국
승무원: 2 + 보병 최대 35명
중량: 12,420kg
치수: 전장: 7.95m l 전폭:3.25m l 전고: 2.46m
기동 가능 거리: 240km
장갑: (선택) 6–13mm
무장: 1 x 12.7mm (.5in) 중기관총, 추가로 2 x 7.62mm (.3in) 기관총
엔진: 1 x 186kW (250마력) 콘티넨털 W670-9A 7기통 디젤 엔진
성능: 노상 최고 속도: 32km/h l 수상 최고 속도: 11km/h

1944  1945 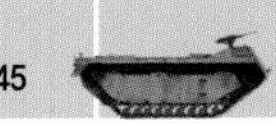

포 견인차

포 견인차 실험은 1900년대 이래로 꾸준히 진행되었지만 1930년대 민주국가들이 재군비 프로그램을 시작하기 전까지는 거의 쓸모가 없었다. 전쟁이 발발했을 때는 오직 영국만이 완전 기계화를 이뤘다. 소련과 독일은 물론 미국도 여전히 말을 탄 기병으로 야전 부대를 활용했다.

STZ-3 포 견인차

STZ-3 포 견인차는 1937년 생산에 들어갔고 전쟁 기간 동안 내내 중형 및 중량형 포 견인에 사용된 표준 견인차였다. 나티라는 이름이 붙은 STZ-3는 소련이 처음 자체적으로 설계한 포 견인차였다.

제원
제조국: 소련
승무원: 1명
중량: 5100kg
치수: 전장: 3.7m | 전폭: 1.86m | 전고: 2.21m
기동 가능 거리: 불명
장갑: 불명
무장: 없음
엔진: 1 x 38.7kW (52마력) /1250rpm 직렬 4기통 가솔린 시동 케로신 작동 OHV, 7461c
성능: 최고 속도: 8km/h | 60km

STZ-5 중형 견인차

STZ-5 중형 견인차는 붉은 군대를 위해 1만 대 이상 생산되었다. 이 모델은 포 견인용으로 설계한 몇 안 되는 궤도식 트랙터 중 하나이다. 대부분이 농업용 트랙터를 개조한 것이었다.

제원
제조국: 소련
승무원: 1명
중량: 5840kg
치수: 전장: 4.15m | 전고: 2.36m
기동 가능 거리: 불명
장갑: 없음
무장: 없음
엔진: 1 x 69.68Kw (52마력) 1MA 4기통 가솔린 엔진
성능: 불명

TIMELINE

1941

M4 고속 트랙터

M4는 M2A1 전차에 사용된 자동 추진 부품을 기반으로 했다. 대공포를 견인하는 버전과 곡사포를 견인하거나 포병 부대와 각종 장비를 수송하는 버전, 이렇게 두 가지 버전으로 만들어졌다. 후자에는 무거운 포탄을 실을 수 있도록 크레인을 장착했다.

제원
제조국: 미국
승무원: 1 + 11명
중량: 14,288kg
치수: 전장: 5.232m | 전폭: 2.464m | 전고: 2.514m
기동 가능 거리: 290km
장갑: 없음
무장: 1 x 12.7mm (.5in) 대공 기관총
엔진: 1 x 워키쇼 145GZ 6기통 직렬 가솔린 엔진, 156kW (210마력)
성능: 노상 최고 속도: 53km/h

무니치온스트란스포터 IV

무니치온스트란스포터 IV(4호 탄약 운반차)는 열차로 운반하는 '카를' 600mm(23.62in) 자주구포의 탄얀 공급용으로 설계되었다. 각 탄약은 무게가 최대 2.17톤까지 나갔으며 4호 탄약 운반차는 4개를 운반할 수 있었다. 판처 IV의 차대를 기반으로 만들어졌다.

제원
제조국: 독일
승무원: 4명
중량: 25,000kg(최대 적재 시)
치수: 전장: 5.41m | 전폭: 2.88m | 전고: 불명
기동 가능 거리: 209km
장갑: 없음
무장: 없음
엔진: 1 x 마이바흐 HL 120 TRM 12기통 가솔린 엔진, 223kW (299마력)
성능: 노상 최고 속도: 40km/h

M5 고속 트랙터

1941년 M3 전차의 궤도와 서스펜션을 기반으로 T20과 T21이 개발되었다. 1942년 10월 T21은 승무원과 장비를 운반하는 것은 물론 105mm(4.1in) 및 155mm(6.1in) 곡사포를 견인하도록 설계한 M5로 표준화되었다. 다섯 가지 모델이 생산되었다.

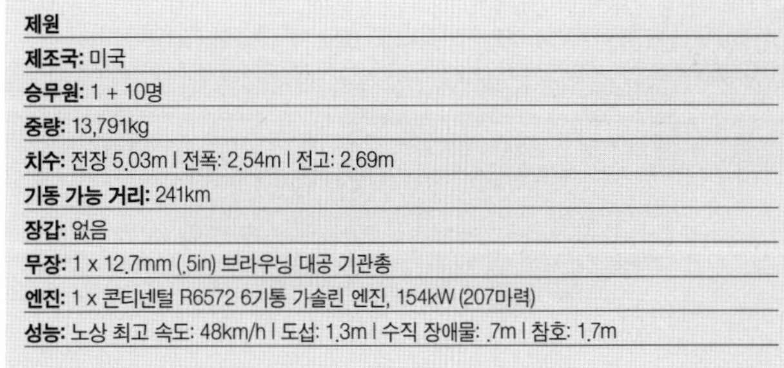

제원
제조국: 미국
승무원: 1 + 10명
중량: 13,791kg
치수: 전장 5.03m | 전폭: 2.54m | 전고: 2.69m
기동 가능 거리: 241km
장갑: 없음
무장: 1 x 12.7mm (.5in) 브라우닝 대공 기관총
엔진: 1 x 콘티넨털 R6572 6기통 가솔린 엔진, 154kW (207마력)
성능: 노상 최고 속도: 48km/h | 도섭: 1.3m | 수직 장애물: .7m | 참호: 1.7m

1942

1943

지원 차량

영국은 교량 건설, 장갑 차량 구난 등 특수 공병 임무를 위한 지원용 장갑 차량 개발에 앞장섰고 여러 가지 개량형 전차를 생산했다. 반면 미국과 독일은 비슷한 임무를 수행하도록 어느 정도 성능 저하를 감수하며 기존의 전차를 개조했다.

라둥스레거 (판처 I B형 이용)

각 선발 전차 대대에는 라둥스레거가 열 대씩 소속되었다. 이 차량은 후방 데크의 특수 썰매에 폭파 장약을 탑재해 돌격대가 갈 길의 장애물을 제거하는 데 쓰였다.

제원
제조국: 독일
승무원: 2명
중량: 6600kg
치수: 전장: 4.42m | 전폭: 2.06m | 전고: 1.72m
기동 가능 거리: 170km
장갑: 7–13mm
무장: 2 x 7.92mm (.3in) MG13 드라이제 기관총
엔진: 1 x 마이바흐 NL38TR 엔진, 75kW (100마력)
성능: 최고 속도: 40km/h

판처 IV 교량 전차

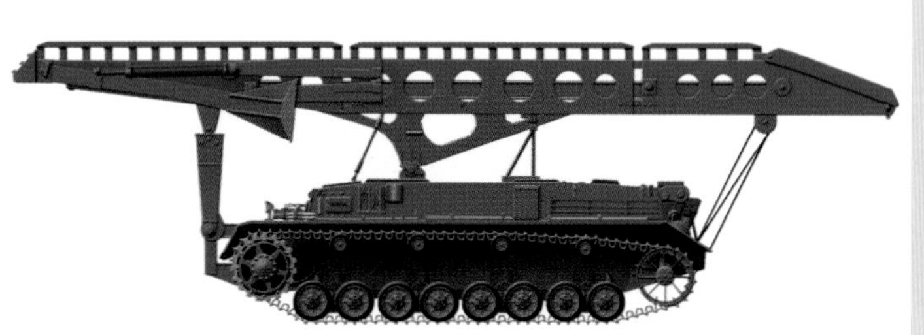

판처 IV의 차대는 다양한 특수 지원 차량에 사용되었다. 그 중 하나가 여기에 소개하는 교량 전차이다. 그 외에는 구난 장갑차 등이 있었다.

제원
제조국: 독일
승무원: 2명
중량: 30,900kg
치수: 전장: 11m | 전폭: 3m | 전고: 3.54m(크루프) 또는 3.28m(마기루스)
기동 가능 거리: 200km
장갑: 10–80 mm
무장: 2/3 x 7.92mm (.3in) MG34 기관총
엔진: 1 x 마이바흐 HL120TRM 엔진
성능: 최고 속도: 40km/h

TIMELINE

1940

1941

슈베러 라둥스트레거 A형 (Sd Kfz 301)

1940년 프랑스 침공 기간 동안 독일군은 폭파 장약을 내려놓아 지뢰를 제거하고 벙커를 파괴할 차량이 필요함을 인식했다. 그 결과가 판처 I을 개조해 특수 장비를 설치한 SdKfz 301이었다.

제원

제조국: 독일

승무원: 1명 (원격 조종 시 0명)

중량: 4000kg

치수: 전장: 3.65m | 전폭: 1.8m | 전고: 1.19m

기동 가능 거리: 212km

장갑: 불명

무장: 불명

엔진: 1 x 보그바르트 6M RTBV 엔진

성능: 최고 속도: 38km/h

베르게판터

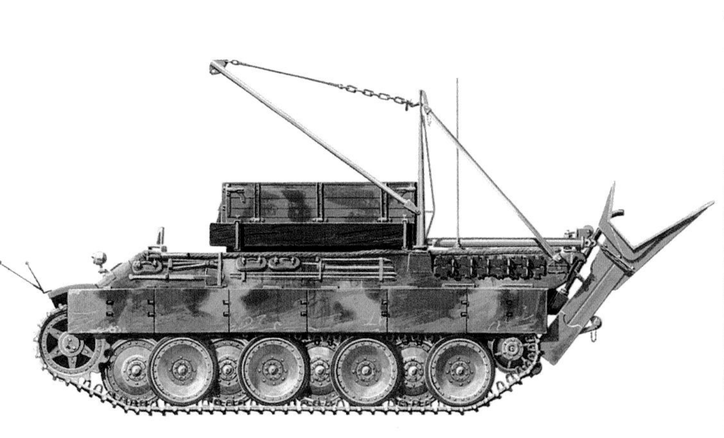

티거와 판터 중전차가 운용되면서 새로운 구난 차량도 필요해졌다. 베르게판터는 판터 전차를 개조한 것으로 포탑을 윈치가 있는 오픈형 상부구조로 교체했다. 뒤쪽에 닻이 있어서 윈치 작업시 추가로 안정성을 확보할 수 있었다.

제원

제조국: 독일

승무원: 5명

중량: 42,000kg

치수: 전장: 8.153m | 전폭: 3.276m | 전고: 2.74m

기동 가능 거리: 169km

장갑: 8-40mm

무장: 2 x 7.92mm (.31in) MG34 또는 MG42 기관총

엔진: 1 x 마이바흐 HL210 P.30 가솔린 엔진, 478.7kW (642마력)

성능: 노상 최고 속도: 32km/h | 도섭: 1.7m | 수직 장애물: .91m | 참호: 1.91m

M32

M32의 차체와 차대는 한눈에 알아볼 수 있듯 M4 셔먼 전차와 같았다. 셔먼의 포탑을 제거하고 A자형 크레인 및 27,210kg의 견인력이 있는 윈치로 교체했다.

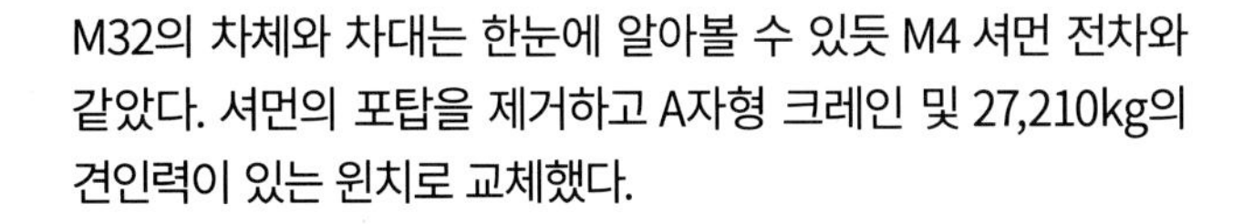

제원

제조국: 미국

승무원: 6명

중량: 28,000kg

치수: 전장: 5.93m | 전폭: 2.68m | 전고: 2.74m

기동 가능 거리: 300km

장갑: 76mm

무장: 1 x 12.7mm (.5in) 브라우닝 M2 HB 중기관총 | 1 x 81mm (3.19in) 박격포

엔진: 1 x 콘티넨털R975-C1 9기통 가솔린 엔진, 2400rpm일 때 261kW (350마력)

성능: 최고 속도: 40km/h | 도섭: 1.22m | 경사도: 58% | 수직 장애물: .61m | 참호: 1.88m

1943

특이 차량

2차 세계대전 전장에서 작전에 필요한 다양한 조건이 드러나자 누가 봐도 평범하지 않은 장갑 전투 차량이 다수 탄생했다. 침략 위협을 받아 절박한 조치로 만들어진 것이 있는가 하면 구체적인 임무를 염두에 두고 기존 차대를 특별히 개조한 것도 있었다.

운하 수비등

운하 수비등은 야간에 전장을 밝히기 위해 전차의 포탑을 서치라이트(탐조등)로 교체한 것이다. 그러나 밤에 강을 건널 때 주위를 밝히는 용도로 사용된 경우를 제외하면 결코 목적한 대로 사용된 일이 없었다. 하지만 오히려 다행인지도 몰랐다. 소련에서 유사한 실험을 진행했을 때 결과가 처참했기 때문이다.

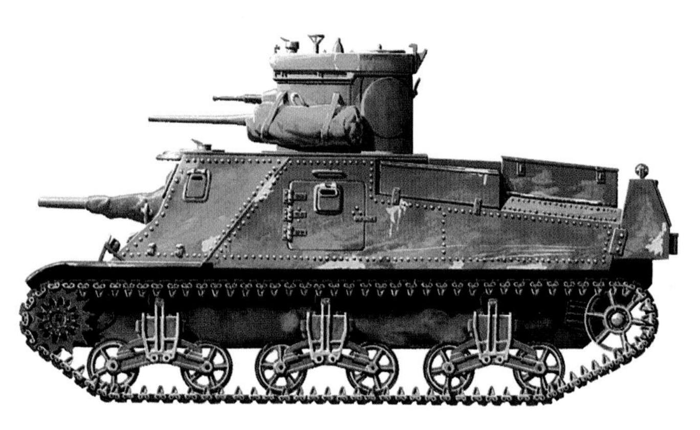

제원

제조국: 영국

승무원: 3명 또는 4명

중량: 26,000kg

치수: 전장: 5.61m | 전폭: 2.59m | 전고: 2.51m

기동 가능 거리: 257km

장갑: 12-38mm

무장: 1 x 7.92mm (.31in) 베사 기관총

엔진: 2 x 레일랜드 E148/E149 디젤 엔진, 각 70.8kW (95마력)

성능: 노상 최고 속도: 24km/h | 도섭: 1.02m | 수직 장애물: .61m | 참호: 1.91m

셔먼 T15E1

미국의 M4 셔먼 전차는 종종 지뢰 제거 차량으로 개조되었다. 지뢰 방호 차량 T15E1은 포탑을 제거한 M4의 몸체와 밑면에 추가로 장갑을 대고 달려가며 아래에 깔린 지뢰들을 폭파시켰다. 하지만 설명만큼이나 실용성도 떨어졌다.

제원

제조국: 미국

승무원: 5명

중량: 33,200kg

치수: 전장: 5.9m | 전폭: 2.75m | 전고: 2.04m

기동 가능 거리: 270km

장갑: 불명

무장: 없음

엔진: 2 x 제너럴 모터스 6기통 가솔린 엔진, 373kW (500마력)

성능: 노상 최고 속도: 29km/h

TIMELINE

1939 

1942 

1944 

SdKfz 251/16

다재다능한 Sd Kfz 251 하프트랙을 기반으로 한 화염 방사 차량으로 인화성 연료 700리터를 실었다. 이는 최대 2초씩 80차례 발사하기에 충분한 양이었다. 기갑척탄병이 전차와 동행하며 보병을 지원할 수 있도록 만들어졌다.

제원
제조국: 독일
승무원: 5명
중량: 9500kg
치수: 전장: 5.8m | 전폭: 2.1m | 전고: 2.10m
기동 가능 거리: 노상 300km | 야지: 150km
장갑: 6–15mm
엔진: 1 x 마이바흐 HL42TUKRM 6기통 엔진
무장: 2 x 14mm (.55in) 화염 방사기, 2 x 7.62mm (.3in) MG34 혹은 MG42 | 초기 모델에는 1인 휴대용 화염 방사기 42도 있었다
성능: 최고 속도: 50km/h | 야지 속도: 10 km/h

SdKfz 251/20

SdKfz 251/20 '우후'는 주로 동부 전선에서 기갑 사단 소속으로 운용되었다. 적외선 탐조등을 달았고 적군 표적을 밝혀서 기갑 부대가 야간 공격이 가능하게 하는 것을 목적으로 했다.

제원
제조국: 독일
승무원: 4명
중량: 7824kg
치수: 전장: 5.8m | 전폭: 2.1m | 전고: 1.75m
기동 가능 거리: 300km
장갑: 6–14.5mm
무장: 없음
엔진: 1 x 마이바흐 6기통 가솔린 엔진, 74.6kW (100마력)
성능: 노상 최고 속도: 52.5km/h | 도섭: .6m | 수직 장애물: 2m

쉐보레 야전 수리 작업차

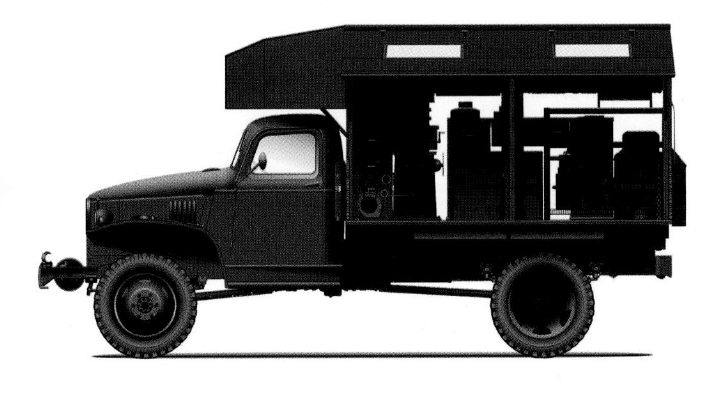

캐나다제로 G7117의 차대 위에 작업장을 설치했다. 다수가 소련에 공여되었다. 여기 소개하는 차량은 제4 우크라이나 전선 HQ 정비 대대에 배속되었으며 PARM-1 B형 야전 수리 작업장을 설치했다.

제원
제조국: 캐나다
승무원: 1명
중량: 1530kg
치수: 전장: 5.69m | 전폭: 2.28m | 전고: 2.64m
기동 가능 거리: 불명
장갑: 없음
무장: 없음
엔진: 1 x 69.3kW (93마력) 6기통 4F1R 가솔린 엔진
성능: 불명

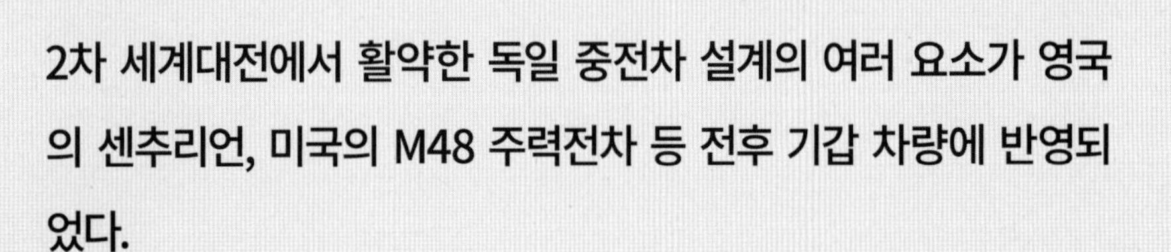

전후 시대

2차 세계대전에서 활약한 독일 중전차 설계의 여러 요소가 영국의 센추리언, 미국의 M48 주력전차 등 전후 기갑 차량에 반영되었다.

1960년 센추리언이 영국군에서 점차적으로 퇴역하기 시작하자 다른 국가들은 열렬하게 이 전차를 확보하고자 했다. 센추리언의 설계는 실로 훌륭해서 1990년대까지도 여러 대가 현역으로 군에서 사용되었다. 1967년 아랍-이스라엘 전쟁에서는 미국의 M48과 함께 이집트가 보유한 러시아제 전차를 격파했다.

좌측: 미국의 M26 퍼싱 중전차는1945년 작전에 투입되었으니 2차 세계대전에 영향을 주기에는 너무 늦은 시기였다.

센추리언 A41

센추리언 주력전차는 2차 세계대전 중 순항전차로 개발되었다. 첫 번째 프로토타입은 1945년 등장했으며 금방 생산에 들어갔다. 센추리언은 한국, 베트남, 파키스탄, 중동에서 전쟁에 투입되었다. 생산이 중단되기 전까지 4500대 가까이 만들어졌다.

센추리언 A41

센추리언은 역사상 가장 성공적인 전차 설계로 손꼽힌다. 업그레이드할 수 있는 역량이 있었기 때문에 일부 국가에서 1960년대 이후까지 현역으로 쓰일 수 있었다. 파생형으로는 1982년 포클랜드 전쟁에서 사용된 구난 장갑 차량, 수륙 양용 구난 차량이 있었고 그밖에도 교량 가설 전차 및 AVRE가 있었다.

제원

제조국: 영국
승무원: 4명
중량: 51,723kg
치수: 전장: 9.854m | 전폭: 3.39m | 전고: 3.009m
기동 가능 거리: 205km
장갑: 51–152mm
무장: 1 x 105mm (4.1in) 포 | 2 x 7.62mm (.3in) 기관총 | 1 x 12.7mm (.5in) 중기관총
엔진: 1 x 롤스로이스 미티어 Mk IVB V-12 가솔린 엔진, 485kW (650마력)
성능: 노상 최고 속도: 43km/h | 도섭: 1.45m | 수직 장애물: .91m | 참호: 3.352m

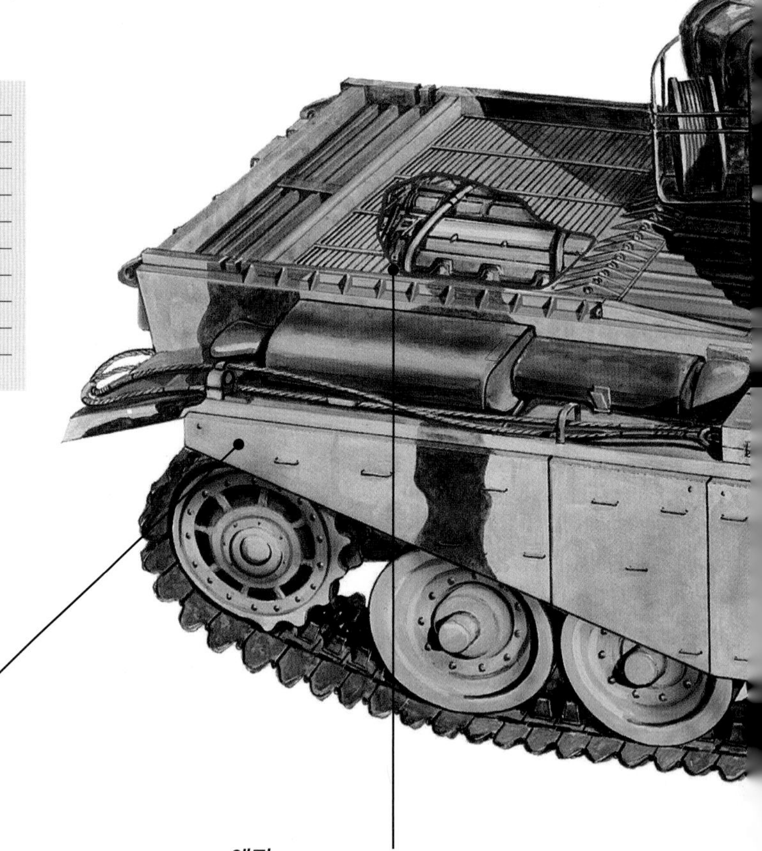

차체
센추리언의 차체는 경사 장갑을 용접하고 일부 주조한 포탑에 주무장과 부무장을 탑재하도록 설계되었다. 경사 차체는 독일의 판터 같은 전차의 특징이기도 했다.

엔진
영국군에서 쓰인 기간 내내 센추리언은 항공기용 멀린 엔진을 발전시킨 표준 롤스로이스 미티어 가솔린 엔진을 장착했다.

센추리언 A41

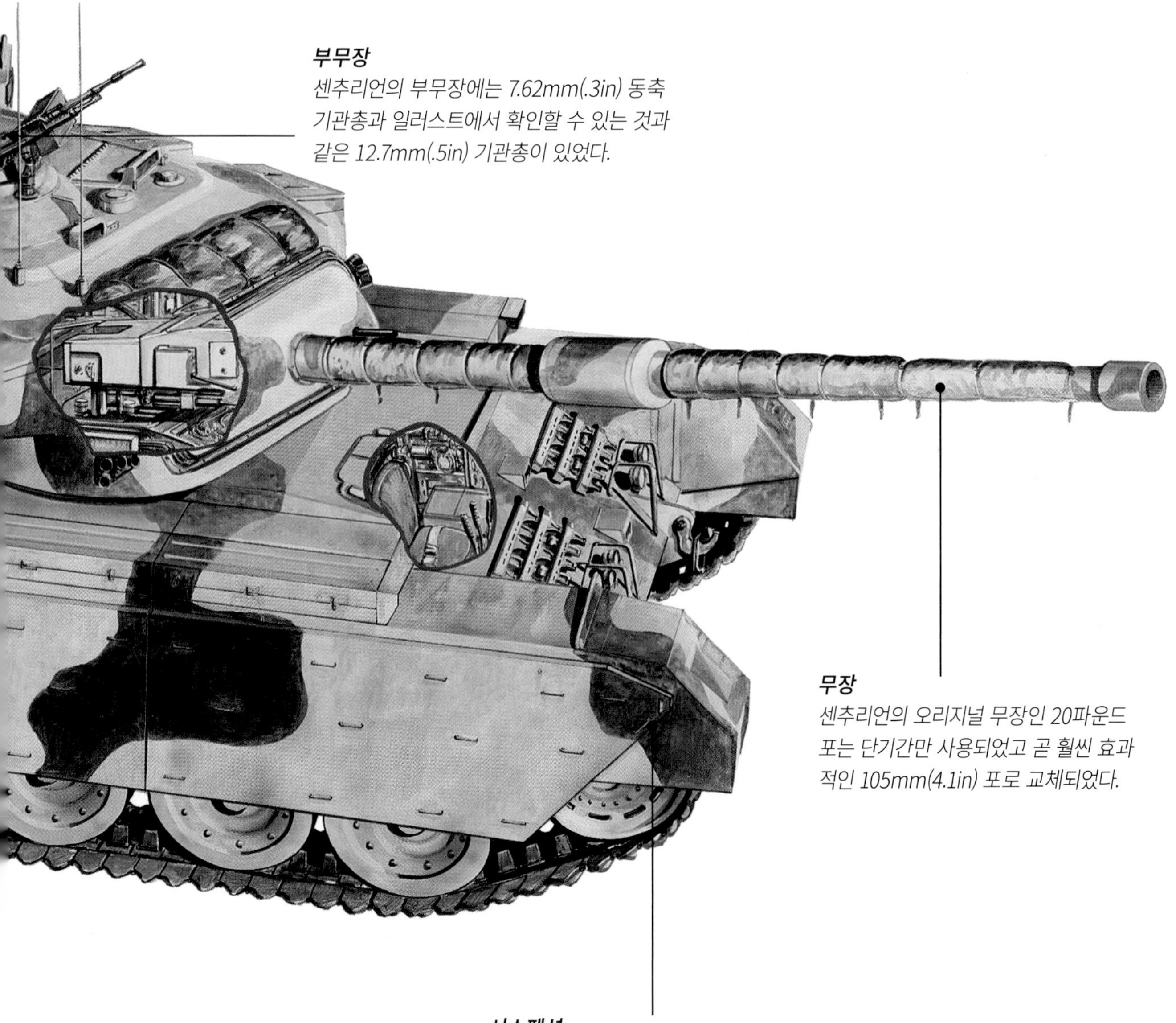

부무장
센추리언의 부무장에는 7.62mm(.3in) 동축 기관총과 일러스트에서 확인할 수 있는 것과 같은 12.7mm(.5in) 기관총이 있었다.

무장
센추리언의 오리지널 무장인 20파운드 포는 단기간만 사용되었고 곧 훨씬 효과적인 105mm(4.1in) 포로 교체되었다.

서스펜션
센추리언의 설계자들은 코멧 전차에서 사용된 장거리용 5륜 서스펜션에 여섯 번째 바퀴를 추가하고 두 번째와 세 번째 바퀴 사이 공간을 넓혀 연장했다.

전후 시대 전차

최고의 독일 전차에서 볼 수 있었던 여러 설계 요소가 영국의 센추리언 전차를 비롯한 전후 기갑 전투 차량에 반영되었다. 하지만 전후 시대에는 독일 전차가 발전한 계기가 된 2차 세계대전과는 작전상의 필요조건부터 시작해 전혀 다른 시나리오가 새로이 만들어지는 전차들을 기다리고 있었다. 핵을 사용하는 전쟁에서 싸우게 될 가능성이 떠올랐던 것이다.

M103 중전차

M103 중전차의 프로토타입은 포탑과 포 조작 장치에 모두 결점이 있었다. 개량을 거쳤으나 엄폐가 어려운 크기와 짧은 사거리, 낮은 신뢰성 때문에 사용되기 힘들었다. 1960년대에 차츰 군에서 철수하게 되었다.

제원
제조국: 미국
승무원: 5명
중량: 56,610kg
치수: 전장: 11.3m | 전폭: 3.8m | 전고: 2.9m
기동 가능 거리: 130km
장갑: 12.7-178mm
무장: 1 x 120mm (4.7in) 강선총포 | 1 x 7.62mm (.3in) 동축 기관총 | 1 x 12.7mm (.5in) 대공 중기관총
엔진: 1 x 콘티넨털 AV-1790-5B 또는 7C V-12 가솔린 엔진, 604kW (810마력)
성능: 노상 최고 속도: 34km/h | 수직 장애물: .91m | 참호: 2.29m

T-10 중전차

T-10 중전차는 국내 시장을 위해 따로 남겨둔 전차로 T-54/55 전차를 위한 장거리 사격 지원을 제공하며 방어가 거센 지역을 공격할 때 선봉 역할을 하게끔 설계되었다. 공간이 비좁아서 분리 장전식 탄약을 사용해야 했다.

제원
제조국: 소련
승무원: 4명
중량: 49,890kg
치수: 전장(포 포함): 9.875m | 전장 (차체): 7.04m | 전폭: 3.566m | 전고: 2.25m
기동 가능 거리: 250km
장갑: 20-250mm
무장: 1 x 122mm (4.8in) 포 | 2 x 12.7mm (.5in) 기관총(동축 1, 대공 1)
엔진: 1 x V-12 디젤 엔진, 522kW (700마력)
성능: 노상 최고 속도: 42km/h | 수직 장애물: .9m | 참호: 3m

컨커러 중전차

센추리언을 기반으로 한 FV214 컨커러는 크고 무거우며 정비가 어려웠다. 센추리언보다 나은 점은 장거리포에 한정되었으며 센추리언의 포를 업그레이드한 이후로는 컨커러가 설 자리가 없었다. 1960년대에 현역에서 단계적으로 물러났다.

제원
제조국: 영국
승무원: 4명
중량: 64,858kg
치수: 전장(포 앞까지): 11.58m | 전장 (차체): 7.72m | 전폭: 3.99m | 전고: 3.35m
기동 가능 거리: 155km
장갑: 17–178mm
무장: 1 x 120mm (4.7in) 강선총포 | 1 x 7.62mm (.3in) 동축 기관총
엔진: 1 x 12-기통 가솔린 엔진, 604kW (810마력)
성능: 노상 최고 속도: 34km/h | 수직 장애물: .91m | 참호: 3.35m

M47 패튼 I 중형 전차

M47 패튼 전차는 임시 기갑 전투 차량으로 T42가 개발 중일 때 제조되었다. M46 차대에 T42 포탑을 사용했다. 매우 성공적이었으며 미국의 북대서양 조약 기구 가입국 다수와 추가 18개국에서 사용되었다.

제원
제조국: 미국
승무원: 5명
중량: 46,165kg
치수: 전장(포 포함): 8.56m | 전폭: 3.2m | 전고: 3.35m
기동 가능 거리: 129km
장갑: 115mm
무장: 1 x M36 90mm (3.54in) 포 | 2 x 12.7mm (.5in) 기관총 | 1 x 7.62mm (.3in) 기관총
엔진: 1 x AVDS-1790-5B V-12 가솔린 엔진, 604.5kW (810마력)
성능: 최고 속도: 48km/h

59식

59식의 초기 모델은 포 안정 장치와 야간 시야 확보 장비가 부족했다. 나중에 레이저 거리계가 추가되었으나 포탑 전면에 설치해서 소화기 사격에 취약했다. 배기관에 디젤 연료를 주입해 연막을 만들 수 있었다.

제원
제조국: 중국
승무원: 4명
중량: 36,000kg
치수: 전장: 9m | 전폭: 3.27m | 전고: 2.59m
기동 가능 거리: 600km
장갑: 39–203mm
무장: 1 x 100mm (3.9in) 포 | 2 x 7.62mm (.3in) 기관총 | 1 x 12.7mm (.5in) 중기관총
엔진: 1 x 모델 12150L V-12 디젤 엔진, 388kW (520마력)
성능: 노상 최고 속도: 50km/h | 도섭: 1.4m | 수직 장애물: .79m | 참호: 2.7m

1955

T-54/55 주력전차

T-54/55 시리즈만큼 대량으로 생산된 전차는 없다. 1947년 소련의 주력전차로 개발되었고 60년이 지난 뒤에도 일부 국가에서 현역으로 남아 있다. T-54는 T-44를 기반으로 했으나 100mm (3.9in) 포를 탑재했다. 군에 배치된 이후에도 꾸준히 업데이트되었다.

T-54/55 주력전차

승무원
포탑이 낮아서 적군에게는 몸집이 작은 전차처럼 보였는데, 이는 오로지 전차장, 포수, 장전수를 아주 좁고 불편한 공간에 몰아넣었기 때문에 가능했다.

무장
T-54/55의 주무장은 원래 D-10T 100mm(3.9in) 강선포였다. 전성기에는 강력한 무기였으나 현대전의 보조를 맞추기에는 부족해졌다.

T-54/55

T-55는 T-54를 핵전쟁에 대응할 수 있게 개량한 것이다. 포탑을 더 두껍게 주조하고 더 강력한 엔진과 원시적인 핵·생물·화학 무기(NBC) 방호 능력을 갖췄다. T-55B는 적외선 야간 조준경과 2축 주포 안정 장치를 포함한 첫 번째 모델이었다.

탄약
D-10T 포의 기본 철갑탄 종류는 꿰뚫는 힘이 부족해 최신형 서방 전차를 초근접 거리가 아니고서는 파괴할 수 없었다.

제원
제조국: 소련
승무원: 4명
중량: 36,000kg
치수: 전장(차체): 6.45m l 전폭: 3.27m l 전고: 2.4m
기동 가능 거리: 400km
장갑: 최대 203mm
무장: 1 x 100mm (3.94in) D-10T 포 l 2 x 7.62mm (.3in) DT 기관총 l 1 x 12.7mm (.5in) DShK AA 기관총
엔진: 1 x V-54 12-기통 디젤 엔진, 2000rpm일 때 388kW (520제동마력)
성능: 최고 속도: 48km/h

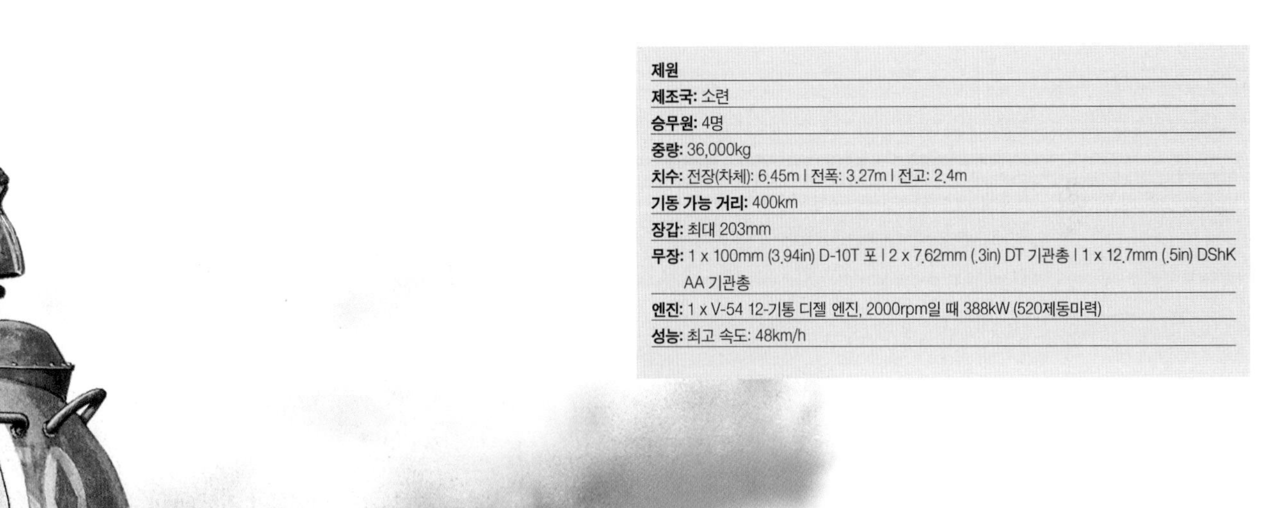

엔진
소련제 T-54/55의 엔진은 종종 만듦새가 나빠서 자체적으로 폭파되곤 했다. 오일 라인이 줄밥으로 막히는 것이 문제였다. 마그네슘 합금으로 만들어진 엔진은 쉽게 전소되었다.

차이점
T-54/55 후기 모델은 세부적인 면에서 여러 가지 차이점이 있었다. 적외선 야간 조준경, 심수 도섭 장비, 자동 소화 장치 및 공조 장치가 여기에 포함되었다.

M48

2차 세계대전 당시 미군의 전차 장군 이름을 따라 패튼이라고 명명된 M48은 서둘러서 설계하고 1953년, 성급하게 생산에 들어갔다. 한국 전쟁에서 미국 육군에게 현대식 전차가 부족하다는 사실이 드러나며 경종을 울린 직후의 일이었다. M48은 초기에 사소한 문제가 발생했음에도 불구하고 세계에서 가장 광범위하게 사용된 중형 전차가 되었다.

M48

포탑
M48의 단일 주조 포탑은 탄도학적으로는 형태가 좋지 않았다. 전면은 두께가 120mm였으나 측면은 76mm밖에 안 되었다.

추가 장갑
전차 승무원 다수가 절단된 궤도를 포탑 측면에 고정함으로써 RPG-7 대전차 로켓탄에 대응해 방호력을 추가했다.

M48

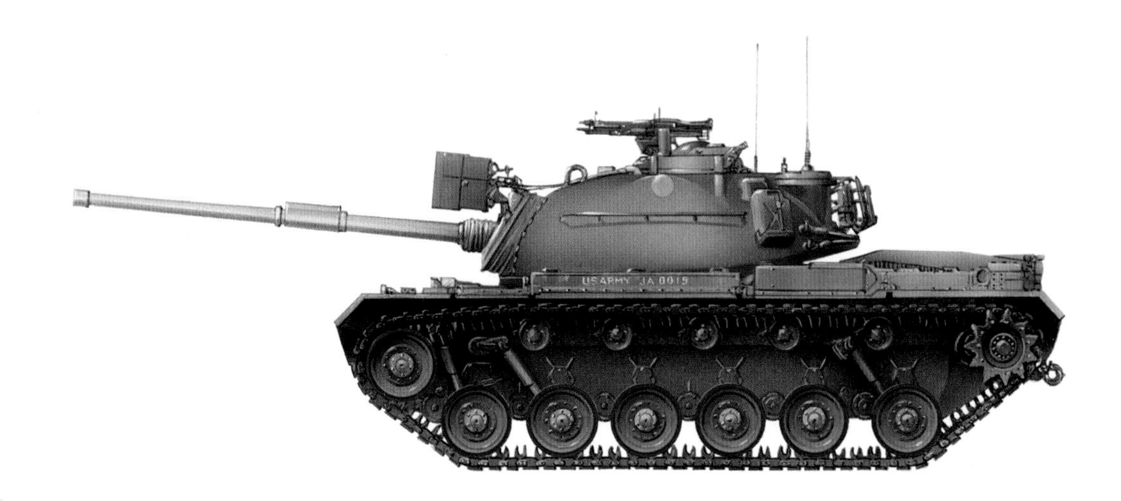

M48은 동남아시아에는 중기갑 차량에 적합한 지형이 없을 것이라는 염려에도 불구하고 베트남 전쟁 시 실전에서 사용되었으며 보병 지원 임무를 성공적으로 수행했다. 전차전에는 1965년 인도-파키스탄 전쟁 당시 처음 사용되었고 큰 손실을 입었다. 특히 인도군의 센추리언을 상대로 한 전투에서 피해가 컸다.

장전수
M48의 장전수는 적당한 공간을 보유했고 오른손으로 포탄을 집어들 수 있었다.

제원
제조국: 미국
승무원: 4명
중량: 48,987kg
치수: 전장(포 포함): 9.31m l 전폭: 3.63m l 전고: 3.01m
기동 가능 거리: 499km
장갑: 최대 180mm
무장: 1 x 105mm (4.13in) L7 포 l 3 x 7.62mm (.3in) 기관총
엔진: 1 x 콘티넨털 AVDS-1790-2 12기통 과급 디젤 엔진, 559.7kW (750마력)
성능: 노상 최고 속도: 48km/h

주포
105mm(4.13in) 포는 잘 알려진 배기 편향기를 이용해 쉽게 구별할 수 있었다. 고정식 탄약을 발사했으며 타격력은 T-54/55의 100mm(3.94in) 포와 대략 동급이었다.

해치 탈출
차체 밑에 탈출용 해치가 하나 있어서 승무원들이 탈출할 수 있었다.

중형 전차

중전차의 한계는 2차 세계대전 동안 명백해졌다. 기갑 전투에서 성공을 결정짓는 핵심 요소는 기동성과 효과적인 경사 장갑을 갖춘 쾌속 중형 전차를 배치하는 것이었고, 이 사실을 가장 먼저 인지한 나라는 소련이었다. 전후 시대에도 계속해서 영향력을 발휘한 것은 중형전차였다.

M48A1

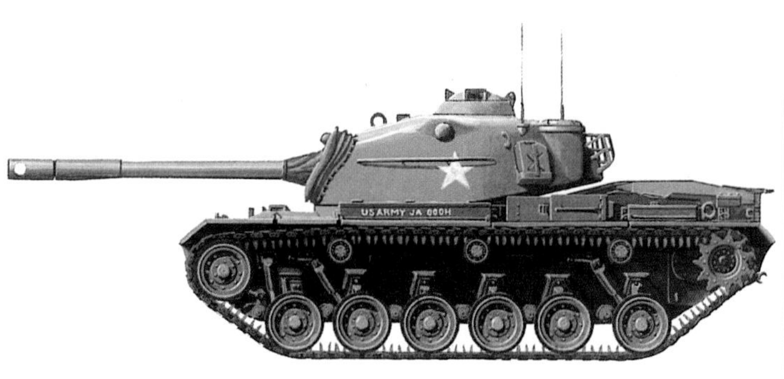

M48 패튼 II는 초기 셔먼과 M47 패튼 전차를 교체하기 위한 디자인이었다. M48A1은 초기 M1의 전차장용 큐폴라가 있었고 차량 내부에서 M2HB 12.7mm(.5in) 기관총을 조작 및 재장전할 수 있었다.

제원
제조국: 미국
승무원: 4명
중량: 47,273kg
치수: 전장: 7.3m | 전폭: 3.6m | 전고: 3.1m
기동 가능 거리: 216km
장갑: 비공개
무장: 1 x 105mm (4.13in) 포 | 3 x 7.62mm (.3in) 기관총
엔진: M48A1 AV1790-7C V-12 공랭식 가솔린 엔진, 810마력 (604kW)
성능: 노상 최고 속도: 42km/h

M48A2

M48A2는 엔진과 변속기가 개선되었고 뒤판을 다시 설계했으며 포탑 조종을 향상시켰다. M48A2C 파생형은 거리계를 개선하고 주포에는 새로운 탄도 구동기와 제연기를 설치했다.

제원
제조국: 미국
승무원: 4명
중량: 비공개
치수: 전장: 6.95m | 전폭: 3.63m | 전고: 3.27m
기동 가능 거리: 비공개
장갑: 비공개
무장: 1 x 105mm (4.13in) 포 | 3 x 7.62mm (.3in) 기관총
엔진: 1 x 제너럴 다이내믹스 랜드 시스템즈 AVDS-1790 시리즈 디젤 엔진
성능: 최고 속도: 비공개

TIMELINE
1950 1952 1953

M48A5

M48A5는 강력한 105mm(4.1in) M68 포를 탑재한 첫 번째 패튼 파생형이다. 기존의 패튼을 M48A5 스탠더드로 업그레이드할 수 있게 많은 키트가 지급되었다.

제원
제조국: 미국
승무원: 4명
중량: 49,090kg
치수: 전장: 9.47m l 전폭: 3.63m l 전고: 3.29m
기동 가능 거리: 500km
장갑: 비공개
무장: 1 X 105mm M48 포
엔진: 1 X M48A1 AV1790-7C V-12 공랭식 가솔린 엔진, 810마력 (604kW) l 1 x AVDS-1790 2A 라이즈 모델 엔진, 750마력 (559 kW)
성능: 노상 최고 속도: 48km/h

센추리언 Mk 5

센추리언 Mk 5는 기본 센추리언 디자인의 13가지 부가 파생형에 속했다. 이 전차는 널리 수출되었고 일부 해외 고객들은 원래부터 뛰어난 설계를 자체적으로 수정해 성능 향상을 꾀했다.

제원
제조국: 영국
승무원: 4명
중량: 50,728kg
치수: 전장: 9.8m l 전폭: 3.39m l 전고: 2.94m
기동 가능 거리: 102km
장갑: 비공개
무장: 비공개
엔진: 롤스로이스 Mk IVB 12-기통 액랭식 엔진, 650마력 (485kW)
성능: 노상 최고 속도: 34.6km/h

마가크(이스라엘 M48)

마가크 시리즈 전차는 이스라엘 방위군이 M48/M60 전차에 이름을 붙인 것이다. 90mm(3.54in) 포로 무장했으며 1967년 6월에 벌어진 6일 전쟁에서 사용되었다. 이후 마가크는 이스라엘이 업그레이드해서 영국제 105mm(4.1in)를 탑재했다.

제원
제조국: 이스라엘
승무원: 4명
중량: 불명
치수: 전장: 6.95m l 전폭: 3.63m l 전고: 3.27m
기동 가능 거리: 불명
장갑: 불명
무장: 1 x 105mm (4.1in) 포 l 3 x 7.62mm (.3in) 기관총
엔진: 1 x 제너럴 다이내믹스 랜드 시스템즈 AVDS-1790 시리즈 디젤 엔진
성능: 불명

1954 

1967 

PT-76

1940년대 말에 개발된 소련의 PT-76는 여전히 세계 곳곳에서 현역으로 사용되고 있어 설계의 우수성이 입증되었다. 완전 수륙 양용으로 차체 후미의 워터제트 두 개를 이용해 물속에서 추진력을 얻는다.

PT-76

조종수
수중에서는 조종수의 시야가 제한되었으므로 전차장의 조종 지시에 의존해야 했다.

주포
붉은 군대가 2차 세계대전 당시 사용했던 전차포를 바탕으로 한 PT-76의 주포 D-56은 철갑고폭탄, 고폭 파편탄, 대전차 고폭탄, 고속철갑탄을 발사할 수 있었으나 조준 장치에는 앞의 두 탄만 표시되었다.

차체 전면 장갑
경사면은 11mm 두께의 80° 경사 장갑으로 보호했다. 이 장갑은 소총 총탄과 대부분의 중기관총 사격을 막아냈지만 그 외에는 막지 못했다.

PT-76

PT-76 역시 아랍-이스라엘 전쟁에서 실전에 투입되었으며 인도네시아와 같은 국가에서 반란 진압용으로 쓰였다. 체첸 공화국의 러시아군이 계속해서 사용, 21세기에도 여전히 현역으로 쓰이고 있음이 밝혀졌다.

스노클
수중에서는 포탑 뒤의 통풍구 위에 스노클을 장착했으나 배기가스를 승무원실로 빨아들이기도 했다.

제원

제조국: 소련

승무원: 3명

중량: 14,000kg

치수: 전장: 7.65m | 전폭: 3.14m | 전고: 2.26m

기동 가능 거리: 260km

장갑: 5–17mm

무장: 1 x 76mm (3in) 포 | 1 x 7.62mm (.3in) 동축 기관총 | 1 x 12.7mm (.5in) AA 중기관총

엔진: 1 x V-6 6-기통 디젤 엔진, 179kW (240마력)

성능: 노상 최고 속도: 44km/h | 도섭: 수륙 양용 | 수직 장애물: 1.1m | 참호: 2.8m

추가 연료 탱크
T-54/55 시리즈 전차에 장착된 것과 유사한 납작한 연료 탱크를 차체 후미에 장착할 수 있었다. 양쪽에 하나씩 최대 두 개를 실을 수 있었다.

AMX-13

AMX-13은 2차 세계대전이 끝난 직후 설계에 들어갔으며 1952년부터 시작된 생산이 1980년대까지 이어졌다. 포탑 버슬에 6발들이 리볼버식 탄창 두 개로 이루어진 자동 장전기가 포함되었다. 전 세계로 널리 수출되었다.

AMX-13

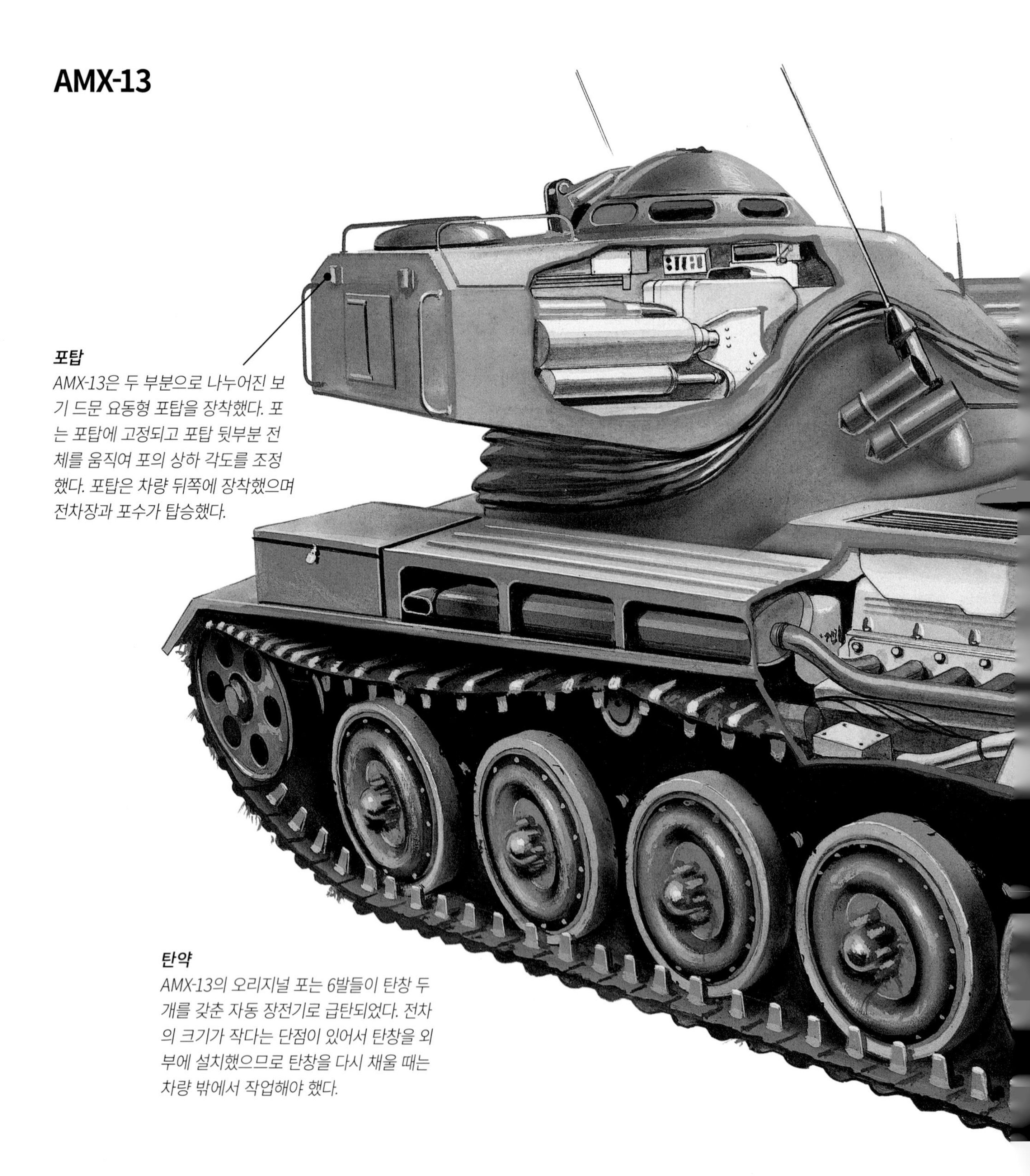

포탑
AMX-13은 두 부분으로 나누어진 보기 드문 요동형 포탑을 장착했다. 포는 포탑에 고정되고 포탑 뒷부분 전체를 움직여 포의 상하 각도를 조정했다. 포탑은 차량 뒤쪽에 장착했으며 전차장과 포수가 탑승했다.

탄약
AMX-13의 오리지널 포는 6발들이 탄창 두 개를 갖춘 자동 장전기로 급탄되었다. 전차의 크기가 작다는 단점이 있어서 탄창을 외부에 설치했으므로 탄창을 다시 채울 때는 차량 밖에서 작업해야 했다.

AMX-13

무장

AMX-13 오리지널 양산형의 75mm(2.95in) 포는 독일의 L/71 판터 포를 견본으로 했다. 1966년 90mm(3.54in) 포로 교체되었다

AMX-13의 주목할 만한 특징은 요동형 포탑이다. 포는 포탑 윗부분에 고정되었고 포탑의 아랫부분이 위아래로 움직였다. AMX-13은 폭넓은 개량이 이루어졌고 자주포, 곡사포, 공병 차량, 구난 차량, 교량 가설 차량, 보병 전투 차량까지 다양한 계열 차량이 탄생했다.

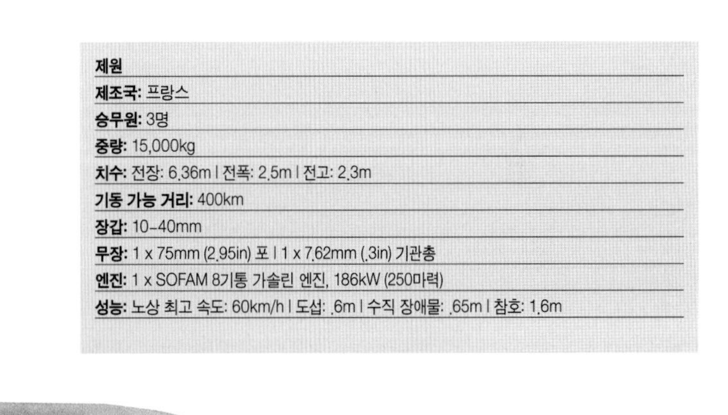

제원

제조국: 프랑스

승무원: 3명

중량: 15,000kg

치수: 전장: 6.36m | 전폭: 2.5m | 전고: 2.3m

기동 가능 거리: 400km

장갑: 10-40mm

무장: 1 x 75mm (2.95in) 포 | 1 x 7.62mm (.3in) 기관총

엔진: 1 x SOFAM 8기통 가솔린 엔진, 186kW (250마력)

성능: 노상 최고 속도: 60km/h | 도섭: .6m | 수직 장애물: .65m | 참호: 1.6m

차대

AMX-13의 차대는 여러 종류로 철저한 개량을 거쳐 역대 가장 완전한 기갑 전투 차량군을 구성하는 기반으로 쓰였다.

엔진

기본형 AMX-13은 기동 가능 거리 400km의 가솔린 엔진을 장착했다. 추후 크뢰조-루아르 사에서 디트로이트 디젤 유닛으로 교체할 패키지를 제공했다.

전후 시대 자주포

전후 시대의 포격전은 더 빠르고 정확해졌다. 새로운 시스템 덕에 포수가 적군의 포를 지체 없이 발견하고 재빨리 대포대 사격을 하는 것이 가능했던 것이다. 따라서 적군의 포격이 도달하기 전 이동이 가능한 '사격 후 진지 이탈' 능력을 갖춘 자주포의 중요성이 높아졌다.

ASU-57

ASU-57는 소련 공수 사단이 사용하도록 설계되었다. 병사들과 함께 낙하산으로 투하되었는데, 화물 운반대를 장착한 역추진 로켓 시스템을 이용해 착륙 시 충격을 완화했다. 이와 같은 차량은 무장이 가벼운 공수 부대에게 귀중한 이동식 포격 지원을 제공했다.

제원

제조국: 소련

승무원: 3명

중량: 3300kg

치수: 전장: 4.995m | 전폭: 2.086m | 전고: 1.18m

기동 가능 거리: 250km

장갑: 6mm

무장: 1 x 57mm (2.24in) CH-51M 포 | 1 x 7.62mm (.3in) 대공 기관총

엔진: 1 x M-20E 4기통 가솔린 엔진, 41kW (55마력)

성능: 노상 최고 속도: 45km/h | 수직 장애물: .5m | 참호: 1.4m

M50 온토스

M50 온토스는 항공 수송이 가능한 전차 공격용 자주포였다. RCL 106mm(4.17in) 무반동총 여섯 정을 중앙의 작은 포탑 양편에 세 정씩 탑재했다. 위쪽 총 네 정 위에는 12.7mm(.5in) 스포팅 라이플을 달아 예광탄을 발사, 표적 조준을 도왔다.

제원

제조국: 미국

승무원: 3명

중량: 8640kg

치수: 전장: 3.82m | 전폭: 2.6m | 전고: 2.13m

기동 가능 거리: 240km

장갑: 최대 13mm

무장: 6 x RCL 106mm (4.17in) 무반동총 | 4 x 12.7mm (.5in) M8C 스포팅 라이플

엔진: 1 x 제너럴 모터스 302 가솔린 엔진, 108kW (145마력)

성능: 노상 최고 속도: 48km/h

TIMELINE

1951 

1952 

1955

MK 61

MK 61 105mm 자주포는 전후 프랑스군이 처음 자체 제작한 포로 1952년부터 군에서 사용되었다. 105mm(4.1in) 포는 궤도형 차대에 후방을 향해 고정된 비선회 포대에 탑재되었다.

제원
제조국: 프랑스
승무원: 5명
중량: 약 16,500kg
치수: 전장: 6.4m | 전폭: 2.65m | 전고: 2.7m
기동 가능 거리: 350km
장갑: 최대 20mm
무장: 1 x 105mm (4.13in) 포 | 2 x 7.5mm (2.95in) 기관총
엔진: 1 x SOFAM 8Gxb 8기통 가솔린 엔진, 186.4kW (250마력)
성능: 노상 최고 속도: 60km/h

야크트판처 카노네(JPK)

야크트판처 카노네(JPK)는 90mm(3.54in) 포로 무장한 구축전차이다. 파생형 야크트판처 라케테는 프랑스제 SS. 12 대전차 미사일로 무장했으며 이는 추후 HOT(Haute subsonique Optiquement Téleguidé), 즉 고아음속 광학 원격 유도식 발사관 미사일로 교체되었다.

제원
제조국: 독일
승무원: 4명
중량: 약 25,700kg
치수: 전장: 6.238m | 전폭: 2.98m | 전고: 2.085m
기동 가능 거리: 노상 400km
장갑: 최대 50mm
무장: 1 x 90mm (3.54in) 포 | 2 x 7.62mm (.3in) 기관총
엔진: 1 x 다임러-벤츠 MB837 8기통 디젤 엔진, 372.9kW (500마력)
성능: 최고 속도: 노상 70km/h

슈첸판처 랑 HS30

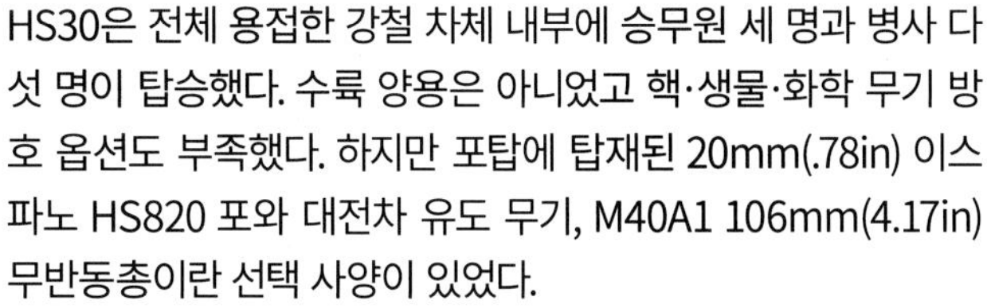

HS30은 전체 용접한 강철 차체 내부에 승무원 세 명과 병사 다섯 명이 탑승했다. 수륙 양용은 아니었고 핵·생물·화학 무기 방호 옵션도 부족했다. 하지만 포탑에 탑재된 20mm(.78in) 이스파노 HS820 포와 대전차 유도 무기, M40A1 106mm(4.17in) 무반동총이란 선택 사양이 있었다.

제원
제조국: 서독
승무원: 3명 + 5명
중량: 14,600kg
치수: 전장: 5.56m | 전폭: 2.25m | 전고: 1.85m
기동 가능 거리: 270km
장갑: 최대 30mm
무장: 1 x 20mm (.78in) 이스파노 HS820 포 및 기타 선택 사양(옵션)
엔진: 1 x 롤스로이스 8기통 가솔린 엔진, 3800rpm일 때 175kW (235마력)
성능: 노상 최고 속도: 51km/h | 도섭 .7m | 경사도: 60 % | 수직 장애물: 0.6m | 참호: 1.6m

1958 1959

전후 시대 궤도형 병력 수송 장갑차

냉전 시대에는 병력 수송 장갑차가 단순한 병력 수송용이 아닌 보병 전투 차량으로 점점 더 많이 채용되었다. 그리고 베트남 전쟁을 포함해 20세기 말에 벌어진 전쟁에서 유용성이 전혀 줄어들지 않았음을 입증되었다. 소련의 일부 궤도형 병력 수송 장갑차는 소형 전차를 닮았고 실제로도 소형 전차에 해당되었다.

M75

인터내셔널 하베스터 M75는 설계에 결점이 있어서 비싼 전차 부품(특히 구동 장치, 엔진, 변속기)에 의존했다. M75는 탑승 공간에 강철 장갑을 대고 전방은 경사면으로 만들었다. 승무원 두 명과 병사 10명이 탑승하기 충분한 크기였다.

제원
제조국: 미국
승무원: 2명 + 10명
중량: 18,828kg
치수: 전장: 5.19m | 전폭 2.84m | 전고 2.77m
기동 가능 거리: 185km
장갑: 15.9mm
무장: 1 x 12.7mm (.5in) 브라우닝 M2 HB 중기관총
엔진: 1 x 콘티넨털 AO-895-4 6기통 가솔린 엔진, 2660rmp일 때 220kW (295마력)
성능: 노상 최고 속도: 71km/h | 도섭: 1.22m | 경사도: 60 % | 수직 장애물: 0.46m | 참호: 1.68m

M59

1954년부터 1960년까지 미국 육군의 병력 수송 장갑차 M75를 M59이 대체했다. 수륙 양용이었으며 차체 높이가 낮고 강력한 엔진 한 대 대신 작은 엔진 두 대를 사용해 생산 비용이 저렴했다. 약 6300대가 제조되었다.

제원
제조국: 미국
승무원: 2명 + 10명
중량: 19,323kg
치수: 전장: 5.61m | 전폭: 3.26m | 전고: 2.27m
기동 가능 거리: 164km
장갑: 16mm
무장: 1 x 12.7mm (.5in) 브라우닝 M2 HB 중기관총
엔진: 2 x 제너럴 모터스 모델 302 6기통 가솔린 엔진, 3350rpm일 때 95kW (127마력)
성능: 노상 최고 속도: 51km/h | 도섭: 수륙 양용 | 경사도: 60 % | 수직 장애물: 0.46m | 참호: 1.68m

TIMELINE

1951 

1954 

SU 60

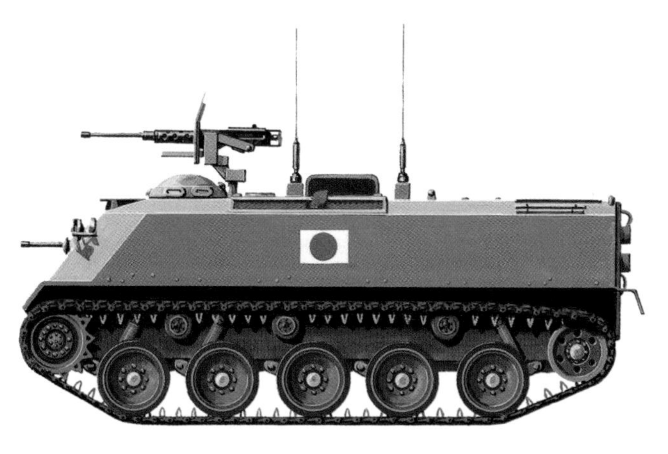

SU-60는 일본 최초의 전후 시대 궤도형 병력 수송 장갑차이다. 승무원 한 명이 전차장 뒤에 앉아 지붕에 장착된 12.7mm(.5in) 기관총을 조작했다. 파생형으로는 박격포 운반차 두 종과 화생방(NBC) 탐지 차량, 대전차 차량, 불도저 등이 있다.

제원
제조국: 일본
승무원: 4명 + 6명
중량: 11,800kg
치수: 전장: 4.85m | 전폭: 2.4m | 전고: 1.7m
기동 가능 거리: 300km
장갑: 불명
무장: 1 x 12.7mm (.5in) 브라우닝 M2 HB 중기관총
엔진: 1 x 미츠비시 8 HA 21 WT 8-기통 디젤 엔진, 2400rpm일 때 164kW (220마력)
성능: 노상 최고 속도: 45km/h | 도섭: 1m | 경사도: 60 % | 수직 장애물: 0.6m | 참호: 1.82m

M113

8만 대 이상 생산된 M113은 역대 가장 광범위하게 사용된 기갑 전투 차량이었다. 1960년에 도입되었으며 록히드 C-130 허큘리스 같은 수송기로 공수 부대를 수송하는 용도로 개발되었다.

제원
제조국: 소련
승무원: 2명 + 11명
중량: 12,329 kg
치수: 전장: 2.686m | 전폭: 2.54m | 전고: 2.52m
기동 가능 거리: 483km
장갑: 불명
무장: 1 x 12.7mm (.5in) 기관총
엔진: 1 x 디트로이트 디젤 6V53T, 205kW (275마력)
성능: 노상 최고 속도: 66km/h

M113A1

1964년부터 GM 160kw(215마력) 디젤 엔진을 갖춘 M113A1이 M113의 생산을 대체했다. 포 방패와 지붕의 무기를 추가한 M113A1은 베트남 전쟁 당시 기갑 부대에서 사용되었으며 기갑군 돌격 장갑 차량(ACAV)으로 알려졌다.

제원
제조국: 미국
승무원: 2명 + 11명
중량: 11,341kg
치수: 전장: 2.686m | 전폭: 2.54m | 전고: 2.52m
기동 가능 거리: 483km
장갑: 최대 44mm
무장: 1 x 12.7mm (.5in) 중기관총 | 2 x 7.62mm (.3in) 기관총
엔진: 1 x 6기통 수랭식 디젤 엔진, 160kW (215제동마력)
성능: 노상 최고 속도: 67.59km/h | 수상 최고 속도: 5.8km/h | 도섭: 수륙 양용 | 수직 장애물: 0.61m | 참호: 1.68m

1960

전후 시대 로켓 시스템

고대 중국에서 비롯된 발상인 로켓포는 2차 세계대전에서 역량을 발휘하며 이후에도 계속해서 군대의 핵심 병기가 되었다. 새로운 궤도와 조준 시스템이 등장하면서 로켓포도 계속 발전했고 소련은 로켓포를 꾸준히 대규모로 배치했다.

BM-24

BM-24는 ZIL-151 6x6 트럭에 탑재되었고 이후 ZIL-157으로 이전되었다. 시스템은 6개의 관형 프레임 레일 두 줄로 이루어졌다. 로켓탄 종류에는 고폭탄, 연막탄, 화학탄이 포함되었으며 일반적으로 사거리는 11km였다.

제원
제조국: 소련
승무원: 6명
중량: 9200kg
치수: 전장: 6.7m | 전폭: 2.3m | 전고: 2.91m
기동 가능 거리: 430km
장갑: 없음
무장: 12 x 240mm (9.4in) 로켓 발사관
엔진: 1 x 6기통 수랭식 가솔린 엔진, 81kW (109마력)
성능: 노상 최고 속도: 65km/h | 도섭: 0.85m

70식

63식 로켓탄 발사기는 포신 4개가 3줄을 이루는 구성이다. 발포를 위해서는 바퀴를 제거하고 전방의 다리 두 개로 발사기를 지지하며 후방의 스페이드로 반동을 흡수시킨다. 예시의 70식은 YW 531C 병력 수송 장갑차의 구성 요소를 사용한다.

제원
제조국: 중국
승무원: 2명
중량: 12,600kg
치수: 전장: 5.4m | 전폭: 3m | 전고: 2.58m
기동 가능 거리: 500km
장갑: 10mm
무장: 12 x 107mm (4.2in) 로켓 발사관
엔진: 1 x V-8 디젤 엔진, 238kW (320마력)
성능: 노상 최고 속도: 65km/h | 도섭: 수륙 양용 | 수직 장애물: 0.6m | 참호: 2m

TIMELINE

1953 

1958 

1963  

BM-21

BM-21은 1960년대 초반에 군에 도입되었으며 대부분의 소련 의존국과 바르샤바 조약군의 표준 다연장 로켓탄 발사기가 되었다. 중국, 인도, 이집트, 루마니아에서 파생형이 생산되었으며 대부분 실전에서 사용되었다.

제원
제조국: 소련
승무원: 6명
중량: 11,500kg
치수: 전장: 7.35m | 전폭: 2.69m | 전고: 2.85m
기동 가능 거리: 405km
장갑: 없음
무장: 40 x 122mm (4.8in) 로켓 발사관
엔진: 1 x V-B 수랭식 가솔린 엔진, 134kW (180마력)
성능: 노상 최고 속도: 75km/h | 도섭: 1.5m | 수직 장애물: 0.65m

왈리드

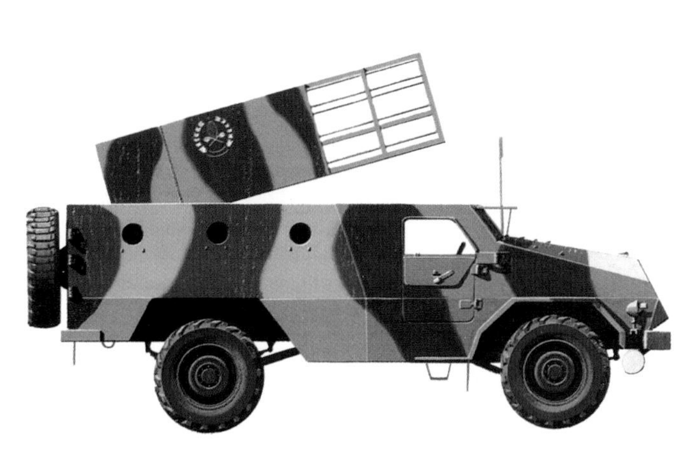

왈리드 4x4 병력 수송 장갑차를 바탕으로 만들었으며 D-3000 로켓탄을 일제 발포하면 15분 동안 지속되는 1000m 길이의 연막을 만들 수 있었다. 이 정도면 전장에서 벌어지는 모든 일을 숨기기 충분했다.

제원
제조국: 이집트
승무원: 2명
중량: 불명
치수: 전장: 6.12m | 전폭: 2.57m | 전고: 2.3m
기동 가능 거리: 800km
장갑: 8mm
무장: 12 x 80mm (3.15in) 로켓 발사관
엔진: 1 x 디젤 엔진, 125kW (168마력)
성능: 노상 최고 속도: 86km/h | 도섭: 0.8m | 수직 장애물: 0.5m

LARS II

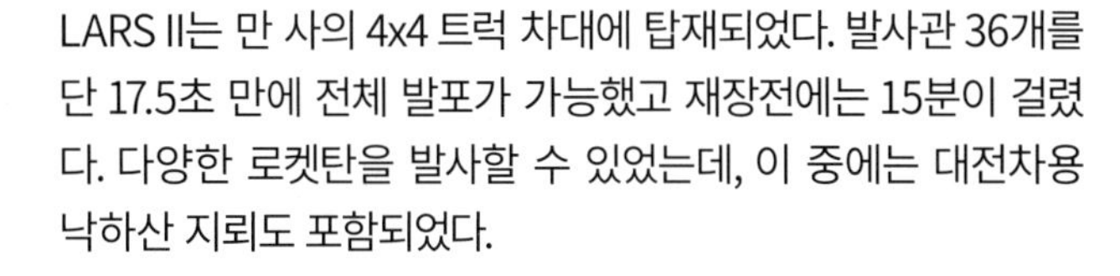

LARS II는 만 사의 4x4 트럭 차대에 탑재되었다. 발사관 36개를 단 17.5초 만에 전체 발포가 가능했고 재장전에는 15분이 걸렸다. 다양한 로켓탄을 발사할 수 있었는데, 이 중에는 대전차용 낙하산 지뢰도 포함되었다.

제원
제조국: 독일
승무원: 3명
중량: 17,480kg
치수: 전장: 8.28m | 전폭: 2.5m | 전고: 2.99m
기동 가능 거리: 480km
장갑: 없음
무장: 36 x 110mm (4.3in) 로켓 발사관
엔진: 1 x V-8액랭식 디젤 엔진, 238kW (320마력)
성능: 노상 최고 속도: 100km/h | 도섭: 1.4m | 수직 장애물: 0.6m | 참호: 1.6m

1967 1969

M113

8만 대 이상 생산된 M113은 역대 가장 광범위하게 사용된 기갑 전투 차량이었다. 1960년에 도입되었으며 록히드 C-130 허큘리스 같은 수송기로 공수 부대를 수송하는 용도로 개발되었다.

M113

궤도
M113은 수중에서 궤도를 이용해 약 5km/h의 속도로 전진했다. 수중에서는 고무 궤도 보호판이 궤도 위의 물 흐름을 제어했다.

알루미늄 장갑
M113의 차체는 알루미늄으로 만들어져서 강철보다 훨씬 가벼웠으나 장갑으로서의 실효성은 훨씬 떨어졌다. 차체는 소화기 사격과 탄약 파편을 막을 수 있었다.

M113

M113에 추가 장갑 방호를 더해 생산한 ACAV(기갑군) 버전은 기관총에 포 방패를 추가해 진정한 기갑 전투 차량으로 거듭났다. M113은 50개국 이상에서 사용되었고 현재도 사용되고 있다.

제원
제조국: 미국
승무원: 2명 + 11명
중량: 11,343kg
치수: 전장: 2.52m ㅣ 전폭: 2.69m ㅣ 전고(차체 꼭대기까지): 1.85m
기동 가능 거리: 480km
장갑: 최대 45mm
무장: 다양했으나 최소 사양의 경우 보통 12.7mm (.5in) 중기관총 1정
엔진: 1 x 제너럴 모터스 6V53 6기통 디젤 엔진, 158kW (212마력)
성능: 노상 최고 속도: 61km/h

기관총

M125는 M113 병력 수송 장갑차의 표준 12.7mm(.5in) 기관총 무장을 그대로 유지했다. 이 무장은 호송대가 빈번하게 초근접거리에서 매복 공격을 당한 베트남에서 필수적이었다.

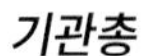

물받이 판

물받이 판은 수륙 양용 작전 시 내리도록 되어 있었지만 종종 아래로 내린 뒤 샌드백을 쌓아서 RPG-7 대전차 로켓탄 방호 능력을 높였다.

기관실

M113은 원래 가솔린 엔진을 장착했으나 전소 위험이 높았다. 따라서 M113A1 이후로는 전 모델에 GMC 디트로이트 디젤 6기통 수랭식 엔진을 장착했다.

전후 시대 차륜형 병력 수송 장갑차

전후 시대에는 대부분의 군대에서 궤도형 병력 수송 장갑차를 개발했지만 차륜형 병력 수송 장갑차 개발에 집중하는 국가도 있었다. 특히 소련이 그런 국가에 해당되었다. 차륜형 차량은 궤도형보다 제조비용이 저렴하고 대량 생산이 더 쉬웠기 때문이었다. 또, 현대식 차륜형 병력 수송 장갑차는 모든 지형에 뛰어난 성능을 보였다.

BTR 40

소련은 기계화 보병이 지원하는 기갑 선봉을 원칙으로 했으며 그 일환인 BTR-40가 구급차, 정찰 차량, 지휘 차량 등 다양한 역할을 수행했다. 화학전을 대비한 특수 파생형 BTR-40kh도 있었다.

제원

제조국: 소련

승무원: 2명 + 8명

중량: 5300kg

치수: 전장: 5m | 전폭: 1.9m | 전고: 1.75m

기동 가능 거리: 285km

장갑: 8mm

무장: 1 x 7.62mm (.3in) 기관총

엔진: 1 x GAZ-40 6기통 수랭식 가솔린 엔진, 60kW (80마력)

성능: 노상 최고 속도: 80km/h | 도섭: 0.8m | 수직 장애물: 0.47m | 참호: 0.7m

BTR-152

BTR-152는 ZIL-157 트럭 차대에 장갑 차체로 구성되었다. 오픈탑 구조 때문에 공중에서 포탄이 폭파될 경우 병사들이 위험에 처하는 것이 주요 결점이었다. 추가로 야지 기동성이 나쁘고 수륙 양용이 아니었다.

제원

제조국: 소련

승무원: 2명 + 17명

중량: 8950kg

치수: 전장: 6.83m | 전폭: 2.32m | 전고: 2.05m

기동 가능 거리: 780km

장갑: 4–13.5mm

무장: 1 x 7.62mm MG

엔진: 1 x ZIL-123 6기통 가솔린 엔진, 82kW (110마력)

성능: 노상 최고 속도: 75km/h | 도섭: 0.8m | 수직 장애물: 0.6m | 참호: 0.69m

TIMELINE

1951 · 1955 · 1964

PSZH-IV

PSZH-IV는 완전 수륙 양용 병력 수송 장갑차로 수중에서는 워터제트 두 개를 이용해 전진했다. 타이어 공기압 조절 시스템과 핵·생물· 화학 무기(NBC) 방어 시스템, 적외선 야간 조준 장치를 장비했다.

제원
제조국: 헝가리
승무원: 3명 + 6명
중량: 7500kg
치수: 전장: 5.7m | 전폭: 2.5m | 전고: 2.3m
기동 가능 거리: 500km
장갑: 14mm
무장: 1 x 14.5mm (.57in) 기관총 | 1 x 7.62mm (.3in) 동축 기관총
엔진: 1 x 카스펠 4기통 디젤 엔진, 74.57kW (100마력)
성능: 노상 최고 속도: 80km/h | 도섭: 수륙 양용 | 수직 장애물: 0.4m | 참호: 0.6m

보그바르트 B2000

병사 8명을 수송할 수 있는 보그바르트 B2000은 사륜구동으로 오픈형 운전실(캡)의 앞 유리를 힌지로 고정했다. 다른 병력 수송차와 달리 B2000은 상부구조에 창문이 있었다. 1955년부터 1961년까지 5672대가 생산되었다.

제원
제조국: 독일
승무원: 1명 + 8명
중량: 3050kg
치수: 전장: 7.5m | 전폭: 5.28m | 전고: 2.15m
기동 가능 거리: 470km
장갑: 해당 없음
무장: 없음
엔진: 1 x 보그바르트 6기통 디젤 엔진, 60kW (80마력)
성능: 노상 최고 속도: 94km/h

OT-64C

OT-64C는 소련의 BTR-60에 상응하는 차량으로 체코슬로바키아와 폴란드에서 개발했다. 1964년 군에 보급되었으며 디젤 엔진과 완전 밀폐형 차내 덕에 소련 모델보다 더 우월했다. 프로펠러 두 개를 장착한 완전 수륙 양용 차량이기도 했다.

제원
제조국: 체코슬로바키아/폴란드
승무원: 2명 + 15명
중량: 14,500kg
치수: 전장: 7.44m | 전폭: 2.55m | 전고: 2.06m
기동 가능 거리: 710km
장갑: 10mm
무장: 1 x 7.62mm (.3in) 기관총
엔진: 1 x 타트라 V-8 디젤 엔진, 134KW (180마력)
성능: 노상 최고 속도: 94.4km/h | 도섭: 수륙 양용 | 수직 장애물: 0.5m | 참호: 2m

1965

살라딘

오랜 이력을 자랑하는 살라딘 장갑차는 여러 국가의 기갑군에서 인기가 있었고 UN을 대표하는 순찰 임무에 사용되어 우수성이 입증되었다. 파생형은 드물었지만 바퀴로 추진하는 수륙 양용 모델이 있었다.

살라딘

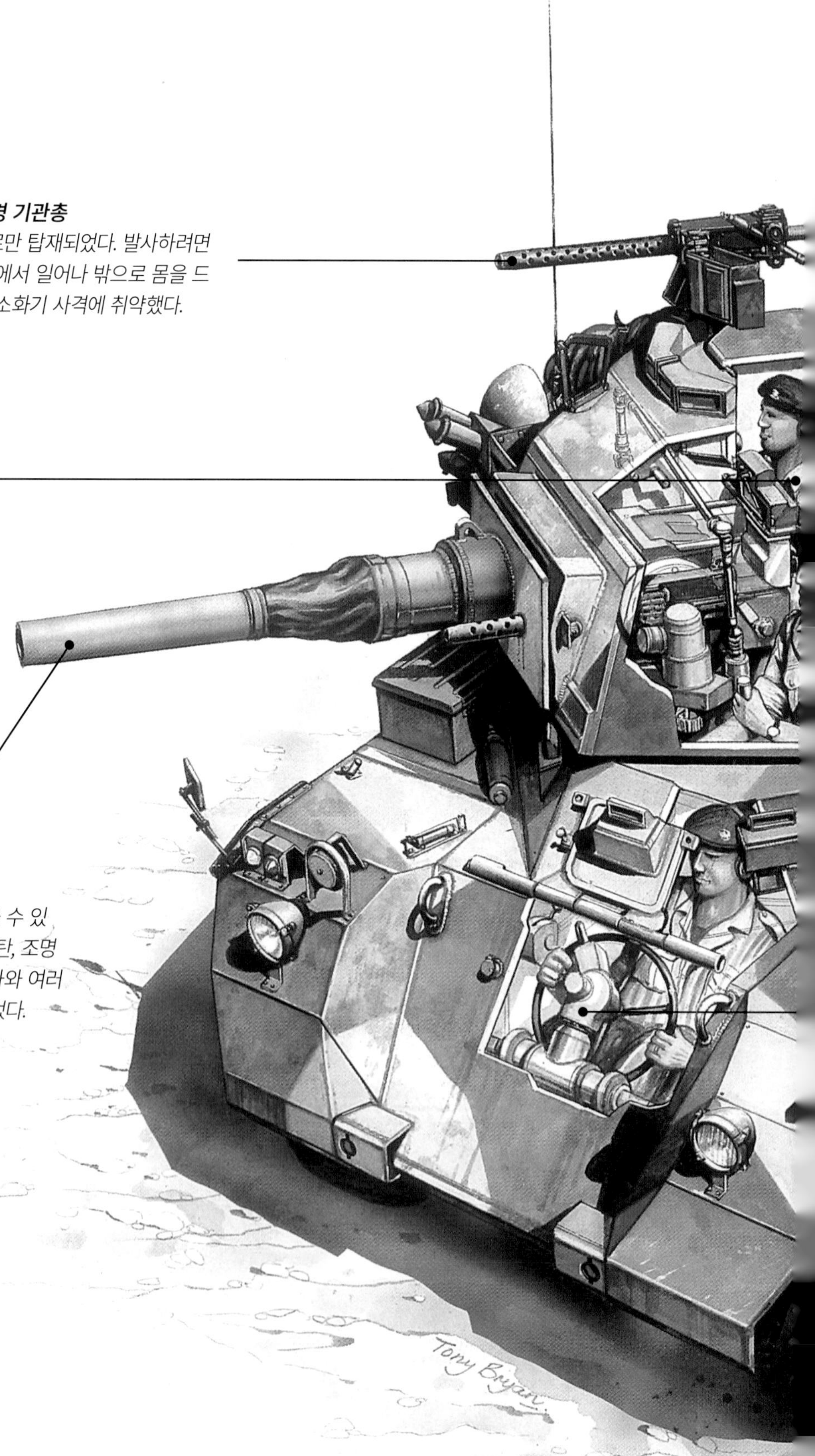

브라우닝 .30 구경 기관총
대공(對空) 용도로만 탑재되었다. 발사하려면 전차장이 포탑 안에서 일어나 밖으로 몸을 드러내야 했으므로 소화기 사격에 취약했다.

전차장
전차장은 전방에 설치된 전망경 네 개와 포탑 후방의 회전식 전망경을 통해 시야를 확보했다.

주포
주포용 탄약은 최대 42발까지 실을 수 있었다. 고폭탄, 점착유탄, 연막탄, 산탄, 조명탄을 발사할 수 있었고 모든 장갑차와 여러 종류의 중형 전차를 격파할 수 있었다.

살라딘

살라딘의 생산은 1959년에 시작해 1972년에 중단되었고 총 1177대가 제조되었다. 살라딘은 영국군에 더하여 인도네시아, 요르단, 독일 연방 경찰, 예멘, 레바논에서도 사용되었다. 전륜(全輪) 구동이었으며 방향 조종은 바퀴 여섯 개 중 앞바퀴 네 개로 했다.

제원
제조국: 영국
승무원: 3명
중량: 11,500kg
치수: 전장: 5.284m l 전폭: 2.54m l 전고: 2.93m
기동 가능 거리: 400km
장갑: 8–32mm
무장: 1 x 76mm (3in) 포 l 1 x 7.62mm (.3in) 동축 기관총 l 1 x 7.6mm (.3in) AA 기관총
엔진: 1 x 8-기통 가솔린 엔진, 127kW (170마력)
성능: 노상 최고 속도: 72km/h l 도섭: 1.07m l 수직 장애물: 0.46m l 참호: 1.52m

기관실
방탄 격벽으로 전투실과 분리했다. 방열공이 있는 엔진 덮개 여섯 개를 통해 공기를 빨아들이고 차체 후미로 내뿜었다.

포수
포수의 전망경은 둘로 나뉘었다. 위쪽 확대 기능이 없는 스코프로는 표적을 찾았고 아래쪽 스코프는 6배 확대경이었다.

조종수
해치 커버가 뒤로 접혀서 조종수가 전망경 세 개를 통해서만이 아니라 살라딘 밖을 직접 볼 수도 있었다.

전후 시대의 장갑차

장갑차는 전후 시대에도 평화 유지나 국내 치안 유지용으로 인기가 많았다. 외형이 전차만큼 대립적이지도 위협적이지도 않았고 크기가 작고 조종성이 좋아서 도시에서도 운행이 쉬웠다. 또한 현대식 대형 수송기를 이용하면 항공 수송도 수월했다.

다임러 페럿 Mk 2/3

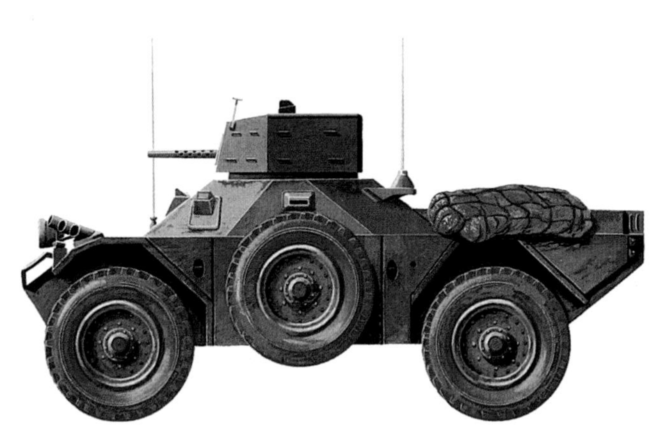

페럿은 척후차로 개발되었다. Mk I은 간단하게 오픈형 상부에 기관총만 탑재했다. Mk V는 포탑이 있어 스윙파이어 대전차 미사일을 탑재할 역량이 있었다. 연막 발사기도 장착했다.

제원
제조국: 영국
승무원: 2명
중량: 4400kg
치수: 전장: 3.835m | 전폭: 1.905m | 전고: 1.879m
기동 가능 거리: 306km
장갑: 8–16mm
무장: 1 x 7.62mm (.3in) 기관총
엔진: 1 x 롤스로이스 6기통 가솔린 엔진, 96kW (129마력)
성능: 노상 최고 속도: 93km/h | 도섭: 0.914m | 수직 장애물: 0.406m | 참호: 1.22m

파나르 EBR/FL-10

파나르 장갑차는 바퀴가 여덟 개로 오프로드에서의 정지 마찰력을 고려해 중앙의 네 개에 강철 림을 장착했다. EBR의 표준 무장은 75mm(2.95in) 포였던 반면 FL-10은 AMX-13 경전차의 포탑을 받았다.

제원
제조국: 프랑스
승무원: 4명
중량: 15,200kg
치수: 전장(포 앞까지): 7.33m | 전폭: 2.42m | 전고: 2.58m
기동 가능 거리: 600km
장갑: 40mm
무장: 1 x 75mm (2.95in) 포 | 1 x 7.62mm (.3in) 동축 기관총
엔진: 1 x 파나르 12기통 가솔린 엔진, 149kW (200마력)
성능: 노상 최고 속도: 105km/h | 도섭: 1.2m | 경사도: 60 % | 수직 장애물: 0.4m

TIMELINE

1951

파나르 EBR/FL-11

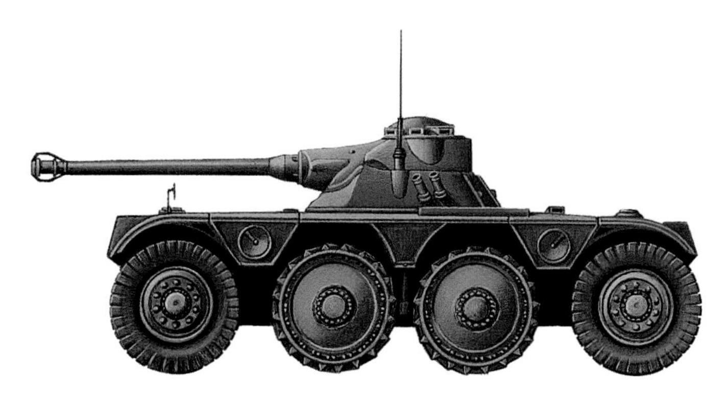

초기 FL-11 모델은 75mm(2.95mm) 포를 탑재했는데, 종래대로 포를 15° 위로 올리거나 10° 아래로 내려서 장전했다. 1960년대에는 90mm(3.54in) 포를 탑재해 320mm 두께의 장갑을 꿰뚫을 수 있는 날개 안정식 포탄의 발사가 가능했다.

제원
제조국: 프랑스
승무원: 4명
중량: 13,500kg
치수: 전장(포 앞까지): 6.15m | 전폭: 2.42m | 전고: 2.32m
기동 가능 거리: 600km
장갑: 40mm
무장: 1 x 75mm (2.95in) 또는 1 x 90mm (3.54in) 포 | 2 x 7.5mm (.29in) 또는 7.62mm (.3in) 기관총
엔진: 1 x 파나르 12기통 가솔린 엔진, 149kW (200마력)
성능: 노상 최고 속도: 105km/h | 도섭: 1.2m | 경사도: 60 % | 수직 장애물: 0.4m

알비스 사라센

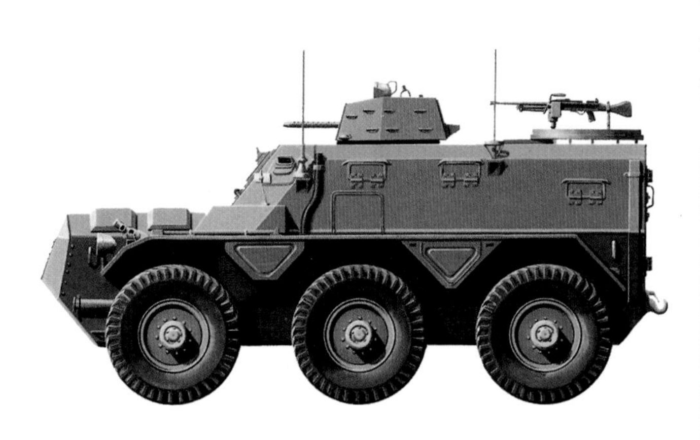

FV600 계열 장갑차의 하나인 사라센은 1950년대에 생산된 유일한 영국제 병력 수송 장갑차였다. 파생형으로는 구급차와 지휘 차량이 있었다. 또, 레이더 장착 자주포, 지뢰 제거 차량도 있었으나 실제로 군에서 사용되지는 못했다.

제원
제조국: 영국
승무원: 2명 + 10명
중량: 8640kg
치수: 전장: 5.233m | 전폭: 2.539m | 전고: 2.463m
기동 가능 거리: 400km
장갑: 16mm
무장: 2 x 7.62mm (.3in) 기관총
엔진: 1 x 롤스로이스 B80 Mk 6A 8기통 가솔린 엔진, 119kW (160마력)
성능: 노상 최고 속도: 72km/h | 도섭: 1.07m | 수직 장애물: 0.46m | 참호: 1.52m

살라딘

살라딘의 차대는 사라센 병력 수송 장갑차와 유사했다. 바퀴 여섯 개가 모두 구동되었으며 전방 네 개로 방향을 조종했기 때문에 바퀴 하나가 폭파되어도 운전이 가능했다.

제원
제조국: 영국
승무원: 3명
중량: 11,500kg
치수: 전장: 5.284m | 전폭: 2.54m | 전고: 2.93m
기동 가능 거리: 400km
장갑: 8–32mm
무장: 1 x 76mm (3in) 포 | 1 x 7.62mm (.3in) 동축 기관총 | 1 x 7.62mm (.3in) AA 기관총
엔진: 1 x 8기통 가솔린 엔진, 127kW (170마력)
성능: 노상 최고 속도: 72km/h | 도섭: 1.07m | 수직 장애물: 0.46m | 참호: 1.52m

1952 1958

전후 시대의 대공 차량

공군력이 전장을 지배하게 되자 군에서 이동식 대공 시스템의 개발을 계속해서 크게 강조한 것은 논리적인 결과였다. 전후 시대 초기에 소련이 다수의 가공할 만한 이동식 대공 무기를 생산하자 NATO 공군은 새로운 전술을 개발할 수밖에 없었다.

M42

M42 대공 시스템, 별칭 '더스터'는 M41 불도그 전차를 기반으로 했다. 가솔린 엔진 때문에 기동 가능 거리에 한계가 있었으며 레이더 사격 통제 장치가 없었으므로 포수는 광학 조준경에 의존해야 했다. 오픈탑 포탑이라 승무원 보호 능력은 거의 없었다.

제원

제조국: 미국

승무원: 6명

중량: 22,452kg

치수: 전장: 6,356m | 전폭: 3,225m | 전고: 2,847m

기동 가능 거리: 161km

장갑: 12–38mm

무장: 2 x 40mm (1,57in) 대공포 | 1 x 7,62mm (,3in) 기관총

엔진: 1 x 콘티넨털 AOS-895-3 6기통 공랭식 가솔린 엔진, 373kW (500마력)

성능: 노상 최고 속도: 72,4km/h | 도섭: 1,3m | 수직 장애물: 1,711m | 참호: 1,829m

M53/59

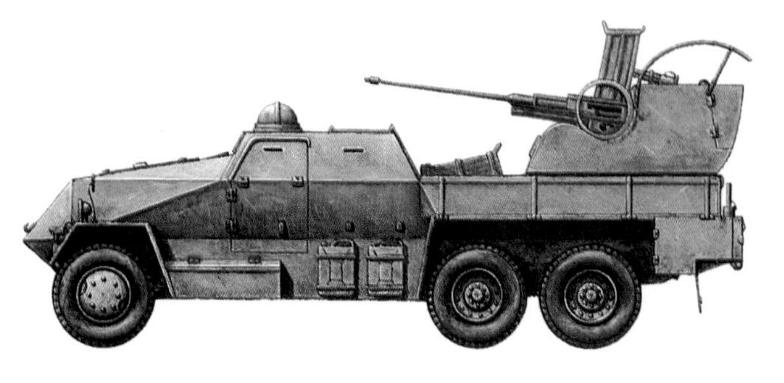

M53/59 자주 대공포는 적외선 야간 시야 확보 장치와 핵·생물·화학 무기(NBC) 방어 시스템이 없었으므로 맑은 날씨에만 쓸 수 있었다. 야지 기동성도 좋지 않아서 궤도형 차량과 함께 효과적으로 운용할 수 없었다.

제원

제조국: 체코슬로바키아

승무원: 6명

중량: 10,300kg

치수: 전장: 6,92m | 전폭: 2,35m | 전고: 2,585m

기동 가능 거리: 500km

장갑: 없음 (차량 전체)

무장: 2 x 30mm (1,2in) 포

엔진: 1 x 타트라 T912-2 6기통 디젤 엔진, 82kW (110마력)

성능: 노상 최고 속도: 60km/h | 수직 장애물: 0,46m | 참호: 0,69m

TIMELINE

1951 1953 1955

ZSU-57-2

큰 오픈탑 포탑과 T-54 주력 전차를 경량화한 버전의 차대로 구성된 ZSU-57-2는 T-54보다 중량 대비 출력이 훨씬 좋았다. 추가 연료 탱크를 장착하면 기동성이 좋았고 기동 가능 거리 증가에도 효과적이었다.

제원

제조국: 소련

승무원: 6명

중량: 28,100kg

치수: 전장: 8.48m | 전폭: 3.27m | 전고: 2.75m

기동 가능 거리: 420km

장갑: 15mm

무장: 2 x 57mm (2.24in) 대공포

엔진: 1 x 모델 V-54 V-12 디젤 엔진, 388kW (520마력)

성능: 노상 최고 속도: 50km/h | 도섭: 1.4m | 수직 장애물: 0.8m | 참호: 2.7m

BRDM-1 SA-9 가스킨

BRDM-1은 BRDM 수륙 양용 장갑 척후차 시리즈의 첫 번째 모델로 1959년부터 군에 지급되었다. 완전 수륙 양용이었으며 후방에 장착한 워터 제트 하나로 추진했다. SA-9 트윈 미사일 발사기로 일반 포탑을 대체했다.

제원

제조국: 소련

승무원: 5명

중량: 5600kg

치수: 전장: 5.7m | 전폭: 2.25m | 전고: 1.9m

기동 가능 거리: 500km

장갑: 10mm

무장: 1 x 7.62mm (.3in) SGMB 기관총 | SA-9 AA 트윈 미사일 발사기

엔진: 1 x GAZ-40P 6기통 가솔린 엔진, 3400rpm일 때 67.2kW (90제동마력)

성능: 최고 속도: 80km/h | 수중 9km/h

M727 호크

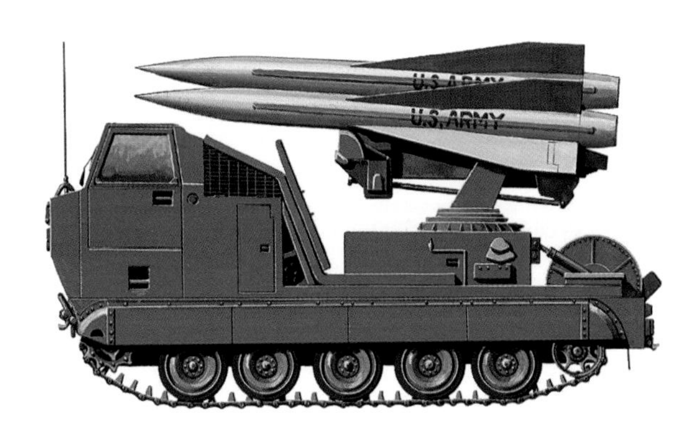

사냥감을 끝까지 쫓아간다는 뜻의 호크(HAWK: Homing All the Way to the Kill)는 1960년대에 군에 도입되었다. 처음에는 2.5톤 6x6 트럭으로 발사기를 견인했다. 자주포 버전인 M727 SP 호크는 3발 미사일 발사기를 지원하기 위해 개조한 M548 궤도형 화물 운반차를 사용했다.

제원

제조국: 미국

승무원: 4명

중량: 12,925kg

치수: 전장: 5.87m | 전폭: 2.69m | 전고: 2.5m

기동 가능 거리: 489km

장갑: 불명

무장: 3 x HAWK 지대공 미사일

엔진: 1 x 디트로이트 6V53 6기통 디젤 엔진, 160kW (214마력)

성능: 노상 최고 속도: 61km/h | 도섭: 1m | 경사도: 60 % | 수직 장애물: 0.61m | 참호: 1.68m

1959 

1960 

전후 시대의 경(輕)유틸리티 차량

2차 세계대전 동안 어디에서나 볼 수 있었던 지프차는 전후 경유틸티리 차량 설계의 영감이 되었고, 1980년대에도 다양한 역할로 활약했다. 냉전 시대에 한국 전쟁 등 몇 차례 전쟁을 겪으면서 계속해서 설계가 향상되었고 '험비' 장갑차라는 걸작의 탄생으로 이어졌다.

피아트 캄파뇰라 1107 AD

캄파뇰라는 1901cc 가솔린 엔진을 장착한 사륜구동 차였다. 1107 AD(1974년형)는 60kW(80마력) 출력의 1995cc 엔진을 장착했다. 바퀴에는 독립식 서스펜션 시스템을 장착했다. 최고 속도는 시속 120km였으며 다루기가 쉬워서 인기가 있었다.

제원
제조국: 이탈리아
승무원: 1명 + 5명
중량: 2420kg
치수: 전장: 3.77m | 전폭: 1.58m | 전고: 1.9m
기동 가능 거리: 400km
장갑: 해당 없음
무장: 없음
엔진: 1 x 피아트 4기통 가솔린 엔진, 60kW (80마력)
성능: 노상 최고 속도: 120km/h

M201 VLTT

모든 지형에 대응하는 경유틸리티 차량 VLTT(Voiture Légère Tous Terrains)는 윌리스 MB나 포드 GPW를 수리 혹은 복원해서 만들었다. 오리지널 차량과 마찬가지로 4x4 지프차에 최고 속도는 시속 100km였으며 오프로드 운전이 용이하고 접을 수 있는 소프트탑을 장착했다.

제원
제조국: 프랑스
승무원: 1명 + 3명
중량: 1520kg
치수: 전장: 3.36m | 전폭: 1.58m | 전고: 1.77m
기동 가능 거리: 348km
장갑: 해당 없음
무장: 없음
엔진: 1 x 4기통 디젤 엔진, 46kW (61마력)
성능: 노상 최고 속도: 100km/h

TIMELINE

1946 

1948

1950 

랜드로버 4 x 4

1956년 영국 육군은 랜드로버를 해당 등급의 표준 군용 차량으로 선정했다. 무한히 개조가 가능해 구급차, 포 견인차, 정찰 차로 사용되었다. 변속기는 수동으로 전진 기어 4단, 후진 기어 1단으로 구성되었다.

제원
제조국: 영국
승무원: 1명
중량: 2120kg
치수: 전장: 3.65m | 전폭: 1.68m | 전고 1.97m
기동 가능 거리: 560km
장갑: 없음
무장: 없음
엔진: 1 x 4기통 OHV 디젤 엔진, 30kW (51마력)
성능: 노상 최고 속도: 105km/h | 도섭: 0.5m

M37

M37은 도로와 야지에서 화물을 운반하는 목적으로 쓰였다. 구난 작전을 돕기 위해 윈치를 장착했고 깊은 물을 건널 수 있는 심수 도섭 능력이 있었다. 파생형으로는 완전 밀폐형 차체를 갖춘 구급차와 지휘 차량이 있었다.

제원
제조국: 미국
승무원: 1명 + 2명 (추가로 뒤 칸에 6명 혹은 8명)
중량: 3493kg
치수: 전장: 4.81m | 전폭: 1.784m | 전고: 2.279m
기동 가능 거리: 362km
장갑: 없음
무장: 없음
엔진: 1 x 닷지 T245 6기통 가솔린 엔진, 58kW (78마력)
성능: 노상 최고 속도: 88.5km/h | 도섭: 1.066m

GAZ-69

GAZ-69은 정찰 및 전반적인 연락 임무에 사용되었다. 하지만 GAZ-69의 차대 자체는 GAZ-69 대전차 차량, 도하 지점 정찰을 위한 수륙 양용 차량, 지뢰 탐지 차량 등 다양한 차량에 활용되었다.

제원
제조국: 소련
승무원: 1명 + 1명 (추가로 뒤 칸에 4명)
중량: 1525kg
치수: 전장: 3.85m | 전폭: 1.85m | 전고: 2.03m
기동 가능 거리: 530km
장갑: 없음
무장: 없음
엔진: 1 x M-20 4기통 가솔린 엔진, 39kW (52마력)
성능: 노상 최고 속도: 90km/h | 도섭: 0.55m

1951  1952 

전후 시대의 포 견인차

포 견인차에는 두 종류가 있다. 대형 트럭을 군용으로 개조한 차륜형 견인차와 무한궤도를 장착한 궤도형이었다. 후자는 전차 차대를 사용하고 포수가 탑승하거나 탄약을 적재할 수 있는 격실로 상부 구조를 교체한 경우가 많았다. 하프트랙 견인차는 대부분 2차 세계대전 이후 단종되었다.

AT-P

AT-P는 빠르고 견고했다. 상부에는 병사 여섯 명이 탑승할 수 있는 오픈형 병력 수송칸이 있고 전방에는 승무원 세 명이 탑승하는 장갑 격실이 있었다. 파생형으로는 공수 돌격포로 무장한 ASU-57 공수 차량이 있었다.

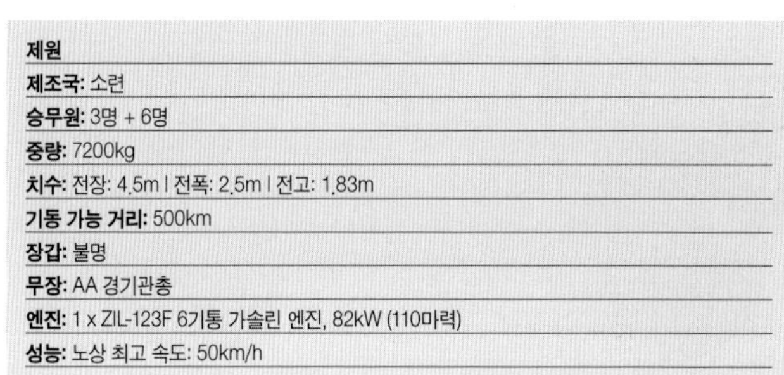

제원
제조국: 소련
승무원: 3명 + 6명
중량: 7200kg
치수: 전장: 4.5m | 전폭: 2.5m | 전고: 1.83m
기동 가능 거리: 500km
장갑: 불명
무장: AA 경기관총
엔진: 1 x ZIL-123F 6기통 가솔린 엔진, 82kW (110마력)
성능: 노상 최고 속도: 50km/h

AT-S 견인차

AT-S는 여섯 명을 태울 수 있었고 오픈탑 구조의 화물칸은 때때로 특수 장비를 싣도록 밀폐형 차체로 교체할 수 있었다. AT-S는 BM-24T 로켓탄 발사기와 설상 수송 차량으로 사용된 Sbkh의 기반이 되었다.

제원
제조국: 소련
승무원: 1명 + 6명
중량: 15,000kg
치수: 전장: 5.87m | 전폭: 2.57m | 전고: 2.535m
기동 가능 거리: 350km
장갑: 없음
무장: 없음
엔진: 1 x V-54-T V-12 수랭식 디젤 엔진, 186kW (250마력)
성능: 노상 최고 속도: 35km/h | 도섭: 1m | 수직 장애물: 0.6m | 참호: 1.45m

TIMELINE

1945 1950 1952

베드포드 트래클라트

'트래클라트'는 포 견인을 위해 특별히 설계한 차량으로 인상적인 성능을 발휘했다. 1800kg의 25파운드 포를 견인하면서 시속 48km의 속도로 1/30의 경사를 올라갈 수 있었다. 궤도형 시스템 덕에 진창이나 눈 쌓인 지형에도 대응이 가능했다.

제원
제조국: 영국
승무원: 10명
중량: 6812kg
치수: 전장: 6.4m | 전폭: 2.29m | 전고: 2.75m
기동 가능 거리: 322km
장갑: 해당 없음
무장: 없음
엔진: 2 x 베드포드 3500cc 엔진, 101kW (136마력)
성능: 노상 최고 속도: 48km/h

M8 고속 트랙터

M8은 M41 워커 불도그 경전차의 차대를 기반으로 했다. 화물 트레일러를 견인했을 뿐만 아니라 75mm(2.95in) 대공포와 같은 다양한 무기를 견인했다. 기본 버전의 화물칸은 포탄과 장약 적재용으로 빠르게 바꿀 수 있었다.

제원
제조국: 미국
승무원: 1명 + 1명
중량: 24,948kg
치수: 전장: 6.731m | 전폭: 3.327m | 전고: 3.048m
기동 가능 거리: 290km
장갑: 없음
무장: 1 x 12.7mm (.5in) 대공 중기관총
엔진: 1 x 콘티넨털 AOS-895-3 6기통 공랭식 가솔린 엔진, 644kW (863마력)
성능: 노상 최고 속도: 64.4km/h | 도섭: 1.06m | 수직 장애물: 0.46m | 참호: 2.13m

M578

M578은 M107 175mm(6.89in) 및 M110 203mm(8in) 자주 곡사포용으로 개발되었으며 두 포의 차대와 포탑 디자인을 활용했다. 곡사포는 이제 쓰이지 않지만 M576은 경량형 구난 장갑차로 계속 활약하고 있다.

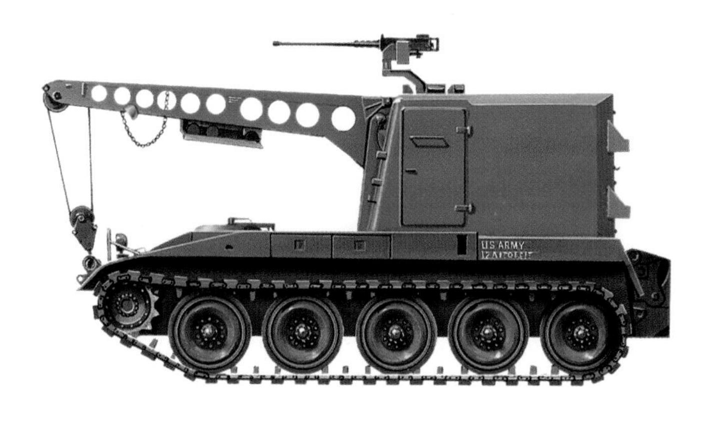

제원
제조국: 미국
승무원: 3명
중량: 24,300kg
치수: 전장: 6.42m | 전폭: 3.15m | 전고: 2.92m
기동 가능 거리: 725km
장갑: 불명
무장: 1 x 12.7mm (.5in) 브라우닝 M2 HB 기관총
엔진: 1 x 제너럴 모터스 8V-71T 8기통 디젤 엔진, 2300rpm일 때 302kW (405마력)
성능: 노상 최고 속도: 55km/h | 도섭: 1.07m | 경사도: 60 % | 수직 장애물: 1.02m | 참호: 2.36m

1966

전후 시대의 트럭

전후 시대에는 사실상 세계 어디에서든 물리적 충돌 발생 횟수가 많지 않았으므로 더는 군용 트럭이 대규모로 필요하지 않았다. 하지만 군용 트럭의 중요성은 전혀 줄어들지 않았다. 새로운 세대의 트럭은 한국의 눈밭과 진창에서부터 베트남의 정글까지 다양한 환경에 대처할 수 있었다.

M35

'이거 비버(열성적인 비버)'라는 별명이 붙은 M35는 미국 육군의 표준 6x6 트럭이었다. 새로 설계한 서스펜션과 전방 경사 보닛을 포함해 점진적 개량이 이루어졌다. 추가 선택 사양으로는 윈치, 추운 날씨에서의 작전을 대비한 난방 장치, 심수 도섭 키트가 있었다.

제원
제조국: 미국
승무원: 1명 + 2명
중량: 8168kg
치수: 전장: 6.71m | 전폭: 2.39m | 전고: 2.9m
기동 가능 거리: 483km
장갑: 없음
무장: 없음
엔진: 1 x LDT-465-IC 6기통 디젤 엔진, 104.4kW (140마력)
성능: 노상 최고 속도: 90km/h | 도섭: 0.76m

DAF YA 126

YA 126의 보기 드문 특징 중 하나는 차량의 양쪽 측면에 장착된 예비 바퀴로 자유롭게 돌아가서 장애물을 넘을 때 도움이 되었다. 파생형에는 이동식 작업장, 밀폐형 구급차, 지휘/무전 차량이 있었다.

제원
제조국: 네덜란드
승무원: 1명 + 1명 (추가로 뒤 칸에 8명)
중량: 3230kg
치수: 전장: 4.55m | 전폭: 2.1m | 전고: 2.2m
기동 가능 거리: 330km
장갑: 없음
무장: 없음
엔진: 1 x 허큘리스 JXC 6기통 가솔린 엔진, 76kW (102마력)
성능: 노상 최고 속도: 84km/h | 도섭: 0.76m

TIMELINE

1950 

1952 

프라하 V3S

최고 속도가 겨우 시속 62km였고 경유 소비량도 많았다. 하지만 6x6 전륜(全輪)구동이라 오프로드 운전이 쉬운 점이 이러한 단점을 상쇄했다. 5톤의 화물을 실을 수 있었고 이동식 사무실의 틀을 장착할 수도 있었다.

제원
제조국: 체코슬로바키아
승무원: 1명 + 1명
중량: 5350kg
치수: 전장: 6.91m | 전폭: 2.31m | 전고: 2.92m
기동 가능 거리: 500km
장갑: 없음
무장: 없음
엔진: 1 x 타트라 T-912 6기통 디젤 엔진, 73kW (98마력)
성능: 노상 최고 속도: 62km/h

포드 G398 SAM

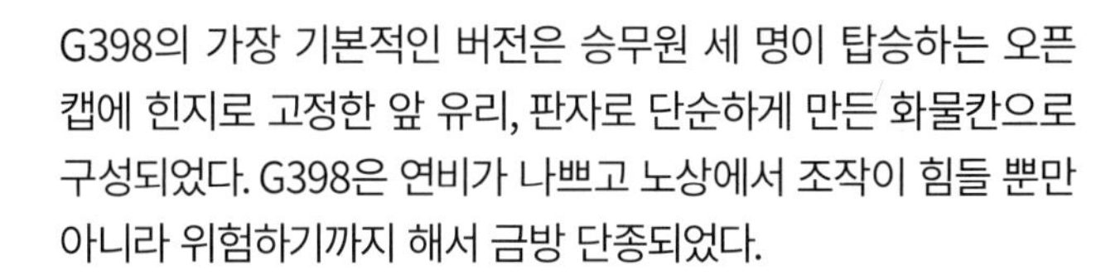

G398의 가장 기본적인 버전은 승무원 세 명이 탑승하는 오픈캡에 힌지로 고정한 앞 유리, 판자로 단순하게 만든 화물칸으로 구성되었다. G398은 연비가 나쁘고 노상에서 조작이 힘들 뿐만 아니라 위험하기까지 해서 금방 단종되었다.

제원
제조국: 독일
승무원: 1명 + 2명
중량: 7480kg
치수: 전장: 7.25m | 전폭: 2.24m | 전고: 3.14m
기동 가능 거리: 280km
장갑: 없음
무장: 없음
엔진: 1 x 포드 G28T 8기통 가솔린 엔진, 68kW (91마력)
성능: 노상 최고 속도: 85km/h

만 630 L2

만 630 L2는 4x4 배열 트럭으로 한 장짜리 판자로 바닥을 깐 4.5m 길이의 화물칸이 특징이었다. 적재량은 약 5톤이었다. 다종 연료 엔진에는 경유, 가솔린, 케로신은 물론 심지어는 폐기 연료 혼합물로도 작동되었다. (단, 불순물이 섞인 연료는 출력에 악영향을 끼쳤다.)

제원
제조국: 독일
승무원: 1명 + 2명
중량: 13,000kg
치수: 전장: 7.9m | 전폭: 2.5m | 전고: 2.84m
기동 가능 거리: 420km
장갑: 없음
무장: 없음
엔진: 1 x 만 D1243 MV3A/W 4기통 다종 연료 엔진, 97kW (130마력)
성능: 노상 최고 속도: 66km/h

1957  1958

전후 시대의 수륙 양용 차량

차륜형 경(輕)지휘 정찰 차량부터 병력 수송 장갑차, 전차까지 현대 군용 차량 다수가 수륙 양용으로 제조되었다. 냉전 시대에 소련 세력권 국가들은 많은 종류의 수륙 양용 병력 수송 장갑차와 전투 차량, 전차를 차륜형과 궤도형으로 개발했다.

BAV-485

BAV-485의 차대는 ZIL-151 6x6 트럭을 토대로 했다. 화물칸 뒤쪽에 아래로 열리는 문이 있어 완전 무장한 병사 25명이나 화물 2500kg을 수송할 수 있었다. 차체 후방의 단일 프로펠러가 수중 추진에 쓰였다.

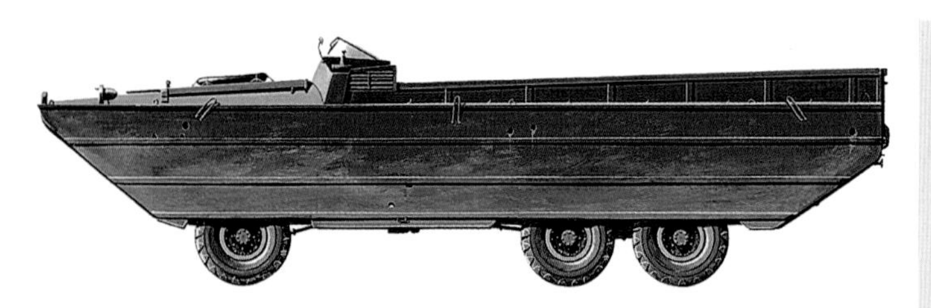

제원
제조국: 소련
승무원: 2명
중량: 9650kg
치수: 전장: 9.54m | 전폭: 2.5m | 전고: 2.66m
기동 가능 거리: 530km
장갑: 불명
무장: 1 x 12.7mm (.5in) DShKM 기관총 (선택)
엔진: 1 x ZIL-123 6기통 가솔린 엔진, 82kW (110마력)
성능: 노상 최고 속도: 60km/h | 수상 최고 속도: 10km/h | 경사도 60 % | 수직 장애물: 0.4m

GAZ-46 MAV

거의 전부가 정찰 차량으로 쓰인 GAZ-46는 무장을 탑재하지 않았다. 후방에 병사 세 명을 태울 수 있었고 전방에 차장과 조종수가 탑승했다. 접이식 앞 유리로 물이 튀는 것을 막았다. 물속에 들어가기 전에 트림 베인(trim vane)을 장착해야 했다.

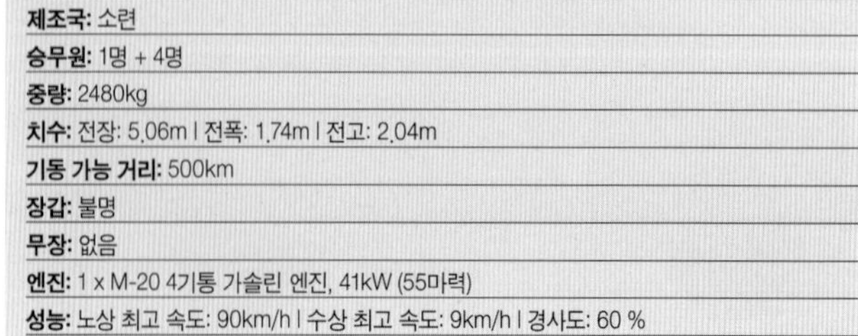

제원
제조국: 소련
승무원: 1명 + 4명
중량: 2480kg
치수: 전장: 5.06m | 전폭: 1.74m | 전고: 2.04m
기동 가능 거리: 500km
장갑: 불명
무장: 없음
엔진: 1 x M-20 4기통 가솔린 엔진, 41kW (55마력)
성능: 노상 최고 속도: 90km/h | 수상 최고 속도: 9km/h | 경사도: 60 %

TIMELINE

1949 

1952 

K-61

K-61은 인기 있는 수륙 양용 수송 차량으로 완전 무장한 병사 60명 혹은 화물 5000kg을 수상 수송할 수 있었다. 차체 후미의 프로펠러 두 개를 이용, 시속 10km의 속도로 이동했다. 또, K-61은 수륙 양용 무기의 플랫폼으로도 사용되었다.

제원
제조국: 소련
승무원: 2명
중량: 14,550kg
치수: 전장: 9.15m | 전폭: 3.15m | 전고: 2.15m
기동 가능 거리: 260km
장갑: 불명
무장: 다양함
엔진: 1 x YaAZ M204VKr 4기통 디젤 엔진, 101kW (135마력)
성능: 노상 최고 속도: 36km/h | 수상 최고 속도: 10km/h | 경사도: 40 % | 수직 장애물: 0.65m

길로이스 PA

길로이스 PA(수륙 양용 교량(Pont Amphibian))는 양쪽 측면에 공기 주입식 부유 챔버가 있었다. 각 챔버는 9개의 방수 구간으로 나뉘어 일부 손상이 있어도 침수를 막을 수 있게 했다. 교량 가설 작전 시에는 8 x 4m 크기의 판교를 수송할 수 있었다.

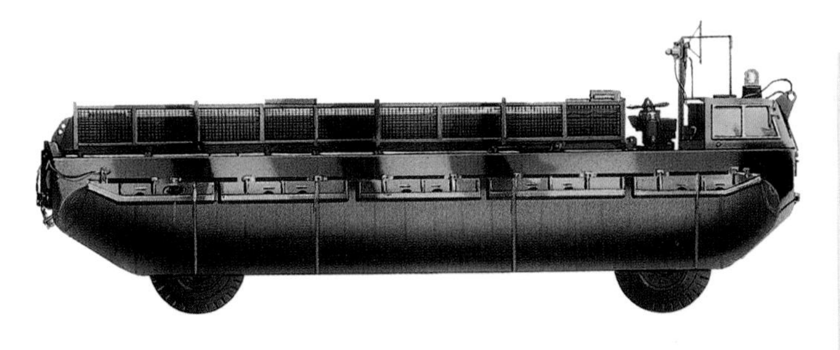

제원
제조국: 프랑스
승무원: 4명
중량: 26,915kg
치수: 전장: 11.86m | 전폭: 3.2m | 전고: 3.99m
기동 가능 거리: 780km
장갑: 해당 없음
무장: 없음
엔진: 1 x 도이츠 V12 디젤 엔진, 164kW (220마력)
성능: 노상 최고 속도: 64km/h | 수상 최고 속도 12km/h

GT-S

GT-S는 심설(深雪)에서부터 수중까지 별도의 준비 없이 이동이 가능한 최초의 차량이었다. 궤도 폭이 넓어(300mm) 접지 압력은 0.24kg/㎠에 불과했다. 내구성과 신뢰성이 높았으며 병사 11명이나 화물 1000kg을 수송할 수 있었다.

제원
제조국: 소련
승무원: 1명 + 11명
중량: 4600kg
치수: 전장: 4.93m | 전폭: 2.4m | 전고: 1.96m
기동 가능 거리: 400km
장갑: 불명
무장: 없음
엔진: 1 x GAZ-61 6기통 가솔린 엔진, 63kW (85마력)
성능: 노상 최고 속도: 35km/h | 수상 최고 속도: 4km/h | 경사도: 60 % | 수직 장애물: 0.6m

1955

XXVI
ЛЕНИНСКИМ КУРСОМ –
К ПОБЕДЕ КОММУНИЗМА!
ПЛАНЫ ПАРТИИ
ПЛАНЫ НАРОДА!
XXVI СЪЕЗДА КПСС – ВЫПОЛНИМ!

냉전 시대

오늘날 세계 각국의 군대는 위태로웠던 냉전 시대에 여러 목적에 맞춰 개발한 엄청나게 많은 종류의 기갑 전투 차량을 보유하고 있다.

전차, 중형 전차, 경전차 이렇게 세 가지 큰 범주로 나뉘는 것은 변함이 없으나 구축전차는 사실상 냉전시대에 별도의 분류로서는 자취를 감추게 되었다. NATO와 바르사바 조약의 전투 공병은 교량 가설부터 지뢰 제거까지 수많은 다양한 종류의 기갑 차량을 원하는 대로 활용할 수 있었다.

좌측: 소련의 2S3 아카치야 자주포가 모스크바의 붉은 광장으로 들어가고 있다. 한국 전쟁 당시 중국군이 이 자주포를 다수 사용했다.

T-62

소련의 T-55를 직접적으로 개발한 T-62는 세계 최초로 활강 전차포를 탑재한 점이 혁신적이었다. 하지만 전투 중에는 실패작이나 다름이 없었다. 장갑이 빈약하고 쉽게 불이 붙었기 때문이다.

T-62

T-62

1961년 생산에 들어간 T-62는 1960년대 말까지 소련 전투 전차의 선두로서 1970년대에 서유럽에 맞서 배치된 바르샤바 조약군의 중추를 이루었다. 욤 키프르 전쟁(4차 중동전쟁) 동안 이스라엘이 이집트와 시리아 군에게서 T-62 수백 대를 포획, 열 영상 장비와 레이저 거리계를 장착한 뒤 자국 군대에서 사용했다.

제원
제조국: 소련
승무원: 4명
중량: 39,912kg
치수: 전장: 9.34m ǀ 전폭: 3.3m ǀ 전고: 2.4m
기동 가능 거리: 650km
장갑: 15–242mm
무장: 1 x 115mm (4.53in) U-5TS 포 ǀ 1 x 7.62mm (.3in) 동축 기관총
엔진: 1 x V-55-5 V-12 액랭식 디젤 엔진, 432kW (580마력)
성능: 노상 최고 속도: 60km/h ǀ 도섭: 1.4m ǀ 수직 장애물: 0.8m ǀ 참호: 2.7m

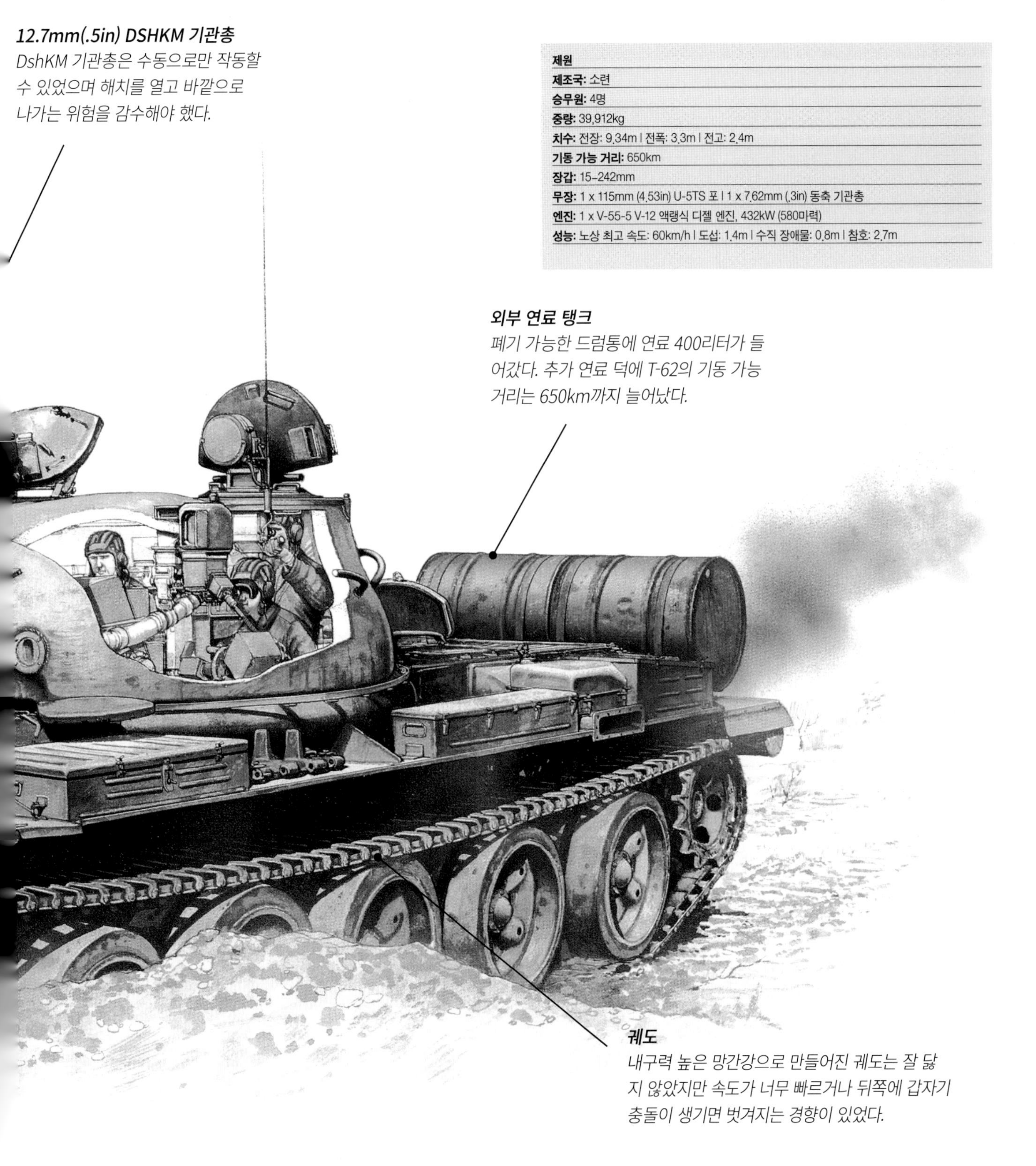

12.7mm(.5in) DSHKM 기관총

DshKM 기관총은 수동으로만 작동할 수 있었으며 해치를 열고 바깥으로 나가는 위험을 감수해야 했다.

외부 연료 탱크

폐기 가능한 드럼통에 연료 400리터가 들어갔다. 추가 연료 덕에 T-62의 기동 가능 거리는 650km까지 늘어났다.

궤도

내구력 높은 망간강으로 만들어진 궤도는 잘 닳지 않았지만 속도가 너무 빠르거나 뒤쪽에 갑자기 충돌이 생기면 벗겨지는 경향이 있었다.

M60 주력 전차

M60 주력 전차는 소련의 새로운 T-62 중형 전차라는 위협에 맞서기 위해 개발되었다. M60는 현역으로 사용된 기간 내내 다양한 업그레이드를 거쳤다. 첫 번째는 1963년 등장한 M60A1으로 더 크고 설계가 더 나아진 포탑과 개선된 장갑, 더욱 효율적인 충격 흡수기를 장착했다.

M60A2

소련의 T-62 중형 전차에 맞서기 위해 M48에 더 강력한 엔진과 영국제 105mm(4.1in) L7 포를 탑재 한 뒤 M60로 명명했다. 이 전차에는 다양한 업그레이드가 이루어졌다. M60A2는 새로 설계한 낮은 포탑 위에 전차장용 기관총 큐폴라를 설치해 전차장이 포화의 위험에 노출되지 않고도 시야와 사정 범위를 확보하기 좋았다. 또한 152mm(5.9in) 구경의 주포로 무장했다. M60A3에는 신형 거리계와 탄도 계산기, 포탑 안정화 시스템을 포함했다.

제원
제조국: 미국
승무원: 4명
중량: 52,617kg
치수: 전장(포 포함): 9.44m I 전폭: 3.63m I 전고: 3.27m
기동 가능 거리: 500km
장갑: 최대 143mm
무장: 1 x 105mm (4.13in) M68 포 I 1 x 7.62mm (.3in) 기관총 I 1 x 12.7mm (.5in) 중기관총
엔진: 1 x 콘티넨털 AVDS-1790-2A V-12 터보차저 디젤 엔진, 559.7kW (750마력)
성능: 최고 속도: 48km/h

포탑

M60A2는 새로 설계한 낮은 포탑 위에 전차장용 기관총 큐폴라를 설치해 전차장이 포화의 위험에 노출되지 않고도 시야와 사정 범위를 확보하기 좋았다.

엔진

M60는 콘티넨털 V-12 559.7kW(750마력) 공랭식 트윈 터보차저 디젤 엔진을 장착했다. 동력은 변속, 차동, 조종, 브레이크 장치를 조합한 크로스 드라이브 변속기를 통해 최종 구동 장치로 전달되었다.

M60

장비
M60A3 버전에는 신형 거리계, 탄도 계신기, 포탑 안정화 시스템과 같은 신기술이 다수 포함되었다. 미국의 M60는 모두 이 장비들을 기본으로 갖추게끔 업그레이드되었다.

무장
M60A2는 일반 포탄은 물론 실레일리 대전차 미사일까지 발사할 수 있었던 M551 셰리든 전차의 포와 유사한 152mm(5.9in) 구경의 주포로 무장했다.

장갑
M60는 균질 강철 장갑을 활용해 방호능력을 갖춘 최초이자 최후의 미국 주력 전차였다. 또, M60 기관총이나 차체 밑면의 탈출 해치를 갖춘 마지막 전차이기도 했다.

주력 전차

중형 전차가 기갑 전투를 지배하게 되었지만 주력 전차도 냉전시대 내내 중요한 역할을 했으며 기술 발전 덕에 이와 같은 기갑 전투 차량들의 생존 가능성 또한 높아졌다. 처음으로 주력 전차가 고속 이동하며 높은 정확도로 발포하는 것이 가능해졌다.

T-62

T-62는 보기 드문 자동 탄피 배출 시스템을 내장했다. 포의 반동에 의해 포탑의 작은 문 밖으로 탄피를 배출하게 해 공간은 절약되었으나 전반적인 발사 속도는 낮아졌다. 배기관에 경유를 주입해 연막을 만들 수 있었다.

제원
제조국: 소련
승무원: 4명
중량: 39,912kg
치수: 전장: 9.34m | 전폭: 3.3m | 전고: 2.4m
기동 가능 거리: 650km
장갑: 15-242mm
무장: 1 x 115mm (4.5in) U-5TS vh | 1 x 7.62mm (.3in) 동축 기관총
엔진: 1 x V-55-5 V-12 액랭식 디젤 엔진, 432kW (580마력)
성능: 노상 최고 속도: 60km/h | 도섭: 1.4m | 수직 장애물: 0.8m | 참호: 2.7m

Pz 61 및 Pz 68 주력 전차

Pz 61은 영국제 105mm(4.1in) L7 포로 무장했다. 이후 개발을 계속한 끝에 Pz68이 탄생했는데, 포 안정화 시스템과 고무 패드 교체가 가능한 폭 넓은 궤도, 긴 궤도 접지면이 특징이었다.

제원
제조국: 독일
승무원: 4명
중량: 39,700kg
치수: 전장: 6.88m | 전폭: 3.14m | 전고: 2.75m
기동 가능 거리: 350km
장갑: 120mm
무장: 1 x 105mm (4.13in) 포 | 2 x 기관총
엔진: 1 x MTU MB-837 V8 디젤 엔진, 2200rpm일 때 492.5kW (660제동마력)
성능: 최고 속도: 55km/h

TIMELINE

1960 

1961

M60A1

1963년 M60는 M60A1으로 업그레이드되었다. 새로운 파생형은 더 크고 나은 형태의 포탑과 개선된 장갑 방호 능력, 충격 흡수기가 특징이었다. 또, M60A1은 주포에 안정화 시스템을 갖추었다.

제원
제조국: 미국
승무원: 4명
중량: 52,617kg
치수: 전장: 9.44m | 전폭: 3.63m | 전고: 3.27m
기동 가능 거리: 500km
장갑: 143mm
무장: 1 X M68 105mm (4.13in) 포 | 1 X 7.62mm (0.3in) 기관총 | 1 X 12.7mm (0.50in) 기관총
엔진: 1 x 콘티넨털 AVDS-1790-2A V12 터보차지 디젤 엔진, 559.7kW (750마력)
성능: 최고 속도: 48km/h

비자얀타(비커스 마크 1 & 비커스 마크 3)

비커스 주력 전차는 수출용으로 개발되었다. 표준 105mm (4.1in) L7 강선총포와 치프턴의 자동화 요소를 사용했다. 또, 이 전차는 비자얀타(승리를 거두는)라는 이름하에 인도에서도 제조되었다.

제원
제조국: 인도/영국
승무원: 4명
중량: 38,600kg
치수: 전장: 7.92m | 전폭: 3.168m | 전고: 2.44m
기동 가능 거리: 480km
장갑: 80mm
무장: 1 x 105mm (4.1in) 포 | 1 x 12.7mm (0.5in) 기관총 | 2 x 7.62mm (0.3in) 기관총
엔진: 1 x 레일랜드 L60 6기통 다종 연료 엔진, 2670rpm일 때 484.7kW (650제동마력)
성능: 최고 속도: 48km/h

T-64 주력 전차

T-64 주력 전차는 소련군에서만 사용되었다. T-64A의 유일한 파생형은 T-64AK 지휘 차량으로 추가 무전 장비와 신축 안테나를 장착했다. T-64B는 코브라(AT-8 송스터) 포 발사 대전차 미사일을 사용했다.

제원
제조국: 소련
승무원: 3명
중량: 42,000kg
치수: 전장(차체): 7.4m | 전폭: 3.64m | 전고: 2.2m
기동 가능 거리: 400km
장갑: 최대 200mm
무장: 1 x 125mm (4.92in) D-81TM (2A46 라피라 3) 활강포 | 1 x 동축 7.62mm (.3in) PKT 기관총 | 1 x 12.7mm (.5in) NSVT AA 기관총
엔진: 1 x 5DTF 5기통 대향형 디젤 엔진, 560kW (750제동마력)
성능: 최고 속도: 75km/h

1964 1966

AMX-30

1950년대 중반까지 프랑스와 독일은 미국의 M47에 의존해 기갑 장비를 구성했다. 프랑스는 뛰어난 독일제 판터 전차도 다수 보유하기도 했지만 말이다. 이후 양국에 M47보다 더 가볍고 더 강력한 무장을 갖춘 새로운 주력 전차의 필요성이 대두되었다.

AMX-30

독일과 프랑스는 각자 독자적인 설계를 채택했다. 프랑스는 AMX-30를 생산했는데, 1966년 등장한 최초 생산 전차의 절반은 수출용이었다. AMX-30의 차대는 플루톤 전술 핵 미사일 발사기, 자주 대전차 포, 구난 차량, 교량 가설 차량, 공병 차량 등 수많은 차량에 사용되었다. 이 전차는 이라크, 사우디아라비아, 스페인군에서도 사용되었다.

제원

제조국: 프랑스
승무원: 4명
중량: 35,941kg
치수: 전장: 9.48m | 전폭: 3.1m | 전고: 2.86m
기동 가능 거리: 600km
장갑: 15–80mm
무장: 1 x 105mm (4.1in) 포 | 1 x 20mm (.78in) 포 | 1 x 7.62mm (.3in) 기관총
엔진: 1 x 이스파노-수이자 12기통 디젤 엔진, 537kW (720마력)
성능: 노상 최고 속도: 65km/h | 수직 장애물: .93m | 참호: 2.9m

무장
동축 20mm(.78in) 포는 주무장과는 독립적으로 위로 들어 올릴 수 있었으므로 저공비행하는 항공기의 조준이 가능한 독특한 포였다.

사격 통제 장치
AMX-30는 레이저 거리계와 저조도 TV 시스템을 포함한 통합 사격 통제 장치가 있었다.

AMX-30

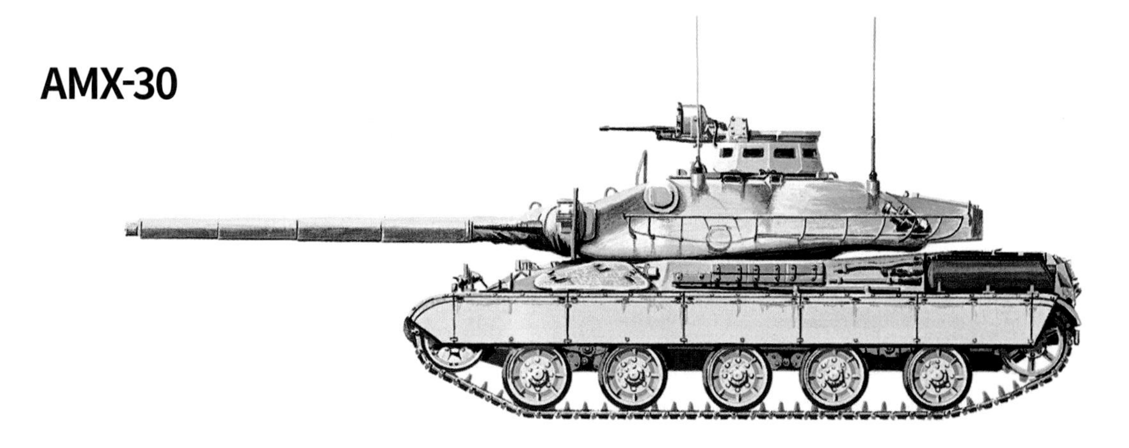

부정확한 사격
AMX-30는 서방 주력 전차로는 드물게 주포에 2축 안정화 시스템을 장착하지 않았으므로 이동 중 캐넌포의 정확도가 떨어졌다.

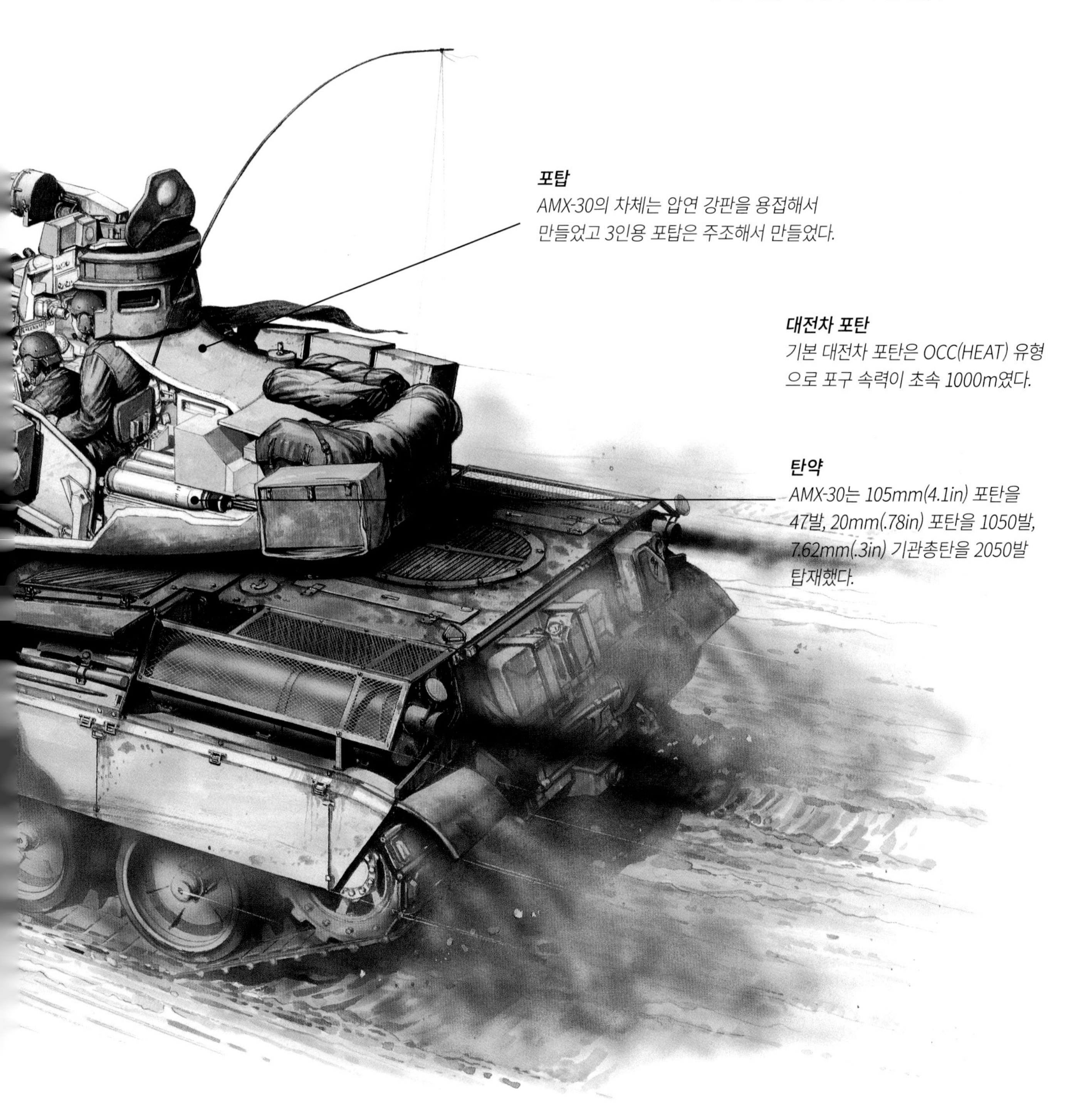

포탑
AMX-30의 차체는 압연 강판을 용접해서 만들었고 3인용 포탑은 주조해서 만들었다.

대전차 포탄
기본 대전차 포탄은 OCC(HEAT) 유형으로 포구 속력이 초속 1000m였다.

탄약
AMX-30는 105mm(4.1in) 포탄을 47발, 20mm(.78in) 포탄을 1050발, 7.62mm(.3in) 기관총탄을 2050발 탑재했다.

레오파르트 1

레오파르트 1은 1960년대 독일-프랑스 표준 전차 개발 협정을 염두에 두고 독일에서 설계한 전차였으나 결국에는 프랑스와 무관하게 독립적으로 채용하게 되었다. 제조는 크라우스-마파이 사가 맡았으며 1965년 처음 시작된 생산은 1979년까지 계속되었다. 독일군용으로 총 2237대가 제조되었고 그 이상으로 수출용이 만들어졌다.

레오파르트 1

레오파르트는 장갑, 포탑 종류, 사격 통제 장치에 차이가 있는 네 가지 기본 버전이 있다. 또한 레오파르트는 전투지의 차량을 지원하도록 설계한 전 차량군의 기반이 되었다. 선택 장비로는 심수 도섭용 스노클과 전방에 장착하는 수력 블레이드가 있었다. 레오파르트1은 유럽에서 나온 최고의 전차 설계 중 하나로 꼽힌다.

야간 시야 장비
레오파르트1은 전차장, 포수, 장전수를 위한 다양한 야시 장비를 장착했다.

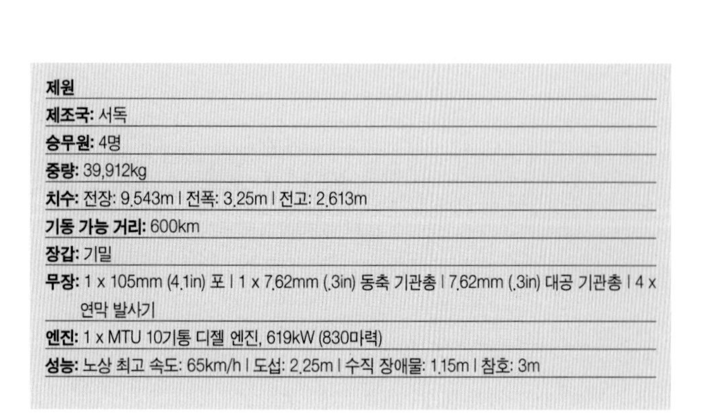

제원
제조국: 서독
승무원: 4명
중량: 39,912kg
치수: 전장: 9.543m | 전폭: 3.25m | 전고: 2.613m
기동 가능 거리: 600km
장갑: 기밀
무장: 1 x 105mm (4.1in) 포 | 1 x 7.62mm (.3in) 동축 기관총 | 7.62mm (.3in) 대공 기관총 | 4 x 연막 발사기
엔진: 1 x MTU 10기통 디젤 엔진, 619kW (830마력)
성능: 노상 최고 속도: 65km/h | 도섭: 2.25m | 수직 장애물: 1.15m | 참호: 3m

무장
7.62mm(.3in) 기관총은 주무장과 동축으로 탑재되었으며 포탑 지붕에도 유사한 무기를 탑재했다.

무장
레오파르트1은 성능이 입증된 영국제 L7 시리즈 강선전차포와 총 60발의 포탄으로 무장했다.

레오파르트 1 A3

포탑

양산형 레오파르트1은 신형 주조 포탑을 설치하고 기관실 공간을 늘릴 목적으로 후방 데크를 높이기 위해 차체를 몇 군데 변화시켰다. 광학 거리계도 추가되었다.

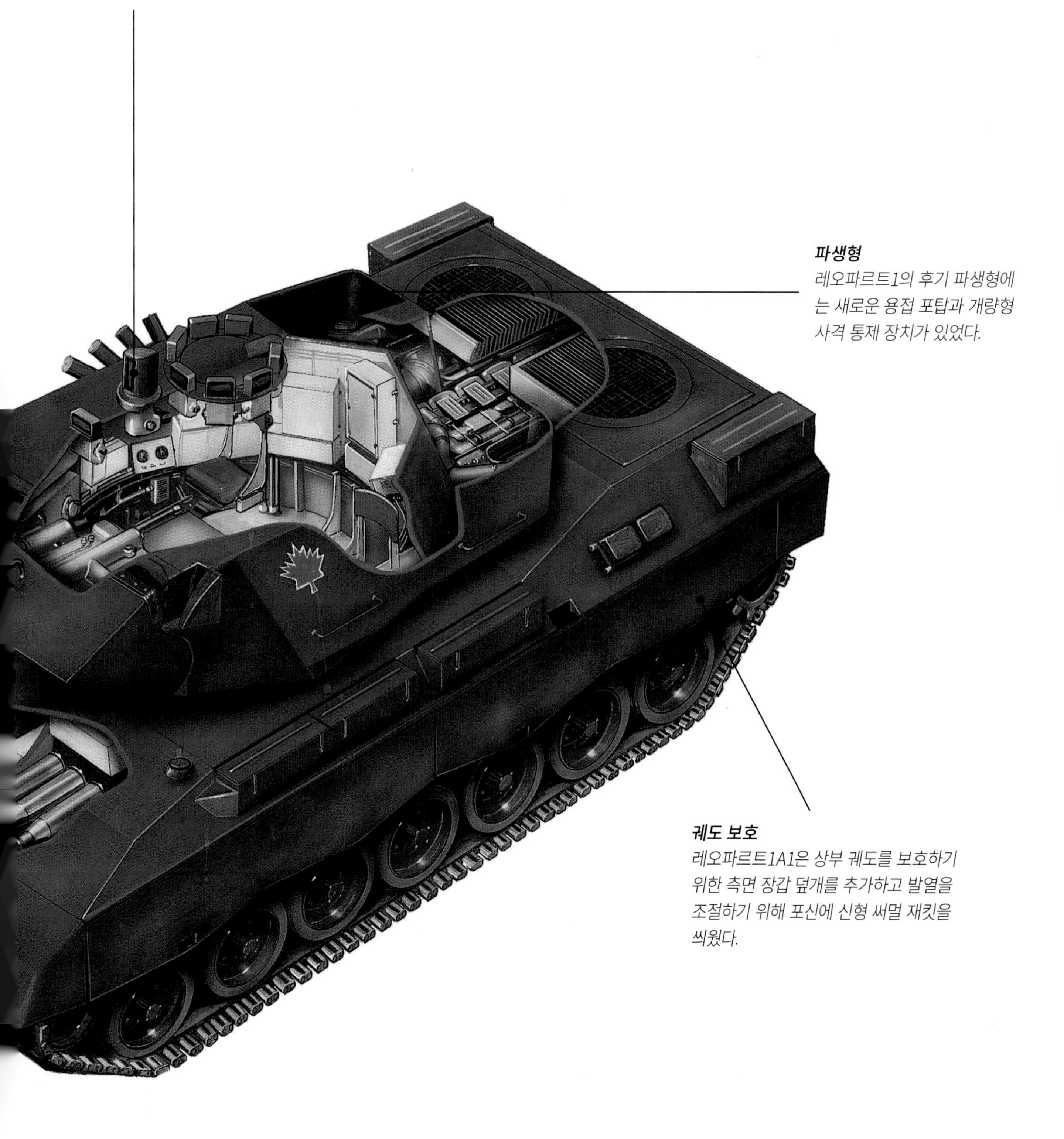

파생형

레오파르트1의 후기 파생형에는 새로운 용접 포탑과 개량형 사격 통제 장치가 있었다.

궤도 보호

레오파르트1A1은 상부 궤도를 보호하기 위한 측면 장갑 덮개를 추가하고 발열을 조절하기 위해 포신에 신형 써멀 재킷을 씌웠다.

치프턴

치프턴은 1950년대 말, 센추리언의 계보를 잇도록 설계되었다. 900대 이상이 영국 육군에 도입되었으며 다수가 쿠웨이트와 이란에 판매되었다. (이 전차들은 이란-이라크 전쟁에 참가한다.) 1980년 레오파르트 2가 독일군에 도입되기 전까지 치프턴은 세계 최고의 무장과 장갑을 갖춘 주력전차였다.

치프턴 Mk 5

NBC(화생방) 팩
NBC 팩은 포탑 버슬에 탑재되었고 화재 감시 및 소화 장시는 기관실에 설치되었다.

치프턴은 1980년대 말까지 독일의 NATO군 최전방에서 영국 기갑군의 중축으로 남았으며 레이저 거리계, 열 영상 장비 같은 첨단 장비를 빈번히 추가했다. 파생형에는 교량 가설 전차, 공병 전차, 구난 차량이 포함되었다. 서서히 챌린저 전차로 교체되었으며 영국 육군은 치프턴을 예비역으로 남겨두고 있다.

무장
서독에서 120mm(4.7in) 강선포를 갖춘 레오파르트2를 도입하기 전까지 치프턴은 NATO군 주력 전차 중 가장 화력이 좋고 장갑이 견고한 전차였다.

제원

제조국: 영국

승무원: 4명

중량: 54,880kg

치수: 전장: 10.795m | 전폭: 3.657m | 전고: 2.895m

기동 가능 거리: 500km

장갑: 기밀

무장: 1 x 120mm (4.7in) 강선포 | 1 x 7.62mm (.3in) 동축 기관총 | 12 x 연막 발사기

엔진: 1 x 레일랜드 6기통 다종 연료 엔진, 560kW (750마력)

성능: 노상 최고 속도: 48km/h | 도섭: 1.066m | 수직 장애물: 0.914m | 참호: 3.149m

사격 통제 장치
영국군의 치프턴은 레이저 거리계와 함께 개선된 사격 통제 장치를 새로 장착했다.

치프턴 Mk 5

기관총
7.62mm(.3in) 기관총이 주포와 동축으로 탑재되었으며 포탑 양쪽 측면에는 전기로 작동하는 연막 발사기 여섯 개가 일렬로 있었다.

야시 장비
야시 장비는 적외선 방식이며 적외선/백색광 서치라이트도 달려 있었다. 적외선 모드의 유효 거리는 1000m였고, 백색광 모드에서는 1500m였다.

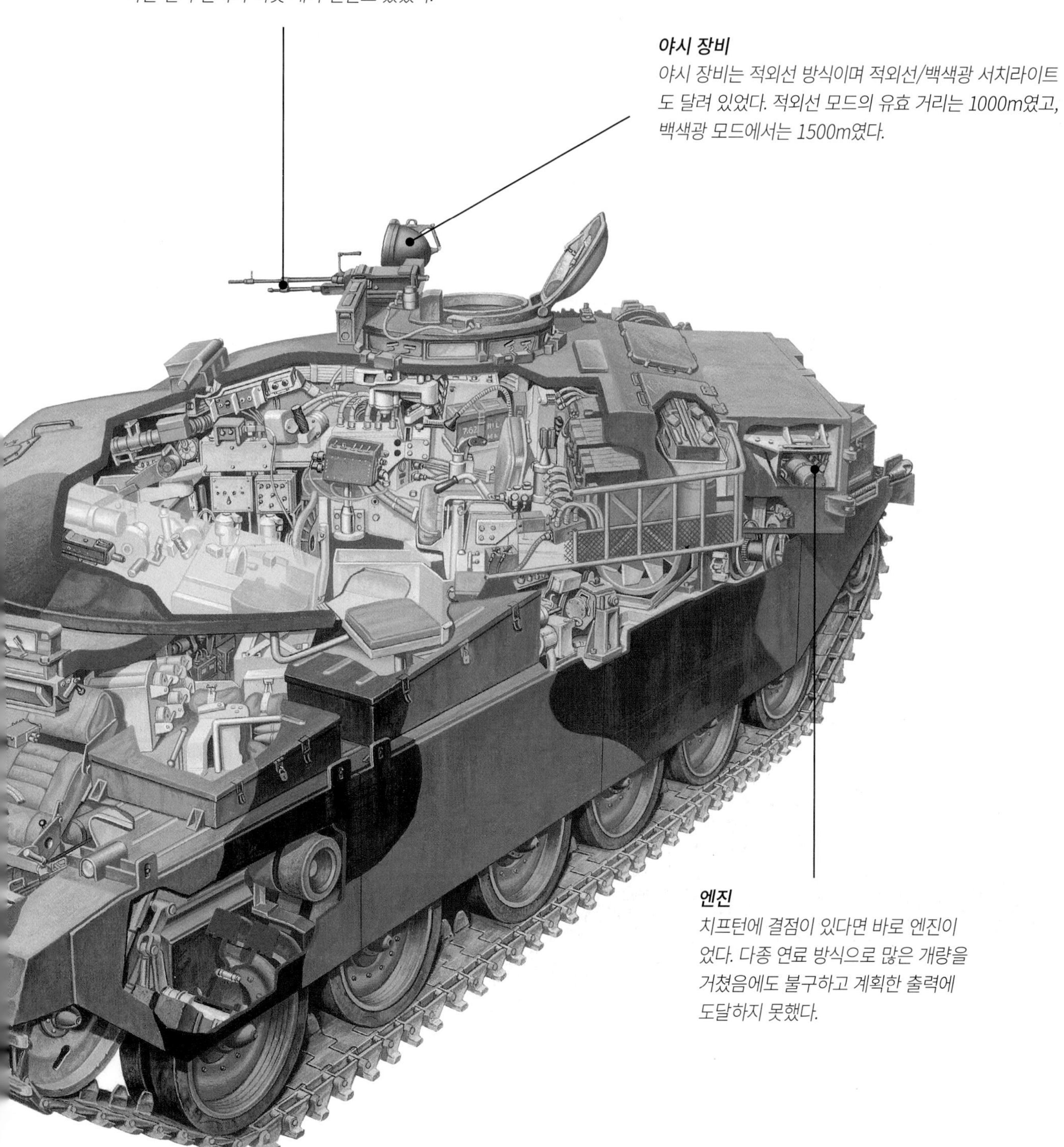

엔진
치프턴에 결점이 있다면 바로 엔진이었다. 다종 연료 방식으로 많은 개량을 거쳤음에도 불구하고 계획한 출력에 도달하지 못했다.

1970년대의 주력 전차

1970년대에는 새로운 주력 전차가 여러 종류 등장했으며 일부는 기존 설계를 수정한 것이었다. 특히 이스라엘은 이 기간 동안, 그 중에서도 1973년 욤 키프르 전쟁에서 주력 전차를 광범위하게 활용했다. 1971년 충돌한 인도와 파키스탄도 마찬가지로 주력 전차를 많이 사용했다.

쇼트(이스라엘 센추리언)

센추리언은 뛰어난 설계 덕에 1990년대까지 다수가 현역으로 군에서 계속 사용되었다. 105mm(4.1in) L7 포로 무장했으며 1970년대 이스라엘군에 도입되었다.

제원

제조국: 영국
승무원: 4명
중량: 51,723kg
치수: 전장: 9.854m | 전폭: 3.39m | 전고: 3.009m
기동 가능 거리: 205km
장갑: 51–152mm
무장: 1 x 105mm (4.1in) 포 | 2 x 7.62mm (.3in) 기관총 | 1 x 12.7mm (.5in) 중기관총
엔진: 1 x 롤스로이스 미티어 Mk IVB V-12 가솔린 엔진, 485kW (650마력)
성능: 노상 최고 속도: 43km/h | 도섭: 1.45m | 수직 장애물: 0.91m | 참호: 3.352m

74식

74식 주력 전차는 보기 드물게 수공 상호 결합 서스펜션을 장착했다. 덕분에 험한 지형을 지날 때나 포의 일반적인 상하각에서 벗어난 목표와 교전할 때 차대의 일부를 올리거나 낮출 수 있었다.

제원

제조국: 일본
승무원: 3명
중량: 38,000kg
치수: 전장: 9.42m | 전폭: 3.2m | 전고: 2.48m
기동 가능 거리: 300km
장갑: 기밀
무장: 1 x 105mm (4.1in) 포 | 1 x 7.62mm (.3in) 동축 기관총 | 1 x 12.7mm (.5in) 대공 기관총 | 2 x 연막 발사기
엔진: 1 x 10ZF V-10 액랭식 디젤 엔진, 536kW (720마력)
성능: 노상 최고 속도: 55km/h | 도섭: 1m | 수직 장애물: 1m | 참호: 2.7m

TIMELINE

1970 1975 1978

OF 40

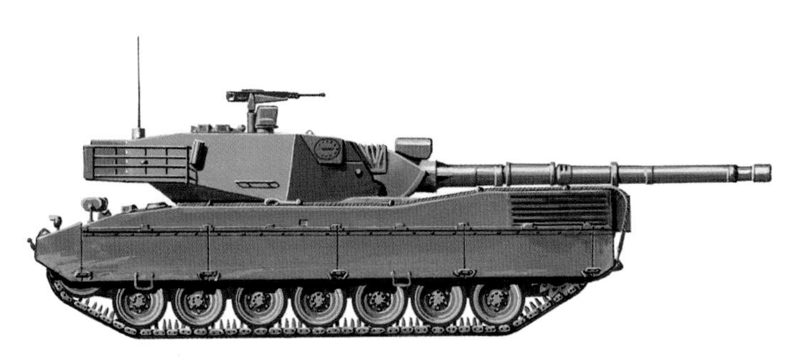

수출용으로 한정해 설계한 전차 OF 40은 독일의 레오파르트 1 전차를 만들며 쌓은 경험을 바탕으로 했다. 전차장은 전 방향 관측이 가능한 여덟 개의 전망경을 사용했고 포수는 전망경 하나와 지붕에 장착한 광학 조준경을 사용했다. (OF는 이탈리아의 방위산업체 OTO Melara와 피아트(Fiat)의 약자이다. OTO Melara에서는 독일의 레오파르트 1 전차를 라이센스 생산한 적이 있었다. -옮긴이)

제원
제조국: 이탈리아
승무원: 4명
중량: 45,500kg
치수: 전장: 6.893m | 전폭: 3.35m | 전고: 2.76m
기동 가능 거리: 600km
장갑: 불명
무장: 1 x 105mm (4.1in) 포 | 2 x 7.62mm (.3in) 기관총 | 4 x 연막 발사기
엔진: 1 x MTU 90° 디젤 엔진, 620kW (831.5제동마력)
성능: 최고 속도 60km/h

올리판트 Mk 1A

남아프리카 공화국에서 자체 목적에 맞춰 화력과 기동성을 개선하는 방향으로 센추리언 전차를 업그레이드한 모델이다. 손에 들고 사용하는 전차장용 레이저 거리계와 포수용 영상 증폭 장치가 있었다. 파생형으로는 구난 장갑차가 있었다.

제원
제조국: 남아프리카공화국
승무원: 4명
중량: 56,000kg
치수: 전장: 9.83m | 전폭: 3.38m | 전고: 2.94m
기동 가능 거리: 500km
장갑: 17–118mm
무장: 1 x 105mm (4.1in) 포 | 1 x 7.62mm (.3in) 동축 기관총 | 1 x 7.62mm (.3in) 대공 기관총 | 2 x 4 연막 발사기
엔진: 1 x V-12 공랭식 터보차지 디젤 엔진, 559kW (750마력)
성능: 노상 최고 속도: 45km/h | 도섭: 1.45m | 수직 장애물: 0.9m | 참호: 3.352m

칼리드

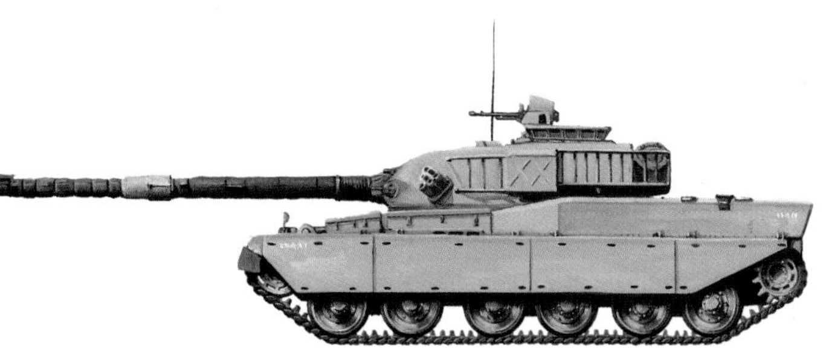

칼리드는 치프턴의 후기 생산형으로 개조한 사격 통제 장치와 파워팩을 갖췄다. 치프턴을 크게 발전시킨 중요한 모델이었으므로 영국 정부가 추가 개발을 지시해 추후 챌린저 1으로 등장하게 된다.

제원
제조국: 영국
승무원: 4명
중량: 58,000kg
치수: 전장: 6.39m | 전폭: 3.42m | 전고: 2.435m
기동 가능 거리: (추정) 400km
장갑: 불명
무장: 1 x 120mm (4.72in) L11A5 포 | 2 x 7.62mm (.3in) 기관총
엔진: 1 x 퍼킨스 엔진(슈루즈베리) 콘도르 V-12 1200 12기통 수랭식 디젤 엔진, 2300rpm일 때 894.8kW (1200제동마력)
성능: 최고 속도: 48km/h

1980  1981 

T-72

T-72는 1971년 생산에 들어갔다. 치프턴 같은 전차보다 작고 빠른 T-72는 다양한 기능을 기대할 수 없는 빈약한 장갑을 댔으나 화력은 경쟁 차량보다 효과적이었다. 이 점은 1982년 시리아가 보유한 T-72가 이스라엘의 메르카바 전차에 압도당해 떼 지어 격파됨으로써 잔인하게 입증되었다.

T-72

T-72는 징집군용으로 설계했으므로 조종과 정비가 용이했다. 덕분에 수출도 성공으로 이어져 14개국으로 전달되었다. 꽤 다재다능한 전차로 다른 전차들과 달리 단 몇 분 만에 심수 도섭 장비를 장착할 수 있었다. 또한 핵·생물·화학 무기 방호 능력도 갖췄다. 파생형으로는 지휘 차량, 대전차 코브라 미사일 발사 차량, 구난 장갑차 등이 있었다.

제원

제조국: 소련
승무원: 3명
중량: 38,894kg
치수: 전장: 9.24m | 전폭: 4.75m | 전고: 2.37m
기동 가능 거리: 550km
장갑: 기밀
무장: 1 x 125mm (4.9in) 포 | 1 x 7.62mm (.3in) 동축 기관총 | 1 x 12.7mm (.5in) 대공 중기관총
엔진: 1 x V-46 V-12 디젤 엔진, 626kW (840마력)
성능: 노상 최고 속도: 80km/h | 도섭: 1.4m | 수직 장애물: 0.85m | 참호: 2.8m

무장
주무장은 자동 장전기가 달린 125mm(4.9in) D-81 활강포였다. 주포용 포탄은 45발 탑재했다.

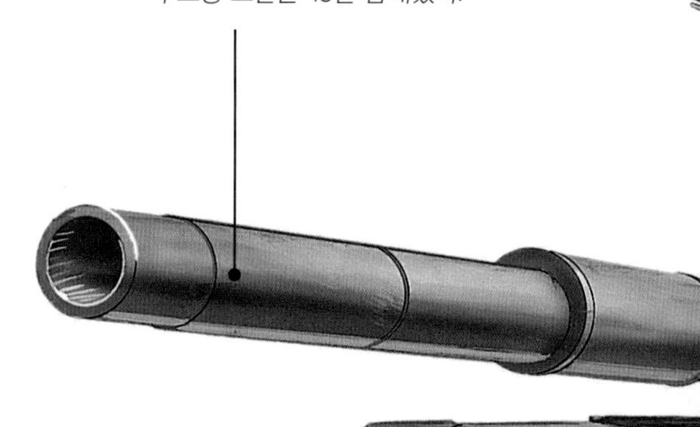

중량
T-72의 중량은 41톤으로 서방 주력 전차에 비해 극도로 가볍고 크기도 매우 작았다. 중량이 가벼웠으므로 다른 주력 전차는 지나갈 수 없는 다리를 건너는 것이 가능했다.

T-72 '우랄'

NBC 방호
T-72는 포괄적인 화생방(NBC) 방호 시스템을 갖췄다. 차체와 포탑 안쪽에 붕소 화합물로 만든 합성섬유 원단을 대서 중성자탄 폭발시 방사선의 침투를 줄이고자 했다.

파생형
후기 파생형은 9K119 레플렉스(NATO 코드네임은 AT-11 스나이퍼) 대기갑 미사일을 발사할 수 있었다. 이 미사일은 저공비행하는 항공기와 교전할 때도 쓸 수 있었다.

거리계
T-72에는 1978년 이후로 레이저 거리계가 장착되었으나 초기 모델은 광학식 시차 거리계를 장비해 1000m 이하 거리에서는 사용할 수 없었다.

장갑
T-72는 소련의 초기 주력 전차 특유의 높이가 낮은 외형을 유지했다. 1988년 이후 파생형에는 모두 폭발 반응 장갑을 장착했다.

T-72 파생형

T-72는 다양한 파생형을 낳았다. 오리지널 버전은 T-72A로 레이저 거리계와 개선된 장갑을 갖췄다. T-72B는 전면 포탑 장갑을 추가했다. T-72BM은 콘탁트-5 폭발 반응 장갑을 최초로 포함했으며 T-72S는 수출용이었다. T-72BK는 지휘 차량이었다.

T-72G

T-72G는 T-72를 폴란드에서 제조한 버전으로 러시아제보다 장갑이 얇았다. 많은 부품과 도구가 러시아제와 교환이 불가능했으므로 폴란드, 체코슬로바키아 버전은 물류 문제를 일으키기도 했다.

제원
제조국: 폴란드
승무원: 3명
중량: 46,500kg
치수: 전장: 9.53m l 전폭: 3.59m l 전고: 2.29m
기동 가능 거리: 550km
장갑: 기밀
무장: 1 x 125mm (4.9in) 2A46M 활강포 l 1 x AT-11 '스나이퍼' 대전차 유도 미사일 l 1 x 12.7mm (.5in) NSVT 기관총 l 1 x 7.62mm (.3in) PKT 동축 기관총
엔진: 1 x V12 다종 연료(V-84) 디젤 엔진, 626kW (840마력)
성능: 노상 최고 속도: 60km/h

T-72M

T-72M는 T-72의 수출 버전으로 과거의 바르샤바 조약군이 사용할 것을 염두에 두었다. 장갑이 얇고 무기를 다운그레이드했으며 우측의 이중 합치식 거리계를 중앙부의 TPDK-1 레이저 거리계로 교체했다.

제원
제조국: 소련
승무원: 3명
중량: 46,500kg
치수: 전장: 9.53m l 전폭: 3.59m l 전고: 2.29m
기동 가능 거리: 550km
장갑: 기밀
무장: 1 x 125mm (4.9in) 2A46M 활강포 l 1 x AT-11 '스나이퍼' 대전차 유도 미사일 l 1 x 12.7mm (.5in) NSVT 기관총 l 1 x 7.62mm (.3in) PKT 동축 기관총
엔진: 1 x V12 다종 연료(V-84) 디젤 엔진, 626kW (840마력)
성능: 노상 최고 속도: 60km/h

TIMELINE
1979
1985
1986

T-72S

T-72S는 T-72BM의 수출 버전으로 훗날 T-90에 장착한 것과 유사한 폭발 반응 장갑을 갖췄다. 이 차량은 업그레이드 패키지를 다수 이용 가능했다.

제원

제조국: 소련/러시아
승무원: 3명
중량: 46,500kg
치수: 전장: 9.53m | 전폭: 3.59m | 전고: 2.29m
기동 가능 거리: 550km
장갑: 기밀
무장: 1 x 125mm (4.9in) 2A46M 활강포 | 1 x AT-11 '스나이퍼' 대전차 유도 미사일
엔진: 1 x V12 다종 연료(V-84) 디젤 엔진, 626kW (840마력)
성능: 노상 최고 속도: 60km/h

T-72CZ M4

T-72CZ는 체코 공화국의 T-72M1을 업그레이드한 버전으로 서방의 사격 통제 장치와 이스라엘제 파워팩이 특징이며 퍼킨스 디젤 엔진과 앨리슨 변속기를 포함한다.

제원

제조국: 체코
승무원: 3명
중량: 46,500kg
치수: 전장: 9.53m | 전폭: 3.59m | 전고: 2.29m
기동 가능 거리: 550km
장갑: 기밀
무장: 1 x 125mm (4.9in) 2A46M 활강포 | 1 x AT-11 '스나이퍼' 대전차 유도 미사일 | 1 x 12.7mm (.5in) NSVT 기관총 | 1 x 7.62mm (.3in) PKT 동축 기관총
엔진: 퍼킨스 콘도르 V-12 디젤 엔진, 746kW (1000마력)
성능: 노상 최고 속도: 60km/h

ZTS T-72

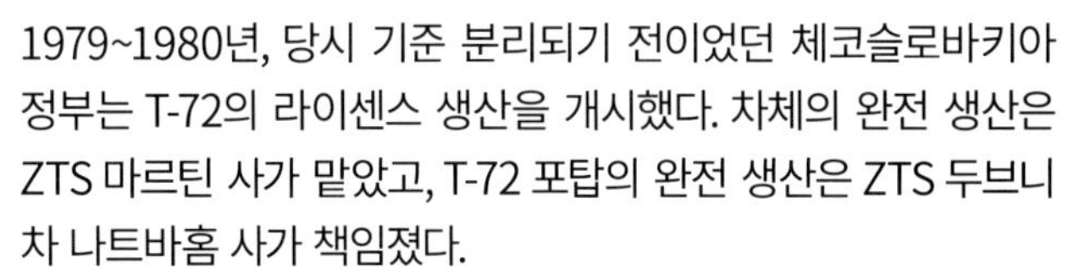

1979~1980년, 당시 기준 분리되기 전이었던 체코슬로바키아 정부는 T-72의 라이센스 생산을 개시했다. 차체의 완전 생산은 ZTS 마르틴 사가 맡았고, T-72 포탑의 완전 생산은 ZTS 두브니차 나트바홈 사가 책임졌다.

제원

제조국: 슬로바키아
승무원: 3명
중량: 46,500kg
치수: 전장: 9.53m | 전폭: 3.59m | 전고: 2.27m
기동 가능 거리: 550km
장갑: 기밀
무장: 1 x 125mm (4.9in) 2A46M 활강포 | 1 x AT-11 '스나이퍼' 대전차 유도 미사일 | 1 x 12.7mm (.5in) NSVT 기관총 | 1 x 7.62mm (.3in) PKT 동축 기관총
엔진: 1 x 모델 V-84MS 4행정 12기통 다종 연료 디젤 엔진, 626kW (840마력)
성능: 노상 최고 속도: 60km/h

1996 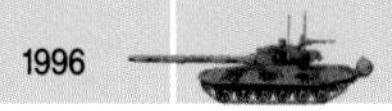

2004

경전차

2차 세계대전 동안 각국 군대들은 대개 경전차라는 개념을 뒤로 하게 되었다. 하지만 전후 시대가 되자 경전차에 대한 관심이 다시 살아났다. 경전차는 전 세계 곳곳의 분쟁 다발 지역에 대응하기 위해 만들어진 신속 대응군의 일부로서 공수 배치가 가능할 만큼 크기가 작았다.

M41 워커 불도그

월튼 워커 장군(1950년 한국에서 사고로 사망)을 기리기 위해 M41 리틀 불도그 경전차를 워커 불도그로 새로이 명명했다. 무장이 준수하고 움직임이 민첩했지만 중량이 많이 나가서 항공 수송 시 문제를 일으켰다.

제원

제조국: 미국

승무원: 5명

중량: 46,500kg

치수: 전장: 12.3m | 전폭: 3.2m | 전고: 2.4m

기동 가능 거리: 144km

장갑: 최대 38mm

무장: 1 x 76mm (3in) 포 | 1 x 7.62mm (.3in) 기관총 | 1 x 12.7mm (.5in) 기관총

엔진: 1 x 261.1kW (350마력) 베드포드 12기통 가솔린 엔진

성능: 최고 속도: 21km/h

M551 셰리든

M551은 미군 공수 부대를 위해 만든 항공 수송용 전차였다. 베트남에서는 지뢰에 취약했으나 대규모 게릴라 공격을 물리치기 위한 산탄형 폭탄을 발사할 수 있었다. 주무장은 152mm(6in) 포로 실레일리 미사일을 발사할 수 있었다.

제원

제조국: 미국

승무원: 4명

중량: 15,830kg

치수: 전장: 6.299m | 전폭: 2.819m | 전고(전체): 2.946m

기동 가능 거리: 600km

장갑: 40–50mm

무장: 1 x 152mm (6in) 포/미사일 발사기 | 1 x 동축 7.62mm (.3in) 기관총 | 1 x 12.7mm (.5in) 대공 중기관총

엔진: 1 x 6기통 디트로이트 6V-53T 디젤 엔진, 224kW (300마력)

성능: 노상 최고 속도: 70km/h | 도섭: 수륙 양용 | 수직 장애물: 0.838m | 참호: 2.54m

TIMELINE

1951 

1963 

1965 

스트리스방 103(S-전차)

스웨덴 전차로 포를 포탑이 아니라 차대에 장착했다. 조준을 위해서는 차량을 회전시켜야 했고 서스펜션을 올리거나 낮출 수 있었는데, 이는 전차 설계로는 완전히 새로운 발상이었다. 유일한 실질적 단점은 이동 중 발포가 불가능하다는 점이었다.

제원

제조국: 미국
승무원: 4명
중량: 15,830kg
치수: 전장: 6.299m | 전폭: 2.819m | 전고(전체): 2.946m
기동 가능 거리: 600km
장갑: 40–50mm
무장: 1 x 152mm (6in) 포/미사일 발사기 | 1 x 동축 7.62mm (.3in) 기관총 | 1 x 12.7mm (.5in) 대공 중기관총
엔진: 1 x 6기통 디트로이트 6V-53T 디젤 엔진, 224kW (300마력)
성능: 노상 최고 속도: 70km/h | 도섭: 수륙 양용 | 수직 장애물: 0.838m | 참호: 2.54m

중국북방공업 63식 수륙 양용 경전차

63식은 85mm(3.4in) 포를 탑재했으며 77식 시리즈 병력 수송 장갑차에서 파생된 강력한 엔진을 장착했다. 완전 수륙 양용 전차로 수중에서는 차체 후방에 장착한 워터제트 두 개로 추진력을 얻었다.

제원

제조국: 중국
승무원: 4명
중량: 18,400kg
치수: 전장 8.44m | 전폭 3.2m | 전고 2.52m
기동 가능 거리: 370km
장갑: 14mm 강철
무장: 1 x 85mm (3.4in) 포 | 1 x 7.62mm (.3in) 기관총 | 1 x 12.7mm (.5in) 중기관총
엔진: 1 x 모델 12150-L V-12 디젤 엔진, 298kW (400제동마력)
성능: 최고 속도: 지상 64km/h | 수상: 12km/h

슈타이어 SK 105 경전차

퀴라시어(Kürassier)라는 별칭으로 알려진 경전차로 속도가 빠른 대기갑 차량으로 개발되었다. 파생형으로는 그라이프(그리핀) 구난 장갑차, 피오니어 전투 공병 차량, 파르슐판처 전차 조종 훈련 차량이 있었다.

제원

제조국: 오스트리아
승무원: 3명
중량: 17,500kg
치수: 전장: 5.582m | 전폭: 2.5m | 전고: 2.53m
기동 가능 거리: 불명
장갑: 불명
무장: 1 x 105mm (4.13in) GIAT-Cn-105-57 강선포 | 1 x 7.62mm (.3in) MG74 동축 기관총
엔진: 1 x 슈타이어 7FA 디젤 엔진, 238kW (320제동마력)
성능: 최고 속도: 65.3km/h

자주포

1960년대가 되자 장거리포는 과거의 산물이 되었으며 전술 미사일로 대체되었지만 현대식 자주포의 필요성은 여전히 실재했다. 사격 통제 시스템이 추가된 현대식 자주포는 비교할 수 없는 정확도로 표적에 포탄을 발사할 수 있었다.

M107

M107은 M110 203mm(8in) 자주 곡사포와 함께 동일한 차대와 포 마운트를 활용하도록 설계되었다. M107의 승무원은 13명이었으나 탑승은 전차장, 조종수, 포수 세 명까지만 가능했다. 나머지 승무원은 장약, 포탄, 신관 등을 싣고 트럭으로 이동했다.

제원

제조국: 미국

승무원: 5명

중량: 28,168kg

치수: 전장: 11.256m | 전폭: 3.149m | 전고: 3.679m

기동 가능 거리: 725km

장갑: 기밀

무장: 1 x 175mm (6.9in) 포

엔진: 1 x 디트로이트 디젤 모델 8V-71T 디젤 엔진, 302kW (405마력)

성능: 노상 최고 속도: 56km/h | 도섭: 1.06m | 수직 장애물: 1.016m | 참호: 2.326m

애벗

105mm(4.1in) 애벗 자주포는 독일 라인 강에 주둔하는 영국 육군을 위해 개발되었으며 신뢰성이 높고 강력했다. 야시 장비, 핵·생물·화학 무기(NBC) 방호 장비를 제거하는 가치 공학(VE) 과정을 거친 애벗도 생산되었다.

제원

제조국: 영국

승무원: 4명

중량: 16,494kg

치수: 전장: 5.84m | 전폭: 2.641m | 전고: 2.489m

기동 가능 거리: 390km

장갑: 6~12mm

무장: 1 x 105mm (4.1in) 포 | 1 x 7.62mm (.3in) 대공 기관총 | 7.62mm (.3in) 대공 기관총 | 3 x 연막 발사기

엔진: 1 x 롤스로이스 6기통 디젤 엔진, 179kW (240마력)

성능: 노상 최고 속도: 47.5km/h | 도섭: 1.2m | 수직 장애물: 0.609m | 참호: 2.057m

TIMELINE

1958

1962

1963

반드카논

반드카논 1A는 세계 최초로 등장한 완전 자동화 자주포였다. 포탄은 차체 후방에 외부 장착된 14발들이 클립으로 탑재했는데, 일단 첫 발을 수동으로 장전하면 나머지는 자동으로 장전되었다.

제원
제조국: 스웨덴
승무원: 5명
중량: 53,000kg
치수: 전장: 11m | 전폭: 3.37m | 전고: 3.85m
기동 가능 거리: 230km
장갑: 10–20mm
무장: 1 x 155mm (6.1in) 포 | 1 x 7.62mm (.3in) 대공 기관총
엔진: 1 x 롤스로이스 디젤 엔진, 179kW (240마력) & 보잉 개스 터빈, 224kW (300마력)
성능: 노상 최고 속도: 28km/h | 도섭: 1m | 수직 장애물: 0.95m | 참호: 2m

54-1식

54-1식은 YW 531 병력 수송 장갑차의 차대에 탑재된 122mm (4.8in) 곡사포로 구성되었다. 포는 NATO와 러시아가 보유한 포 대부분에 비할 바가 못 되었지만 차량의 단순성 덕에 신뢰할 만한 무기가 되었다.

제원
제조국: 중국
승무원: 7명 (최대)
중량: 15,400kg
치수: 전장: 5.65m | 전폭: 3.06m | 전고: 2.68m
기동 가능 거리: 500km
장갑: 불명
무장: 1 x 122mm (4.8in) 곡사포
엔진: 1 x 도이츠 6150L 6기통 디젤 엔진, 192kW (257마력)
성능: 노상 최고 속도: 56km/h

Mk F3 155mm

AMX-13의 전차 차대를 바탕으로 한 Mk F3는 후방에 뒤집어 내려 땅에 박음으로써 안정성을 확보할 수 있는 스페이드 두 개를 장착했다. 표준 155mm(6.1in) 고폭 포탄을 발사했으며 그 외 로켓 보조탄, 연막탄, 조명탄 등도 발사했다.

제원
제조국: 프랑스
승무원: 2명
중량: 17,410kg
치수: 전장: 6.22m | 전폭: 2.72m | 전고: 2.085m
기동 가능 거리: 300km
장갑: 20mm
무장: 1 x 155mm (6.1in) 포
엔진: 1 x SOFAM 8Gxb 8기통 가솔린 엔진, 186kW (250마력)
성능: 노상 최고 속도: 60km/h | 수직 장애물: 0.6m | 참호: 1.5m

1965

1966

M109

M109는 1952년, M44를 대체할 자주 곡사포의 필요성에 의해 개발되었다. 첫 양산형 차량은 1962년에 완성되었으며 다양한 개조와 업그레이드를 거쳐 베트남 전쟁, 아랍-이스라엘 전쟁, 이란-이라크 전쟁에 모두 참가하는 등 세계에서 가장 널리 쓰인 자주포가 되었다.

M109

승무원

M109의 승무원은 총 여섯 명으로 섹션장과 조종수, 탄약을 준비, 장전하며 캐넌포를 발사할 포수로 구성된다.

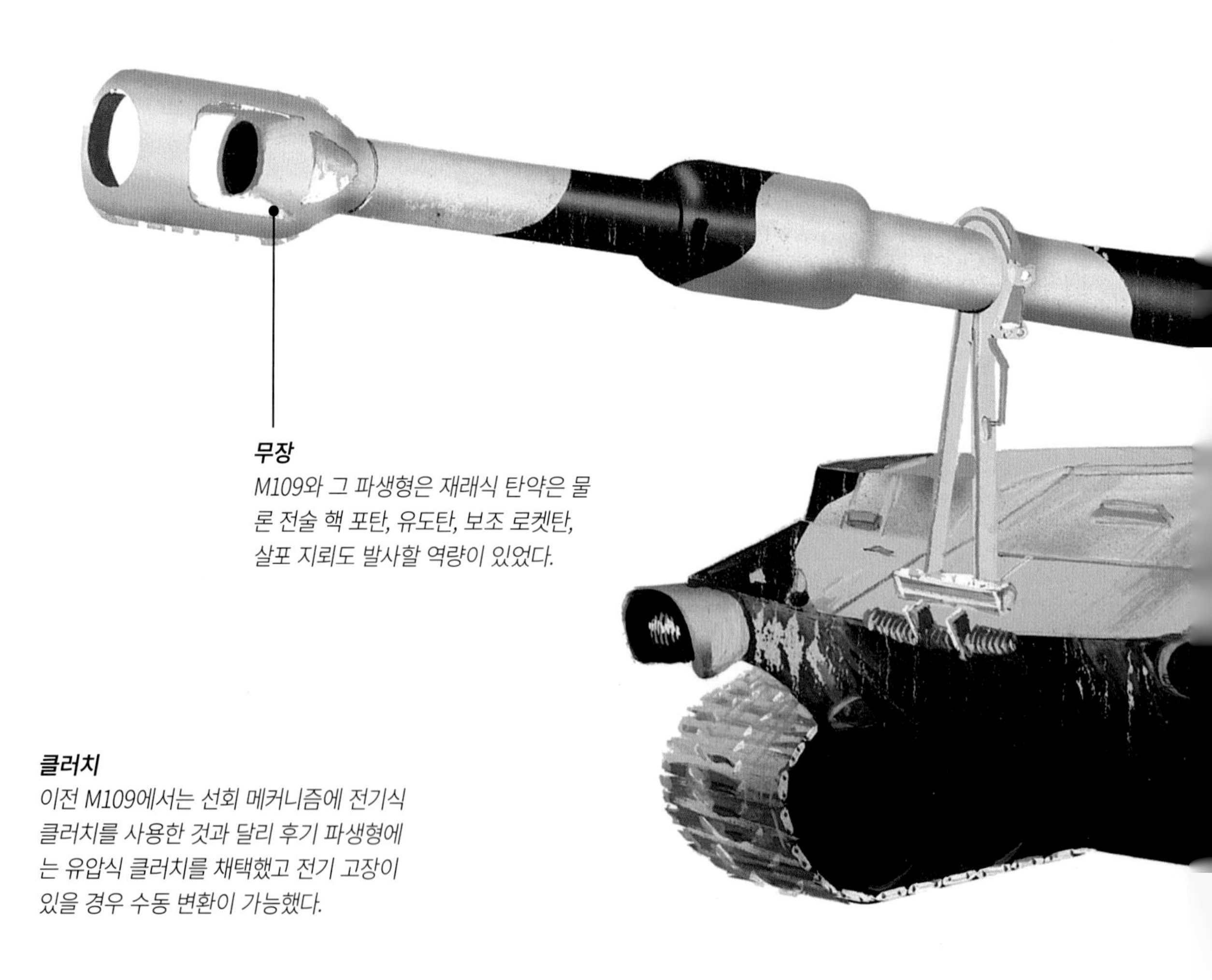

무장

M109와 그 파생형은 재래식 탄약은 물론 전술 핵 포탄, 유도탄, 보조 로켓탄, 살포 지뢰도 발사할 역량이 있었다.

클러치

이전 M109에서는 선회 메커니즘에 전기식 클러치를 사용한 것과 달리 후기 파생형에는 유압식 클러치를 채택했고 전기 고장이 있을 경우 수동 변환이 가능했다.

M109

M109는 수륙 양용 역량이 있었으며 전술 핵 폭탄을 포함해 다양한 포탄을 발사할 수 있었다. 신형 포 마운트, 포신이 긴 포를 탑재한 신형 포탑, 자동 사격 통제 시스템, 개선된 장갑 등, 수많은 업그레이드를 거쳤다.

부무장
후기 버전 M109는 관성 항법 장치, 무기의 위치와 탄약을 탐지하는 센서, 암호화 디지털 통신 시스템 등을 갖추어 곡사포에서 발사 지휘 본부에 좌표 위치와 고도를 전송할 수 있었다.

제원

제조국: 미국
승무원: 6명
중량: 23,723kg
치수: 전장: 6.612m | 전폭: 3.295m | 전고: 3.289m
기동 가능 거리: 390km
장갑: 기밀
무장: 1 x 155mm (6.1in) 곡사포 | 1 x 12.7mm (.5in) AA 중기관총
엔진: 1 x 디트로이트 디젤 모델 8V-71T 디젤 엔진, 302kW (405마력)
성능: 노상 최고 속도: 56km/h | 도섭: 1.07m | 수직 장애물: 0.533m | 참호: 1.828m

생존 가능성
M109는 핵·화학·생물학전에서의 생존 가능성을 높이기 위해 공기 정화기, 난방기, 임무형 보호 태세(MOPP) 장비 등 많은 개량을 거쳤다.

포수
포수는 캐넌포의 좌우(편각) 조준을 맡고 부포수는 상하(사각) 조준을 맡았다.

대전차 차량

1960년대까지 차량에 탑재된 대전차 미사일은 세계 모든 군대에서 중요한 요소였다. 원래는 유선 유도식이었지만 더 정교한 시스템이 개발되어 사거리와 정확도가 훨씬 높아졌다. 오늘날의 대전차 미사일은 모두 2차 세계대전 중 독일의 연구 결과에서 비롯된 것이다.

호넷 말카라

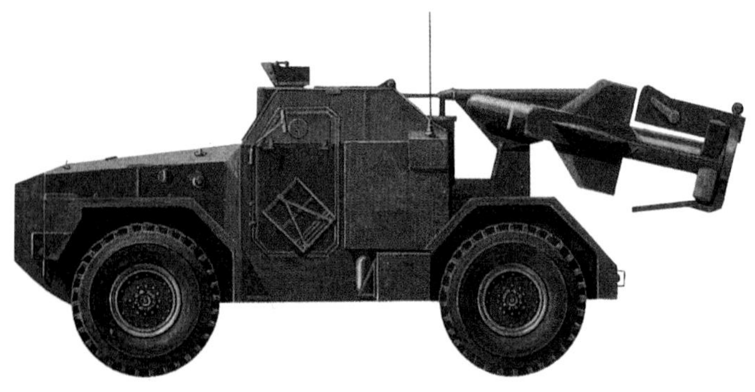

장거리 대전차 역량을 제공하기 위해 개발된 호넷 말카라는 말카라 미사일 발사기를 탑재했다. 오퍼레이터가 캡에서 미사일을 발사하고 미사일 조준 장치에서 풀리는 유선을 조이스틱으로 조절했다.

제원
제조국: 영국
승무원: 3명
중량: 5700kg
치수: 전장: 5.05m | 전폭: 2.22m | 전고: 2.34m
기동 가능 거리: 402km
장갑: 8–16mm
무장: 2 x 말카라 대전차 미사일
엔진: 1 x 롤스로이스 B60 Mk 5A 6기통 가솔린 엔진, 89kW (120마력)
성능: 노상 최고 속도: 64km/h | 참호: 해당 없음

ASU-85 대전차 자주포

ASU-85는 무장과 전술교리라는 면으로 보아 ASU-57의 계보를 잇는다. 설계 작업은 1950년대 말에 시작되었으며 그 결과 1962년, 새로운 항공 수송용 자주포/전차 공격 차량이 붉은 군대에 합류하게 되었다.

제원
제조국: 소련
승무원: 4명
중량: 15,500kg
치수: 전장: 6m | 전폭: 2.8m | 전고: 2.1m
기동 가능 거리: 260km
장갑: 8–40mm
무장: 1 x 85mm (3.4in) D-70 포 | 1 x 7.62mm (.3in) SGMT 기관총
엔진: 1 x V-6 디젤 엔진, 1800rpm일 때 179kW (240제동마력)
성능: 노상 최고 속도: 45km/h

TIMELINE

1958 1960 1961

라케텐야크트판처 1

라케텐야크트판처 1은 프랑스제 SS-11 대전차 유도 미사일(ATGW) 발사기를 두 문 탑재한 획기적인 대전차 차량이었다. 미사일 한 발의 발사 준비가 끝나면 재무장을 위해 다른 한 발을 차체 내부에서 꺼내야 했다. 미사일 사거리는 3000m였다.

제원
제조국: 서독
승무원: 4명
중량: 13,000kg
치수: 전장: 5.56m | 전폭: 2.25m | 전고: 1.7m
기동 가능 거리: 270km
장갑: 30mm
무장: 10 x SS-11 ATGWs
엔진: 1 x 롤스로이스 B81 Mk80F 8기통 가솔린 엔진, 3800rpm일 때 175kW (235마력)
성능: 노상 최고 속도: 51km/h | 도섭: 0.7m | 경사도: 60 % | 수직 장애물: 0.6m | 참호: 1.6m

60식

코마츠 60식은 현재까지 현역으로 활약하며 106mm(4.17in) 무반동포 두 문을 탑재한다. 포는 좌우로 10°씩만 회전이 가능해 조종수가 차량이 표적과 직선을 이루도록 맞춰야 한다. 따라서 경장갑 차량과 교전할 때에만 적합하다.

제원
제조국: 일본
승무원: 3명
중량: 8000kg
치수: 전장: 4.3m | 전폭: 2.23m | 전고: 1.59m
기동 가능 거리: 130km
장갑: 12mm
무장: 2 x RCL 106mm (4.17in) 무반동포 | 1 x 12.7mm (.5in) 중기관총
엔진: 1 x 코마츠 6T 120-2 6기통 디젤 엔진, 2400rpm일 때 89kW (120마력)
성능: 노상 최고 속도: 55km/h | 도섭: 0.7m | 경사도 60 % | 수직 장애물: 0.6m | 참호: 1.8m

FV102 스트라이커

FV102 스트라이커는 스콜피온 정찰 차량의 포탑을 BAC 스윙파이어 대전차 유도 미사일용 유압식 발사기로 교체한 것이다. 내부에 미사일 다섯 발을 더 탑재한다. 스윙파이어 미사일의 사거리는 4000m이다.

제원
제조국: 영국
승무원: 3명
중량: 8221kg
치수: 전장: 4.76m | 전폭: 2.18m | 전고: 2.21m
기동 가능 거리: 483km
장갑: 기밀
무장: 5 + 5 x 스윙파이어 대전차 미사일 | 1 x 7.62mm (.3in) 기관총
엔진: 1 x 재규어 J60 No 1 Mk100B 6기통 가솔린 엔진, 145kW (195마력)
성능: 노상 최고 속도: 100km/h | 도섭: 1m | 경사도: 60 % | 수직 장애물: 0.6m

1962 1975

초기 전술 미사일 발사기

1960년대 초, 세계 최고의 군대들은 대형 전술 미사일을 보유했는데, 대부분 재래식 탄두와 전술 핵 탄두 둘 중 하나를 발사할 수 있도록 설정할 수 있었다. 이 미사일의 발사기는 대개 특수 목적 차량이 되었다. 기동성이 높고 모든 지형에서 운용이 가능했기 때문이었다.

어네스트 존

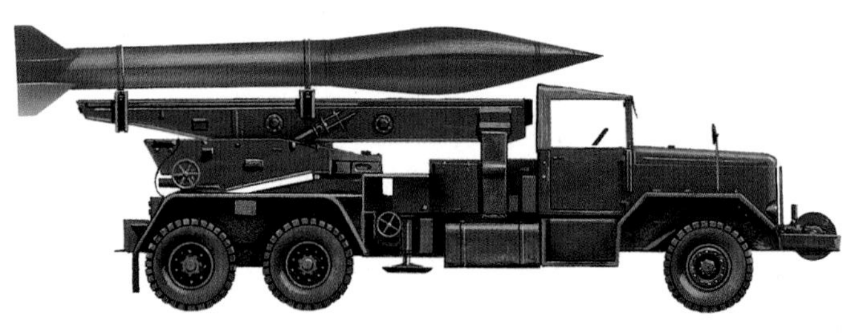

더글라스 MGR-1A 어네스트 존은 미국의 첫 전술 전장 핵무기였다. MGR-1B와 더불어 종래의 관형 포처럼 사용할 수 있는 비유도 로켓탄에 해당되었다. 2, 30, 40킬로톤 W31 핵탄두는 물론 일반 탄두도 발사가 가능했다.

제원
제조국: 미국
승무원: 3명
중량: 16,400kg
치수: 전장: 9.89m | 전폭: 2.9m | 전고: 2.67m
기동 가능 거리: 480km
장갑: 해당 없음
무장: 4 x 전술 전장 미사일, 별개의 수송 트럭에서 공급
엔진: 1 x AM 제너럴 6기통 가솔린 엔진, 104kW (139마력)
성능: 노상 최고 속도: 90km/h

FROG-7

프로그(FROG)는 '지상 자유 로켓(Free Rocket Over Ground)'의 약자이다. FROG-7은 앞선 모델들을 개발하면서 쌓인 경험의 산물이었다. 대형 1단 고체 연료 로켓탄으로 탄두의 종류는 여러 가지였고, 8x8 이동식 발사 차량에 탑재되었다.

제원
제조국: 소련
승무원: 4명
중량: 20,300kg
치수: 전장: 10.69m | 전폭: 2.8m | 전고 (미사일 포함): 3.35m
기동 가능 거리: 650km
장갑: 해당 없음
무장: 1 x FROG-7 로켓탄
엔진: 2 x ZIL-375 8기통 가솔린 엔진, 각각 132kW (177마력)
성능: 노상 최고 속도: 40km/h

TIMELINE
1953 1961 1963

퍼싱

마틴 마리에타 MGM-31A 퍼싱 전술 핵 미사일은 60~400킬로톤 W50 공중폭발 핵탄두를 160~740km 사이의 사거리로 발사하도록 개발되었다. 핵무기 조약에 의해 1991년 최후의 퍼싱까지 파괴 처리되었다.

제원

제조국: 미국
승무원: 1명
중량: 8100kg
치수: 전장 (로켓 포함): 10.6m | 전폭: 2.5m | 전고: 3.79m
기동 가능 거리: 320km
장갑: 없음
무장: 1 x 퍼싱 전술 핵 미사일
엔진: 1 x 크라이슬러 A-710-B 8기통 가솔린 엔진, 160kW (215마력)
성능: 노상 최고 속도: 65km/h

랜스 미사일 탑재 M548 캐리어

M548은 많은 특수 차량으로 사용되었고 그 중 하나가 여기 소개된 보우트 랜스 미사일 발사기이다. 그 밖에도 레이더/전자전 차량, 지뢰 부설 차량, 35mm(1.37in) 자주 대공포, 지뢰 제거 및 구난 차량 등이 있었다.

제원

제조국: 미국
승무원: 1명 + 3명
중량: 12,882kg
치수: 전장: 5.893m | 전폭: 2.692m | 전고: 2.82m
기동 가능 거리: 483km
장갑: 44mm
무장: 다양함. 예시 모델의 경우: 1 x 보우트 랜스 미사일
엔진: 1 x 디트로이트 디젤 모델 6V-53 6기통 액랭식 디젤 엔진, 160kW (215마력)
성능: 노상 최고 속도: 64km/h | 도섭: 수륙 양용 | 수직 장애물: 0.61m | 참호: 1.68m

SS-1c 스커드 B 미사일 발사기

스커드 B는 핵탄두나 종래의 고폭탄 탄두를 장착한 중거리용 전술 미사일이다. 유도 장치는 발사 후 첫 80초 동안만 작동한다. 그 후 탄두가 분리되어 유도 없이 표적으로 날아가게 되어 정확도가 떨어졌다.

제원

제조국: 미국
승무원: 1명 + 3명
중량: 12,882kg
치수: 전장: 5.893m | 전폭: 2.692m | 전고: 2.82m
기동 가능 거리: 483km
장갑: 44mm
무장: 다양함. 예시 모델의 경우: 1 x 보우트 랜스 미사일
엔진: 1 x 디트로이트 디젤 모델 6V-53 6기통 액랭식 디젤 엔진, 160kW (215마력)
성능: 노상 최고 속도: 64km/h | 도섭: 수륙 양용 | 수직 장애물: 0.61m | 참호: 1.68m

1969 1972

로켓 시스템

2차 세계대전 당시 소련의 '카추샤' 와 같은 원리로 작동하지만 로켓 시스템은 냉전 시대에도 발전을 거듭해 치사율과 정확도가 크게 높아졌다. 다수가 소군탄을 발사함으로써 넓은 지역의 살상과 파괴가 가능해 적군이 해당 지역을 이용하는 것을 방지할 수 있었다.

XLF-40

XLF-40은 미국의 M3A1 경전차 차대를 개조해서 탑재한 가장 큰 로켓탄 발사기이다. SS-60 미사일을 장착한 발사 레일이 세 개 있다. 미사일은 각 595kg으로 고폭탄이나 소군탄 탄두를 포함한다.

제원

제조국: 브라질
승무원: 4명
중량: 17,070kg
치수: 전장: 6.5m | 전폭: 2.6m | 전고: 3.2m
기동 가능 거리: 600km
장갑: 58mm
무장: 3 x SS-60 로켓탄
엔진: 1 x 사브 스카니아 DS-11 6기통 터보 디젤 엔진, 220kW (295마력)
성능: 노상 최고 속도: 55km/h | 도섭: 1.3m | 경사도: 60 % | 수직 장애물: 0.8m

BM-22 우라간

BM-22 우라간은 소련의 다연장 로켓탄 발사기의 후기 세대에 속한다. 미사일 열여섯 발을 일제히 발사할 수 있었다. 전체 시스템 재장전에는 20분이 걸렸다. ZIL-135 8x8 트럭 차대에 장착했다.

제원

제조국: 소련
승무원: 4명
중량: 20,000kg
치수: 전장: 9.63m | 전폭: 2.8m | 전고: 3.22m
기동 가능 거리: 570km
장갑: 해당 없음
무장: 16 x 220mm (8.66in) 로켓탄
엔진: 2 x ZIL-375 8기통 가솔린 엔진, 각각 132kW (177마력)
성능: 노상 최고 속도: 65km/h

TIMELINE

1970 1974 1975

BM-27

BM-27은 1970년대 중반 소련 군대에 도입되었다. 최전방 병사들에게 화학탄, 고폭탄, 소이탄을 이용한 화력을 지원하는 것을 목표로 설계했다. 발사 시에는 안정화 잭 네 개를 아래로 내려 지지력을 높였다.

제원
제조국: 소련
승무원: 6명
중량: 22,750kg
치수: 전장: 9.3m | 전폭: 2.8m | 전고: 3.2m
기동 가능 거리: 500km
장갑: 없음
무장: 16 x 220mm (8.66in) 로켓 발사관
엔진: 1 x V-8 수랭식 디젤 엔진, 194kW (260마력)
성능: 노상 최고 속도: 65km/h | 도섭: 1m | 수직 장애물: 1.1m | 참호: 2.8m

75식

75식은 73식 병력 수송 장갑차를 개조한 이동식 로켓탄 발사기 버전이다. 알루미늄 장갑을 전체 용접한 차체를 보유하며 130mm(5.12in) 유압식 로켓탄 발사대를 차체 뒤쪽에 탑재했다.

제원
제조국: 일본
승무원: 3명
중량: 16,500kg
치수: 전장: 5.78m | 전폭 2.8m | 전고 2.67m
기동 가능 거리: 300km
장갑: 알루미늄 장갑(세부사항 기밀)
무장: 1 x 130mm (5.12in) 로켓탄 발사 시스템
엔진: 1 x 미츠비시 4ZF 4기통 디젤 엔진, 2200rpm일 때 224kW (300마력)
성능: 노상 최고 속도: 53km/h | 도섭: 수륙 양용 | 경사도: 60 % | 수직 장애물: 0.7m | 참호: 2m

발키리

발키리는 게릴라 캠프, 군대 집결지, 비장갑 차량 수송대 등에 사용하기 위해 여덟 대씩 포대를 이루어 배치되었다. 총 24발을 24초 내에 전부 발사할 수 있었다. 4x4 배열의 소형 트럭 차대에 탑재되었다.

제원
제조국: 남아프리카공화국
승무원: 2명
중량: 6440kg
치수: 전장: 5.41m | 전폭: 1.985m, 전고: 3.2m
기동 가능 거리: 650km
장갑: 없음
무장: 24 x 127mm (4.9in) 로켓 발사관
엔진: 1 x 6기통 디젤 엔진, 89kW (120마력)
성능: 노상 최고 속도: 80km/h | 도섭: 0.5m | 수직 장애물: 0.6m | 참호: 0.6m

1981

대공 차량

냉전 시대 동안 차량에 탑재된 대공 무기는 포와 미사일, 두 가지로 크게 나뉜다. 미사일은 최대 사거리에서 다가오는 항공기를 저지하도록 설계된 반면, 포는 표적 지역으로 돌파한 항공기를 처리하는 근거리 대공포 역할을 했다.

63식

63식은 소련의 T-34 전차를 기반으로 하며 대공포 두 문을 탑재한 오픈탑 포탑을 장착했다. 레이더 통제 시스템 없이 수동으로 조준하고 상하각을 조작해야 했다. 빠르게 저공비행하는 항공기를 상대할 때 이 점이 가장 큰 단점으로 작용했다.

제원
제조국: 중국
승무원: 6명
중량: 32,000kg
치수: 전장: 6.432m | 전폭: 2.99m | 전고: 2.995m
기동 가능 거리: 300km
장갑: 18–45mm
무장: 2 x 37mm 대공포
엔진: 1 x V-12 수랭식 디젤 엔진, 373kW (500마력)
성능: 노상 최고 속도: 55km/h | 도섭: 1.32m | 수직 장애물: 0.73m | 참호: 2.5m

76mm 오토마틱 방공 전차

76mm(3in) 오토마틱 방공 전차는 헬리콥터와 지상 공격 항공기로부터 지상군을 방어하는 용도로 쓰였다. 오토마틱 시스템은 76mm(3in) 포와 감시 및 추적 레이더, 전자 광학 조준기, 사격 통제 컴퓨터를 갖춘 포탑 부품을 말한다.

제원
제조국: 이탈리아
승무원: 4명
중량: 47,000kg
치수: 전장: 7.08m | 전폭: 3.25m | 전고: 3.07m (레이더 수납 시)
기동 가능 거리: 500km
장갑: 비공개
무장: 1 x 76mm (3in) 포
엔진: 1 x MTU V-10 다종 연료 엔진, 2200rpm일 때 238.6kW (830제동마력)
성능: 노상 최고 속도: 60km/h | 도섭: 1.2m | 수직 장애물: 1.15m | 참호: 3m

TIMELINE
1962 1963 1964

SA-4 가네프

SA-4 가네프 지대공 미사일(SAM) 시스템은 1964년 군에 도입되었다. 각 가네프 미사일은 1800kg이며 360° 회전과 45° 상승이 가능한 턴테이블 마운트에 탑재되었다. 화생방(NBC), 공기 정화, 적외선 야시 장비가 기본 장착되었다.

제원
제조국: 러시아 연방/소련
승무원: 3~5명
중량: 30,000kg
치수: 전장 (미사일 포함): 9.46m | 전폭: 3.2m | 전고 (미사일 포함): 4.47m
기동 가능 거리: 450km
장갑: 15~20mm
무장: 2 x SA-4 가네프 SAM 미사일
엔진: 1 x V-59 12기통 디젤 엔진, 388kW (520마력)
성능: 노상 최고 속도: 45km/h

롤랜드(롤란트, 롤랑)

롤랜드 지대공 미사일(SAM) 시스템은 프랑스와 독일의 합작품이다. 유로미사일이라고도 알려져 있으며 주간 버전(롤랜드1)과 전천후 버전(롤랜드2) 두 가지가 있다. 레이더 시스템에는 컴퓨터가 있어서 피아 식별(IFF) 결과를 제공했다. (Roland는 영어로는 롤랜드, 독일어로는 롤란트, 프랑스어로는 롤랑으로 발음된다. 합작품이므로 공통적으로 적용될 수 있는 영어식 발음을 우선으로 표기했다. -옮긴이)

제원
제조국: 프랑스/서독
승무원: 3명
중량: 34,800kg
치수: 전장: 6.92m | 전폭: 3.24m | 전고: 2.92m
기동 가능 거리: 600km
장갑: 강철(세부 사항 기밀)
무장: 2 + 8 롤랜드 SAM 미사일
엔진: 1 x MTU mB 833Ea-500 6기통 디젤 엔진, 440kW (590마력)
성능: 노상 최고 속도: 60km/h | 도섭: 1.5m | 경사도: 60 % | 수직 장애물: 1m | 참호: 2.5m

M163 벌컨

1960년대 초반 록아일랜드 아스널에서 개발한 자주 방공 시스템으로 M113 병력 수송 장갑차의 차대를 기반으로 한다. 지상 공격과 대공 방어로 용도를 구분해 포 발사 속도를 조절할 수 있었다.

제원
제조국: 미국
승무원: 4명
중량: 12,310kg
치수: 전장: 4.86m | 전폭: 2.85m | 전고: 2.736m
기동 가능 거리: 83km
장갑: 38mm
무장: 1 x 20mm (.76in) 6포신 M61 시리즈 포
엔진: 1 x 디트로이트 6V-53 6기통 디젤 엔진, 160kW (215마력)
성능: 노상 최고 속도: 67km/h | 도섭: 수륙 양용 | 수직 장애물: 1.61m | 참호: 1.68m

1965

ZSU-23-4 실카

ZSU-23-4 실카는 1960년대에 ZSU-57-2의 대체품으로 개발되었다. 사거리는 더 짧았지만 레이더 사격 통제 장치와 향상된 발사 속도 덕에 더 효과적인 무기가 되었다.

ZSU-23-4

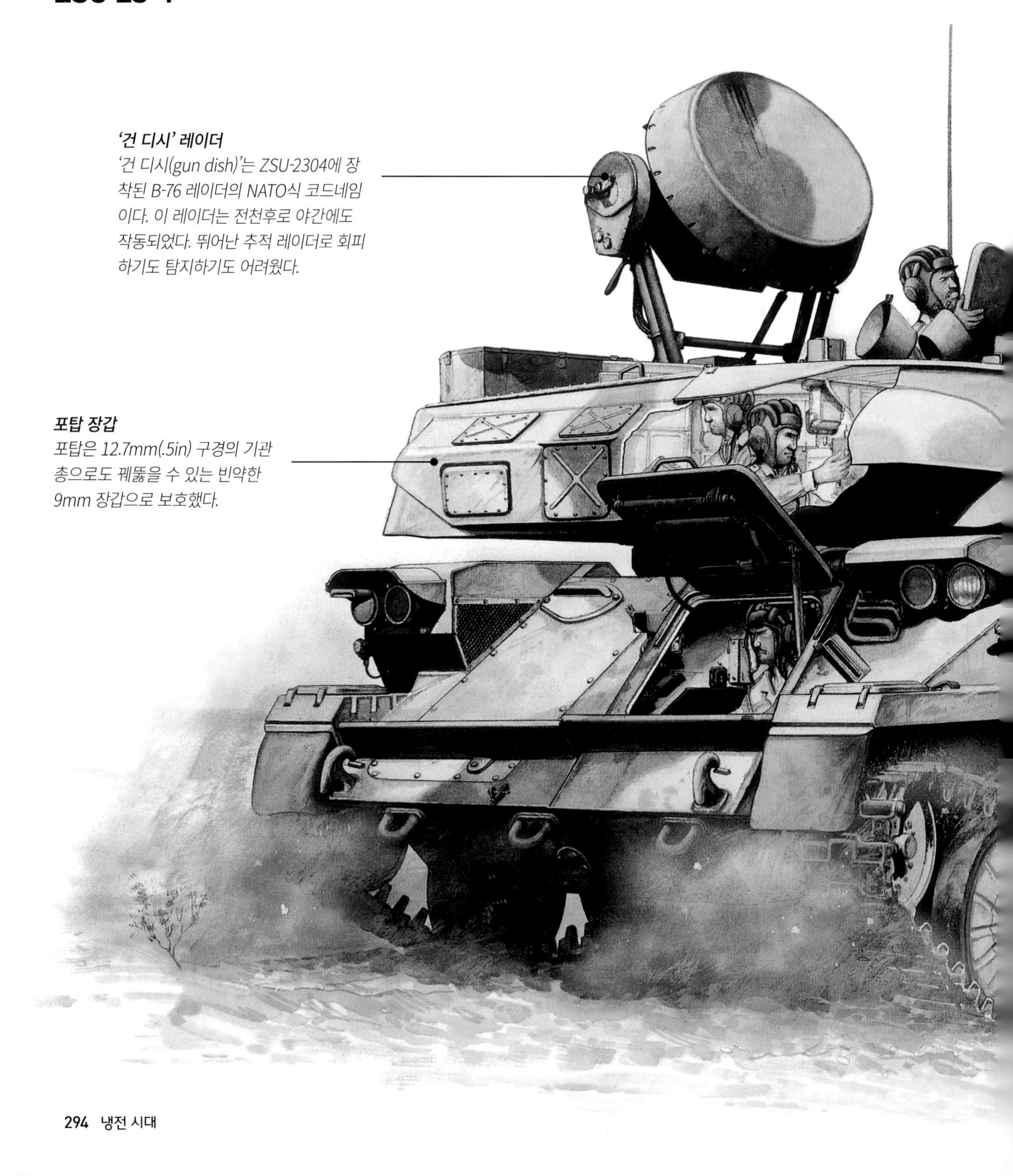

'건 디시' 레이더
'건 디시(gun dish)'는 ZSU-2304에 장착된 B-76 레이더의 NATO식 코드네임이다. 이 레이더는 전천후로 야간에도 작동되었다. 뛰어난 추적 레이더로 회피하기도 탐지하기도 어려웠다.

포탑 장갑
포탑은 12.7mm(.5in) 구경의 기관총으로도 꿰뚫을 수 있는 빈약한 9mm 장갑으로 보호했다.

ZSU-23-4

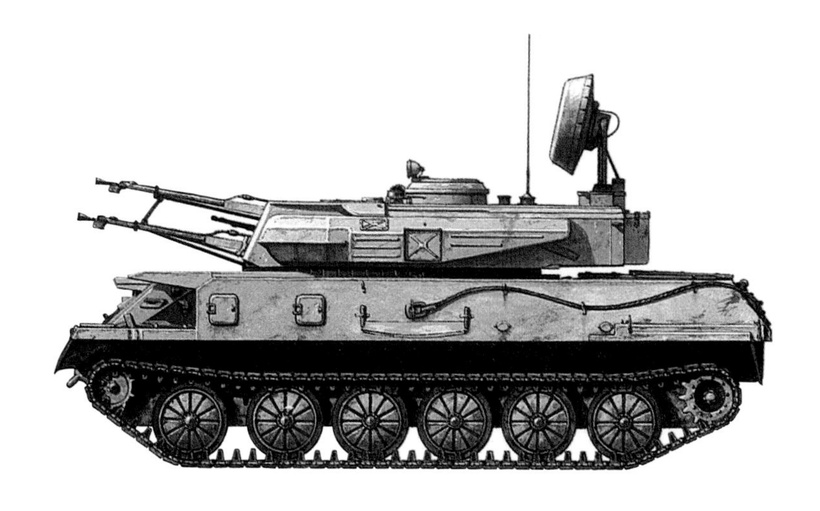

많은 국가로 수출된 ZSU-23-4는 1973년 욤 키프르 전쟁에서 이집트의 미사일 방어 시스템을 피하기 위해 저공비행해야 했던 이스라엘 항공기를 격추시키며 이집트 측에서 특히 효과적으로 사용되었다. 베트남 전쟁 당시 북베트남군도 전투에 대규모로 투입했다.

제원

제조국: 소련

승무원: 4명

중량: 19,000kg

치수: 전장: 6.54m | 전폭: 2.95m | 전고 (레이더 미포함): 2.25m

기동 가능 거리: 260km

장갑: 10–15mm

무장: 4 X 23mm (.9in) AZP-23 대공 캐넌포

엔진: 1 x V-6R 디젤 엔진, 210kW (280마력)

성능: 노상 최고 속도: 44km/h | 도섭: 1.4m | 수직 장애물: 1.1m | 참호: 2.8m

AZP-23 23MM (.9IN) 쿼드 캐넌포

장갑 격벽으로 승무원실과 분리된 4문짜리 캐넌포는 포신마다 분당 800~1000발을 발사할 수 있었다.

차대

PT-76 경전차와 비슷하게 ZSU-23- 4의 차대도 양압 화생방(NBC) 방호 시스템을 갖췄으나 수륙 양용은 아니었다.

1960년대의 대공 차량

냉전 상황이 최고조에 달했던 1960년대에는 주요 국가 군대마다 엄청난 위력의 이동식 대공 무기를 전선에 배치했다. 지대공 미사일과 대공포를 합쳐서 저공비행하는 제트기에 반격이 가능하도록 설계한 것이었다. 근거리 무기의 일부는 공대공 미사일을 토대로 만들어졌다.

SA-6 게인풀

SA-6 게인풀은 가장 성공적인 대공 무기로 손꼽힌다. SA-6 미사일 세 개를 ZSU-23-4의 차대를 개조해 수송했으며, 해당 차량에는 방사능 경고 시스템, 화생방(NBC) 방호 장치, 사격 통제 장치가 있었다.

제원

제조국: 소련
승무원: 3명
중량: 14,000kg
치수: 전장: 7.39m | 전폭: 3.18m | 전고 (미사일 포함): 3.45m
기동 가능 거리: 260km
장갑: 15mm
무장: 3 x SA-6 게인풀 SAMs
엔진: 1 x 모델 V-6R 6기통 디젤 엔진, 179kW (240마력)
성능: 노상 최고 속도: 44km/h | 도섭: 1m | 경사도: 60 % | 수직 장애물: 1.1m | 참호: 2.8m

M48 섀퍼랠

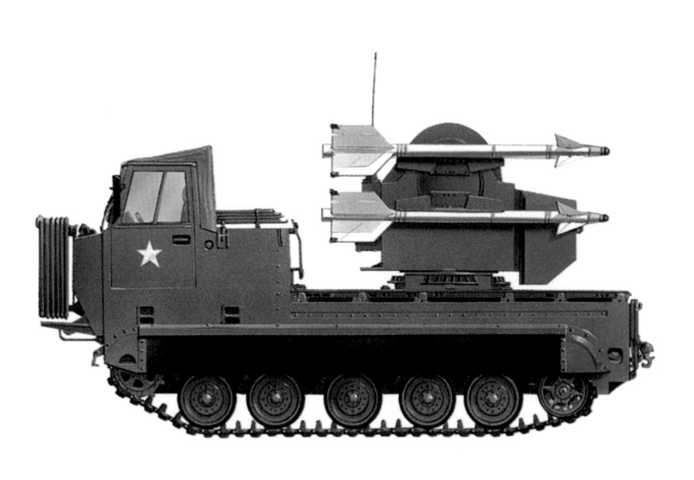

M48 섀퍼랠은 근거리 저고도 요격 임무에 MIM-72C 지대공 미사일(SAM) 을 사용했다. 표적까지의 유도는 자체적인 발사 후 망각형 적외선 시스템을 이용했다. 섀퍼랠에는 전방 지역 경보 레이더(FAAR)가 있어서 적군 항공기 경보 시스템 역할을 했다.

제원

제조국: 미국
승무원: 5명
중량: 11,500kg
치수: 전장: 6.06m | 전폭: 2.69m | 전고: 2.68m
기동 가능 거리: 489km
장갑: 해당 없음
무장: 12 x MIM-72C SAM
엔진: 1 x 디트로이트 6V53 6기통 디젤 엔진, 160kW (214마력)
성능: 노상 최고 속도: 61km/h | 도섭: 1m | 경사도: 60 % | 수직 장애물: 0.61m | 참호: 1.68m

TIMELINE

1967

1969

AMX-13 DCA

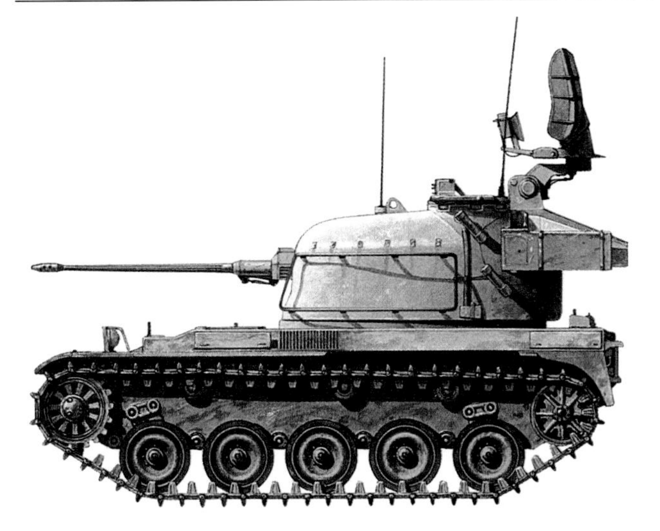

AMX-13 DCA는 AMX-13 주력 전차의 차대에 주강(鑄鋼) 포탑을 설치했다. 1980년대까지 프랑스군의 유일한 자주 대공포로 활약했다. 사격 통제에 도움이 되도록 외유 누아르(Oeil Noir) 1 레이더 스캐너를 포탑 뒤에 장착했다.

제원
제조국: 프랑스
승무원: 3명
중량: 17,200kg
치수: 전장: 5.4m | 전폭: 2.5m | 전고 (레이더 올림): 3.8m | 전고 (레이더 내림): 3m
기동 가능 거리: 300km
장갑: 25mm
무장: 2 x 30mm (1.2in) 이스파노(現 엘리콘) 포
엔진: 1 x SOFAM 모델 8Gxb 8기통 가솔린 엔진, 186kW (250마력)
성능: 노상 최고 속도: 60km/h | 도섭: 0.6m | 수직 장애물: 0.65m | 참호: 1.7m

GDF-CO3

GDF 시리즈는 공장이나 공군 기지 등 후방 지역의 표적을 보호하기 위해 기동성이 매우 높은 대공 방어 시스템으로 개발되었다. GDFCO3는 콩트라브 수색 레이더에 추가로 레이저 거리계가 달린 주/야간 사격 통제 시스템을 갖췄다.

제원
제조국: 스위스
승무원: 3명
중량: 18,000kg
치수: 전장: 6.7m | 전폭: 2.813m | 전고: 4m
기동 가능 거리: 480km
장갑: 8mm
무장: 2 x 35mm (1.38in) KDF 캐넌포
엔진: 1 x GMC 6V-53T 6기통 디젤 엔진, 160kW (215마력)
성능: 노상 최고 속도: 45km/h | 도섭: 0.6m | 수직 장애물: 0.609m | 참호: 1.8m

SA-8 게코

SA-8 게코는 감시, 표적 획득, 미사일 발사가 한 차량에서 이루어지는 소련 최초의 방공 시스템이었다. ZIL-167 6x6 차량의 차대를 이용했다. 수륙 양용이었으며 승무원실에는 화생방(NBC) 방호 장치를 갖췄다.

제원
제조국: 러시아 연방/소련
승무원: 5명
중량: 17,499kg
치수: 전장: 9.14m | 전폭: 2.8m | 전고 (레이더 낮춤): 4.2m
기동 가능 거리: 250km
장갑: 불명
무장: 6 x SA-8 타입 9M33 SAMs
엔진: 1 x 5D20 B-300 디젤 앤진 + 보조 구동용 개스 터빈, 223kW (299마력)
성능: 노상 최고 속도: 80km/h | 도섭: 수륙 양용

1970 1972

1970년대의 대공 차량

대공 차량의 설계는 1970년대에도 계속해서 정교하고 복잡하게 발전했다. 이스라엘은 1973년 욤 키프르 전쟁에서 치른 대가를 바탕으로 교훈을 얻었다. 다수가 궤도형이고 기동성이 매우 높았던 소련제 대공 시스템이 이스라엘 공군의 최전선 병력 중 약 40%를 그것도 전쟁 초반에 앗아갔던 것이다.

플라크판처 1 게파르트

게파르트는 서독 육군의 대공 자주포(SPAAG)였다. 차대는 레오파르트 1 주력 전차를 기반으로 하되 장갑 사양을 다운그레이드했다. 사격 통제는 지상 교전과 대공 교전을 선택할 수 있도록 컴퓨터화 되었다.

제원
제조국: 독일
승무원: 4명
중량: 47,300kg
치수: 전장: 7.68m | 전폭: 3.27m | 전고 3.01m
기동 가능 거리: 550km
장갑: 최대 40mm
무장: 2 x 35mm (1.38in) 포 | 8 x 연막 발사기
엔진: 1 x MTU MB 838 Ca M500 10기통 다종 연료 엔진, 619kW(830hp)
성능: 노상 최고 속도: 64km/h | 도섭: 2.5m

스파르탄

알비스 스파르탄은 재블린 지대공 미사일(SAM)이나 영국 육군 공병대 강습 부대를 수송하는 것처럼 특수한 임무를 맡았다. 승무원은 세 명이었으며 뒤에 완전 무장한 병사 네 명이 탈 수 있는 공간이 있었으나 사격 포트(총안구)는 없었다.

제원
제조국: 영국
승무원: 3명 + 4명
중량: 8172kg
치수: 전장: 5.125m | 전폭: 2.24m | 전고: 2.26m
기동 가능 거리: 483km
장갑: 기밀
무장: 1 x 7.62mm (.3in) 기관총 | 1 x 밀란 미사일 발사기
엔진: 1 x 재규어 6기통 가솔린 엔진, 142kW (190마력)
성능: 노상 최고 속도: 80km/h | 도섭: 1.067m | 수직 장애물: 0.5m | 참호: 2.057m

TIMELINE

1976 

1978 

크로탈

크로탈은 선진적인 전천후 지대공 미사일 시스템이었다. 발사 차량에 각각 사거리 8500m, 폭발 반경 8m인 R.440 미사일 네 발을 탑재했다. 표적 획득 차량은 펄스 도플러 탐색 장치와 관측 감시 레이더를 장착했다.

제원
제조국: 프랑스
승무원: 3명
중량: (발사 차량) 27,300kg
치수: 전장: 6.22m | 전폭: 2.65m | 전고 (차량): 2.04m
기동 가능 거리: 500km
장갑: 3–5mm
무장: 4 x 마트라 R.440 SAM 미사일
엔진: 1 x 디젤 발전기 & 4 x 전기 모터, 176kW (236마력)
성능: 노상 최고 속도: 70km/h | 도섭: 0.68m | 경사도: 40 % | 수직 장애물: 0.3m

SA-13 고퍼

SA-13 고퍼는 MT-LB 다목적 장갑차로 수송하는 SA-13 적외선 유도 미사일 네 발로 구성된다. MT-LB는 이동, 조립, 발사장비 및 레이더(TELAR) 역할을 한다. 미사일 사거리는 고도 3500m일 때 5000m이다.

제원
제조국: 러시아 연방/소련
승무원: 3명
중량: 12,080kg
치수: 전장: 6.93m | 전폭: 2.85m | 전고 3.96m
기동 가능 거리: 500km
장갑: 7–14mm
무장: 4 + 4 9M37 SAM 미사일
엔진: 1 x YaMZ-239V 8기통 디젤 엔진, 529kW (709마력)
성능: 노상 최고 속도: 61.5km/h | 도섭: 수륙 양용 | 경사도: 60 % | 수직 장애물: 0.7m | 참호: 2.7m

샤힌

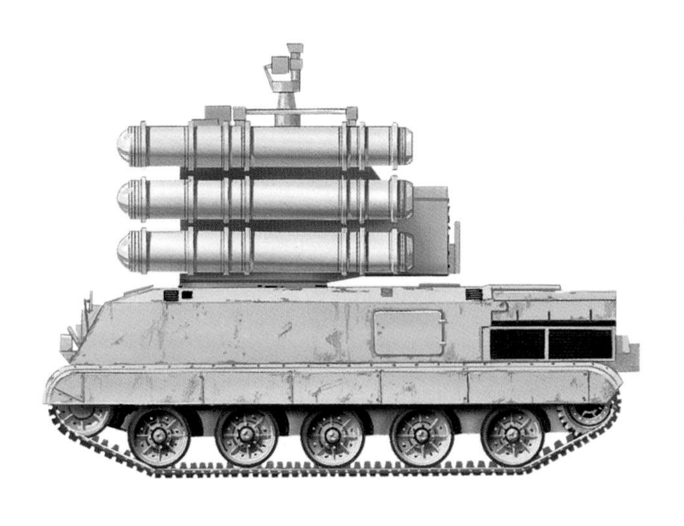

다른 이동식 지대공 미사일 시스템과 달리 샤힌은 중장갑 차량이다. 발사 및 표적 획득 장치를 15–80mm 두께의 장갑을 적용한 AMX-30 주력 전차 차대에 탑재했다. 마트라 R.460 지대공(SAM) 미사일은 지휘 통제 본부에서 유도했다.

제원
제조국: 프랑스
승무원: 3명
중량: (발사 차량) 38,799kg
치수: 전장: 6.59m | 전폭: 3.1m | 전고: 5.5m
기동 가능 거리: 600km
장갑: 15–80mm
무장: 6 x 마트라 R.460 SAM 미사일
엔진: 1 x 이스파노-수이자 HS110 12기통 다종 연료 엔진, 515kW (690마력)
성능: 노상 최고 속도: 65km/h | 도섭: 1.3m | 경사도: 60 % | 수직 장애물: 0.93m

1979

궤도형 병력 수송 장갑차

1950년대 대규모 기갑 장비를 집중시켜 서유럽을 빠르게 기습 공격하려는 전쟁 계획을 세웠던 소련은 돌파 뒤 충분한 병력의 지원이 없으면 기갑 공세가 실패로 돌아갈 것이라는 논리적 반박에 따라 막대한 양의 궤도형 병력 수송 장갑차를 생산했다.

OT-810

OT-810은 독일의 Sdkfz.251 하프트랙 차량을 개조한 것이다. 엔진을 타트라 6기통 공랭식 디젤 엔진으로 교체했고 병력 수송칸 지붕에 장갑을 댄 해치를 추가했다. 대전차용 파생형도 생산되었다.

제원

제조국: 체코슬로바키아

승무원: 2명 + 10명

중량: 9000kg

치수: 전장: 5.71m | 전폭: 2.1m | 전고: 1.88m

기동 가능 거리: 600km

장갑: 최대 12mm

무장: 1 x 7.62mm (.3in) 기관총

엔진: 1 x 타트라 928-3 6기통 디젤 엔진, 89kW (120마력)

성능: 노상 최고 속도: 55km/h | 도섭: 0.5m | 경사도: 24 % | 수직 장애물: 0.23m | 참호: 1.98m

AMX VCI

AMX VCI(보병 전투 차량(Véhicule de Combat d'Infanterie))는 AMX-13 경전차의 차대를 개조해서 만들었다. 승무원 세 명이 탑승하고 병사 10명을 수송했다. 지붕에 핀틀 마운트로 장착한 12.7mm(.5in) M2 HB 기관총이 기본 무장이었다.

제원

제조국: 프랑스

승무원: 3명 + 10명

중량: 15,000kg

치수: 전장: 5.7m | 전폭: 2.67m | 전고: 2.41m

기동 가능 거리: 350km

장갑: 최대 30mm

무장: 1 x 12.7mm (.5in) M2 HB 기관총

엔진: 1 x SOFAM 8Gxb 8기통 가솔린 엔진, 3200rpm일 때 186kW (250마력)

성능: 노상 최고 속도: 60km/h | 도섭: 1m | 경사도: 60 % | 수직 장애물: 1m | 참호 1.6m

TIMELINE

1957

BTR-50

1957년부터 1970년대 초반까지 BTR-50은 소련의 표준 병력 수송 장갑차로 병사 20명을 수송할 수 있었다. 단, 차체의 높이가 낮아 측면으로 타고 내려야 했다. 수륙 양용 모드일 때는 워터 제트로 추진력을 얻었다.

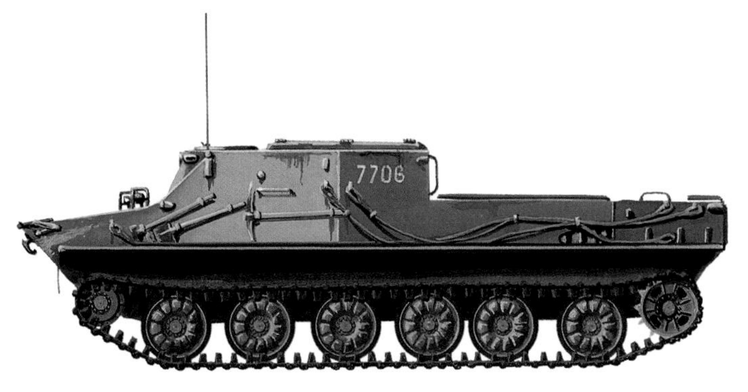

제원
제조국: 소련
승무원: 2명 + 20명
중량: 14,200kg
치수: 전장: 7.03m I 전폭: 3.14m I 전고: 2.07m
기동 가능 거리: 400km
장갑: 10mm
무장: 1 x 7.62mm (.3in) 기관총
엔진: 1 x 모델 V-6R 6기통 디젤 엔진, 1800rpm일 때 179kW (240마력)
성능: 노상 최고 속도: 44km/h I 도섭: 수륙 양용 I 경사도: 70 % I 수직 장애물: 1.1m I 참호: 2.8m

M-60P

M60P는 해외의 여러 가지 설계 요소를 합쳐서 만들었다. 소련의 SU-76 자주포 차대가 서스펜션의 기반이 되었고 오스트리아의 슈타이어형 엔진이 출력을 제공했으며, 미국의 M59 같은 서방의 병력 수송 장갑차가 전반적인 설계에 영향을 미쳤다.

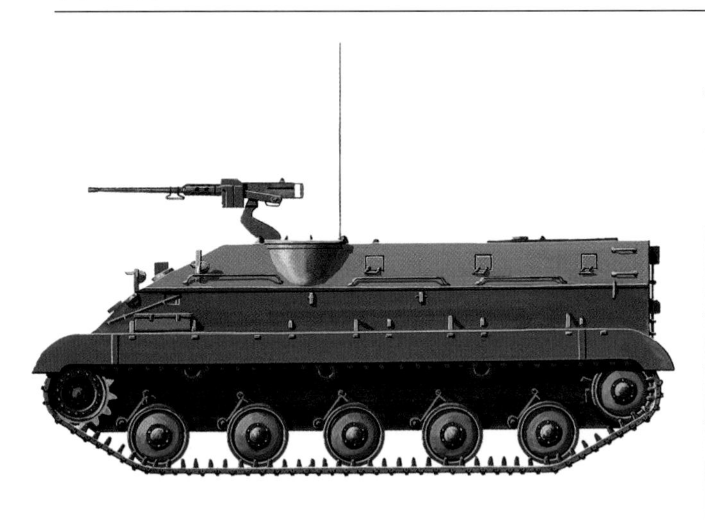

제원
제조국: 유고슬라비아
승무원: 3명 + 10명
중량: 11,000kg
치수: 전장: 5.02m I 전폭: 2.77m I 전고: 2.77m
기동 가능 거리: 400km
장갑: 25mm
무장: 1 x 12.7mm (.5in) 중기관총 I 1 x 7.62mm (.3in) 기관총
엔진: 1 x FAMOS 6기통 디젤 엔진, 104kW (140마력)
성능: 노상 최고 속도: 45km/h I 도섭: 1.25m I 경사도: 60 % I 수직 장애물: 0.6m I 참호: 2m

자우러 4K 4FA-G1

자우러 4K 4FA 병력 수송 장갑차는 기본형 이외에도 일련의 파생형이 생산되었다. 표준 형태일 때는 2명 + 8명의 병력을 수용할 수 있는 강철 장갑 APC로 전방 큐폴라에 12.7mm(.5in) 브라우닝 M2 HB 기관총을 한 정 탑재했다.

제원
제조국: 오스트리아
승무원: 2명 + 8명
중량: 12,200kg
치수: 전장: 5.35m I 전폭: 2.5m I 전고: 1.65m
기동 가능 거리: 370km
장갑: 최대 20mm
무장: 1 x 12.7mm (.5in) 중기관총
엔진: 1 x 자우러 4FA 6 6기통 터보 디젤 엔진, 2400rpm일 때 186kW (250마력)
성능: 노상 최고 속도: 65km/h I 도섭: 1m I 경사도: 75 % I 수직 장애물: 0.8m I 참호: 2.2m

1960 1961

1960년대 궤도형 병력 수송 장갑차

궤도형 병력 수송 장갑차(APC)의 개발은 1960년대에도 계속되었으며 이 차량들은 세계 전역으로 수출되었다. 트럭을 운용하기 힘든 지역에서 APC는 꾸준히 기계화군의 생명선 역할을 했고 현대전에서 없어서는 안 될 군대의 일부가 되었다.

FV432

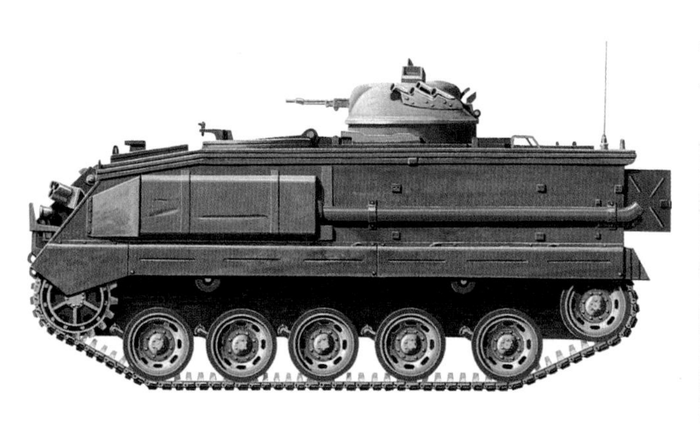

한때 트로얀이라는 별명으로 알려졌던 FV432는 최대 10명의 병사를 전장으로 수송하는 용도로 사용되었다. 핵·생물·화학무기(NBC) 방호 시스템을 장착했으며 파생형으로는 지휘 차량, 구급차, 박격포 운반차, 지뢰 부설 차량이 있었다.

제원

제조국: 영국

승무원: 2명 + 10명

중량: 15,280kg

치수: 전장: 5,251m | 전폭: 2,8m | 전고 (기관총 포함): 2,286m

기동 가능 거리: 483km

장갑: 12mm

무장: 1 x 7,62mm (,3in) 기관총

엔진: 1 x 롤스로이스 K60 6기통 다종 연료 엔진, 170kW (240마력)

성능: 노상 최고 속도: 52,2km/h | 도섭: 1,066m | 수직 장애물: ,609m | 참호: 2,05m

OT-62

OT-62는 러시아제 BTR-50PK의 체코 버전이다. 전체 용접 구조의 장갑 차체로 수용 능력은 조금 낮아졌지만(20명이 아닌 18명) 훨씬 강력한 엔진을 장착했다. 차체 후미에 워터제트 두 개를 장착해 수중에서 추진력을 얻었다.

제원

제조국: 체코슬로바키아

승무원: 3명 + 18명

중량: 15,100kg

치수: 전장: 7m | 전폭: 3,22m | 전고: 2,72m

기동 가능 거리: 460km

장갑: 최대 14mm

무장: 1 x 7,62mm (,3in) PKY 기관총 외 다양함

엔진: 1 x PV6 6기통 터보 디젤 엔진, 1200rpm일 때 224kW (300마력)

성능: 노상 최고 속도: 60km/h | 도섭: 수륙 양용 | 경사: 70% | 수직 장애물: 1,1m | 참호 2,8m

TIMELINE

1963

1964

1965

Pbv

Pbv는 동종 차량 중 처음으로 완전 밀폐형 웨폰 스테이션(weapon station)을 채택했다. 차량 뒤쪽에 병력 수송칸이 있어서 완전 무장한 병사 10명을 수송할 수 있었으며 위쪽 해치를 통해 사격이 가능했다. 파생형으로는 지휘 차량, 관측 차량, 구급차가 있었다.

제원
제조국: 스웨덴
승무원: 2명 + 10명
중량: 13,500kg
치수: 전장: 5.35m | 전폭: 2.86m | 전고: 2.5m
기동 가능 거리: 300km
장갑: 기밀
무장: 1 x 20mm (.78in) 이스파노 포
엔진: 1 x 볼보-펜타 모델 THD 100B 6기통 직렬 디젤 엔진, 209kW (280마력)
성능: 노상 최고 속도: 66km/h | 도섭: 수륙 양용 | 수직 장애물: 0.61m | 참호: 1.8m

BMP-1

BMP-1의 주무장은 포탑에 탑재한 73mm(2.87in) 단주퇴식 포로 40발들이 탄창에서 날개 안정 보조 로켓탄을 공급받았다. 발사 시 조종실(캐빈) 쪽으로 가해지는 과도한 배기 충격을 완화하기 위해 저압 시스템을 갖췄다.

제원
제조국: 러시아/소련
승무원: 3명 + 8명
중량: 13,900kg
치수: 전장: 6.74m | 전폭 2.94m | 전고 1.9m
기동 가능 거리: 600km
장갑: (강철) 33mm
무장: 1 x 73mm (2.87in) 포 | 1 x 새거 ATGW 미사일 | 1 x 7.62mm (.3in) 동축 기관총
엔진: 1 x UTD-20 6기통 디젤 엔진, 223kW (300마력)
성능: 노상 최고 속도: 80km/h | 도섭: 수륙 양용 | 경사: 60% | 수직 장애물: 0.8m | 참호: 2.2m

YW 531

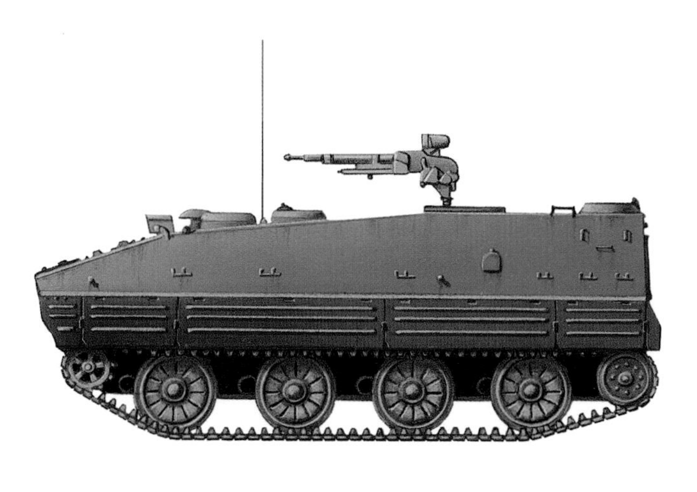

YW 531 병력 수송 장갑차는 차량 뒤쪽에 병사 13명을 수송할 수 있었으며 승무원은 조종수와 장갑차장 두 명으로 구성되었다. 장갑차장 좌석 뒤에 엔진이 있었고 차장은 해치를 통해서나 해치에 내장된 360° 회전식 전망경을 통해 전장의 상황을 확인할 수 있었다.

제원
제조국: 중국
승무원: 2명 + 13명
중량: 12,500kg
치수: 전장: 5.74m | 전폭: 2.99m | 전고: 2.11m
기동 가능 거리: 425km
장갑: 불명
무장: 1 x 12.7mm (.5in) 기관총
엔진: 1 x 도이츠 6150L 6기통 디젤 엔진, 192kW (257마력)
성능: 노상 최고 속도: 50km/h | 도섭: 수륙 양용 | 수직 장애물: 0.6m | 참호: 2m

1966

1970년대의 병력 수송차

1970년대에도 세계 각국의 군대들은 새로운 병력 수송차의 개발을 이어나갔다. 각 나라마다 요구 조건이 달랐기 때문에 이를 충족시키기 위한 다양한 설계가 탄생했고 결과적으로 상당한 차이점을 보이는 AFV들이 등장하게 되었다.

마르더

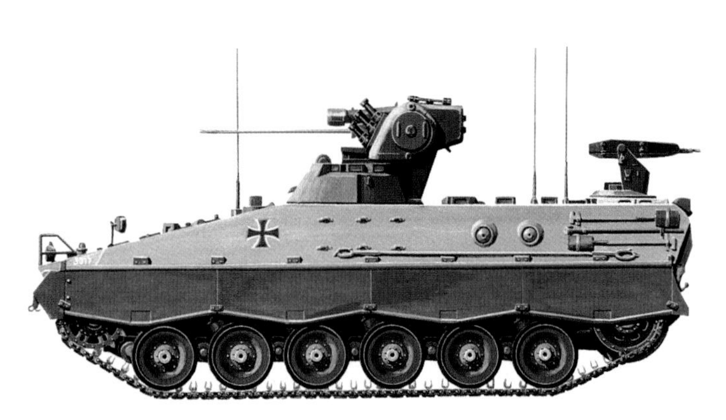

훌륭한 장갑과 야지 속도를 자랑하는 마르더 슈첸판처는 레오파르트 주력 전차와 함께 운용할 수 있었다. 병사들은 전망경과 사격 포트(총안구)를 이용해 내부에서 사격이 가능했다. 또, 원격 조작 기관총도 제공되었다.

제원

제조국: 서독

승무원: 4명 + 6명

중량: 28,200kg

치수: 전장: 6.79m | 전폭: 3.24m | 전고: 2.95m

기동 가능 거리: 520km

장갑: 기밀

무장: 1 x 20mm (.78in) Rh 202 포 | 1 x 7.62mm (.3in) 동축 기관총

엔진: 1 x MTU MB 833 6기통 디젤 엔진, 447kW (600마력)

성능: 노상 최고 속도: 75km/h | 도섭: 1.5m | 수직 장애물: 1m | 참호: 2.5m

BMD

BMD는 공수 부대용으로 설계한 차량이다. 적군의 전선 후방으로 침투 시 화력과 기동성을 높이는 것이 목적이었다. BMP-1을 토대로 만들어졌으며 유압 서스펜션 조절 장치가 있어 지상 간격을 바꿀 수 있었다. 1979년 소련의 아프가니스탄 침공에서 선봉을 맡았다.

제원

제조국: 소련

승무원: 3명 + 4명

중량: 6700kg

치수: 전장: 5.4m | 전폭: 2.63m | 전고: 1.97m

기동 가능 거리: 320km

장갑: 15–23mm

무장: 1 x 73mm (2.87in) 포 | 1 x 7.62mm (.3in) 동축 기관총 | 2 x 7.62mm (.3in) 전방 탑재 기관총 | 1 x AT-3 '새거' ATGW

엔진: 1 x V-6 액랭식 디젤 엔진, 179kW (240마력)

성능: 노상 최고 속도: 70km/h | 도섭: 수륙 양용 | 수직 장애물: 0.8m | 참호: 1.6m

TIMELINE

1970

AMX 10P

차체 전체를 알루미늄으로 만든 프랑스의 AMX-10은 완전 수륙 양용 차였으며 수중에서는 워터 제트 두 개로 추진했다. 핵·생물·화학 무기(NBC) 방호 시스템을 장착했다. 파생형으로는 구급차, 정비 차량, 그리고 브란트 120mm(4.7in) 박격포의 견인을 위한 박격포 견인차가 있었다.

제원
제조국: 프랑스
승무원: 3명 + 8명
중량: 14,200kg
치수: 전장: 5.778m | 전폭: 2.78m | 전고: 2.57m
기동 가능 거리: 600km
장갑: 기밀
무장: 1 x 20mm (.78in) 포 | 1 x 7.62mm (.3in) 동축 기관총
엔진: 1 x HS-115 V-8 수랭식 디젤 엔진, 280마력 (209kW)
성능: 노상 최고 속도: 65km/h | 도섭: 수륙 양용 | 수직 장애물: 0.7m | 참호: 1.6m

AIFV

M113의 결점 때문에 개발이 촉진된 AIFV는 무장과 장갑이 향상되었고(강철 부가 장갑을 덧댔다) 완전 수륙 양용이다. 방어력을 높이기 위해 주포에 밀폐형 방호를 추가했고, 후미에 탑승한 병사 일곱 명 모두 각기 이용할 수 있는 사격 포트(총안구)가 있다.

제원
제조국: 미국
승무원: 3명 + 7명
중량: 13,687kg
치수: 전장: 5.258m | 전폭: 2.819m | 전고 (전반적): 2.794m
기동 가능 거리: 490km
장갑: 기밀
무장: 1 x 25mm (.98in) 엘리콘 포 | 1 x 7.62mm (.3in) 동축 기관총
엔진: 1 x 디트로이트 디젤 6V-53T V-6 디젤 엔진, 197kW (264마력)
성능: 노상 최고 속도: 61.2km/h | 도섭: 수륙 양용 | 수직 장애물: 0.635m | 참호: 1.625m

73식(지휘용 파생형)

73식은 알루미늄 장갑 차체로 만들어졌다. 화생방(NBC) 방호 및 야시 장비를 표준으로 갖추었지만 추가로 키트를 장착하지 않으면 수륙 양용으로 사용할 수 없다. 73식은 현재까지 단 하나의 파생형인 지휘소 차량으로 생산되고 있다.

제원
제조국: 일본
승무원: 3명 + 9명
중량: 13,300kg
치수: 전장: 5.8m | 전폭: 2.8m | 전고: 2.2m
기동 가능 거리: 300km
장갑: 알루미늄(세부 사항 기밀)
무장: 1 x 12.7mm (.5in) 중기관총 | 1 x 7.62mm (.3in) 기관총
엔진: 1 x 미츠비시 4ZF V4 디젤 엔진, 2200rpm일 때 202kW (300마력)
성능: 노상 최고 속도: 70km/h | 도섭: 수륙 양용, 수중 키트 검사 | 경사: 60% | 수직 장애물: 0.7m 참호: 2m

1973  

차륜형 병력 수송 장갑차

병력 수송 장갑차는 냉전 시대를 거치면서 보병 전투 차량으로 거듭나게 되는데, 이 차량의 다수가 궤도형이 아닌 차륜형이었다. 신기술 덕에 노상은 물론 오프로드 성능도 훌륭해졌으며 비장갑 차량을 파괴할 수 있는 무기도 장착했다.

파나르 M3

파나르 M3는 현재까지도 전 세계에서 가장 성공적인 병력 수송 장갑차로 손꼽힌다. 이례적인 요소가 없어서 각 지역의 요구에 맞는 파생형으로 전환하기에 이상적이기 때문이다. 파생형에는 공병 차량, 대공 차량, 구급차, 레이더 버전 차량이 있다.

제원
제조국: 프랑스
승무원: 2명 + 10명
중량: 6100kg
치수: 전장: 4.45m | 전폭: 2.55m | 전고: 2m
기동 가능 거리: 600km
장갑: 최대 12mm
무장: 다양함
엔진: 1 x 파나르 M4 HD 4기통 가솔린 엔진, 67kW (90마력)
성능: 노상 최고 속도: 90km/h | 도섭: 수륙 양용 | 경사: 60% | 수직 장애물: 0.3m | 참호: 0.8m

TAB-72

1972년부터 등장한 TAB-72는 지금도 루마니아와 세르비아 군대에 일부 배속되어 있다. 8x8 배열의 소련제 BTR-60PB에 기반을 두었으며 14.5mm(.57in) KPV와 7.62mm(.3in) PKT 기관총 두 정을 탑재한 전방 포탑이 있다.

제원
제조국: 루마니아
승무원: 3명 + 8명
중량: 11,000kg
치수: 전장: 7.22m | 전폭: 2.83m | 전고 2.7m
기동 가능 거리: 500km
장갑: 9mm
무장: 1 x 14.5mm (.57in) 기관총 | 1 x 7.62mm (.3in) PKT 기관총
엔진: 2 x 6기통 가솔린 엔진, 각각 104kW (140마력)
성능: 노상 최고 속도: 95km/h | 도섭: 수륙 양용 | 경사: 60% | 수직 장애물: 0.4m | 참호: 2m

TIMELINE

1966

1971 

1972  

BTR-70

BTR-70은 양쪽 측면에 병력 수송칸으로 통하는 삼각형 출입문이 있다. 수송칸 각 측면에는 사격 포트(총안구)와 관측창이 있다. 14.5mm(.57in) KPVT 기관총 한 정과 7.62mm(.3in) 동축 기관총 한 정으로 무장했다.

제원
제조국: 러시아/소련
승무원: 2명 + 9명
중량: 11,500kg
치수: 전장: 7.53m | 전폭: 2.8m | 전고: 2.23m
기동 가능 거리: 600km
장갑: 강철(세부 사항 기밀)
무장: 1 x 14.5mm (.57in) KPVT 기관총 | 1 x 동축 7.62mm (.3in) 기관총
엔진: 1 x ZMZ-4905 8기통 가솔린 엔진, 2100rpm일 때 179kW (240마력)
성능: 노상 최고 속도: 80km/h | 도섭: 수륙 양용 | 경사: 60% | 수직 장애물: 0.7m | 참호 2.7m

UR-416

UR-416은 상대적으로 저렴한 차량이었고 정비와 운용이 쉬웠다. 뒤쪽에 병사 여덟 명을 수용할 수 있으며 사격 포트(총안구)를 갖춘 수송칸이 있었다. 파생형으로는 지휘 차량, 정비 차량, 구급차가 있었다.

제원
제조국: 서독
승무원: 2명 + 8명
중량: 7600kg
치수: 전장: 5.21m | 전폭: 2.30m | 전고: 2.225m
기동 가능 거리: 700km
장갑: 9mm
무장: 1 x 7.62mm (.3in) 기관총
엔진: 1 x 다임러-벤츠 OM 352 6기통 디젤 엔진, 89kW (120마력)
성능: 노상 최고 속도: 85km/h | 도섭: 1.4m | 수직 장애물: 0.55m | 참호: 해당 없음

BTR-60

BTR-60은 완전 수륙 양용 차량으로 수중에서는 워터 제트 하나로 추진력을 얻었다. 병사 14명을 수송했다. 병사들은 사격 포트를 이용해 차량 내부에서 전투가 가능했지만 출입 시 지붕의 해치를 이용해야 했으므로 그때마다 명백한 위험에 노출되었다.

제원
제조국: 소련
승무원: 2명 + 14명
중량: 10,300kg
치수: 전장: 7.56m | 전폭: 2.825m | 전고: 2.31m
기동 가능 거리: 500km
장갑: 7–9mm
무장: 1 x 12.7mm (.5in) 중기관총 | 2 x 7.62mm (.3in) 기관총
엔진: 2 x GAZ-49B 6기통 가솔린 엔진, 각각 67kW (90마력)
성능: 노상 최고 속도: 80km/h | 도섭: 수륙 양용 | 수직 장애물: 0.4m | 참호: 2m

1974

1970년대의 차륜형 병력 수송 장갑차

1970년대에는 내란 진압 작전에 차륜형 병력 수송 장갑차(APC)를 사용하는 경우가 크게 늘었고, 이런 현상은 남아프리카 공화국 육군에서 가장 두드러지게 나타났다. 대차량 지뢰와 은폐된 급조 폭발물의 위협이 커지면서 APC는 더 두꺼운 장갑을 갖추게 되었다. 현대식 장갑은 종래의 장갑에 비하면 경량이었지만 말이다.

EE-11

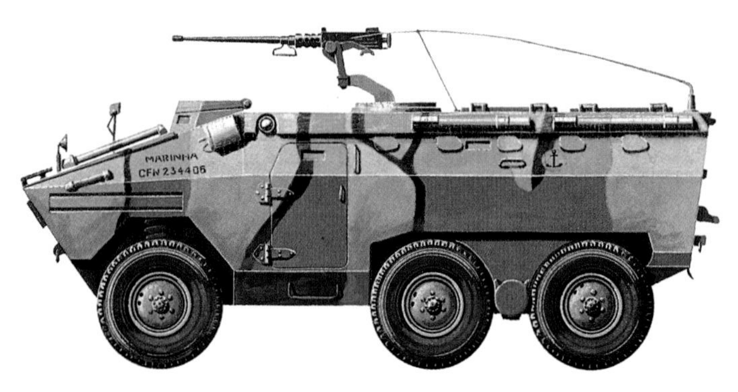

별칭은 유루투 병력 수송 장갑차로 완전 수륙 양용이다. 핵·생물·화학 무기(NBC) 방호 장치를 갖췄고 뒤에 최대 12명의 병사를 수용할 수 있었다. 대전차 파생형은 밀란 또는 HOT 대전차 유도탄을 탑재했다.

제원
제조국: 브라질
승무원: 1명 + 12명
중량: 13,000kg
치수: 전장: 6.15m l 전폭: 2.59m l 전고: 2.09m
기동 가능 거리: 850km
장갑: 기밀
무장: 1 x 12.7mm (.5in) 중기관총 l 1 x 7.62mm (.3in) 기관총
엔진: 1 x 디트로이트 디젤 6V-53N 6기통 디젤 엔진, 158kW (212마력)
성능: 노상 최고 속도: 90km/h l 도섭: 수륙 양용 l 수직 장애물: 0.6m l 참호: 해당 없음

라텔 20

라텔은 남아프리카 공화국 정부가 군의 미래 필요조건을 고려해 보병 전투 차량을 생산하기로 결정하면서 탄생했다. 앙골라 깊숙이 기습 침투를 할 때 자주 사용되었다.

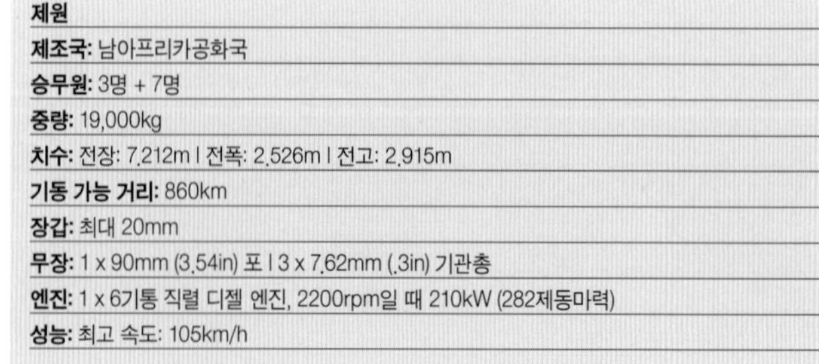

제원
제조국: 남아프리카공화국
승무원: 3명 + 7명
중량: 19,000kg
치수: 전장: 7.212m l 전폭: 2.526m l 전고: 2.915m
기동 가능 거리: 860km
장갑: 최대 20mm
무장: 1 x 90mm (3.54in) 포 l 3 x 7.62mm (.3in) 기관총
엔진: 1 x 6기통 직렬 디젤 엔진, 2200rpm일 때 210kW (282제동마력)
성능: 최고 속도: 105km/h

TIMELINE

1973

1974

RBY Mk1

RBY Mk1의 차체는 전체 용접한 8mm 두께의 강철 장갑으로 만들어졌으나 승무원실은 지붕이 없는 형태로 만들어졌다. 즉 소형화기와 포탄 사격에 취약한 환경이나 더운 기후에서는 탑승자가 더위로 지칠 확률이 높아진다.

제원
제조국: 이스라엘
승무원: 2명 + 6명
중량: 3600kg
치수: 전장: 5.02m | 전폭: 2.03m | 전고: 1.66m
기동 가능 거리: 550km
장갑: 최대 8mm
무장: 다양한 기관총과 캐넌포
엔진: 1 x 크라이슬러 6기통 가솔린 엔진, 89kW (120마력)
성능: 노상 최고 속도: 100km/h | 도섭: 0.4m | 경사: 60%

VXB-170

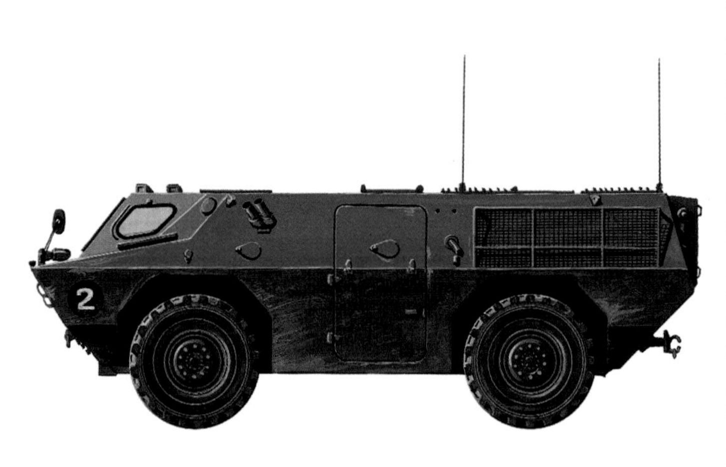

VXB-170은 4x4 병력 수송 장갑차로 프랑스 헌병대에 도입되어 치안 유지용으로 이상적이라는 평가를 받았다. 창문은 방탄 처리가 되어 있고 필요 시 열어서 사격 포트를 만들 수도 있다. 선택 사양으로 윈치를 장착할 수 있다.

제원
제조국: 프랑스
승무원: 1명 + 11명
중량: 12,700kg
치수: 전장: 5.99m | 전폭: 2.5m | 전고: 2.05m
기동 가능 거리: 750km
장갑: 최대 7mm
무장: 1 x 7.62mm (.3in) 기관총
엔진: 1 x 베를리에 V800M 8기통 디젤 엔진, 127kW (170마력)
성능: 노상 최고 속도: 85km/h | 도섭: 수륙 양용 | 경사: 60%

VAB

4x4와 6x6 배열로 생산된 VAB는 완전 수륙 양용으로 바퀴나 트윈 워터 제트 중 한 가지 방법으로 물속에서 추진력을 얻는다. 핵·생물·화학 무기(NBC) 방호 장치와 야간 시야 확보 장치를 표준으로 장착했다.

제원
제조국: 프랑스
승무원: 2명 + 10명
중량: 13,000kg
치수: 전장: 5.98m | 전폭: 2.49m | 전고: 2.063m
기동 가능 거리: 1000km
장갑: 기밀
무장: 1 x 7.62mm (.3in) 기관총
엔진: 1 x 만(MAN) 6기통 직렬 디젤 엔진, 175kW (235마력)
성능: 노상 최고 속도: 92km/h | 도섭: 수륙 양용 | 수직 장애물: 0.6m | 참호: 해당 없음

장갑차

2차 세계대전 이전에 많이 쓰였던 장갑차는 전쟁이 끝난 뒤에도 명맥을 이어나갔다. 장갑차를 가장 많이 쓰는 나라는 영국과 프랑스였다. 두 나라 모두 치안 유지가 필요한 식민지를 보유했기 때문이었다. 장갑차는 흔히 정찰기와 함께 쓰였고 이상적인 도구임이 입증되었다.

파나르 AML 60

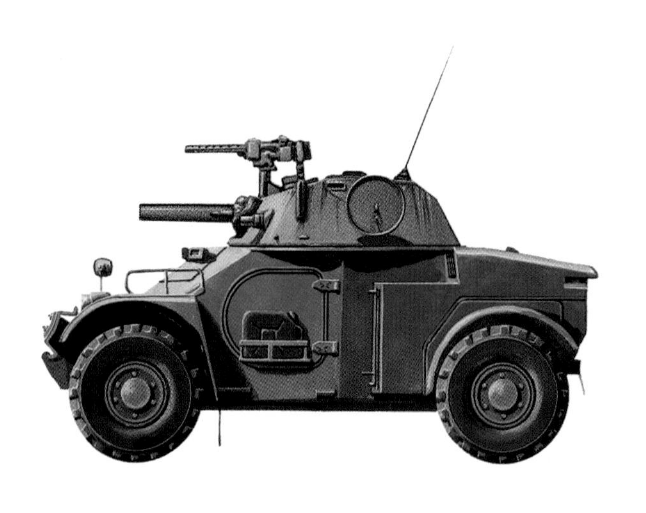

파나르 AML(기관총 탑재 경장갑차(Automitrailleuse Legère)의 약자)은 1961년 프랑스 경기갑 부대에 지급되었다. 장갑차는 AML 60과 AML 90 두 가지 버전으로 만들어졌다. AML 60(정식 명칭으로는 AML HE-60-7)에는 60mm(2.36in) 박격포를 탑재했다.

제원

제조국: 프랑스

승무원: 3명

중량: 5500kg

치수: 전장(차체): 3.79m | 전폭: 1.97m | 전고: 2.07m

기동 가능 거리: 600km

장갑: 최대 12mm

무장: 1 x 60mm (2.36in) 저반동포 | 1 x 7.62mm (.3in) 기관총

엔진: 1 x 파나르 모델 4 HD 4기통 가솔린 엔진, 67.2kW (90마력) 또는 푸조 XD 3T 4기통 디젤 엔진, 73kW (98마력)

성능: 최고 속도: 90km/h

파나르 AML 90

파나르 AML은 다재다능한 차량이다. 새로운 포탑을 적용하기 위해 쉽게 개조할 수 있다. H90이나 링스 포탑을 갖춘 AML에는 90mm(3.54in) 포를 탑재한다. 어떤 형태로든 파나르 AML을 사용한 적이 있는 국가는 총 30개국에 달한다.

제원

제조국: 프랑스

승무원: 3명

중량: 5500kg

치수: 전장(포 앞까지): 5.11m | 전폭: 1.97m | 전고: 2.07m

기동 가능 거리: 600km

장갑: 8–12mm

무장: 1 x 90mm (3.54in) 포 | 1 x 7.62mm (.3in) 동축 기관총 | 2 x 2 연막탄 발사기

엔진: 1 x 파나르 모델4 HD 4기통 가솔린 엔진, 67kW (90마력)

성능: 최고 속도: 90km/h | 도섭: 1.1m | 경사 60% | 수직 장애물: 0.3m | 참호: 0.8m

TIMELINE

1959 

1961 

1962 

일란트 장갑차

일란트 장갑차는 파나르 AML을 개조한 것이다. 마크 2부터 4까지는 브레이크와 연료 공급이 향상되었고 마크5는 남아프리카 지형에 적합한 타이어를 장착했다. 마크7은 90mm(3.54in) 포 또는 60mm(2.36in) 후장식 박격포로 무장했다. (eland는 아프리칸스어로 엘크를 뜻한다. -옮긴이)

제원
제조국: 남아프리카공화국
승무원: 3명
중량: 5300kg
치수: 전장: 3.79m | 전폭: 2.02m | 전고: 1.88m
기동 가능 거리: 500km
장갑: 불명
무장: 1 x 90mm (3.54in) 포 | 1 x 60mm (2.36in) 후장식 박격포 | 2 x 7.62mm (.3in) 기관총
엔진: 1 x 4기통 터보 디젤 엔진, 79kW (103마력)
성능: 노상 최고 속도: 85km/h

그레나디에

모바크 그레나디에는 조종수 외에 병력 여덟 명을 수송할 수 있었다. 포탑에 20mm(.78in) 캐넌포를 탑재했고 그 밖에도 80mm(3.15in) 다연장 로켓탄 발사기와 다양한 대전차 무기, 원격 조종하는 7.62mm(.3in) 기관총 등 여러 무기를 장착했다.

제원
제조국: 스위스
승무원: 1명 + 8명
중량: 6100kg
치수: 전장: 4.84m | 전폭: 2.3m | 전고: 2.12m
기동 가능 거리: 550km
장갑: 불명
무장: 다양함(본문 참고)
엔진: 1 x 모바그 8기통 가솔린 엔진, 3900rpm일 때 150kW (202마력)
성능: 노상 최고 속도: 100km/h

피아트 오토브레다 타입6616 장갑차

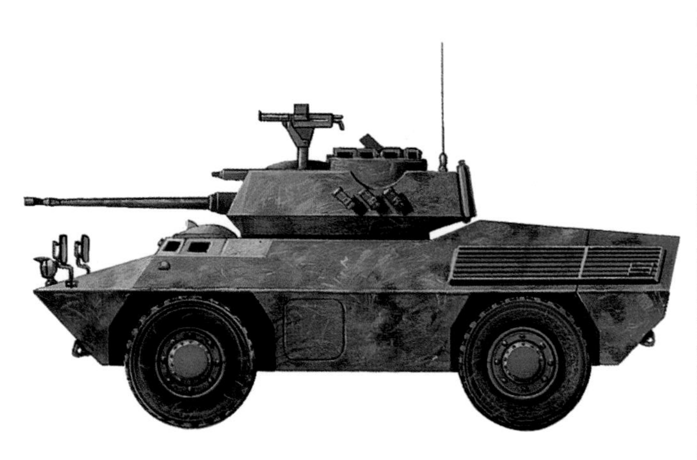

승무원 세 명이 탑승하는 타입6616은 전체 용접한 강철 장갑 차체로 만들었으며 수륙 양용이다. 관측 창 다섯 개로 200° 각도의 시야를 확보했다. 조종수는 전용 해치가 있고 지붕에는 야간 시야 확보용 전망경을 설치할 구멍이 있다.

제원
제조국: 이탈리아
승무원: 3명
중량: 8000kg
치수: 전장: 5.37m | 전폭: 2.5m | 전고: 2.03m
기동 가능 거리: 700km
장갑: 6–8mm
무장: 1 x 라인메탈 20mm (.78in) Mk 20 Rh 202 포 | 1 x 7.62mm (.3in) 동축 기관총
엔진: 1 x 피아트 모델 8062.24 과급 디젤 엔진, 3200rpm일 때 119kW (160마력)
성능: 노상 최고 속도: 100km/h | 도섭: 수륙 양용 | 경사: 60% | 수직 장애물: 0.45m

1970 1972

정찰 차량

항공기와 헬리콥터를 사용해 전투지를 정찰하는 경우가 늘었음에도 불구하고 정찰용 장갑차가 필요한 임무도 여전히 따로 있었다. 더욱이 장갑 정찰 차량은 모든 종류의 지형에 대응할 역량이 있었다. 세계 최고의 군대는 대부분 기갑 연대 소속의 기갑 정찰 전대를 보유했다.

슈첸판처 SPz 11-2 쿠르츠

SPz 쿠르츠는 프랑스 호치키스 SP 1A의 독일 버전이다. 병력 수송 장갑차 유형의 전체 용접 차체를 갖췄다. 정찰 차량은 11-2의 파생형으로 작은 포탑에 이스파노-수이자 20mm(.78in) 포를 탑재했다.

제원

제조국: 독일

승무원: 5명

중량: 8200kg

치수: 전장: 4.51m | 전폭: 2.28m | 전고: 1.97m

기동 가능 거리: 400km

장갑: 15mm

무장: 1 x 20mm (.78in) 이스파노-수이자 820/L35 포 | 3 x 연막탄 발사기

엔진: 1 x 호치키스 6기통 가솔린 엔진, 3900rpm일 때 122kW (164마력)

성능: 최고 속도: 58km/h | 도섭: 1m | 경사도: 60% | 수직 장애물: 0.6m | 참호: 1.5m

링스 CR

링스 지휘 정찰 차량은 M113A1 병력 수송 장갑차를 기반으로 하며 전체 용접형 알루미늄 차체와 궤도 설정, 수륙 양용 기능이 동일했다. 12.7mm(.5in) 브라우닝 M2 HB 중기관총과 7.62mm(.3in) 브라우닝 M1919 기관총으로 무장했다.

제원

제조국: 미국

승무원: 3명

중량: 8775kg

치수: 전장: 4.6m | 전폭: 2.41m | 전고: 1.65m

기동 가능 거리: 525km

장갑: 알루미늄 (세부사항 불명)

무장: 1 x 12.7mm (.5in) 기관총 | 1 x 7.62mm (.3in) 기관총

엔진: 1 x 디트로이트 디젤 GMC 6V53 6기통 디젤 엔진, 2800rpm일 때 160kW (215마력)

성능: 노상 최고 속도: 70km/h | 도섭: 수륙 양용 | 경사: 60% | 수직 장애물: 0.61m | 참호: 1.47m

TIMELINE

1958 

1960 

1961 

YP-104

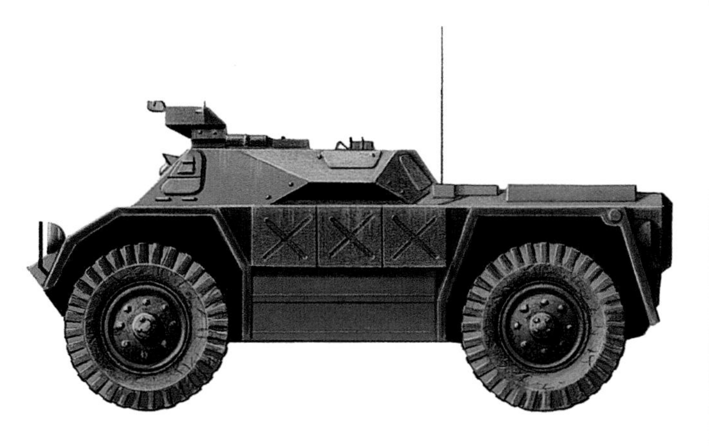

YP-104는 네덜란드의 척후차이다. 7.62mm(0.3in) 기관총 한 정을 선택 장착할 수 있었으나 방어 시에는 최대 시속 98km의 빠른 속도에 주로 의존했다. 장갑은 가벼운 소화기 사격을 막을 수 있는 정도였다.

제원
제조국: 네덜란드
승무원: 2명
중량: 5400kg
치수: 전장: 4.33m | 전폭: 2.08m | 전고: 2.03m
기동 가능 거리: 500km
장갑: 최대 16mm
무장: 1 x 7.62mm (.3in) 기관총(선택 사양)
엔진: 1 x 허큘리스 JXLD 6기통 가솔린 엔진, 98kW (131마력)
성능: 노상 최고 속도: 98km/h | 도섭 0.91m | 경사 46% | 수직 장애물 0.41m | 참호 1.22m

FUG

FUG는 수륙 양용 척후차로 소련의 BRDM-1을 토대로 만들었으며 수중에서는 차체 후미의 워터 제트 두 개로 추진했다. 중앙 타이어 공기압 조절 장치 및 적외선 헤드라이트, 화생방(NBC) 방호 옵션 등 현대적인 요소를 세 가지 더 갖췄다.

제원
제조국: 헝가리
승무원: 2명 + 4명
중량: 7000kg
치수: 전장: 5.79m | 전폭: 2.5m | 전고: 1.91m
기동 가능 거리: 600km
장갑: 10mm
무장: 1 x 7.62mm (.3in) SGMB 기관총
엔진: 1 x 카스펠 D.414.44 4기통 디젤 엔진, 75kW (100마력)
성능: 노상 최고 속도: 87km/h | 도섭: 수륙 양용 | 경사: 32% | 수직 장애물: 0.4m

EE-3 자라라카

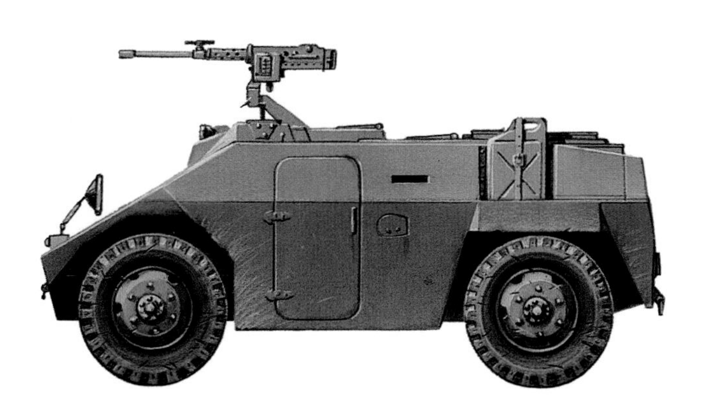

EE-3 자라라카는 4x4 척후차로 길이가 4.12m, 높이가 1.56m에 불과하다. 작은 크기와 가벼운 중량 덕에 조작성과 속도가 훌륭하고, 12.7mm(.5in) 브라우닝 기관총부터 밀란 대전차 유도탄까지 다양한 무장을 탑재한다.

제원
제조국: 브라질
승무원: 3명
중량: 5500kg
치수: 전장: 4.12m | 전폭: 2.13m | 전고: 1.56m
기동 가능 거리: 750km
장갑: 양겹 강철(세부사항 기밀)
무장: 1 x 12.7mm (.5in) 브라우닝 M2 HB 중기관총 기본 탑재
엔진: 1 x 메르세데스-벤츠 OM 314A 4기통 터보 디젤 엔진, 2800rpm일 때 89kW (120마력)
성능: 노상 최고 속도: 100km/h | 도섭: 0.6m | 경사: 60% | 수직 장애물: 0.4m | 참호: 0.4m

1964 1980

스콜피온

알비스 스콜피온 최초의 프로토타입은 공식적으로는 전투 정찰 차량(궤도형)에 해당되었으며 1969년 등장했다. 살라딘 장갑차를 대체하기 위해 영국 육군의 궤도형 정찰 차량 필요조건을 따랐다. 1972년 군에 도입되었고 세계 전역으로, 특히 벨기에에 주로 수출되었다.

스콜피온

스콜피온

스콜피온은 1982년 포클랜드 전쟁에 투입되었다. 부유 스크린으로 수륙 양용 역량을 갖췄으므로 상륙 작전에 특히 유용했다. 또, 정찰과 고속 전진 양쪽 면에서 모두 가치가 입증되었다. 스콜피온의 차대는 술탄, 스파르탄, 시미터와 같은 궤도형 차량 전 종류에 사용되었다.

제원

제조국: 영국

승무원: 3명

중량: 8073kg

치수: 전장: 4.794m | 전폭: 2.235m | 전고: 2.102m

기동 가능 거리: 644km

장갑: 최대 12.7mm

무장: 1 x 76mm (2.99in) 포 | 1 x 7.62mm (.3in) 동축 기관총

엔진: 1 x 재규어 4.2리터 가솔린 엔진, 142kW (190마력)

성능: 노상 최고 속도: 80km/h | 도섭: 1.067m | 수직 장애물: 0.5m | 참호: 2.057m

연막 발사기
포탑 양쪽 측면에 연막 발사기를 서너 개씩 달았다.

장갑
스콜피온의 전체 용접형 알루미늄 전면 장갑은 최대 14.5mm(.57in) 구경의 기관총 탄약을 막아낸다. 이는 러시아제 BRDM-2 수륙 양용 척후차와 같은 사양이다.

서스펜션
토션 바 서스펜션은 고무 타이어를 장착한 알루미늄 보기륜 다섯 개로 구성된다. 첫 번째 바퀴와 마지막 바퀴에 유압식 충격 흡수 장치를 달았다.

정찰 차량

장갑 정찰 차량은 20세기 말에 벌어진 몇 차례의 전쟁과 '치안 유지 작전'에서 새로이 생명을 되찾았다. 특히 사막 환경에 적합했으므로 프랑스 육군이 차드에서 사용했으며 NATO군도 보스니아에서 그 가치를 확인했다.

BRDM-2

BRDM-2는 다른 이름으로 BTR-40-P2라고도 하며 수륙 양용 정찰 차량이었다. GAZ-41 V8 엔진으로 104kW(140마력)의 출력을 냈고 기동 가능 거리는 750km였다. 선택 사양으로 새거 대전차 유도 미사일 발사기를 장착했다.

제원
제조국: 소련
승무원: 4명
중량: 7000kg
치수: 전장: 5.7m | 전폭: 2.35m | 전고: 2.3m
기동 가능 거리: 750km
장갑: 최대 10mm
무장: 1 x 14.5mm (.57in) 또는 7.62mm (.3in) 기관총
엔진: 1 x GAZ-41 V8 가솔린 엔진, 104kW (140마력)
성능: 노상 최고 속도: 100km/h | 도섭: 수륙 양용 | 경사: 60% | 수직 장애물: 0.4m | 참호 1.25m

V-150 코만도

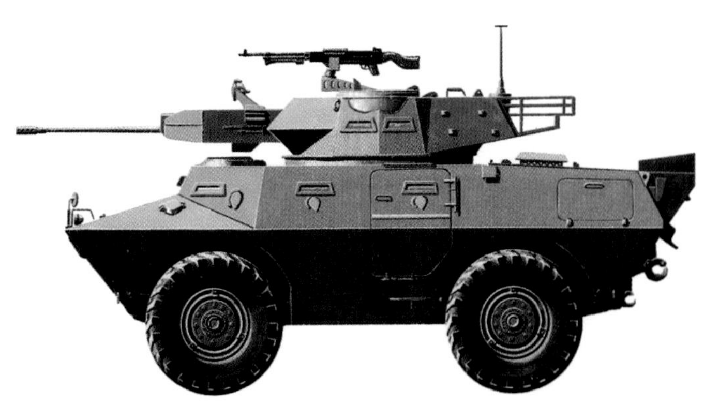

V-150 코만도는 V-100을 계승한 차량이다. 기동 가능 거리를 늘리기 위한 디젤 엔진 장착 등 다양한 개선이 이루어졌다. V-150은 병력 수송부터 폭동 진압, 구난까지 다양한 임무를 맡았다.

제원
제조국: 미국
승무원: 3명 + 2명
중량: 9888kg
치수: 전장: 5.689m | 전폭: 2.26m | 전고: 1.981m
기동 가능 거리: 643km
장갑: 기밀
무장: 1 x 25mm (.98in) 엘리콘 포와 1 x 7.62mm (.3in) 동축 기관총을 포함한 다양한 무장
엔진: 1 x V-540 V-8 디젤 엔진, 151kW (202마력)
성능: 노상 최고 속도: 88.5km/h | 도섭: 수륙 양용 | 수직 장애물: 0.609m | 참호: 해당 없음

TIMELINE

1964 

1972 

1973 

FV 721 폭스

FV 721 폭스는 페럿 장갑차를 대체했다. 무장을 크게 업그레이드해서 30mm(1.2in) 라덴 캐넌포를 탑재했다. 분리 철갑 예광탄을 장전해 1000m 떨어진 곳의 경장갑 차량을 파괴할 수 있었다.

제원
제조국: 영국
승무원: 3명
중량: 6120kg
치수: 전장(포 포함): 5.08m | 전폭: 2.13m | 전고: 1.98m
기동 가능 거리: 434km
장갑: 기밀
무장: 1 x 30mm (1.18in) 라덴 포 | 1 x 동축 7.62mm (.3in) 기관총 | 2 x 4 연막탄 발사기
엔진: 1 x 재규어 XK 4.2리터 6기통 가솔린 엔진, 142kW (190마력)
성능: 최고 속도: 104km/h | 도섭: 1m /수륙 양용 | 경사: 46% | 수직 장애물: 0.5m | 참호 1.22m

룩스

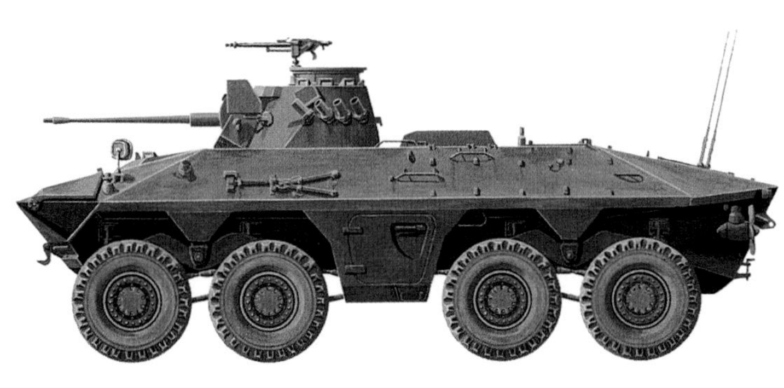

룩스는 8x8 배열의 정찰 장갑차이다. 장갑 사양이 뛰어났으며 조종수의 피로를 줄여줄 파워 스티어링을 비롯해 야시 장비, 핵·생물·화학 무기(NBC) 방호 장치 같은 다양한 추가 장비를 장착했다.

제원
제조국: 서독
승무원: 4명
중량: 19,500kg
치수: 전장: 7.743m | 전폭: 2.98m | 전고(대공 기관총 포함): 2.905m 기동 가능 거리: 800km
장갑: 기밀
무장: 1 x 20mm (.78in) 포 | 1 x 7.62mm(.3in) 기관총
엔진: 1 x 다임러-벤츠 OM 403 A 10기통 디젤 엔진, 291kW (390마력)
성능: 노상 최고 속도: 90km/h | 도섭: 수륙 양용 | 수직 장애물: 0.6m | 참호: 1.9m

시미터

시미터는 스콜피온 FV101 궤도형 정찰 차량의 파생형이며 화력 지원 용도로 만들어졌다. 강력한 라덴 캐넌포로 경장갑 차량 전체와 주력 전차 대부분의 측면 장갑을 격파할 수 있다.

제원
제조국: 영국
승무원: 3명
중량: 7800kg
치수: 전장: 4.8m | 전폭: 2.24m | 전고: 2.1m
기동 가능 거리: 644km
장갑: 12.7mm
무장: 1 x 30mm (1.2in) 라덴 포 | 1 x 12.7m (.3in) 기관총
엔진: 1 x 재규어 4.2리터 가솔린 엔진, 142kW (190마력)
성능: 노상 최고 속도: 80km/h | 도섭: 1.067m | 수직 장애물: 0.5m | 참호: 2.057m

1975 1978

경(輕)유틸리티 차량

냉전 시대가 계속되면서 북대서양 조약 기구(NATO)와 바르샤바 조약 기구 모두 대규모 상비군을 유지했다. 따라서 경유틸리티 장갑 차량의 설계 및 생산이 끝없이 이어질 것처럼 여겨졌다. 이 차량 중 다수는 공수 부대가 사용할 것을 염두에 두었다. 설계의 가장 큰 주안점은 기동 가능 거리였다.

M151

M151은 가벼운 수송 임무와 정찰 임무에 투입되었다. 파생형으로는 통신 차량과 구급차가 있었고, 7.62mm(.3in) 기관총과 12.7mm(.5in) 기관총, 무반동포 혹은 휴스 TOW 대전차 유도 무기 시스템을 갖춘 차량이 있었다.

제원
제조국: 미국
승무원: 1명 + 1명 (후방에 추가 2명)
중량: 1575kg
치수: 전장: 3.352m | 전폭: 1.584m | 전고: 1.803m
기동 가능 거리: 483km
장갑: 없음
무장: 없음(기본형) | 기타 버전은 다양한 무기 탑재
엔진: 1 X 4기통 가솔린 엔진, 53.69kW (72마력)
성능: 노상 최고 속도: 106km/h | 도섭: 0.533m

UAZ-469B

UAZ-469B는 4x4 배열의 경유틸리티 차량으로 600kg까지 실을 수 있었고(단 탑승 인원이 최대 2명인 경우에 한한다) 비슷한 중량을 견인할 수 있었다. 접어서 열 수 있는 소프트탑 지붕과 접이식 앞 유리가 기본으로 장착되었다. 단단한 하드탑 지붕 버전도 있었다.

제원
제조국: 러시아/소련
승무원: 1명 + 8명
중량: 2290kg
치수: 전장: 4.03m | 전폭: 1.79m | 전고: 2.02m
기동 가능 거리: 620km
장갑: 해당 없음
무장: 없음
엔진: 1 x ZMZ-451 4기통 가솔린 엔진, 56kW (75마력)
성능: 노상 최고 속도: 100km/h | 도섭: 0.8m | 경사: 62%

TIMELINE

1960

1969

VW 181

폭스바겐 181은 원래 후륜구동이었고 최대 400kg의 짐을 실을 수 있었다. 추후 사륜구동(4x4)으로 업그레이드되고 적재량이 500kg으로 늘어나면서 타입 183 '일티스'라는 새로운 이름을 얻었다. 현재에도 전 세계에서 현역으로 사용되고 있다.

제원
제조국: 서독
승무원: 2명 + 3명
중량: 1350kg
치수: 전장: 3.78m | 전폭: 1.64m | 전고: 1.62m
기동 가능 거리: 320km
장갑: 해당 없음
무장: 없음
엔진: 1 x VW 4기통 가솔린 엔진, 32.5kW (44마력)
성능: 노상 최고 속도: 110km/h

ACMAT VLRA

VLRA 트럭은 계열 차량 모두 동일한 타이어와 차축, 바퀴를 사용하며 장거리 연료 탱크와 사막 작전을 대비한 샌드 채널을 장착한다. 기관총, 박격포, 또는 밀란 대전차 유도탄 등 다양한 무기를 장착할 수 있다.

제원
제조국: 프랑스
승무원: 1명 + 2명
중량: 6800kg
치수: 전장: 6m | 전폭: 2.07m | 전고: 1.83m
기동 가능 거리: 1600km
장갑: 없음
무장: 기본 버전 – 없음 선택 사양: 7.62mm (.3in) 기관총 | 밀란 대전차 무기 | 60mm (2.36in) 기관총 | 20mm (.78in) 트윈 대공포
엔진: 1 x 퍼킨스 모델 6.354.4 디젤 엔진, 89.5kW (120마력)
성능: 노상 최고 속도: 100km/h | 도섭: 0.9m

로 파르디에 FL500

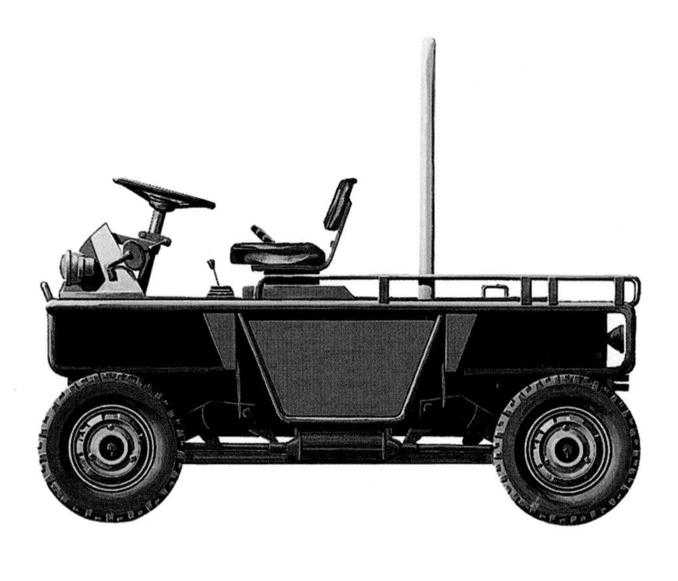

로 파르디에 FL500은 공수 부대에 전장으로 이동하고 화물을 수송할 수단을 제공하기 위해 개발되었다. 기본 차량의 경우 중량이 680kg에 불과하고 크기가 전장 2.41m, 전고 1.18m로 소형이라 항공 수송이 수월했다.

제원
제조국: 프랑스
승무원: 1명
중량: 680kg
치수: 전장: 2.41m | 전폭: 1.5m | 전고: 1.18m
기동 가능 거리: 200km
장갑: 없음
무장: 없음
엔진: 1 x 시트로엥 2기통 가솔린 엔진, 21kW (28마력)
성능: 노상 최고 속도: 80km/h

1976

경비 차량

냉전 시대에는 민족주의 운동이 부흥하면서 그와 연관된 테러 활동도 늘어났다. 따라서 경비 부대가 순찰 중 소화기 사격을 방어할 수 있는 경장갑차가 필요해졌다. 그리고 장갑은 로켓 추진식 유탄과 급조 폭발물의 위협이 증가하면서 점점 더 두꺼워졌다.

ASA 가디언

경비 임무로 사용하는 ASA 가디언은 소화기 사격을 방어할 수 있었다. 심지어는 타이어까지 방탄이었다. 피아트 캄파뇰라 경(輕)차량의 축간 거리를 늘이고 엔진과 장갑판을 업그레이드해서 만들었다. 기본 장착된 무기는 없었다.

제원
제조국: 이탈리아
승무원: 6명
중량: 2730kg
치수: 전장: 3.68m | 전폭: 1.75m | 전고: 2.12m
기동 가능 거리: 380km
장갑: 불명
무장: 없음
엔진: 1 x 메르세데스-벤츠, 피아트, 또는 로버 4기통 가솔린 엔진, 60kW (80마력)
성능: 노상 최고 속도: 120km/h

험버 '피그'

험버 FV1600 트럭의 차대를 기반으로 한 험버 '피그'는 전장을 오가는 수송차를 목적으로 만들어졌다. 폭동 진압용 차량은 추가로 장갑을 대고 바리케이드 제거 장비를 장착했다. 파생형으로는 말라카 미사일을 탑재한 대전차 차량이 있다.

제원
제조국: 영국
승무원: 2명 + 6명 (또는 2명 + 8명)
중량: 5790kg
치수: 전장: 4.926m | 전폭: 2.044 | 전고: 2.12m
기동 가능 거리: 402km
장갑: 8mm
무장: 2 x 4 연막 발사기
엔진: 1 x 롤스로이스 B60 Mk 5A 6기통 가솔린 엔진, 89kW (120마력)
성능: 노상 최고 속도: 64km/h | 도섭 0.5m | 수직 장애물 0.23m | 참호: 해당 없음

TIMELINE

1953

1958

1963

존더바겐 SW1

게슈처 존더바겐 SW1은 독일 연방 국경 경찰대의 경계용 병력 수송 장갑차로 만들어졌다. 무장 버전인 SW2는 포탑에 20mm(.78in) 캐넌포를 탑재했다. 두 차량 모두 연막탄 발사기를 갖췄다.

제원

제조국: 스위스

승무원: 3~5명

중량: 8200kg

치수: 전장: 5.31m | 전폭: 2.25m | 전고: 1.88m

기동 가능 거리: 400km

장갑: 강철

무장: 없음

엔진: 1 x 크라이슬러 R 318-233 4기통 가솔린 엔진, 120kW (161마력)

성능: 노상 최고 속도: 80km/h | 도섭: 1.1m | 경사: 60%

M706

M706는 다목적 장갑차로 베트남 전쟁에서 순찰 및 호송 두 가지 역할로 사용되었다. 다재다능한 차량으로 호송대가 매복을 만났을 때 빠르게 반격하기에 이상적이었으므로 대게릴라전에 효과적인 무기였다.

제원

제조국: 미국

승무원: 3명 + 2명

중량: 9888kg

치수: 전장: 5.689m | 전폭: 2.26m | 전고: 1.981m

기동 가능 거리: 643km

장갑: 기밀

무장: 2 x 7.62mm (.3in) 기관총

엔진: 1 x V-8 디젤 엔진, 151kW (202제동마력)

성능: 노상 최고 속도: 88.5km/h | 도섭: 수륙 양용 | 수직 장애물: 0.609m | 참호: 해당 없음

모바크

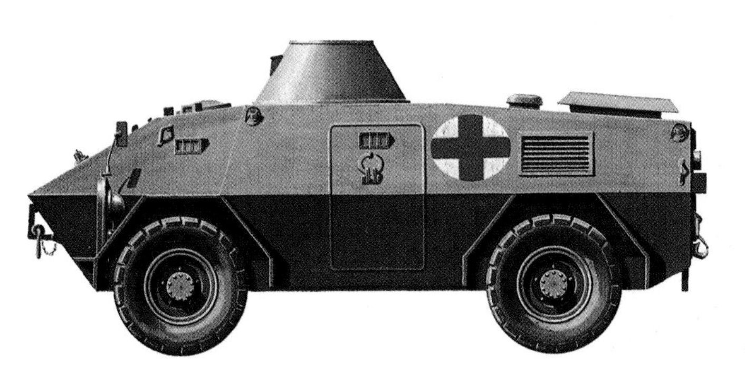

모바크(MOWAG)는 구급차, 지휘 차량, 병력 수송 장갑차 등 여러 역할로 전환이 쉽게 설계되었다. 크기가 작아 국내 안전 유지 임무에 이상적이었으며 특히 대중을 대상으로 한 방송 설비를 장착했을 경우 더욱 그러했다.

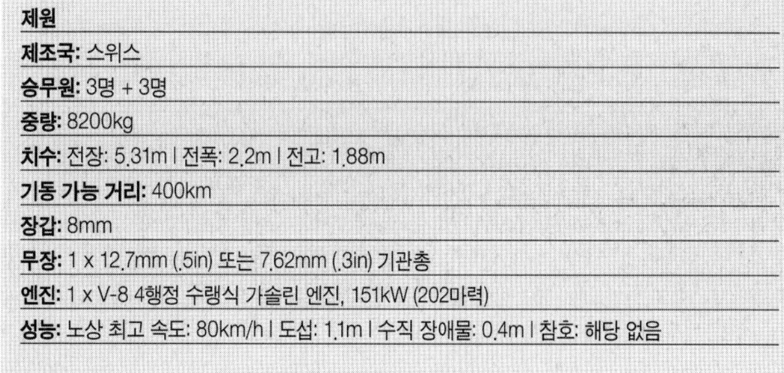

제원

제조국: 스위스

승무원: 3명 + 3명

중량: 8200kg

치수: 전장: 5.31m | 전폭: 2.2m | 전고: 1.88m

기동 가능 거리: 400km

장갑: 8mm

무장: 1 x 12.7mm (.5in) 또는 7.62mm (.3in) 기관총

엔진: 1 x V-8 4행정 수랭식 가솔린 엔진, 151kW (202마력)

성능: 노상 최고 속도: 80km/h | 도섭: 1.1m | 수직 장애물: 0.4m | 참호: 해당 없음

1964  

경비 차량

경비용 장갑 차량은 전 세계적으로 테러가 급증했던 20세기 말의 산물이다. 이와 같은 차량은 경비 부대에 적절한 방호 능력을 제공하고 2차적으로는 경비 병력을 위험 지역에 침투시켜 용의자를 확보하는 '스내치' 임무 수행에 사용되었다.

숄랜드 SB401

숄랜드 SB401 병력 수송 장갑차의 많은 요소는 표준 랜드로버에서 비롯되었다. 장갑판으로 고속 소총과 기관총 총탄을 막고 내부 바닥을 유리 섬유로 만들어 폭발물 파편에 의한 손상 위험을 낮췄다.

제원
제조국: 영국
승무원: 2명 + 6명
중량: 3545kg
치수: 전장: 4.29m | 전폭: 1.78m | 전고: 2.16m
기동 가능 거리: 368km
장갑: 불명
무장: 없음
엔진: 1 x 로버 V8 가솔린 엔진, 3500rpm일 때 68kW (91마력)
성능: 노상 최고 속도: 104km/h | 수직 장애물: 0.23m

샌드링엄 6

장갑차가 아닌 것처럼 보이지만 샌드링엄 6는 전체 용접 강철 차체로 만들어졌으며 대부분의 소화기 사격과 포탄 파편을 방어할 수 있다. 승무원은 두 명으로 투명한 장갑 스크린 뒤에 앉는다. 차량을 빙 둘러 사격 포트 여섯 개가 있다.

제원
제조국: 영국
승무원: 2명 + 8명
중량: 3700kg
치수: 전장: 4.44m | 전폭: 1.69m | 전고: 2.08m
기동 가능 거리: 300km
장갑: 불명
무장: 선택
엔진: 1 x 로버 V8 가솔린 엔진, 3500rpm일 때 68kW (91마력)
성능: 노상 최고 속도: 95km/h

TIMELINE

1968 1979 1980

코만도 레인저

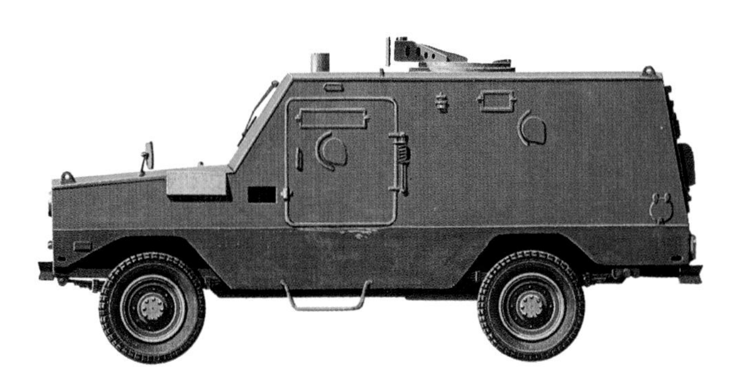

레인저에는 여섯 명을 태울 수 있는 장갑 격실이 있었고 격실 내부에서 사격 포트를 통해 사격이 가능했다. 또한 내부에는 공조 장치가 구비되었고 긴 순찰 임무 동안 승무원의 피로를 줄이기 위해 방음 처리가 되어 있었다. 선택 장비로는 유탄 발사기가 있었다.

제원
제조국: 미국
승무원: 2명 + 6명
중량: 4536kg
치수: 전장: 4.699m | 전폭: 2.019m | 전고: 1.981m
기동 가능 거리: 556km
장갑: 7mm
무장: 1~2 x 7.62mm (.3in) 기관총
엔진: 1 x 닷지 360 CID V-8 가솔린 엔진, 134kW (180마력)
성능: 노상 최고 속도: 112.5km/h | 도섭: 0.457m | 수직 장애물: 0.254m | 참호: 해당 없음

브라비아 코만도 Mk III

코만도 Mk III는 도시 경비용 병력 수송 장갑차이다. 대략 6.35~7.94mm 두께의 장갑이 화력이 약한 소화기 사격과 투척 무기를 방어한다. 60mm(2.36in) 유탄 발사 포드를 실을 수 있다.

제원
제조국: 포르투갈
승무원: 3명 + 5명
중량: 4855kg
치수: 전장: 4.97m | 전폭: 1.93m | 전고 2.05m
기동 가능 거리: 800km
장갑: 최대 7.94mm
무장: 1 x 12.7mm (.5in) 중기관총 | 1 x 7.62mm (.3in) 동축 기관총
엔진: 1 x 퍼킨스 4기통 디젤 엔진, 2800rpm일 때 60kW (81마력)
성능: 노상 최고 속도: 90km/h | 경사: 70%

FS100 심바

심바는 평화 유지 및 대테러 임무를 위해 군대가 주둔하는 환경에서 찾아볼 수 있는 특징적인 차이다. 파생형으로는 병력 수송 장갑차, 장갑 보병 전투 차량, 81mm(3.19in) 박격포 운반차 등이 있다.

제원
제조국: 영국
승무원: 2명 + 8명
중량: 10,000kg
치수: 전장: 5.35m | 전폭: 2.5m | 전고: 2.59m
기동 가능 거리: 660km
장갑: 최대 8mm(추정)
무장: 다양함(본문 참고)
엔진: 1 x 퍼킨스 210Ti 8기통 디젤 엔진, 2500rpm일 때 157kW (210마력)
성능: 노상 최고 속도: 100km/h | 도섭: 1m | 경사도: 60% | 수직 장애물: 0.45m

1980 1989

경유틸리티 수송차

냉전 시대 동안 병영, 병참부, 비행장 등의 군용 기지는 그 규모가 마을 하나 정도 크기까지 확장되었다. 한 기지에서 다른 기지까지 빠르고 효과적으로 물품을 수송할 필요가 생겼고 그에 따라 다양한 특수 목적 경유틸리티 차량이 개발되었다.

M274 메커니컬 뮬

M274 메커니컬 뮬은 탄약, 병력, 화물, 보병용 중화기를 수송하기 위해 설계한 소형 유틸리티 차량이었다. 운전수 뒤의 작고 평평한 짐칸에 450kg의 화물을 실을 수 있었다.

제원
제조국: 미국
승무원: 1명
중량: 380kg
치수: 전장: 2.98m | 전폭: 1.78m | 전고: 1.19m
기동 가능 거리: 180km
장갑: 없음
무장: 없음
엔진: 1 x 윌리스 A053 4기통 가솔린 엔진, 16kW (21마력)
성능: 노상 최고 속도: 40km/h

슈타이어 푸흐 700 AP 하프링어

슈타이어 푸흐 700 AP 하프링어는 오프로드 성능이 극도로 뛰어난 경유틸리티 차량이다. 기본 배열은 4x4로 폭이 165mm인 12인치 타이어를 장착했다. 후미에 평평한 화물칸이 있고 윈치와 제설기를 장착할 수 있었다.

제원
제조국: 오스트리아
승무원: 1명 + 3명
중량: 645kg
치수: 전장: 2.85m | 전폭: 1.4m | 전고: 1.36m
기동 가능 거리: 400km
장갑: 없음
무장: 1 x 12.7mm (.5in) 기관총 대공 파생형에 탑재
엔진: 1 x 모델 700 AP 2기통 가솔린 엔진, 18kW (24마력)
성능: 노상 최고 속도: 75km/h | 도섭: 0.4m | 경사: 65%

TIMELINE
1956 1960 1965

파운 크라카 640

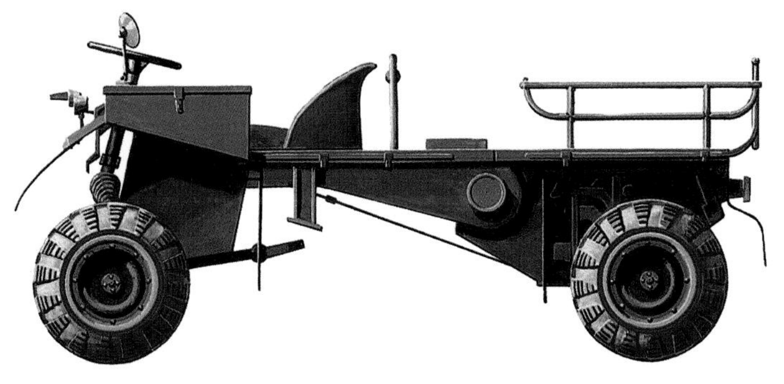

파운 크라카 640는 일반적인 유럽 오프로드 환경에서 사용하기 위한 다목적 유틸리티 차량이다. 적재량은 0.75톤이고 20mm(.78in) 대공포와 밀란 대전차 유도 무기를 포함한 대형 무기 플랫폼을 수용할 수 있었다.

제원
제조국: 독일
승무원: 2명 + 6명
중량: 1610kg
치수: 전장: 2.78m | 전폭: 1.51m | height:t 1.28m
기동 가능 거리: 불명
장갑: 없음
무장: 기본 무장 없음(본문 참고)
엔진: 1 x BMW 427 2기통 가솔린 엔진, 19kW (25마력)
성능: 노상 최고 속도: 55km/h | 경사 50%

슈타이어 푸흐 핀츠가우어 716 M

핀츠가우어는 두 가지 기본 버전으로 나온다. 하나는 716시리즈(4x4)이고 다른 하나는 718 시리즈(6x6)이다. 핀츠가우어 716M은 1400kg을 적재한 상태에서 시속 122km로 달릴 수 있다. 설정을 변경해 20mm(.78in) 대공포용, 지휘 통제 본부용으로 사용하기도 했다.

제원
제조국: 오스트리아
승무원: 1명 + 9명
중량: 2200kg
치수: 전장: 4.48m | 전폭: 1.8m | 전고: 2.04m
기동 가능 거리: 1200km
장갑: 없음
무장: 없음
엔진: 1 x 6기통 터보 디젤 엔진, 4350rpm일 때 78kW (105마력)
성능: 노상 최고 속도: 122km/h | 도섭: 0.7m

M561 가마-고트

M561 가마-고트는 가장 험난한 지형에 대응하는 6륜구동 유틸리티 차량이다. 앞 섹션과 뒤 섹션을 유연성 있는 연결 장치로 이어서 뒤쪽 캐리어의 차체가 앞쪽 차량과 비교해 상하 40°, 좌우 30° 흔들릴 수 있는 여유가 있다.

제원
제조국: 미국
승무원: 2명
중량: 4630kg
치수: 전장: 5.76m | 전폭: 2.13m | 전고: 2.31m
기동 가능 거리: 840km
장갑: 없음
무장: 없음
엔진: 1 x GM 3-53 3기통 디젤 엔진, 77kW (103마력)
성능: 노상 최고 속도: 88km/h | 도섭: 수륙 양용

트럭

2차 세계대전 말 연합국은 모두 엄청나게 많은 트럭을 보유했고 금방 새로운 설계가 필요한 상황도 아니었다. 따라서 그 차량들이 1950년대까지 계속 사용되었고 그 후로는 새로이 수리와 개조를 거쳐 민간에 판매되었다. 새로운 트럭 설계는 1960년대에야 나왔다.

파운 L912/45A

L912/45A는 3축 6x6 트럭으로 긴 캡과 짧은 축간거리가 특징이다. 중량 화물(최대 15톤) 수송차 또는 155mm(6.1in) 야전 곡사포용 포 견인차 중 한 가지로 사용되도록 설계되었다.

제원
제조국: 독일
승무원: 1명 + 2명
중량: 15,000kg
치수: 전장: 7.65m I 전폭: 2.5m I 전고: 2.77m
기동 가능 거리: 660km
장갑: 없음
무장: 없음
엔진: 1 x 도이츠 F12 L714a 12기통 다종 연료 엔진, 197kW (264마력)
성능: 노상 최고 속도: 77km/h

KrAZ-255B

강력한 엔진과 타이어 공기압 조절 장치로 기동성을 높인 KrAZ-255B는 TMM 트레드웨이 교량 가설이나 공병 크레인 수송, PMP 중부교(重浮橋) 시스템의 진수 등 다양한 용도로 사용되었다.

제원
제조국: 소련
승무원: 1명 + 2명
중량: 19,450kg
치수: 전장: 8.645m I 전폭: 2.75m I 전고(캡): 2.94m
기동 가능 거리: 650km
장갑: 없음
무장: 없음
엔진: 1 x YaMZ-238 V-8 디젤 엔진, 179kW (240마력)
성능: 노상 최고 속도: 71km/h I 도섭 0.85m

TIMELINE
1958 1961 1964

우랄-375D

375D 트럭은 전체가 강철로 이루어진 밀폐형 캡을 채택했으며 혹한의 기후를 대비해 엔진 예열기를 갖췄다. 타이어 공기압 조절 장치가 있어서 야지에서도 상당한 무게의 적재량을 감당할 수 있었다.

제원
제조국: 소련
승무원: 1명 + 2명
중량: 12,400kg
치수: 전장: 7.35m l 전폭: 2.69m l 전고: 2.68m
기동 가능 거리: 650km
장갑: 없음
무장: 없음
엔진: 1 x ZIL-375 V-8 가솔린 엔진, 134.2kW (180마력)
성능: 노상 최고 속도: 75km/h l 도섭: 1m

GAZ-66

GAZ-66은 4x4 차량으로 적재량은 2톤이다. 공병 차량, 병력 수송 차량, 심지어는 이동식 화생방(NBC) 오염 제거 본부의 골조를 제공한다. 현대식 엔진 덕에 해발 4500m에서도 기동이 가능하다.

제원
제조국: 소련
승무원: 2명
중량: 3470kg
치수: 전장: 5.8m l 전폭: 2.32m l 전고: 2.44m
기동 가능 거리: 800km
장갑: 없음
무장: 없음
엔진: 1 x ZMZ-66 8기통 디젤 엔진, 85kW (113마력)
성능: 노상 최고 속도: 90km/h

M520 고어

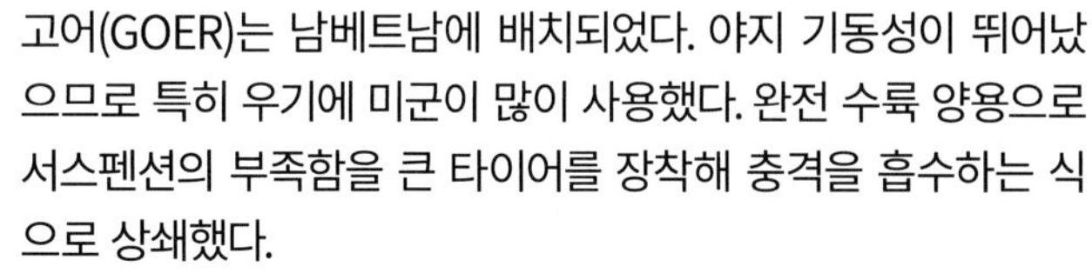

고어(GOER)는 남베트남에 배치되었다. 야지 기동성이 뛰어났으므로 특히 우기에 미군이 많이 사용했다. 완전 수륙 양용으로 서스펜션의 부족함을 큰 타이어를 장착해 충격을 흡수하는 식으로 상쇄했다.

제원
제조국: 미국
승무원: 1명 + 1명
중량: 18,500kg
치수: 전장: 9.753m l 전폭: 2.743m l 전고: 3.404m
기동 가능 거리: 660km
장갑: 없음
무장: 없음
엔진: 1 x 캐터필러 D333 6기통 터보차지 디젤 엔진, 158.8kW (213마력)
성능: 노상 최고 속도: 48.3km/h l 도섭: 수륙 양용

1965

트럭

전후 시대, 특히 1970년대 이후로는 엔진과 서스펜션 관련 신기술이 개발됨에 따라 군수 물류 부문에 큰 전환이 있었다. 현대식 군용 트럭은 과급 엔진과 전륜구동(全輪驅動) 다륜 배열 기술이 개발된 덕에 엄청난 양의 수송이 가능해졌다.

타트라 T813

타트라 T813 계열 차량에는 화물 트럭과 포 견인차가 포함되었다. 기본 화물 트럭은 문 네 개의 완전 밀폐형 캡에 핵·생물·화학 무기(NBC) 방호 장치를 갖췄다. 야지 기동성이 뛰어났다.

제원
제조국: 체코슬로바키아
승무원: 1명 + 6명
중량: 22,000kg
치수: 전장: 8.75m | 전폭: 2.5m | 전고: 2.69m
기동 가능 거리: 1000km
장갑: 없음
무장: 없음
엔진: 1 x 타트라 T-930-3 12기통 디젤 엔진, 186.4kW (250마력)
성능: 노상 최고 속도: 80km/h | 도섭: 1.4m

스톨워트

스톨워트 고기동 화물 운반차는 수륙 양용으로 야지 성능이 훌륭했다. 수중에서는 마린 제트 두 개로 추진력을 얻었다. 전투단에게 연료와 탄약을 공급하는 것이 핵심 임무였으나 완전 무장한 병사를 최대 30명까지 수송하는 것도 가능했다.

제원
제조국: 영국
승무원: 1명
중량: 14,480kg
치수: 전장: 6.36m | 전폭: 2.6m | 전고: 2.64m
기동 가능 거리: 515km
장갑: 없음
무장: 없음(기본형)
엔진: 1 x 롤스로이스 B-81Mk 8B 8기통 수랭식 가솔린 엔진, 164kW (220마력)
성능: 노상 최고 속도: 63km/h | 도섭: 수륙 양용

TIMELINE

1965

1966

ZIL-131

ZIL-131은 야지에서 최대 0.4톤의 중량을 수송하거나 견인할 수 있었다. 타이어 공기압 조절 장치를 기본 장착했으며 4.5톤 윈치도 장착했다. 122mm(4.8in) 포를 견인하거나 다연장 로켓탄 발사기를 탑재하는 용도로 사용되었다.

제원
제조국: 소련
승무원: 1명 + 2명
중량: 10,425kg
치수: 전장: 7.04m | 전폭: 2.5m | 전고(캡): 2.48m
기동 가능 거리: 525km
장갑: 없음
무장: 없음
엔진: 1 x ZIL-131 V-8 가솔린 엔진, 111.9kW (150마력)
성능: 노상 최고 속도: 80km/h | 도섭: 1.4m

M813

M809 차량군의 일부인 M813은 야지에서 4.5톤의 화물을 수송하거나 훨씬 더 무거운 화물을 견인할 수 있었다. 내구력 높은 차량으로 선택 장비에는 심수 도섭 키트, 윈치, 혹한 대비용 특수 장비가 있었다.

제원
제조국: 미국
승무원: 1명 + 2명
중량: 14,294kg
치수: 전장: 7.645m | 전폭: 2.464m | 전고: 2.946m
기동 가능 거리: 563km
장갑: 없음
무장: 선택적으로 1 x 12.7mm (.5in) 대공 중기관총
엔진: 1 x NHC-250 6기통 디젤 엔진, 179.0kW (240마력)
성능: 노상 최고 속도: 85km/h | 도섭: 0.76m

타트라 T148

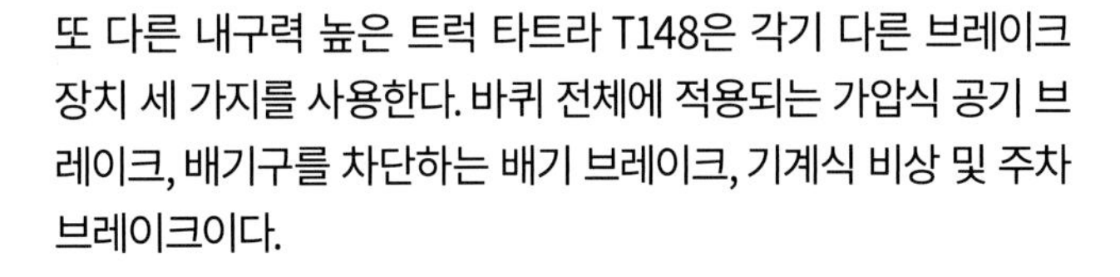

또 다른 내구력 높은 트럭 타트라 T148은 각기 다른 브레이크 장치 세 가지를 사용한다. 바퀴 전체에 적용되는 가압식 공기 브레이크, 배기구를 차단하는 배기 브레이크, 기계식 비상 및 주차 브레이크이다.

제원
제조국: 체코공화국
승무원: 1명 + 2명
중량: 최대 적재 시 25,640kg
치수: 전장: 9m | 전폭: 2.5m | 전고: 2.44m
기동 가능 거리: 500km
장갑: 없음
무장: 없음
엔진: 1 x 타트라 2-928-1 8기통 디젤 엔진, 158kW (211마력)
성능: 노상 최고 속도: 71km/h

1970 1973

1960년대와 1970년대의 트럭

1960년대는 2차 세계대전과 한국 전쟁에서 군대를 지원했던 검증된 차량들에서부터 군수 물류를 전혀 다른 차원으로 변화시킬 첨단 차량까지 군용 트럭 개발의 과도기와 다름없었다.

슈타이어 680 M3

오리지널 680 M 차량은 4.57톤의 화물을 싣거나 벤치 좌석을 활용해 병사 20명을 수송할 수 있었다. 단, 오프로드 성능이 부족했는데, 슈타이어 680 M3는 그 점을 보완했다. 더 큰 6x6 트럭이었고 모든 바퀴에 독립식 서스펜션을 장착했다.

제원

제조국: 오스트리아
승무원: 1 명+ 17명
중량: 6500kg
치수: 전장: 6.73m | 전폭: 2.4m | 전고 2.63m
기동 가능 거리: 500km
장갑: 없음
무장: 없음
엔진: 1 x 슈타이어 WD 610.74 6기통 디젤 엔진, 122kW (164마력)
성능: 노상 최고 속도: 80km/h

BAZ-135 TZM 트랜스로더, DR-3 레이스 무인 정찰기용

8x8 BAZ-135 TZM 트랜스로더에서 DR-3 정찰용 무인 항공기(UAV)를 발사한다. DR-3는 제트 엔진으로 150km까지 비행이 가능하고 이후로는 주엔진이 정지된 뒤 낙하산으로 하강하게 된다.

제원

제조국: 러시아/소련
승무원: 3명
중량: 15,000kg
치수: 전장: 11.5m | 전폭: 3m | 전고: 3.35m
기동 가능 거리: 500km
장갑: 해당 없음
무장: 해당 없음
엔진: 2 x ZIL-375 8기통 가솔린 엔진, 각각 132kW (177마력)
성능: 노상 최고 속도: 70km/h

TIMELINE

랜드로버 1톤 트럭

랜드로버 1톤 트럭은 105mm(4.1in) 경량 포와 레이피어 지대공 미사일(SAM) 시스템의 견인을 포함해 다양한 역할로 쓰였다. 파생형으로는 구급차, 통신 차량, 전자전 차량이 있었다.

제원
제조국: 영국
승무원: 1명 + 1명 (후방에 추가 8명)
중량: 3120kg
치수: 전장: 4.127m | 전폭: 1.842m | 전고: 2.138m
기동 가능 거리: 560km
장갑: 없음
무장: 없음
엔진: 1 x 로버 V-8 가솔린 엔진, 95.5kW (128마력)
성능: 노상 최고 속도: 120km/h | 도섭: 1.1m

ACMAT TPK 6.40

ACMAT TPK 6.40는 다양한 ACMAT 유틸리티 차량군 중 하나이다. 화물 4300kg이나 완전 무장한 병사 21명을 수송할 수 있다. 파생형은 여섯 종이 있고 그 중에는 타르 스프레더와 소방 지원용 물 운반차(4000리터 규모)가 있다.

제원
제조국: 프랑스
승무원: 3명 + 21명
중량: 5700kg
치수: 전장: 6.94m | 전폭: 2.25m | 전고 2.64m
기동 가능 거리: 1600km
장갑: 없음
무장: 기본 무장은 없으나 선택 사양으로 기관총 탑재
엔진: 1 x 퍼킨스 6.354.4 디젤 엔진, 103kW (138마력)
성능: 노상 최고 속도: 85km/h

포든 8 x 4

포든은 민간용 트럭 설계를 적용한 기동성이 낮은 트럭으로 장거리 중량 화물 수송용으로 쓰였다. 수송한 화물은 사용 지점 부근에서 더 기동성 높은 차량 여러 대에 나누어 배치되었다. 파생형으로는 연료 탱크 트럭 두 종류가 있었다.

제원
제조국: 영국
승무원: 1명 + 2명
중량: 27,000kg
치수: 전장: 10.287m | 전폭: 2.489m | 전고: 3.327m
기동 가능 거리: 499km
장갑: 없음
무장: 없음
엔진: 1 x 롤스로이스 220 Mk 111 6기통 디젤 엔진, 164.1kW (220마력)
성능: 노상 최고 속도: 76km/h | 도섭: 0.914m

중량 트럭

냉전시대 후반에는 중량 트럭 설계에 많은 변화가 있었다. 이제 대부분의 중량 트럭이 4행정 터보 인터쿨러 디젤 엔진을 사용한다. 오프하이웨이 트럭은 V12 디트로이트 디젤 2행정 엔진과 같은 기관차형 엔진을 사용한다. 디젤 엔진은 차량 총중량이 3~8급인 트럭용으로 선택된다.

DAF YA 4440

민간용 트럭인 YA 4440을 군용으로 개조했다. 전체가 강철로 만들어진 캡은 지붕을 강화해 대공 방어용 기관총을 탑재할 수 있게 했다. 서스펜션은 야지 주행을 위해 복동식 유압 충격 흡수기로 구성된다.

제원
제조국: 네덜란드
승무원: 1명 + 1명
중량: 10,900kg
치수: 전장: 7.19m | 전폭: 2.44m | 전고(방수포 커버): 3.42m
기동 가능 거리: 500km
장갑: 없음
무장: (선택 사양) 1 x 7.62mm (.3in) 기관총
엔진: 1 x DAF DT615 6기통 터보차지 디젤 엔진, 114.1kW (153마력)
성능: 노상 최고 속도: 80km/h | 도섭: 0.9m

KAMAZ-4310

KAMAZ-4310은 검증된 뛰어난 물류 차량으로 6000kg을 수송할 수 있으며 오프로드에서도 성능이 좋다. 모든 차축이 동력 구동되고 중앙 타이어 공기압 조절 장치가 있어서 가장 험한 지면에서도 매끄러운 주행이 가능하다.

제원
제조국: 네덜란드
승무원: 1명 + 1명
중량: 10,900kg
치수: 전장: 7.19m | 전폭: 2.44m | 전고(방수포 커버): 3.42m
기동 가능 거리: 500km
장갑: 없음
무장: (선택 사양) 1 x 7.62mm (.3in) 기관총
엔진: 1 x DAF DT615 6기통 터보차지 디젤 엔진, 114.1kW (153마력)
성능: 노상 최고 속도: 80km/h | 도섭: 0.9m

TIMELINE

1977

1978

KAMAZ-5320

KAMAZ-5320 트럭은 다목적 물류 차량이다. 노상 최대 적재량은 8000kg이고 야지에서는 6000kg으로 떨어진다. 화물칸은 측면과 후면에서 접어 내릴 수 있다. 파생형으로는 연료 탱크 트럭이 있다.

제원
제조국: 러시아/소련
승무원: 3명
중량: 7080kg
치수: 전장: 7.44m | 전폭: 2.51m | 전고: 2.83m
기동 가능 거리: 485km
장갑: 없음
무장: 없음
엔진: 1 x YaMZ-740 8기통 디젤 엔진, 156kW (209마력)
성능: 노상 최고 속도: 85km/h

시수 아우토 AB (A-54)

시수 아우토 AB는 야지에서 상당량의 화물을 수송할 수 있었다. 보기 드물게 캡의 아래쪽은 강철로 위쪽은 유리 섬유로 만들어져 분리 및 재조립이 가능해 공수 작전에 좋았다. 차량 구난 작업을 위해 윈치를 장착할 수 있었다.

제원
제조국: 핀란드
승무원: 1명 + 2명
중량: 9000kg
치수: 전장: 6m | 전폭: 2.3m | 전고(캡): 2.6m
기동 가능 거리: 700km
장갑: 없음
무장: 없음
엔진: 1 x 6기통 디젤 엔진, 96.9kW (130마력) 또는 터보차저 디젤 엔진, 119.3kW (160마력)
성능: 노상 최고 속도: 100km/h | 도섭: 1m

이베코 6605 TM

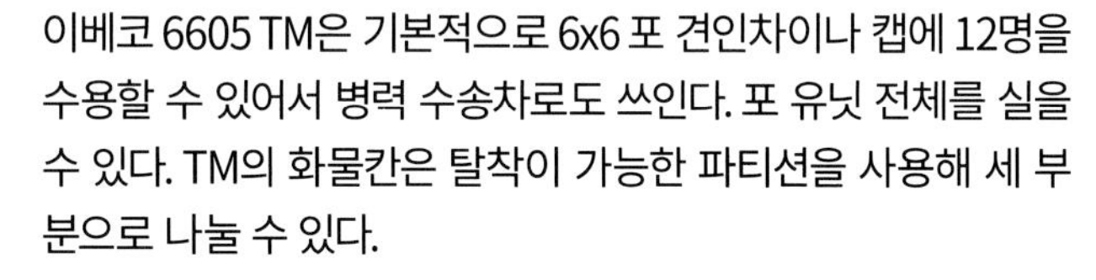

이베코 6605 TM은 기본적으로 6x6 포 견인차이나 캡에 12명을 수용할 수 있어서 병력 수송차로도 쓰인다. 포 유닛 전체를 실을 수 있다. TM의 화물칸은 탈착이 가능한 파티션을 사용해 세 부분으로 나눌 수 있다.

제원
제조국: 이탈리아
승무원: 1명 + 11명
중량: 11,800kg
치수: 전장: 7.33m | 전폭: 2.5m | 전고: 2.92m
기동 가능 거리: 700km
장갑: 없음
무장: 없음
엔진: 1 x 피아트 8212.02.500 6기통 디젤 엔진, 163kW (219마력)
성능: 노상 최고 속도: 80km/h

1980

수륙 양용 차량

2차 세계대전 중 시작된 개발이 냉전 시대까지 이어지며 수륙 양용 차량이 늘어나게 되었다. 이점은 명백했다. 물길을 건너 내륙으로 화물을 수송할 때 다른 차량이 필요하지 않다는 점이었다. 미국이 태평양 전쟁에서 얻은 경험을 바탕으로 수륙 양용 분야를 선도했다.

LVTP-5

궤도형 병력 상륙차 마크5는 차체 전단을 V자를 뒤집은 모양으로 만들어 수중에서의 움직임을 유체역학적으로 향상시켰으며 차체 전단을 낮추어 출입할 수 있었다. 수중에서는 궤도를 이용해 추진했으며 시속 11km를 유지했다.

제원

제조국: 미국
승무원: 3명 + 34명
중량: 37,422kg
치수: 전장: 9.04m | 전폭: 3.57m | 전고: 2.91m
기동 가능 거리: 306km
장갑: 6mm
무장: 1 x 7.62mm (.3in) 기관총
엔진: 1 x 콘티넨털 12기통 가솔린 엔진, 2400rpm일 때 604kW (810마력)
성능: 노상 최고 속도: 48km/h | 수상 최고 속도: 11km/h

Bv 202

Bv 202는 더블 유닛 차량으로 엔진이 장착된 앞쪽 유닛에 승무원이 탑승했으며 뒤쪽 유닛에 800~900kg의 화물이나 완전 무장한 병사 10명을 수송할 수 있었다. 그러나 뒤쪽에는 난방 장치가 없고 방수포만 덮었을 뿐이라 겨울에는 몹시 추웠다.

제원

제조국: 스웨덴
승무원: 2명 + 10명
중량: 2900kg
치수: 전장: 6.17m | 전폭: 1.76m | 전고: 2.21m
기동 가능 거리: 400km
장갑: 없음
무장: 없음
엔진: 1 x 볼보 B18 4기통 디젤 엔진, 68kW (91마력)
성능: 노상 최고 속도: 39km/h | 도섭: 수륙 양용 | 경사: 60% | 수직 장애물: 0.5m

TIMELINE

1956 

1958 

1961  

LARC-5

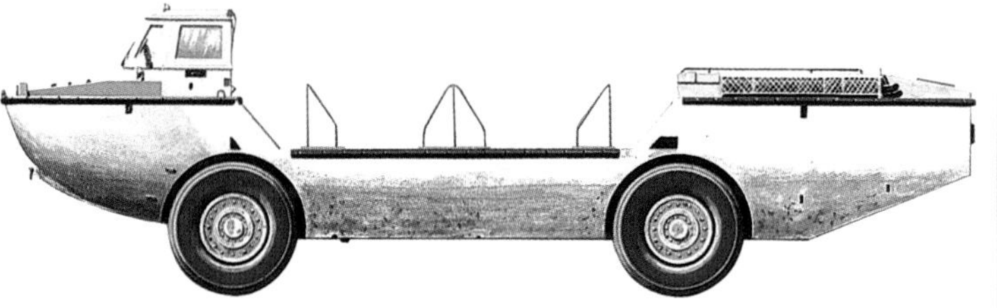

LARC-5는 배에서 해안까지 화물을 수송하고 그 후 내륙에서도 보급 기지까지 수송을 계속할 차량으로서 필요조건을 충족했다. 적절한 서스펜션을 갖추지 못했고 파워 스티어링은 앞바퀴에만 적용되었지만 화물 약 4.5톤이나 완전 무장한 병사 20명을 수송할 수 있었다.

제원
제조국: 미국
승무원: 1명 + 2명
중량: 14,038kg
치수: 전장: 10.668m | 전폭: 3.149m | 전고: 3.034m
기동 가능 거리: 402km
장갑: 없음
무장: 없음
엔진: 1 x V8 디젤 엔진, 224kW (300마력)
성능: 노상 최고 속도: 48.2km/h | 수상 최고 속도: 16km/h | 도섭 수륙 양용 | 수직 장애물: 약 0.5m | 참호: 해당 없음

PTS

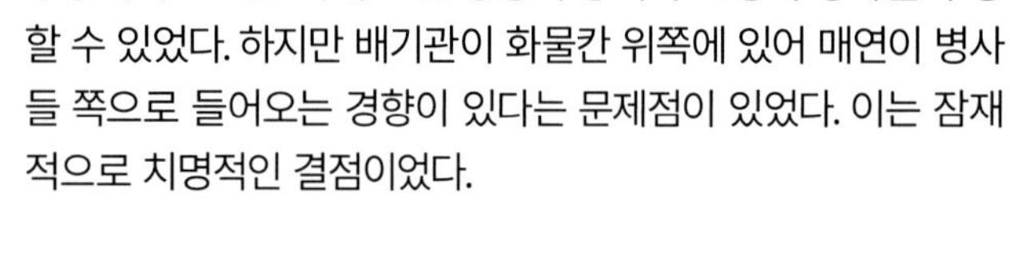

수상에서 PTS는 최대 10톤 중량의 장비나 70명의 병사를 수송할 수 있었다. 하지만 배기관이 화물칸 위쪽에 있어 매연이 병사들 쪽으로 들어오는 경향이 있다는 문제점이 있었다. 이는 잠재적으로 치명적인 결점이었다.

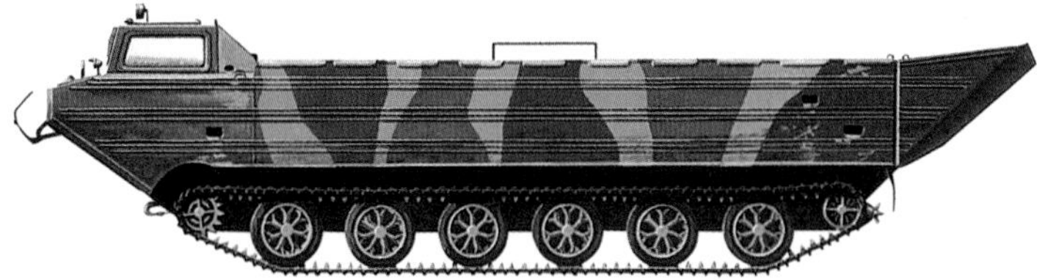

제원
제조국: 소련
승무원: 2명
중량: 22,700kg
치수: 전장: 11.5m | 전폭: 3.3m | 전고: 2.65m
기동 가능 거리: 300km
장갑: 6-10mm
무장: 없음
엔진: 1 x V-54P 디젤 엔진, 261kW (359마력)
성능: 노상 최고 속도: 42km/h | 수상 최고 속도: 10.6km/h | 도섭: 수륙 양용 | 수직 장애물: 0.65m | 참호: 2.5m

M2와 M3

EWK M2의 측면에는 부교 구조물의 일부인 알루미늄 폰툰이 있다. M3는 개량형이다. 24명이 조종하는 M3 8대로 단 15분 만에 100m 길이의 교량을 만들 수 있다. 이는 M2보다 50%더 빠른 속도이다.

제원
제조국: 독일
승무원: 3명
중량: 25,300kg
치수: 전장: 12.82m | 전폭: 3.35m | 전고: 3.93m
기동 가능 거리: 725km
장갑: 해당 없음
무장: 없음
엔진: 2 x 도이츠 BF8 LC513 8기통 디젤 엔진, 270kW (362마력)
성능: 노상 최고 속도: 80km/h | 수상 최고 속도:13km/h

1962 1964

교량 가설 장갑차

냉전 시대에도 교량 가설 장갑차는 2차 세계대전 때에 비해 그 중요성이 조금도 떨어지지 않았다. NATO와 소련의 충돌이 있으면 전략적으로 중요한 위치의 교량이 우선 표적이 될 터이기 때문이었다. 따라서 기존 전차의 차대를 기초로 교량 가설 장갑차를 만드는 경향이 계속되었고 성공으로 이어졌다.

M48 AVLB

M48 장갑차 전개 교량(AVLB)은 M48 주력 전차의 차대를 기반으로 하되 전차의 포탑을 제거하고 유압식 시저스(가위형) 교량으로 대체했다. 교량의 길이는 19.2m, 폭은 4.01m이다.

제원
제조국: 미국
승무원: 2명
중량: 55,205kg
치수: 전장: 11.28m | 전폭: 4m | 전고: 3.9m
기동 가능 거리: 500km
장갑: 최대 120mm
무장: 없음
엔진: 1 x 콘티넨털 AVDS-1790-2A 12기통 디젤 엔진, 2400rpm일 때 559kW (750마력)
성능: 노상 최고 속도: 48km/h | 도섭: 1.22m | 경사 60% | 수직 장애물 0.9m | 참호 2.59m

TMM 브리지

TMM 트럭에 장착한 트레드웨이 교량은 네 경간으로 구성되었다. 각 경간은 케이블로 지지된 상태에서 수직으로 펼치되 다 펴진 뒤에는 최종 위치에 트레슬 레그(버팀 다리)를 매달아 고정했다. 이후 연결을 해제한 트럭을 다음 경간에 연결해 다시 작업했다.

제원
제조국: 소련
승무원: 3명
중량: 19,500kg
치수: 전장(교량 포함): 9.3m | 전폭(교량 포함): 3.2 | 전고(교량 포함): 3.15m
기동 가능 거리: 530km
장갑: 없음
무장: 없음
엔진: 1 x YaMZ M206B 6기통 수랭식 디젤 엔진, 152.9kW (205마력)
성능: 노상 최고 속도: 55km/h | 도섭: 1m | 수직 장애물: 0.4m | 참호: 역량 없음

TIMELINE

치프턴 AVLB

치프턴 장갑차 전개 교량(AVLB)은 치프턴 주력 전차의 차대에 두 가지 종류의 교량 중 하나를 탑재한 것이다. 두 종류 모두 힌지로 결합된 두 구간을 차체 전방에 연결해 수송했다. 교량 길이보다 1.5m 짧은 폭의 간격에 다리를 놓을 수 있었다.

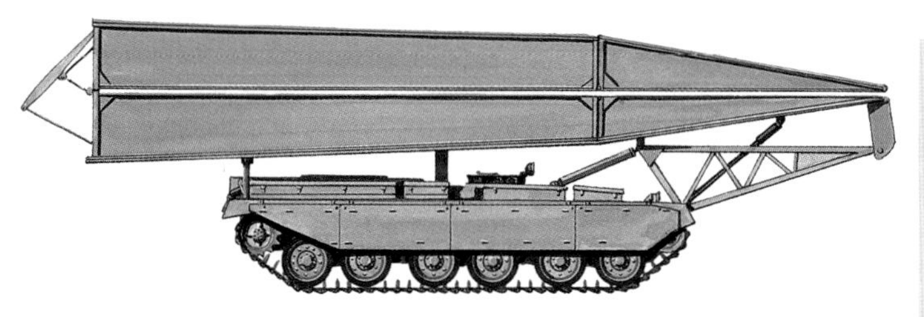

제원
제조국: 영국
승무원: 3명
중량: 53,300kg
치수: 전장: 13.74m I 전폭: 4.16m I 전고: 3.92m
기동 가능 거리: 400km
장갑: 불명
무장: 2 x 7.62mm (.3in) 다목적 기관총
엔진: 1 x 레일랜드 L50 12기통 다종 연료 엔진, 2100rpm일 때 559kW (750마력)
성능: 노상 최고 속도: 48km/h I 도섭: 1.07m I 경사: 60% I 수직 장애물: 0.91m

AMX-30 브리지

AMX-30 교량 가설 전차는 시저스(가위형) 브리지를 5분 만에 세울 수 있었다. 교량의 경간은 20m 길이였다. 핵·생물·화학 무기(NBC) 방호 장치와 야간 시야 확보 장치를 설치했으나 무장은 없어서 다른 차량의 보호에 의존해야 했다.

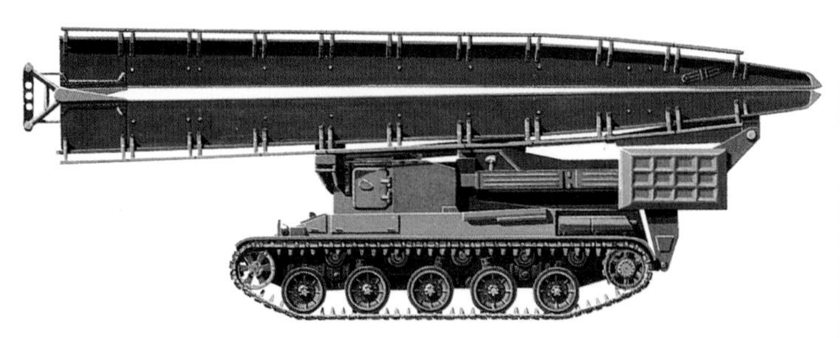

제원
제조국: 프랑스
승무원: 3명
중량: 42,500kg
치수: 전장(교량 포함): 11.4m I 전폭 (with bridge): 3.95m I 전고 (with bridge): 4.29m
기동 가능 거리: 600km
장갑: 80mm
무장: 없음
엔진: 1 x 이스파노-수이자 HS-110 12기통 다종 연료 엔진, 522.0kW (700마력)
성능: 노상 최고 속도: 50km/h I 도섭: 1m I 수직 장애물: 0.93m I 참호: 2.9m

PMP 부교

PMP 부교는 원래 Kr AZ-214 트럭 차대에 탑재되었으나 이후 Kr AZ-255로 교체되었다. 트럭을 물가로 후진시킨 뒤 다리를 물속으로 내리면 자동으로 펼쳐졌다.

제원
제조국: 소련
승무원: 3명
중량: 6676kg
치수: 전장(전개): 6.75m I 전폭(전개): 7.10m I 전고(전개): 0.915m
기동 가능 거리: 불명
장갑: 없음
무장: 없음
엔진: 불명
성능: 최고 속도: 20km/h

1974 1980

전투 공병 차량

2차 세계대전 때의 공병 차량과 같이 냉전 시대에도 주력 전차의 차대를 이용해 여러 종류의 전투 공병 차량이 만들어졌다. 대부분이 현대의 전장에서 방어 시설의 폭파부터 틈새 고르기, 차량 구난까지 핵심적인 임무를 맡았다.

센추리언 AVRE

1960년대의 센추리언 마크 V 영국 육군 공병대 장갑 차량(AVRE)은 적군의 방어 시설을 폭파할 파괴용 중포와 장애물을 제거할 불도저 날을 장착했다. 또, 차륜형 차량을 위해 길을 깔 수도 있었다.

제원

제조국: 영국

승무원: 5명

중량: 51,809kg

치수: 전장: 8.69m | 전폭: 3.96m | 전고: 3m

기동 가능 거리: 177km

장갑: 17–118mm

무장: 1 x 165mm (6.5in) 데몰리션 건 | 1 x 7.62mm (.3in) 동축 기관총 | 1 x 7.62mm (.3in) 대공 기관총

엔진: 1 x 롤스로이스 미티어 Mk IVB 12기통 가솔린 엔진, 484.7kW (650마력)

성능: 노상 최고 속도: 34.6km/h | 도섭: 1.45m | 수직 장애물: 0.94m | 참호: 3.35m

M728

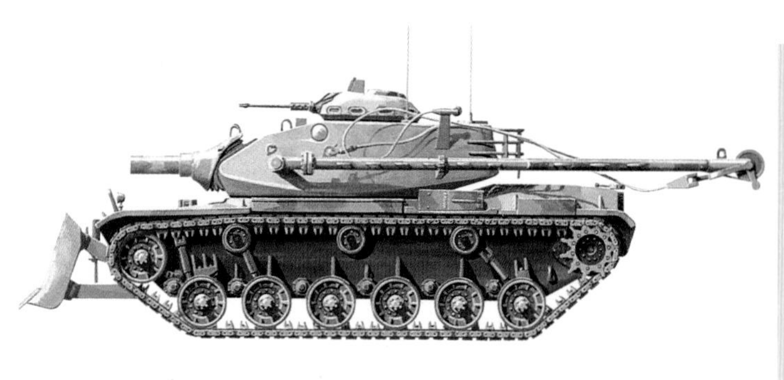

M728은 M60 주력전차의 차대를 기반으로 한 전투 공병 차량이다. M60의 포를 폭파 장약 발사기로 교체하고 유압식 불도저 날을 추가했다. 또, 심수 도섭 장치를 장비할 수 있었다.

제원

제조국: 미국

승무원: 4명

중량: 53,200kg

치수: 전장(이동 시): 8.92m | 전폭(전체): 3.71m | 전고(이동 시): 3.2m

기동 가능 거리: 451km

장갑: 기밀

무장: 1 x 165mm (6.5in) 데몰리션 건 | 1 x 7.62mm (.3in) 기관총

엔진: 1 x 텔레다인 콘티넨털 AVDS-1790-2A 12기통 디젤 엔진, 559.3kW (750제동마력)

성능: 노상 최고 속도: 48.3km/h | 도섭: 1.22m | 수직 장애물: 0.76m | 참호: 2.51m

TIMELINE

1960 

1963 

1968 

레오파르트 1 장갑 공병차

레오파르트 1 장갑 공병차는 레오파르트 1 주력 전차의 차대를 기반으로 했다. 전방에 장착된 불도저 날을 넓힐 수 있었으며 흙 갈퀴를 장착해 노면을 파헤칠 수 있었다.(이는 동독의 공격에서 서독을 방어하기 위한 기능이었다.)

제원
제조국: 서독
승무원: 4명
중량: 40,800kg
치수: 전장: 8.98m | 전폭: 3.75m | 전고: 2.69m
기동 가능 거리: 850km
장갑: 10-70mm
무장: 1 x 7.62mm (.3in) 기관총
엔진: 1 x MTU MB 838 Ca.M500 10기통 디젤 엔진, 618.9kW (830마력)
성능: 노상 최고 속도: 65km/h | 도섭: 2.1m | 수직 장애물: 1.15m | 참호: 3m

치프턴 AVRE

치프턴 AVRE는 치프턴 MK 5 주력 전차와 차대 및 엔진이 유사했다. 가장 큰 차이점은 포탑이 제거되고 장갑 '펜트하우스'로 교체되었다는 점이다. 장비 보관용 대형 바구니 세 개를 실었다.

제원
제조국: 영국
승무원: 3명
중량: 51,809kg
치수: 전장: 7.52m | 전폭: 3.663m | 전고: 2.89m
기동 가능 거리: 500km
장갑: 기밀
무장: 1 x 7.62mm (.3in) 기관총 | 2 x 6 연막 발사기(전방) | 2 x 4 연막 발사기(후방)
엔진: 1 x 레일랜드 L60 (No.4 Mk 8) 12기통 디젤 엔진, 559kW (750마력)
성능: 노상 최고 속도: 48km/h | 도섭: 1.067m | 수직 장애물: 0.9m | 참호: 3.15m

AMX-30 견인차

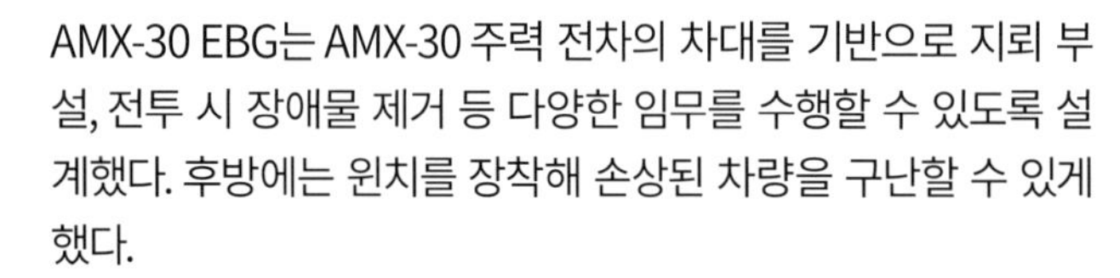

AMX-30 EBG는 AMX-30 주력 전차의 차대를 기반으로 지뢰 부설, 전투 시 장애물 제거 등 다양한 임무를 수행할 수 있도록 설계했다. 후방에는 윈치를 장착해 손상된 차량을 구난할 수 있게 했다.

제원
제조국: 프랑스
승무원: 3명
중량: 38,000kg
치수: 전장: 7.9m | 전폭: 3.5m | 전고: 2.94m
기동 가능 거리: 500km
장갑: 80mm
무장: 1 x 142mm (5.59in) 폭파 장약 발사기 | 1 x 7.62mm (.3in) 기관총
엔진: 1 x 이스파노-수이자 HS 110-2 12기통 다종 연료 엔진, 522.0kW (700마력)
성능: 노상 최고 속도: 65km/h | 도섭: 2.50m | 수직 장애물: 0.9m | 참호: 2.9m

1970

전투지 구난 차량

장갑 전투 차량은 비용이 많이 들었다. 또한 많은 경우 전투지에서 손상된 뒤에도 손쉽게 수리가 가능했다. 따라서 2차 세계대전 중 독일과 연합국은 전투지로 나가 구난 임무를 수행할 특수 목적 장갑차를 개발했고 이때 쌓은 전문 지식은 냉전 시대에도 유용했다.

M88A1

1960년대 초반 개발된 M88 구난 장갑차는 1964년까지 생산되어 미국 육군과 해병대에 약 1000대가 도입되었다. 주된 임무는 주력전차의 구난이었다.

제원

제조국: 미국

승무원: 4명

중량: 50,803kg

치수: 전장: 8.27m | 전폭: 3.43m | 전고: 2.92m

기동 가능 거리: 450km

장갑: 기밀

무장: 1 x 12.7mm (.5in) 브라우닝 M2HB 중기관총

엔진: 1 x 콘티넨털 AVDS-1790-2DR 12기통 디젤 엔진, 2800rpm일 때 730kW (980마력)

성능: 노상 최고 속도: 42km/h | 도섭: 1.63m | 경사: 60% | 수직 장애물: 1.06m | 참호: 2.62m

엔트판눙스판처

엔트판눙스판처 65는 스위스의 Pz.68 주력 전차의 차대를 이용하되 공병 및 ARV 임무에 적합하도록 포탑이 없는 상부 구조로 설계한 것이다. 주요 구조 장비는 A 프레임 윈치 시스템으로 15,000kg까지 들어 올릴 수 있었다.

제원

제조국: 스위스

승무원: 5명

중량: 38,000kg

치수: 전장: 7.6m | 전폭: 3.06m | 전고: 3.25m

기동 가능 거리: 300km

장갑: 최대 60mm

무장: 1 x 7.5mm (.28in) 기관총 | 8 x 연막 발사기

엔진: 1 x MTU MB 837 8기통 디젤 엔진, 2200rpm일 때 525kW (704마력)

성능: 노상 최고 속도: 55km/h | 도섭: 1.2m | 경사: 70% | 수직 장애물: 0.75m | 참호: 2.6m

TIMELINE

1961 

1963 

1973 

BgBv 82

베릉닝스 반드방(Bärgnings Bandvagn)은 1973년 생산되어 24대가 완성되었다. 차체의 2/3는 개방되었고 HM20 윈치와 히아브-포코(Hiab-Foco) 9000 크레인을 탑재했다. 전자는 20,000kg을 견인할 수 있었고 기중기는 5500kg을 들어 올릴 수 있었다.

제원
제조국: 스웨덴
승무원: 4명
중량: 26,300kg
치수: 전장: 7.2m | 전폭: 3.2m | 전고: 2.45m
기동 가능 거리: 480km
장갑: 기밀
무장: 1 x 20mm (.78in) 포 | 6 x 연막 발사기
엔진: 1 x 볼보-펜타 THD-100C 6기통 터보 디젤 엔진, 2200rpm일 때 231kW (310마력)
성능: 노상 최고 속도: 56km/h | 도섭: 수륙 양용 | 경사: 60% | 수직 장애물: 0.6m | 참호: 2.5m

4kh7fa sb20 그리프 ARV

그리프 ARV는 야크트판처 SK105 경전차/구축전차의 차대를 기반으로 개발되었다. 유압식 크레인으로 6500kg의 중량을 들어 올릴 수 있었고 전방의 윈치로 20,000kg을 견인할 수 있었다.

제원
제조국: 오스트리아
승무원: 4명
중량: 19,800kg
치수: 전장: 6.7m | 전폭: 2.5m | 전고: 2.3m
기동 가능 거리: 625km
장갑: 최대 25mm
무장: 1 x 12.7mm (.5in) 중기관총
엔진: 1 x 슈타이어 7FA 6기통 터보 디젤 엔진, 1900rpm일 때 239kW (320마력)
성능: 노상 최고 속도: 67km/h | 도섭: 1m | 경사도: 75% | 수직 장애물: 0.8m | 참호: 2.41m

FV106 삼손

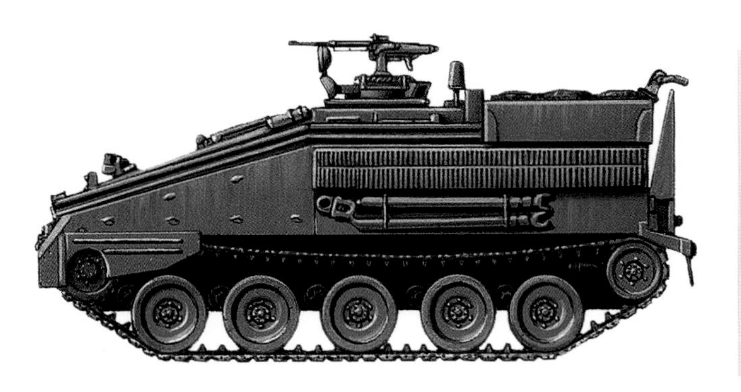

FV106 삼손 구난 장갑차는 1978년 생산에 들어갔다. 차대는 스콜피온 전투 정찰차(CVR)의 차대를 그대로 빌리고 차체는 FV103 스파르탄 병력 수송 장갑차의 것을 사용한다.

제원
제조국: 영국
승무원: 3명
중량: 8740kg
치수: 전장: 4.78m | 전폭: 4.78m | 전고: 2.55m
기동 가능 거리: 483km
장갑: 기밀
무장: 1 x 7.62mm (.3in) 기관총
엔진: 1 x 재규어 J60 No 1 Mk100B 6기통 가솔린 엔진, 4750rpm일 때 145kW (195마력)
성능: 노상 최고 속도: 55km/h | 도섭: 1.07m | 경사: 70% | 수직 장애물: 0.5m | 참호: 2.06m

1976 

1978 

소련의 공병 차량

소련의 공병 차량은 언제나 튼튼하고 견고하다는 평판을 받았으나 설계의 정교성이 떨어지는 경우가 많았다. 항상 엄청난 수의 공병 차량이 소련의 대군을 지원했다. 이 차량은 지형, 기온, 기후 조건을 막론하고 언제나 운용할 수 있게끔 설계되었다.

우랄-375E KET-L

우랄-375E KET-L은 개조한 우랄-375D 트럭 차대를 기반으로 만들었다. 핵심 장비로 윈치 두 개가 설치되어 후방 윈치는 15톤을 견인하고 전방 윈치는 5톤을 견인할 수 있었다. 지브 크레인은 2.4m 범위에서 1.5톤을 들어 올릴 수 있었다.

제원
제조국: 러시아/소련
승무원: 1명 + 2명
중량: 12,400kg
치수: 전장: 8.25m l 전폭: 2.69m l 전고: 2.68m
기동 가능 거리: 570km
장갑: 해당 없음
무장: 없음
엔진: 1 x ZIL-375 8기통 가솔린 엔진, 134kW (180마력)
성능: 노상 최고 속도: 75km/h

MDK-2M

MDK-2M은 강력한 도랑 굴착기였다. AT-T 중량 포 견인차의 궤도형 차체에 유압식 불도저 날을 전방 장착하고 로터리 헤드 원형 굴착기를 후방 장착했다. 승무원은 단 두 명으로 충분했다.

제원
제조국: 러시아/소련
승무원: 2명
중량: 28,000kg
치수: 전장: 8m l 전폭: 3.4m l 전고 3.95m
기동 가능 거리: 500km
장갑: 해당 없음
무장: 해당 없음
엔진: 1 x 모델 V-401 12기통 디젤 엔진, 309kW (414마력)
성능: 노상 최고 속도: 35km/h

TIMELINE

1961 

1965 

1972 

IMR

IMR는 기본적으로 T-55 전차의 기본 포탑을 크레인과 장갑 큐폴라로 교체한 것이다. 집게형 장비를 장착해 나무를 제거할 수 있었고 전방 불도저 날과 도랑 횡단용 빔(unditching beam)도 있었다. IMR은 자체적으로 연막을 만드는 것도 가능했다.

제원

제조국: 소련
승무원: 2명
중량: 34,000kg
치수: 전장: 10.6m | 전폭: 3.48m | 전고: 2.48m
기동 가능 거리: 400km
장갑: 최대 203mm
무장: 없음
엔진: 1 x Model V-55 V-12 디젤 엔진, 432.5kW (580마력)
성능: 노상 최고 속도: 48km/h | 도섭: 1.4m | 수직 장애물: 0.8m | 참호: 2.7m

KrAZ-260

KrAZ-260는 적재량 8톤, 윈치 견인 중량 12톤의 KrAZ-255B 6x6 트럭을 대체했다. KrAZ-260는 이전 모델에 비해 큰 변화는 없으나 적재량이 9톤으로 늘었고 전방 장착 윈치로 12.25톤을 견인할 수 있었다.

제원

제조국: 러시아/소련
승무원: 1명 + 2명
중량: 12,250kg
치수: 전장: 9m | 전폭: 2.72m | 전고: 2.98m
기동 가능 거리: 700km
장갑: 없음
무장: 없음
엔진: 1 x YaMZ-238L 8기통 디젤 엔진, 214kW (287마력)
성능: 노상 최고 속도: 80km/h

BREM-1

BREM-1은 T72 주력 전차의 차대를 사용한 강력한 전투지 구난 및 공병 차량이었다. 차체 전방에는 유압식 불도저 날이 있어 크레인을 사용할 때 전방의 안정 장치가 두 배가 되는 효과가 있었다. 크레인으로는 12톤을 들어 올릴 수 있었다.

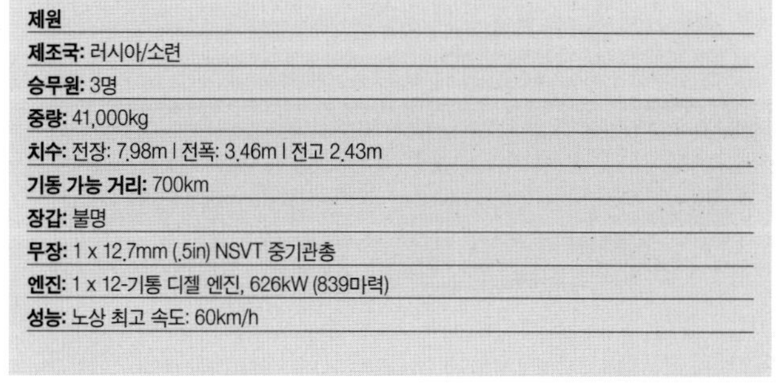

제원

제조국: 러시아/소련
승무원: 3명
중량: 41,000kg
치수: 전장: 7.98m | 전폭: 3.46m | 전고 2.43m
기동 가능 거리: 700km
장갑: 불명
무장: 1 x 12.7mm (.5in) NSVT 중기관총
엔진: 1 x 12-기통 디젤 엔진, 626kW (839마력)
성능: 노상 최고 속도: 60km/h

1979 

1984 

기타 궤도형 차량

냉전 시대 동안 각기 다른 목적의 궤도형 차량이 그 전과는 비교할 수 없을 정도로 급증했다. 군대에서는 전투지의 구급차부터 탄약 운반차까지 생각할 수 있는 모든 임무용으로 궤도형 차량을 개발했다. 프랑스의 AMX-13처럼 하나의 전투 기갑 차량(AFV) 설계가 놀라울 만큼 많은 파생형을 낳은 경우도 일부 존재했다.

AMX VTT/TB

AMX VCI 기계화 보병 전투 차량은 포병 전투 지휘소, 81mm(3.19in) 박격포 차, 롤랜드 지대공 미사일 차, ENTAC 미사일 발사기, TOW 미사일 차, 전투 공병 차량 등으로 개조된다.

제원

제조국: 프랑스
승무원: 2명 + 9명
중량: 14,300kg
치수: 전장: 5.7m | 전폭: 2.67m | 전고: 1.92m
기동 가능 거리: 350km
장갑: 최대 30mm
무장: 없음
엔진: 1 x SOFAM 8Gxb 8기통 가솔린 엔진, 3200rpm일 때 186kW (250마력)
성능: 노상 최고 속도: 60km/h | 도섭: 1m | 경사도: 60% | 수직 장애물: 1m | 참호: 1.6m

M113A1G 박격포 운반차

M113A1G의 병력 수송칸에는 병사 다섯 명과 120mm(4.72in) 박격포를 수용할 수 있다. 박격포는 차체 지붕 후방에서 발사하며 6200m 떨어진 곳의 표적을 맞출 수 있다. 파생형으로는 레이더 차량, 구급차, 대전차 유도 무기 운반차가 있다.

제원

제조국: 독일
승무원: 5명
중량: 12,800kg
치수: 전장: 4.86m | 전폭: 2.68m | 전고: 1.85m
기동 가능 거리: 480km
장갑: 최대35mm
무장: 1 x 120mm (4.7in) 박격포 | 1 x 7.62mm (.3in) 기관총
엔진: 1 x 디트로이트 6V-53N 6기통 디젤 엔진, 2800rpm일 때 158kW (212마력)
성능: 노상 최고 속도: 68km/h | 도섭: 수륙 양용 | 경사: 60% | 수직 장애물: 0.6m | 참호: 1.68m

TIMELINE

1957 

1960

1972

YW 703

YW 703는 YW 531H 병력 수송 장갑차를 중국북방공업에서 개조해 25mm(.98in) 캐넌포를 장착한 것이다. 전투 파생형으로는 120mm(4.7in)이나 82mm(3.23in) 박격포로 무장한 85식과 자주 곡사포 버전이 있다.

제원
제조국: 중국
승무원: 3명 + 7명
중량: 15,400kg
치수: 전장: 6.15m | 전폭: 3.13m | 전고: 1.88m
기동 가능 거리: 500km
장갑: 불명
무장: 1 x 25mm (.98in) 포
엔진: 1 x 도이츠 타입 BF8L413F 8기통 디젤 엔진, 239kW (320마력)
성능: 노상 최고 속도: 65km/h | 도섭: 수륙 양용 | 수직 장애물: 0.6m | 참호: 2.2m

술탄

술탄은 전방 부대와 소통할 수 있는 지휘관용 장갑 플랫폼이다. 후방 격실에 책상과 지도판, 무전 장비가 있다. 하지만 공간이 비좁아서 내부에서 일하기 힘들다.

제원
제조국: 영국
승무원: 3명
중량: 8172kg
치수: 전장: 5.12m | 전폭: 2.24m | 전고: 2.6m
기동 가능 거리: 483km
장갑: 불명
무장: 1 x 7.62mm 기관총
엔진: 1 x 4.2리터 가솔린 엔진, 141kW (190마력)
성능: 노상 최고 속도: 80km/h | 도섭: 1.067m | 수직 장애물: 0.5m | 참호: 2.057m

BR-100 봄비

BR-100 봄비는 소형 설상 수송차로 연약한 눈 위로 450kg의 화물을 견인할 수 있다. 궤도의 폭이 아주 넓고 중량은 1500kg에 불과하다. 겨울용 궤도를 사용하면 접지압이 80g/㎠밖에 되지 않는다.

제원
제조국: 캐나다
승무원: 1명 + 2명
중량: 1500kg
치수: 전장: 3.15m | 전폭: 2.2m | 전고: 2.01m
기동 가능 거리: 불명
장갑: 없음
무장: 없음
엔진: 1 x 포드 4기통 가솔린 엔진, 63kW (84마력)
성능: 노상 최고 속도: 22km/h

1978  1980 

33KA95

냉전 시대 후기

20세기 말로 다가가며 전차와 기타 기갑 전투 차량은 테러와의 전쟁이란 새로운 임무에 투입되었으나 항상 성공적인 것은 아니었다.

20세기 말의 기술을 사용해서 탄생한 차량이 많기는 했지만 아무리 화력과 사격 통제 장치가 꾸준히 발전했다고 해도 전차나 관련 전투 차량의 기본적인 역할은 예전과 동일했다. 바뀐 것은 전장이었다. 유럽에서 민족주의 전쟁이 다시 일어나리라고 누가 예상했을까?

좌측: 챌린저 1은 많은 면에서 치프턴의 후기 생산 모델과 유사했고 영국 기갑군의 강력한 무기가 되었다.

메르카바

1967년 6일 전쟁이 일어나기 전까지 이스라엘은 셔먼과 센추리언 전차에 의존해 기갑군을 구성했다. 하지만 이 전차들이 이스라엘군의 필요조건을 완전히 충족하지 못한다는 우려가 떠올랐고 미래에도 공급이 유지될지 의심이 가는 상황이었으므로 메르카바의 개발이 촉진되었다. 메르카바는 1982년 레바논에서 시리아군과 맞설 때 처음 실전 투입되었다.

메르카바

업데이트
1995년 버전인 Mk 3B(별칭 메르카바 바즈)는 사격 통제 장치를 개선했고 화생방(NBC) 방호 장치와 공조 장치를 내장한다.

다른 현대식 주력 전차에 비해 속도가 느리고 중량 대비 출력이 좋지 않다. 하지만 이 전차는 다른 대부분의 전차들과는 다른 특수한 전술적 목적에 맞추어 설계되었다. 설계의 주안점은 승무원의 생존 가능성에 있었다. 메르카바는 단면적이 작아 표적이 되기 어려웠고 훌륭한 경사 장갑 덕에 방호 능력도 뛰어났다.

제원
제조국: 이스라엘
승무원: 4명
중량: 55,898kg
치수: 전장: 8.36m | 전폭: 3.72m | 전고: 2.64m
기동 가능 거리: 500km
장갑: 기밀
무장: 1 x 105mm (4.1in) 강선포 | 1 x 7.62mm (.3in) 기관총
엔진: 1 x 텔레다인 콘티넨털 AVDS-1790-6A V-12 디젤 엔진, 671kW (900마력)
성능: 노상 최고 속도: 46km/h | 수직 장애물: 1m | 참호: 3m

구조
메르카바는 이스라엘 북부와 골란 고원의 거친 지형에서 작전을 수행할 수 있게끔 최적화되었으며 엔진을 전방에, 전투실을 후방에 배치한 특이한 구조이다.

장갑
'카사그'라는 모듈식 장갑 패키지를 새로 추가해 메르카바는 세계에서 가장 방어력 높은 전차가 되었다.

포탑
포탑은 주조 및 용접 방식으로 만들어졌고 경사를 잘 활용해 최고의 방어력을 갖췄다. 단면적이 작아 표적으로 삼기 어렵다.
탄약
탄약을 후방에 보관하므로 구조상 전방의 방어력이 강화되었다. 후방은 탄약을 보관하기에 가장 안전한 장소였음은 물론 뒷문을 통해 싣기도 쉬워 전투 지역에서 보급이 훨씬 더 안전해졌다.
1

1980년대의 주력 전차

새로운 전차의 초기 설계가 실전 투입으로 이어질 때까지 걸리는 시간은 최대 15년이므로 1980년대 초기에 사용된 전차들은 1960년대의 기술이 만들어낸 결실이었다. 가장 급진적인 발전은 복합 장갑의 도입이다. 전차는 저마다 다른 외양을 띠기 시작했다.

69식

69식 Mk1은 100mm(3.9in) 포를 장착했는데, 이는 아마도 소련과의 국경 충돌 시 포획한 T-62의 사양을 바탕으로 한 듯하다. 파생형으로는 교량 가설 전차와 장갑 구난 차량이 있다.

제원
제조국: 중국
승무원: 4명
중량: 36,500kg
치수: 전장: 8.68m | 전폭: 3.3m | 전고: 2.87m
기동 가능 거리: 375km
장갑: 100mm
무장: 1 x 100mm (3.9in) 포 | 2 x 7.62mm (.3in) 중기관총 | 1 x 12.7mm (.5in) 중기관총 | 2 x 연막 로켓탄 발사기
엔진: 1 x V-12 액랭식 디젤 엔진, 432kW (580마력)
성능: 노상 최고 속도: 50km/h | 도섭: 1.4m | 수직 장애물: 0.8m | 참호: 2.7m

T-80

T-80은 T-72 주력 전차를 발전시킨 것이다. 주포는 T-62에 장착된 것과 같은 완전 안정화 125mm(4.9in) 포였으나 훨씬 더 다양한 포탄을 발사할 수 있었고, 그 중에는 추가 철갑 역량을 확보하기 위한 열화 우라늄탄이 포함되었다.

제원
제조국: 소련
승무원: 3명
중량: 48,363kg
치수: 전장: 9.9m | 전폭: 3.4m | 전고: 2.2m
기동 가능 거리: 450km
장갑: 기밀
무장: 1 x 125mm (4.9in) 포 | 1 x 7.62mm (.3in) 동축 기관총 | 1 x 12.7mm (.5in) 대공 중기관총
엔진: 1 x 다종 연료 가스 터빈 엔진, 745kW (1000마력)
성능: 노상 최고 속도: 70km/h | 도섭: 5m | 수직 장애물: 1m | 참호: 2.85m

TIMELINE

1982 1984 1986

88전차

88 전차는 K1 전차라고도 한다. 주포인 활강포에는 써멀 슬리브와 배연기가 있고 M1 탄도 계산기에 기반한 컴퓨터 사격 통제 시스템과 환경 센서 패키지를 사용한다.

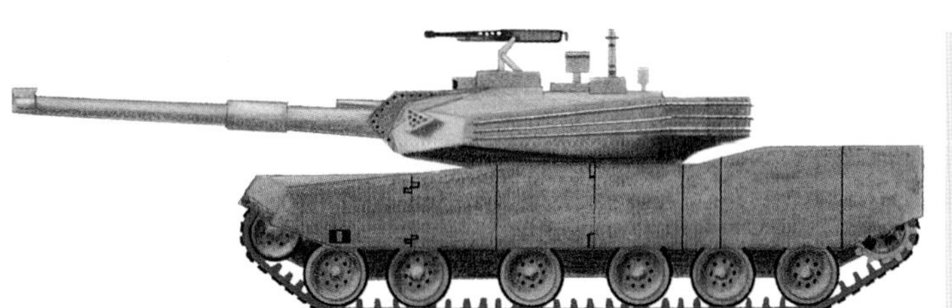

제원
제조국: 대한민국
승무원: 4명
중량: 52,000kg
치수: 전장: 9.67m | 전폭: 3.59m | 전고: 2.25m
기동 가능 거리: 500km
장갑: 기밀
무장: 1 x 105mm (4.1in) 포 | 1 x 7.62mm (.3in) 동축 기관총 | 1 x 12.7mm (.5in) 대공 중기관총 | 2 x 6 연막탄 발사기
엔진: 1 x 액랭식 터보차저 디젤 엔진, 895kW (1200마력)
성능: 노상 최고 속도: 65km/h | 도섭: 1.2m | 수직 장애물: 1m

T-80BV

T-80BV는 T-80B에 콘탁트 폭발 반응 장갑을 설치한 것이다. 연막탄 발사기를 주무장의 양 옆에서 포탑의 양 옆, 즉 포탑 측면과 ERA 패널 사이로 옮겼다.

제원
제조국: 소련
승무원: 3명
중량: 46,000kg
치수: 전장: 9.66m | 전폭: 3.59m | 전고: 2.20m
기동 가능 거리: 440 km
장갑: 기밀
무장: 1 x 125mm (4.9in) 활강포 | 1 x 12.7mm (.5in) 기관총 | 1 x 7.62mm (.3in) 기관총 | 1 x AT-8 송스터 대전차 유도 무기
엔진: 1 x GTD-1250 다종 연료 가스 터빈 엔진, 932kW (1250마력)
성능: 노상 최고 속도: 70km/h

T-80U

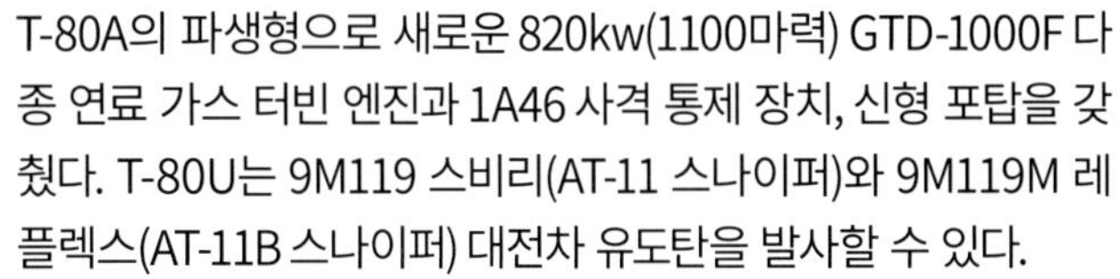

T-80A의 파생형으로 새로운 820kw(1100마력) GTD-1000F 다종 연료 가스 터빈 엔진과 1A46 사격 통제 장치, 신형 포탑을 갖췄다. T-80U는 9M119 스비리(AT-11 스나이퍼)와 9M119M 레플렉스(AT-11B 스나이퍼) 대전차 유도탄을 발사할 수 있다.

제원
제조국: 소련
승무원: 3명
중량: 46,000kg
치수: 전장: 9.66m | 전폭: 3.59m | 전고: 2.20m
기동 가능 거리: 440 km
장갑: 기밀
무장: 1 x 125mm (4.9in) 활강포 | 1 x 12.7mm (.5in) 기관총 | 1 x 7.62mm (.3in) 기관총 | 1 x 9K119 레플렉스 미사일 시스템
엔진: 1 x GTD-1250 다종 연료 가스 터빈 엔진, 932kW (1250마력)
성능: 노상 최고 속도: 70km/h

1988

챌린저 1

챌린저 I은 1982년 치프턴의 대체품으로 도입되었다. 동시대 바르샤바 조약군 차량보다는 속도가 느렸지만 적군의 포탄으로 꿰뚫을 수 없는 초밤 복합 장갑과 정확도가 뛰어난 무장으로 단점을 상쇄했다.

챌린저 1

엔진
동력 장치는 롤스로이스(퍼킨스) 콘도르 12V-1200 엔진으로 고효율의 터보차저를 사용하고 연료 소비율이 낮았다.

챌린저 1 전차는 열상 관측 및 사격 조준 장치(TOGS)를 회전 포탑 우측의 고정된 장갑 포좌에 장착했다. 이 장비는 전차장과 포수에게 별도의 출력을 제공했다.

장갑
챌린저 1은 고급 기밀로 분류되는 초밤 장갑을 사용해 대전차 로켓탄과 대전차 유도 미사일에 효과적인 방호 능력을 확보했다.

궤도
챌린저의 궤도는 싱글핀 유형으로 고무 패드를 제거할 수 있었는데, 이는 새로운 궤도로 교체해 수명을 늘리고 구름 저항을 낮추는 것을 염두에 둔 설계였다.

제원

제조국: 영국
승무원: 4명
중량: 62,000kg
치수: 전장(포 앞까지): 11.56m | 전폭: 3.52m | 전고: 2.5m
기동 가능 거리: 400km
장갑: 기밀
무장: 1 x 120mm (4.7in) 포| 2 x 7.62mm (.3in) 기관총 | 2 x 연막 발사기
엔진: 1 x 액랭식 디젤 엔진, 895kW (1200마력)
성능: 노상 최고 속도: 55km/h | 도섭: 1m | 수직 장애물: 0.9m | 참호: 2.8m

챌린저 1

큐폴라

전차장용으로 개조한 No 15 큐폴라가 있었으며 주간 시야 장비 나 야간 전투 시 시야 확보를 위한 영상 증폭 장치를 설치했다. 또, 전차장은 9개의 전망경으로 전 방향 시야를 확보했다.

전망경

조종수는 주간에는 광각 전망경을 사용했으며 어두운 환경에서는 필킹턴 수동 야간 관측 장비로 교체할 수 있었다.

M1 에이브람스

1980년대에 처음 도입된 M1 에이브람스는 오늘날 미국 육군의 주력 전차이다. 최고의 무장을 갖추었고 그 어느 전차보다도 튼튼한 장갑, 높은 기동성을 자랑한다. 눈에 띄는 특징으로는 강력한 가스 터빈과 정교한 복합 장갑, 블로우오프 패널로 공간을 분리해서 만든 분리 탄약고가 있다.

M1A1 에이브람스

M1 에이브람스 주력 전차는 1991년 걸프전쟁에서 사담 후세인의 공화국 수비대를 저지·격파하기 위해 이라크의 사막을 달리며 진격하던 장엄한 모습으로 영원히 기억될 것이다. 에이브람스는 뛰어난 성능을 보였고, 이라크군이 사용하는 최신 러시아제 장비와 맞설 경우 전투 실적이 좋지 못할 것이라던 비평가들의 우려를 말끔히 해소했다.

제원

제조국: 미국

승무원: 4명

중량: 57,154kg

치수: 전장(포 포함): 9.77m | 전폭: 3.66m | 전고: 2.44m

기동 가능 거리: 465km

장갑: 열화 우라늄/강철, 두께 불명

무장: 1 x 120mm (4.72in) M256 포 | 2 x 7.62mm (.3in) 기관총 | 1 x 12.7mm (.5in) 기관총

엔진: 1 x 텍스트론 라이커밍 AGT 1500 가스 터빈 엔진, 1119.4kW (1500마력)

성능: 최고 속도: 67km/h

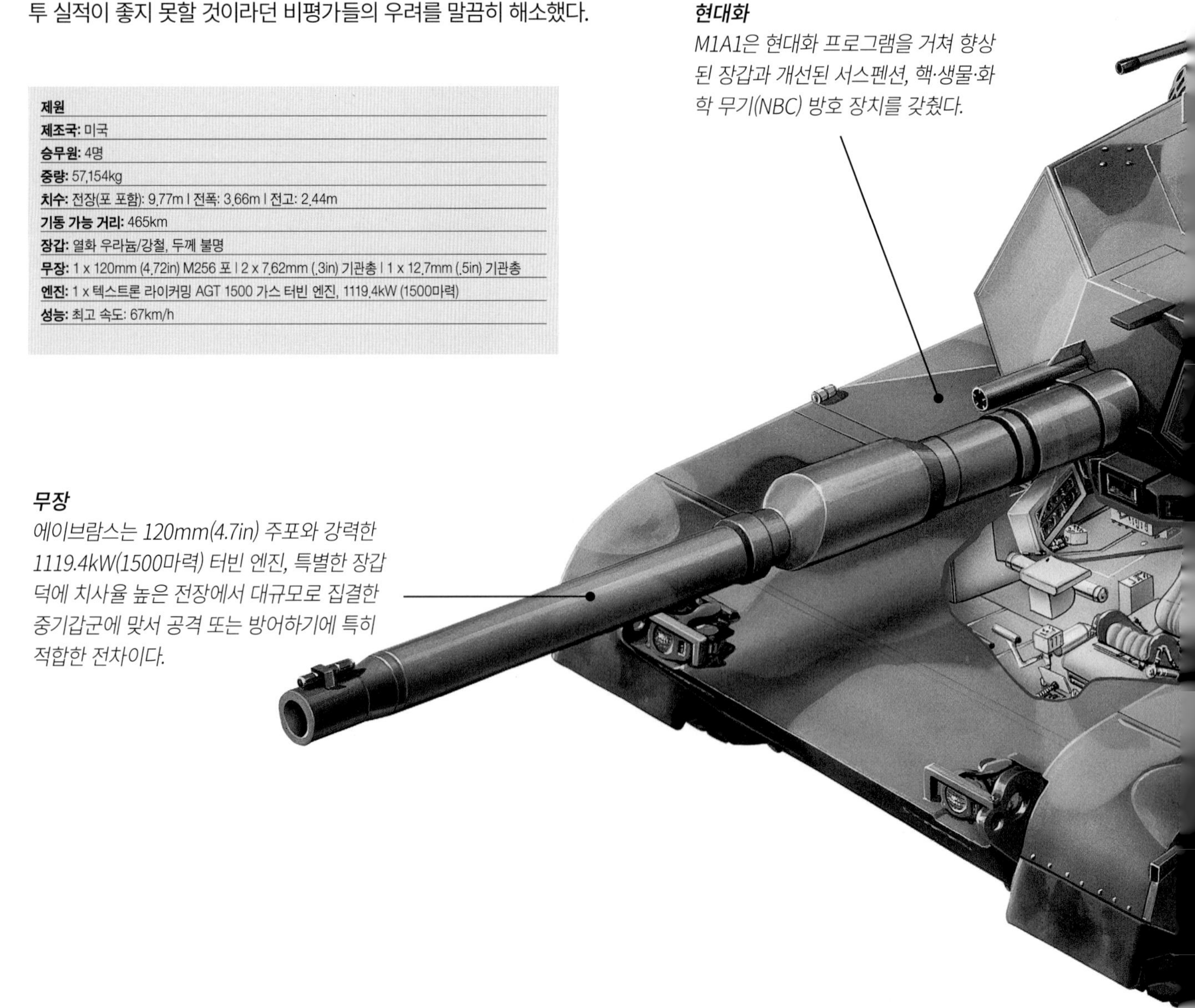

현대화
M1A1은 현대화 프로그램을 거쳐 향상된 장갑과 개선된 서스펜션, 핵·생물·화학 무기(NBC) 방호 장치를 갖췄다.

무장
에이브람스는 120mm(4.7in) 주포와 강력한 1119.4kW(1500마력) 터빈 엔진, 특별한 장갑 덕에 치사율 높은 전장에서 대규모로 집결한 중기갑군에 맞서 공격 또는 방어하기에 특히 적합한 전차이다.

M1A2 에이브람스

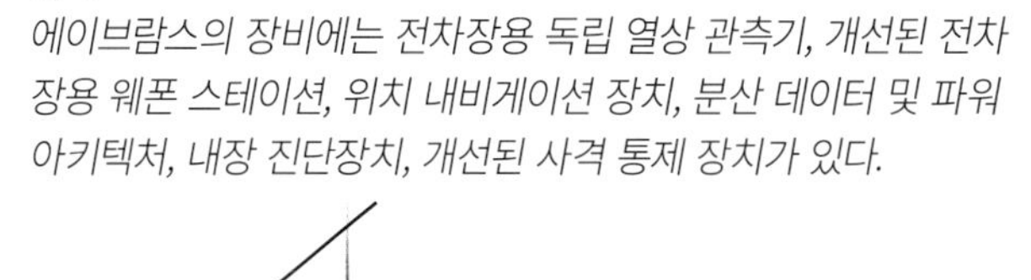

장비

에이브람스의 장비에는 전차장용 독립 열상 관측기, 개선된 전차장용 웨폰 스테이션, 위치 내비게이션 장치, 분산 데이터 및 파워 아키텍처, 내장 진단장치, 개선된 사격 통제 장치가 있다.

전망경

전차장은 360° 시야를 제공하는 전망경 6개와 12.7mm(.5in) 브라우닝 대공포용 조준 장치를 보유한다. 포수 조준경과도 연결되어 있다.

기술

시스템 향상 프로그램의 일환으로 M1A2에서 육군 공통 지휘 통제 소프트웨어를 이용할 수 있게끔 프로세서/메모리를 업그레이드 했다. 덕분에 디지털 상황 데이터 및 오버레이를 빠르게 전송할 수 있게 되었다.

엔진

M1의 가스 터빈 엔진은 주력 전차(MBT)라는 점을 고려했을 때 러시아의 T-80이 도입되기 전까지는 독특한 선택이었다. 이 엔진은 동급 중량일 때 기존의 엔진보다 두 배 더 효율적이다.

1980년대의 주력 전차 2

1980년대에는 국제적 권력 진영과 입장을 같이 하지 않는 여러 나라에서도 군대를 현대화하기 위한 노력을 기울였다. 이 국가들은 주력 전차를 구입하고자 했고 동서 양대 진영의 무기 제조업체는 이를 이용해 주력 전차의 수출을 크게 늘렸다.

AMX-40

AMX-40는 레이저 거리계, 포 안정 장치, 야간 전투를 위한 저조도 텔레비전을 갖췄다. 탄약은 포탑 내 격벽으로 둘러싸인 공간에 적재한다. 피탄 시 탄약이 위쪽으로 폭발해 아래의 승무원들에게서 피해가 멀어지도록 하기 위한 조치이다.

제원

제조국: 프랑스

승무원: 4명

중량: 43,000kg

치수: 전장: 10.04m | 전폭: 3.36m | 전고: 3.08m

기동 가능 거리: 600km

장갑: 기밀

무장: 1 x 120mm (4.7in) 포 | 1 x 20mm (.78in) 포(큐폴라) | 1 x 7.62mm (.3in) 기관총

엔진: 1 x 프와요 12기통 디젤 엔진, 820kW (1100마력)

성능: 노상 최고 속도: 70km/h | 도섭: 1.3m | 수직 장애물: 1m | 참호: 3.2m

C1 아리에테

C1 아리에테 주력 전차는 최신 갈릴레오 컴퓨터 사격 통제 장치를 사용한다. 야간 열상 관측 장치와 레이저 거리계가 있어 이동 시와 정차 시 모두 단발 격추 확률이 높다. 파생형으로는 XA-181 방공 전차가 있다.

제원

제조국: 이탈리아

승무원: 4명

중량: 54,000kg

치수: 전장: 9.67m | 전폭: 3.6m | 전고: 2.5m

기동 가능 거리: 600km

장갑: 기밀

무장: 1 x 120mm (4.7in) 포 | 1 x 7.62mm (.3in) 동축 기관총 | 1 x 7.62mm (.3in) 대공 기관총 | 2 x 4 연막 발사기

엔진: 1 x 이베코 피아트 MTCA V-12 터보차저 디젤 엔진, 932kW (1250마력)

성능: 노상 최고 속도: 66km/h | 도섭: 1.2m | 수직 장애물: 2.1m | 참호: 3m

TIMELINE

1985

1986

80식

중국의 80식 주력 전차는 레이저 거리계를 포함한 컴퓨터 사격 통제 장치를 갖췄다. 또, 심수 도섭 시 장착할 수 있는 스노클을 휴대하며 화재 감지 및 진압 장치도 내장되어 있다.

제원
제조국: 중국
승무원: 4명
중량: 38,000kg
치수: 전장: 9.33m | 전폭: 3.37m | 전고: 2.3m
기동 가능 거리: 570km
장갑: 기밀
무장: 1 x 105mm (4.1in) 포 | 1 x 7.62mm (.3in) 동축 기관총 | 1 x 12.7mm (.5in) 동축 중기관총
엔진: 1 x V-12 디젤 엔진, 544kW (730마력) | 수동 변속기
성능: 노상 최고 속도: 60km/h | 도섭: 1.4m | 수직 장애물: 0.8m | 참호: 2.7m

엥게사 EE-T1 오소리오

오소리오는 레이저 거리계, 이동 중 사격을 위한 안정기, 열상 카메라는 물론, 완전 핵·생물·화학 무기(NBC) 방호 시스템을 갖췄다. 파생형으로는 대공 차량, 구난 장갑차, 교량 가설 전차가 있다.

제원
제조국: 브라질
승무원: 4명
중량: 39,000kg
치수: 전장: 9.995m | 전폭: 3.26m | 전고: 2.371m
기동 가능 거리: 550km
장갑: 기밀
무장: 1 x 영국제 105mm (4.1in)/프랑스제 120mm (4.7in) 포 | 1 x 7.62mm (.3in) 기관총
엔진: 1 x 12-기통 디젤 엔진, 745kW (1000마력)
성능: 노상 최고 속도: 70km/h | 도섭: 1.2m | 수직 장애물: 1.15m | 참호: 3.0m

85식

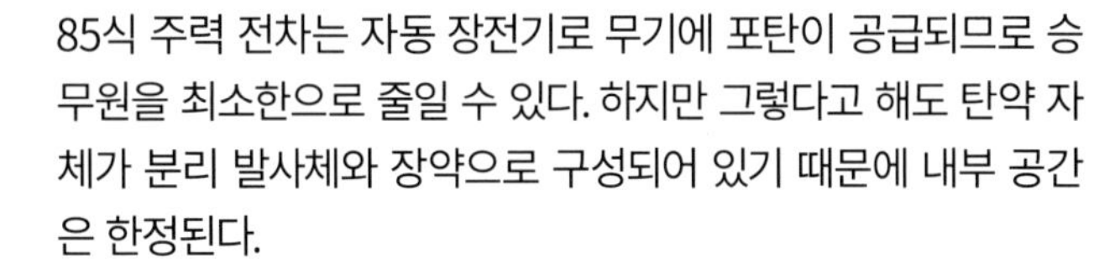

85식 주력 전차는 자동 장전기로 무기에 포탄이 공급되므로 승무원을 최소한으로 줄일 수 있다. 하지만 그렇다고 해도 탄약 자체가 분리 발사체와 장약으로 구성되어 있기 때문에 내부 공간은 한정된다.

제원
제조국: 중국
승무원: 3명
중량: 41,000kg
치수: 전장: 10.28m | 전폭: 3.45m | 전고: 2.3m
기동 가능 거리: 500km
장갑: 기밀
무장: 1 x 125mm (4.9in) 포 | 1 x 7.62mm (.3in) 동축 기관총 | 1 x 12.7mm (.5in) 대공 중기관총 | 2 x 연막탄 발사기
엔진: 1 x V-12 수퍼차저 디젤 엔진, 544kW (730마력)
성능: 노상 최고 속도: 57.25km/h | 도섭: 1.4m | 수직 장애물: 0.8m | 참호: 2.7m

1988

경전차

영국의 스콜피온 경전차가 눈에 띄는 활약을 보였던 1982년 포클랜드 전쟁은 경전차의 지속적인 필요성이 입증되는 계기가 되었다. 기동 화력이 제공되는 것과 별개로 습지를 지날 때에도 바퀴가 빠져서 움직이지 못할 경우를 우려하지 않아도 될 만큼 가벼웠기 때문이다.

스콜피온 90

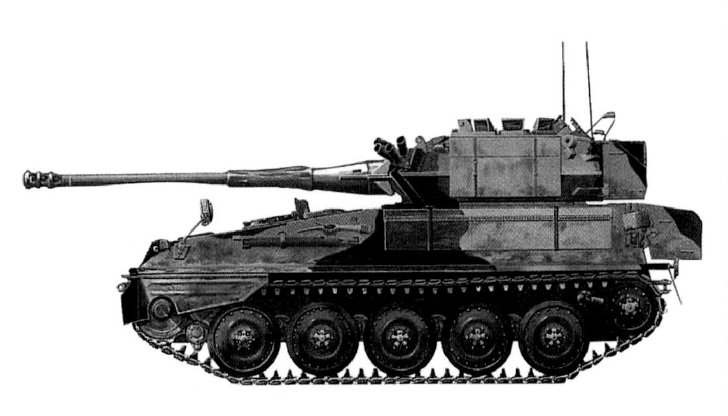

스콜피온 90는 스콜피온 경전차의 수출 버전으로 포신이 긴 코커릴 Mk3 M-A1 90mm 포로 무장하고 돌출형 포구 제퇴기를 장착했다. 인도네시아, 말레이시아, 베네수엘라 군대에서 구입했다.

제원
제조국: 영국
승무원: 3명
중량: 8573kg
치수: 전장: 5.28m | 전폭: 2.24m | 전고: 2.10m
기동 가능 거리: 644km
장갑: 12.7mm
무장: 1 x 90mm (3.54in) 포 | 1 x 7.62mm (.3in) 기관총
엔진: 1 x 재규어 J60 No 1 Mk 100B 4.2리터 6기통 가솔린 엔진, 142kW (190마력)
성능: 노상 최고 속도: 73km/h

AMX-10 PAC 90

PAC 90은 AMX-10의 파생형으로 화력 지원 및 대전차 전투에 적합하게 설계되었다. 90mm(3.54in) GIAT 포로 무장했으며 현역으로 쓰이는 AMX-10의 일곱 가지 버전 중 하나이다.

제원
제조국: 프랑스
승무원: 3명, 추가 병사 8명
중량: 14,500kg
치수: 전장: 5.9m | 전폭: 2.83m | 전고: 2.83m
기동 가능 거리: 500km
장갑: 기밀
무장: 1 x 20mm (0.79in) 포 | 1 x coaxial 7.62mm (0.3in) 기관총
엔진: 이스파노-수이자 HS 115, V-8 디젤 엔진, 193.9kW (260마력)
- 노상 최고 속도: 65km/h | 수상: 7km/h

TIMELINE

1975

1978

TAM

TAM의 차체는 서독 육군에서 사용하는 MICV의 차체를 기반으로 했다. 장갑은 비교적 빈약한 편이나 경사를 활용해 최대한으로 방호 능력을 확보했다. 1982년 포클랜드 전쟁에 영향을 미칠 수 있는 시기에는 생산되지 않았다.

제원

제조국: 아르헨티나

승무원: 4명

중량: 30,500kg

치수: 전장(포 앞까지): 8.23m | 전폭: 3.12m | 전고: 2.42m

기동 가능 거리: 900km

장갑: 기밀

무장: 1 x 105mm (4.1in) 포 | 1 x 7.62mm (.3in) 동축 기관총 | 1 x 7.62mm (.3in) 대공 기관총

엔진: 1 x V-6 터보차저 디젤 엔진, 537kW (720마력)

성능: 노상 최고 속도: 75km/h | 도섭: 1.5m | 수직 장애물: 1m | 참호: 2.5m

스팅레이

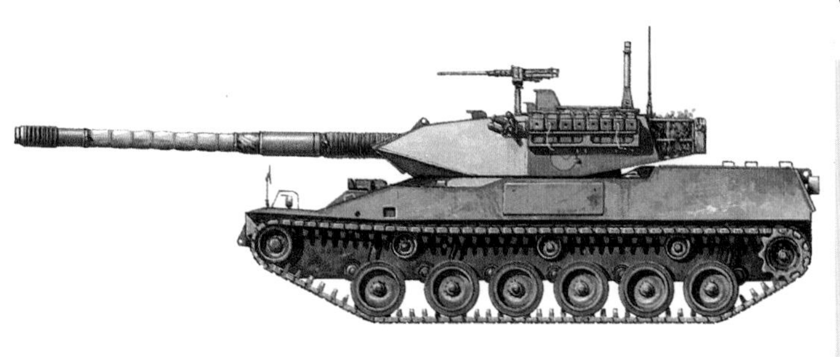

스팅레이는 개발비 절약을 위해 다른 차량의 검증된 부품을 적용했다. 레이저 거리계와 포 안정 장치, 핵·생물·화학 무기(NBC) 방호 장치를 갖췄으나 경장갑이 단점이다.

제원

제조국: 미국

승무원: 4명

중량: 19,051kg

치수: 전장: 9.35m | 전폭: 2.71m | 전고: 2.54m

기동 가능 거리: 483km

장갑: 기밀

무장: 1 x 105mm (4.1in) 포 | 1 x 7.62mm (.3in) 동축 기관총 | 1 x 7.62mm (.3in) 대공 기관총

엔진: 1 x 디젤 모델 8V-92 TA 디젤 엔진, 399kW (535마력)

성능: 노상 최고 속도: 69km/h | 도섭: 1.22m | 수직 장애물: 0.76m | 참호: 1.69m

근접 전투 차량 – 라이트

CCV-L의 프로토타입은 주무장에 자동 장전기를 장비한 덕에 승무원이 단 세 명만 필요하다는 점이 관심을 불러일으켰다. 발사 속도는 분당 12발이었으며 비용 절약을 위해 다른 여러 차량의 부품을 빌려왔다.

제원

제조국: 미국

승무원: 3명

중량: 19,414kg

치수: 전장: 9.37m | 전폭: 2.69m | 전고: 2.36m

기동 가능 거리: 483km

장갑: 기밀

무장: 1 x 105mm (4.1in) 포

엔진: 1 x 디트로이트 모델 6V-92 TA 6기통 디젤 엔진, 412kW (552마력)

성능: 노상 최고 속도: 70km/h | 도섭: 1.32m | 수직 장애물: 0.76m | 참호: 2.13m

1984 

1985 

자주포

1980년대로 접어들자 전 세계 군대에서는 전처럼 자주포를 많이 보유하지 않게 되었다. 하지만 80년대에 있었던 이란-이라크 전쟁, 이스라엘의 레바논 침공, 소련의 아프가니스탄 침공 등 몇 차례 전쟁에서 자주포는 일종의 장거리포 역할을 했다.

L33

L33은 셔먼 M4A3E8 전차를 기반으로 승무원 여덟 명이 탑승할 수 있는 상부 구조를 올렸다. 차체의 양쪽 측면에 문을 달아 출입하고 후면에도 문을 두 개 달아 탄약 보급 시 사용한다. 포 시스템은 수동으로 작동된다.

제원
제조국: 이스라엘
승무원: 8명
중량: 42,250kg
치수: 전장: 6.5m | 전폭: 3.27m | 전고: 2.46m
기동 가능 거리: 260km
장갑: 최대 60mm
무장: 1 x 155mm (6.1in) 곡사포
엔진: 1 x 커민스 VTA-903 V8 디젤 엔진, 2600rpm일 때 343kW (460제동마력)
성능: 최고 속도: 36km/h

M1973

구소련에서 2S3 아카치야라고도 불렸던 자주포로 18대가 각 전차 사단 및 기동 소총병 사단(기계화 보병 사단)의 지원을 맡았다. 핵·생물·화학 무기(NBC) 방호 장치와 전술 핵 역량을 갖췄다.

제원
제조국: 소련
승무원: 6명
중량: 24,945kg
치수: 전장: 8.4m | 전폭: 3.2m | 전고: 2.8m
기동 가능 거리: 300km
장갑: 15–20mm
무장: 1 x 152mm (5.9in) 포 | 1 x 7.62mm (.3in) 대공 기관총
엔진: 1 x V-12 디젤 엔진, 388kW (520마력)
성능: 노상 최고 속도: 55km/h | 도섭: 1.5m | 수직 장애물: 1.1m | 참호: 2.5m

TIMELINE

1963

1970

1973

M110A2

처음에는 M107 175mm(6.88in) 포와 동일한 궤도형 운반차에 203mm(8in) 곡사포를 탑재했으나 기대에 미치지 못했다. 따라서 포신이 긴 신형 곡사포가 개발되었다. M110A2는 사거리가 늘었으며 포구 제퇴기를 추가했다.

제원
제조국: 미국
승무원: 5명
중량: 28,350kg
치수: 전장: 5.72m | 전폭: 3.14m | 전고: 2.93m
기동 가능 거리: 520km
장갑: 비공개
무장: 1 x 203mm (8in) 곡사포
엔진: 1 x 디트로이트 디젤 V-8 터보차저 엔진, 2300rpm일 때 335.5kW (405마력)
성능: 노상 최고 속도: 56km/h | 도섭: 1.06m | 수직 장애물: 1.01m | 참호: 2.32m

M1974

소련에서는 그바즈디카(Gvozdika)라고 하며 군에 대량으로 배치되었다.(전차 사단별로 36대, 기동 소총병(기계화 보병) 사단별로 72대) 완전 수륙 양용이었으며 차대는 지휘 장갑차나 화학전 정찰 차량으로 사용되었다.

제원
제조국: 소련
승무원: 4명
중량: 15,700kg
치수: 전장: 7.3m | 전폭: 2.85m | 전고: 2.4m
기동 가능 거리: 500km
장갑: 15-20mm
무장: 1 x 122mm (4.8in) 곡사포 | 1 x 7.62mm (.3in) 대공 기관총
엔진: 1 x YaMZ-238 V-8 수랭식 디젤 엔진, 179kW (240마력)
성능: 노상 최고 속도 60km/h | 도섭 수륙 양용 | 수직 장애물 1.1m | 참호 3m

SM-240

SM-240 자주 박격포는 독특한 무기이다. SA-4 지대공 미사일 발사기 차대가 거대한 2B8 240mm(9.45in) 박격포의 이동식 플랫폼이 되었으며 승무원은 아홉 명이 필요했다. 고폭탄, 세열 폭탄, 연막탄, 핵탄두를 발사할 수 있었다.

제원
제조국: 소련
승무원: 9명
중량: 27,500kg
치수: 전장: 7.94m | 전폭: 3.25m | 전고 3.22m
기동 가능 거리: 500km
장갑: 15-20mm
무장: 1 x 2B8 240mm (9.45in) 박격포
엔진: 1 x V-59 12기통 디젤 엔진, 388kW (520마력)
성능: 노상 최고 속도: 45km/h

1974

1978

중자주포

현대에도 여전히 중자주포가 할 수 있는 역할이 있다. 냉전 시대에는 바르샤바 조약군의 서방 공격을 미연에 방지하기 위해 중자주포가 중요한 역할을 했고, 이 차량의 중요성은 1991년 걸프 전쟁과 연이은 이라크와 아프가니스탄 전쟁에서 확고히 증명되었다.

GCT 155mm

GCT 155mm(6.1in) 중자주포는 프랑스 육군의 Mk F3를 계승했다. 자동 장전기가 있어 분당 8발을 발사할 수 있고 다수의 대전차 지뢰로 구성된 포탄을 비롯해 다양한 포탄을 발사할 수 있다는 것이 주요 개선점이었다.

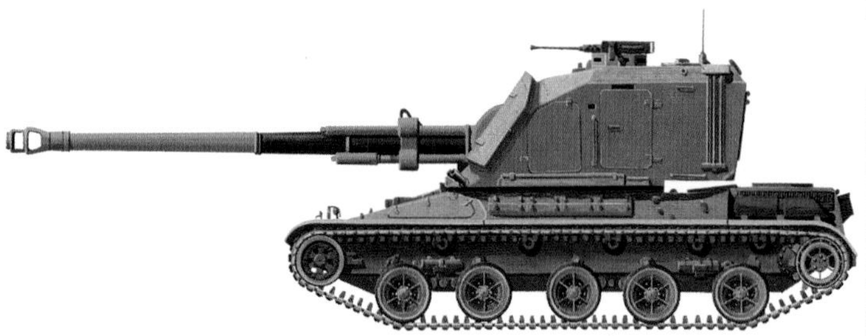

제원
제조국: 프랑스
승무원: 4명
중량: 41,949kg
치수: 전장: 10.25m | 전폭: 3.15m | 전고: 3.25m
기동 가능 거리: 450km
장갑: 최대 20mm
무장: 1 x 155m (6.1in) 포 | 1 x 7.62mm/12.7mm (.3in/.5in) 대공 기관총
엔진: 1 x 이스파노-수이자 HS 110 12기통 수랭식 다종 연료 엔진, 537kW (720마력)
성능: 노상 최고 속도: 60km/h | 수직 장애물: 0.93m | 참호: 1.90m

DANA

DANA는 현대 들어 처음으로 군에 도입된 차륜형 자주 곡사포였다. 발사 전 유압 안정기 세 개를 지면으로 내린다. 발사 속도는 분당 세 발로 30분간 발사를 지속할 수 있다.

제원
제조국: 체코슬로바키아
승무원: 4명 또는 5명
중량: 23,000kg
치수: 전장: 10.5m | 전폭: 2.8m | 전고: 2.6m
기동 가능 거리: 600km
장갑: 최대 12.7mm
무장: 1 x 152mm (5.9in) 포 | 1 x 12.7mm (.5in) 중기관총
엔진: 1 x V-12 디젤 엔진, 257kW (345마력)
성능: 노상 최고 속도: 80km/h | 도섭: 1.4m | 수직 장애물: 1.5m | 참호: 1.4m

TIMELINE

1975

1977

1980

2S7

2S7은 포신이 긴 2A44 203mm(8in) 포를 탑재해 재래식 탄약을 발사할 수 있으며 사거리는 37km이다. 43kg 포탄의 반동을 극복하기 위해 최대 왕복 범위가 140cm인 반동 피스톤이 세 개 필요하다.

제원

제조국: 소련

승무원: 7명

중량: 46,500kg

치수: 전장(포 포함): 13.12m | 전폭: 3.38m | 전고: 3m

기동 가능 거리: 650km

장갑: 불명

무장: 1 x 203mm (8in) 2A44 포

엔진: 1 x V-46I 12기통 디젤 엔진, 626kW (839마력)

성능: 노상 최고 속도: 50km/h | 도섭: 1.2m | 경사: 22% | 수직 장애물: 1m

팔마리아

팔마리아는 보기 드물게 포탑용 보조 동력 유닛이 있어 주엔진의 연료를 절약할 수 있다. 로켓 보조탄을 포함해 다양한 탄약을 발사할 수 있고 자동 장전기 덕에 매 15초마다 한 발씩 발사가 가능하다.

제원

제조국: 이탈리아

승무원: 5명

중량: 46,632kg

치수: 전장: 11.474m | 전폭: 2.35m | 전고: 2.874m

기동 가능 거리: 400km

장갑: 기밀

무장: 1 x 155mm (6.1in) 곡사포 | 1 x 7.62mm (.3in) 기관총

엔진: 1 x 8기통 디젤 엔진, 559kW (750마력)

성능: 노상 최고 속도: 60km/h | 도섭: 1.2m | 수직 장애물: 1m | 참호: 3m

G6 리노

G6는 기동성이 높고 중장갑을 장착했으며 첨단 기술을 적용한 155mm(6.1in) 자주포 시스템이다. 포는 직접 사격 및 간접 사격 두 가지 용도로 모두 사용할 수 있다. 직접 사격의 사거리는 3km, 간접 사격의 사거리는 30km이다.

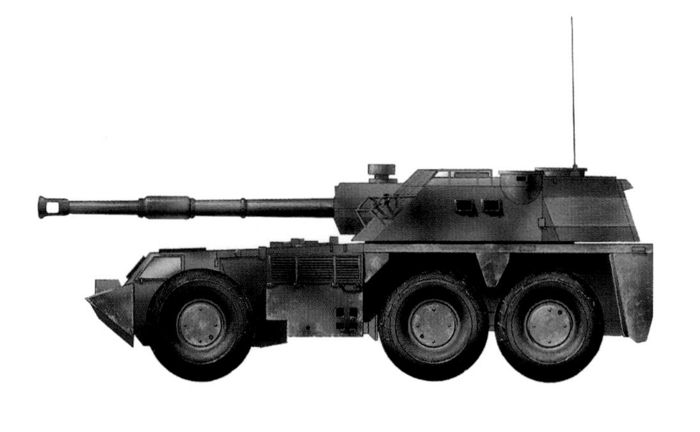

제원

제조국: 남아프리카공화국

승무원: 6명

중량: 47,000kg

치수: 전장(차대): 10.2m | 전폭: 3.4m | 전고: 3.5m

기동 가능 거리: 700km

장갑: 불명

무장: 1 x 155mm (6.1in) 포

엔진: 1 x 디젤 엔진, 391kW (525마력)

성능: 노상 최고 속도: 90km/h | 도섭: 1m

1982

1987

대전차 차량

현대의 전차는 그 어느 때보다도 많은 대전차 무기와 맞서야 한다. 직접 사격 무기는 물론이고 포 발사형 살포 지뢰, 낙하산에 매달려 센서의가 표적을 탐지할 때까지 서서히 전장으로 내려오는 똑똑한 '탐지 파괴' 지뢰와 포탄이 있다.

라케텐야크트판처 2

라케텐야크트판처 2(RJPZ 2)는 RJPZ 1의 대체품으로 미사일 기술을 업데이트했고 더욱 향상된 차량 성능을 자랑했다. 이전 모델과 동일한 SS-11 대전차 유도 미사일 발사기를 장착했으나 TOW(광학 추적형 유선 및 무선 유도식 발사관)나 HOT(고아음속 광학 원격 유도식 발사관) 대전차 유도 미사일도 탑재할 수 있었다.

제원
제조국: 서독
승무원: 4명
중량: 23,000kg
치수: 전장: 6.43m | 전폭: 2.98m | 전고: 2.15m
기동 가능 거리: 400km
장갑: 최대 50mm
무장: 14 x SS-11 대전차 유도 무기 | 2 x 7.62mm (.3in) MG3 기관총
엔진: 1 x 다임러-벤츠 MB 837A 8기통 디젤 엔진, 2000rpm일 때 373kW (500마력)
성능: 노상 최고 속도: 70km/h | 도섭: 1.4m | 경사: 60% | 수직 장애물: 0.7m | 참호: 2m

비젤 1 TOW

항공 수송이 가능하도록 설계된 비젤은 중량이 단 2750kg에 불과하고 길이가 겨우 3.26m밖에 되지 않는다. 휴스 TOW 1 대전차 유도 미사일을 탑재해 공지(空地) 작전 부대에게 즉각적인 대기갑 차량 지원을 제공한다. 미사일은 총 일곱 발로 두 발은 즉시 사용하도록 세팅된다.

제원
제조국: 독일
승무원: 3명
중량: 2750kg
치수: 전장: 3.26m | 전폭: 1.82m | 전고: 1.89m
기동 가능 거리: 200km
장갑: 불명
무장: 1 x TOW 1 대전차 유도 미사일 시스템
엔진: 1 x 폭스바겐 타입 069 5-기통 터보 디젤 엔진, 73kW (98마력)
성능: 노상 최고 속도: 80km/h | 경사: 60% | 수직 장애물: 0.4m | 참호: 1.5m

TIMELINE

1962 

1965 

1978 

야크트판처 야구아

야크트판처 야구아 1 자주 대전차 차량은 라케텐야크트판처 2를 업그레이드한 것이다. 유로미사일 K3S HOT 대전차 유도 미사일을 탑재했으며 사정거리 4000m의 시선 지휘 유도 시스템이 설치되어 현대식 폭발 반응 장갑도 관통할 수 있었다.

제원
제조국: 독일
승무원: 4명
중량: 25,500kg
치수: 전장: 6.61m | 전폭: 3.12m | 전고: 2.55m
기동 가능 거리: 400km
장갑: 최대 50mm
무장: 1 x HOT 대전차 유도 미사일 시스템 | 1 x 7.62mm (.3in) MG3 기관총
엔진: 1 x 다임러-벤츠 MB837A 8기통 디젤 엔진, 2000rpm일 때 373kW (500마력)
성능: 노상 최고 속도: 70km/h | 도섭: 1.4m | 경사: 60% | 수직 장애물: 0.7m | 참호: 2m

판처예거 90

판처예거 90는 모바크 피라냐 병력 수송 장갑차의 대전차 유도 무기 발사 버전이다. 최초 버전은 광학 추적형 유선 유도식 발사관(TOW) 2 대전차 유도 미사일 단일 무장이었으나 후기 버전은 TOW 발사기 한 쌍을 탑재한 포탑을 장착했다.

제원
제조국: 스위스
승무원: 5명
중량: 11,000kg
치수: 전장: 6.23m | 전폭: 2.5m | 전고: 2.97m
기동 가능 거리: 600km
장갑: 10mm
무장: 1 x 포탑 탑재 트윈 TOW 미사일 발사기 | 1 x 7.62mm (.3in) 동축 기관총
엔진: 1 x 디트로이트 디젤 6V-53T 6기통 디젤 엔진, 160kW (215마력)
성능: 노상 최고 속도: 102km/h | 도섭: 수륙 양용 | 경사: 60% | 수직 장애물: 0.5m

VBL

파나르 경장갑차(VBL, Véhicule Blindé Léger)는 대전차 역량을 갖춘 척후 장갑차이다. 대전차 유도 무기(ATGW)를 지붕에 탑재했고 승무원은 지붕의 해치를 이용해 무기를 조작한다.

제원
제조국: 프랑스
승무원: 3명
중량: 3550kg
치수: 전장: 3.87m | 전폭: 2.02m | 전고: 1.7m
기동 가능 거리: 600km
장갑: 최대 11.5mm
무장: 1 x 밀란 대전차 유도 무기 | 1 x 7.62mm (.3in) 다목적 기관총
엔진: 1 x 푸조 XD3T 4-기통 터보 디젤 엔진, 4150rpm일 때 78kW (105마력)
성능: 노상 최고 속도: 95km/h | 도섭: 0.9m | 경사: 50% | 참호: 0.5m

1988 

1990 

전술 미사일 발사기

1970년대가 되자 전술 미사일은 전과는 비교할 수 없는 장거리 정확도를 보이게 되었다. 전술 미사일 발사기 역시 최첨단 기술로 만들어졌다. 핵·생물·화학 무기(NBC)에 오염된 전장에서 싸울 수 있는 장비를 갖춘 것은 물론 직접 NBC 탄두를 발사할 수도 있었다.

플뤼통

플뤼통은 전술 핵 무기 시스템이다. 길이 7.6m, 무게 2400kg의 동력 구동 미사일 발사 장치를 AMX-30 주력 전차의 차대에 탑재했다. 동반하는 베를리에 6x6 트럭이 발사 통제 본부였다.

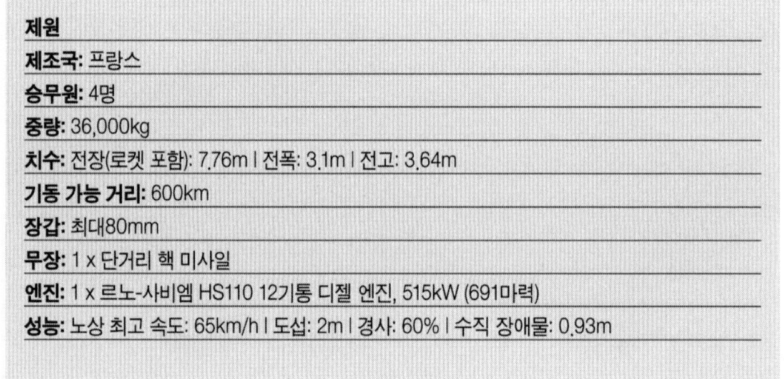

제원
제조국: 프랑스
승무원: 4명
중량: 36,000kg
치수: 전장(로켓 포함): 7.76m | 전폭: 3.1m | 전고: 3.64m
기동 가능 거리: 600km
장갑: 최대80mm
무장: 1 x 단거리 핵 미사일
엔진: 1 x 르노-사비엠 HS110 12기통 디젤 엔진, 515kW (691마력)
성능: 노상 최고 속도: 65km/h | 도섭: 2m | 경사: 60% | 수직 장애물: 0.93m

SS-12 스케일보드

러시아 외부에서 스케일보드를 본 사람은 극히 드물다. 발사 준비가 끝났을 때에만 개방되는 미사일 모양의 커버 내부로 수송되고 세워지기 때문이었다. 서방을 속이기 위한 허장성세라고 믿는 사람들도 있지만 실제 존재했음을 증명하는 증거가 있다.

제원
제조국: 소련
전장: 12m
직경: 1m
발사기 중량: 9700kg
유도: 관성
추진: 액체식, 1단
탄두: 핵
기동 가능 거리: 900km

TIMELINE

1967

1974

1982

토마호크

BMG-109 토마호크 순항 미사일은 1981년에 처음으로 잠수함에서 발사되었다. 이후 지상 발사 및 공중 발사 버전의 파생형도 생산되었다. 지상 발사 순항 미사일(GLCM)은 2500km의 사정거리에서 토마호크 네 발의 발사가 가능한 견인형 발사기이다.

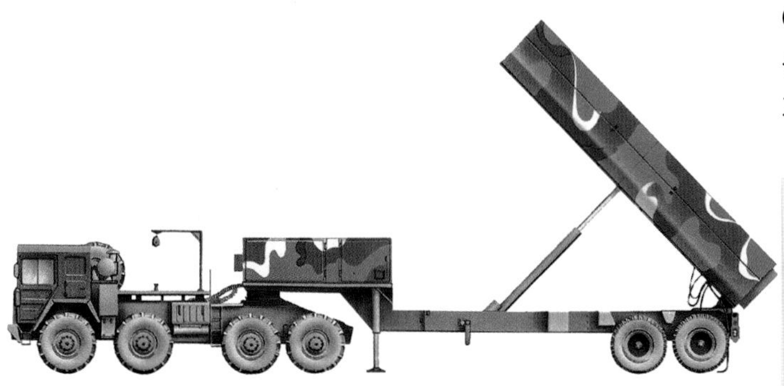

제원
제조국: 미국
승무원: 4명
중량: (차량 한정) 13,400kg
치수: 전장(차량 한정): 10.27m | 전폭: 2.5m | 전고 2.93m
기동 가능 거리: 600km
장갑: 해당 없음
무장: 4 x BMG-109 토마호크 순항 미사일
엔진: 1 x 도이츠 BF8L 413 8기통 터보 디젤 엔진, 253kW (339마력)
성능: 노상 최고 속도: 90km/h

SS-23 스파이더

SS-23 스파이더 전술 탄도 미사일은 중단거리 핵 전력(INF) 조약에 의해 1989년 폐기되었다. BAZ-6944 8x8 트럭을 개조한 이동·조립·발사 장비도 함께 폐기되었다.

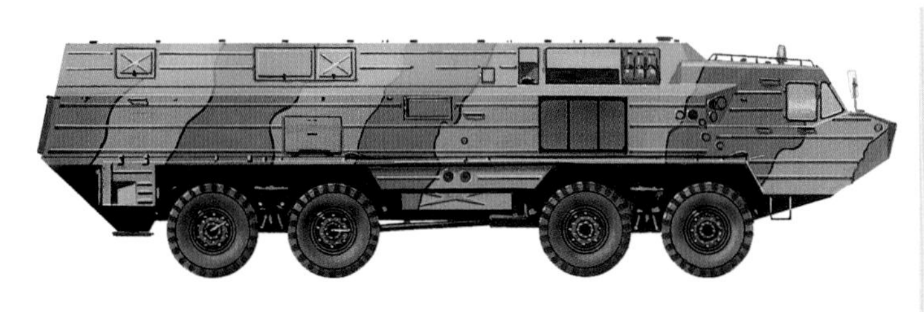

제원
제조국: 소련
승무원: 3명
중량: 29,000kg
치수: 전장: 11.76m | 전폭: 3.19m | 전고 3m
기동 가능 거리: 1000km
장갑: 불명
무장: 1 x SS-23 탄도 미사일
엔진: 1 x UTD-25 8기통 디젤 엔진, 294kW (394마력)
성능: 노상 최고 속도: 70km/h

MLRS

보우트 다연장로켓 발사 장치(MLRS)는 1982년 군에 도입되었다. 자주 발사 장전 차량으로 소형 세열 폭탄, 화학 탄두, 대전차 지뢰, 지뢰 살포 탄약 등의 포탄 여섯 개들이 포드 두 개를 탑재했다.

제원
제조국: 미국
승무원: 3명
중량: 25,191kg
치수: 전장: 6.8m | 전폭: 2.92m | 전고: 2.6m
기동 가능 거리: 483km
장갑: 기밀
무장: 2 x 로켓 포드 컨테이너, 각기 6발 수용
엔진: 1 x 커밍스 VTA-903 터보차저 8기통 디젤 엔진, 373kW (500마력)
성능: 노상 최고 속도: 64km/h | 도섭: 1.1m | 수직 장애물: 1m | 참호: 2.29m

1983 1985

MLRS

보우트 사의 다연장 로켓 시스템(MLRS)은 1976년 일반 지원 로켓 시스템으로 알려진 장비의 타당성 검사에서 기원을 찾을 수 있다. 이후 성능 시험을 거쳐 보우트 사의 시스템이 선택되었고 1982년 미국 육군에 도입되었다.

MLRS

캡

로켓에서 발생되는 포연은 로켓 발사기 승무원에게 심각한 위험이 되었다. 따라서 MLRS는 캡에 양압 장치를 설치해 포연이 들어오지 못하게 막는다. 더불어 완전 화생방(NBC) 방호 시스템도 갖췄다.

보우트 MLRS는 영국, 프랑스, 이탈리아, 서독, 네덜란드가 라이센스를 받아 생산했다. 1991년 걸프 전쟁에 참전했고, 이 전쟁에서 다국적군 MLRS 포대는 쿠웨이트 해방을 위한 지상 공격에 앞서 이라크의 방어선에 큰 구멍을 냈다.

제원
제조국: 미국
승무원: 3명
중량: 25,191kg
치수: 전장: 6.8m l 전폭: 2.92m l 전고: 2.6m
기동 가능 거리: 483km
장갑: 기밀
무장: 2 x 로켓 포드 컨테이너, 각기 6발 수용
엔진: 1 x 커밍스 VTA-903 터보차저 8기통 디젤 엔진, 373kW(500마력)
성능: 노상 최고 속도: 64km/h l 도섭: 1.1m l 수직 장애물: 1m l 참호: 2.29m

알루미늄 장갑

소화기 사격과 포탄 파편에서 승무원들을 보호한다. 하지만 포탄이나 캐넌포에 직접적으로 피탄 시에는 차량을 보호할 수 없다.

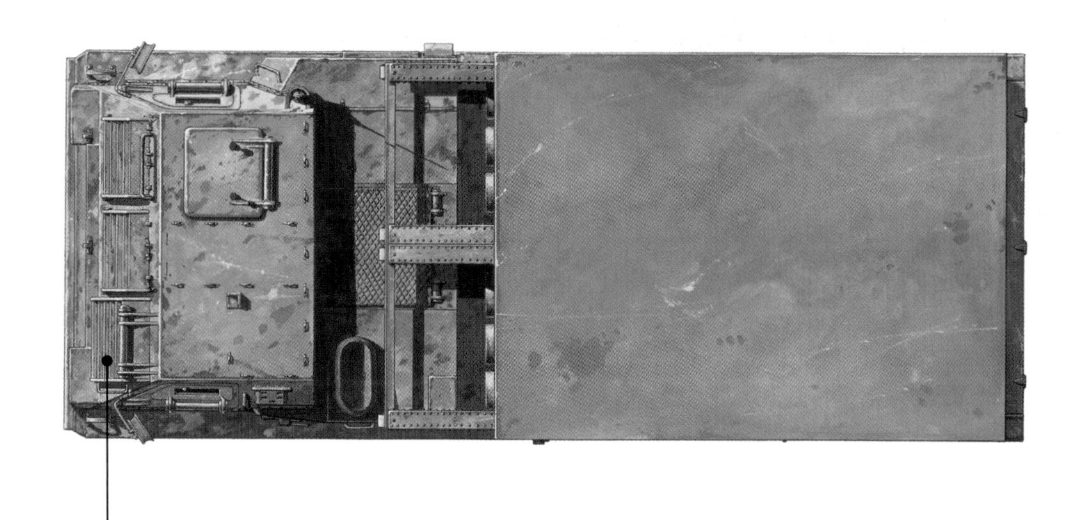

사격 통제
로켓탄을 발사하면 거대한 폭발에 의해 차량 위치가 변하므로 이후 사격 통제 장치는 MLRS를 다시 옮긴 뒤 사용해야 한다.

로켓
MLRS는 세 가지 종류의 기본 로켓탄을 발사한다. 하나는 대인 지뢰 살포용이고 다른 하나는 대전차 지뢰 투하용, 마지막 하나는 화학 탄두(미국 육군만 사용)이다.

로켓과 지뢰 시스템

차량에 탑재된 로켓탄 발사 시스템은 두 등급으로 나뉜다. 구형 카추샤 로켓탄 발사기에서 크게 달라지지 않았지만 훨씬 정확하고 신뢰성이 높은 저렴한 종류와 값비싼 다연장로켓 발사 시스템이다. 이와 유사하게 지뢰 제거 차량은 2차 세계대전 당시 개발된 개념을 그대로 따르는 반면, 지뢰 부설 차량은 완전 자동화된다.

아스트로스 II

아스트로스 II는 재래식 트럭 기반의 다연장 로켓탄 발사기이다. 일반적인 발사기와 지휘 발사 통제 차량을 사용해 SS-30, SS-40, SS-60 이렇게 세 가지 각기 다른 유형의 로켓탄을 발사하는 시스템이다. 탄약 재보급 차량도 배속된다.

제원

제조국: 브라질
승무원: 3명
중량: 10,000kg
치수: 전장: 7m | 전폭: 2.9m | 전고: 2.6m
기동 가능 거리: 480km
장갑: 기밀
무장: 1 x 4, 16 또는 32 로켓 발사관 포대
엔진: 1 x 6기통 수랭식 디젤 엔진, 158kW (212마력)
성능: 노상 최고 속도: 65km/h | 도섭: 1.1m | 수직 장애물: 1m | 참호: 2.29m

M77 오간

M77 오간은 FAP-2026 6x6 트럭에 탑재한 YMRL 32(유고슬라비아 다연장 로켓탄 발사기 32배럴) 로켓 시스템으로 구성된다. 각 로켓은 19.5kg의 고폭 탄두를 싣고 20km까지 날아갈 수 있다.

제원

제조국: 유고슬라비아
승무원: 5명
중량: 22,400kg
치수: 전장: 11.5m | 전폭: 2.49m | 전고: 3.1m
기동 가능 거리: 600km
장갑: 해당 없음
무장: 32 + 32 x M-77 또는 M-91 로켓 | 1 x 12.7mm (.5in) 중기관총
엔진: 1 x 8기통 디젤 엔진, 191kW (256마력)
성능: 노상 최고 속도: 80km/h

TIMELINE

1978

1980

9A52 스메르치

발사관 12개로 이루어진 9A52 스메르치는 사정거리 70km까지 300mm(11.81in) 로켓을 일제 투하할 수 있다. 특수 포탄에는 공중에서 머물며 장갑 표적을 탐지하는 바잘트 낙하산 지연(자유 강하) 탄두가 포함된다.

제원
제조국: 러시아/소련
승무원: 4명
중량: 43,700kg
치수: 전장: 12.1m | 전폭: 3.05m | 전고: 3.05m
기동 가능 거리: 850km
장갑: 해당 없음
무장: 12 x 300mm (11.81in) 로켓탄
엔진: 1 x D12A-525 12기통 디젤 엔진, 386kW (517마력)
성능: 노상 최고 속도: 60km/h

스콜피온

스콜피온은 자주식 자동 지뢰 부설 시스템으로 지뢰 살포기를 탑재했다. 살포 유닛은 여섯 개로 각각 살포관 다섯 개로 이루어져 있으며 관마다 지뢰가 20개씩 들어 있다. 지뢰는 대인용 또는 대전차용으로 지연 퓨즈가 있다.

제원
제조국: 독일
승무원: 2명
중량: 12,000kg
치수: 전장: 5.85m | 전폭: 2.87m | 전고 3.17m
기동 가능 거리: 600km
장갑: 해당 없음
무장: 1 x 지뢰 부설 장치 | 1 x 7.62mm (.3in) 기관총
엔진: 1 x 디트로이트 디젤 6V-53N 6기통 가솔린 엔진, 151kW (202마력)
성능: 노상 최고 속도: 40km/h

카일러 지뢰 제거 시스템

카일러 지뢰 제거 시스템은 100%의 제거율을 자랑한다. 지뢰 제거용 도리깨가 달린 전방의 캐리어 암을 뻗어 지뢰밭에 깊이 250mm, 폭 4.7m, 길이 120m의 안전한 길을 낼 수 있다.

제원
제조국: 독일
승무원: 2명
중량: 5300kg
치수: 전장(제거용 암 수납): 7.83m | 전폭: 3.76m | 전고 3.75m
기동 가능 거리: 350km
장갑: 불명
무장: 불명
엔진: 1 x MTU MB871 Ka-501 8기통 디젤 엔진, 810kW (1086마력)
성능: 노상 최고 속도: 50km/h

1989 1996

1980년대의 대공 차량

냉전 시대의 마지막 10년 동안 대공 시스템은 매우 정교해졌고, 일단 공격기가 포착되면 표적에 도달할 가능성이 없다는 것이 중론이 되었다. 그만큼 기동형 대공 시스템의 실효성이 높다는 얘기였다. 따라서 미국은 '스텔스' 기술의 개발을 강조하게 되었다.

SA-10 그럼블

S-300PMU1은 최첨단 방공 시스템이다. SA-10의 주요 장점은 고도 상으로 넓은 범위(25m-30,000m) 내의 여러 표적을 동시에 포착하고 그 표적에 대응할 수 있다는 점이다. (SA-10 그럼블은 NATO에서 붙인 명칭이고 S-300은 소련식 명칭이다 –옮긴이)

제원

제조국: 러시아 연방/소련
승무원: 불명
중량: 43,300kg
치수: 전장: 11.47m | 전폭: 10.17m | 전고: 3.7m
기동 가능 거리: 650km
장갑: 기밀
무장: 4 x 5V55K SA-10 지대공 미사일(SAM)
엔진: 1 x D12A-525A 12기통 디젤 엔진, 386kW (517마력)
성능: 노상 최고 속도: 60km/h

SA-11 개드플라이

9K37M1 BUK-1 지대공 미사일 시스템은 중거리 레이더 유도 미사일로 항공기 격추 확률이 90%이고 순항 미사일 격추 확률이 40%이다. 70km 범위 내의 표적이 스노우 드리프트 경보 탐지 레이더로 포착된다. (SA-11 개드플라이는 NATO식 보고명이고 소련식 명칭은 BUK-1이다 – 옮긴이)

제원

제조국: 러시아 연방/소련
승무원: 4명
중량: (발사 차량) 32,340kg
치수: 전장: 9.3m | 전폭: 3.25m | 전고: 3.8m
기동 가능 거리: 500km
장갑: 해당 없음
무장: 4 x 타입 9M38M1 (SA-11) 지대공 미사일(SAM)
엔진: 1 x V-64-4 12기통 디젤, 529kW (709마력)
성능: 노상 최고 속도: 65km/h

TIMELINE

1980   1982 

궤도형 레이피어

궤도형 레이피어는 발사기에 미사일 8발을 탑재하고 캡에 광학 추적기를 설치했다. 지붕으로 출입이 가능했으며 미사일 발사기보다 더 높이 올리는 추적 안테나가 있었다. 캡 전체에 장갑을 대서 승무원을 보호했다.

제원
제조국: 영국
승무원: 3명
중량: 14,010kg
치수: 전장: 6.4m l 전폭: 9.19m l 전고: 2.5m
기동 가능 거리: 300km
장갑: 알루미늄(세부 사항 기밀)
무장: 8 x 레이피어 지대공 미사일(SAM)
엔진: 1 x GMC 6기통 터보차저 디젤 엔진, 2600rpm일 때 186kW (250마력)
성능: 노상 최고 속도: 80km/h l 도섭: 수륙 양용 l 경사: 60% l 수직 장애물: 0.6m l 참호 1.75m

서전트 요크

M247은 감시 레이더와 추적 레이더를 모두 포함한 포괄적인 사격 통제 장치를 보유한다. 덕분에 전술 미사일은 물론 항공기와 헬리콥터까지 모두 대응할 수 있다. 그러나 서전트 요크는 실제 군에는 도입되지 않았다.

제원
제조국: 미국
승무원: 3명
중량: 54,430kg
치수: 전장: 7.674m l 전폭: 3.632m l 전고(레이더 전개 시): 4.611m
기동 가능 거리: 500km
장갑: 최대120mm
무장: 2 x 40mm (1.57in) L/70 보포르 고사포
엔진: 1 x 텔레다인 콘티넨털 AVDS-1790-2D 디젤 엔진, 559kW (750마력)
성능: 노상 최고 속도: 48km/h l 도섭: 1.219m l 수직 장애물: 1.914m l 참호: 2.591m

M1 퉁구스카

퉁구스카는 지대공 미사일과 포 기술을 조합한 다재다능한 항공 요격 플랫폼이다. 중거리 요격을 위해 SA-19 그리슨 미사일 8발을 탑재하고 근거리 표적을 위해서는 트윈 배럴 2A38M 30mm(1.2in) 포를 탑재했다.

제원
제조국: 러시아
승무원: 4명
중량: 34,000kg
치수: 전장: 7.93m l 전폭: 3.24m l 전고: 4.02m
기동 가능 거리: 500km
장갑: 기밀
무장: 2 x 30mm (1.18in) 트윈 배럴 2A38M 포 l 8 x SA-19 그리슨 지대공 미사일(SAM)
엔진: 1 x V-64-4 12기통 디젤 엔진, 529kW (709마력)
성능: 노상 최고 속도: 65km/h

1983

1986

M113 파생형

오리지널 M113 모델은 다양한 파생형을 낳았다. 예를 들어 장갑 방호를 추가한 ACAV(기갑군) 버전은 기관총용 포 방패를 추가함으로써 진정한 기갑 전투 차량으로 변화했다. 다른 버전으로는 지휘 차량이 있다.

M114A1E1

M114는 M113 병력 수송 장갑차에서 파생된 지휘 정찰차이다. 처음에는 수동 조작하는 기관총으로 무장했으나 이후 원격 조종 12.7mm(.5in) 포 또는 20mm(.78in) 이스파노-수이자 캐넌포를 큐폴라에 탑재했다.

제원
제조국: 미국
승무원: 3명 또는 4명
중량: 6930kg
치수: 전장: 4.46m | 전폭: 2.33m | 전고: 2.16m
기동 가능 거리: 440km
장갑: 37mm
무장: 1 x 12.7mm (.5in) 중기관총 또는 1 x 20mm (.78in) 이스파노-수이자 포 | 1 x 7.62mm (.3in) 기관총
엔진: 1 x 쉐보레 283-V8 8기통 가솔린 엔진, 119kW (160마력)
성능: 노상 최고 속도: 58km/h | 도섭: 수륙 양용 | 경사: 60% | 수직 장애물: 0.5m | 참호: 1.5m

아리스가토

아리스가토는 M113A2 병력 수송 장갑차에 부유 키트를 장착한 것이다. 난류를 잘 헤쳐 나갈 수 있도록 활 모양 섹션을 전방에 볼트로 고정했고 후방의 두 테일 섹션에는 프로펠러 유닛이 포함되었다. 그 외 공기 흡입구의 방향을 바꾸는 등의 개조가 이루어졌다.

제원
제조국: 이탈리아
승무원: 2명 + 11명
중량: 약 12,000kg
치수: 전장: 6.87m | 전폭: 2.95m | 전고: 2.05m
기동 가능 거리: 550km
장갑: 38mm
무장: 1 x 12.7mm (.5in) 브라우닝 M2 HB 중기관총
엔진: 1 x 디트로이트 6V-53N 6기통 디젤 엔진, 2800rpm일 때 160kW (215마력)
성능: 노상 최고 속도: 68km/h

TIMELINE

1964 1967 1978

그린 아처

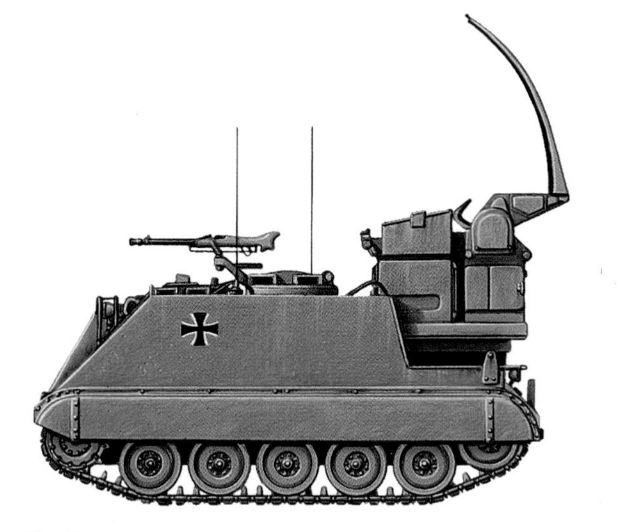

그린 아처는 영국에서 FV432 병력 수송 장갑차에 박격포 탐지 레이더 시스템을 탑재한 것이다. 레이더가 포탄의 발사 및 폭발을 감지해 30km 범위 내의 적군 박격포 위치를 계산할 수 있다.

제원
제조국: 독일/영국/네덜란드
승무원: 4명
중량: 11,900kg
치수: 전장: 4.86m | 전폭: 2.7m | 전고: 4.32m
기동 가능 거리: 480km
장갑: 12–38mm
무장: 1 x 7.62mm (.3in) 기관총
엔진: 1 x 디트로이트 디젤 6V-53N 6기통 디젤 엔진, 2800rpm일 때 160kW (215마력)
성능: 노상 최고 속도: 68km/h | 도섭: 수륙 양용 | 경사: 60% | 수직 장애물: 0.61m | 참호: 1.68m

젤다

M113은 항공 수송이 가능한 장갑차로 중량을 낮추기 위해 알루미늄을 사용했다. 이스라엘의 젤다는 스탠더드 M113과 동일하나 측면과 바닥에 추가로 장갑을 대 각각 로켓 추진식 유탄과 지뢰 폭발을 방어할 수 있게 했다.

제원
제조국: 이스라엘
승무원: 2명 + 11명
중량: 12,500kg
치수: 전장: 5.23m | 전폭: 3.08m | 전고: 1.85m
기동 가능 거리: 480km
장갑: 38mm
무장: 다양한 기관총 배치
엔진: 1 x 디트로이트 디젤 6V-53N 6기통 디젤 엔진, 2800rpm일 때 158kW (212마력)
성능: 노상 최고 속도: 61km/h | 도섭: 수륙 양용 | 경사: 60% | 수직 장애물: 0.6m | 참호: 1.68m

M901

M901은 M113A1 병력 수송 장갑차의 업그레이드 버전으로 지붕의 큐폴라에 발사관 2개짜리 M27 TOW 2 미사일을 탑재했다. 발사 전 차량을 정지해야 하지만 TOW 미사일로 표적을 조준하고 발사하는 데는 20초밖에 걸리지 않는다. 재장전은 약 40초가 소요된다.

제원
제조국: 미국
승무원: 4명 또는 5명
중량: 11,794kg
치수: 전장: 4.88m | 전폭: 2.68m | 전고: 3.35m
기동 가능 거리: 483km
장갑: 최대44mm
무장: 1 x TOW 2 대전차 유도 미사일 시스템
엔진: 1 x 디트로이트 디젤 6V-53N 6기통 디젤 엔진, 160kW (215마력)
성능: 노상 최고 속도: 68km/h | 도섭: 수륙 양용 | 경사: 60% | 수직 장애물: 0.61m | 참호: 1.68m

1986  2006 

마르더

1971년 군에 도입된 마르더 I은 NATO의 첫 보병 전투 차량으로 병력 수송 장갑차와 경전차의 장점을 합쳤다. 수년 동안 업그레이드를 거쳐 오늘날에도 현역에서 활약하고 있으나 적절한 시기에 더 가볍고 저렴한 기갑 전투 차량으로 교체될 예정이다.

마르더

라인메탈 20MM(.78IN) RH202 캐넌포
포탑 위에 탑재되어 발사 시 포연이 차량 내부로 들어가지 않고 포를 17° 아래로 내리는 것도 가능해 험 다운 포지션에서 유용하다.

포수
20mm(.78in) 캐넌포에는 분리된 탄대 세 개가 연결되어 있어 각기 다른 표적이 나타나면 포수가 신속하게 탄약 선택을 변경할 수 있다.

병력 수송칸
대부분의 마르더는 병력 수송칸에 보병 여섯 명을 수용할 수 있으나 A1 버전은 승무원 네 명이 탑승하고 보병은 다섯 명만 수용할 수 있다. 마르더는 모두 핵·생물·화학 무기(NBC) 장치를 표준으로 장비한다.

마르더

마르더가 도입되면서 북대서양 조약 기구(NATO) 가입국에서는 처음으로 보병이 효과적인 화력 지원 능력을 갖춘 병력 수송 장갑차를 이용해 이동하게 되었다. 여러 버전이 칠레에 판매되었고 아프가니스탄의 TAM도 무장은 다르지만 마르더를 기반으로 만들어졌다.

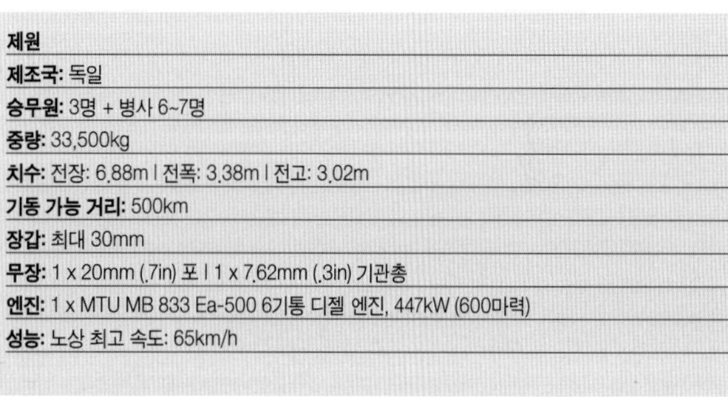

제원

제조국: 독일

승무원: 3명 + 병사 6~7명

중량: 33,500kg

치수: 전장: 6.88m | 전폭: 3.38m | 전고: 3.02m

기동 가능 거리: 500km

장갑: 최대 30mm

무장: 1 x 20mm (.7in) 포 | 1 x 7.62mm (.3in) 기관총

엔진: 1 x MTU MB 833 Ea-500 6기통 디젤 엔진, 447kW (600마력)

성능: 노상 최고 속도: 65km/h

강철 포탑

포탑 전방은 20mm 캐넌포의 공격을 견딜 수 있는 장갑으로 보호했다.

조종수

조종수용 전망경은 총 세 개로, 그 중 하나는 야시 장비로 교체할 수 있다.

궤도형 병력 수송 장갑차

궤도형 병력 수송 장갑차의 생산은 냉전 시대 마지막 10년 동안에도 사실상 전혀 줄어들지 않았다. 오히려 승무원의 안위와 생존 가능성을 높이기 위한 새로운 시스템이 설계되었고 대부분 NBC(핵·생물·화학 무기) 전투 상황을 대비한 방호 장치를 갖추게 되었으며 무장도 향상되었다.

BMS-1 알라크란

BMS-1 알라크란은 현대식 병력 수송 장갑차로서는 드물게 하프트랙 차량이다. 완전 무장한 병사 12명을 수송할 수 있으며 병력 수송칸를 주위로 사격 포트(총안구) 일곱 개와 관측창 여덟 개를 설치했다. 기관총을 기본 장착했다.

제원
제조국: 칠레
승무원: 2명 + 12명
중량: 10,500kg
치수: 전장: 6.37m ǀ 전폭: 2.38m ǀ 전고: 2.03m
기동 가능 거리: 900km
장갑: 불명
무장: 1 x 12.7mm (.5in) 또는 1 x 7.62mm (.3in) 기관총
엔진: 1 x 커민스 V-555 터보 디젤 엔진, 3000rpm일 때 167kW (225마력)
성능: 노상 최고 속도: 70km/h ǀ 도섭: 1.6m ǀ 경사: 70%

MT-LB

MT-LB는 병력 수송 장갑차, 포 견인차, 이동식 지휘 통제 본부, 정비 차량, 공병 차량, 구급차, 고퍼 지대공 미사일 시스템 등 다양한 역할을 수행할 수 있는 다목적 차량이었다. 또한 완전 수륙 양용이었다.

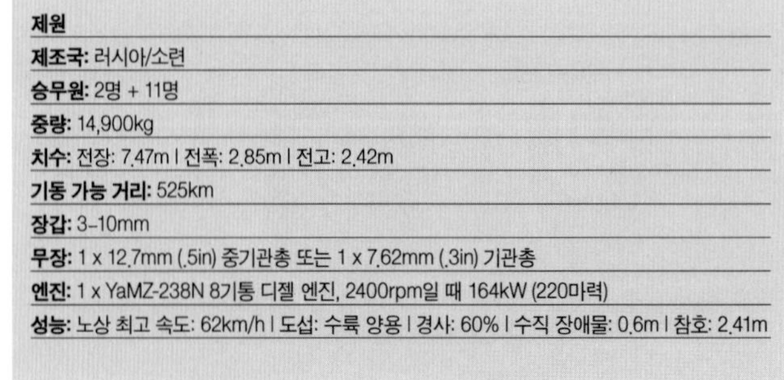

제원
제조국: 러시아/소련
승무원: 2명 + 11명
중량: 14,900kg
치수: 전장: 7.47m ǀ 전폭: 2.85m ǀ 전고: 2.42m
기동 가능 거리: 525km
장갑: 3–10mm
무장: 1 x 12.7mm (.5in) 중기관총 또는 1 x 7.62mm (.3in) 기관총
엔진: 1 x YaMZ-238N 8기통 디젤 엔진, 2400rpm일 때 164kW (220마력)
성능: 노상 최고 속도: 62km/h ǀ 도섭: 수륙 양용 ǀ 경사: 60% ǀ 수직 장애물: 0.6m ǀ 참호: 2.41m

TIMELINE

1974 1977 1981

FV433 스토머

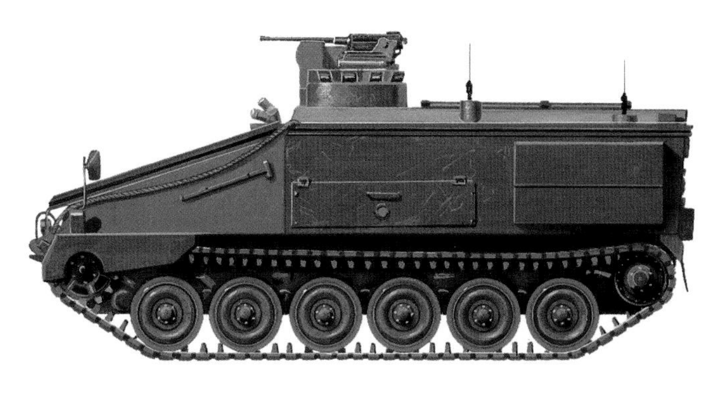

스토머는 다재다능해서 높은 평가를 받는 차량이다. 화생방(NBC) 방호 장치, 야시 장비, 12.7mm(.5in) 중기관총부터 90mm(3.54in) 포와 스타스트리크 미사일까지 다양한 장비 및 무기를 장착할 수 있다.

제원
제조국: 영국
승무원: 3명 + 8명
중량: 12,700kg
치수: 전장: 5.33m | 전폭: 2.4m | 전고 2.27m
기동 가능 거리: 650km
장갑: 알루미늄(세부 사항 기밀)
무장: 다양함
엔진: 1 x 퍼킨스 T6/3544 6기통 터보 디젤 엔진, 2600rpm일 때 186kW (250마력)
성능: 노상 최고 속도: 80km/h | 도섭: 수륙 양용 | 경사: 60% | 수직 장애물: 0.6m | 참호 1.75m

BMP-2

BMP-2는 표적으로 삼기 어렵게 차체 높이를 낮추었으며 전면을 길고 경사가 있게 만들었다. 장갑이 형편없었기 때문에 이와 같은 설계가 필수였다. 특히 눈에 띄는 특징은 뒷문의 속이 비어 있어 연료 탱크 역할을 한다는 점인데, 내부의 병사들에게는 명백한 위험 요소로 작용한다.

제원
제조국: 소련
승무원: 3명 + 7명
중량: 14,600kg
치수: 전장: 6.71m | 전폭: 3.15m | 전고: 2m
기동 가능 거리: 600km
장갑: 기밀
무장: 1 x 30mm (1.2in) 포 | 1 x 7.62mm (.3in) 동축 기관총 | 1 x At-5 미사일 방어용 미사일 발사기
엔진: 1 x 모델 UTD-20 6기통 디젤 엔진, 223kW (300마력)
성능: 노상 최고 속도: 65km/h | 도섭: 수륙 양용 | 수직 장애물: 0.7m | 참호: 2.4m

77식

1974년 처음 등장한 77식은 차체가 낮고 공간이 넓은 병력 수송 장갑차로 완전 수륙 양용이며 다양한 특수 목적 버전으로 생산된다. 러시아제 BTR-50K의 구조를 기반으로 했으며 보기륜이 6개이고 리턴 롤러는 없다.

제원
제조국: 중국
승무원: 2명 + 16명
중량: 15,500kg
치수: 전장: 7.4m | 전폭: 3.2m | 전고: 2.44m
기동 가능 거리: 370km
장갑: 최대 8mm
무장: 1 x 12.7mm (.5in) 기관총
엔진: 1 x 타입 12150L-2A V-12 연료 분사식 디젤 엔진, 298kW (400제동마력)
성능: 최고 속도: 60km/h

1982 

1982 

1980년대의 궤도형 병력 수송 장갑차

일부 지역에서는 지형 조건상 궤도형 병력 수송 장갑차가 차륜형보다 선호된다. 예를 들어 대한민국은 북한의 공격이 있을 경우 1950-1953년 한국 전쟁 당시 UN군에게 수많은 문제를 안겨주었던 바로 그 산악 지형에서 군사 작전을 수행하게 될 것이다.

M-80 MICV

M-80 기계화 보병 전투 차량(MICV)의 주목할 만한 특징은 포탑에 탑재한 무기의 배열이다. 30mm(1.12in) 캐넌포와 7.62mm(.3in) 기관총 모두 포탑 슬릿에 장착되어 75°로 앙각을 높여 대공 교전이 가능하다.

제원

제조국: 유고슬라비아
승무원: 3명 + 7명
중량: 13,700kg
치수: 전장: 6.4m | 전폭: 2.59m | 전고: 2.3m
기동 가능 거리: 500km
장갑: 30mm
무장: 1 x 30mm (1.12in) 캐넌포 | 1 x 7.62mm (.3in) 기관총 | 2 x 유고슬라비아 새거 대전차 유도 무기
엔진: 1 x HS-115-2 8기통 터보 디젤 엔진, 194kW (260마력)
성능: 노상 최고 속도: 60km/h | 도섭: 수륙 양용 | 경사: 60% | 수직 장애물: 0.8m | 참호 2.2m

KIFV K-200

한국 보병 전투 차량(KIFV) K-200은 보병 9명과 승무원 3명이 탑승한 상태에서 시속 74km로 달릴 수 있다. 기관총 두 정이 표준 무장이나 20mm(.78in) 벌컨 캐넌포를 탑재하거나 박격포 두 문을 탑재하는 추가 계열 차량이 있다.

제원

제조국: 대한민국
승무원: 3명 + 9명
중량: 12,900kg
치수: 전장: 5.48m | 전폭: 2.84m | 전고 2.51m
기동 가능 거리: 480km
장갑: 알루미늄 & 강철 (세부 사항 기밀)
무장: 1 x 12.7mm (.5in) 중기관총 | 1 x 7.62mm (.3in) 기관총
엔진: 1 x 만 D-284T V8 디젤 엔진, 2300rpm일 때 208kW (280마력)
성능: 노상 최고 속도: 74km/h | 도섭: 수륙 양용 | 경사: 60% | 수직 장애물: 0.64m | 참호: 1.68m

TIMELINE

1980 

1982 

1985 

코브라

완전 수륙 양용차인 코브라 병력 수송 장갑차는 전기 발전기로 작동하는 터보 엔진을 사용해 바퀴와 워터 제트에 동력을 공급했다. 지붕에 탑재된 브라우닝 M2 HB 12.7mm(.5in) 기관총과 7.62mm(.3in) 다목적 기관총으로 무장했다.

제원
제조국: 벨기에
승무원: 3명 + 9명
중량: 8500kg
치수: 전장: 4.52m | 전폭: 2.75m | 전고: 2.32m
기동 가능 거리: 600km
장갑: 강철(세부 사항 기밀)
무장: 1 x 12.7mm (.5in) 브라우닝 M2 HB 중기관총 | 1 x 7.62mm (.3in) 다목적 기관총
엔진: 1 x 커민스 VT-190 6기통 터보 디젤 엔진, 3300rpm일 때 141kW (190마력)
성능: 노상 최고 속도: 75km/h | 도섭: 수륙 양용

VCC-1 병력 수송 장갑차

VCC-1 카밀리노는 M113 궤도형 병력 수송 장갑차를 토대로 해 만들어졌다. 보병이 차량 내부에서 사격이 가능하도록 사격 포트(총안구)를 도입하고 차체 위쪽에 기관총 사수를 위한 장갑 방호를 추가하는 등의 개조가 이루어졌다.

제원
제조국: 이탈리아
승무원: 2명 + 7명
중량: 11,600kg
치수: 전장: 5.04m | 전폭: 2.69m | 전고: 2.03m
기동 가능 거리: 550km
장갑: 비공개
무장: 2 x 기관총
엔진: 1 x GMC V6 디젤 엔진, 2800rpm일 때 156kW (210제동마력)
성능: 최고 속도: 65km/h

89식 보병 전투 차량

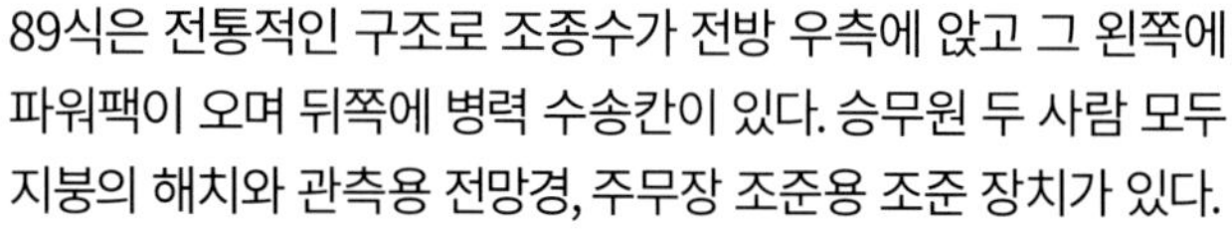

89식은 전통적인 구조로 조종수가 전방 우측에 앉고 그 왼쪽에 파워팩이 오며 뒤쪽에 병력 수송칸이 있다. 승무원 두 사람 모두 지붕의 해치와 관측용 전망경, 주무장 조준용 조준 장치가 있다.

제원
제조국: 일본
승무원: 3명 + 7명
중량: 27,000kg
치수: 전장: 6.7m | 전폭: 3.2m | 전고: 2.5m
기동 가능 거리: 400km
장갑: 불명
무장: 1 x 35mm (1.38in) 엘리콘 포 | 1 x 7.62mm (.3in) 기관총 | 2 x Jyu-MAT 유선 유도식 대전차 미사일 발사기
엔진: 1 x 미츠비시 디젤 엔진, 447kW (600제동마력)
성능: 최고 속도: 70km/h

1990

라텔

알비스 OMC 라텔은 남아프리카공화국의 인종 차별 정책 아파르트헤이트에 대한 대응책으로 UN이 무기 통상 금지 조치를 결의하자 미래에 장비 공급이 끊길 상황에 대비하기 위해 남아프리카공화국에서 독자적으로 개발한 차량이다.

라텔

라텔은 내수용과 모로코 수출용으로 1350대 이상 생산되었다. 남아프리카공화국 육군의 라텔은 앙골라로 침투 작전을 수행할 기습대를 수송하는 용도로 자주 쓰였으며 이러한 작전을 최초로 수행한 것은 1978년 5월의 일이었다.

제원

제조국: 남아프리카공화국

승무원: 4명 + 7명

중량: 19,000kg

치수: 전장: 7.21m | 전폭: 2.52m | 전고: 2.92m

기동 가능 거리: 1000km

장갑: 최대 20mm

무장: 1 x 20mm (.78in) 캐넌포 | 2 x 7.62mm (.3in) 기관총

엔진: 1 x D 3256 BTXF 6기통 디젤 엔진, 210kW (282마력)

성능: 노상 최고 속도: 105km/h | 도섭: 1.2m | 수직 장애물: 0.35m | 참호: 1.15m

2인용 포탑

라텔은 남아프리카공화국 육군에서 사용했던 일란트 장갑차와 동일한 포탑을 장착했다. 여기 소개하는 예시에서는 20mm(.78in) 캐넌포를 탑재했다.

전체 용접 강철 차체

라텔의 측면 장갑은 두께가 8-10mm이고 최대 구경 7.62mm(.3in)의 소화기 사격을 막을 수 있다. 전면 장갑은 두께 20mm로 12.7mm(.5in) 기관총 총탄을 막아낸다.

차륜형 병력 수송 장갑차

냉전 시대 후기 차륜형 병력 수송 장갑차는 거의 치안 유지용으로만 사용되었고 해당 임무를 수행하기 적합하도록 다양한 설계 변경을 거쳤다. 예를 들어 남아프리카공화국의 부펠은 지뢰 방호 능력을 향상시키기 위해 승무원실을 높여 지상 간격을 넓혔다.

색슨

베드포드 Mk4 4x4 1984에 기반해서 만들어진 색슨은 도입 당시 동종 차량 중 가장 성능이 좋은 차량에 속했다. 지뢰에 닿으면 머드가드가 떨어져 나가면서 폭발이 위쪽의 차체가 아니라 바깥쪽으로 향하게 설계했으며 다양한 무장을 탑재할 수 있었다.

제원
제조국: 영국
승무원: 2명 + 8명
중량: 10,670kg
치수: 전장: 5.169m | 전폭: 2.489 | 전고: 2.86m
기동 가능 거리: 510km
장갑: 기밀
무장: 1 x 7.62mm (.3in) 기관총
엔진: 1 x 베드포드 500 6기통 디젤 엔진, 122kW (164마력)
성능: 노상 최고 속도: 96km/h | 도섭: 1.12m | 수직 장애물: 0.41m | 참호: 해당 없음

파나르 VCR

VCR은 6x6이나 4x4 배열로 나온다. 6x6 차량은 도로나 표면이 단단한 곳을 지날 때 중간 타이어를 위로 올려서 타이어 마모를 줄이고 연비를 향상시킬 수 있다. 오프로드 운행 시에는 중간 타이어를 다시 내려서 견인력과 기동성을 높일 수 있다.

제원
제조국: 프랑스
승무원: 3명 + 9명
중량: 7000kg
치수: 전장: 4.57m | 전폭: 2.49m | 전고: 2.03m
기동 가능 거리: 800km
장갑: 12mm
무장: 1 x 7.62mm (.3in) 기관총
엔진: 1 x 푸조 PRV 6기통 가솔린 엔진, 5500rpm일 때 108kW (145마력)
성능: 노상 최고 속도: 100km/h | 도섭 수륙 양용 | 경사: 60% | 수직 장애물: 0.8m | 참호: 1.1m

TIMELINE

1976

1977

TM90

TM90은 대테러 및 폭동 진압용으로 설계되었다. 장갑 상부구조는 소형 무기의 폭발이 빗나가도록 특수 경사 조인트와 패널을 사용했다. 치안 유지용으로 필요한 사이렌, 청색등, 확성기를 기본 장착했다.

제원
제조국: 독일
승무원: 4명
중량: 4200kg
치수: 전장: 4.4m | 전폭: 2.05m | 전고 1.85m
기동 가능 거리: 600km
장갑: 불명
무장: 없음
엔진: 1 x 6기통 디젤 엔진, 100kW (134마력)
성능: 노상 최고 속도: 110km/h

부펠 병력 수송 장갑차

부펠(아프리칸스어로 '버팔로'를 뜻한다)은 지뢰 방어를 염두에 두고 설계했다. 바닥을 V자형으로 만들어 지뢰를 만났을 때 폭발이 위쪽과 바깥쪽으로 빗나가게 한 것이다. 소화기 사격과 대전차 지뢰 폭발을 막을 수 있다.

제원
제조국: 남아프리카공화국
승무원: 1명 + 10명
중량: 6140kg
치수: 전장: 5.1m | 전폭: 2.05m | 전고: 2.995m
기동 가능 거리: 1000km
장갑: 기밀
무장: 2 x 7.62mm (.3in) 기관총
엔진: 1 x 메르세데스-벤츠 OM-352 디젤 엔진, 2800rpm일 때 93kW (125제동마력)
성능: 최고 속도: 96km/h

BMR-600

BMR-600 보병 전투 차량은 완전 수륙 양용이다. 가벼운 알루미늄 장갑으로 소화기 사격과 포탄 파편에서 승무원 두 사람과 탑승자 11명을 보호하며 지붕의 큐폴라에 무기를 탑재할 수 있다.

제원
제조국: 스페인
승무원: 2명 + 11명
중량: 14,000kg
치수: 전장: 6.15m | 전폭: 2.5m | 전고: 2m
기동 가능 거리: 1000km
장갑: 최대 38mm 추정
무장: 1 x 12.7mm (.5in) 브라우닝 M2 HB 중기관총
엔진: 1 x 페가소 9157/8 6기통 디젤 엔진, 2200rpm일 때 231kW (310마력)
성능: 노상 최고 속도: 103km/h | 도섭: 수륙 양용 | 경사: 60% | 수직 장애물: 0.6m | 참호 1.35m

1978  

유럽의 차륜형 병력 수송 장갑차

차륜형 병력 수송 장갑차는 20세기 말, 유럽의 군대에서 새 생명을 누리게 되었다. 궤도형보다 생산이 훨씬 쉽다는 이유도 일부 있었고, 병력 수송 장갑차는 대개 빠른 노상 속도와 높은 야지 기동성이 필요하다는 이유도 있었다.

TPz-1 훅스

트란스포트판처 1 훅스는 수륙 양용 6x6 차량으로 뒤쪽 수송 칸에 병사 10명을 수용할 수 있다. 수중에서는 차체 후방 밑면에 장착한 프로펠러 두 개로 시속 10.5km까지 속력을 낼 수 있다. 파생형으로는 폭발물 처리(EOD) 차량과 지상 감시 레이더(RASIT) 운반차가 있다.

제원

제조국: 독일
승무원: 2명 + 10명
중량: 18,300kg
치수: 전장: 6.76m | 전폭: 2.98m | 전고: 2.3m
기동 가능 거리: 800km
장갑: 기밀
무장: 1 x 7.62mm (.3in) 기관총
엔진: 1 x 메르세데스-벤츠 OM402A 8기통 디젤 엔진, 2500rpm일 때 239kW (320마력)
성능: 노상 최고 속도: 105km/h | 도섭: 수륙 양용 | 경사: 70% | 참호: 1.6m

샤이미치 V-200

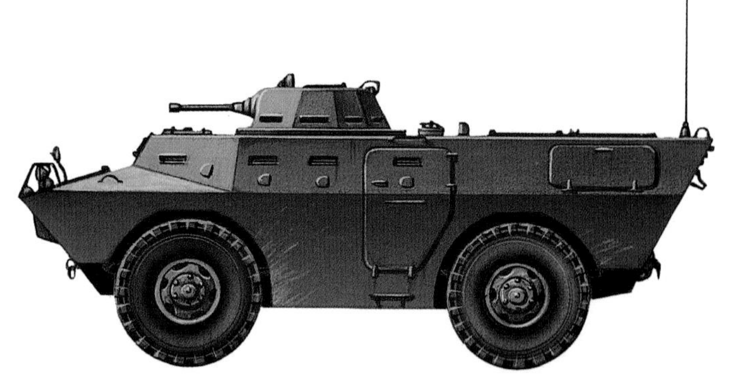

브라비아 사의 샤이미치는 수륙 양용 4x4 차량이다. 9명의 병사를 수송할 수 있다. V-200은 총 아홉 가지 버전 중 하나로 각 버전은 무장에 따라 구분된다. V-200의 경우 포탑에 탑재된 7.62mm(.3in) 기관총 두 정으로 무장한다.

제원

제조국: 포르투갈
승무원: 2명 + 9명
중량: 7300kg
치수: 전장: 5.6m | 전폭: 2.26m | 전고: 2.26m
기동 가능 거리: 950km
장갑: 최대 7.94mm
무장: 2 x 7.62mm (.3in) 기관총
엔진: 1 x M75 V8 가솔린 엔진, 157kW (210마력)
성능: 노상 최고 속도: 110km/h | 도섭: 수륙 양용 | 경사: 65% | 수직 장애물: 0.9m

TIMELINE

1979

1980

TM 125

TM 125는 차체 양쪽 측면에 다섯 명씩 나란히 앉는 방식으로 병사 10명을 수송할 수 있다. 차체에는 사격 포트(총안구)가 여섯 개 있다. 런플랫 타이어를 장착해 운행 시 내구력을 높였으며 모든 타이어의 공기가 완전히 빠진 뒤에도 최대 80m까지 운행이 가능하다.

제원
제조국: 독일
승무원: 2명 + 10명
중량: 7600kg
치수: 전장: 5.54m | 전폭: 2.46m | 전고 2.01m
기동 가능 거리: 700km
장갑: 불명
무장: 선택
엔진: 1 x 다임러-벤츠 OM 352 4기통 터보 디젤 엔진, 93kW (125마력)
성능: 노상 최고 속도: 85km/h | 도섭: 수륙 양용 | 경사: 80% | 수직 장애물: 0.55m

TM 170

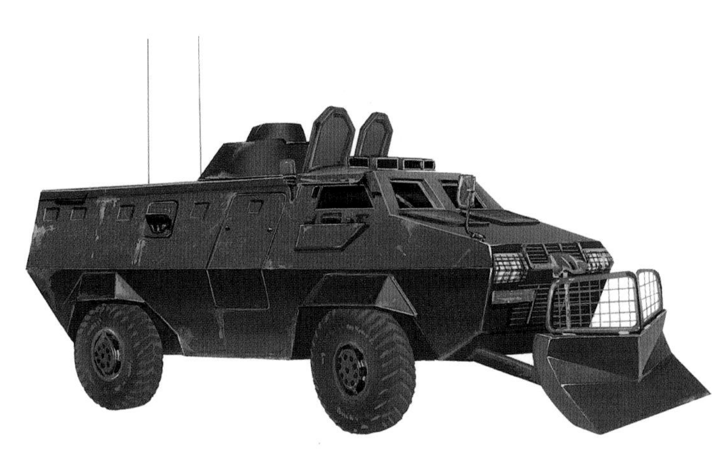

TM 170은 국내 치안 유지와 '전투지 택시' 용도로 개발되었으며 경찰 또는 병사를 최대 10명까지 수송할 수 있었다. 강철 차체가 소화기 사격이나 포탄 파편을 막아냈고 무장은 보통 하지 않았다.

제원
제조국: 독일
승무원: 2명 + 10명
중량: 약 11,650kg
치수: 전장: 6.14m | 전폭: 2.47m | 전고: 2.32m
기동 가능 거리: 870km
장갑: 10mm
무장: 선택
엔진: 1 x 메르세데스-벤츠 OM366, 6기통 디젤 엔진, 179Kw (240마력)
성능: 노상 최고 속도: 100km/h | 수상 최고 속도: 9km/h

피아트 오토 멜라라 타입 6614

타입 6614는 전형적인 현대식 병력 수송 장갑차로 6~8mm 두께의 장갑 차체를 채용해 소화기 사격 및 포탄 파편 방호 능력을 갖췄다. 문과 차체를 따라 사격 포트(총안구)가 있고, 지붕 해치에 12.7mm(.5in) 중기관총을 탑재했다.

제원
제조국: 이탈리아
승무원: 1명 + 10명
중량: 8500kg
치수: 전장: 5.86m | 전폭: 2.5m | 전고: 1.78m
기동 가능 거리: 700km
장갑: 6-8mm
무장: 1 x 12.7mm (.5in) 중기관총
엔진: 1 x 피아트 8062.24 6기통 터보 디젤 엔진, 119kW (160마력)
성능: 노상 최고 속도: 100km/h | 도섭: 수륙 양용 | 경사: 60% | 수직 장애물: 0.4m

1983

1980년대의 차륜형 병력 수송 장갑차

1980년대로 접어들었을 때 차륜형 병력 수송차는 이미 상당한 변화를 거친 상태였다. 대부분 완전 수륙 양용으로 물속에서는 차체 후방의 양쪽 가장자리에 장착한 보호 프로펠러(shrouded propeller) 두 개로 추진했다. 그리고 런플랫 타이어, 자동 화재 감지 및 진압 장치를 기본 장착했다.

콘도르

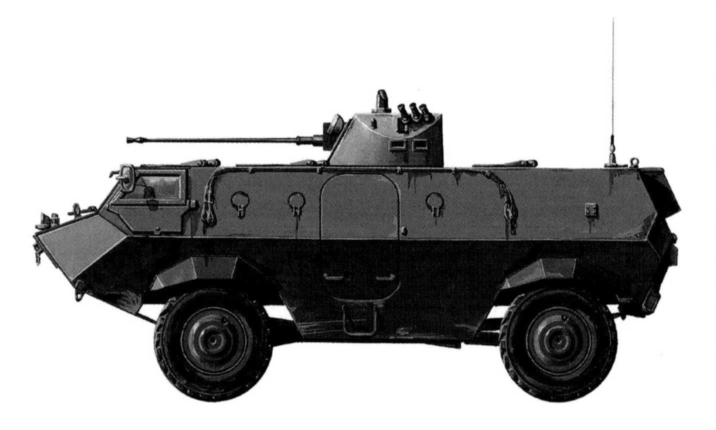

콘도르의 차체는 강철 장갑을 전체 용접해서 만들었다. 무장은 다양하지만 7.62mm(.3in), 12.7mm(.5in) 기관총과 20mm(.78in) 포, 대전차 유도 무기를 포함한다. 콘도르는 완전 수륙 양용이기는 하지만 트림 베인(trim vane)을 반드시 장착해야만 한다.

제원

제조국: 독일

승무원: 2명 + 12명

중량: 12,400kg

치수: 전장: 6.13m | 전폭: 2.47m | 전고: 2.18m

기동 가능 거리: 900km

장갑: 강철(세부 사항 기밀)

무장: 다양함(본문 참고)

엔진: 1 x 다임러-벤츠 OM 352A 6기통 수퍼차저 디젤 엔진, 125kW (168마력)

성능: 노상 최고 속도: 100km/h | 도섭: 수륙 양용 | 경사: 60% | 수직 장애물: 0.55m

시수 XA-180 병력 수송 장갑차

XA-180 6x6 병력 수송 장갑차는 10mm 두께의 장갑을 전체 용접해서 차체를 만들었다. 수송칸에는 지붕 해치가 두 개 있고 양쪽 측면에 사격 포트(총안구)가 세 개씩 있다. 완전 수륙 양용이며 수중에서는 차체 후미의 프로펠러 두 개로 추진한다.

제원

제조국: 핀란드

승무원: 2명 + 10명

중량: 15,500kg

치수: 전장: 7.35m | 전폭: 2.9m | 전고: 2.3m

기동 가능 거리: 800km

장갑: 불명

무장: 1 x 12.7mm (.5in) 기관총

엔진: 1 x 발멧 6기통 터보차저 디젤 엔진, 176kW (236마력)

성능: 최고 속도: 100km/h

TIMELINE

1981

1982

카스퍼

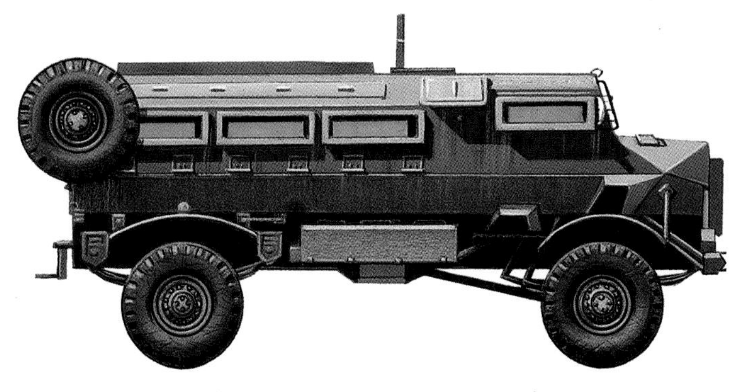

카스퍼는 차축의 지상 간격이 높아(.41m) 대전차 지뢰 방호력이 좋다. 또, 차체 바닥을 V자 모양으로 만들어 폭발 시 발생하는 압력이 외부로 빗나가 병력 수송칸에 영향을 주지 않게 했다. 식수 탱크도 있다.

제원
제조국: 남아프리카공화국
승무원: 2명 + 10명
중량: 12,580kg
치수: 전장: 6.87m | 전폭: 2.5m | 전고: 2.85m
기동 가능 거리: 850km
장갑: 강철(세부 사항 기밀)
무장: 1~3 x 7.62mm (.3in) 기관총
엔진: 1 x ADE-325T 6기통 디젤 엔진, 2800rpm일 때 127kW (170마력)
성능: 노상 최고 속도: 90km/h | 도섭: 1m | 경사도: 65% | 수직 장애물: 0.5m | 참호: 1.06m

타트라판

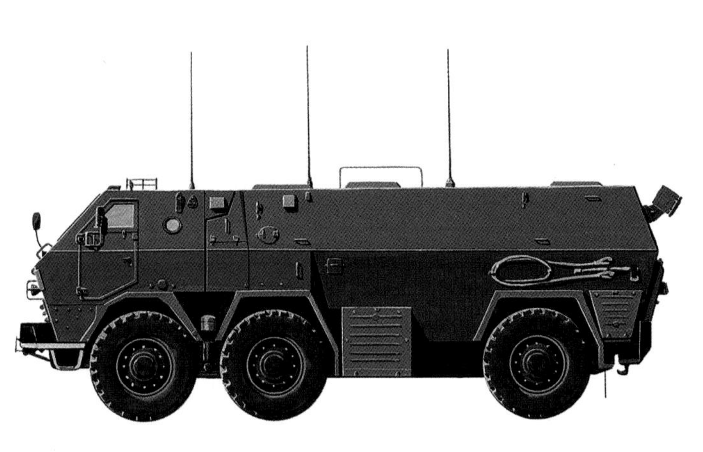

대형 병력 수송 장갑차로 분류되는 6x6 타트라판은 길이가 8.46m이고 완전 무장한 병사 11명을 수송할 수 있다. 승무원은 두 명이다. 장갑 차체는 전체 용접한 강철 구조이고 화생방(NBC) 방호 장치를 기본으로 장착한다.

제원
제조국: 슬로바키아
승무원: 2명 + 11명
중량: 20,600kg
치수: 전장: 8.46m | 전폭: 2.5m | 전고: 2.75m
기동 가능 거리: 850km
장갑: 강철(세부 사항 기밀)
무장: 1 x 12.7mm (.5in) 중기관총 | 1 x 7.62mm (.3in) 기관총
엔진: 1 x 타트라 T3-930-51 12기통 디젤 엔진, 265kW (355마력)
성능: 노상 최고 속도: 70km/h | 경사: 60%

십마스

십마스 6x6 병력 수송 장갑차는 별도의 준비가 필요 없는 완전 수륙 양용차이다. 야시 장비와 핵·생물·화학 무기(NBC) 방호 장치를 장착할 수 있다. 파생형으로는 구급차, 지휘 차량, 화물 차량이 있다.

제원
제조국: 벨기에
승무원: 3명 + 11명
중량: 16,500kg
치수: 전장: 7.32m | 전폭: 2.5 | 전고(차체): 2.24m
기동 가능 거리: 1000km
장갑: 기밀
무장: 1 x 20mm (.79in) 포 | 1 x 7.62mm (.3in) 기관총 | 1 x 7.62mm (.3in) 대공 기관총
엔진: 1 x 6기통 터보차저 디젤 엔진, 239kW (320마력)
성능: 노상 최고 속도: 100km/h | 도섭: 수륙 양용 | 수직 장애물: 0.6m | 참호: 1.5m

대형 차륜형 병력 수송 장갑차

현대식 대형 병력 수송 장갑차는 경전차 크기로 차체 내부에 병사들이 측면 사격 포트를 이용해 적군과 교전할 수 있는 공간이 있다. 캐넌포나 중기관총을 탑재할 수 있으며 연막탄 발사기도 차량에 실을 수 있는 소형 무기에 포함된다.

V-300 코만도

V-300 코만도는 코만도 계열의 6x6 버전 차량으로 다양한 무장을 장착할 수 있었다. 전방에 기본으로 장착하는 윈치는 9072kg의 무게를 들어 올릴 수 있었다. 파생형으로는 지휘소 차량, 박격포 운반차, 대전차 차량이 있다.

제원

제조국: 미국

승무원: 3명 + 9명

중량: 13,137kg

치수: 전장: 6.40m I 전폭: 2.54m I 전고: 1.981m

기동 가능 거리: 700km

장갑: 기밀

무장: 1 x 25mm (.98in) 휴스 헬리콥터 체인건 I 1 x 7.62mm (.3in) 동축 기관총

엔진: 1 x 터보차저 디젤 엔진, 175kW (235마력)

성능: 노상 최고 속도: 93km/h I 도섭: 수륙 양용 I 수직 장애물: 0.609m I 참호: 해당 없음

파트리아 XA-180

파트리아 XA-180는 6x6 배열의 병력 수송 장갑차이다. 활 모양의 차체 전단이 북유럽에서 필수적인 기능인 완전 수륙 양용 역량을 입증한다. 단, 트림 베인(trim vane)을 반드시 장착해야 한다. XA-180의 표준 무장은 지붕에 탑재한 기관총이었지만 대전차 유도 무기를 탑재한 파생형도 있었다.

제원

제조국: 핀란드

승무원: 2명 + 10명

중량: 15,000kg

치수: 전장: 7.35m I 전폭: 2.89m I 전고: 2.47m

기동 가능 거리: 800km

장갑: 강철(세부 사항 기밀)

무장: 1 x 7.62mm (.3in) 또는 12.7mm (.5in) 기관총

엔진: 1 x 발멧 6기통 터보 디젤 엔진, 175kW (236마력)

성능: 노상 최고 속도: 105km/h I 도섭: 수륙 양용 I 경사: 70% I 수직 장애물: 0.6m I 참호: 1m

TIMELINE

1982

1983

BTR-80

BTR-80는 승무원 세 명과 더불어 완전 무장한 병사 일곱 명을 수송할 수 있다. 병력 수송칸에는 사격 포트(총안구)가 여섯 개 있고, 주무장은 포탑에 탑재한 14.5mm(.57in) KPVT 기관총과 동축 7.62mm(.3in) PKT 기관총이다.

제원
제조국: 러시아/소련
승무원: 3명 + 7명
중량: 13,600kg
치수: 전장: 7.65m | 전폭: 2.9m | 전고: 2.46m
기동 가능 거리: 600km
장갑: 최대 9mm
무장: 1 x 14.5mm (.57in) KPVT 기관총 | 1 x 7.62mm (.3in) 동축 PKT 기관총
엔진: 1 x V8 디젤 엔진, 193kW (260마력)
성능: 노상 최고 속도: 90km/h | 도섭: 수륙 양용 | 경사: 60% | 수직 장애물: 0.5m | 참호: 2m

VTP-1 오르카

VTP-1 오르카(범고래)는 다목적 장갑차로 개발되었다. 전체 용접한 강철 차체의 장갑 두께는 6~12mm이다. 차체 위와 병력 수송칸 주위에 기관총 마운트가 여러 개 있다.

제원
제조국: 칠레
승무원: 2명 + 16명
중량: 18,000kg
치수: 전장: 7.84m | 전폭: 2.5m | 전고: 2.5m
기동 가능 거리: 1000km
장갑: 6–12mm
무장: 기관총 다수
엔진: 1 x 제너럴 모터스 6V-53T 6기통 디젤 엔진, 2400rpm일 때 194kW (260마력)
성능: 노상 최고 속도: 120km/h | 경사: 60%

파드

파드는 승무원 두 명과 더불어 완전 무장한 병사 10명을 수송할 수 있는 대형 병력 수송 장갑차이다. 장갑 차체는 일반적인 병력 수송 장갑차와 동일한 소화기 사격 및 포탄 파편 방호 능력을 갖추고 있으며 전투 시 강철 덧문으로 창문을 닫을 수 있다.

제원
제조국: 이집트
승무원: 2명 + 10명
중량: 10,900kg
치수: 전장: 6m | 전폭: 2.45m | 전고: 2.1m
기동 가능 거리: 800km
장갑: 강철(세부 사항 기밀)
무장: 기본 무장 없음
엔진: 1 x 메르세데스-벤츠 OM-352 A 6기통 터보 디젤 엔진, 2800rpm일 때 125kW (168마력)
성능: 노상 최고 속도: 90km/h | 도섭: 0.7m | 경사: 70% | 수직 장애물: 0.5m | 참호: 0.9m

1984 1985

화력 지원 장갑차

장갑차는 1970년대에 다시금 화력 지원 차량으로서 중요성을 회복하게 되고 한때 경전차가 맡았던 역할을 수행하게 되었다. 이 차량들은 전 세계 곳곳에서 많은 '치안 유지 활동'에 참여했다.

엥게사 EE-9 카스카베우

EE-9 카스카베우(방울뱀) 6x6 장갑차는 EE-11 병력 수송 장갑차와 함께 개발되었다. 초기 모델은 M3 스튜어트 경전차와 동일한 37mm(1.46in) 포를 탑재했지만 90mm(3.54in) 포로 무장한 엥게사 포탑을 장착하도록 개조했다.

제원

제조국: 브라질

승무원: 3명

중량: 13,400kg

치수: 전장: 5.2m | 전폭: 2.64m | 전고: 2.68m

기동 가능 거리: 880km

장갑: 불명

무장: 1 x 90mm (3.54in) 포 | 1 x 7.62mm (.3in) 동축 기관총 | 1 x 7.62mm (.3in) 대공 기관총

엔진: 1 x 디트로이트 디젤 6V-53N 6기통 수랭식 디젤 엔진, 2800rpm일 때 158kW (212제동 마력)

성능: 최고 속도: 100km/h

AMX-10RC

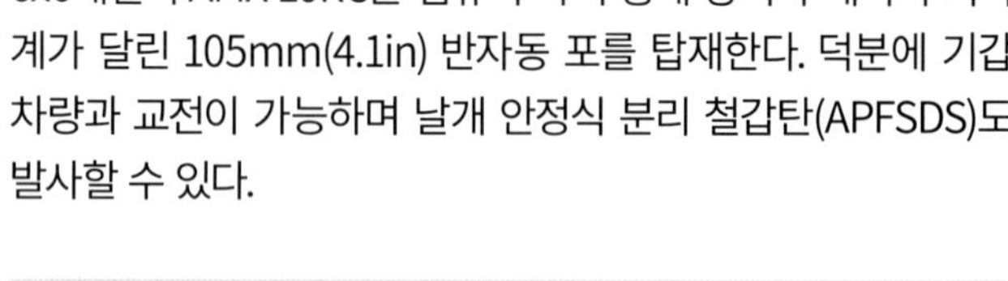

6x6배열의 AMX-10RC는 컴퓨터 사격 통제 장치와 레이저 거리계가 달린 105mm(4.1in) 반자동 포를 탑재한다. 덕분에 기갑 차량과 교전이 가능하며 날개 안정식 분리 철갑탄(APFSDS)도 발사할 수 있다.

제원

제조국: 프랑스

승무원: 4명

중량: 15,880kg

치수: 전장(차체): 6.36m | 전폭: 2.95m | 전고: 2.66m

기동 가능 거리: 1000km

장갑: 기밀

무장: 1 x 105mm (4.1in) 포 | 1 x 7.62mm (.3in) 동축 기관총 | 2 x 2 연막탄 발사기

엔진: 1 x 바두앵 모델 6F 11 SRX 디젤 엔진, 209kW (280마력)

성능: 노상 최고 속도: 85km/h | 도섭: 수륙 양용 | 경사: 50% | 수직 장애물: 0.8m

TIMELINE

1972 1973 1979

쿠거 건 차륜형 화력 지원 차량

쿠거의 파생형에는 알비스 스콜피온의 포탑에 76mm(2.99in) 포를 탑재한 차륜형 화력 지원 차량이 있다. 그 외에는 승무원 세 명과 병사 여섯 명이 탑승할 수 있는 그리즐리 병력 수송 장갑차와 크레인이 달린 허스키 차륜형 정비 구난 차량이 있다.

제원

제조국: 캐나다
승무원: 3명
중량: 9526kg
치수: 전장: 5.97m | 전폭: 2.53m | 전고 2.62m
기동 가능 거리: 602km
장갑: 최대 10mm
무장: 1 x 76.2mm (3in) 포 | 1 x 7.62mm (.3in) 동축 기관총
엔진: 1 x 디트로이트 디젤 6V-53T 6기통 디젤 엔진, 160kW (215마력)
성능: 노상 최고 속도: 102km/h | 도섭: 수륙 양용 | 경사: 60% | 수직 장애물: 0.5m

ERC 90 F4 사게

프랑스 육군이 보유한 파나르 ERC 90 F4 사게는 포신이 긴 90mm(3.54in) 포를 탑재했다. 또, 내부에 90mm 포탄 20발을 적재하며 최신형에는 컴퓨터 사격 통제 장치와 완전 화생방(NBC) 방호 장치, 컴퓨터 지상 내비게이션 시스템을 갖추고 있다.

제원

제조국: 프랑스
승무원: 3명
중량: 8300kg
치수: 전장(포 앞까지): 7.69m | 전폭: 2.5m | 전고: 2.25m
기동 가능 거리: 700km
장갑: 10mm
무장: 1 x 90mm (3.54in) 포 또는 1 x 7.62mm (.3in) 동축 기관총 | 2 x 2 연막탄 발사기
엔진: 1 x 푸조 V6 가솔린 엔진, 116kW (155마력)
성능: 최고 속도: 100km/h | 도섭: 수륙 양용 | 경사: 60% | 수직 장애물: 0.8m | 참호: 1.1m

드래군

드래군 기갑 전투 차량은 속도가 빠른 4x4 차량으로 포탑에 탑재한 90mm(3.54in) KEnerga 포와 동축 7.62mm(.3in) 기관총으로 무장했다. 무장은 40mm(1.57in) 캐넌포나 12.7mm(.5in) 기관총으로 변경할 수 있다.

제원

제조국: 미국
승무원: 3명 + 6명
중량: 12,700kg
치수: 전장: 5.89m | 전폭: 2.44m | 전고: 2.13m
기동 가능 거리: 1045km
장갑: 강철(세부 사항 기밀)
무장: 1 x 90mm (3.54in) KEnerga 포 | 1 x 동축 7.62mm (.3in) 기관총
엔진: 1 x 디트로이트 6V-53T 6기통 터보 디젤 엔진, 2800rpm일 때 223kW (300마력)
성능: 노상 최고 속도: 116km/h | 도섭: 수륙 양용 | 경사: 60% | 수직 장애물: 0.6m

1982

카스카베우

1960년대 말, 오랫동안 트럭을 제조해온 상파울루의 엥게사 사가 브라질 육군을 위한 6x6 배열 장갑차 두 종류를 개발했다. 그 중 하나가 EE-9 카스카베우 장갑차였다.

카스카베우

EE-9 카스카베우(방울뱀) 6x6 장갑차는 EE-11 병력 수송 장갑차와 동시 개발되었으며 많은 요소를 공유한다. EE-9의 첫 프로토타입은 1970년 11월에 완성되었고 이어서 1972년부터 1973년까지 시제품이 생산되었다.

제원

제조국: 브라질

승무원: 3명

중량: 13,400kg

치수: 전장: 5.2m | 전폭: 2.64m | 전고:2.68m

기동 가능 거리: 880km

장갑: 불명

무장: 1 x 90mm (3.54in) 포 | 1 x 7.62mm (.3in) 동축 기관총 | 1 x 7.62mm (.3in) 대공 기관총

엔진: 1 x 디트로이트 디젤 6V-53N 6기통 수랭식 엔진, 158kW (212마력)

성능: 노상 최고 속도: 100km/h

중앙 타이어 공기압 조절기

조종수는 차량을 운행 중인 지면의 유형에 맞춰 타이어 공기압을 조절할 수 있다.

부메랑 서스펜션

90cm의 수직 휠트래블과 함께 워킹 빔 서스펜션이 있어 아무리 거친 지형이라도 뒷바퀴 네 개가 모두 지면에 접촉된 상태를 유지할 수 있다.

트럭

1980년대가 되자 군용 트럭은 두 가지 뚜렷한 패턴을 보이도록 발전했다. 베드포드처럼 검증된 설계를 고수하는 트럭도 있고 오슈코시 PLS 같은 미래형 설계를 적용한 트럭도 있었다. 하지만 대부분은 운용에 필요한 조건과 만능 다목적 차량인지 특수 운송용인지 여부에 따라 설계되었다.

베드포드 TM

TM 4-4는 중간급 기동성을 갖춘 4x4 트럭을 요청 받고 검증된 상업용 차대를 기반으로 해 개발한 차량이다. 기본 화물차, 윈치를 추가한 기본 화물차, 아틀라스 유압 크레인을 장착한 화물차, 덤프트럭, 이렇게 네 가지 기본 모델이 있었다.

제원
제조국: 영국
승무원: 1명 + 1명
중량: 16,300kg
치수: 전장: 6,629m | 전폭: 2,489m | 전고(캡): 2,997m
기동 가능 거리: 499km
장갑: 없음
무장: (선택 사양) 1 x 7.62mm (.3in) 기관총
엔진: 1 x 베드포드 터보차저 디젤 엔진, 153.6kW (206마력)
성능: 노상 최고 속도: 93km/h | 도섭: 0.762m

오슈코시 PLS

오슈코시 팔레트화 적재 체계(PLS)는 중량 화물 적재 시스템을 오슈코시 고기동성 전술 트럭에 장착한 것이다. 적재량은 11,840kg이고 다양한 트레일러 및 플랫 트랙 화물 운송 시스템과 함께 작동한다.

제원
제조국: 미국
승무원: 2명
중량: 17,600kg
치수: 전장: 10.67m | 전폭: 2.43m | 전고: 3.28m
기동 가능 거리: 540km
장갑: 없음
무장: 없음
엔진: 1 x 디트로이트 디젤 8V-92TA 8기통 디젤 엔진, 373kW (500마력)
성능: 노상 최고 속도: 91km/h

TIMELINE

1981 

1982 

오슈코시 고기동성 전술 트럭

개발비를 낮추기 위해 오슈코시 고기동성 전술 트럭(HEMTT)은 상업용 차량의 여러 표준 부품을 사용했다. 기본 모델에도 윈치 및 화물용 크레인이 장착된다. 파생형으로는 연료 탱크, 트랙터 트럭, 화물 플랫폼이 있는 구난 트럭이 있다.

제원
제조국: 미국
승무원: 1명 + 1명
중량: 28,123kg
치수: 전장: 10.16m | 전폭: 2.39m | 전고(캡): 2.565m
기동 가능 거리: 483km
장갑: 없음
무장: 없음
엔진: 1 x 디트로이트-디젤 모델 8V-92TA V-8 엔진, 331.8kW (445마력)
성능: 노상 최고 속도: 88km/h | 도섭: 1.524m

페가소 3055

페가소 3055는 항공 수송이 용이하도록 제거 가능한 캔버스 후드와 접어 내릴 수 있는 앞 유리를 채택했다. 야지에서 화물 6톤을 수송할 수 있고 도로에서는 거의 두 배 가까이 수송할 수 있다. 트랙터 트럭, 덤프 트럭, 소방차 등 파생형이 많다.

제원
제조국: 스페인
승무원: 1명 + 1명
중량: 15,000kg
치수: 전장: 6.956m | 전폭: 2.406m | 전고:2.765m
기동 가능 거리: 550km
장갑: 없음
무장: 없음
엔진: 1 x 페가소 모델 10 6기통 자연 흡기 디젤 엔진, 164kW (220마력)
성능: 노상 최고 속도: 80km/h | 도섭: 1m

EKW 비존

개발이 낙후된 지역에서 사용할 민간용 트럭으로 개발된 EKW 비존 4x4 차량을 군용으로 채택했다. 완전 수륙 양용으로 측면 부유백과 프로펠러 두 개를 장비했으며 자동으로 활성화되는 빌지 펌프도 있다.

제원
제조국: 독일
승무원: 2명
중량: 16,000kg
치수: 전장: 9.34m | 전폭: 2.5m | 전고(캡 지붕까지): 2.964m
기동 가능 거리: 900km
장갑: 없음
무장: 없음
엔진: 1 x V8 공랭식 디젤 엔진, 239kW
성능: 노상 최고 속도: 80km/h | 수상 최고 속도:12km/h | 도섭: 수륙 양용 | 수직 장애물: 불명 | 참호: 해당 없음

유럽의 트럭

현대의 군용 트럭은 물자 수송용으로 설계했든 구급차로 설계했든 상관없이 높은 기동성이 가장 핵심적인 필요조건이다. 모든 지형 및 기후 조건에서 기갑 편대에 뒤처지지 않으며 지속적인 지원을 보장해야 하고 어느 정도 자체적인 방호 능력도 반드시 갖춰야 한다.

만 40.633

만 40.633 DFAETX 트럭은 중량이 40,000kg이다. 이 정도 무게의 차량이 바위투성이 불모지대를 달리려면 타이어에 부담이 많이 가므로 타이어 공기압 조절 장치가 장착되었다. 싱글 타이어 포맷이 연약한 모래 위를 달릴 때 차량이 빠지는 것을 방지한다.

제원
제조국: 독일
승무원: 3명 + 5명
중량: 40,000kg
치수: 전장: 8.22m | 전폭: 2.9m | 전고: 3.17m
기동 가능 거리: 1000km
장갑: 없음
무장: 없음
엔진: 1 x 만 D 2840 10기통 터보 디젤 엔진, 463kW (621마력)
성능: 노상 최고 속도: 88km/h | 도섭: 0.85m

만 15t mil gl A1

만 15t mil gl A1 트럭은 고기동성 전술 트럭이란 새로운 시리즈의 필요조건을 만족한다. 이 시리즈에 속하는 각 트럭은 18,200kg의 화물을 실을 수 있고, 화물을 최대한도로 실은 상태에서 60%의 경사를 올라갈 수 있다. 트레일러는 화물을 빠르게 내릴 수 있도록 유압을 이용해 들어 올림으로써 45°로 기울일 수 있다.

제원
제조국: 독일
승무원: 1명 + 2명
중량: 최대 적재 시 32,000kg
치수: 전장: 10.27m | 전폭: 2.9m | 전고: 2.93m
기동 가능 거리: 750km
장갑: 해당 없음
무장: 없음
엔진: 1 x 만 D2566MF 6기통 터보 디젤 엔진, 294kW (394마력)
성능: 노상 최고 속도: 90km/h | 경사: 60% | 참호:1.9m

TIMELINE

1980 

1982

1985  

만 N 4510 5t mil gl

만 N 4510 5t mil gl은 4x4 트럭으로 1970년대에 군사 작전 중 레오파르트 주력 전차와 속도를 맞출 수 있는 물류 차량이 필요함을 인지하고 오랜 개발을 진행한 끝에 탄생했다. 만 N 4510은 5톤 트럭을 대표한다.

제원
제조국: 독일
승무원: 3명 + 2명
중량: 14,460kg
치수: 전장: 8.01m l 전폭: 2.5m l 전고: 2.85m
기동 가능 거리: 750km
장갑: 없음
무장: 없음
엔진: 1 x 도이츠 F8 L 413F 8기통 디젤 엔진, 188kW (252마력)
성능: 노상 최고 속도: 90km/h

우랄-4320B

견고하고 신뢰성 높은 우랄 4320 트럭은 6x6 차량으로 병사 또는 화물을 수송하거나 트레일러를 견인하도록 설계되었다. 최대 적재량은 5000kg 혹은 병사 27명으로 병력 수송칸과 화물칸을 따로 구분하지 않았다. 차체 전체를 장갑으로 둘러 최대 구경 12.7mm(.5in)의 소화기 사격을 막을 수 있다.

제원
제조국: 러시아/소련
승무원: 2명 + 27명
중량: 최대 적재 시 15,000kg
치수: 전장: 7.6m l 전폭: 2.7m l 전고: 2.8m
기동 가능 거리: 1000km
장갑: 세부 사항 기밀
무장: 없음
엔진: 1 x YamAZ-238M2 8기통 디젤 엔진, 176kW (236마력)
성능: 노상 최고 속도: 82km/h

우로 VAMTAC

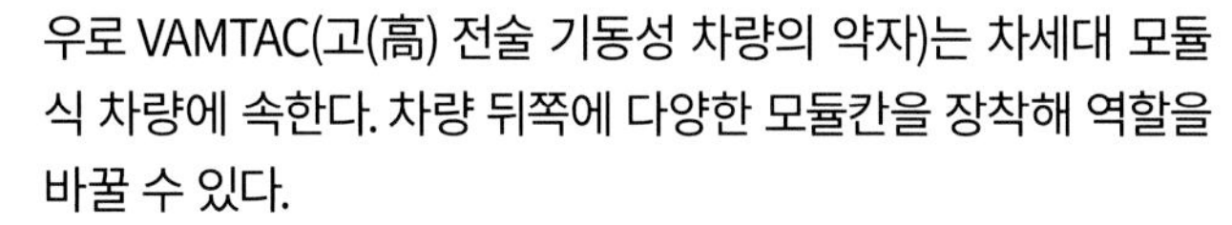

우로 VAMTAC(고(高) 전술 기동성 차량의 약자)는 차세대 모듈식 차량에 속한다. 차량 뒤쪽에 다양한 모듈칸을 장착해 역할을 바꿀 수 있다.

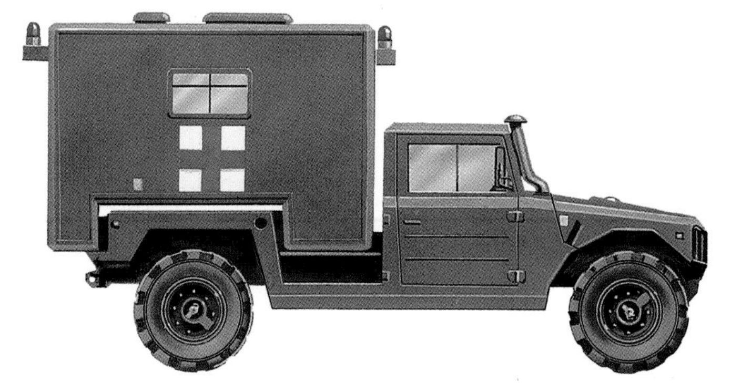

제원
제조국: 스페인
승무원: 1명
중량: 5000kg
치수: 전장: 4.85m l 전폭: 2.19m l 전고: 1.89m
기동 가능 거리: 600km
장갑: 불명
무장: 모듈에 따라 다름(본문 참고)
엔진: 1 x 슈타이어 M16-TCA 6기통 터보 디젤 엔진, 89kW (119마력)
성능: 노상 최고 속도: 130km/h l 도섭: 스노클 장착 시 1.5m

1985 1990

수륙 양용 차량

수륙 양용 차량만큼 발전이 분명하게 보이는 기갑 전투 차량은 없다. 냉전 시대 동안 설계의 발전은 새로운 경지에 올라섰고 결국 수륙 양용 차량은 그 어느 주력 전차 못지않은 속도와 오프로드 조종성을 갖추게 되었다.

LVTP7

LVTP7은 미국 해병대용으로 특별히 설계되었다. 차체는 알루미늄이고 트윈 워터제트 또는 궤도로 추진하며 완전 무장한 병사를 최대 25명까지 수송할 수 있었다. 파생형으로는 지휘 차량과 구난 차량이 있다.

제원

제조국: 미국
승무원: 3명 + 25명
중량: 22,837kg
치수: 전장: 7,943m | 전폭: 3,27m | 전고: 3,263m
기동 가능 거리: 482km
장갑: 45mm
무장: 1 x 12,7mm (.5in) 중기관총 | 선택 사양 40mm (1,57in) 유탄 발사기
엔진: 1 x 디트로이트 디젤 모델 8V-53T 엔진, 298kW (400마력)
성능: 노상 최고 속도: 64km/h | 수상 최고 속도: 13,5km/h | 도섭: 수륙 양용 | 수직 장애물: 0,914m | 참호: 2,438m

CAMANF

CAMANF는 기본적으로 6x6 F-7000 포드 차대에 방수 차체를 장착한 것이다. 적재량은 공식적으로는 5톤이나 물살이 거칠 때는 훨씬 적다. CAMANF는 평범할지 모르나 신뢰성은 높은 수륙 양용차이다.

제원

제조국: 브라질
승무원: 3명
중량: 13,500kg
치수: 전장: 9,5m | 전폭: 2,5m | 전고: 2,65m
기동 가능 거리: 430km
장갑: 6–10mm
무장: 1 x 12,7mm (.5in) 대공 중기관총
엔진: 1 x 디트로이트-디젤 모델 40-54N 디젤 엔진, 142kW (190마력)
성능: 노상 최고 속도: 72km/h | 수상 최고 속도: 14km/h | 도섭: 수륙 양용 | 수직 장애물: 0,4m | 참호: 해당 없음

TIMELINE

1971 

1975 

타입 6640A

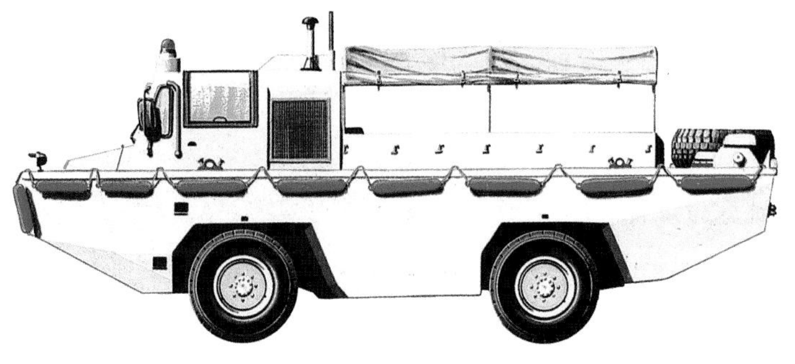

타입 6640A의 차체는 경량화를 위해 알루미늄으로 만들어졌고 최대 2.14톤을 실을 수 있었다. 수중에서는 바퀴나 프로펠러로 추진했고 방향키는 운전대와 연결되었다.

제원
제조국: 이탈리아
승무원: 2명
중량: 6950kg
치수: 전장: 7.3m | 전폭: 2.5m | 전고: 2.715m
기동 가능 거리: 750km
장갑: 최대4mm
무장: 없음
엔진: 1 x 6기통 디젤 엔진, 87kW (117마력)
성능: 노상 최고 속도: 90km/h | 수상 최고 속도 - 프로펠러 가동 시: 11km/h 또는 바퀴 이용 시: 5km/h | 0.43m | 참호: 해당 없음

페가소 VAP 3550/1

페가소 VAP 3550/1은 스페인 해병대용으로 설계되었으며 전차 상륙함에서 해안으로 발진시킨다. 차체 앞쪽에 병사 18명을 태우거나 화물 3000kg을 실어 수송할 수 있다. 후방에 유압 크레인을 장착했다.

제원
제조국: 스페인
승무원: 3명 + 18명
중량: 12,500kg
치수: 전장: 8.85m | 전폭: 2.5m | 전고: 2.5m
기동 가능 거리: 800km
장갑: 최대6mm
무장: 1 x 7.62mm (.3in) 기관총 (수출용 한정)
엔진: 1 x 페가소 9135/5 6기통 터보 디젤 엔진, 142kW (190마력)
성능: 노상 최고 속도: 87km/h | 수상 최고 속도: 10km/h | 경사: 60%

Bv 206

Bv 206은 두 유닛으로 구성된다. 앞 유닛에는 엔진과 변속기가 있고 조종을 맡은 승무원들이 탑승한다. 뒤쪽 유닛은 병사 11명이 탑승할 수 있는 병력 수송차나 화물 수송차이다. 두 유닛은 조종 가능한 연결 장치로 이어지며 공기 히터로 따뜻한 온도를 유지한다.

제원
제조국: 스웨덴
승무원: 5명 + 11명
중량: 전방 유닛: 2740kg | 후방 유닛: 1730kg
치수: 전장: 6.9m | 전폭: 1.87m | 전고: 2.4m
기동 가능 거리: 300km
장갑: 없음
무장: 없음
엔진: 1 x 메르세데스-벤츠 OM603.950 6기통 디젤 엔진, 101kW (136마력)
성능: 노상 최고 속도: 55km/h | 도섭: 수륙 양용 | 경사: 60% | 수직 장애물: 0.5m

1981

AAV7

기존에 LVTP7으로 알려졌던 AAVP7은 1972년 미군 해병대용으로 생산에 들어갔다. 완전 궤도형 수륙 양용 상륙 돌격 장갑차로 상륙함에서 해안 및 내륙까지 해병을 수송하는 기능을 한다. 1985년 AAV7으로 명칭이 바뀌었다.

AAV7

기관총
AAV7의 M58 12.7mm(.5in) 기관총은 엔진 뒤의 작은 포탑에 탑재된다. 업데이트 버전은 유탄 발사기가 탑재된 더 큰 포탑을 장착한다.

지붕 해치
AAV7에는 토션 스프링으로 균형을 잡는 지붕 해치가 세 개 있다. 이 해치는 물에 들어가 있을 때 화물을 싣고 내리는 용도로 쓰인다.

AAV7

AAV7 암트랙은 전투 무장을 갖춘 해병을 모든 종류의 지형에서 최대 25명까지 보호·수송할 수 있다. 기관실이 완전 방수되므로 물살이 거친 항해에도 적합하다. 강철 장갑판 밑에 인조 섬유 케블러(Kevlar)를 한 겹 댄 샌드위치형 장갑을 채택했다. 업데이트 버전에는 유탄 발사기를 탑재한 포탑이 추가되었다.

제원

제조국: 미국

승무원: 3명 + 25명

중량: 22,838kg

치수: 전장: 7.94m | 전폭: 3.27m | 전고: 3.26m

기동 가능 거리: 482km

장갑: 최대 45mm

무장: (업데이트) 1 x 40mm (1.57in) 유탄 발사기 | 1 x 12.7mm (.5in) 중기관총

엔진: 1 x 디트로이트 디젤 8V-53T 터보차저 엔진, 298kW (400마력)

성능: 노상 최고 속도: 64km/h | 수상 최고 속도: 14km/h

파워 램프

차량 후미의 전기 구동식 램프에 작은 문이 있어서 기계적 결함이 있을 때에도 출입이 보장된다.

측면 장갑

차체의 상부와 측면, 그리고 하부는 30mm 두께의 알루미늄 장갑으로 보호해 소화기 사격과 포탄 파편을 막을 수 있다.

교량 가설 및 도로 부설 차량

군대를 움직이는 것은 군량이라는 말이 있다. 오늘날의 군대는 길을 내고 보수하는 공병 차량의 지원 덕에 움직인다. 특수 장비를 장착한 차량은 폭이 넓은 강에 다리를 놓을 수도 있다. 현대 군대에서는 최전선 공병의 지원이 성공의 핵심이 된다.

비버

비버는 레오파르트 1 주력 전차의 차대를 기반으로 만들어졌다. 차체도 사실상 동일했으나 포탑을 두 부분으로 구성된 알루미늄 교량으로 교체해 20m의 간격을 연결할 수 있게 했다. 추가적인 엄폐를 위해 연막 발사기도 네 개 장착했다.

제원
제조국: 서독
승무원: 2명
중량: 교량 포함 45,300kg
치수: 전장(교량 포함): 11.82m | 전폭(교량 포함): 4m | 전고(교량 포함): 3.57m 기동 가능 거리: 550km
장갑: 70mm
무장: 없음
엔진: 1 x MTU MB 838 Ca. M500 10기통 다종 연료 엔진, 618.9kW (830마력)
성능: 노상 최고 속도: 62km/h | 도섭: 1.2m | 수직 장애물: 0.7m | 참호: 2.5m

SMT-1

SMT-1은 이동식 교량 시스템이다. 교량의 길이는 11m로 트레슬(버팀다리)로 지지한다. 트레슬은 교량 표면이 지상에서 3.5m 높이로 올라오게 조절할 수 있다. 단 2.3톤에 불과하지만 일단 교량을 세우고 나면 40톤의 교통량을 감당할 수 있다.

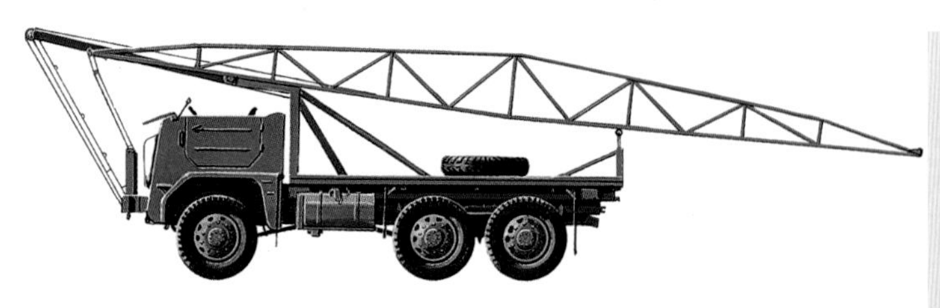

제원
제조국: 폴란드
승무원: 3명
중량: 9600kg
치수: 전장: 11.97m | 전폭: 3.3m | 전고: 3.15m
기동 가능 거리: 500km
장갑: 해당 없음
무장: 없음
엔진: 1 x S-47 6기통 가솔린 엔진, 77kW (103마력)
성능: 노상 최고 속도: 50km/h

TIMELINE

1975    1977 

FSB 2000

FSB 2000은 접이식 부교 시스템으로 6x6이나 8x8 배열의 트럭 뒤쪽에서 배치한다. 강둑에 근접한 뒤 트럭에서 힌지로 연결된 섹션을 밀어 내리면 롤러에 의해 램프가 물속으로 들어간다. 100m 길이의 부교를 채 1시간에 못 미치는 단 시간에 가설할 수 있다.

제원
제조국: 독일
승무원: 1명 + 2명
중량: (교량 시스템) 4800kg
치수: (교량 시스템) 전장: 6.7m | 전폭(접힘 상태): 3.03m | 전고: 1.27m
기동 가능 거리: 해당 없음
장갑: 해당 없음
무장: 없음
엔진: 1 x 만 디젤 엔진, 185kW (248마력)
성능: 노상 최고 속도: 90km/h | 도섭: 1.2m

만/크루프 레구안

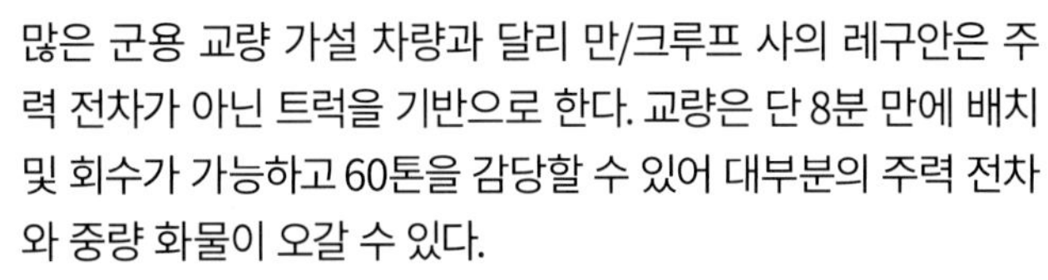

많은 군용 교량 가설 차량과 달리 만/크루프 사의 레구안은 주력 전차가 아닌 트럭을 기반으로 한다. 교량은 단 8분 만에 배치 및 회수가 가능하고 60톤을 감당할 수 있어 대부분의 주력 전차와 중량 화물이 오갈 수 있다.

제원
제조국: 독일
승무원: 2명
중량: 35,600kg
치수: 전장: 15.3m | 전폭: 4.01m | 전고 4m
기동 가능 거리: 600km
장갑: 해당 없음
무장: 없음
엔진: 1 x 만 D 2866LD/422 디젤 엔진, 307kW (412마력)
성능: 노상 최고 속도: 72km/h

만 FSG

만 FSG는 임시 도로 부설 차량으로 진창이나 설상 혹은 침식 지형에 길이 50m, 폭 4.2m의 알루미늄 노면을 깔 수 있다. 또 도섭 작전 시 강둑에 단단한 주행용 표면을 만들 수도 있다.

제원
제조국: 독일
승무원: 2명
중량: 27,500kg
치수: 전장: 11.45m | 전폭: 2.99m | 전고 3.52m
기동 가능 거리: 800km
장갑: 해당 없음
무장: 없음
엔진: 1 x 8기통 디젤 엔진, 265kW (355마력)
성능: 노상 최고 속도: 80km/h

1980 1988

공병 차량

전투 공병의 핵심 임무는 원래 적군의 방어 시설을 약화시키고 폭파하는 것이었다. 하지만 오늘날의 공병은 도로 건설 및 상태 개선, 적군 지뢰 지역 돌파, 장애물 파괴, 교량 건설 등 다양한 임무를 수행하며 이를 위해 최첨단 장비를 보유한다.

전투 공병 트랙터

전투 공병 트랙터(CET)는 차량 구난, 장애물 제거, 도하 시 제방 준비 작업과 같은 다양한 임무를 수행하도록 만들어졌다. 바퀴가 연약 지반에 빠져서 움직일 수 없게 되면 로켓 추진식 앵커를 땅 속으로 발사한 뒤 감아올림으로써 스스로 차량을 빼낼 수 있다.

제원
제조국: 영국
승무원: 2명
중량: 18,000kg
치수: 전장: 7.54m | 전폭: 2.9m | 전고: 2.67m
기동 가능 거리: 322km
장갑: 기밀
무장: 1 x 7.62mm (.3in) 기관총
엔진: 1 x 롤스로이스 C6TFR 6기통 직렬 디젤 엔진, 238.6kW (320마력)
성능: 노상 최고 속도: 56km/h | 도섭: 1.83m | 수직 장애물: 0.61m | 참호: 2.06m

BAT-2

BAT-2는 일반적인 공병 차량으로 V자 모양의 큰 관절형 유압식 불도저 날이 있으므로 땅고르기, 장애물 제거 작전에 이상적이다. 지면이 서리로 얼어붙었을 때 지면을 긁어 상태를 개선할 수 있는 장치도 장착했다.

제원
제조국: 우크라이나
승무원: 2명 + 8명
중량: 39,700kg
치수: 전장: 9.64m | 전폭: 4.2m | 전고: 3.69m
기동 가능 거리: 500km
장갑: 해당 없음
무장: 없음
엔진: 1 x V-64-4 12기통 다종 연료 엔진, 522kW (700마력)
성능: 노상 최고 속도: 60km/h | 도섭: 1.3m | 수직 장애물: 0.8m

TIMELINE

1978    

피오니어판처 닥스 2

피오니어판처 닥스 2는 신축 가능한 암이 있고 그 끝에 땅을 파는 용도의 버켓이 있다. 이동 중에는 차체의 오른쪽 측면을 따라 암을 내려 둔다. 불도저 날이 지뢰 제거 시 방패 역할을 하고 콘크리트와 강철 빔을 가를 수 있는 도구도 있다. (피오니어판처는 공병 전차라는 뜻이다 -옮긴이)

제원
제조국: 독일
승무원: 3명
중량: 43,000kg
치수: 전장: 9.01m | 전폭: 3.25m | 전고: 2.57m
기동 가능 거리: 650km
장갑: 불명
무장: 1 x 7.62mm (.3in) 기관총
엔진: 1 x MTU MB838 CaM5000 10기통 디젤 엔진, 610kW (818마력)
성능: 노상 최고 속도: 62km/h

M9 에이스

땅 고르는 차량으로서는 드물게 M9은 수륙 양용이며 궤도를 이용해 수중에서 시속 4.8km의 속도를 낸다. 전방에는 대형 에이프런/불도저 날이 있고, 유압식 회전 작동기를 이용해 아래로 내릴 수 있다.

제원
제조국: 미국
승무원: 3명
중량: 16,327kg
치수: 전장: 6.25m | 전폭: 3.2m | 전고: 2.7m
기동 가능 거리: 322km
장갑: 불명
무장: 없음
엔진: 1 x 커민스 V903C 8기통 디젤 엔진, 164kW (220마력)
성능: 노상 최고 속도: 48km/h

AAAVR7A1

수륙 양용 돌격 구난 장갑 차량 7A1(AAAVR7A1)은 상륙 지점에서 고장 난 차량을 회수하거나 정비 작업을 하는 용도로 쓰인다. 밀러 맥스트론 300 용접기와 휴대용 발전기, 공기 압축기를 장비했다.

제원
제조국: 미국
승무원: 5명
중량: 23,601kg
치수: 전장: 7.94m | 전폭: 3.27m | 전고: 3.26m
기동 가능 거리: 480km
장갑: 불명
무장: 1 x 12.7mm (.5in) 브라우닝 M2 HB 또는 7.62mm (.3in) M60 기관총
엔진: 1 x 커민스 VT400 8기통 다종 연료 엔진, 298kW (399마력)
성능: 노상 최고 속도: 72km/h | 수상 최고 속도: 13km/h

1983 

1990 

현대

1991년, 사막의 폭풍 작전에서는 수많은 '특수' 기갑 장비가 활약해 쿠웨이트를 점령한 이라크군의 방어선을 무너뜨렸다.

주력 전차의 지속적인 개발에 의해 탁월한 전차 두 종이 탄생했으며 이 전차들은 1991년 걸프 전쟁에 이어 2003년에도 이라크에서 실전에 참가했다. 최신 러시아제 장비를 쉽게 격파할 능력을 갖춘 미국의 에이브람스와 영국의 챌린저 2–더불어 독일의 레오파르트 2와 프랑스의 르클레르–는 앞으로도 현역으로 활약할 가능성이 높다.

좌측: 정교한 사격 통제 장치 덕에 M1 에이브람스는 이라크 공화국 수비대와의 전투에서 드러난 것처럼 전례 없는 첫 발 명중률을 자랑한다.

레오파르트 2

레오파르트 2는 매우 강력한 주력 전차로 화력, 방호력, 기동성을 독특하게 조합했고 레오파르트 계열 중 가장 뛰어난 전차이다. 1978년 생산을 시작해 수십 년 동안 철저한 업그레이드가 이루어졌다. 레이저 거리계, 열 영상 장치를 장비했으며 수륙 양용이다.

레오파르트 2

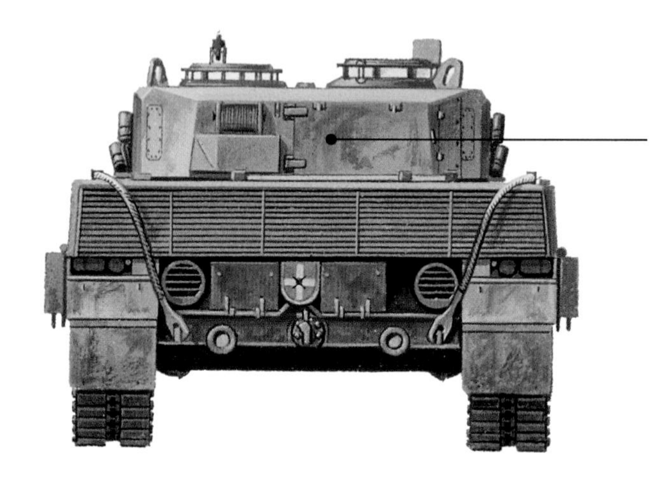

사격 통제
사격 통제 컴퓨터가 거리계에서 표적까지의 거리 정보를 수신하면 주무장을 포수용 전망경의 조준선에 맞춰 유도한다.

레오파르트 2는 1960년대 말, 실패로 돌아간 미국과 독일의 MBT-70 개발 공동 프로젝트에서 파생된 전차이다. 소진 탄피라는 독특한 무기 시스템을 채용해, 포탄이 발사되면 탄약의 바닥만 남으므로 공간 활용성이 우수하다. 레오파르트 2 전차의 수출은 곧 세계 각국으로 이루어졌다.

제원

제조국: 서독
승무원: 4명
중량: 약 59,700kg
치수: 전장: 9.97m | 전폭: 3.74m | 전고: 2.64m
기동 가능 거리: 500km
장갑: 기밀
무장: 1 x 120mm (4.7in) 활강포 | 2 x 7.62mm (.3in) 기관총
엔진: 1 x MTU MB 873 Ka501 12기통 디젤 엔진, 1119kW (1500마력)
성능: 노상 최고 속도: 72km/h

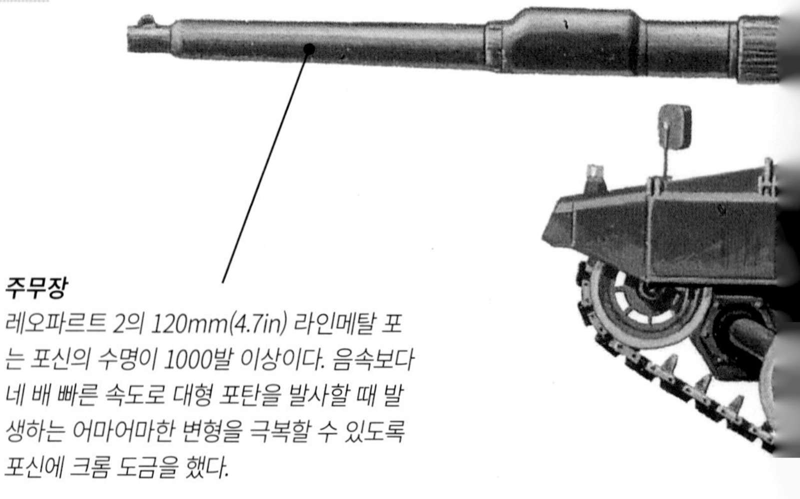

주무장
레오파르트 2의 120mm(4.7in) 라인메탈 포는 포신의 수명이 1000발 이상이다. 음속보다 네 배 빠른 속도로 대형 포탄을 발사할 때 발생하는 어마어마한 변형을 극복할 수 있도록 포신에 크롬 도금을 했다.

레오파르트 2

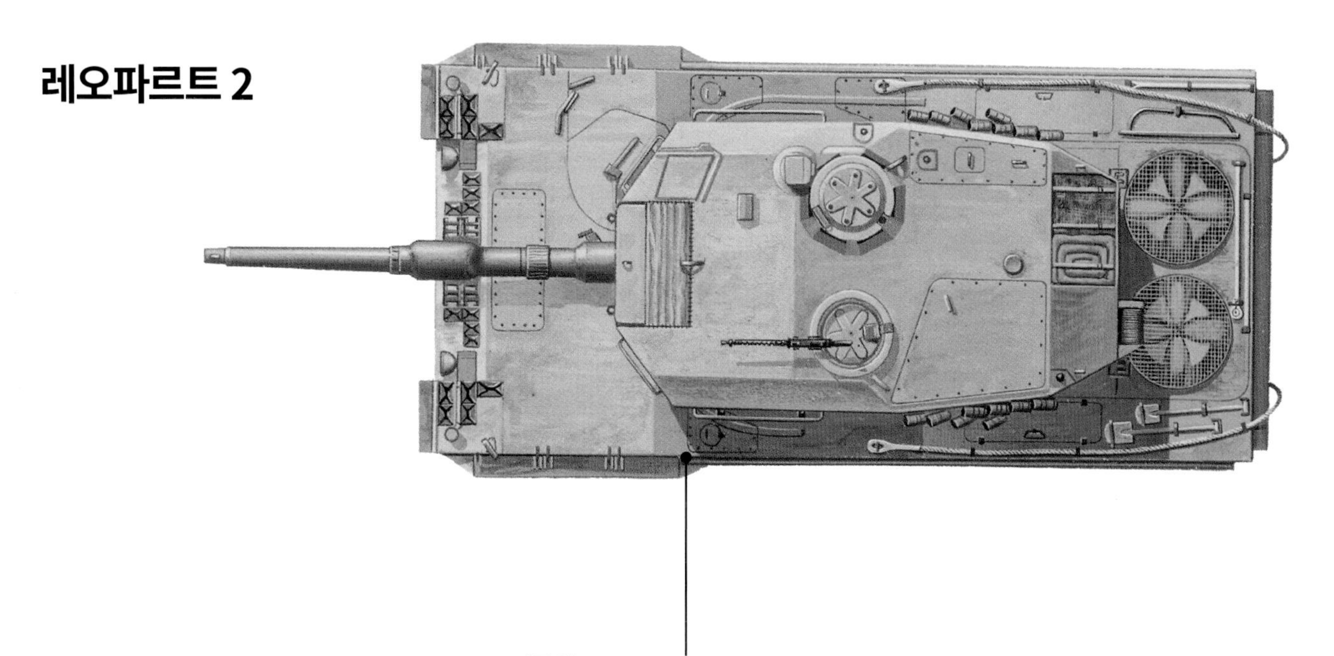

기동성
레오파르트 2는 거친 지면에서 놀랍도록 기동성이 좋아 중량이 많이 나가는데도 불구하고 병력 수송 장갑차처럼 민첩하게 전장을 누빈다.

화재 진압 시스템
레오파르트 2는 피탄 시 탄약이 차체를 관통당할 경우 승무원을 보호하기 위해 1/5초만에 불을 끌 수 있도록 설계한 불활성 기체를 사용하는 화재 진압 시스템을 갖췄다.

주력 전차

주력 전차는 시대착오적인 괴물이 되기는커녕 새로운 생명을 얻었다. 1973년 욤 키프르 전쟁에서는 대부분의 전차가 치명적인 대전차 무기에 의해 무력화되었으나 현대에는 장갑이 발전해 전차가 적군의 격렬한 저항을 뚫고 전진할 수 있게 되었기 때문이다.

람세스 II

람세스 II는 이집트 육군이 사용하기 위해 개발되었다. 기본적으로 T-54를 개조한 전차이며 현재 사용 중인 미국 시스템으로 업그레이드했다. 1990년부터 개조 차량을 시험해 2004년부터 생산을 시작했다.

제원
제조국: 이집트
승무원: 4명
중량: 45,800kg
치수: 전장: 9.9m | 전폭: 3.27m | 전고: 2.4m
기동 가능 거리: 600km
장갑: 불명
무장: 1 x 105mm (4.73in) M68 강선포 | 1 x 7.62mm (.3in) 동축 기관총 | 1 x 12.7mm (.5in) M2HB 중기관총
엔진: 1 x TCM AVDS-1790-5A 터보차저 디젤 엔진, 677kW (908마력)
성능: 최고 속도: 72km/h

알 칼리드 주력 전차

알 칼리드('칼'이라는 뜻) 주력 전차는 파키스탄, 중국, 우크라이나가 합작해서 만들었다. 몇 가지 프로토타입이 실지 시험을 거쳤고 다양한 엔진과 변속기를 적용할 수 있게 설계되었다. 현재 생산되는 파생형에는 우크라니아에서 설계한 디젤 엔진을 사용한다.

제원
제조국: 파키스탄/중국/우크라이나
승무원: 3명
중량: 46,000kg
치수: 전장: 6.9m | 전폭: 3.4m | 전고: 2.3m
기동 가능 거리: 400km
장갑: 불명
무장: 1 x 125mm (4.92in) 포 | 1 x 7.62mm (.3in) 기관총 | 1 x 12.7mm (.5in) 중기관총
엔진: 1 x 8기통 4행정 수랭식 디젤 엔진, 895kW (1200제동마력)
성능: 최고 속도: 70km/h

TIMELINE

1991 1992 1993

90식 주력 전차

90식 주력 전차는 주무장으로 120mm(4.7in) 포를 탑재했다. 기본적으로 독일의 라인메탈 포를 라이센스 생산한 것이나 자체적인 반동 시스템과 포 마운트가 있다. 90식은 장전수가 필요하지 않으므로 승무원이 세 명으로 줄었다.

제원
제조국: 일본
승무원: 3명
중량: 50,000kg
치수: 전장: 9.76m | 전폭: 3.43m | 전고: 2.34m
기동 가능 거리: 400km
장갑: 불명
무장: 1 x 120mm (4.7in) 포 | 1 x 7.62mm (.3in) 기관총 | 1 x 12.7mm (.5in) 중기관총
엔진: 1 x 미츠비시 10ZG 10기통 디젤 엔진, 1118kW (1500제동마력)
성능: 최고 속도: 70km/h

PT-91 주력 전차

폴란드의 PT-91 주력 전차는 소련의 T-72M1을 개조한 것으로 당시 기준 현역이었던 소련 전차의 후기 모델을 현대화하기 위해 설계되었다. 처음에는 작업 속도가 느렸으나 소련이 해체되며 가속화되었다.

제원
제조국: 폴란드
승무원: 3명
중량: 45,300kg
치수: 전장: 6.95m | 전폭: 3.59m | 전고: 2.19m
기동 가능 거리: 650km
장갑: 불명
무장: 1 x 125mm (4.92in) 포 | 1 x 7.62mm (.3in) 기관총 | 1 x 12.7mm (.5in) 중기관총
엔진: 1 x S-12U V-12 수퍼차저 디젤 엔진, 2300rpm일 때 634kW (850제동마력)
성능: 최고 속도: 60km/h

T-90 주력 전차

T-90 주력 전차는 T-72를 발전시킨 모델이다. 최신 기술인 콘탁트-5 폭발 반응 장갑을 채택해 화학 무기와 운동 에너지 무기에 대한 방호력을 제공한다. 1996년 업그레이드된 모델은 전체 용접한 포탑이 특징이다.

제원
제조국: 러시아
승무원: 3명
중량: 46,500kg
치수: 전장(차체): 6.86m | 전폭: 3.37m | 전고: 2.23m
기동 가능 거리: 650km
장갑: 불명
무장: 1 x 125mm (4.9in) 2A46M 라피라 3 활강포 | 1 x 7.62mm (.3in) 동축 기관총 | 1 x 12.7mm (.5in) 대공 중기관총
엔진: 1 x V-84MS 12기통 다종 연료 엔진, 2000rpm일 때 627kW (840제동마력)
성능: 최고 속도: 65km/h

2004

현재의 주력 전차

1991년 걸프 전쟁에서는 주력 전차의 경이로운 힘이 입증되었다. 다국적군이 사용한 전차들은 20년 가까이 끊임없이 발전하고 검토를 거친 기술에 힘입어 야간에도 전투가 가능했고 이동 중에도 표적을 명중시킬 수 있었다.

아준

아준은 인도 최초의 독자 개발 주력 전차이다. 엔진은 독일제 MTU 디젤 엔진을 사용하나 주무장은 자체적으로 설계한 120mm(4.7in) 안정화 강선포로 고폭탄, 대전차 고폭탄, 점착유탄 등 다양한 포탄을 발사할 수 있다.

제원
제조국: 인도
승무원: 4명
중량: 58,000kg
치수: 전장: 9.8m I 전폭: 3.17m I 전고: 2.44m
기동 가능 거리: 400km
장갑: 기밀
무장: 1 x 120mm (4.7in) 포 I 1 x 7.62mm (.3in) 기관총
엔진: 1 x MTU MB 838 Ka 501 수랭식 디젤 엔진, 1044kW (1400마력)
성능: 노상 최고 속도: 72km/h I 도섭: 1m I vertical 경사: 1.1m I 참호: 3m

M1A2 - TUSK 적용

에이브람스 M1A2와 같은 전차는 TUSK(도시형 전차 생존 키트)를 설치해 전선에서 철수시키지 않고도 업그레이드가 가능하다. 업그레이드에는 로켓 추진식 유탄의 방호를 위해 차량 후미에 설치하는 철망형 장갑이 포함된다.

제원
제조국: 미국
승무원: 4명
중량: (TUSK 업그레이드 제외 시)62,051kg
치수: 전장: 9.77m I 전폭: 3.66m I 전고: 2.44m
기동 가능 거리: 391 km
장갑: 기밀 I TUSK 업그레이드에는 측면에 반응 장갑을 후방에 철망형 장갑이 포함되었다
무장: 1 x 120mm (4.7in) M256 활강포 I 1 x 7.62mm (.3in) 동축 기관총 I 1 x 7.62mm (.3in) 대공 기관총 I 1 x 12.7mm (.5in) 콩스버그 그루펜 원격 무기 포탑
엔진: 1 x 텍스트론 라이커밍 AGT1500 가스 터빈 엔진, 1119kW (1500마력)
성능: 노상 최고 속도: 72km/h

TIMELINE 

1990  

1992 

1994 

챌린저 2

챌린저 2는 이산화탄소 레이저 거리계, 열 영상 장비를 자랑하며 컴퓨터로 완전 작동하는 사격 통제 장치를 이용해 첫 발의 명중 확률이 높다. 또한 전장 정보 통제 장치를 장착해 전투 역량을 높일 수 있다.

제원
제조국: 영국
승무원: 4명
중량: 62,500kg
치수: 전장: 11.55m | 전폭: 3.52m | 전고: 2.49m
기동 가능 거리: 400km
장갑: 기밀
무장: 1 x 120mm (4.7in) 포 | 2 x 7.62mm (.3in) 기관총 | 2 x 연막 로켓탄 발사기
엔진: 1 x 액랭식 디젤 엔진, 895kW (1200마력)
성능: 노상 최고 속도: 57km/h | 도섭: 1m | 수직 장애물: 0.9m | 참호: 2.8m

90식-II

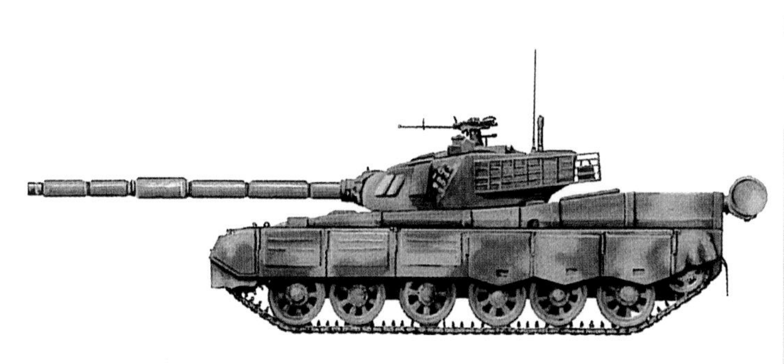

90식-II는 중국에서 수출용으로 설계·개발한 전차이다. 구성 요소의 45%가 59식, 69식, 85/88C식과 같은 기존 중국 설계에서 비롯되었다. 2001년 이래 파키스탄에서 알 칼리드라는 이름으로 라이센스 생산되고 있다.

제원
제조국: 중국
승무원: 3명
중량: 48,000kg
치수: 전장: 10.1m | 전폭: 3.5m | 전고: 2.20m
기동 가능 거리: 450km
장갑: 불명
무장: 1 x 125mm (4.9in) 활강포 | 1 x 12.7mm (.5in) 외부 대공 기관총 | 1 x 7.62mm (.3in) 동축 기관총
엔진: 1 x 퍼킨스 CV12-1200 TCA 12기통 수랭식 전자 제어 디젤 엔진, 895kW (1200마력)
성능: 노상 최고 속도: 62.3km/h

레오파르트 2A6

라인메탈 120mm(4.7in) L55 활강포로 무장한 레오파르트 2A6는 네덜란드 육군 작전 전차 대대와 NATO 위기 개입군 소속 독일군의 기본 장비이다.

제원
제조국: 독일
승무원: 4명
중량: 59,700kg
치수: 전장: 9.97m | 전폭: 3.5m | 전고: 2.98m
기동 가능 거리: 500km
장갑: 불명
무장: 1 x 120mm (4.7in) LSS 활강포 | 2 x 7.62mm (.3in) 기관총
엔진: 1 x MTU MB 873 4행정 12기통 배기형 터보차저 액랭식 디젤 엔진, 1119kW (1500마력)
성능: 최고 속도: 72km/h

르클레르

르클레르는 프랑스 육군의 AMX-30 전차를 교체하기 위해 설계되었다. 1983년 개발을 개시해 1991년 첫 양산형이 생산되었다. 르클레르는 뛰어난 전차로 주무장의 자동 장전기, 원격 조절 기관총 덕에 승무원을 세 명으로 줄일 수 있었다.

르클레르

르클레르는 추가 연료 탱크를 장착해 기동 가능 거리를 늘이고 화재 감지/진압 장치와 열 영상 장비, 주무장용 레이저 거리계, 지상 내비게이션 장치를 기본으로 장비했다. 전차 내 전자 장비는 완전 일체형으로 전장에서 결함이 생기거나 손상을 입을 경우 자동 재구성이 가능하다.

주무장
르클레르의 120mm(4.7in) 활강포는 레오파르트 2와 M1 에이브람스보다 포신이 길지만 동일한 소진 탄피 탄약을 발사할 수 있다.

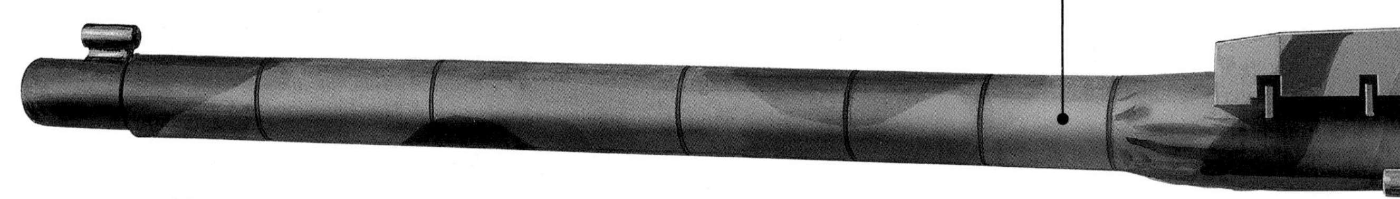

포
포는 완전히 안정화되어 야지 주행 중에도 발사가 가능하며 자동 장전기가 있어 분당 12발의 발사 속도를 유지할 수 있다.

자동 장전기
자동 장전기는 가장 많이 쓰는 날개 안정식 분리 철갑탄과 대전차 고폭탄 두 가지 종류 사이에서 빠르게 전환이 가능하다. 일반 탄약은 즉시 사용 가능한 22발을 포탑에 탑재하고 차체에 18발을 추가 탑재한다.

거리계
전차장용 360도 조준경에는 레이저 거리계와 영상 증폭 장치가 있고, 포수 조준경에는 열 영상 장비가 있다.

르클레르

제원
제조국: 프랑스
승무원: 3명
중량: 53,500kg
치수: 전장: 9.87m l 전폭: 3.71m l 전고: 2.46m
기동 가능 거리: 550km
장갑: 기밀
무장: 1 x 120mm (4.7in) 포 l 1 x 12.7mm (.5in) 기관총 l 1 x 7.62mm (.3in) 기관총 l 3 x 9 연막 발사기
엔진: 1 x SAEM UDU V8X 1500 T9 하이퍼바 8기통 디젤 엔진, 1118.5kW (1500마력) l SESM ESM500 자동 변속기
성능: 노상 최고 속도: 73km/h l 도섭: 1m l 수직 장애물: 1.25m l 참호: 3m

엔진

르클레르의 엔진은 SACM V8 고압 디젤 엔진으로 자동 유압 전동 장치를 통해 1119kW(1500마력)의 출력을 낸다.

경로 설정

르클레르는 FINDERS 전장 정보 관리 시스템을 장착해 컬러 지도 디스플레이에 아군과 적군의 배치를 투사한다. 이 시스템은 경로 설정 및 임무 계획에도 사용할 수 있다.

자주포

현대의 자주포는 최신 사격 통제 기술을 사용하고 정밀 유도 포탄(PGM)과 종말 유도 자탄(TGSM)을 사용한다. 후자는 표적 지역 상공에서 소군탄을 방출하고, 소군탄은 낙하산으로 부유하며 센서를 이용해 전차의 상부 장갑을 포착, 적중한다.

AS-90

비커스 암스트롱 사는 SP70 프로젝트를 진행하던 중 설계상의 결함을 확인했고, 해당 프로젝트가 실패로 돌아가자 개량형 준비에 착수했다. 그렇게 탄생한 AS-90은 39구경 곡사포를 탑재하고, 52구경 포로 업그레이드된 버전은 AS90 브레이브하트라고 불린다.

제원
제조국: 영국
승무원: 5명
중량: 45,000kg
치수: 전장: 7.2m I 전폭: 3.4m I 전고: 3m
기동 가능 거리: 240km
장갑: 최대 17mm
무장: 1 x 155mm (6.1in) 곡사포 I 1 x 12.7mm (.5in) 기관총
엔진: 1 x 커민스 디젤 엔진, 2800rpm일 때 492kW (660마력)
성능: 노상 최고 속도: 55km/h I 도섭: 1.5m I 수직 장애물: 0.88m I 참호: 2.8m

155/45 중국북방공업 자주포

155/45 중국북방공업 자주포는 45구경 155mm(6.1in) 포를 탑재한 대형 포탑을 장착했다. 포에는 포구 제퇴기와 배연기가 달려있으며 어느 앙각에서든 포탄의 장전과 래밍(밀어 넣기)에 기계적인 보조를 제공한다.

제원
제조국: 중국
승무원: 5명
중량: 32,000kg
치수: 전장: 6.1m I 전폭: 3.20m I 전고: 2.59m
기동 가능 거리: 450km
장갑: 비공개
무장: 1 x 155mm (6.1in) WAC-21 포
엔진: 1 x 디젤 엔진, 391.4kW (525마력)
성능: 노상 최고 속도: 56 km/h I 도섭: 1.2m I 수직 장애물: 0.7m I 참호: 2.7m

M109A6 팔라딘

155mm(6.1in) M109A6 팔라딘은 M109와 동일한 차체 및 서스펜션을 보유하나 그 외에는 같은 것이 없다. 무기 체계를 개조해 임기 표적에 훨씬 빠르게 반응하고 더 먼 곳의 표적도 맞출 수 있다.

제원

제조국: 미국
승무원: 4명
중량: 28,738kg
치수: 전장: 6.19m | 전폭: 3.149m | 전고: 3.236m
기동 가능 거리: 405km
장갑: 비공개
무장: 1 x 155mm (6.1in) 곡사포 M284
엔진: 1 x 디트로이트 디젤 8V-71T, V-8 터보차저 2행정 디젤 엔진, 2300rpm일 때 302kW (405마력)
성능: 노상 최고 속도: 56km/h | 도섭: 1.95m | 수직 장애물: 0.53m | 참호: 1.83m

래스컬

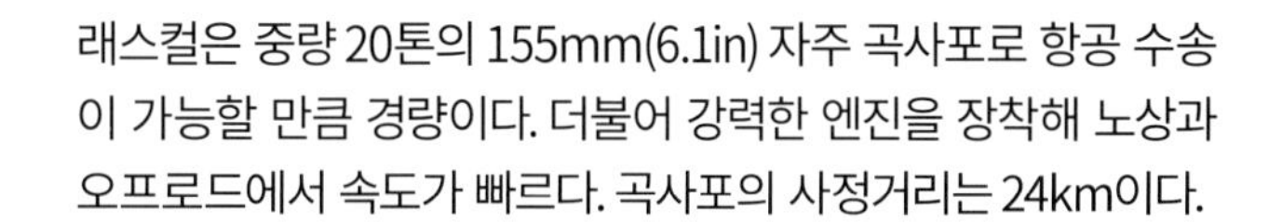

래스컬은 중량 20톤의 155mm(6.1in) 자주 곡사포로 항공 수송이 가능할 만큼 경량이다. 더불어 강력한 엔진을 장착해 노상과 오프로드에서 속도가 빠르다. 곡사포의 사정거리는 24km이다.

제원

제조국: 이스라엘
승무원: 4명
중량: 19,500kg
치수: 전장(포 포함): 7.5m | 전폭: 2.46m | 전고: 2.3m
기동 가능 거리: 350km
장갑: 불명
무장: 1 x 155mm (6.1in) 곡사포
엔진: 1 x 디젤 엔진, 261kW (350마력)
성능: 노상 최고 속도: 50km/h | 도섭: 1.2m | 경사: 22% | 수직 장애물: 1m

판처하우비처 2000

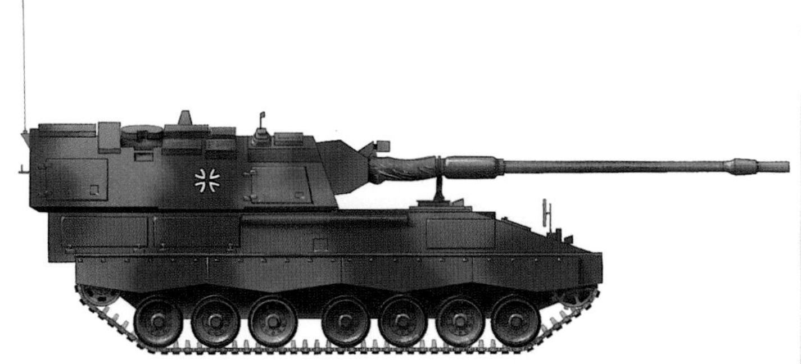

차체와 구동 장치는 레오파르트 II 전차를 기반으로 하고 차체 전방에 엔진과 변속기를 장착했다. 대형 포탑에는 52구경장 포를 탑재했다. 포에는 슬라이딩 블록 노리쇠와 멀티 배플 제퇴기가 있다.

제원

제조국: 독일
승무원: 5명
중량: 55,000kg
치수: 전장: 7.87m | 전폭: 3.37m | 전고: 3.4m
기동 가능 거리: 420km
장갑: 비공개
무장: 1 x 155mm (6.1in) 곡사포
엔진: 1 x MTU 881 V-12 디젤 엔진, 745.7kW (1000마력)
성능: 노상 최고 속도: 60km/h | 도섭: 2.25m | 수직 장애물: 1m | 참호: 3m

1996

2000

대공 차량

냉전 시대 동안 NATO군과 바르샤바 조약군은 지상군에게 기동성 높은 하부 시스템과 연동되는 상공 엄호를 제공하기 위해 대공 방어 시스템을 개발했다. 하지만 1990년대가 되자 이동식 미사일 방어 시스템의 형태가 패트리어트 미사일과 같은 새로운 국면을 맞이하게 되었다.

87식 AWSP

87식 자동식 서방형 자주포(AWSP)는 게파르트 방공 시스템을 갖춘 포탑을 74식 주력 전차 차대에 장착했다. 게파르트처럼 35mm(1.38in) 엘리콘 KDA 캐넌포 두 문을 탑재했으나 사격 통제 장치는 더 향상되었다.

제원
제조국: 일본
승무원: 3명
중량: 36,000kg
치수: 전장: 7.99m | 전폭: 3.18m | 전고: 4.4m
기동 가능 거리: 500km
장갑: 강철(세부 사항 기밀)
무장: 2 x 35mm (1.38in) 엘리콘 KDA 포
엔진: 1 x 10F22WT 10기통 디젤 엔진, 536kW (718마력)
성능: 노상 최고 속도: 60km/h | 도섭: 1m | 경사도: 60% | 수직 장애물: 1m | 참호 2.7m

시담 25

오토브레다 시담 25는 기본적으로 M113 병력 수송 장갑차의 포탑에 엘리콘 KBA 25mm(.98in) 자동 캐넌포를 네 문 탑재한 것이다. 옵트로닉 사격 통제 장치 덕에 2000m의 유효 사거리 내에서 저공비행하는 표적의 명중률이 매우 높다.

제원
제조국: 이탈리아
승무원: 3명
중량: 15,100kg
치수: 전장: 5.04m | 전폭: 2.67m | 전고(포탑 제외): 1.82m
기동 가능 거리: 550km
장갑: 최대38mm
무장: 4 x 25mm (.98in) 엘리콘 KBA 포
엔진: 1 x 디트로이트 6V-53T 6기통 디젤 엔진, 198kW (266마력)
성능: 노상 최고 속도: 69km/h | 도섭: 수륙 양용 | 경사: 60% | 수직 장애물: 0.61m | 참호: 1.68m

TIMELINE

1987

1989 

MIM-104 (GE) 패트리어트

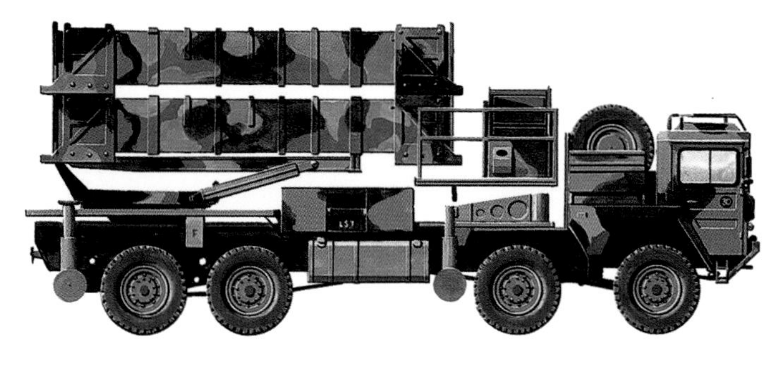

레이시온 MIM-104 (GE) 패트리어트는 첨단 지대공 미사일 시스템이다. 내장된 미사일 경유 추적(TVM) 시스템을 지상 추적 유닛과 함께 사용해 표적 항공기는 물론 탄도 미사일과 순항 미사일을 요격할 수 있다.

제원
제조국: 미국
승무원: 2명
중량: (M109 발사기) 26,867kg
치수: 전장: 10.4m | 전폭: 2.49m | 전고: 3.96m
기동 가능 거리: 800km
장갑: 해당 없음
무장: 4 x 패트리어트 지대공 미사일(SAM)
엔진: 1 x 만 D2866 LGF 6기통 디젤 엔진, 265kW (355마력)
성능: 노상 최고 속도: 80km/h

ADATS

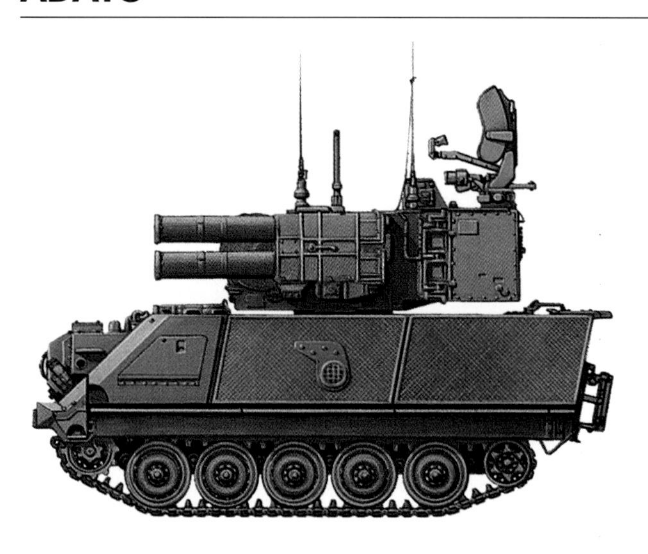

방공 대전차 무기 시스템(ADATS, Air Defense Anti-Tank System)은 대전차 무기와 대공 미사일 시스템을 통합하려는 힘든 실험 끝에 탄생했다. ADATS 미사일 여덟 발을 펄스 도플러 레이더와 전자 광학 표적 획득 시스템을 갖춘 차체에 탑재했다.

제원
제조국: 스위스/미국
승무원: 3명
중량: 15,800kg
치수: 전장: 4.86m | 전폭: 2.68m | 전고(레이더 안테나 포함): 4.48m
기동 가능 거리: 400km
장갑: 12–38mm
무장: 8 x ADATS 지대공 미사일(SAM)
엔진: 1 x 디트로이트 6V-53N 6기통 디젤 엔진, 158kW (211마력)
성능: 노상 최고 속도: 58km/h | 도섭: 수륙 양용 | 경사: 60% | 수직 장애물: 0.61m | 참호 1.68m

장갑형 스타스트리크

스타스트리크 지대공 미사일은 지상 공격 항공기의 저고도 방어를 위한 대공 미사일이다. 견착식으로 쓸 수도 있고 공격용 헬리콥터, 스타스트리크 자주 고속 미사일(SP HVM)과 같은 다양한 플랫폼으로도 발사가 가능하다.

제원
제조국: 영국
승무원: 3명
중량: 12,700kg
치수: 전장: 5.33 m | 전폭: 2.4m | 전고 3.49m
기동 가능 거리: 650km
장갑: 알루미늄(세부 사항 기밀)
무장: 8 +12 스타스트리크 지대공 미사일(SAM)
엔진: 1 x 퍼킨스 T6/3544 6기통 터보차저 디젤 엔진, 2600rpm일 때 186kW (250마력)
성능: 노상 최고 속도: 80km/h | 도섭: 수륙 양용 | 경사: 60% | 수직 장애물: 0.6m | 참호 1.75m

1997

M2 브래들리

M2 브래들리는 오랜 개발 끝에 탄생했다. 미국 육군 사령관 전체의 호평을 얻지는 못했으나 1991년 걸프 전쟁 당시 M1 에이브람스 주력 전차보다 이라크의 기갑 장비를 더 많이 격파하면서 깊은 인상을 남겼다.

브래들리 M2

동축 기관총

7.62mm(.3in) M2440C 기관총은 탄약 800발을 즉시 발사할 수 있으며 추가 적재된 탄약은 1540발이다. 주로 대인 무기로 사용된다.

M257 연막 발사기

전자식 M257 발사기는 응급 방어 수단으로 연막탄 네 개를 브래들리 전방에 발사할 수 있다.

기관실

커민스 VTA-903T 터보차저 8기통 디젤 엔진은 회전수가 2600rmp일 때 372.8kW(500마력)의 출력을 낸다. 할론(불활성 기체) 화재 진압 시스템을 장비했다.

브래들리 M2

브래들리 전투 장갑차는 1981년에 최초 생산이 마무리되었고 1995년까지 생산이 이어져 약 6800대가 제조되었다. 그 중 400대는 유일한 해외 고객인 사우디아라비아에 공급되었다. 최신 모델 브래들리에는 폭발 반응 장갑이 적용되었다.

제원

제조국: 미국
승무원: 3명 + 6명
중량: 22,940kg
치수: 전장: 6.55m | 전폭: 3.61m | 전고(포탑 뚜껑): 2.57m
기동 가능 거리: 483km
장갑: 두께 불명 | 알루미늄/강철
무장: 1 x 25mm (.98in) 부시마스터 체인건 | 1 x 7.62mm (.3in) 기관총 | 2 x TOW 미사일 발사기
엔진: 1 x 커민스 VTA-903T 터보차저 8기통 디젤 엔진, 2600rpm일 때 372.8kW (500마력)
성능: 노상 최고 속도: 64km/h | 수상 최고 속도: 14km/h

워리어

워리어 기계화 전투 차량은 1972년 개발을 시작해 1987년부터 영국 육군에 도입되었다. 병력 수송 장갑차의 역할을 단순한 병력 수송에서 좀 더 유능한 보병 전투 차량으로 바꾸려는 움직임의 일환이었다. 이와 같은 발상은 소련의 BMP 시리즈가 성공한 것이 계기가 되었다.

워리어

FV432를 대체하기 위해 설계된 워리어는 중량이 더 많이 나가고 중장갑을 댔다. 따라서 단순한 수송 차량이 아니라 병사들이 전투에 활용할 수 있는 이동식 중포 기지 역할을 한다. 파생형으로는 지휘 차량, 구난 차량, 공병 및 관측 차량이 있다. 쿠웨이트에 수출된 워리어는 대전차 미사일 발사기를 포탑 양쪽에 장착하고 공조 장치를 갖췄다.

제원
제조국: 영국
승무원: 3명 + 7명
중량: 25,700kg
치수: 전장: 6.34m I 전폭: 3.034m I 전고: 2.79m
기동 가능 거리: 660km
장갑: 기밀
무장: 1 x 30mm (1.2in) 라덴 포 I 1 x 7.62mm 동축 기관총 I 4 x 연막 발사기
엔진: 1 x 퍼킨스 V-8 디젤 엔진, 410kW (550마력)
성능: 노상 최고 속도: 75km/h I 도섭: 1.3m I 수직 장애물: 0.75m I 참호: 2.5m

무장
모든 파생형이 7.62mm(.3in) 체인건을 장비한다. 체인건과 라덴 캐넌포는 헬리콥터를 저지할 수 있는 저고도 방공 능력이 있다.

장갑
워리어의 장갑은 10m 떨어진 곳에서 155mm(6.1in) 포탄의 폭발을 견딜 수 있으며 최대 구경 14.5mm(.57in)의 기관총 직접 사격을 막아낼 수 있다. 1차 걸프 전쟁과 발칸 지역, 이라크의 군사 작전 중 추가 방호를 위해 장갑이 추가되었다.

워리어

엔진
워리어의 가장 인상적인 요소는 강력한 디젤 엔진으로 노상 속도가 시속 75km이고 가장 험한 지형에서도 챌린저 2 주력 전차와 보조를 맞출 수 있다.

포탑
워리어 보병 전투 차량은 포탑에 30mm(1.2in) 라덴 캐넌포를 탑재해 1500m 떨어진 곳의 경장갑 차량은 대부분 격파할 수 있다.

승무원
워리어 섹션 차량은 핵/생물/화학전 시 완전 무장한 병사 7명이 전장에서 48시간 동안 작전을 수행하는 데 필요한 물자 및 무기를 수송·지원할 수 있다.

미사일
8배율 영상 증폭 레이븐 조준 장치를 장착했으며 LAW 대전차 미사일 8발을 뒤 칸에 적재했다.

궤도형 병력 수송 장갑차

현대전에서 궤도형 병력 수송 장갑차는 너무 많은 무기에 지나치게 취약해 과거처럼 돌격용 기갑 차량에 근접 운행하기가 힘들다. 따라서 더 나은 장갑과 대응책을 장비하거나 지원하는 전차에서 일정 거리 뒤떨어진 곳의 그라운드 커버를 최대한 활용해야 한다.

M980

M980는 병력 수송칸이 뒤쪽에 있는 일반적인 병력 수송차 구조이다. 완전 수륙 양용으로 수중에서는 궤도로 추진한다. 과거 유고슬라비아 내전에서 세르비아, 보스니아, 크로아티아 군대가 사용했다.

제원
제조국: 유고슬라비아
승무원: 3명 + 7명
중량: 11,700kg
치수: 전장: 6.4m | 전폭: 2.6m | 전고: 1.8m
기동 가능 거리: 불명
장갑: 8~30mm
무장: 1 x 20mm (.79in) 포 | 1 x 동축 7.62mm (.3in) 기관총 | 2 x '새거' 대전차 유도 미사일 발사기
엔진: 1 x HS 115-2 V-8기통 터보차저 디젤 엔진, 3000rpm일 때 194kW (260제동마력)
성능: 불명

바이오닉스 25

차세대 기갑 전투 차량답게 바이오닉스 25 보병 전투 차량(IFV) 역시 빠르고 조작성이 좋으며 생존력이 향상되었다. 전륜구동(前輪驅動) 시스템으로 시속 70km까지 속력을 낼 수 있으며 험한 지형에서도 안정성이 있어 포격의 정확도가 높다. 열상 조준경이 있어서 야간에도 발포가 가능하다.

제원
제조국: 싱가포르
승무원: 3명 + 7명
중량: 23,000kg
치수: 전장: 5.92m | 전폭: 2.7m | 전고: 2.53m
기동 가능 거리: 415km
장갑: 기밀
무장: 1 x 25mm (.98in) 보잉 M242 포 | 1 x 7.62mm (.3in) 동축 기관총 | 1 x 7.62mm (.3in) 포탑 탑재 기관총 | 2 x 3 연막탄 발사기
엔진: 1 x 디트로이트 디젤 모델 6V-92TA 디젤 엔진, 354kW (475마력)
성능: 최고 속도: 70km/h | 도섭: 1m | 경사도: 60% | 수직 장애물: 0.6m | 참호: 2m

TIMELINE

1985 

1990 

1997 

VCC-80/다르도 보병 전투 차량

다르도 보병 전투 차량은 25mm(.98in) 엘리콘 콘트라베스 KBA 캐넌포로 무장한VCC-80 기계화 보병 전투 차량에서 파생된 궤도형 차량이다. 다르도는 VCC-80과 조금 다르게 TOW 대전차 미사일을 탑재할 수 있게 포탑을 개조했다.

제원
제조국: 이탈리아
승무원: 2명 + 7명
중량: 23,000kg
치수: 전장: 6.7m | 전폭: 3m | 전고: 2.64m
기동 가능 거리: 600km
장갑: 레이어드 알루미늄/스틸 (세부 사항 기밀)
무장: 1 x 25mm (.98in) 엘리콘 콘트라베스 KBA 포 | 1 x 7.62mm (.3in) 동축 기관총 포 | 2 x TOW 발사기 | 2 x 3 연막탄 발사기
엔진: 1 x 이베코 8260 V-6 터보 디젤 엔진, 388kW (520마력)
성능: 최고 속도: 70km/h | 도섭: 1.5m | 경사: 60% | 수직 장애물: 0.85m | 참호: 2.5m

BMP-3 보병 전투 차량

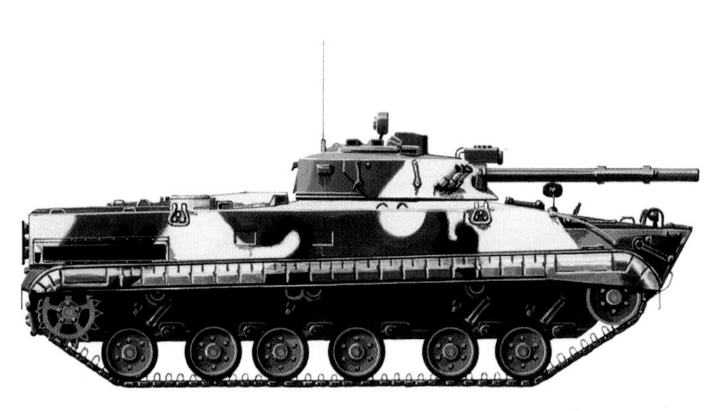

쿠르간 기계 제조 공장에서 개발한 BMP-3 보병 전투 차량은 1989년 생산에 들어갔다. 소문에 따르면 노후화된 BMP-2를 한 대씩 교체할 의도로 개발했다고 하나 자금 부족으로 현실화되지 못했다.

제원
제조국: 러시아
승무원: 3명 + 7명
중량: 18,700kg
치수: 전장: 7.2m | 전폭: 3.23m | 전고: 2.3m
기동 가능 거리: 600km
장갑: 불명
무장: 1 x 100mm (3.9in) 2A70 강선포 | 1 x 30mm (1.2in) 2A72 자동식 포 | 1 x 7.62mm (.3in) PKT 기관총
엔진: 1 x UTD-29 6기통 디젤 엔진, 373kW (500제동마력)
성능: 최고 속도: 70km/h

AAAV

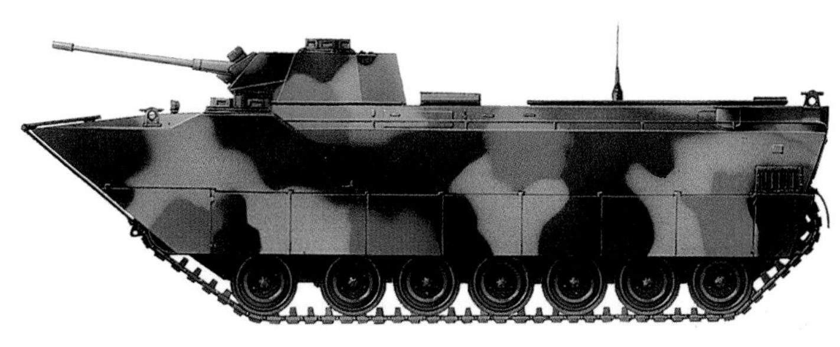

첨단 수륙 양용 공격 차량(AAAV, Advanced Amphibious Assault Vehicle)은 수륙 양용 기술의 절정을 담은 차량이다. 자체 발진이 가능하고 수상 속도 시속 47km로 전투 준비가 끝난 해병을 수송할 수 있다. 지상에서는 주력 전차와 보조를 맞추며 시속 72km로 이동할 수 있다.

제원
제조국: 미국
승무원: 3명 + 17명
중량: 33,525kg
치수: 전장: 9.01m | 전폭: 3.66m | 전고: 3.19m
기동 가능 거리: 480km
장갑: 세부 사항 기밀
무장: 1 x 30mm (1.18in) 부시마스터 II 포 | 1 x 7.62mm (.3in) 기관총
엔진: 1 x MTU MT883 12기통 다중 연료 엔진, 2015kW (2702마력)
성능: 노상 최고 속도: 72km/h | 수상 최고 속도: 47km/h | 경사: 60% | 수직 장애물: 0.9m | 참호: 2.4m

1998

차륜형 병력 수송 장갑차

냉전 시대 동안 전 세계 군대에서 차륜형 병력 수송 장갑차의 중요성을 인지하게 되었다. 소련군은 1960년대 BMP 시리즈를 도입하면서 적진에 병사를 직접 수송할 수 있는 보병 전투 차량을 보유하게 되었고 BMP의 배치는 NATO군에도 큰 교훈으로 다가왔다.

발키리

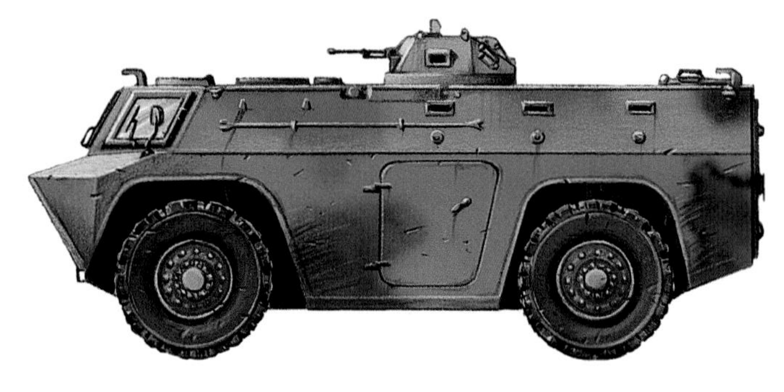

발키리는 승무원 두 명과 완전 무장한 보병 10명이 탑승할 수 있다. 기본형 발키리는 기관총 한 정으로 무장하지만 기갑 전투 차량 버전에는 대형 포탑이 있어 90mm(3.54in) 캐넌포나 60mm(2.36in) 박격포를 탑재한다.

제원
제조국: 영국
승무원: 2명 + 10명
중량: 11,500kg
치수: 전장: 5.6m | 전폭: 2.5m | 전고: 2.27m
기동 가능 거리: 700km
장갑: 불명
무장: 1 x 7.62mm (.3in) 기관총
엔진: 1 x 디트로이트 디젤 4-53T V8 디젤 엔진, 2800rpm일 때 224kW (300마력)
성능: 노상 최고 속도: 100km/h | 도섭: 수륙 양용 | 경사: 60% | 수직 장애물: 0.45m

BLR

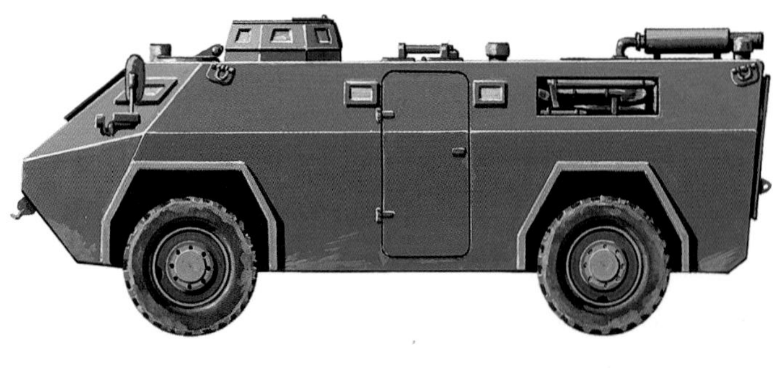

산타 바바라 BLR 병력 수송 장갑차는 강철 장갑 차체에 방탄 유리창 외에도 엔진과 바퀴의 자동 소화 장치 등 안전을 중시한 추가 요소를 갖추고 있다. 연막탄 및 가스 수류탄 발사기를 장착할 수 있다.

제원
제조국: 스페인
승무원: 1명 + 12명
중량: 12,000kg
치수: 전장: 5.65m | 전폭: 2.5m | 전고: 1.99m
기동 가능 거리: 570km
장갑: 최대 8mm
무장: 본문 참고
엔진: 1 x 페가소 9220 6기통 디젤 엔진, 157kW (210마력)
성능: 노상 최고 속도: 93km/h | 도섭: 1.1m | 경사: 60%

TIMELINE

1989 

1990 

1994 

LAV-25

25호 경장갑차(LAV-25)는 대전차 유도 무기 운반차, 정비 및 구난 차량, 기동 전자전 지원 시스템, FIM-92 스팅어 지대공 미사일로 무장한 방공 차량 등 수많은 파생형을 낳았다.

제원
제조국: 캐나다
승무원: 3명 + 6명
중량: 12,882kg
치수: 전장: 6.39m | 전폭: 2.5m | 전고: 2.56m
기동 가능 거리: 668km
장갑: 기밀
무장: 1 x 25mm (.98in) M242 체인건 | 1 x 7.62mm (.3in) 동축 기관총 | 기타 선택 사양 탑재 가능(본문 참고)
엔진: 1 x 디트로이트 디젤 6기통 디젤 엔진, 205kW (275마력)
성능: 노상 최고 속도: 100km/h | 도섭: 수륙 양용 | 경사: 60% | 수직 장애물: 0.5m | 참호: 2.06m

판두르

판두르는 포탑의 배열이나 무장에 따라 다양한 버전이 있다. 정찰 화력 지원 장갑차는 코커릴 LCTS 포탑에 마크 8 90mm(3.5in) 포를 탑재하고 경장갑차는 25, 30, 35mm(.98, 1.2, 1.38in) 캐넌포를 탑재한다.

제원
제조국: 오스트리아
승무원: 2명 + 8명
중량: 13,500kg
치수: 전장: 5.7m | 전폭: 2.5m | 전고: 1.82m
기동 가능 거리: 700km
장갑: 최대 8mm
무장: 1 x 12.7mm (.5in) 중기관총 | 2 x 3 연막탄 발사기 | 기타 다양한 배치 가능
엔진: 1 x 슈타이어 WD 612.95 6기통 터보 디젤 엔진, 179kW (240마력)
성능: 노상 최고 속도: 100km/h | 도섭: 1.2m | 경사: 70% | 수직 장애물: 0.5m

BTR-90

BTR-90의 특징은 무장에 있다. 전방 포탑에 30mm(1.2in) 2A42 자동 캐넌포와 7.62mm(.3in) PKT 동축 기관총, 자동 유탄 발사기, AT-5 스팬드럴 대전차 미사일을 탑재한다.

제원
제조국: 러시아/소련
승무원: 3명 + 10명
중량: 17,000kg
치수: 전장: 7.64m | 전폭: 3.2m | 전고: 2.97m
기동 가능 거리: 600km
장갑: 비공개
무장: 1 x 30mm (1.2in) 2A42 자동식 포 | 1 x 7.62mm (.3in) 동축 PKT 기관총 | 1 x 자동 유탄 발사기 | 4 x AT-5 스팬드럴 대전차 유도 무기
엔진: 1 x V8 디젤 엔진, 157kW (210마력)
성능: 노상 최고 속도: 80km/h | 도섭: 수륙 양용

1996

장갑차

현대의 장갑차는 다양한 형태와 크기로 생산되나 한 가지 공통점이 있다. 주력 전차와 교전이 가능한 주 무장력을 장착한다는 점이다. 하지만 장갑차의 일차적인 역할은 여전히 정찰이다. 6x6 배열 차량은 빠른 속도로 이동할 때 중간 바퀴를 위로 올리는 경우가 많다.

카르도엥 피라냐 화력 지원 차량

칠레의 피라냐는 스위스의 모바크 피라냐에 코커릴 90mm(3.54in) MK3 포를 탑재한 엥게사 ET-90 90mm 포탑이나 카르도엥 90mm 포탑을 장착한다. 시험 버전에는 대전차 유도탄 발사기와 엘리콘 콘트라베스 20mm(.78in) 대공 포탑을 장착했다.

제원

제조국: 칠레
승무원: 3명 또는 4명
중량: 10,500kg
치수: 전장: 5.97m | 전폭: 2.5m | 전고: 2.65m
기동 가능 거리: 700km
장갑: 불명
무장: 1 x 90mm (3.54in) 포 | 1 x 12.7mm (.5in) 동축 중기관총
엔진: 1 x 디트로이트 디젤 6V-53T 디젤 엔진, 2800rpm일 때 224kW (300마력)
성능: 노상 최고 속도: 100km/h | 도섭: 수륙 양용 | 경사: 70% | 수직 장애물: 0.5m

르노 VBC 90

르노 기갑 전투 차량(VBC, Vehicule Blindé de Combat) 90는 지아 TS-90 포탑에 강력한 90mm(3.54in) 포를 탑재한다. 컴퓨터 사격 통제 장치와 레이저 거리계도 장착했으며 오늘날에는 화생방(NBC) 방호 장치와 야시 장비도 갖추고 있다.

제원

제조국: 프랑스
승무원: 3명
중량: 13,500kg
치수: 전장(포 앞까지): 8.8m | 전폭: 2.5m | 전고: 2.55m
기동 가능 거리: 1000km
장갑: 기밀
무장: 1 x 90mm (3.54in) 포 | 1 x 7.62mm (.3in) 동축 기관총 | 1 x 7.62mm (.3in) 포탑 탑재 MG(선택) | 2 x 2 연막탄 발사기
엔진: 1 x 르노 MIDS 06.20.45 터보 디젤 엔진, 164kW (220마력)
성능: 최고 속도: 92km/h | 도섭: 1.2m | 경사: 50% | 수직 장애물: 0.5m | 참호 1m

TIMELINE

1983

1990

루이카트

루이카트는 가장 강력한 장갑차 중 하나로 두 가지 핵심 버전이 있다. 루이카트 76은 안정화된 76mm(2.99in) 포로 무장했고 루아카트 105는 분당 6발을 발사할 수 있는 105mm(4.1in) 대전차포로 무장했다. 전 타이어에 런플랫 인서트가 있다.

제원

제조국: 남아프리카공화국
승무원: 4명
중량: 28,000kg
치수: 전장: 7.09m | 전폭: 2.9m | 전고: 2.8m
기동 가능 거리: 1000km
장갑: 기밀
무장: 1 x 76mm (2.99in) 포(루이카트 76) | 1 x 105mm (4.1in) 포(루이카트 105) | 1 x 7.62mm (.3in) 동축 기관총 | 1 x 7.62mm (.3in) 포탑 탑재 기관총 | 2 x 4 연막탄 발사기
엔진: 1 x V-10 디젤 엔진, 420kW (563마력)
성능: 노상 최고 속도: 120km/h | 도섭: 1.5m | 경사: 70% | 수직 장애물: 1m | 참호: 2m

첸타우로 구축전차

첸타우로는 구축전차라고 부르지만 주력 전차에 비해 장갑이 경량이고 야전에서 적군 전차를 공격하는 경우도 드물다. 오토브레다 포탑에 700mm 두께의 장갑을 관통할 수 있는 105mm(4.1in) 포로 무장했다.

제원

제조국: 이탈리아
승무원: 4명
중량: 25,000kg
치수: 전장(포 포함): 8.55m | 전폭: 2.95m | 전고: 2.73m
기동 가능 거리: 800km
장갑: 강철(세부 사항 기밀)
무장: 1 x 105mm (4.13in) 포 | 1 x 7.62mm (.3in) 동축 기관총 | 1 x 7.62mm (.3in) 대공 기관총 | 2 x 4 연막탄 발사기
엔진: 1 x 이베코 MTCA 6기통 터보 디젤 엔진, 388kW (520마력)
성능: 최고 속도: 108km/h | 도섭: 1.5m | 경사: 60% | 수직 장애물: 0.55m | 참호: 1.2m

RPX-90

로어 RPX-90은 4x4 배열의 장갑차로 이스파노-수이자 CNMP 90mm(3.54in) 캐넌포를 기본으로 탑재했다. 따라서 근거리에서 주력 전차 및 요새진지를 공격할 역량이 있으나 주요 임무는 정찰이다.

제원

제조국: 프랑스
승무원: 3명
중량: 11,000kg
치수: 전장(포 앞까지): 7.41m | 전폭: 2.56m | 전고: 2.54m
기동 가능 거리: 1000km
장갑: 기밀
무장: 1 x 90mm (3.54in) 포 | 1 x 7.62mm (.3in) 동축 기관총
엔진: 1 x BMW 6기통 터보 디젤 엔진, 231kW (310마력)
성능: 노상 최고 속도: 105km/h | 도섭: 1.4m | 경사: 40% | 수직 장애물: 0.6m

1991  1996 

정찰 차량

현대전에서도 척후 장갑차는 반드시 필요한 차량으로 남아 있으며 이런 종류의 기갑 전투 차량은 전 세계, 특히 UN 평화 유지군에서 지속적으로 널리 이용한다. 현재는 거의 모든 정찰 차량이 궤도형이 아닌 차륜형으로 만들어진다.

VEC 기갑 척후 차량

표준 설계 VEC(Vehículo de Exploracíon de Caballereía)는 소화기 사격을 방어하기 위해 알루미늄 장갑을 전체 용접한 차체로 만들어졌으며 최대 구경 7.62mm(.3in)의 철갑탄을 막을 수 있다. 20mm(.78in) 또는 25mm(.98in) 엘리콘 포를 탑재했다.

제원

제조국: 스페인

승무원: 5명

중량: 13,750kg

치수: 전장: 6.1m | 전폭: 2.5m | 전고: 3.3m

기동 가능 거리: 800km

장갑: 알루미늄(세부 사항 기밀)

무장: 1 x 20mm (.78in) 포 또는 1 x 25mm (.98in) 포 | 1 x 동축 7.62mm (.3in) MG | 2 x 3 연막탄 발사기

엔진: (최신형) 1 x 스카니아 DS9 디젤 엔진, 231kW (310마력)

성능: 노상 최고 속도: 103km/h | 도섭: 수륙 양용 | 경사: 60% | 수직 장애물: 0.6m | 참호: 1.5m

모바크 스파이

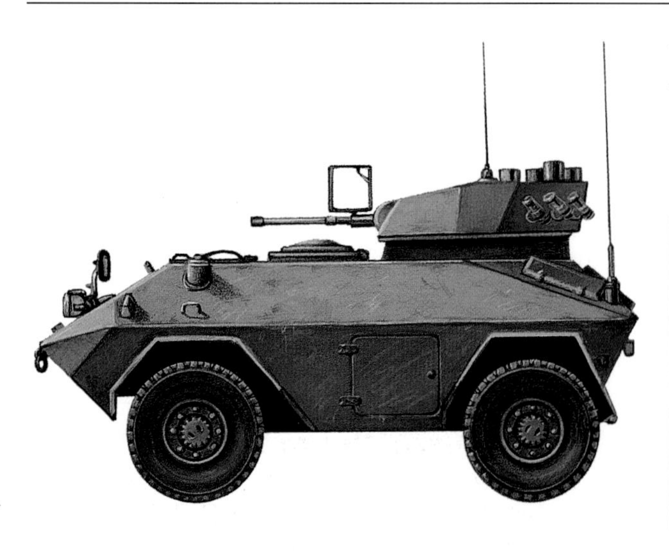

모바크 스파이는 피라냐의 4x4 배열 버전으로 병력 수송 장갑차의 모양을 하고 있으나 차체 측면에 경사를 만들어 소화기 사격과 지뢰 폭발 시 압력의 영향이 빗나가게 했다. 모든 무기가 내부에서 원격 작동된다.

제원

제조국: 스위스

승무원: 3명

중량: 7500kg

치수: 전장: 4.52m | 전폭: 2.5m | 전고: 1.66m

기동 가능 거리: 700km

장갑: 세부 사항 기밀

무장: 1 x 12.7mm (.5in) 중기관총 | 1 x 7.62mm (.3in) 동축 기관총

엔진: 1 x 디트로이트 또는 커민스 8기통 가솔린 엔진, 2800rpm일 때 161kW (216마력)

성능: 노상 최고 속도: 110km/h | 도섭: 수륙 양용 | 경사: 70%

TIMELINE

1980 

1981 

1982  

82식

82식 지휘 통신 차량은 승무원이 8명으로 2명이 주행 및 관측을 맡고 나머지가 차량 뒤쪽의 통신 장비를 다룬다. 지붕에 기관총을 탑재했다.

제원
제조국: 일본
승무원: 8명
중량: 13,500kg
치수: 전장: 5.72m | 전폭: 2.48m | 전고: 2.38m
기동 가능 거리: 500km
장갑: 기밀
무장: 1 x 12.7mm (.5in) 중기관총 | 1 x 7.62mm (.3in) 기관총
엔진: 1 x 이스즈 디젤 엔진, 2700rpm일 때 227kW (305마력)
성능: 노상 최고 속도: 100km/h | 도섭: 1m | 경사도: 60% | 수직 장애물: 0.6m | 참호 1.5m

오토 멜라라 R3 카프라이아

R3 카프라이아는 중장갑차로 차체에 최대 32mm 두께의 알루미늄 장갑을 용접해 7.62mm(.3in) 구경의 소화기 탄약을 막아낼 수 있다. R3에 탑재할 수 있는 포탑과 외부 장착 무기 옵션은 여러 가지가 있다.

제원
제조국: 이탈리아
승무원: 4명 또는 5명
중량: 3200kg
치수: 전장: 4.86m | 전폭: 1.78m | 전고: 1.55m
기동 가능 거리: 500km
장갑: 최대 32mm
무장: (T 20 FA-HS 포탑) 1 x 엘리콘 KAD-B17 20mm (.78in) 포
엔진: 1 x 피아트 모델 8144.81.200 4기통 디젤 엔진, 4200rpm일 때 71kW (95마력)
성능: 노상 최고 속도: 120km/h | 도섭: 수륙 양용 | 경사: 75%

LGS 페네크

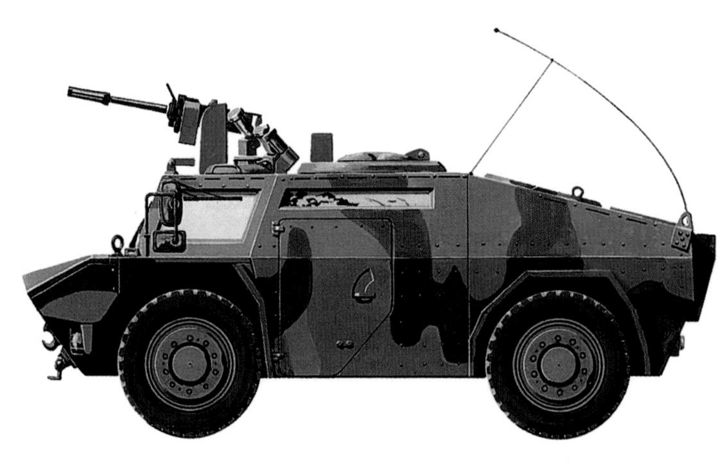

LGS 페네크는 최신 전술 지휘 통제 체계(TCSS)를 사용한다. STN 아틀라스 일렉트로닉 BAA 기술을 열 영상 장비, 주간 카메라, 레이저 거리계와 결합해 단일 유닛으로 만들었고, 마스트를 이용해 지붕 위 1.5m 높이까지 연장할 수 있게 했다.

제원
제조국: 독일/네덜란드
승무원: 3명
중량: 7900kg
치수: 전장: 5.72m | 전폭: 2.49m | 전고: 2.18m
기동 가능 거리: 860km
장갑: 세부 사항 기밀
무장: 1 x 7.62mm (.3in) 또는 12.7mm (.5in) 기관총 또는 1 x 40mm (1.57in) 유탄 발사기
엔진: 1 x 도이츠 디젤 엔진, 2800rpm일 때 179kW (240마력)
성능: 노상 최고 속도: 115km/h | 도섭: 1m | 경사도: 60%

2003

경(輕)차량

2차 세계대전 동안에는 특수 부대가 적군 지역에 침투할 때 기관총이나 캐넌포를 탑재한 경차량을 사용했다. 역사는 반복된다. 1991년, 이라크의 미사일 발사장을 비롯해 다른 고가의 표적을 노리던 영국 공수특전단과 미군 특수 부대도 다시금 경차량을 타고 적진에 침투했다.

SAS 랜드로버

영국 공수특전단(SAS)은 축간 거리가 긴 랜드로버를 사용한다. '핑크 팬더'는 사막용 분홍색 위장을 입혔다.(안개가 끼면 분홍색이 주변색에 어우러지게 된다.) 걸프 전쟁 때는 사막의 모래 횡단용 샌드 채널을 장비했다.

제원
제조국: 영국
승무원: 1명
중량: 3050kg
치수: 전장: 4.67m | 전폭: 1.79m | 전고: 2.03m
기동 가능 거리: 748km
장갑: 없음
무장: 2 x 7.62mm (.3in) 기관총
엔진: 1 x V-8 수랭식 가솔린 엔진, 100kW (134마력)
성능: 노상 최고 속도: 105km/h | 도섭: 0.5m

M998 '허머'

고기동성 다목적 차륜형 차량(HMMWV) '허머'는 TOW 대전차 미사일, Mk19 40mm(1.57in) 유탄 발사기, 7.62mm(.3in) 및 12.7mm(.5in) 기관총 등 다양한 무기를 탑재할 수 있다. 심지어는 스팅어 지대공 미사일 포대도 가능하다.

제원
제조국: 미국
승무원: 1명 + 3명
중량: 3870kg
치수: 전장: 4.457m | 전폭: 2.15m | 전고: 1.75m
기동 가능 거리: 563km
장갑: 없음
무장: 기관총, 유탄 발사기, 지대공 미사일(SAM) 발사기를 포함해 다양하다
엔진: 1 x V-8 6.21 공랭식 디젤 엔진, 101kW (135마력)
성능: 노상 최고 속도: 105km/h | 도섭: 0.76m | 수직 장애물: 0.56m

수파캣 ATMP

수파캣 전 지형 기동 플랫폼(ATMP, All-Terrain Mobile Platform)은 보병대를 위한 군수 물자 수송에 쓰인다. 수륙 양용이고 치누크 헬리콥터로 항공 수송이 가능하며 3.2톤을 수송할 수 있다. 애커먼 조향 장치가 있어 운전수가 야지에서는 스키드 조향 방식으로 전환할 수 있다.

제원
제조국: 영국
승무원: 1명 + 5명
중량: 2520kg
치수: 전장: 3.15m | 전폭: 2m | 전고: 1.89m
기동 가능 거리: 600km
장갑: 최대 5mm
무장: 1 x 7.62mm (.3in) 기관총(선택 사양)
엔진: 1 x 폭스바겐-아우디 ADE 1900 4기통 터보 디젤 엔진, 40kW (54마력)
성능: 노상 최고 속도: 48km/h | 도섭: 수륙 양용 | 경사: 45%

오베르랑 A3

오베르랑 A3는 4x4 배열의 경차량으로 프랑스 헌병대, 육군, 공군에서 사용한다. 오프로드에서 가장 유능한 차량에 속하며 거친 지형과 진흙탕에서 뛰어난 견인력을 보인다. 무장 없이 생산되나 무기를 장착할 수 있는 장비를 제공한다.

제원
제조국: 프랑스
승무원: 1명 + 3명
중량: 1710kg
치수: 전장: 3.85m | 전폭: 1.54m | 전고: 1.7m
기동 가능 거리: 800km
장갑: 불명
무장: 없음
엔진: 1 x 푸조 XUD-9A 4기통 터보 디젤 엔진, 69kW (93마력)
성능: 노상 최고 속도: 115km/h

ATF 2 딩고

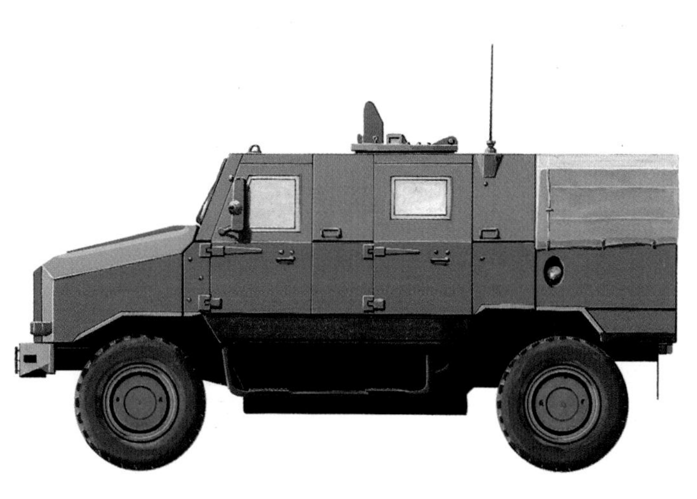

ATF 2 딩고는 대인용 또는 대전차용 지뢰 폭발 시 압력의 방향을 바꾸는 지뢰 디플렉터가 차체에 있어 탑승자를 보호할 수 있다. 차내 인터컴, 후방 주행 카메라, 화생방(NBC) 방호 장치가 있어 위험 지역에서 유용하다.

제원
제조국: 독일
승무원: 1명 + 4명
중량: 8800kg
치수: 전장: 5.23m | 전폭: 2.31m | 전고: 2.38m
기동 가능 거리: 700km
장갑: 불명
무장: 1 x 7.62mm (.3in) 기관총
엔진: 1 x 메르세데스-벤츠 OM 366LA 6기통 터보 디젤 엔진, 177kW (237마력)
성능: 노상 최고 속도: 106km/h

1993 

2000 

구난 차량

현대에는 비싸고 무거운 구난 차량 대신 단순하고 저렴한 기계를 선호하는 경향이 있으나 많은 차량이 계속해서 주력 전차의 차대를 바탕으로 만들어진다. 모두 고효율 구난 장비를 장착한다.

오슈코시 M911

오슈코시 F2365 민간용 트럭을 전차 수송용으로 선택해 재설계한 것이 M911이다. 8x6 차량으로 무거운 화물을 수송할 때에는 두 번째 차축을 낮춰 바퀴가 지면에 닿게 할 수 있다. 전차를 실을 때는 캡 뒤쪽의 윈치 두 개를 활용한다.

제원

제조국: 미국

승무원: 1명 + 2명

중량: 39,917kg

치수: 전장: 9.38m | 전폭: 2.89m | 전고: 3.658m

기동 가능 거리: 990km

장갑: 없음

무장: 없음

엔진: 1 x 디트로이트-디젤 모델 8V-92TA-90 V-8 디젤 엔진, 335kW (450마력)

성능: 노상 최고 속도: 71km/h | 도섭: 1.0711m

파운 SLT 50-2 엘레판트

파운 SLT-50-2 엘레판트는 이름에서 알 수 있듯 거대한 차량으로 중량이 54,981kg이나 나가는 레오파르트 2 주력 전차를 운반할 수 있다. 하중을 지지하기 위해 차축 8개형 세미트레일러와 함께 사용할 수 있도록 8x8 배열을 사용했다.

제원

제조국: 독일

승무원: 1명 + 3명

중량: 최대 적재 시 107,400kg

치수: 전장(트레일러 포함): 18.97m | 전폭: 3.05m | 전고: 3.24m

기동 가능 거리: 600km

장갑: 없음

무장: 1 x 7.62mm (.3in) 기관총

엔진: 1 x MTU MB8837 Ea500 8기통 디젤 엔진, 544kW (729마력)

성능: 노상 최고 속도: 65km/h

TIMELINE

1977

1978

1979

십마스 ARV

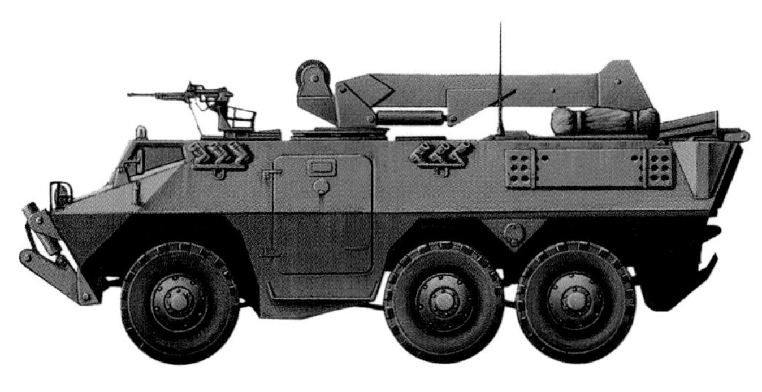

십마스 구난 장갑차(ARV)는 십마스 병력 수송 장갑차를 기반으로 하며 윈치, 크레인, 후방 스페이드를 장착했다. 윈치는 20,000kg을 견인할 수 있고 크레인은 10,500kg을 들어 올릴 수 있다. 작업 시 차량을 안정시키기 위한 스페이드를 차체 전방과 후방에 장착했다.

제원
제조국: 벨기에
승무원: 5명
중량: 16,500kg
치수: 전장: 7.63m | 전폭: 2.54m | 전고: 3.2m
기동 가능 거리: 800km
장갑: 비공개
무장: 1 x 7.62mm (.3in) 기관총
엔진: 1 x 만 D2566 MK 6기통 터보 디젤 엔진, 1900rpm일 때 239kW (320마력)
성능: 노상 최고 속도: 100km/h | 도섭: 수륙 양용 | 경사: 70% | 수직 장애물: 0.6m | 참호 1.5m

챌린저 ARRV

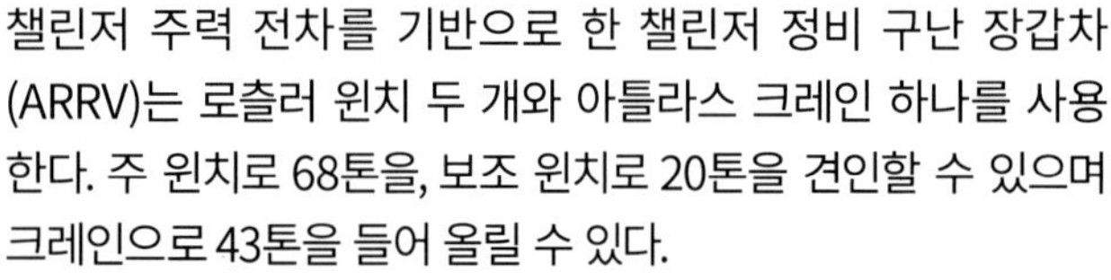

챌린저 주력 전차를 기반으로 한 챌린저 정비 구난 장갑차(ARRV)는 로츨러 윈치 두 개와 아틀라스 크레인 하나를 사용한다. 주 윈치로 68톤을, 보조 윈치로 20톤을 견인할 수 있으며 크레인으로 43톤을 들어 올릴 수 있다.

제원
제조국: 영국
승무원: 3명
중량: 62,000kg
치수: 전장: 9.59m | 전폭: 3.51m | 전고: 3m
기동 가능 거리: 450km
장갑: 초밤/강철(세부 사항 기밀)
무장: 1 x 7.62mm (.3in) FN MAG 기관총
엔진: 1 x 퍼킨스 CV12 TCA 1200 12기통 가솔린 엔진, 2300rpm일 때 895kW (1200마력)
성능: 노상 최고 속도: 60km/h | 도섭: 1.07m | 경사: 58% | 수직 장애물: 0.9m | 참호 2.8m

베르게판처 3 버팔로 ARV

베르게판처 3(BPz 3)는 레오파르트 2 주력 전차의 차대를 기반으로 한다. 전방 불도저 날로 주요 토공(土工)이 가능하며 크레인으로 최대 35톤까지 들어 올릴 수 있다. 용접 및 절단 장비를 차내에 기본으로 장비한다.

제원
제조국: 독일
승무원: 3명
중량: 54,300kg
치수: 전장: 9.07m | 전폭: 3.54m | 전고: 2.73m
기동 가능 거리: 650km
장갑: 불명
무장: 1 x 7.62mm (.3in) 기관총
엔진: 1 x MTU MB873 Ka-501 12기통 터보 디젤 엔진, 1119kW (1500마력)
성능: 노상 최고 속도: 68km/h

1990  1992

기타 궤도형 차량

궤도형 장갑 차량은 놀랄 만큼 다양한 크기와 형태로 생산되는데 설계 목적 또한 외형 못지않게 다양하다. 일부 소국 군대에서는 공병이 상당한 창의력을 발휘해 기존의 궤도형 장갑 전투 차량을 개조함으로써 저마다의 필요조건에 맞추기도 한다.

PRAM-S

슬로바키아의 PRAM-S는 모델 85(Vzor 85)라고도 부르는 120mm(4.7in) 자주 박격포이다. 강력한 무기로 지속적인 화력 지원을 제공한다. 사정거리는 8000m이고 자동 공급 장치를 통해 분당 18~20발을 발사할 수 있다.

제원

제조국: 슬로바키아
승무원: 4명
중량: 16,970kg
치수: 전장: 7.47m I 전폭: 2.94m I 전고: 2.25m
기동 가능 거리: 550km
장갑: 최대 23mm
무장: 1 x 120mm (4.7in) 모델1982 박격포 I 1 x 12.7mm (.5in) NSV 중기관총 I RPG-75 대전차 로켓 발사기 I 9K113 콘쿠르스 ATGW
엔진: 1 x UTD-40 6기통 디젤 엔진, 224kW (300마력)
성능: 노상 최고 속도: 63km/h I 도섭: 수륙 양용 I 경사: 60% I 수직 장애물: 0.9m I 참호 2.7m

M577

M577은 병력 수송칸에 통신 및 관측 장비를 설치했다. 발사를 지시하고 이동식 통신 본부 역할을 하는 등 지휘 차량으로서 혹은 전술 연락 차량으로서 임무를 수행할 수 있다.

제원

제조국: 미국
승무원: 5명
중량: 11,513kg
치수: 전장: 4.86m I 전폭: 2.68m I 전고: 2.68m
기동 가능 거리: 595km
장갑: 12–38mm
무장: 1 x 7.62mm (.3in) 기관총
엔진: 1 x GMC 디트로이트 6기통 디젤 엔진, 2800rpm일 때 160kW (215마력)
성능: 노상 최고 속도: 68km/h I 도섭: 수륙 양용 I 경사: 60% I 수직 장애물: 0.61m I 참호 1.68m

TIMELINE

1985 

1986 

1990 

M4 C2V

M4는 현대식 지휘 통제 차량(C2V)이다. 첨단 C2V 전자 장비를 갖춘 장갑 모듈을 차대에 장착했다. 이 장비에는 육군 전투 지휘 체계(ABCS), 공통 하드웨어 및 소프트웨어(CHS) 통신 세트가 포함된다.

제원
제조국: 미국
승무원: 1명 + 8명
중량: 25,000~30,000kg
치수: 전장: 7.49m | 전폭: 2.97m | 전고: 2.7m
기동 가능 거리: 400km
장갑: 기밀
무장: 없음
엔진: 1 x 커민스 VTA-903T 8기통 터보 디젤 엔진, 440kW (590마력)
성능: 노상 최고 속도: 65km/h

ABRA/RATAC

ABRA/RATAC 차량은 RATAC 포 관측 레이더를 사용하기 위해 M113 병력 수송 장갑차를 개조한 것이다. 포탄의 비행 방향 혹은 폭발을 바탕으로 작동 중인 포의 위치를 탐지 또는 계산할 수 있고 단순 레이더 탐지로 포의 위치를 찾아낼 수도 있는 시스템이다.

제원
제조국: 독일
승무원: 3명 또는 4명
중량: 13,000kg
치수: 전장: 4.86m | 전폭: 2.7m | 전고: 7.16m
기동 가능 거리: 300km
장갑: 12~38mm
무장: 없음
엔진: 1 x GMC 디트로이트 6V-53N 6기통 디젤 엔진, 2800rpm일 때 160kW (215마력)
성능: 노상 최고 속도: 68km/h | 도섭: 수륙 양용 | 경사: 60% | 수직 장애물: 0.61m | 참호: 1.68m

M992 FAASV

M992 포병 탄약 지원 차량(FAASV)은 이 차량으로 지원하는 자주포만큼 빠르고 조종성이 뛰어나다. 오프로드에서 시속 56km로 주행이 가능하며 진흙, 바위, 모래 등 모든 지형에서 사용할 수 있다.

제원
제조국: 미국
승무원: 2명 + 6명
중량: 최대 적재 시 25,900kg
치수: 전장: 6.27m | 전폭: 3.15m | 전고: 3.24m
기동 가능 거리: 불명
장갑: 불명
무장: 없음
엔진: 1 x 디트로이트 디젤 8V-71T 8기통 디젤 엔진, 297kW (398마력)
성능: 노상 최고 속도: 56km/h

1993

용어 해설

경사 장갑 비스듬하게 기울여 설치한 장갑으로 포탄이 맞고 튀어 나갈 확률이 있다. 관통하는 경우에도 경사가 있으므로 통과해야 하는 장갑 두께가 늘어난다.

경사도 전차가 올라갈 수 있는 경사면의 각도.

경전차 전차의 오리지널 분류 중 하나. 장갑이 얇고 속도가 빠르며 주로 정찰 용도로 설계한 전차.

곡사포 포신이 짧고 높은 각도로 발사가 가능한 포. 원래는 근거리용 저속포였으나 현대식 자주포는 사정거리가 길다. 곡사포는 보통 간접 사격용으로 쓰인다.

구경 (1) 포 또는 탄환이나 포탄의 내경. 인치(예 30구경 기관총은 직경 0.3in짜리 탄환을 발사), 센티미터, 밀리미터로 표현한다.

구경 (2) 전차나 포의 포신 길이로 무기 내경의 배수로 표현된다.

구동 장치 전차의 변속기, 서스펜션, 바퀴, 트랙을 말한다.

구축전차(전차 구축차) 강력한 포로 무장한 경장갑 궤도형 차량. 미국 육군이 2차 세계대전에서 사용했다. 적군 기갑 차량을 매복 기습하기 위해 만들어졌다.

국내 치안 민사상의 상황에서 질서 유지를 위해 군사력이나 준군사력을 사용하는 것. 해당 역할에는 주력 전차보다는 차륜형 병력 수송 장갑차가 더 적합하다.

궤도 이음매 없는 벨트가 궤도형 서스펜션의 사슬 톱니, 유동륜, 보기륜, 리턴 롤러를 회전시키고 바퀴가 굴러갈 수 있는 표면을 제공한다.

기관총 소총 구경의 소화기로 자동 발사가 가능해 장갑차의 주 또는 부무장으로 사용된다.

대포 군사 장비, 특히 관형 포를 말한다.

도섭 군용 차량이 엔진 침수 없이 지나갈 수 있는 수심. 보통 준비 작업 유무와 함께 표시된다.

동축 동일한 포탑에 탑재된 두 포가 함께 선회하며 동일한 축을 따라 발사되는 것.

레이저 유도 방출에 의한 빛의 증폭(Light Amplification by Stimulated Emission of Radiation). 단파장 빛으로 이루어진 강력한 응집광으로 군대에서는 주로 거리계와 표적 조명으로 사용한다.

로우 프로필 큰 전차는 큰 표적이 된다. 따라서 전차 설계자들은 전차의 몸집을 낮게 설계하는 로우 프로필을 적용해 전장에서 포착되기 어렵게 했다.

메일 1차 세계대전에 사용된 영국군 중전차 중 기관총이 아닌 6파운드 포를 탑재한 버전.

반동 억제 장치 돌출부를 활용해 포미의 고리에 연결, 무기를 받친다. 반동을 흡수하고 복좌 장치가 있어서 포를 발사 위치로 되돌린다.

반응 장갑 포탄을 무력화할 수 있도록 설계한 장갑. 센서를 내장한 폭발물 카트리지가 피탄을 감지하고 바깥쪽으로 폭발함으로써 차량에 미치는 영향을 줄인다.

반자동 방아쇠를 한 번 당겼다가 놓을 때에만 발사, 추출, 배출, 재장전이 한 차례 이루어지는 화기.

발사 높이 무기의 앙각이 0도일 때 주포의 중심선 높이.

발사 속도 일정 시간 동안 발사할 수 있는 포탄의 수. 보통 분당 발사 개수로 표현한다.

변속기 엔진의 출력이 바퀴나 궤도의 회전 운동으로 변환되는 장치. 변속기는 유압 기계식과 전기식이 있다.

보기륜 궤도 시스템과 바퀴의 조합으로 보통 공통 차축에 바퀴 두 개를 결합한다.

보병 전차 명칭에 포함되면 보병 지원과 공격에 사용하는 차량을 뜻한다. 2차 세계대전 이전의 속도가 느린 중장갑 차량에 적용되는 경우가 많다.

복합 장갑 각기 다른 재질의 판재를 여러 층으로 겹쳐서 만든 장갑으로 운동에너지탄, 성형 장약, 플라스틱탄 방어력이 높아진다.

부각 전차포를 수평선 아래로 내렸을 때의 각도. 포탑에 포를 장착할 때 내부로 들어간 포신의 길이와 포탑의 높이에 의해 범위가 제한된다.

사거리 및 방위 발사 표적의 방향과 거리를 모두 알고 있을 때 표적에 무기를 간접 발사하는 것.

세열 표준 인명 살상용 폭파 기술. 세열 장치(지뢰, 수류탄, 포탄, 폭탄 등이 포함될 수 있다)는 보통 강철로 만들며 무수히 많은 금을 새겨둬서 폭발 시 수백 개의 날카로운 파편이 흩어지게 한다.

소진 탄피 탄피가 플라스틱이나 다른 가연성 물질로 만들어져 발사 시 완전히 전소되므로 복잡한 추출 장비가 필요 없다.

속사 고정식 탄약 – 탄환, 탄피, 장약이 완전히 결합되어 있는 탄약.

순항 전차 전간기와 2차 세계대전에서 사용된 영국의 중형 전차.

돌파 후 신속한 진군 및 활용이 가능했다. 속도가 빠르고 무장과 장갑이 가벼우며 기병(기갑군)이 사용했다.

스노클 브리더 파이프가 기갑 차량의 엔진에 공기를 공급, 차량이 잠수 상태에서도 주행할 수 있게 한다.

스프링 서스펜션 부품으로 거친 지면을 이동할 때 수직 방향의 움직임을 흡수한다. 또, 서스펜션의 구동부가 지면과 접촉을 유지하게 하는 역할도 한다.

앙각 전차의 포를 수평선 위로 올렸을 때의 각도. 각도가 클수록 사거리가 길다.

열 영상 센서 시스템이 표적에서 발생하는 열을 탐지하고 이를 TV 같은 디스플레이 스크린에 이미지로 투영한다.

유동 바퀴 궤도형 차량의 마지막 바퀴. 구동형이 아닐 때는 궤도의 장력을 조절하는 용도로 사용된다.

유탄 원래는 손으로 던지는 고폭탄과 세열 폭탄을 지칭했으나 유탄 발사기로 발사하는 무기에도 적용되는 명칭이다. 전차에는 연막탄 발사를 위해 보통 유탄 발사 장치가 장착된다.

윤거 좌우 궤도나 바퀴의 중심선 사이 거리.

자동식 발사, 추출, 배출, 재장전이 방아쇠를 당기고 있는 한 계속 반복되는 것.

장갑(1) 기갑 장비를 두른 모든 차량의 통칭.

장갑(2) '방호(Protection)'를 의미. 장갑은 원래 한 가지 물질, 보통 특별히 경화된 강철로 만들어진다. 현대 장갑은 여러 레이어를 붙여서 만드는데 여기에는 금속과 관련 합금(예: 타이타늄-다이보라이드), 세라믹과 관련 합성 물질(예: 소결 매트릭스 내 크리스털 휘스커), 유기 섬유 및 합성 물질(예: 직물)이 포함되며 겹치거나 벌집 모양으로 결합한다.

장갑차 장갑으로 보호하는 차륜형 차량.

장애물 차량의 성능 표에 나온 수치는 다른 도움 없이 차량이 넘어갈 수 있는 장애물의 최대 높이를 말한다.

전격전(Blitzkreig) 기갑 사단의 중량과 속도를 활용해 적진을 돌파, 후방의 목표를 향해 진격하는 것을 말한다. 적군에게는 물리적 손상과 함께 정신적 손상을 입힐 수 있다.

전망경 장애물 너머로 관측이 가능한 광학 장비. 전차 승무원이 위험에 노출되지 않고도 바깥 상황을 확인할 수 있게 한다.

전차(탱크) 무거운 장갑과 무장을 갖춘 완전 궤도형 전투 차량. 초기 개발 단계에서 위장을 위해 '탱크'라고 부른 것이 어원이 되었다.

접지 길이 궤도형 차량의 첫 번째 보기륜 중심과 마지막 보기륜 중심 사이의 거리.

정찰 차량 기동성 높은 경장갑 차량으로 전장에서 정보 수집용으로 사용했다.

직접 사격 조준선을 따라 표적에 곧바로 발포하는 것. 간접 사격과 반대되는 개념. 대부분의 전차가 전투 중에는 직접 사격만 한다.

차대 전차 차체의 아래쪽 부분으로 엔진, 변속기, 서스펜션을 포함하며 궤도를 부착한다.

차체 장갑 차량의 중심 부품으로 차대와 상부 구조로 구성된다. 차체에 궤도나 바퀴, 포탑을 장착한다.

참호 전차를 개발하는 계기가 된 야전 방어시설. 전차 사양에서는 피트나 미터 단위 길이로 표현하며 전차가 빠지지(ditched) 않고 건널 수 있는 최대 간격을 뜻한다.

측면 포탑(sponson) 차체 측면 돌출부에 탑재한 포. 포각에 제한이 있다.

카로 아르마토 이탈리아어로 장갑차/전차. 말 그대로 '장갑 전차(armoured chariot)'를 뜻한다.(여기에서 전차는 말이 끄는 고대 경주용 전차를 가리킨다 -옮긴이)

캐리어/운반차 차륜형 혹은 궤도형 장갑차로 물자나 탄약을 전방으로 수송하는 용도로 쓰인다.

큐폴라 포탑 상부의 장갑을 대서 보호한 회전식 돔.

크리스티 서스펜션 1920년대 J. 월터 크리스티가 설계했다. 높은 나선형 수직 스프링을 이용해 보기륜이 독립적으로 수직 운동하는 방식이다.

탄도 포탄이 공중으로 날아가며 그리는 곡선형 경로.

탄도학 포탄과 그 궤적을 연구하는 과학. 탄도학은 세부적으로는 '내부 탄도학'(포 내부), '외부 탄도학'(발사 뒤 포강 외부), '종말 탄도학'(충돌 시)으로 나뉜다.

탄약 뇌관, 탄피, 추진 연료, 발사체로 구성된 하나의 온전한 사격 단위.

탄약 카트리지 탄약의 구성물로 황동 혹은 강철 탄피, 뇌관, 추진 연료, 추진체로 이루어져 있다.

탄환 소화기와 기관총에서 발사하는 발사체. 대인 살상용일 수도 대장갑용일 수도 있다. 일반적으로 고체탄이지만 예광 물질, 소이 물질 혹은 두 가지 모두를 채울 수도 있다.

포각 포나 포탑이 차량의 중심선에서 멀어지는 방향으로 좌우 회전하는 능력. 완전 회전식 포탑은 포각이 360도이다.

포강 모든 화기의 총신/포신 내부. 약실의 앞쪽.

포구 속력 포구를 떠나는 시점에서 포탄의 속도. 공기 마찰 때문에 일단 비행에 들어가면 속도가 급격하게 떨어진다.

포구 제퇴기 포구에 장착하는 장치로 포구 속력을 심히 제한하지 않으면서 반동력을 낮춰준다.

포좌 개방형 포 마운트. 보통 전면과 측면이 보호된다.

포탄 보통 강선포에서 발사하는 텅 빈 발사체. 내부에 고폭탄, 소군탄, 화학탄, 연막탄 등 많은 충전재를 채웠다.

포탑 포를 장착하고 회전하는 장갑 박스. 대부분 전차장과 다른 승무원이 탑승한다.

피메일 1차 세계대전 당시 영국 전차(마크 I부터 마크 V까지) 중 좌우 측면 포탑에 기관총을 탑재한 버전을 가리키는 말.

하드 타깃 소화기 사격이나 세열 무기에 영향을 받지 않는 방어력 높은 표적. 철갑탄, HEAT 등의 무기가 있어야 관통이 가능하다.

활강포 강선이 없는 포로 회전하지 않는 날개 안정식 포탄을 발사하기 위해 만들어졌다.

AA 대공對空(Anti-Aircraft).

AAV 수륙 양용 돌격 차량 (Assault Amphibian Vehicle). 해병대에서 사용하는 궤도형 수륙 양용 장갑차를 지칭하는 미국식 용어로 과거에는 궤도형 상륙 차량(LVT, landing vehicle tracked)이라고 했다.

AAVC 수륙 양용 돌격 지휘 차량(Assault Amphibian Vehicle, Command). 부대 지휘관을 위한 추가 통신 장비 탑재 AAV.

AAVP 수륙 양용 병력 수송 돌격 차량(Assault Amphibian Vehicle, Personnel). 병력 수송용 AAV.

ACAV 기갑군 돌격 장갑 차량(Armoured Cavalry Assault Vehicle). M113 병력 수송 장갑차에 추가로 기관총을 추가한 파생형으로 베트남에서 사용했다.

ACCV 기갑군 캐넌포 탑재 장갑 차량 (Armoured Cavalry Cannon Vehicle). 화력 지원을 위해 중포를 탑재한 병력 수송 장갑차.

ACP 전투 지휘 본부 장갑차 (Armoured Command Post). 전장에서 지휘관이 사용할 추가 통신 장비를 갖춘 장갑차.

ACRV 지휘 정찰 장갑 차량(Armoured Command and Reconnaissance Vehicle). 전장에서 정보를 수집하는 용도로도 사용하는 지휘 차량.

AMR 프랑스어로 척후차를 뜻한다.(Automitrailleuse de Reconnaissance)

AMX Atelier de construction d'Issy-les-Moulineaux. 전후 프랑스의 궤도형 및 차륜형 기갑 전투 차량의 주 제조사.

AP 철갑탄 장갑 표적을 관통, 격파하기 위해 설계된 탄약. 일반적으로 고속 발사 고체탄에만 사용하는 용어이다.

APAM 대인, 대물용 총탄. 비장갑 표적 대상의 이중 목적 총탄을 가리킨다.

APC 병력 수송 장갑차(Armoured Personnel Carrier). 보통 기관총으로 무장하며 병력이 직접 전투에 참가하기 전에 전장으로 보병을 수송한다.

AR/AAV 장갑 정찰/공수 돌격 차량(Armoured Reconnaissance/Airborne Assault Vehicle)

AT 대전차(Anti-Tank). 중장갑을 격파하는 것이 주기능인 무기나 무기 시스템에 적용된다.

ATM 대전차 지뢰(Anti-Tank Mine). 궤도를 폭파하거나 전차의 바닥 장갑판을 관통하도록 설계한 지뢰로 대인용 지뢰보다 훨씬 크다.

AVGP 다목적 장갑차(Armoured Vehicle General Purpose) (캐나다 차량군).

AVLB 장갑차 전개 교량(Armoured Vehicle-Launched Bridge). 일반적으로 개조한 전차 차대를 이용해 설치하는 임시 교량.

AVRE 영국 육군 공병대 장갑 차량(Armoured Vehicle Royal Engineers). 전투 공병 차량을 가리키는 영국식 용어.

B40 장갑 격파용으로 설계된 소련의 성형 장약탄. RPG2, RPG7 대전차 무기에서 발사하며 베트남 전쟁 당시 북베트남/베트콩이 광범위하게 사용했다.

BESA(베사) 버밍엄 스몰 암즈 회사(BAS)에서 개발한 전차용 기관총. 체코의 ZB53을 개조했다.

Blindé 프랑스어로 '장갑을 댄'이란 뜻이다.

BLR Blindado Ligero de Ruedas. 스페인어로 차륜형 경장갑차를 뜻한다.

BRDM 소련의 사륜 정찰 차량.

BTR 소련/러시아의 팔륜 병력 수송 장갑차.

Cal 구경(caliber).

CFV 기갑 전투 차량(Cavalry Fighting Vehicle) M2 브래들리 보병 전투 차량의 M3 정찰 파생형.

CGMC 복합 건 모터 캐리지(Combination Gun Motor Carriage).

Char 전차(tank)를 뜻하는 프랑스어로 문자 그대로 고대의 '전차(chariot)'를 뜻한다.

Char Léger 경전차를 뜻하는 프랑스어.

CVR(T) 전투 정찰 차량(궤도형)(Combat Vehicle Reconnaissance (Tracked)). 스콜피온/시미터 계열의 장갑 차량.

CVR(W) 전투 정찰 차량(차륜형)(Combat Vehicle Reconnaissance (Wheeled)) 폭스 경장갑차.

Ditched 참호가 너무 넓거나 지면이 너무 부드러울 때, 땅이 물에 젖었을 때 궤도가 접지력을 잃어 전차가 움직일 수 없게 된다.

DP 두 가지 용도의. 이중 목적의.(Dual-purpose). 무기를 하나 이상의 용도로 사용하거나 포탄이 하나 이상의 효과를 발휘할 때 DP라고 표현한다.

ERA 폭발 반응 장갑(Explosive Reactive Armour). 반응 장갑 참고.

ERFB-BB 항력 감소 최고 속력 사거리 연장탄(Extended Range Full Bore Base Bleed). 항력 감소 효과를 이용해 사거리를 증가시킨 포탄. BB(항력 감소) 참고.

ESRS 일렉트로 슬래그 제련강(Electro-Slag Refined Steel). 현대식 전차포의 제조에 사용하는 정제 과정을 거친 강철. 열과 압력에 강해 포의 수명이 연장된다.

FAAD 전방 지역 방공(Forward Area Air Defense). 미국식 용어. 전방의 병사들을 보호하기 위한 신속 대응형 방공 시스템을 지칭한다.

FAASV 전방 지역 탄약 지원 차량(Forward Area Ammunition Support Vehicle). 궤도와 장갑을 갖춘 지원 차량으로 미국 육군이 전방에 배치된 포병 부대에 탄약을 재보급하기 위해 사용한다.

FAV 급습 차량(Fast Attack Vehicle). 기관총, 캐넌포, 유탄 발사기, 또는 미사일 등을 탑재한 경차량. 특수 부대에서 적진 후방을 급습할 때 사용한다.

FCS 사격 통제 장치(Fire Control System). 컴퓨터, 레이저 거리계, 광학 및 열상 조준경, 포 조준 장치 등 전투 차량에서 정확한 포격이 가능하도록 만든 장치.

Flak Flugabwehrkanonen 또는 Fliegerabwehrkanonen의 약자. 대공포를 뜻한다. 2차 세계대전 중 연합군과 추축군 양측에서 모두 일반적으로 사용하게 된 독일어 용어이다.

GMC 자주박격포(Gun Motor Carriage). 2차 세계대전 당시 미국 육군이 사용한 자주포의 이름. 차륜형이나 하트프랙, 궤도형 플랫폼에 포를 탑재했다. 또 상부가 개방된 포탑에 강력한 포로 무장한 경장갑의 전차 공격 차량에도 같은 명칭이 적용되었다.

GP 다목적/다용도(General-Purpose)

GPMG 다목적 기관총(General-Purpose Machine Gun). 보병용 LMG(경기관총)과 지속 사격(sustained fire)용으로 모두 사용할 수 있는 기관총. 파생형은 전차의 동축 기관총으로, 다양한 장갑 차량의 대공 기관총으로 채용되었다.

GPS 위성 위치 확인 시스템(Global Positioning System). 전 세계 위성들의 신호를 사용해 1/10미터 내의 정확도로 (군사 장비의) 고정 위치를 파악하는 항행 시스템.

HE 고폭탄(High Explosive)

HEAP 인명 살상용 고폭탄(High Explosive Anti-Personnel). 이중 목적 고폭탄으로 폭발과 인명 살상 효과를 결합한 파괴 무기이다.

HEAT 대전차 고폭탄(High Explosive Anti Tank). 가장 두꺼운 장갑도 관통 가능한 성형 장약이 탄두에 들어 있는 전차 포탄 또는 유도 미사일.

HEP 플라스틱 고폭탄(High Explosive Plastic). 폭발 전 표적의 표면을 변형 시키는 전차용 포탄을 가리키는 미국식 용어. 장갑에 충격파를 전파시켜 날카로운 파편이 내부로 떨어지게 한다.

IFCS 통합 사격 통제 장치(Integrated Fire Control System). 치프턴 전차를 위해 개발된 영국식 시스템으로 표적의 위치와 거리, 포 조준 등을 통합했다.

Jagd 사냥을 뜻하는 독일어. 5호 전차 판터(판처 V)를 기반으로 한 파생형에 접두어로 붙여 구축 전차를 의미한다. 예) 야크트판터('사냥꾼 판터')

JGSDF 일본 육상 자위대(Japanese Ground Self Defence Force). 2차 세계대전 이후의 일본군. 순수하게 방어 태세만 유지한다.

K.Pz. Kampfpanzer. 독일어로 전투 전차를 뜻한다.

Kampfgruppe 2차 세계대전 독일군의 급조 편대로 규모는 여단 수준이며 당장 손에 넣을 수 있는 장비로 구성하고 보통 사령관의 이름을 붙였다. 특정 목적을 위해 선발된 특수 부대에도 같은 명칭을 사용했다.

Kraftfahrzeug 차량을 뜻하는 독일어.

Kw.K. Kampfwagenkanone. '전투 차량 캐넌포'나 '전차 포'를 가리키는 독일어. 대부분 cm 구경, 도입 연도, 포신의 구경장으로 표현한다. (예: 75mm KwK40 (L/43))

LARS 경량형 자주 로켓 발사기(Light Artillery Rocket System). 독일 연방군용으로 개발된 다연장로켓 발사기.

LAV 경장갑 차량(Light Armoured Vehicle). 스위스의 설계를 토대로 캐나다에서 제조하고 미국 해병대가 사용한 차륜형 병력 수송 장갑차.

LAW 경(輕)대기갑 무기(Light Anti-armour Weapon). 손으로 드는 로켓탄 발사기로 보병에게 단거리 대기갑 역량을 제공한다.

LMG 경기관총(Light Machine Gun). 보병 전투 차량의 사격 포트(총안구)에서 발사할 수 있는 분대 지원 무기.

LRV 경(輕)구난 차량(Light Recovery Vehicle)

LVT 궤도형 상륙 차량(Landing Vehicle, Tracked). 수륙 양용 돌격 차량의 원형으로 2차 세계대전 동안 유럽과 태평양에서 연합군이 사용했다. 이 명칭은 LVTP-5, LVTP-7과 함께 1990년대까지 사용되었으나 이후 수륙 양용 돌격 차량, 즉 AAV(Assault Amphibian Vehicle)로 교체되었다.

MAC 중형 장갑차(Medium Armoured Car). 2차 세계대전 동

안 사용된 6륜 장갑차의 미국식 명칭. 경트럭 차대를 토대로 하는 경우가 많았다.

MBA 주전투 지역(Main Battle Area). 전투 작전이 벌어지는 지역.

MBT 주력 전차(Main Battle Tank). MBT는 현대군의 주된 전차 유형으로 앞서 존재했던 중형 전차와 중전차의 특징을 결합했다.

MCV 기계화 전투 차량(Mechanized Combat Vehicle). 보병 전투 차량의 다른 명칭.

MG 기관총. (영어로는 Machine Gun, 독일어로는 Maschinengewehr).

MICV 기계화 보병 전투 차량(Mechanized Infantry Combat Vehicle).

MILAN 경(輕)보병 대전차 미사일(Missile d'Infantrie Léger Anti-Char)

MILES 다중 통합 레이저 교전 체계(Multiple Integrated Laser Engagement System). 레이저로 사격을 모의하는 전투 시뮬레이션 시스템.

Mk. 마크. 군용 설계의 주요 파생형을 지칭할 때 사용한다.

MLRS 다연장 로켓 발사 시스템(Multiple Launch Rocket System). M270은 장갑 차량으로 30km 이상 떨어진 표적에 로켓탄 12발을 발사할 수 있다.

MRL 다연장 로켓탄 발사기(Multiple Rocket Launcher). 비유도식 포 미사일 발사 플랫폼.

MRS 포구 감지기(Muzzle Reference System). 포구에 센서가 있어서 포신의 마모와 처짐을 측정, 이 때문에 발생할 수 있는 오차 범위를 고려해 조준을 수정한다.

Pak Panzerabwehrkanone 참고.

Panzer 장갑, 기갑을 뜻하는 독일어. 차량과 전투에 모두 적용되는 용어이다.

Panzerabwehrkanone '전차 방어 캐넌포', 다시 말해 대전차포를 뜻한다.

Panzerbefehlswagen 장갑 지휘 차량을 가리키는 독일어.

Panzerjäger '전차 사냥꾼'이란 뜻의 독일어로 미국 군대에는 전차 공격차로 알려졌다.

Panzerkampfwagen '기갑 전투 차량'을 뜻하는 독일어. 특히 궤도형 AFV와 전차를 말한다.

Panzerwagen '장갑 차량'을 뜻하는 독일어.

RAP 보조 로켓탄(Rocket-Assisted Projectile)

RMG Ranging Machine Gun. 주무장과 동축을 이루는 기관총. 총알이 주포와 동일한 탄도 성능을 보인다.

RP 로켓 추진식(Rocket propelled). 전차 탄약, 포탄, 대전차 유탄에 적용한다.

RPG 로켓 추진식 유탄 발사기(Rocket Propelled Grenade Launcher). 소련에서 만든 보병용 대전차 무기.

Sabot '나무 신발'을 뜻하는 프랑스어. 분리 철갑탄(APDS)을 감싸는 이탈피를 지칭한다.

SADARM 사담(Sense And Destroy Armour Missile). 사담은 포로 발사하는 대기갑 소군탄으로 밀리미터파 레이더와 적외선 센서를 사용해 표적을 탐지한다.

SAM 지대공 미사일(Surface-to-Air Missile).

Schwere '무겁다(중량)'는 뜻의 독일어.

Sd.Kfz. 특수 목적 차량(Sonderkraftfahrzeug)을 뜻하는 독일어. 2차 세계대전 당시 독일군 차량 대부분을 지칭했다.

Semovénte 자동 추진식이라는 뜻의 이탈리아어.

Shot 고체탄. 대개 철갑탄이다.

sIG Schwere Infanteriegeschuetz.(중重보병포)

SMG 기관단총(Sub machine-gun). 기갑군 승무원들이 개인용 무기로 휴대하는 소형 전자동 무기.

SOG 지상 속도(Speed Over Ground)

SP 자주식(Self-Propelled)

SPAAG 자주 대공포 시스템(Self-Propelled Anti-Aircraft Gun system)

SPAAM 자주 대공 미사일 시스템(Self-Propelled Anti-Aircraft Missile system)

SPAT 자주 대전차 시스템(Self-Propelled Anti-Tank system)

SPG 자주포(Self-Propelled Gun)

SPH 자주 곡사포(Self-Propelled Howitzer)

Stridsvagn 전차를 뜻하는 스웨덴어.

StuG 또는 StuK Sturmgeschutze 또는 Sturmkanonen – 돌격포를 뜻한다. 모든 돌격포가 돌격포 부대에서만 사용되지는 않았다. 유용한 무기였던 만큼 대전차 부대에서 사용하기도 했고 전차 대용으로도 쓰였다. – 포탑이 있는 전차보다는 제조비용이 저렴하고 과정도 수월했다.

Sturmpanzer 돌격 기갑 차량. 돌격 전차를 뜻하는 독일어. 첫 번째 A7V 전차에 붙인 이름이다.

T Tschechoslowakisch. 체코슬로바키아제를 뜻하는 독일어. Pz.38(t)처럼 체코산 차량임을 표시하기 위해 독일 국방군이 사용한 표기이다.

색인

*주 : 볼드체는 해당 차량의 소개면임.